Brenda Aloff

Der aggressive Hund

Arten der Aggression und Trainingsstrategien

KYNOS VERLAG

Titel der amerikanischen Originalausgabe: *Aggression In Dogs. Practical Management, Prevention & Behaviour Modification.* Dogwise, Wenatchee WA, USA

Übersetzt ins Deutsche von Alice von Canstein

www.kynos-verlag.de

Gedruckt in Lettland

ISBN 978-3-942335-14-0

Bildnachweis:
Titelfoto: iStockphoto.com
Alle Zeichnungen: Brenda Aloff
Fotos: Joanne Weber 51, 265 u., 268, 285, 289, 299, 306, 312, 340, 352, 369, 373, 374, 376, 380, 381 o., 416, 426
Sam Ziegenmeyer 182, 186, 187, 188, 190, 191, 192, 193, 194, 195, 196, 265, 326, 327, 328, 329, 339, 420, 421, 432, 433
Brenda Aloff 7, 84, 185, 269, 323, 381 (2 u.), 389, 399, 437, 440, 443, 444
Amy Morris 274, 278
Kathy Mazur 282
Thorsten Lukaszczyk 255, 265 (2 o.), 270, 288, 297, 404, 405
Viviane Theby 198, 199

Mit dem Kauf dieses Buches unterstützen Sie die
Kynos Stiftung Hunde helfen Menschen
www.kynos-stiftung.de

Brenda Aloff ist professionelle Hundetrainerin, die sich auf Problemverhalten spezialisiert hat. Einen Großteil ihrer Arbeit widmet sie Hunden, bei denen traditionelle Trainingsmethoden zu keinem Erfolg geführt haben. Zusammen mit den Besitzern widmet sie sich in ihrem Trainingszentrum »Heaven on Arf« der Resozialisierung ängstlicher oder aggressiver Hunde, leitet aber auch Seminare zu Welpentraining, Obedience, Fährtenarbeit, Dogdancing oder Agility.

Sie ist Autorin mehrerer Bücher und Zeitschriftenartikel und häufig als Expertin zu Gast in Radiosendungen, wenn es um das Thema Problemverhalten bei Hunden geht. Außerdem ist sie USA-weit als Referentin zum Thema Aggressionsverhalten bei Hunden gefragt.

Mit ihrer Familie und ihrer Deutschen Schäferhündin Maeve, dem Border Collie Rylie sowie Breanna, Punch und Zasu, den »Glatthaar-Fox-Terrors«, lebt sie in einem alten Farmhaus in Midland, Michigan. USA.

www.brendaaloff.com

Inhaltsverzeichnis

Aggression bei Hunden verstehen und kontrollieren

Eine positive Methode

Einleitung

Wie man mit Aggression bei Hunden umgehen soll, ist ein kontroverses Thema. Unter Hundeausbildern gibt es heutzutage wahrscheinlich keinen heißeren Streitpunkt. Doch mit der Zeit hat sich immer mehr die Meinung etabliert, dass man bei einem Hund, der aggressives Verhalten zeigt, statt der früher bevorzugten Zwangs- und Gewaltmethoden am besten positive Trainings- und Kontrolltechniken anwendet.

Dieses Buch basiert auf der Annahme, dass viele Hunde aggressiv sind, weil sie »unerzogen« sind. Dabei handelt es sich um einen Hund, der aus welchem Grund auch immer, niemals gelernt hat, mit Menschen und/oder anderen Hunden auf angemessene und effektive Art und Weise zu kommunizieren. Dieses Tier hat gelernt, dass Aggression eine wirksame Waffe sein kann, um soziale Distanz oder Zugang zu wertvollen Ressourcen zu erzielen. Im Allgemeinen sprechen diese Tiere sehr gut auf einen Übungsplan an, der so gestaltet ist, dass ihnen neue Wege aufzeigt werden, wie sie sich in sozialen Situationen verhalten können. Meine Erfahrung in der Praxis hat mir gezeigt, dass man bei diesen Tieren am besten mit den in diesem Buch beschriebenen positiven Methoden arbeitet.

Im Gegensatz dazu liegt die Aggression bei manchen Hunden an einem physiologischen und/oder chemischen Ungleichgewicht, sprich, sie leiden unter dem, was man bei einem Menschen als »Persönlichkeitsstörung« bezeichnen würde. Diese Hunde werden als »anormal« klassifiziert.

Für einen »anormalen« Hund können die in diesem Buch dargelegten Trainings- und Kontrollpläne ungeeignet oder gefährlich sein. Falls Sie hinsichtlich Ihres Hundes irgendwelche Zweifel oder vor ihm Angst haben sollten, müssen Sie unbedingt fachliche Hilfe bei einem Verhaltensspezialisten oder Tierarzt suchen. Für die Hunde, die aufgrund physiologischer Anomalien aggressiv sind, werde ich die Arbeit mit solchen Experten erläutern.

Falls Ihr Hund bereits ein Problem hat oder Sie Verhaltensweisen beobachten, die Ihnen Sorgen bereiten, sollten Sie sich über unten stehende Punkte informieren. In einem können Sie sich sicher sein: Das Verhalten Ihres Hundes zu verändern, erfordert ernsthaftes Engagement Ihrerseits. Aggression bei einem ansonsten gesunden Hund vorzubeugen, erfordert ebenfalls erhebliches Engagement von Ihnen, dem Besitzer.

Um die Wahrscheinlichkeit, dass Aggressionsprobleme auftauchen, zu minimieren, und um das Verhalten eines Hundes, der bereits Aggressionen zeigt, zu verändern, müssen Sie Folgendes wissen:

- Was Aggression ist und wie diese von Hunden im Laufe ihrer Rassegeschichte als Überlebenseigenschaft verwendet wurde.
- Faktoren, die Aggression bei Hunden beeinflussen.
- Die Bedeutung von nachgiebigem und durchsetzungsstarkem Verhalten und wie man es erkennt.
- Die Wichtigkeit der Sozialisierung Ihres Welpen bzw. Hundes und was wirklich damit verbunden ist.
- Die Signale, die Hunde benutzen, um mit anderen Hunden und Menschen zu kommunizieren.
- Wie man die Umgebung kontrolliert, um die Tendenz zu aggressivem Verhalten zu reduzieren.
- Wie Sie das Verhalten Ihres Hundes ändern.

Die Wahrscheinlichkeit, einen aggressiven Hund heranzuziehen, wird reduziert, wenn der Hund das richtige Verhalten lernt und sein Besitzer die richtigen Trainings- und Kontrollmethoden anwendet.

Da ich mit Hunden mit Aggressionsproblemen zusammengelebt habe, fällt es mir nicht schwer, den Stress, den dies für eine Familie bedeutet, sowie das damit verbundene Schuldgefühl nachzuvollziehen. Einen aggressiven Hund zu handhaben, bringt Besitzer in Situationen, auf die sie schlecht vorbereitet sind und erfordert von ihnen Entscheidungen, die sie nicht treffen können. Tierbesitzer fragen sich oftmals: »Habe ich etwas falsch gemacht?«. Und die Antwort lautet oft: »Ja«, trotz der besten Absichten. Die Besitzer haben nicht mit Absicht etwas falsch gemacht; Fehler entstanden einfach aufgrund mangelnder Erziehung. Doch was vorbei ist, ist vorbei. Ich lege immer Wert auf »Wie gehen wir jetzt damit um« und konzentriere mich auf den Umgang mit den Hunden in der Zukunft. Die Vergangenheit gilt nur als eine Geschichte, die uns beim Erziehungsprozess helfen kann.

In diesem Text spreche ich nicht nur über die Theorie. Ich habe Schritt-für-Schritt-Anleitungen aufgestellt, bei denen Ihr Einsatz gefragt ist und die sich bei der Behandlung von aggressivem Verhalten bei Hunden bewährt haben.

Viel Glück! Wir alle brauchen manchmal Hilfe. Indem Sie die Prinzipien und Methoden dieses Buches lernen, werden Sie besser in der Lage sein, Aggressionsprobleme zu überwinden und zu verhindern. Ihnen und Ihrem Hund zuliebe dessen Leben davon abhängen könnte!

Teil I

Aggression bei Hunden verstehen und kontrollieren

I

Aggression: Die am häufigsten falsch verstandene Überlebenseigenschaft

Eine wissenschaftliche Definition von »Aggression« könnte wie folgt lauten: »Unter Berücksichtigung der jeweiligen Situation sowie normaler Verhaltensmuster der jeweiligen Arten versteht man unter Aggression Verhaltensweisen bzw. Verhaltensmuster, durch die Konflikte durch Bedrohung oder Angriff letztlich entweder durch Kampf oder Unterwerfung gelöst werden.« Dies bedeutet im Grunde, dass Aggression eine Anpassung ist, die Hunde für das »Überleben des Stärksten« nutzen. Sie wird genutzt, um die Kontrolle über wichtige Ressourcen zu erhalten oder um sich den persönlichen Raum zu sichern. Aggression ist eine von vielen sozialen Verhaltensweisen, die Hunde für die *Informationsmitteilung* an andere Hunde, Menschen sowie jegliche andere Spezies verwenden, mit der sie in Kontakt kommen.

Oftmals missverstehen wir Aggression bei Hunden, weil wir nicht erkennen, dass Hunde mit Menschen und anderen Spezies auf dieselbe Art und Weise kommunizieren wie mit anderen Hunden, sofern wir ihnen nicht etwas anderes beibringen. Ein Hund ist genetisch nur in der Lage, sich wie ein Hund zu verhalten. Die Hundesprache ist die einzige Sprache, die Hunde beherrschen, und es ist die einzige Sprache, die in ihnen »fest verankert« ist. Wenn Sie in Deutschland groß geworden sind und Deutsch sprechen und dann in ein anderes Land reisen, in dem beispielsweise Spanisch die vorherrschende Sprache ist, haben Sie anfänglich sogar Probleme, zu fragen, wo die Toilette ist. Leider haben viele unserer Hunde das gleiche Problem! Der Unterschied ist, dass Hunde manchmal aufgrund solch unbedeutender Kommunikationsprobleme sterben müssen.

Dieses Buch möchte Ihnen und Ihrem Hund beibringen, als Team zu arbeiten. Der Schwerpunkt liegt darauf, Ihrem Hund zu zeigen, wie er besser kommunizieren kann, und somit die Notwendigkeit für aggressives oder defensives Verhalten zur Konfliktlösung zu reduzieren. Die Zielgruppe sind weniger gut erzogene Hunde. Indem Sie sich darüber im Klaren werden, wie sehr der Hund sich bemüht, mit Ihnen zu kommunizieren, und lernen wie man mit einem aggressiven Hund kommuniziert (wirksam sein Verhalten ändert), werden Sie wissen, wie man Aggression in der allgemeinen Hundebevölkerung verhindern kann. Es liegt an uns, den Menschen, unseren Hunden das korrekte Verhalten gegenüber Menschen beizubringen und die Sprache zu lernen, über die Hunde verfügen. Normales und übliches menschliches Verhalten kann von Hunden natürlich fehlgedeutet werden. Zum üblichen Begrüßungsritual von uns Menschen gehört direkter Blickkontakt, mit ausgestreckter Hand in den persönlichen Raum des anderen vorzudringen und lächelnd die Zähne zu zeigen. Wie glauben Sie, würde ein Hund dieses Verhalten interpretieren? Bedenken Sie Folgendes: Was bedeuten direkter Blickkontakt und Zähnezeigen in der Hundewelt? Wenn wir kein Verständnis für die Sprache der Hunde haben und deren Auswirkungen nicht verstehen, ist es wahrscheinlich, dass wir die Dinge bei einem aggressiven Hund noch verschlimmern und unbeabsichtigt Aggression bei Hunden fördern.

2

Ist Aggression bei Hunden jemals akzeptabel?

Angemessenes kontra unangemessenes Verhalten

Denken Sie sorgfältig über die Worte »angemessen« und »situationsbedingt« nach. Es gibt sicherlich Situationen, in denen Sie aggressives Verhalten als angemessen und situationsbedingt beurteilen würden. Wenn jemand Sie angreifen und Ihr Hund knurren, schnappen oder sogar beißen würde, um den Angreifer in die Flucht zu schlagen, wäre jeder vom Mut Ihres Hundes beeindruckt. Doch wenn derselbe Hund ein Kind beißt, könnte es sein, dass Sie sich vor Gericht und Ihr Hund sich in einem Tierheim in der Todeszelle wieder finden würden. Sie legen einen unrealistischen Maßstab fest, wenn Sie der Ansicht sind, dass ein Hund niemals beißen sollte, ungeachtet der jeweiligen Umstände. Wie steht es damit, wenn das Tier gequält wird? Oder wenn es um sein Leben fürchten muss? Wie sonst soll ein Hund den Menschen klarmachen, dass er sich so stark bedroht fühlt, dass er sein Leben in Gefahr sieht?

Es ist plausibel, dass aggressives Verhalten eines Hundes je nach Situation angemessen und angebracht ist. Hunde, die Aggression zeigen, sind keine »gemeinen« und bösen Lebewesen. Es geht nicht um »das ist ein guter Hund, er liebt mich, er würde niemals beißen« kontra »nur schlechte Hunde sind fies und beißen«. Dieses Stigma zeigt die unrealistischen Ansichten, die unwissende Menschen über Hunde haben. Das bedeutet nicht, dass sie eine Entschuldigung für grenzwertiges, riskantes oder gefährliches Verhalten haben. Worauf ich hinweisen möchte, ist, dass Sie die Spezies Hund als das verstehen müssen, was sie ist, und sich dann an die Aufgabe machen, den Hund und sich selbst auszubilden. Alle Hunde sind eine Kombination aus erwünschten und unerwünschten Charaktereigenschaften, genau wie Sie und ich.

Wenn man Obenstehendes bedenkt, kann man normales Verhalten wie folgt definieren: »Angemessen, wenn es der jeweiligen Situation entspricht.« Mit anderen Worten ist es die Art und Weise, auf die die Mehrzahl der gesunden Hunde mit ähnlicher Erfahrung und Erziehung in der gleichen Situation reagieren würde.

Unter meinen Foxterriern sehe ich ziemlich häufig Aggression unter Gleichgeschlechtlichen, was für die Rasse überhaupt nichts Ungewöhnliches ist. Schon beim kleinsten Verstoß gegen den guten Ton und mangelnde Beachtung des persönlichen Raums, beispielsweise einem versehentlichen Zusammenstoß oder Anrempler von einem meiner anderen Jungs, gehen meine Rüden in Kampfstellung, posieren und zeigen aggressives Verhalten, sofern ich nicht eingreife. Aber Hündinnen und Welpen beiden Geschlechts gegenüber sind sie alle äußerst tolerant. Sogar jugendliche Rüden lassen sie sich viele Freiheiten herausnehmen, und sie sind sehr verspielt und benehmen sich der jüngeren Generation gegenüber sehr wohlwollend. Derselbe Glatthaar-Foxterrier, der einen Welpen an seinen Ohren ziehen lässt, ist sofort bereit und willens, unfreundlich auf einen unkastrierten Rüden zu reagieren, sei er bekannt oder unbekannt, drohend oder nicht. Dazu ist nur die geruchliche Stimulation durch Testosteron nötig, begleitet von einer leicht herausfordernden Körpersprache oder etwas mehr als nur einem ganz kurzen Blickkontakt. Die Gruppe der Terrier ist unter ihren Anhängern dafür bekannt, dass sie dazu neigt, hitzköpfig zu sein. Bei einer Rasseausstellung außerhalb (oder innerhalb!) des Terrier-Rings zu stehen, ist definitiv ganz anders als außerhalb eines Ausstellungsrings für Golden Retriever zu stehen. Das oben beschriebene Reaktionsniveau sowie die Bereitschaft zu aggressivem Verhalten liegen bei dieser Rasse innerhalb der Norm. Dasselbe Reaktionsniveau und dieselbe Bereitschaft, auf der Stelle in Aggression zu verfallen, wäre bei einem Golden Retriever oder einem Cavalier King Charles Spaniel weder normal noch situationsbedingt.

Polizei- und Schutzhunde werden unter größter Vorsicht dazu erzogen, aggressives Verhalten als Reaktion auf bestimmte Situationen sowie auf Kommando zu zeigen. Diese Hunde lernen, wann genau Menschen Aggression als wünschenswert erachten, und werden darauf trainiert, angemessen auf Kommandos und Situationen zu reagieren. Diese Hunde werden verschiedenen Situationen ausgesetzt, und ihnen wird vorsichtig beigebracht, in welchen Situationen aggressives Verhalten angebracht ist und in welchen nicht. Das wird nicht dem Zufall überlassen. Die Hunde lernen, vorsichtig und methodisch zu urteilen, wobei nicht vergessen wird, dass Hunde keine Menschen sind und es auch niemals sein werden, und die Situation nicht so sehen, wie ein Mensch es tun würde. Dann wird das aggressive Verhalten einer Reizkontrolle unterzogen, d.h. es wird vom Hundeführer mit einem Kommando verbunden. Was bei diesen Hunden als angemessene Aggression gilt, unterscheidet sich ziemlich vom durchschnittlichen Haushund, da sie eine vollkommen andere Aufgabe haben. Doch sogar Polizei- und Schutzhunde werden ständig streng kontrolliert. Von keinem Hund, weder Haushund noch trainiertem Beschützer, kann man menschliche Entscheidungen erwarten – wenn er mit seinen Zähnen die falsche Entscheidung trifft, kann das Ergebnis verheerend sein.

Im Gegensatz dazu ist unangemessene Aggression dann der Fall, wenn es für das Tier keine tatsächliche Bedrohung gibt und die in der Vergangenheit gemachten Erfahrungen dem Tier zeigen sollten, dass die Situation nicht bedrohlich ist. Überlegen Sie Folgendes: Hätte ein normaler Hund (d.h. die Mehrheit der Hunde) gelernt, unter diesen Umständen ein alternatives Verhalten zu zeigen? Falls das so ist, ist das aggressive Verhalten unangebracht, da die »normalen« oder »durchschnittlichen« Hunde bzw. die Mehrheit der Hunde begriffen hätten, dass Aggression in dieser Situation nicht nötig gewesen wäre. Nicht-situationsbedingte Aggression ist anders: Das aggressive Verhalten hat hier einfach »nichts zu suchen«, und der Hund zeigt in der Situation unangebrachtes Verhalten (Sprache), entweder aufgrund mangelnder Erziehung oder Fehlinterpretation der Situation.

Die folgenden Fallgeschichten sollen Ihnen als Beispiele für nicht-situationsbedingtes und unangebrachtes aggressives Verhalten dienen.

Fallgeschichte 1
Heaven On Arf Behaviour & Training Center

Labrador Retriever-Siberian Husky-Mischling, männlich, kastriert
Geburtsdatum: Oktober 1996

Anmerkung: Damit Sie ein bisschen über den Hintergrund wissen: Ich habe im Mai 1998 mit dem Hund zu arbeiten begonnen, als er ungefähr 18 Monate alt war.
Krankengeschichte: Unauffällige Krankengeschichte, bei letztem Tierarztbesuch physisch normal.

Umfeld und sozialer Hintergrund: Welpe wurde im Alter von 2-3 Wochen von seiner Mutter getrennt. Hunde wurde von Not-Verein in ein neues Zuhause gebracht. Derzeitiger Besitzer ist mein Kunde. Das Personal des Not-Vereins und der Kunde haben den Hund zu sozialisieren versucht. Die Kunden sind sehr bemüht und kompetent.

Vorliegende Probleme: Geschichte unangebrachten, agonistischen Verhaltens (Anmerkung für den Leser: Ein Begriff, der von Verhaltensforschern benutzt wird, um die Körpersprache zu beschreiben, die bei Hunden bei der Konfliktlösung involviert ist) gegenüber Hunden und Menschen, welches mit sozialer Reife (im Alter von 24 Monaten) in Aggression auszuarten beginnt. Hund zeigt außerdem extreme Anzeichen von Trennungsangst: übermäßiger Speichelfluss, Lautgeben, versucht aus der Box zu entkommen bis er sich verletzt.

Während ich mit diesem Hund Beschäftigungsaufgaben machte, brachten wir eine ihm unbekannte Person in sein Blickfeld. Als diese Person ungefähr zehn Schritte entfernt war, begann der Hund auf dem Boden zu scharren. Dieses Verhalten erfolgt für gewöhnlich nach dem Urinieren oder Koten. Ich habe auch schon mal gesehen, dass es als »Herausforderung« benutzt wurde. Wird dieses Verhalten mit direktem Anstarren verknüpft, so wie in diesem Fall, wäre Aggression die korrekte Interpretation. Doch da ich mit diesem Hund oft genug gearbeitet hatte, kannte ich diese Körpersprache, und aufgrund seiner entspannten Gesichtszüge und der Art, wie er seine Rute hielt, war mir klar, dass er die Person begrüßen wollte. Janea, meine sich nähernde »Helferin«, interpretierte sein Verhalten als Aggression und kam nicht weiter näher. Auf meine Ermunterung hin ging Janea wieder auf den Hund zu. Als sie bei ihm war und er weiterhin auf dem Boden scharrte, gab ich dem Hund einen Negativmarker (Anmerkung für den Leser: Ein Negativmarker ist ein vorher festgelegtes Kommando, das dem Hund sagt, dass er ein anderes Verhalten zeigen soll) und forderte ihn zum Sitz auf. Der Hund folgte zufrieden und freute sich über den Kontakt mit der neuen Person. Aggression war niemals seine Absicht. Dies ist nicht-situationsbedingtes Verhalten. Die Sprache an sich wäre in einem anderen Zusammenhang in Ordnung gewesen, passte zu dieser Situation aber überhaupt nicht! Typische Hunde-Verhaltensweisen sind zwar bei diesem Hund fest verankert, doch da ihm normaler, früher Umgang mit seiner Mutter und seinen Wurfgeschwistern vorenthalten worden war, greift er nicht immer auf das in der jeweiligen Situation passende Verhalten zurück.

Diskussion zu Fallgeschichte 1:

Der Auszug aus Fallgeschichte 1 zeigt deutlich nicht-situationsbedingtes Verhalten.

Nach diesem einen Mal haben weder ich noch die Kunden dieses Verhalten bei diesem Tier jemals wieder beobachtet. Es musste ihm nur mal das richtige Verhalten gezeigt werden. Ich stelle es mir so ähnlich vor wie bei jemandem, der erstmalig in einem wirklich edlen Restaurant ist. Welche Gabel soll man benutzen? Sobald man es gezeigt bekommt, ist es ein Leichtes, die richtige Gabel zu nehmen - aber bis dahin ist es ein Rätsel!

Als weitere Anmerkung, einfach um Ihnen zu zeigen, wie ein Hund, der die falsche Sprache benutzt und somit den Kreislauf der Aggression in Gang bringt, richtige Probleme bekommen kann: Stellen Sie sich kurz vor, was passiert wäre, wenn dieser Hund das Verhalten an den Tag gelegt hätte, um einen anderen Hund zu begrüßen. Ein anderer Hund hätte es definitiv als Aggression interpretiert! Je nachdem wie reaktiv der zweite Hund ist, besteht, wenn der sich nähernde Hund reagiert, die Möglichkeit einer schlechten Erfahrung aufgrund von unangebrachter Kommunikation!

Fallgeschichte 2

Deutscher Schäferhund, männlich, kastriert
Hund ist am Besuchstag ungefähr drei Jahre alt.

Krankengeschichte: Unauffällige Krankengeschichte, bei letztem Tierarztbesuch physisch normal.

Umfeld und sozialer Hintergrund: Kunden bekamen den Welpen im Alter von circa acht Wochen von einem seriösen Züchter. Die Kunden haben bei dem Hund Bewachungsverhalten gefördert. Sie nahmen mit dem Welpen an zwei Gruppenkursen teil, in denen mit traditionellen Trainingsmethoden gearbeitet wurde (Würgehalsband). Der Hund machte sich in den Kursen gut und sein Sozialverhalten anderen Hunden und Menschen gegenüber war gut, obwohl die Kurse keine »Spielgruppen« beinhalteten, sodass die Hunde immer bei ihren Besitzern und angeleint waren und über das Halsband korrigiert wurden, wenn sie sich anderen Menschen oder Hunden näherten.

Vorliegende Probleme: Zunehmendes aggressives Verhalten sowohl Familienmitgliedern (mit Ausnahme der Ehefrau) als auch Fremden gegenüber, die beim Kunden zuhause sind. Die Besitzer sind beunruhigt über ihre mangelnde Kontrolle über das Verhalten ihres Hundes, weil er sowohl Familienmitglieder als auch einen Lieferanten gebissen hat.

Vorfall: Dieser Vorfall ereignete sich, als der Hund ungefähr zwei Jahre alt war. Die Ehefrau las im Wohnzimmer im Lehnsessel und der Hund lag neben dem Sessel. Er schlief ein. Der Ehemann kam aus dem Flur ins Wohnzimmer und ging in einer Entfernung von etwa einem Meter am Hund und der Frau im Sessel vorbei. Der Hund hob seinen Kopf und starrte den Ehemann an, als dieser vorbeiging. Der Mann sprach mit dem Hund (sagte in freundlichem Tonfall seinen Namen und ein paar andere nette Worte). Daraufhin stand der Hund auf, stürzte sich auf den vorbeigehenden Ehemann und biss ihn in die Rückseite des Beins, was an der Verletzungsstelle zu einer leichten Wunde und einem Bluterguss führte.

Diskussion zu Fallgeschichte 2:

Fallgeschichte 2 ist ein Beispiel für eine unangebrachte Reaktion auf eine Situation, die der Hund als nicht bedrohlich gelernt haben sollte.

Dies ist unter diesen Umständen eindeutig eine unangemessene Reaktion. Der Ehemann ist ein Familienmitglied und war nicht bedrohend. Durch die Erfahrungen, die der Hund in der Vergangenheit gemacht hat, hätte er diese Situation eindeutig als nicht bedrohlich interpretieren müssen.

3

Die Sozialordnung der Hunde

Ein Großteil des Verhaltens von Hunden wurde schon immer sorgfältig in die Kategorien »dominant« und »unterwürfig« eingeordnet. Diese Wörter werden zu häufig und falsch verwendet, sodass sie für unterschiedliche Personengruppen eine völlig unterschiedliche Bedeutung besitzen, fast in so großem Ausmaß, dass sie vollkommen nutzlos sind. Viele Menschen (einschließlich Hundetrainer) benutzen »Dominanz« als Entschuldigung für jegliches schlechtes Betragen, ohne zu berücksichtigen, ob der Hund ordnungsgemäß erzogen wurde oder nicht! Wissenschaftler und Verhaltensforscher definieren »Dominanz« wie folgt: »Vorrangiger Zugang zu einer bevorzugten Ressource«. Damit wird nicht unbedingt eine innere Einstellung, Überzeugung oder Vorgehensweise eines Hundes beschrieben. Dominanz als Begründung dafür zu benutzen, dass Ihr Hund nicht kommt, wenn Sie ihn rufen, oder sich nicht setzt, wenn Sie ihn zum Sitz auffordern, ist eine Ausrede. Es gibt auch andere Gründe, warum Ihr Hund ein Kommando befolgt oder auf seine Umgebung reagiert. Unabhängig von Ihrer Überzeugung, wird Verhalten durch die Regeln des Lernens beherrscht. Dominanz ist nur ein Bruchteil des Verhaltens und nicht die alles beherrschende Charaktereigenschaft, als die sie oftmals dargestellt wird. Wenn eine Erziehungsmethode funktioniert, dann weil sie den Lernprinzipien entspricht. Dominanz als den »Grund« für ein Verhalten zu verwenden, hat den Nachteil, dass Sie dadurch keine Lösung aufgezeigt bekommen, wie es bei der Lerntheorie der Fall ist.

Um Aggression verstehen zu können, ist es hilfreich, die Sozialordnung der Hunde zu kennen. In der Vergangenheit waren Hunde Aasfresser und soziale Räuber. Ein Überlebensmechanismus sozialer Tiere ist, in Gruppen zu leben. Tiere, die einander töten können, aber über ein System sozialer Zusammenarbeit verfügen, haben eine Reihe von Verhaltensweisen entwickelt, die gewährleisten, dass sie einander nicht verletzten, wenn sie Konflikte austragen. Wenn es um Gruppendynamik geht, ist die Rangordnung nur eine von vielen sozialen Charaktereigenschaften, die sich zu effektiven Mechanismen entwickelt haben, damit die Sozialordnung der Hunde reibungslos und mit minimaler Gewalt sowie einem minimalen Risiko körperlicher Verletzung funktioniert.

Bei der Etablierung einer Rangordnung gibt es keine starre lineare Hierarchie, es ist eher ein Anzeichen für ein Bedürfnis eines Individuums *zu diesem Zeitpunkt.* Die Rangordnung innerhalb einer sozialen Gruppe oder einem Rudel ist *dynamisch* (sich ständig verändernd) und *sehr stark situationsbedingt.* Ein Beispiel: Wenn Sie sehr hungrig sind, kann es wichtiger sein, Essen zu bekommen als ein Spielzeug, sodass Sie problemlos das Spielzeug für das Essen aufgeben.

Eine Ressource ist alles, was einem einzelnen Tier zu einem bestimmten Zeitpunkt wichtig ist. Daher kann eine Ressource etwas Offensichtliches und Greifbares sein, wie beispielsweise Futter, oder etwas Abstrakteres und Individuelles, wie beispielsweise persönlicher Raum. Wie vehement Ihr Hund eine Ressource bewacht, hängt davon ab, wie wichtig ihm diese in genau diesem Moment ist. Ist ein Hund mit seinem Bewachungsverhalten erfolgreich, wird er auf dieses Verhalten wieder zurückgreifen. Unter bestimmten Umständen wird dieses Verhalten zu einer Gewohnheitsreaktion, die ihm durch die Umgebung vorgegeben wird.

Bei Hunden, die ihren »Status« als Methode benutzen, um Zugang zu einer Ressource zu erhalten, darf man nicht vergessen, dass, wenn sich diese Ressource oder dieses »Bedürfnis« ändert, sich auch der relative Status des Einzelnen verändern kann. Ich zögere, Wörter wie »Alphatier« zu benutzen, da dies ein weiteres Wort ist, mit dem so oft um sich geworfen wird, dass seine Definition nur noch sehr schwammig ist. Doch in einer sozialen Gruppe gibt es häufig ein Alphatier, das öfter Zugang zu einer bevorzugten Ressource bekommt als dass es diesen nicht bekommt. Wenn beispielsweise meine Terrierhündin Breanna nicht auf einem Knochen kauen möchte, aber ein anderer Hund ankommt, darf dieser ihr den Knochen »wegnehmen«. Aber wenn sie den Knochen haben möchte, kann sie den anderen Hund allein mit einem Blick wegschicken. Ich habe gesehen, wie sie einem anderen Hund »erlaubt« hat, Futter oder einen Knochen in Besitz zu nehmen, wenn es ihr nicht wichtig war, oder es dem anderen Hund offensichtlich wichtiger war als ihr. Ich habe auch beobachtet, wie sie einem anderen Hund gedroht oder ihn angestarrt hat, wenn dieser etwas hatte, was sie gar nicht haben wollte (beispielsweise ein Spielzeug, sie bevorzugt nämlich lebhaftes Spielen...) bis dieser Hund den Gegenstand ihr nervös überließ. Dann läuft sie zu dem Gegenstand hin, schnüffelt daran, bewegt ihn zwei Meter hin und her, geht dann weg und überlässt ihn wieder dem anderen Hund. »Wenn ich ihn haben will, kann ich ihn haben. Wenn ich ihn nicht will, kannst du ihn haben!«

Der Fehler, den viele Hundebesitzer machen, ist, dass sie die Sozialordnung der Hunde nicht als das schätzen, was sie ist. Die Besitzer machen Fehler bei der Interpretation der Hundesprache oder, was noch häufiger der Fall ist, sie erkennen nicht einmal, dass der Hund kommuniziert. Daher lernt der Hund, dass er vorrangigen Zugang zu einer Ressource haben kann - und dies ist der Inbegriff eines Verhaltensproblems, das hätte vermieden werden können. Hundebesitzer wissen nicht unbedingt, welche Ressourcen Hunden wichtig sind (Fress- und Schlafbereiche, Spielzeug oder Personen). Daher lassen sie den Hund lernen, diese Ressourcen zu bewachen, und halten dies häufig für ein »süßes« Verhalten bei diesem kleinen Welpen. Dasselbe Verhalten ist *nicht* so süß bei einem großen, ausgewachsenen Hund. Ein weiterer, häufiger Fehler ist, dass die Besitzer Bewachungsverhalten nicht als Bewachungsverhalten erkennen und nicht realisieren, dass dieses zu einem Verhalten ausarten kann, welches für den Welpen, wenn er erwachsen ist, ein Risiko darstellen kann.

Der andere, große Fehler ist, wenn ein Besitzer so paranoid ist, dass jede Bewegung des Hundes als eine Art Status erhaschendes Verhalten angesehen wird. Die ganze »Lass deinen Hund nicht vor dir durch die Tür gehen, da er dich sonst dominiert«-Ideologie. Also wirklich! Meine Hunde dürfen nicht durch die Tür gehen bis ich es ihnen sage, aber dabei geht es um Sicherheit. Ich möchte nicht gerne von Hunden umgerissen werden, die mich vor lauter Begeisterung, in den Garten zu kommen, zur Seite schubsen. Wenn ein Hund vor mir durch die Tür prescht, denke ich nicht, dass er böse Absichten hat und »mir eins auswischen möchte«. Ich denke einfach nur, dass er nach draußen möchte und den direkten Weg nimmt.

So oft gibt es eine einfache Erklärung für das Verhalten Ihres Hundes - er tut es, weil er es möchte, oder einfach, weil er gelernt hat, dass er es kann. Keine bösen Absichten und kein fieser Unterton. Sie müssen nicht dafür sorgen, dass Ihr Hund ständig unterwürfig ist, Sie müssen ihm nur klarmachen, dass die Spiele nach Ihren Regeln gespielt werden. Wenn ich zum Beispiel möchte, dass ein Hund zu mir ins Bett kommt, lade ich ihn dazu ein. Wenn ich nicht möchte, dass jemand die ganze Nacht auf meinen Beinen liegt, kann ich den Hund in eine Box sperren oder ihn im Wohnzimmer schlafen lassen. Aber ich habe die Wahl! Wenn ich meine Hunde beim Mittagessen neben mir sitzen und niedliche Dinge für Futter machen lassen möchte (am Tisch betteln!), kann ich das machen. Wenn ich ein ruhiges Familienessen haben möchte, ohne dass die Hunde um den Tisch schleichen und speicheln, lasse ich sie im Platz-Bleib in einem anderen Raum, während wir essen. Meine Entscheidung! So teilen Sie Ihrem Hund mit, dass Sie die Regeln festsetzen und nicht er.

Ritualisierte Verhaltensmuster sind eine Kette von Verhaltensweisen, welche unter Angehörigen einer Spezies eine bestimmte Bedeutung haben. Hunde verwenden sie, damit sie - ohne auf Gewalt zurückgreifen zu müssen - entscheiden können, wer in Situationen, aus denen Konflikte erwachsen können, nachgibt und wer die Oberhand gewinnt. Stünde einem sozialen Tier keine andere Möglichkeit zur Verfügung, um Streitigkeiten über Ressourcen zu schlichten, würde der Zugang zu diesen über Aggression und Angst geregelt oder die Spezies hätte sich schon längst gegenseitig ausgerottet. Ritualisierte Verhaltensmuster sorgen für deutliche Kommunikation. Dadurch wird das Stress-Niveau gesenkt, wodurch positives Sozialverhalten gefördert wird, da gestresste Tiere dazu neigen, aufgrund der damit verbundenen chemischen Veränderungen im zentralen Nervensystem, reaktiver zu sein. Um diese unangenehmen Konsequenzen zu vermeiden, berufen sich soziale Tiere auf eine elegante Lösung: ritualisierte Verhaltensmuster. Bei der Konfliktlösung gibt es zwei grundlegende Formen dieser Verhaltensmuster: Ein Hund ist entweder assertiv (durchsetzungsstark) oder nachgiebig.

Assertives (durchsetzungsstarkes) Verhalten könnte wie folgt beschrieben werden:

- »Diesmal bekomme ich die Ressource.«
- Ein gewisses Maß an Autorität in einem bestimmten Kontext.
- Ein Mitglied setzt sich gegen ein anderes durch.
- Selbstbewusstsein in einem bestimmten Kontext.
- »Das ist mir genau jetzt wirklich wichtig.«
- Autorität akzeptieren.

Nachgiebiges Verhalten könnte wie folgt beschrieben werden:

- »Diese Mal gebe ich nach.«
- Ein gewisses Maß an Kompromiss.
- Ein Mitglied kapituliert vor einem anderen.
- Möglicherweise (aber nicht immer) Unsicherheit in einem bestimmten Kontext.
- »Dir ist das gerade jetzt wichtiger als mir, und ich bin bereit, das zu akzeptieren.«
- Autorität erteilen.

Vergleich zwischen assertiver und nachgiebiger Körperhaltung
Dies ist ein Beispiel für zwei extreme Formen der Körperhaltung. Dazwischen gibt es noch viele Abstufungen.

Denken Sie, wenn Sie die Sprache der Hunde beobachten, daran, dass es zu rassespezifischen Abweichungen kommen kann. Ein Beagle, dessen Schlappohren in einer Alarmsituation aufgestellt sind, wird natürlich niemals so aussehen wie ein Deutscher Schäferhund, dessen Stehohren in einer Alarmsituation aufgerichtet sind. Um die Hundesprache verstehen zu lernen, müssen Sie nur aufmerksam sein. Beobachten Sie Ihren Hund, achten Sie auf die Verhaltensmerkmale, schauen Sie dann auf den Kontext und die anschließenden Ereignisse. So schaffen Sie Verbindungen zwischen dem wie Ihr Hund »aussieht« (Verhaltensmerkmale) und was die Intentionen des Hundes sind, wenn er so »aussieht«! Führen Sie dabei zur Hilfe ein Notizbuch. Das ist ein guter Anfang!

Warum sind diese Verhaltensweisen in sozialen Gruppen sinnvoll? Assertive und nachgiebige Verhaltensweisen helfen Hunden, eine friedvolle Koexistenz in ihren Gruppen aufzubauen. Dies ist eine energieeffiziente Koexistenz und somit die beste Überlebensstrategie. Der offensichtliche Vorteil ritualisierter Verhaltensweisen ist, dass eine stabile Sozialordnung mit einem Minimum an Gewalt und körperlicher Verletzung der Gruppenangehörigen aufrechterhalten wird. Konfrontationen können auf wenige Zwischenfälle reduziert werden, die oftmals äußerst subtil sind. Das ist erfolgreiches Überleben – der Schwerpunkt liegt auf kooperativem Zusammenleben. Ein Beispiel aus der Welt der Menschen könnte der warnende Blick sein, den Sie Ihrem Teenager zuwerfen, wenn er am Esstisch sitzt und mit dem Stuhl auf den Hinterbeinen kippelt. Ich muss meine Tochter nur demonstrativ anschauen und sie senkt den Stuhl auf den Boden. Die Befolgung meiner Wünsche rührt nicht von körperlichen Schlägen her, sondern ist ein erlerntes Verhalten. In der Vergangenheit waren solche Handlungen mit leichter, verbaler Missbilligung Ihrerseits verbunden sowie mit verbaler Befürwortung für angemessenes Verhalten. Die verbale Erinnerung und die soziale Missbilligung sind zu einem einzigen Blick verschmolzen. So subtil agieren Hunde.

Zusammenfassung

Es ist nützlich, zu verstehen, wie Hunde mit ihrer eigenen Spezies kommunizieren, da Hunde versuchen, bei Menschen dieselben Kommunikationstechniken anzuwenden wie bei Hunden. Hunde sind nicht von Beginn an »zweisprachig«. Wir müssen ihnen bei der Entwicklung dieser Fähigkeit helfen, genauso wie wir unsere eigenen Fähigkeiten, die Hundesprache zu verstehen, entwickeln müssen.

Menschen verpassen viele Kommunikationssignale von Hunden aufgrund von Unkenntnis, Ignoranz oder mangelnden sensorischen Fähigkeiten oder unterschiedlicher Wahrnehmung von Informationen aus der Umgebung. Zum Beispiel: Hunde benutzen viele Geruchssignale – Menschen haben dafür einfach keine Nase. Hunde »verhandeln« die ganze Zeit und benutzen dafür ihre eigene Muttersprache, einschließlich assertiver und nachgiebiger Verhaltensweisen. Ein Hund wird aufhören, Verhandlung als Maßnahme zur Konfliktlösung zu verwenden und stattdessen andere Verhaltensweisen zeigen (Kampf oder Flucht), weil

- ritualisierte Verhaltensweisen, die Muttersprache des Hundes, nicht begriffen werden oder niemals erlernt wurden, weil der Hund niemals die Gelegenheit hatte, sie zu verwenden,
- die Muttersprache »verloren« gegangen ist, weil der Hund dafür bestraft wurde, dass er Beschwichtigungssignale verwendete, wodurch die Wahrscheinlichkeit gesteigert wird, dass aggressives Verhalten verwendet wird.

Zeitweise greifen auch Hunde, die ritualisierte Verhaltensmuster korrekt verwenden, auf physische Auseinandersetzungen zurück, falls ein Konflikt um eine Ressource oder um Raum aufgrund des aktuellen Bedürfnisses des Individuums oder dessen Erfahrungen der Vergangenheit sehr heftig wird.

Sie sollten wissen, dass der Kontext sich im Hinblick auf Aggressionen stärker auswirkt als die traditionellen Vorstellungen von Dominanz und Unterwürfigkeit. Ein Großteil des Verhaltens von Hunden, das Menschen als »Aggression« abstempeln, ist ein Symptom des Bewachens wertvoller Ressourcen. Hundeverhalten wird dadurch diktiert, was genau in diesem Moment die wichtigste Ressource ist. Dieses Denkmuster ist viel direkter und näher an dem, wie der Hund die Situation wahrnimmt. Dieses Denkmuster ist weniger emotional und anthropomorph (vermenschlichend), zwei Begriffe, die ein effektives Präventions- oder Verhaltensänderungsprogramm nur verkomplizieren.

4

Faktoren, die aggressives Verhalten beeinflussen

Hunde entwickeln assertive und aggressive Verhaltensweisen, um ihren Erfolg als soziale, familienorientierte Rudeltiere zu sichern. Außerdem sind eine Reihe weiterer Faktoren bekannt, die Aggression bei Hunden beeinflussen. Dazu gehören:

- erlerntes Verhalten
- Genetik
- Hormone
- soziale Entwicklungsphasen
- Stress und Angst
- physiologische Faktoren
- Belastbarkeit und Trauma

Erlerntes Verhalten

Hunde experimentieren mit Verhaltensweisen. Ihr Hund wird also »etwas« tun und sich anschließend das Ergebnis betrachten. Seine zukünftigen Entscheidungen darüber, welche Verhaltensweisen am wirkungsvollsten sind (durch welche er das bekommen hat, was er wollte), wird er auf Grundlage der erhaltenen Informationen treffen. Hunde sind sehr flexible, erfinderische Wesen, die Verhaltensweisen nach Bedarf verwerfen, hinzufügen und verändern.

Das klassische Beispiel für erlernte Aggression ist der Briefträger. Er kommt täglich zum Haus, wirft die Post ein und verlässt das Gelände. Der Briefträger tut dies immer, egal ob der Hund einen Wirbel um ihn macht oder nicht! Aber aus Sicht des Hundes sieht die Situation ganz anders aus. Während der Hund aus einem Fenster des Hauses schaut, nähert sich jemand, der kein Familienmitglied ist, seinem Territorium. Der Hund bellt alarmierend. Der Eindringling geht weg. Der Hund nimmt an, dass sein Bellen dazu geführt hat, dass der Briefträger weggeht. Das passiert tagtäglich. Das Verhalten des Hundes eskaliert, und außerdem kann der Hund täglich eine Übungseinheit absolvieren, was dazu führt, dass sich sein Verhalten verstärkt. Es kann sogar sein, dass der Hund dieses Verhalten so generalisiert, dass er es auch auf Personen anwendet, die einfach nur auf dem Bürgersteig vorbeilaufen. Und dann betritt der Briefträger sogar tatsächlich das Territorium. Der Briefträger denkt, er würde nur ein Paket abgeben, für das Sie zuerst unterschreiben müssen – doch aus Sicht des Hundes benimmt sich der Eindringling nicht nur anormal (Bellen hat den Briefträger vorher immer vertrieben!), indem er nicht sofort das Territorium verlässt, sondern er betritt das Territorium sogar durch die Vordertür! Darum steigert der Hund sein »Du gehörst nicht hierher«-Verhalten, und der Briefträger, der darauf wartet, dass Sie für das Paket unterschreiben, dreht sich zum Hund um und schaut ihm freundlich in die Augen. Was der Hund wahrnimmt, ist Folgendes: direkter Blickkontakt = direkte Bedrohung. Es ist nicht nur so, dass diese Person nicht weggeht, sondern auch dass das gewöhnliche

Verhalten des Hundes unwirksam ist. Nun fühlt der Hund sich wirklich angegriffen und ist besorgt. Der Briefträger streckt seine Hand aus, um ihm einen freundlichen Klaps zu geben – und der Hund beißt zu.

Außerdem gibt es noch die auftretenden falschen Verknüpfungen. Der Hund ist anfangs freundlich zu anderen Hunden und Menschen, und rennt daher, immer wenn er einen anderen Hund oder eine Person auf dem Bürgersteig sieht, zur Begrüßung dorthin. Der Besitzer, der nicht gerne die Straße entlang geschleift wird, bestraft den Hund mit einem ordentlichen, festen Ruck an einem Würge- oder Stachelhalsband. Der Hund, dessen Verhalten seiner Meinung nach vollkommen sinnvoll ist, assoziiert die Bestrafung nicht mit seinem natürlichen Begrüßungsverhalten, sondern beginnt sich nähernde Hunde oder Menschen als *Vorzeichen für Bestrafung* anzusehen. Daher fängt der Hund an, sich beim Anblick einer Person oder eines Hundes angegriffen zu fühlen. Dieser Kreislauf aus Frustration, weil er nicht zu einer Begrüßung in der Lage ist, gepaart mit der Tatsache, dass der Hund sich angegriffen fühlt, kann sich so steigern, dass er zubeißt – manchmal den Besitzer (umgeleitete Aggression) und manchmal den unglückseligen Hund oder die Person, mit dem bzw. der der Hund letztlich in Kontakt treten darf. In den Erziehungs-, Kontroll- und Übungsabschnitten dieses Buches werde ich Ihnen Hilfsmittel zur Hand geben, um diese beiden Situationen zu bewältigen. Ganz kurz zusammengefasst, lautet die Lösung für diese beiden Probleme, dass Sie das Erscheinen des Briefträgers und die sich nähernden Hunde zu einem *Vorzeichen für Verstärkung* Ihrerseits machen. Dadurch kann der Hund sich über die sich nähernden Personen ein angemessenes Urteil bilden. Diese Technik hat den zusätzlichen Vorteil, dass Sie Ihrem Hund beibringen, ratsuchend zu Ihnen zu schauen.

Genetik

Wenn Sie ererbte Rassemerkmale kennen, können Sie zu wichtigen Erkenntnissen über das Verhalten eines individuellen Hundes gelangen. Dieselben Kenntnisse können hilfreich sein, wenn es darum geht, zu entscheiden, ob das Verhalten eines Hundes anormal oder normal ist. Seit Hunderten von Jahren werden Hunde selektiv auf bestimmte Charaktereigenschaften gezüchtet, die nun von modernen Hundebesitzern als »Problemverhalten« angesehen werden. Ja, Ihr Sheltie bellt rennende Kinder an und zwickt sie in die Ferse – das ist Hüteverhalten. Ja, Ihr Glatthaar-Foxterrier ist impulsiv und räuberisch – was bedeutet, dass es wohl keine gute Idee ist, wenn Sie bei sich zuhause kleine Nagetiere oder Katzen halten! Was bei einer Rasse normales Verhalten sein kann, kann bei einer anderen möglicherweise als anormal klassifiziert werden. Hetzen bedeutet bei einem Sheltie wahrscheinlich nur, dass er »die Schafe herumscheuchen« möchte. Hetzen bei einem Terrier kann jedoch der Anfang einer Jagdsequenz sein und eher mit einem festen Biss und Schütteln, im Gegensatz zu Zwicken, enden.

Eine sehr einfach dargestellte Jagdsequenz besteht aus den folgenden, grob chronologischen Verhaltensweisen:

- Fixieren
- Anpirschen
- Hetzen

- Beißen (Schütteln)
- Beißen (Halten)
- Zerreißen

Wir können erkennen, dass manche Rassen dafür gewählt wurden, diese Sequenz zu unterbrechen oder zu beenden. Beispielsweise hoffen wir eifrig, dass unsere Border Collies eine Jagdsequenz unterbrechen, während unser Terrier eine Jagdsequenz nicht unterbrechen soll. Das Wild nur zu hetzen, war auf den Bauernhöfen des 19. Jahrhunderts (und auch davor) nicht hilfreich, da durch Hetzen allein der Hof nicht frei von Schädlingen war. Vom Border Collie erwartete man, dass er das Vieh hütete, aber nicht verletzte. Früher wurden Hunde, die sich nicht entsprechend der fest verankerten Verhaltensmuster verhielten, schnell aus dem Genpool herausgenommen.

Wenn Sie an die Genetik und die besondere Arbeit einer bestimmten Rasse denken, schauen Sie sich die Wachhundrassen an. Denken Sie daran, dass unsere Vorfahren keine Freizeit hatten, die sie mit der Hundeerziehung verbringen konnten – das Ziel war, Tiere zu züchten, die eine natürliche Veranlagung zu speziellen Verhaltensweisen hatten, die für eine bestimmte Arbeit als wünschenswert angesehen wurden. Dieses Verhalten wurde erwartet und respektiert. Die Menschen gingen nicht davon aus, dass Hunde freundlich waren. Welche Charaktereigenschaften würden Sie beispielsweise für einen guten Wachhund auswählen? Eine Eigenschaft, für die ich mich entscheiden würde, wäre, dass er eine natürliche Veranlagung hätte, misstrauisch zu sein: »Es ist anders, also muss es gefährlich sein.« Viele einzelne Hunde verfügen bis zu einem gewissen Grad über diese Charaktereigenschaft, doch bei Wachhunden ist sie ein besonderes Kennzeichen. Eine weitere, geförderte Charaktereigenschaft ist das Territorialverhalten. »Du bist anders, also gehörst du nicht hierher.« Ebenfalls gefördert wurde das Besitzverhalten: »Das gehört mir!« Die Rottweiler, beispielsweise, die das Vieh zum Markt trieben, hatten außerdem noch die Aufgabe, auf dem Nachhauseweg das erhaltene Geld in einer Tasche um ihren Hals zu tragen. »Das gehört mir« schützte die Einkünfte des Bauern.

Nicht nur die einzelnen Rassen unterscheiden sich voneinander durch eine unermessliche Reihe an Merkmalen und Charaktereigenschaften und Persönlichkeiten, sondern diese finden sich auch innerhalb einer Rasse. Jede Rasse besteht schließlich aus Individuen, die eine Reihe von Charaktereigenschaften aufweisen. Obwohl Züchter nach bestimmten, bevorzugten Eigenschaften streben, gibt es immer noch viele unterschiedliche Ergebnisse, einschließlich Hunden, die wenig oder gar keine Rasseveranlagung zeigen sowie solchen, die die Rasseveranlagung im Übermaß zeigen.

Wir müssen zwar einräumen, dass die Genetik bei dem Verhalten, das Ihr Hund zeigt, eine Rolle spielt. Doch zu oft wird der Rassetyp als Entschuldigung für aggressives Verhalten genommen und dieses somit vom Besitzer nicht kontrolliert oder korrigiert. Doch unabhängig vom genetischen Hintergrund des Hundes ist unangebrachte, nicht situationsbedingte Aggression bei keiner Rasse jemals normal oder akzeptabel. Während anerkannt ist, dass bestimmte Hüte- oder Wachhundrassen »reserviert« sind und häufig nicht sofort freundlich zu Fremden sind, ist dieses

Verhalten weit entfernt von unpassendem »Ressourcenbewachen« eines Gegenstandes oder eines Besitzers vor einer nicht existierenden Bedrohung.

Zusammenfassend kann man sagen, dass Sie sich zwar genetischer Faktoren bewusst sein, die Informationen über die Rasse sowie über den einzelnen Hund aber verwenden sollten, um auf Bereiche aufmerksam zu werden, in denen Ihr Hund möglicherweise weiter erzogen werden muss. Benutzen Sie die Rasse nicht als Entschuldigung, um sich nicht die Mühe zu machen, Aggressionsprobleme zu vermeiden oder zu beheben. *Alle Hunde* müssen vielen verschiedenen Reizen ausgesetzt werden, damit sie sicher sind und ihr Urteilsvermögen verbessert sowie ihr Stresspegel reduziert werden, wodurch gleichzeitig ihre Beißschwelle erhöht und ihr Reaktionsniveau gesenkt wird.

Hormone

Hormone werden in verschiedenen Organen des Körpers produziert, zu einem anderen Organ transportiert und stimulieren dort dieses zweite Organ, sodass es funktioniert oder auf die Anwesenheit der Hormone mit chemischer Aktivität reagiert. Hormone können Denkmuster beeinflussen und das Gehirn auf verschiedene Arten stimulieren. Meine Erläuterung zum Thema Hormone werde ich auf die Wirkung beschränken, die sie auf defensives oder aggressives Verhalten haben.

Hormone können bei Aggressionen eine entscheidende Rolle spielen. Testosteron beispielsweise fungiert als eine Art Verhaltensmodulator, durch den Reaktionen intensiviert werden. Ein intakter Rüde reagiert auf Reize schneller, intensiver und länger. Statistisch gesehen hat die Kastration in 62 % der Fälle, in denen Rüden dazu neigten, sich anderen Hunden, vor allem anderen Rüden, gegenüber aggressiv zu verhalten, zu einer Reduzierung der Aggressionen geführt (Overall, 1997). Ich selbst habe in der Praxis die Erfahrung gemacht, dass durch Kastration auch in den meisten Fällen die Aggression gegenüber Menschen abnimmt. Die Statistiken verraten uns, dass die Mehrheit der ernsthaften Hundebisse von intakten Rüden, die älter als zwei Jahre sind, herrühren.

Unter mütterlicher Aggression versteht man die Reaktion einer Hündin mit Welpen, die aufgrund jeglicher Veränderungen in der Umwelt nervös ist, was zu Überreaktion führt. Es gibt einen direkten Zusammenhang zwischen dem Hormonspiegel und mütterlicher Aggression.

Intakte Hündinnen, die zusammenleben und läufig werden, können aufgrund der Veränderungen in ihrem Östrogen- und Progesteronspiegel sehr unangenehmes Verhalten an den Tag legen und Kämpfe beginnen. Ich habe außerdem festgestellt, dass sterilisierte Hündinnen sehr reaktiv werden können, wenn man eine intakte Hündin hat, die läufig wird. Erfahrene Hundeleute wissen um die berühmt-berüchtigten Kämpfe unter Hündinnen. Das kann ich durch meine eigenen Erfahrungen nur bestätigen. Sobald zwei Hündinnen beschließen, einander nicht zu mögen, und einen brutalen Kampf beginnen, ist es in manchen Fällen unmöglich, die Hündinnen soweit wieder miteinander zu versöhnen, dass sie nebeneinander leben können. Ich, sowie viele meiner

Kunden, konnten aggressives Verhalten bei Hündinnen sehr gut durch Sterilisation reduzieren.

Viele der hormonellen Auswirkungen auf aggressives Verhalten werden zu einem Großteil dadurch vermindert, dass der Hund einfach kastriert bzw. sterilisiert wird, d.h. Kastration (Entfernung der Hoden) beim Rüden und Sterilisation (Ovariohysterektomie) bei der Hündin. Durch die Kastration des Hundes können gute Ergebnisse erzielt werden, unabhängig vom Alter. Doch es ist von Vorteil, diese Prozedur so schnell wie möglich zu machen, da sich dann viele Angewohnheiten gar nicht erst entwickelt, beispielsweise exzessives Markieren des Reviers bei Rüden und Hündinnen sowie viele sexuelle Verhaltensweisen, die Menschen unappetitlich finden: das Urin von Hündinnen auflecken, Zähneklappern und Besteigen, um nur ein paar zu nennen. (Vergessen Sie aber nicht, dass Besteigen nicht immer ein sexuelles Verhalten ist - es kann auch ein Rangordnungsverhalten sein.) Je früher die Kastration bzw. Sterilisation gemacht wird, desto weniger werden Sie mit typischem Restverhalten eines intakten Tieres zu tun haben.

Sie sollten nicht zögern, Ihre Hunde kastrieren bzw. sterilisieren zu lassen. Wissenschaftliche Studien haben gezeigt, dass das Verhalten normaler Hündinnen und Rüden nicht durch frühe Kastration bzw. Sterilisation (im Alter von 12-16 Wochen) nachteilig beeinträchtigt wird. Viele Tierärzte warten lieber bis die Hunde sechs Monate alt sind, um die Risiken des chirurgischen Eingriffs zu minimieren sowie aufgrund der simplen Tatsache, dass das Tier dann größer ist und man leichter an ihm arbeiten kann. Die Kastration bzw. Sterilisation ist sogar mit vielen wohlbekannten Vorteilen verbunden, die hier jetzt nicht besprochen werden sollen. Aus vielen Gründen, sowohl das Verhalten als auch die Gesundheit betreffend, lassen Sie bitte Ihren Hund kastrieren bzw. sterilisieren!

(Anm. des Verlages: Im Gegensatz zu den USA, wo die routinemäßige Kastration oder Sterilisation von Hunden beiderlei Geschlechts verbreitet empfohlen wird, sieht man die Notwendigkeit zur »vorbeugenden« Kastration hierzulande kritischer, siehe u.a. auch die Arbeiten von Prof. Dr. Ganßloser. Beraten Sie sich in jedem Fall mit Ihrem Tierarzt und/oder einem guten Hundetrainer, ob die Kastration oder Sterilisation für Ihren Hund überhaupt sinnvoll ist.)

Falls Ihr Hund auf irgendeine Art und Weise aggressiv ist, ist es unverantwortlich, diese Neigungen an den Nachwuchs weiterzugeben, denn Generationen von Tieren würden dadurch einem Risiko ausgesetzt.

Soziale Entwicklungsphasen

Hunde durchleben Entwicklungsphasen, in denen sie lernfähiger und/oder sensibler für neue Reize sind. Wenn ein Hund isoliert gehalten wird und in entscheidenden Sozialisierungsphasen nicht einer Vielzahl von Erfahrungen ausgesetzt wird, ist es wahrscheinlicher, dass er Verhaltensprobleme, wie beispielsweise Aggression, entwickelt.

In ihren Studien beschreiben Laut Scott & Fuller (1965) (Bar Harbor, Maine), dass Hunde in den ersten 20 Lebenswochen entscheidende Entwicklungsphasen durchleben:

- Woche 3-8: Lernen, von Hund zu Hund zu kommunizieren.
- Woche 5-12: Lernen, mit Menschen zu kommunizieren.
- Woche 10-20: Lernen durch Erkundung neuer Umgebungen.

Diese Studien zeigen, dass bei einem Hund, der während der relevanten Zeitfenster bestimmten Reizen nicht ausgesetzt wird, ein höheres Risiko besteht, Verhaltensprobleme zu entwickeln, die mit bestimmten Entwicklungsphasen zusammenhängen. Ein Beispiel: Welpen, die keine Menschen zu Gesicht bekommen, bis sie 16 Wochen alt sind, können möglicherweise niemals ein richtiges Hund-Mensch-Verhältnis aufbauen. Welpen, die früher als im Alter von sieben Wochen von ihrer Mutter getrennt und mit der Hand aufgezogen werden, werden vermutlich weder normal mit Hunden kommunizieren noch ein normales Hund-Mensch-Verhältnis aufbauen. Besonders wichtig im Zeitfenster von fünf bis acht Wochen ist die Beißhemmung, die ein Welpe von seiner Mutter und seinen Wurfgeschwistern lernt. Das ist, wenn der Welpe die Sprache erlernt, durch die er vor seinen Artgenossen keine Angst haben muss und durch die er erfolgreich mit ihnen kommunizieren kann. Diese Fähigkeit wird auch das Selbstvertrauen des Hundes insgesamt und somit auch seine Kommunikation mit seiner Umgebung und den Menschen beeinflussen. Lässt man in dieser Phase den Welpen bei seiner Mutter und den Wurfgeschwistern, fördert man dadurch lebenslange, normale Verhaltensmuster.

Die Menschen geben Welpen schon früh ab, entweder aufgrund völliger Ignoranz gegenüber der Spezies, die sie züchten, oder weil sie faul sind; die Welpen machen den menschlichen Pflegern ab dem Alter von fünf bis sechs Wochen deutlich mehr Arbeit, besonders, wenn sie im Haus oder in der Garage untergebracht sind.

In einer idealen Welt würde ein Welpe frühestens im Alter von siebeneinhalb bis acht Wochen dauerhaft von seiner Mutter und seinen Wurfgeschwistern getrennt. Ich persönlich bevorzuge die Trennung mit acht bis neun Wochen. Die Ausnahme ist, wenn der Welpe sieben Wochen alt ist und dort, wo er ist, nicht vielen verschiedenen Erfahrungen ausgesetzt wird. Dann kann er genauso gut bei Ihnen sein, sofern Sie dem Welpen viele unterschiedliche Erfahrungen bieten. Wenn Sie vorsichtig sind oder das Glück haben, einen Welpen von einem dieser brillanten Züchter zu bekommen, welche die Welpen nicht einfach nur lagern, sondern sie tatsächlich sozialisieren, trainieren und zur Stubenreinheit erziehen, ist es völlig in Ordnung, diese Welpen bis zum Alter von zwölf Wochen bei ihrer Mutter und ihren Artgenossen zu lassen. Kurz gesagt, bedeutet mangelnder Kontakt mit bestimmten Reizen zu kritischen Zeitpunkten für den Hund ein hohes Risiko, Verhaltensprobleme zu entwickeln, die komplex, tief sitzend und schwer zu handhaben sind.

Eine Regel für Züchter, die mir meine Freundin und langjährige Züchterin Carol Wainwright beigebracht hat, ist die »Siebenerregel«. Im Alter von sieben Wochen, sollte ein Welpe den folgenden Situationen ausgesetzt worden sein (und jeglichen anderen, die Sie sich vorstellen können!):

- An sieben verschiedenen Orten gewesen sein (natürlich müssen diese sicher sein und dürfen für den Welpen kein Gesundheitsrisiko darstellen),
- Aus sieben verschiedenen Behältern gefressen haben,
- *Mindestens* sieben verschiedene Personen getroffen haben (einschließlich sicherer, behutsamer Kinder),
- *Mindestens* sieben Kilometer (oder mehr) im Auto gefahren sein,
- Mindestens sieben Mal in einer Box gewesen sein (öfter ist besser!),
- Mit sieben verschiedenen Arten von Spielzeug gespielt haben,
- Mindestens sieben unterschiedlichen Situationen ausgesetzt worden sein, zum Beispiel: fotografiert worden sein, einfache Verhaltensweisen, wie beispielsweise Sitz, gelernt haben etc.
- Sieben Mal alleine, ohne Mutter oder Wurfgeschwister, bespielt worden oder an einem Ort gewesen sein.

Hunde, die aufgrund ihrer Gene dazu neigen, eine besonders distanzierte Persönlichkeit zu entwickeln (und diese natürliche Zurückhaltung kann wiederum zu möglicherweise eskalierenden Aggressionsmustern führen), müssen intensiv sozialisiert und im Alter von acht Wochen bis 24 Monaten unaufhörlich neuen Reizen ausgesetzt werden. Anschließend sollte als Präventivmaßnahme das ganze Leben lang in regelmäßigen Abständen ein Erziehungsplan durchgeführt werden. Wachhunde, Hirtenhunde und Terrier sind hierfür die Hauptkandidaten. Ebenfalls dazu gehören die Hütehundrassen (wie Border Collies und Australian Shepherds), die zu territorialer und angstbasierter Aggression neigen.

Die wichtigste Maßnahme, die Sie ergreifen können, um Aggression bei Hunden zu vermeiden, ist *intensive Sozialisierung, unabhängig von Rasse und Persönlichkeitstyp.* Das ist der sicherste Weg, um vorwärts zu kommen! Hunde werden dem erfahrenen Halter verraten, wie viel Sozialisierung sie benötigen, doch da nicht alle Halter über das gleiche Erfahrungsniveau verfügen, sollten Sie lieber auf Nummer Sicher gehen als anschließend etwas zu bereuen. Setzen Sie Ihren Hund allen erdenklichen Dingen aus und machen Sie damit sein Leben lang weiter, am intensivsten im Alter von acht Wochen bis 24 Monaten.

Es scheint die allgemeine Auffassung zu sein, dass der Welpenkurs Ihren Hund »sozialisieren« würde. Das stimmt, ist aber nur ein Anfang! Hunde müssen neuen Reizen jeglicher Art ausgesetzt werden, manchen mehr als anderen – und über einen viel längeren Zeitraum als den sechs- oder achtwöchigen Welpenkurs. Der freche Welpe wird natürlich neuen Situationen gegenüber toleranter und weniger ängstlich sein. Je vorsichtiger der Welpe ist, desto nötiger hat er diese Ausgesetztheit. Der leicht ängstliche Hund mag im Alltag leichter zu handhaben sein als der furchtlose Welpe. Der vorsichtige Welpe wird einfach in weniger Unfug verwickelt sein, da Vermeidung seine natürliche Reaktion auf neue Reize ist, während die Reaktion des frechen Welpen ist: »Was ist das?«

Bei der Auswahl eines Welpen ist es sehr wichtig, sich selbst gut zu kennen und zu wissen, wie viel Mühe man in die Erziehung und Sozialisierung stecken möchte. Der sehr vorsichtige und der sehr freche Welpe sind Hunde, die als Erwachsene am ehesten zum Beißen neigen. Beide brauchen intensive Erziehung. Beide neigen stärker dazu, als Erwachsene riskantes Verhalten zu zeigen. Die vorsichtigen Hunde verzeihen Erziehungsfehler kaum. Die frechen Hunde sind sehr gut darin, ihre Besitzer dazu zu bringen, ihnen zu gehorchen, indem sie sie zermürben.

Bei Hunden, die nicht in ausreichendem Maße neuen Reizen ausgesetzt werden, besteht ein viel höheres Risiko, im Erwachsenenalter Verhaltensprobleme zu entwickeln (Angst UND Aggression). Ein Welpenkurs ist eindeutig wichtig und ein hervorragender Anfang. Anhand der von mir beobachteten Hunde, sowohl meinen eigenen als auch Tausenden von Heim- und Trainingshunden, hat sich gezeigt, dass Erziehung und Kontakt zu vielen Menschen und Hunden auch noch nach dem Alter von 24 Monaten stattfinden müssen. Alternativ können Sie auch, wenn Sie eine gute Hundeschule haben, in der die Methodik human ist und auf positiver Verstärkung basiert, an einem Welpenkurs teilnehmen und dann mindestens alle zwei bis drei Monate einen weiteren Kurs belegen.

In meiner Hundeschule bieten wir Kurse für Welpen an, in denen die Sozialisierung mit anderen Hunden und Menschen im Vordergrund steht, und mit einfachen Gehorsamsübungen, wie Sitz, Platz, Komm und Aus, begonnen wird. Anschließend können die Leute einen der Kurse besuchen, die über die Grundlagen hinausgehen und in denen unterschiedliche Aktivitäten angeboten werden, wie beispielsweise Obedience, Agility und Nasenarbeit (z.B. Fährtensuche). Zueinander passende Hunde können in diesen Kursen spielen, doch der Schwerpunkt liegt darauf, in Gegenwart von anderen Hunden zu arbeiten und dabei gesittet und friedlich zu sein und der Ablenkung durch andere Hunde zu widerstehen. Hunde, die unangeleint sicher sind, können an einem Agility-Kurs teilnehmen oder oben genannte Kurse wiederholen. Im Alter von neun bis zwölf Monaten oder älter kommen Hunde, die sozial weniger gut verträglich sind, in einen »Resozialisierungskurs«. In diesem Kurs setzen wir den Schwerpunkt auf korrekten Hund-zu-Hund-Kontakt und gutes Betragen gegenüber anderen Hunden und Menschen. Dieser Kurs ist eigens für Hunde, die vorsichtiges, heikles oder aggressives Verhalten zeigen.

Eine Richtlinie für Kurse mit dem ausdrücklichen Ziel, dass Ihr Hund sich anderen Hunden und Menschen gegenüber gut benimmt und das Befolgen von Kommandos trotz Ablenkung und/oder Aufregung übt, lautet wie folgt:

- Welpenkurs im Alter von acht bis zwölf Wochen
- Wiederholung des Welpenkurses oder Teilnahme an Anfängerkurs im Alter von fünf bis sechs Monaten
- Wiederholung des Anfängerkurses oder Teilnahme an einem Agility- oder Obediencekurs mit Schwerpunkt auf Benehmen im Alter von 9-12 Monaten
- Teilnahme an einem Kurs jeglicher Art im Alter von 18 Monaten
- Teilnahme an einem Kurs jeglicher Art im Alter von 24 Monaten

Dies ist das Minimal-Programm. Ich halte es für besser, wenn Hundehalter konstant trainieren, aber die meisten Menschen machen zwischendurch einen oder zwei Monate Pause, und das scheint bei den meisten Hunden gut zu funktionieren. Zwischen den einzelnen Kursen kann man seine Erziehungsfähigkeiten nutzen und den Hund immer wieder unterschiedlichen Situationen aussetzen.

Wenn Sie einige Kurse besuchen, dann aber mit Ihrem Hund nur zuhause sind und dort friedlich mit ihm leben, haben Sie möglicherweise überhaupt keine Probleme, größtenteils deshalb, weil dieser Hund niemals einer Situation ausgesetzt wird, in der er seine Bewältigungsstrategien unter Beweis stellen könnte. Doch gerade diese Hunde unterliegen einem höheren Risiko, Probleme zu entwickeln, schlicht und einfach deshalb, weil sie ihre Bewältigungsfähigkeiten nicht in verschiedenen Situationen üben konnten.

Welpen zu sozialisieren, die zu sozialen, gut angepassten Hunden heranwachsen, ist schon allein aufgrund der geringeren Größe von Welpen weniger riskant. Außerdem verfügen Welpen über weit geöffnete »Sozialisierungsfenster« und haben keine ganze Liste an gängigen Reizen, die sie mit Angst in Verbindung bringen. Ältere Hunde können auch sozialisiert werden, aber das erfordert eindeutig mehr Zeitaufwand und der Sicherheitsfaktor ist eingeschränkt.

Man muss begreifen, dass es zwar leichter ist, Welpen zu sozialisieren, *Erziehung* aber in jedem Alter erfolgen kann! Hunde sind sehr lernfähig, genau wie Sie. Sie hören auch nicht im Alter von 25 oder 40 oder sogar 80 auf zu lernen! Genauso verhält es sich mit unseren Hunden, die in jedem Alter neue Verhaltensweisen lernen.

Es ist am besten, Welpen mit einer Vielzahl von Gegebenheiten vertraut zu machen, weil Sie dadurch die Faktoren stark reduzieren oder eliminieren, durch die der Hund dem Risiko unterliegt, später ängstlich und / oder aggressiv zu werden.

Lassen Sie sich nicht entmutigen, wenn Sie sich einen älteren Hund anschauen, der bereits mehrfach den Besitzer gewechselt hat. (Damit ist ein Hund gemeint, der in mehr als dem Haus, in dem er geboren wurde, und dem Zuhause, in das er anschließend abgegeben wurde, gelebt hat. Solche Hunde haben oft schlimme Situationen erlebt, waren in einem Tierheim oder Hundezwinger, sind von einem Zuhause ins nächste gekommen und so weiter.) Der Großteil der Hunde kann durch Verhaltensänderung »rehabilitiert« werden. Das Schöne an älteren Hunden ist, dass Probleme, sofern welche bestehen, ersichtlich sind; und bei einem ausgeglichenen, älteren Hund verhält es sich ungefähr wie folgt: WYSIWYG.[1] Ich habe sowohl mit Welpen als auch mit älteren Hunden gearbeitet, die bereits mehrere Besitzer hatten, und kann nicht sagen, welche von beiden ich bevorzuge. Beide haben sich für mich und auch viele meiner Kunden zu hervorragenden Gebrauchshunden und tollen Haustieren entwickelt. Ältere Hunde sind aus vielerlei Gründen die bessere Wahl für Familien mit kleinen Kindern, nicht zuletzt deshalb: Welche Familie mit einem Kleinkind und einem Säugling und arbeitenden Eltern hat genug Zeit, um auch noch einen Welpen zu erziehen?

[1] What You See Is What You Get = Was du siehst, ist das, was du bekommst

Stress und Angst

Stress und Angst sind die Hauptgründe für Aggression. Beide Faktoren werden immer tiefgreifende und erhebliche Auswirkungen auf Aggression haben. Obwohl sie in dieselbe Kategorie eingruppiert und oftmals im selben Atemzug genannt werden, handelt es sich dennoch um zwei voneinander getrennte und verschiedene Kategorien.

Stress rührt direkt von der Unfähigkeit her, mit der derzeitigen Situation umzugehen, egal, um was für eine Situation es sich handelt. Aus einer Unzahl an Gründen ist der Hund nicht in der Lage, mit den vorliegenden Gegebenheiten fertig zu werden. Aggression ist bloß ein Symptom, welches zeigt, wie gestresst der Hund durch die Umgebung ist.

Stress ist wie die Reaktion eines Allergikers auf die Umwelt. Wenn Sie unter Heuschnupfen leiden, werden Sie wahrscheinlich manche Allergene vertragen können. Wirkliche Probleme bekommen Sie, wenn Sie innerhalb eines zu kurzen Zeitraums, als dass Ihr Körper dies bewältigen könnte, mehreren Allergenen ausgesetzt werden. Das Ergebnis ist ein Allergieanfall. Dies ist ein typischer Fall vom »Tropfen, der das Fass zum Überlaufen bringt«. Wenn er mehreren Stressfaktoren innerhalb kurzer Zeit ausgesetzt wird, kann wohl jeder Hund aggressiv werden. Wird er ausreichend Stress über eine längere Zeitspanne ausgesetzt, kann ein Hund ein reizbares, überreaktives Temperament entwickeln.

Stress und Angst ähneln sich insofern, als dass beide zu physiologischen Veränderungen im Körper sowie psychologischen Reaktionen auf eine Situation führen. Besonders Angst aktiviert Verteidigungsmuster, welche das Tier auf Flucht- oder Kampfreaktionen vorbereiten. Stress geht der Angst voraus, wodurch der Hund aufgrund mangelnden Vertrauens darin, dass er mit der derzeitigen Situation umgehen kann, anfälliger für eine ängstliche Reaktion ist.

Wenn er über einen langen Zeitraum angst- oder stresshervorrufenden Reizen ausgesetzt wird, kann der Körper so stark aus der normalen Bahn geworfen werden – sowohl chemisch als auch das Verhalten betreffend –, dass es für ihn schwierig ist, wieder zu seinem normalen Emotionszustand und den üblichen Verhaltensmustern zurückzufinden. Langfristig Stress und Angst ausgesetzt zu sein, ist häufig die Wurzel pathologischer Verhaltensmuster, die sich als aggressives Verhalten manifestieren können.

Kommt es zwischen zwei Hunden zu Konflikten und wird ein Hund gestresst, versucht ein normaler Hund es mit nachgiebigem und/oder besänftigendem Verhalten, um die Aggression »abzuwenden«. Nachgeben ist nur eine Möglichkeit, mit der ein Hund nicht-aggressive Absichten signalisiert. Wenn die Auseinandersetzung heftiger wird, kann der Hund es mit gesteigertem unterwürfigem Verhalten probieren. Falls diese Strategie nicht funktioniert, kann es sein, dass das gestresste Tier Angst bekommt. Falls dieses Verhalten die Konfrontation nicht beendet, kann ein Fluchtversuch gestartet werden. Dieser Zustand der Angst kann auch eintreten, falls der andere Hund nicht über gute Sprachfertigkeiten verfügt und nicht richtig auf die Aufforderung des gestressten Tiers durch »Zurückweichen« reagiert.

Wenn Flucht keine Möglichkeit darstellt, schaltet der ängstliche Hund in den Verteidigungs-Modus, in dem Aggression für ihn lebenswichtig ist. Natürlich zeigt der gestresste Hund (der mittlerweile ein ängstliches Tier ist) zu diesem Zeitpunkt keine ritualisierten Verhaltensmuster, um eine Lösung des Konflikts herbeizurufen. Er ist einfach in einem Abwehrzustand und scheint verzweifelt zu versuchen, der Situation mit allen Mitteln zu entkommen.

Das Problem ist, dass die Reaktion des anderen Hundes auf diesen Abwehrzustand ebenfalls ein Abwehrzustand ist – und dann kommt es zu einem Kampf zwischen den Hunden. Bei diesem Szenario hätte der »andere« Hund zu jedem Zeitpunkt vermeiden können, dass das Verhalten des ängstlichen Hundes eskaliert, indem er einfach auf besänftigende Art und Weise reagiert oder den gestressten Hund ganz in Ruhe gelassen hätte.

Die gute Nachricht ist, dass Sie die Beiß-Hemmschwelle Ihres Hundes erhöhen können, indem Sie ihm beibringen, mit stressigen und angsteinflößenden Situation umzugehen. Wir werden später in diesem Buch ausführlich darauf zurückkommen. An dieser Stelle reicht es, zu sagen, dass das Hervorrufen angebrachten Verhaltens unter verschiedenen Umständen sowie Desensibilisierungs- und Gegenkonditionierungsprogramme alle dazu beitragen, dem Hund das nötige Selbstbewusstsein zu geben, um nicht-aggressives Verhalten statt aggressivem Verhalten zu wählen. Durch diese Verfahren oder Übungspläne erhält Ihr Hund Informationen über alternative Verhaltenswege und lernt, dass Sie diese alternativen Wege für Gut heißen!

Physiologische Faktoren

Ich erkläre es mal ganz einfach: Stellen Sie sich das Gehirn als zwei voneinander getrennte Bereiche vor. Jeder Neurochirurg würde dies für sehr vereinfacht ansehen. Aber für unsere Zwecke reicht es.

Das Limbische System ist für primitive Reaktionen verantwortlich – starke, überwältigende Emotionen, wie beispielsweise Angst, Lust, Trauer und Wut, entstehen hier und sind hier zentriert. Stellen Sie sich dies als Eidechsen-Gehirn vor. Dann gibt es noch das Gegenstück – den Präfrontalen Cortex, in dem die höherwertigen Lern- und Denkprozesse stattfinden. Das ist das Einstein-Gehirn. Wenn Ihr Hund sich inmitten eines aggressiven Ereignisses befindet, was glauben Sie, wo seine Handlungen entstehen?

Das Eidechsen-Gehirn und das Einstein-Gehirn ziehen nicht am selben Strang. Eines ist »Anführer«, das andere »Gefolgsmann«. Eine Strategie ist, den Hund mit einem Umschaltmechanismus auszustatten. Dadurch erhält Ihr Hund die Möglichkeit, von seinem Eidechsen-Gehirn, bei dem er auf seine Umwelt nur reflexartig reagiert, auf sein Einstein-Gehirn umzuschalten, bei dem er anfangen kann, Probleme zu lösen und alternative Verhaltensweisen zu zeigen. Die Selbstentspannungsübungen – Zen-Sitz und -Platz, die später besprochen werden – sind ein hervorragender Umschaltmechanismus.

Physiologische Veränderungen sind untrennbar mit dem emotionalen Zustand und Körperhaltungen verknüpft. Das ist ein chemischer Prozess, der im endokrinen System und im Zentralnervensystem entsteht. Um dies zu veranschaulichen, stellen Sie sich folgende Situation vor: Man kann eine Person, die emotional sehr aufgebracht ist, dazu auffordern, sich hinzusetzen und zehnmal tief ein- und auszuatmen. Wenn Sie sehr aufgebracht sind und dann diesen Ratschlag befolgen, werden Sie feststellen, dass Sie sich wirklich viel ruhiger fühlen und mit der derzeitigen Situation besser klarkommen. Diese Handlung ist ein »Umschaltknopf«, der es der Person ermöglicht, den überreaktiven, emotionalen Eidechsen-Zustand herunterzufahren und zu einem rationalen, »gedankenvollen« Handlungszustand zurückzukehren. Dies ist genau die Funktion, die Sie in Ihrem Hund aktivieren, wenn Sie ihn zu »Bleib Sitz und ruhig« oder »Blickkontakt als Rettungsanker«, wie im Übungsplan beschrieben, auffordern.

Manche Hunde können nicht umschalten, weil ihr Verhalten pathologisch ist. In diesem Fall empfehle ich dringendst die Hilfe eines Spezialisten. Suchen Sie einen erfahrenen Spezialisten auf, der weiß, ob zusätzlich zu Methoden zur Verhaltensänderung eine Arzneimitteltherapie eine praktikable und sinnvolle Option ist. An dieser Stelle muss angemerkt werden, dass die Arzneimitteltherapie im Falle von Aggressionen eine recht neue und manchmal unberechenbare Methode ist. Sie benötigt strenge Überwachung durch einen sehr engagierten Besitzer sowie die Hilfe eines Verhaltensexperten und eines Tierarztes.

Belastbarkeit und Trauma

Manche Hunde sind sehr reizbar - sie reagieren auf kleinste Reize in unterschiedlichsten Situationen mit Angst oder Aggression. Reizbare Hunde »springen nicht gut wieder zurück«. Das bedeutet, wenn sie einmal unter Stress stehen, erfolgt die Erholung nur langsam. Andere Hunde sind sehr belastbar und können ein hohes Maß an Frustration oder provozierenden Reizen erdulden, ohne aggressiv oder ängstlich zu werden. Wodurch sind diese Hunde belastbarer? Belastbarkeit kommt teilweise durch angeborene chemische Faktoren, sodass manche Hunde einfach eher dazu neigen, ein belastbares Temperament zu haben.

Die Summe der Erfahrungen, aus denen der Hund in der Vergangenheit gelernt hat, trägt wesentlich zu der Belastbarkeit bei. Hunde, die gut und früh im Umgang mit anderen Hunden, neuen Erfahrungen sowie einer großen Zahl von Menschen sozialisiert wurden, werden gegen Stress widerstandsfähig. Hunde, die stabil sind und größtenteils angenehme soziale Kontakte hatten, werden durch ein traumatisches Erlebnis nicht übermäßig beeinflusst. Mein Hund Punch, zum Beispiel, war sehr gut sozialisiert und hatte jahrelang gute Erfahrungen mit anderen Hunden gemacht, als er eines Tages mit Maeve in einen Kampf verwickelt und schwer verletzt wurde. Seit diesem Tag ist Punch Maeve gegenüber aufdringlich und provokant (das ist der Terrier in ihr, da kann man nichts machen), aber anderen Hunden gegenüber benimmt sie sich gut, sogar gegenüber anderen Deutschen Schäferhunden. Belastbare, kluge Hunde können gut zwischen einzelnen Reizen unterscheiden.

Andererseits können Hunde, die nicht in jungen Jahren gut sozialisiert wurden, durch ein einziges traumatisches Erlebnis aus dem Gleichgewicht geworfen werden und aggressives oder reaktives Verhalten auf alle anderen Hunden beziehen (oder Menschen, falls das der Ursprung des Traumas ist).

Hunde, die als Welpen vorsichtig sind, neigen als Erwachsene dazu, weniger belastbar zu sein. Wenn die Besitzer dies schon früh erkennen und sich sehr bemühen, den Hund zu sozialisieren, kann dies die natürlichen Neigungen des Hundes wettmachen.

Gleichermaßen können mehrere traumatische Ereignisse in jungen Jahren, wie es bei manchen Hunden, die bereits mehrere Besitzer hatten, der Fall ist, dazu führen, dass ein Hund reizbar ist. Diese Hunde generalisieren Konfliktsituationen sehr leicht und reagieren sehr stark auf alle neuen oder provozierenden Reize und können nicht mehr unterscheiden, welche Reize positiv sind. »Ich kriege dich, bevor du dafür sorgst, dass ich mich unbehaglich fühle«, lautet der Modus operandi.

Am besten sorgt man früh dafür, dass der Hund belastbar wird. Dies geschieht durch umfangreiche positive Erfahrungen mit neuen Leuten, Umgebungen und anderen Hunden.

Zu der Arbeit mit einem Hund, der bereits reizbar ist, gehört es, die aggressiven oder ängstlichen Reaktionen durch neue, bessere Verhaltensweisen zu ersetzen und ihm beizubringen, neutrale oder nicht-bedrohliche Reize zu erkennen. Es ist außerdem wichtig, ihn die Hundesprache verstehen zu lehren, sodass er Beschwichtigungssignale von distanzschaffenden Signalen unterscheiden kann. Und Sie müssen ihm beibringen, dass er, wenn er distanzschaffende Signale sieht, sich aus Schwierigkeiten heraushalten kann, indem er Beschwichtigungssignale einsetzt und nicht aggressiv reagiert.

5

Wie Hunde Aggressionen zu vermeiden lernen

Aus den bisherigen Erläuterungen zeigt sich, dass Hunde, die ansonsten gesund sind (Hunde, die nicht unter einer chemischen oder sonstigen physiologischen Anormalität bzw. dem, was wir bei Menschen als »Persönlichkeitsstörung« bezeichnen würden, leiden), aus einer Vielzahl an Gründen aggressiv sein können:

- Aufgrund mangelnder Erziehung und/oder Sozialisierung in jungem Alter hat der Hund niemals die »Sprachfähigkeiten« erlernt, die notwendig sind, um aggressives Verhalten mithilfe der Kommunikation zu vermeiden.
- Da er nicht ständig neuen Reizen ausgesetzt wird, fürchtet sich der Hund vor »neuen« oder unbekannten Reizen.
- Nicht korrekter Gebrauch von Bestrafung hat dazu geführt, dass der Hund gelernt hat, dass sich nähernde Hunde und Menschen Vorboten von Bestrafung sind, und er niemals gelernt hat, dass sein Verhalten den Besitzer verärgert hat. Hier ist eine unerwünschte Verknüpfung entstanden: Der andere Hund oder die Person kündigt ein »gefährliches« Ereignis an (die Bestrafung, die der Hund erhält).
- Die Menschen, die in ständigem Kontakt mit dem Hund stehen, verstehen die Sprache des Hundes nicht und bringen ihn in eine Lage, in der er aufgrund eingeschränktem persönlichen Raumes oder unbeabsichtigter Verletzungen keine Alternative zu aggressivem Verhalten sieht.
- Wenn der Hund in der Vergangenheit aggressiv war und dies dazu geführt hat, dass er Zugang zu einer gewünschten Ressource oder persönlichem Raum erhielt, hat dieses Verhalten sich in den Augen des Hundes gelohnt und sein aggressives Verhalten wurde verstärkt. Das bedeutet, als direktes Ergebnis aggressiven Verhaltens erreichte der Hund sein Ziel. Wenn sich nichts ändert, wird sich der Hund weiterhin aggressiv verhalten, solange das Endergebnis ihn verstärkt.
- Wiederum aufgrund mangelnder Erfahrung interpretiert der Hund die Sprache eines Menschen oder Hundes als Bedrohung.
- Der Hund befindet sich in Situationen oder Umständen, welche Aggression fördern, oder der Hund schaut sich aggressives Verhalten von einem Hund, mit der er zusammenlebt oder zu dem er häufigen Kontakt hat, ab.

Normale Hunde, die früh entsprechende Erfahrungen machen und Gelegenheit zum Umgang mit anderen Hunden oder Menschen haben, verstehen und benutzen die Signale, durch die sie Aggression vermeiden können. Bei diesen Signalen handelt es sich um die natürliche Sprache der Hunde, welche die Hunde intuitiv verstehen und anwenden. Im Gegensatz dazu können Hunde, die nicht früh genug Erfahrungen machen konnten, nicht gut erzogen wurden oder ein Trauma erlitten haben, ihre Muttersprache »vergessen« oder, genauer gesagt, sie glauben nicht mehr, dass ihre Sprache »funktioniert«. Es liegt in unserer Verantwortung, unseren Hunden so gut wir können dabei zu helfen, ihre Sprache wiederzufinden. Kurz gesagt: Menschen müssen die Hundesprache lernen, genauso wie der Hund die Sprache der Menschen lernen muss, sodass wir so gut wie möglich miteinander kommunizieren können. Die Sprache Ihres Hundes zu lernen und ihm Ihre Sprache beizubringen, ist das, worum es bei der Erziehung geht. Ein Kommunikationssystem aufzubauen ist Erziehung. Denken Sie daran: *Wenn Sie es in einem Satz sagen müssen, wird Ihr Hund es niemals verstehen,* weil Hunde eine andere Sprache als wir verwenden.

Normale, erfahrene Hunde sprechen ihre eigene Sprache fließend und gewandt und haben verschiedene ritualisierte Verhaltensweisen erlernt, um Aggression untereinander zu verhindern. Als Hundebesitzer würden wir gut daran tun, diese Art der Kommunikation zu erlernen. Ich benutze zum Beispiel Fletcher, meinen Basset Hound, um wilde Welpen, Jugendliche und manchmal auch ältere, nicht erzogene Hunde zu sozialisieren. In meinem Hundezwinger ist allgemein bekannt: »Fletcher leitet den Kindergarten.« Es ist unglaublich, Fletcher bei der Arbeit zuzusehen. Jedes Mal kann ich beobachten, wie er für Ruhe in einer Gruppe Welpen sorgt. Wenn das Spiel seiner Einschätzung nach zu grob wird oder einer der Welpen ängstlich dreinblickt, trottet Fletcher heran, gibt ein lautes »Wuff« von sich und stellt sich, allerdings neutral, in die Mitte der Kampfhähne. Erschrocken halten die Welpen inne. Mehrfach konnte ich beobachten, wie er allein mit seinem Blick drei Welpen in drei verschiedene Richtungen gescheucht hat. In einer Entfernung von einem bis anderthalb Meter sitzen sie dann ganz still da und schauen vorsichtig aneinander vorbei. Wenn Fletcher sich umdreht und weggeht, nehmen die Welpen ihr Spiel wieder auf, dieses Mal allerdings sanfter, damit Onkel Fletcher nicht wieder mit ihnen sprechen muss! Wehe dem Welpen, der einen anderen Welpen aufschreien lässt! Diese Unüberlegtheit wird schnell und kurz und bündig gehandhabt, meist indem Fletcher sich gegen ihn prallen lässt. Ich habe niemals gesehen, dass Fletcher einen Welpen mit den Zähnen berührt hat. Er benutzt ausschließlich seine hervorragenden Kommunikationsfähigkeiten und seine Autorität. Ich wünschte, ich hätte seine Fähigkeiten! Dann könnte ich mich Hundetrainer nennen!

Im nächsten Abschnitt werden Sie mehr über die Muttersprache der Hunde lernen. Sie werden lernen, Hunde aus einem bestimmten Grund zu betrachten: um die Sprache der Hunde zu beobachten, damit Sie die Intentionen des Hundes besser verstehen können. Sie werden etwas über ritualisierte Verhaltensmuster erfahren, vor allem über die, die Aggression vorausgehen können, und die, die angemessen sind, weil sie **kein** aggressives Verhalten sind. Ziel Ihrer Beobachtungen ist, die Sprache Ihres Hundes zu lernen, sodass Sie sein Verhalten besser ändern, Aggression verhindern und sichergehen können, dass Sie nicht aus Versehen einen Hund zu Aggression erziehen.

Teil II

Kommunikationssysteme der Hunde

6

Die Signale des Hundes interpretieren lernen – Kommunikationssysteme der Hunde

Haben Sie mal »Feuer im Schnee« von Jack London gelesen? In dieser Geschichte geht es um einen scharfen Beobachter, der niemals gelernt hat, die Bedeutung dessen, was er beobachtet, zu interpretieren.

Die Geschichte beginnt mit einem Mann, der im hohen Norden lebt. Er geht nach draußen und bemerkt eine eisige Kälte. Er beobachtet Anzeichen gefährlicher Situationen, beispielsweise dass wenn er spuckt, die Spucke sofort gefriert und »zerplatzt«, schon bevor sie den Boden berührt. Anstatt dass er seine Beobachtungen überdenkt, macht er eine unnötige Wanderung in die Wildnis. Während der kurzen, routinemäßigen Wanderung wird er nass. Doch obwohl er all die Dinge bei sich hat, die er braucht, um ein Feuer zu machen, kann er das nicht, weil seine feuchten Hände durch die Kälte untauglich sind. Da er seinen Beobachtungen keine Bedeutung beigemessen hat und nicht zu der richtigen Schlussfolgerung gekommen ist, dass das Wetter zu streng für eine Reise ist, erfriert er.

Ich finde, das ist eine passende Überleitung zur Erörterung der Hundesprache und wie wir sie verstehen. Während des Kundengesprächs wird deutlich, dass meine Kunden viele Verhaltensweisen bei ihrem Hund bemerkt haben und sich an diese erinnern. Doch wurden diese Verhaltensweisen entweder vom Menschen falsch interpretiert (gefiltert durch ein Glaubenssystem voll Vermenschlichung) oder die Signale waren nicht bedeutungsstark (und wurden daher ignoriert), weil die Menschen nicht wussten, was der Hund ihnen mitteilen wollte. Wenn sie nur zu dem Zeitpunkt verstanden hätten, was der Hund ihnen sagen wollte! Viele meiner Kunden erzählen nichts von diesen Beobachtungen, bis ich sie gezielt frage, wie der Hund »geschaut« hat. Da die Menschen nicht verstanden, was sie sahen, konnten sie nicht die »Bedeutung der Signale interpretieren«, die sie beobachteten.

Hunde geben sich größte Mühe, mit den Menschen zu kommunizieren. Mangelnde Erkenntnis und Missverständnisse zwischen uns sind der Fall, weil Hunde unsere Sprache nicht intuitiv verstehen – und wir auch nicht die ihrige. Hunde »sprechen« mit Menschen genauso wie sie mit anderen Hunden sprechen. Ironischerweise tun Menschen genau dasselbe und sprechen mit Hunden in gesprochener Sprache. Da Hunde nicht über die notwendigen körperlichen Eigenschaften verfügen, um die menschliche gesprochene Sprache zu erlernen, ist es unsere Aufgabe, die Sprache der Hunde zu erlernen und die Kommunikationswege zu ebnen.

Im Laufe dieses Buches werden Sie die Kommunikationsmittel lernen, die Sie Ihrem Hund beibringen können. Durch diese Hilfsmittel werden Sie zusätzliche Kommunikationswege ebnen und die Harmonie zwischen Ihnen und dem Hund steigern können.

Bienen kommunizieren durch »Tanzen«. Der Tanz der Bienen besteht aus geometrischen Mustern, wie Spiralen und Achten, die Informationen an andere Bienen übermitteln. Hunde bellen natürlich, aber der Großteil ihrer Kommunikation erfolgt schweigend, durch »Hundetanz«. Hunde sind exzellent darin, Beutetiere und einander zu beobachten, und Körpersprache überwiegt über gesprochene Sprache.

Warum ist das wichtig?

Bevor Sie mit dem Training beginnen, müssen Sie verstehen, was Ihr Hund Ihnen zu sagen versucht, und die Anstrengung anerkennen, die es ihn kostet, mit Ihnen zu kommunizieren. Es ist von unschätzbarem Wert, zu wissen, was der Hund Ihnen und seinen Artgenossen sagen möchte. Bei einem aggressiven Hund kann dies den Unterschied zwischen einem Hund, den Sie einschläfern lassen müssen, und einem, mit dem Sie arbeiten können, bedeuten. Das ist aus einem bestimmten Grund so: Wenn Sie das Verhalten eines solchen Hundes ändern wollen, ist es unbedingt erforderlich, unerwünschte Verhaltensabläufe zu unterbrechen oder zu verhindern und Stress frühzeitig zu erkennen. Dafür müssen Sie Ihren Hund »lesen« können, sodass Ihre Erziehungsbemühungen weder zu gering ausfallen noch zu spät erfolgen. Empathie heißt hier die Devise!

Indem Sie die Sprache der Hunde beobachten und interpretieren, können Sie letztlich

1. vorhersehen, was Ihr Hund als Nächstes tut und somit das Verhalten effektiv verhindern oder kontrollieren,
2. die richtigen Trainings- und Kontrolltechniken anwenden, bevor das Verhalten in Aggression ausartet. Sobald sein Verhalten darin übergeht, einen Satz nach vorne zu machen, zu bellen und zu schnappen oder zu beißen, ist Ihr »Trainingsmoment« schon längst vorbei. Statt nun zur Lösung des Problems strategische Schritte zu unternehmen, können Sie nur »Schadenskontrolle« betreiben. Schadenskontrolle verwöhnt Sie mit Adrenalinschüben, stellt aber keine Verhaltensänderung bei Ihrem Hund dar.

Ihr Hund »äußert« seine Emotionen nicht, er »lebt« sie vielmehr. Es ist wichtig, dass Sie verstehen, dass ein Hund keine Hintergedanken hat. Damit meine ich Folgendes: Wenn Ihr Hund über etwas nachdenkt, drückt er dies durch seine Körpersprache aus. Diese ist wahrnehmbar. Ein Beispiel: Wenn Ihr Hund in die Küche läuft und zu schnuppern beginnt, denkt er dann an das Schmorfleisch auf dem Küchentisch? Darauf können Sie Gift nehmen! Wenn ein Fremder das Haus betritt und Ihr Hund diese Person anknurrt, *denkt* er daran, für physischen Abstand zwischen ihm und der wahrgenommenen Bedrohung zu sorgen.

Um aggressives Verhalten effektiv kontrollieren und ändern zu können, müssen Sie lernen, seine Körpersprache zu verstehen, sodass Sie den emotionalen Zustand des Hundes erkennen können. So können Sie entscheiden, was als Nächstes zu tun ist. Um das Problem nicht mit emotionalen Beiklang und moralischen Entscheidungen zu überschatten, denken Sie daran, dass Aggression eine mögliche Strategie ist, um exklusiven Zugriff auf eine Ressource (Fressen,

Spielzeug, Sofa) zu erlangen oder sicherzustellen. Dann können Sie beobachtbare Verhaltensweisen als Richtlinie zur Änderung seines Verhaltens und Begleitung seines emotionalen Zustands verwenden.

Die Sprache des Hundes kann in assertives Verhalten und nachgiebiges Verhalten unterteilt werden. Assertive Verhaltensweisen sind ritualisierte Verhaltensmuster, die angewendet werden, um eine Ressource zu bekommen oder sozialen oder physischen Abstand zu gewinnen. Falls diesen Verhaltensweisen keine Beachtung geschenkt wird, arten sie häufig in Aggression aus. Nachgiebiges Verhalten sind Signale, welche das Gegenteil von Aggression sind. Diese Signale werden verwendet, um einen anderen Hund oder einen Menschen zu beruhigen. Erkennbar sind sie daran, dass der Hund eine gesenkte Körperhaltung einnimmt oder sich unterwürfig rollt. Bei diesen Verhaltensweisen handelt es sich um ritualisierte Verhaltensmuster, die zur Vermeidung von Aggression verwendet werden. Diese nachgiebigen Verhaltensweisen werden insbesondere dazu verwendet, bei Hunden Verhaltensweisen hervorzurufen, die nicht mit aggressivem Verhalten vereinbar sind. Ein häufiges Beschwichtigungsverhalten, wie zum Beispiel sich auf den Rücken rollen oder urinieren, kann zur Auflösung sozial angespannter Situationen benutzt werden.

Versuchen Sie, herauszufinden, welche Signale Ihr Hund in unterschiedlichen Situationen aussendet. Fragen Sie auch sich selbst, ob Ihr Hund effektiv kommuniziert. Manche Hunde, die nicht ausreichend sozialisiert wurden, sind nicht fließend in ihrer Muttersprache und verwenden Signale falsch an oder lassen sie aus. Es ist auch möglich, dass Menschen falsche Auffassungen von der Sprache der Hunde haben und das, was sie sehen, falsch interpretieren. Assertives Verhalten wird üblicherweise mit »dominanten« Hunden assoziiert, doch in Wahrheit wird es meistens von Hunden verwendet, die äußerst unsicher oder mangelnd sozialisiert sind. Aufgrund mangelnder Erfahrung fühlt sich ein Hund möglicherweise bedroht, selbst wenn keine tatsächliche Bedrohung besteht. Es kann sein, dass ein Hund einfach unwissend ist und die Signale eines anderen Hundes falsch interpretiert. Auch soziale Spannung und Angst treten auf, wenn ein Hund in der Nähe eines anderen Hundes grob korrigiert wird oder die Korrektur erfolgt, weil er Beschwichtigungssignale verwendet (Körpersprache, die Hunde im Umgang mit anderen Hunden verwenden, um eine nicht aggressive Absicht zu signalisieren – darauf wird später noch ausführlich eingegangen). Dieser Hund sieht andere Hunde, unabhängig davon wie sie »sprechen«, als Vorboten von Strafe an.

Durch selektive Zucht wurde in manchen Fällen die Kommunikation zwischen Hunden erschwert. Bei manchen Rassen wurden durch selektives Züchten die körperlichen und visuellen Signale geändert, die ein Hund aussenden kann. Schlappohren, üppiges flauschiges Fell sowie Kupieren der Rute und Ohren führen dazu, dass der Hund nicht mehr effektiv kommunizieren kann. Dieselben körperlichen Merkmale können unbeabsichtigt einem Hund die falsche Botschaft vermitteln. Beispielsweise können aufgestellte Nackenhaare Aggression signalisieren. Es ist gut möglich, dass ein unwissender Hund, der noch nie einen »flauschigen« Hund gesehen hat, beunruhigt ist, wenn er das erste Mal auf einen trifft. Der natürliche Zustand, dass die langen Haare im Nacken und auf dem Rücken hochstehen, kann fälschlicherweise als

Piloarrektionsreflex angesehen werden. Daher werden manche Rassen von Natur aus als Bedrohung für andere Hunde angesehen, ohne überhaupt etwas zu tun. Menschen haben die Kommunikationsprobleme innerhalb ihrer Spezies nicht für sich gepachtet!

Zusammenfassung: Es gibt viele Signale, welche die Hunde zur Kommunikation verwenden. Je besser Sie diese Signale und was sie über die Absicht des Hundes sagen, verstehen, desto besser sind Sie ausgerüstet, um das Verhalten des Tieres zu ändern.

Wenn Sie die Körpersprache Ihres Hundes identifizieren und verstehen, von welcher Emotion diese herrühren kann, erhalten Sie wichtige Hinweise über den derzeitigen emotionalen Zustand des Hundes. Sein emotionaler Zustand wiederum liefert Ihnen Hinweise darüber, wie reaktiv er zu dem Zeitpunkt sein kann. Gleichzeitig ist es wichtig, sich einen nicht wertenden Blickwinkel zu bewahren. Wenn ein Hund gerade nach Ihnen geschnappt hat, ist es ein bisschen schwierig, das nicht persönlich zu nehmen, das gebe ich zu. Doch diese Einstellung ändert nicht das Verhalten des Tieres. Dafür ist ein Plan nötig. Keine Sorge! Im Laufe dieses Buches werde ich Ihnen erklären, wie Sie einen Plan entwickeln.

Hundesignale liefern Informationen

Um sicher mit einem aggressiven Hund arbeiten zu können, muss man die gesamte Palette an Hundeemotionen erkennen können. Eine entspannte Körperhaltung, welche einen entspannten, nicht-reaktiven Zustand signalisiert, gibt Ihnen sowohl Informationen darüber, wie »sicher« der Hund in diesem Moment ist, als auch darüber, welche Art von Feedback Sie dem Hund geben sollten. Eine gestresste Körperhaltung sagt Ihnen, dass der Hund reaktiver und somit weniger »sicher« wird. Auch hier müssen Sie entscheiden, ob Sie eingreifen und welche Rückmeldung Sie ihm geben. Ein Hund, der offen Aggression zeigt, ist äußerst »unsicher«. Sie müssen entscheiden, wie Sie sich selbst und andere, die in Gefahr sein könnten, schützen, und das dieser Situation vorhergegangene Ereignis als »Auslöser« erkennen.

Es ist somit unmöglich, an Aggression zu arbeiten, wenn Sie die frühen Anzeichen noch nicht erkennen und die Körpersprache des Hundes noch nicht lesen können. Wie können wir miteinander kommunizieren, wenn man nicht genug über die andere Spezies weiß? Wenn Sie die Informationen, die Ihr Hund zeigt, nicht lesen können, können Sie ihm keine angemessene Rückmeldung geben. Dann reagieren Sie nur auf die vorliegende Situation und praktizieren Schadenskontrolle, aber Sie ändern das Verhalten nicht wirklich.

Offene Anzeichen von Aggression, wie beispielsweise gefletschte Zähne, Knurren oder nach vorne Stürzen und Beißen, sind leicht zu erkennen. Zu dem Zeitpunkt, zu dem Sie *diese* Verhaltensweisen beobachten, ist es bereits zu spät. Die Aggression ist soweit eskaliert, dass die Gelegenheit, Ihrem Hund etwas beizubringen, lange verpasst ist. Zu diesem Zeitpunkt reagiert derjenige, für den das aggressive Verhalten bestimmt ist, unabhängig davon, ob es sich um einen Menschen oder einen anderen Hund handelt, bereits und bietet somit dem Aggressor noch mehr Gründe, das aggressive Verhalten weiter zu steigern. Außerdem ist die Möglichkeit, dass das aggressive Verhalten in dieser Situation verstärkt wird und daher eher wieder auftritt, hoch. Positive Verstärkung führt dazu, dass ein Verhalten in der Zukunft wiederholt wird, weil der Hund es in der Vergangenheit als belohnend und lohnenswert empfunden hat. Wenn Ihr Hund Sie beispielsweise anknurrt, weil Sie Ihre Hand nach seinem brandneuen Büffelhautknochen ausstrecken und diese dann zurückziehen, wird der Hund positiv für das Knurren verstärkt. Verstehen Sie mich nicht falsch, es ist ratsam, in dieser Situation die Hand zurückzuziehen, denn dann sind Sie in der Lage, mit Ihren Fingern das Telefon zu bedienen, um Hilfe zu holen, oder die Seiten in diesem Buch umzublättern und somit schließlich das Verhalten des Hundes zu ändern. Trotzdem wurde ein unerwünschtes Verhalten des Hundes verstärkt, *weil es funktioniert hat.* Der Hund hat den Knochen behalten und Sie gewährten ihm sozialen Abstand.

Sie können nicht eingreifen und den Hund überreden, andere Verhaltensmuster zu benutzen, bis Sie die Signale erkennen, die Ihr Hund verwendet. Da es bei einem Interventionsprogramm unbedingt erforderlich ist, agonistisches Verhalten im Vorfeld, bevor Ihr Hund eine bestimmte Verhaltenskette durchläuft, zu verhindern, müssen Sie den Moment erkennen können, in dem Sie am effektivsten mit Ihrer Führung einschreiten können.

Ihr Ziel ist, das Aggressionsereignis vorauszusehen, indem Sie:
1. die Auslöser in der Umwelt identifizieren und
2. früh genug die Signale identifizieren, die Ihr Hund aussendet, sodass Sie effektiv einschreiten können.

Da Sie nun verstanden haben, wie wichtig die Signale des Hundes für Ihr Präventions- und Verhaltensänderungsprogramm sind, sollen die folgenden Kapitel in diesem Abschnitt Ihnen bei der Identifizierung der Hundesignale helfen.

7

Hundesignale & Stress

Meiner Ansicht nach gibt es bei Hundesignalen fünf Kategorien. Zusätzlich zu stressbedingten Verhaltensmerkmalen, gibt es bewusste Signale, die Hunde vor allem zur Konfliktlösung benutzen:

1. Stresssignale (beobachtbares Verhalten, Verhaltensabfolge oder physische Reaktion) sind primär reflexartig - die physiologischen Symptome von Stress.
2. Übersprungshandlungen sind Verhaltensweisen, die »anstatt« etwas anderem erfolgen und aus dem Zusammenhang gerissen wirken. Der Hund vollzieht beispielsweise eine vertraute Handlung, um sich selbst »zu trösten«. Diese Signale zeigen anderen, dass sich der Hund gestresst fühlt.
3. Beschwichtigungssignale sind eine Methode, um Bedrohungen zu vermeiden und den Wunsch zu kommunizieren, eine Konfrontation zu verhindern. Der Hund verwendet diese Signale sowohl um sich selbst zu beruhigen als auch um anderen in der Umgebung mitzuteilen, dass er möchte, dass auch sie ruhig bleiben. Diese Signale zeigen, dass der Hund, der sie verwendet, eine Verletzung des persönlichen Raums wahrnimmt (entweder seines eigenen oder des persönlichen Raums des anderen Hundes), und dass er seine eigenen nicht-aggressiven Absichten oder sein Wohlwollen vermitteln möchte.
4. Distanzvergrößernde Signale (aus Sicht Ihres Hundes) sagen: »Bitte verlass meinen persönlichen Raum« oder vielleicht »Verlass sofort mein Territorium« oder sogar »Verschwinde sofort aus meinem Leben«.
5. Distanzverringernde Signale sind eine Einladung eines Hundes, sich zu nähern. Nachgiebiges Verhalten ist eine Art von distanzverringernden Signalen. Nachgiebiges Verhalten zeigt ein Hund, um Aggressionen eines anderen Hundes oder eines Menschen zu besänftigen, abzuwenden oder zu vermeiden. Ein anderes distanzverringerndes Verhalten wäre eine spielerische Verbeugung oder das Heben einer Pfote, beides friedliche Einladungen, »rüber zu kommen«.

All diese Signale zu bemerken und gleichzeitig eine stressbedingte Körperhaltung erkennen können, hilft Ihnen dabei, Hundesprache zu verstehen. Ein Verhalten zu verändern versuchen, wenn man nicht weiß, was die eigenen Beobachtungen bedeuten, kann zu tragischen Fehlern bei der Behandlung von Aggressionen führen.

Kurz gesagt, Sie müssen zwischen Folgendem unterscheiden können:

- ruhiger, entspannter Hund
- gestresster Hund
- Hund, der Übersprungshandlungen zeigt
- Hund, der versucht, nicht bedrohlich zu wirken
- Hund, der aggressives Verhalten zeigt

Je mehr Sie über die Verhaltensweisen wissen, desto bessere Entscheidungen werden Sie treffen können. Es ist wichtig für Ihren Hund, dass er Ihnen vertrauen kann und sich verstanden fühlt. Es ist wichtig für Sie, die richtigen Entscheidungen darüber zu treffen, welche Konsequenzen unter den jeweiligen Umständen angemessen sind: Sollten Sie Ihren Hund unterstützen, sein Verhalten verstärken, den Hund ablenken oder sein Verhalten bestrafen? Wenn Sie sein Verhalten korrekt interpretieren, verbessert sich auch Ihr Timing für Konsequenzen und Eingreifen.

Ich werde damit beginnen, wie Sie stressbedingte Verhaltensweisen sowie Übersprungshandlungen und Beschwichtigungssignale erkennen, weil dies meistens *die ersten, für den Menschen ersichtlichen Anzeichen sind,* dass der Hund sich ein wenig unwohl fühlt.

Wie erkenne ich Stress bei meinem Hund?

Stress rührt von der Unfähigkeit, mit der aktuellen Situation umzugehen, her. Aggressives oder defensives Verhalten ist ein Symptom. Die Umgebung, die Situation oder manchmal auch der Besitzer ist die wahre Ursache des Stresses.

Es ist wichtig, die offenkundigen Anzeichen von Stress zu erkennen, da der Hund uns zu diesem Zeitpunkt sagt, dass er sich in einem reaktiven Zustand befindet. Die vorher erwähnten chemischen Veränderungen nehmen bereits zu. Dies könnte einer der ersten Hinweise sein, die Ihr Hund Ihnen liefert, dass das Problem eskalieren könnte.

Zu den Anzeichen von Stress gehören:

- verschwitzte Pfotenabdrücke
- Lautgeben – Jaulen, Knurren oder wildes Bellen
- vergrößerte Pupillen (die physiologische Antwort auf einen Adrenalinstoß)
- weißer Kranz um die Augen
- aufgestellte Barthaare
- Körperspannung (steife, starre Erscheinung und Bewegungen; langsame Bewegungen)
- angespannte Muskeln am Maul
- angespannte Muskeln um die Augen
- Hund hat kein Interesse am Fressen
- exzessive oder fieberhafte Aktivität
- gesteigerte oder verringerte Aktivität
- flache Atmung
- schnelle Atmung oder Hecheln, wobei die Lefzen zurückgezogen sind und das Gesicht angespannt ist
- Atem anhalten (geht oftmals einem Biss voraus)
- exzessiver, plötzlicher Haarverlust oder Schuppen (Hautschuppen sind auf der Felloberfläche zu erkennen)
- vermehrter Speichelfluss
- »Einfrieren« – der Hund hält **sehr** still und sein Körper ist starr

- erhöhte Herzfrequenz und Atmung
- Fluchtreaktionen
- Kampfreaktionen
- Jedes Verhalten, das Sie vorher noch nie gesehen haben, kann ein Anzeichen von Stress sein

Stress
Bailey zeigt Anzeichen von Stress. Man kann vermehrten Speichelfluss erkennen (Schaum auf der unteren Lefze; kurz vor Aufnahme des Fotos tropften ein paar lange Speichelfäden auf den Boden...). Die Lefzen sind zurückgezogen und über den Lefzen, im hinteren Teil, ist eine Muskelwölbung zu erkennen. Das Gesicht ist angespannt, wodurch es zu Muskelwölbungen um die Augen kommt (auf diesem Foto sind sie unterhalb der Augen am besten zu erkennen).

8

Übersprungshandlungen und Beschwichtigungssignale

Beschwichtigungssignale wurden umfassend von Turid Rugaas erforscht. (Ihr Buch *Calming Signals – Die Beschwichtigungssignale der Hunde* muss man gelesen haben.) Sie werden gezielt und bewusst von einem Hund benutzt, um andere in der Umgebung »zu beruhigen«. Dies bedeutet, dass der Hund sich über persönlichen Raum bewusst ist (seines eigenen und den anderer) und bewusste Anstrengungen unternimmt, um mit anderen zu kommunizieren.

Die Literatur beschreibt zwei verwandte Definitionen von Übersprungshandlungen. Für Verhaltensforscher ist eine Übersprungshandlung, technisch gesehen, schlicht und einfach ein stressbedingtes Verhalten, welches das Tier zeigt, weil es kein anderes Verhalten als Antwort auf die derzeitige Situation weiß. Viele Verhaltensforscher meinen damit eine rein reflexive Reaktion.

Auf einem von mir besuchten Seminar verwendete Turid Rugaas den Ausdruck etwas allgemeiner. Übersprungshandlungen werden verwendet, um den anderen Hund (oder eine Person) »abzulenken«, indem ein völlig aus der Situation gerissenes Verhalten gezeigt wird, um die Aufmerksamkeit des anderen Hundes abzulenken – eher wie der Klaps auf die Schulter und ein »Hey, ist dir der wirklich interessante Geruch aufgefallen?«, um die Aufmerksamkeit des anderen Hundes für einen Moment abzulenken. Dies ermöglicht eine »Auszeit« von der derzeitigen Aktivität. Sie können selbst entscheiden, welche Definition Ihnen lieber ist – achten Sie einfach nur darauf, ob der Hund sich reflexartig verhält oder ob das Verhalten bewusst zu sein scheint. Verwendet der Hund das Verhalten, um sich selbst zu beruhigen? Oder um mit anderen in der Umgebung zu kommunizieren?

Übersprungshandlungen und Beschwichtigungssignale werden oftmals aus demselben Grunde vom Hund verwendet; beide können ein Zeichen für Stress sein, weil der persönliche Raum soweit überschritten wurde, dass der Hund sich unbehaglich fühlt, und er Aggressionen vermeiden möchte. Der große Unterschied zwischen ihnen ist die Funktion, welche sie in dem Moment für den Hund hat.

Es ist wichtig, zu wissen, dass dasselbe Signal mehr als nur eine Bedeutung haben kann. Genauso wie manche unserer Wörter mehr als eine Bedeutung haben, kann das auch bei Hundesignalen der Fall sein. Das deutsche Wort, das sich wie »küste« anhört, kann »Er küsste das Mädchen« oder »Ich lebe an der Küste« bedeuten. Eine Liste der Übersprungshandlungen würde auch manche Verhaltensweisen beinhalten, welche der Hund als Beschwichtigungssignale benutzt. Ob es sich um eine Übersprungshandlung oder ein Beschwichtigungssignal handelt, lässt sich erkennen, indem man die Funktion herausfindet, welche das Verhalten in dem Moment oder in dem Zusammenhang für den Hund hat.

Übersprungshandlungen und Beschwichtigungssignale werden somit vom Hund zu den folgenden Zwecken verwendet:

- um eine nicht-aggressive Absicht zu signalisieren
- als Anzeichen von Stress
- um andere Hunde zu beruhigen, so in der Art von »Setz dich, atme zehn Mal tief ein und aus, dann wirst du dich besser fühlen.«
- als gewohntes »angenehmes« Verhalten, dass das Gefühl von Unsicherheit des Hundes mindert

Übersprungshandlungen

Zu den häufigen Übersprungshandlungen gehören:
- territoriales Markieren
- gesteigerte Aktivität (Herumalbern – das Äquivalent zu nervösem, unangebrachtem Lachen bei Menschen)
- Kratzen
- Gähnen
- Schnüffeln
- in die der Bedrohung entgegengesetzte Richtung schauen

Ein Hund zeigt Übersprungshandlungen, um sich selbst von einer ungewohnten oder unangenehmen Situation abzulenken, vor allem, wenn er mit dieser nicht zurechtkommt. Manche dieser Verhaltensweisen werden verwendet, um eine nicht-aggressive Absicht zu demonstrieren, wie beispielsweise Gähnen und andere Signale, die auch als Beschwichtigungssignale benutzt werden.

Eine Übersprungshandlung kann unterschiedliche Auswirkungen auf die Gruppendynamik haben, manchmal sollen dadurch andere Hunde abgelenkt werden, je nachdem, wie sie gezeigt wird. Manche dieser Verhaltensweisen, wie beispielsweise das Markieren des Territoriums oder gesteigerte Aktivität, führen eher dazu, dass die anderen Hunde aufgeregt statt beruhigt werden.

Beispielsweise kann das Markieren des Territoriums als ein Zeichen von extremer Unsicherheit auftauchen und daher als eine Übersprungshandlung eines gestressten Hundes verwendet werden. Markieren des Territoriums kann auch ein statusbedingtes Verhalten sein und zu Aggression zwischen zwei Hunden führen. Vor allem Rüden werden dadurch unberechenbarer (obwohl ich auch schon ähnliche Auswirkungen auf meine Foxterrier-Hündinnen beobachtet habe). Der Inbegriff eines Pinkel-Wettkampfes, wenn man so will. Im zweiten Fall ist das Verhalten weder eine Übersprungshandlung noch ein Beschwichtigungssignal. Vor allem, wenn der Hund den anderen Hund anstarrt, während er das Bein hebt, und dann ein Stück weggeht, um zu sehen, was der andere Hund tut, handelt es sich um ein ziemlich eindeutiges distanzvergrößerndes Signal.

Beschwichtigungssignale

Hunde benutzen Beschwichtigungssignale, um eine nicht-aggressive Absicht zu kommunizieren. Diese Signale werden im Umgang mit Unbekannten, mit Bekannten in einer möglicherweise instabilen Situation oder in Spielsituationen, wenn der Hund sich bei der Richtung, in die sich das Spiel entwickelt, unwohl zu fühlen beginnt, gebraucht. Wenn ein Hund ein Beschwichtigungssignal einsetzt, schaut er, ob der andere Hund oder die Person ebenfalls mit einem Beschwichtigungssignal reagiert.

Hunde gebrauchen die folgenden Signale sowohl als Anzeichen von Stress als auch um eine Verletzung des persönlichen Raums zu signalisieren und gleichzeitig mitzuteilen: »Ich bin freundlich – ich möchte dir nichts Böses.« Oder vielleicht: »Du siehst wirklich nervös aus, ich bin keine Bedrohung für dich. Erwidere mein Signal, damit ich weiß, dass du für mich keine Bedrohung darstellst.«

Manche Signale lassen sich gut auf Menschen übertragen. Das bedeutet, dass manche Signale, die eine nicht bedrohliche Absicht zeigen sollen, auch von Menschen benutzt werden können, um den Hund zu beschwichtigen oder um besser mit ihm kommunizieren zu können. Das nächste Mal, wenn Ihr Hund nervös ist, versuchen Sie, wegzuschauen und zu gähnen. Viele Hunde zeigen sofort sichtbare Zeichen von Entspannung. Es ist wirklich beeindruckend! Dies zeigt, dass ein Beschwichtigungssignal auch verwendet werden kann, um einem Zweiten oder Dritten zu verdeutlichen: »Keine Angst, hier ist eine sichere Umgebung.«

Ein anderes Signal, das wirkungsvoll verwendet werden kann, ist das Lecken der Lefzen bzw. Lippen. Eine sehr einfache und subtile Methode, um Ihrem Hund zu signalisieren, dass er sich entspannen kann, ist, ihn anzuschauen, den Blick leicht abzuwenden und sich dann ein paar Mal über die Lippen zu lecken.

Andere Beschwichtigungssignale sind beispielsweise:

- Schnüffeln
- Gähnen
- Wegschauen
- Kratzen
- Lefzen-Lecken
- Nase-Lecken
- Heben der Pfote
- sich langsam in einem Bogen nähern
- Hinsetzen oder -legen
- Blinzeln
- langsame, vorsichtige Bewegungen
- Schütteln
- Niesen

Woher weiß ich, ob mein Hund Signale benutzt

oder einfach nur das Übliche tut?

Natürlich zeigt ein Hund all diese Verhaltensweisen auch unter anderen Umständen. Beispielsweise leckt ein Hund seine Lefzen, um sie von Futter zu befreien, und kratzt sich, wenn es ihn juckt.

Wie können Sie also zwischen ganz normalem, gewöhnlichem Schnüffeln oder Gähnen und denselben Verhaltensweisen als Signal unterscheiden? Achten Sie darauf, ob das Verhalten aus dem Zusammenhang gerissen erscheint. Dann können Sie davon ausgehen, dass der Hund damit etwas Bestimmtes kommunizieren möchte und versucht, Hunde (oder Menschen) in der Umgebung, durch die er sich unbehaglich, besorgt, gestresst oder bedroht fühlt, zu beruhigen. Die Situation oder die Gesellschaft kann für Ihren Hund ungewohnt sein. Ungewohntes lässt viele von uns sich ein wenig unbehaglich fühlen, bis wir bemerken, dass wir sicher sind.

Ein Beispiel: Kontextbezogenes Schnüffeln ist das, was Hunde in der Küche tun, wenn Sie kochen. Meine Hunde sind sehr gut daran gewöhnt, dass Menschen ständig etwas auf den Boden fallen lassen. Es ist nicht ungewöhnlich für einen der Hunde, in regelmäßigen Abständen den Küchenboden abzuschnüffeln, »nur mal kontrollieren«. Ein Beispiel für nicht-situationsbedingtes Schnüffeln ist, wenn mein Hund mit einem anderen Hund spielt, den er nicht so gut kennt. Plötzlich, inmitten eines Ringen- oder Verfolgungsspiels, hält einer der Hunde inne und beginnt, über den Boden zu schnüffeln. Dies ist eine Art, mit welcher der Hund seinem Spielkameraden mittelt: »Du spielst zu grob und ich fühle mich unwohl. Schalt bitte einen Gang runter.«

Manchmal schaut Ihr Hund von Ihnen weg und sieht woanders hin. Dies ist kontextbezogen. Wenn Sie böse mit ihm sind oder mit ihm schimpfen und er dann wegschaut, verwendet Ihr Hund ein Signal, um nicht-aggressive Absichten zu vermitteln und Sie zu bitten, sich zu beruhigen und ihm ebenfalls nicht-aggressive Absichten zu kommunizieren. Manchmal, wenn Sie sich über einen Hund beugen, den Sie nicht kennen, oder Ihre Hand nach ihm ausstrecken, schaut er weg. Dies ist ein weiteres Beispiel für einen Hund, der Ihnen sagt: »Ich bin in diesem Moment keine Bedrohung. Gib mir ein Zeichen, dass du mich nicht bedrohst.«

Ein Hund kann auch ein Beschwichtigungssignal benutzen, weil er spürt, dass ein anderer Hund in seiner Umgebung besorgt ist. Also könnte Hund eins ein Beschwichtigungssignal einsetzen, um Hund zwei zu versichern, dass die Umgebung sicher ist.

Eine Art, wie Sie sich die Kommunikationsbemühungen Ihres Hundes zu Nutzen machen können, ist bei der Hundeerziehung. Als ich mir darüber klar wurde, welche Bemühungen mein Hund unternahm, um mit mir zu kommunizieren, und ich seine Kommunikation zu verstehen begann, bestätigte mein neues Wissen das, was ich schon längst beschlossen hatte: Ich korrigiere Hunde nicht in Situationen, wo die ganze Gruppe Sitz oder Platz machen muss, indem ich ihn für ein Verhalten, wie beispielsweise Schnüffeln, mit Anbrüllen oder Halsbandkorrektur bestrafe. Stattdessen erziele ich hervorragende Ergebnisse, indem ich den Hund Beschwichtigungssignale verwenden lasse und bei gewünschtem Verhalten positive Verstärkung anwende. Schon sehr bald wird der Hund genug Selbstbewusstsein in dieser Situation entwickelt haben, um nicht auf die Verwendung von Beschwichtigungssignalen zurückgreifen zu müssen. Denken Sie daran, es können die Handlungen des Hundes oder des Hundeführers neben Ihnen sein, die Ihren Hund so nervös machen, dass er die Situation »beschwichtigen« muss. Viele Hunde versuchen auch, ihre eigenen Hundeführer zu beruhigen!

Wenn Sie meine Trainingsphilosophie übernehmen, entscheiden Sie sich vielleicht, genau wie ich, dazu, Ihren Hund nicht mehr in Trainingssituationen zu beobachten oder zu lassen, in denen die Hunde physisch bestraft werden. Meiner Meinung nach bedeuten diese Situationen unnötigen Stress für meinen Hund und für mich. Manchmal wurde ich angeschaut, als sei ich äußerst exzentrisch, wenn ich mich weigerte, an Gruppenübungen teilzunehmen, in denen laute oder harsche Korrekturen gebrüllt wurden. In Gruppenkursen frage ich: »Wird jemand laute Korrekturen rufen oder den Hund über die Leine korrigieren?« Wenn das der Fall ist, dann entscheide ich mich dafür, überhaupt nicht teilzunehmen. Auch wenn manche Sie wie einen Spinner behandeln werden, werden andere Sie verstehen. Der große Nutzen ist hier natürlich, dass mein Hund dankbar ist! Wenn ich bei einem Spaß-Match oder Show'n'Go bin, achte ich darauf, ob jemand seinen Hund korrigieren will, und stelle mich dann neben meinen Hund, um ihm meine Unterstützung zu bieten, und füttere ihn dafür, dass er trotz dieser »Herausforderung« seine Position einbehält. Ich bin nicht der Meinung, dass alle Korrekturen unbedingt grausam sind. Ich bin nur nicht der Ansicht, dass Stress zu einem besseren Sitz oder Platz führt.

Punch unterbrach das Bleib, weil sie misstrauisch wurde, wenn Menschen zu Hunden neben ihr gingen und diese korrigierten. Als ich dies als Vorhersage für Verstärkung nutzte, hörte sie auf, misstrauisch zu sein und ständig ihre Position zu wechseln, sich hinzulegen, aufzustehen oder hin- und herzulaufen. Stattdessen sah sie, wenn andere Hundeführer sich ihren Hunden näherten, dies als Vorboten an, schaute eifrig zu mir hin und wartete auf ihr Leckerli, wenn der Hund neben ihr korrigiert wurde.

Probieren Sie Beschwichtigungssignale zuerst bei einem bekannten Hund und erst dann bei einem unbekannten Hund aus. Achten Sie genau auf die Reaktion des Hundes. Normalerweise sehen Sie, wie ein Teil der Anspannung aus seinem Gesicht weicht und dann blinzelt er als Antwort mit den Augen. Manchmal können Sie sehen, wie die vergrößerten Pupillen oder das vorher gestresste Auge, bei dem viel Weiß zu sehen ist, wieder einen normaleren und entspannten Zustand einnehmen. Die Rute fängt vielleicht freundlich und zögernd zu wackeln an. Ein Teil der Anspannung wird aus dem Körper des Hundes fließen.

Seien Sie vorsichtig bei Tieren, die Sie nicht kennen – immer! Manche reaktiven Tiere interpretieren aufgrund früherer Erfahrungen jegliches menschliches Verhalten, das sie nicht gewohnt sind, als »gefährlich«. Sobald Sie das Verhalten beobachten und erkennen, dass der Hund nicht nur willkürliche Bewegungen macht, sondern dass das Verhalten, das Sie sehen, einem Zweck dient, haben Sie der Kommunikation ganz neue Wege geebnet. Das fühlt sich gut an!

Jetzt da ich dieses Thema mit Worten beschrieben habe, schauen wir uns ein paar Illustrationen an. Dadurch können Sie sich besser an diese hochwichtigen Signale erinnern.

Schnüffeln

Schnüffeln ist ein häufig gebrauchtes Beschwichtigungssignal. Ein Beispiel dafür ist, als ich das erste Mal Maeve, meine Deutsche Schäferhündin mit bekannten Aggressionsproblemen, mit einem meiner Foxterrier, Dervish, der zu dem Zeitpunkt noch nicht kastriert war, nach draußen ließ. Sie begannen ganz unschuldig und liefen frei in einer meiner umzäunten Spielzonen herum. Alles lief gut. Dann rannte Dervish los und Maeve verfolgte ihn. Es lief immer noch super. Sie waren rund fünf oder sechs Runden in dem 20 x 30 m großen Gehege gelaufen, als sich Maeves Körpersprache und Gebaren leicht zu verändern begannen und sie Verhaltensweisen zeigte, durch die sich Dervish unwohl fühlte - sie schaltete in den Jagdgang. Dervish, der über umfassende soziale Erfahrungen verfügte, bemerkte die »Veränderung« kurz bevor ich es tat. Und genau das war für mich ein Alarmsignal, genauer hinzuschauen. Er senkte seine Rute leicht, schaute ein paar Mal zurück, und dann, bevor ich überhaupt Zeit hatte, einzugreifen, kam er abrupt zum Stehen und begann, sehr aufmerksam auf dem Boden zu schnüffeln. Maeve wurde langsamer, trottete herüber, schüttelte sich einmal, ihre Augen waren nicht mehr glasig und ich konnte sehen, wie meine Maeve wieder zurückkam. Sie schnüffelte auch auf dem Boden und ab dem Moment habe ich niemals gesehen, dass sie Dervish wie eine Beute behandelt hätte. Dervish kommunizierte deutlich mit ihr, indem er nicht reaktiv war und anspruchsvolle Kommunikationsfähigkeiten verwendete, dass er »einer von uns« war. »Mäßige dich, Mädel! Das ist nicht das Wahre!« Ich habe gesehen, wie meine Hunde und die von Kunden eine ziemlich erstaunliche Sprache benutzten, um potenziell gefährliche Situationen zu zerstreuen.

Schnüffeln

Wegschauen

Wegschauen wird häufig begleitet von Lefzen-Lecken. Es handelt sich definitiv um eine höfliche und freundliche Geste. Dies ist ein hervorragendes Verhalten, das wir Menschen verwenden können, wenn wir uns unsicheren Hunden nähern. Wenn ein Hund höflich genug ist, Ihnen ein "Wegschauen" zu schenken, sollten Sie genauso höflich antworten. Wenn Sie sich einem furchtsamen Hund nähern, sollten Sie damit beginnen. Nähern Sie sich einem Hund, den Sie nicht kennen, ist es ratsam, mit einem Wegschauen zu beginnen und sich dann bis zum direkten Blickkontakt zu steigern, um zu sehen, wie der Hund reagiert. Denken Sie daran, in der Sprache der Hunde ist sofortiger Blickkontakt unhöflich und als Herausforderung oder bedrohendes Verhalten angesehen. Wenn Sie sich dessen bewusst sind und nach entspanntem, selbstsicherem Blickkontakt Ausschau halten, werden Sie überrascht sein, wie wenige Hunde diesen auf wirklich angenehme Art geben, ohne dass es ihnen eigens beigebracht wurde. Es ist sogar so, dass viele Hunde, auf die Sie treffen, Ihnen nicht in die Augen schauen, bevor sie Sie nicht ein wenig kennen. Bei meinen Hunden verwende ich keinen direkten Blickkontakt auf bedrohliche Art und Weise und ich zwinge sie niemals mit meinem Blick nieder. Das ist nicht die Art von Beziehung, die ich fördern möchte. Bringen Sie Ihrem Hund bei, dass direkter Blickkontakt von Menschen freundlich und nicht bedrohlich ist. Ich verwende Blickkontakt nicht als Bestrafung.

Lefzen-Lecken

Lefzen-Lecken wird ziemlich oft gebraucht, häufig kombiniert mit Wegschauen und Blinzeln.

Wegschauen

Lefzen-Lecken

Blinzeln

Blinzelnde Augen oder häufiges oder übertriebenes Blinzeln sind ein Zeichen für freundliche Absichten. Es ist sehr schwierig, einen blinzelnden Hund in nur einem Bild zu zeichnen. Aber ich bin mir sicher, Sie verstehen, was ich meine!

Achten Sie auf den Gesichtsausdruck und die Augen Ihres Hundes, wenn er entspannt ist und Sie ihn streicheln. Häufig werden Sie merken, wie sich die Muskeln über den Augen leicht bewegen. Sie werden sehen, wie sich die Augenbrauen in einer ganz kleinen Bewegung vor- und zurückbewegen. Oder er schaut leicht vor und zurück. Sich bewegende Augen und Augenbrauen zeigen denselben emotionalen Zustand wie Blinzeln.

Gähnen

Gähnen ist ein weiteres häufig zu sehendes Beschwichtigungssignal. Gähnen lässt sich leicht übertragen – versuchen Sie es mit Wegschauen und Gähnen, wenn Ihr Hund das nächste Mal gestresst wirkt. Beobachten Sie, wie er sich entspannt. Manche Hunde sind ganz aufgeregt, dass Sie endlich »verstanden« haben, was sie Ihnen zu sagen versuchten!

Ziemlich zu Beginn meiner Arbeit mit aggressiven Hunden hatte ich einen jungen Rottweiler-Rüden mit bekannten Aggressionsproblemen aufgenommen und trainierte ihn. Nachdem ich mit ihm gearbeitet hatte, entschloss ich mich, ihn zusammen mit Fletcher, meinem super souveränen Basset Hound mit sozialen Fähigkeiten, im Zwinger laufen zu lassen. Als der junge Hund Zähne fletschend auf Fletcher zulief, schlug mir das Herz bis zum Halse. Gerade als ich mich

Blinzeln

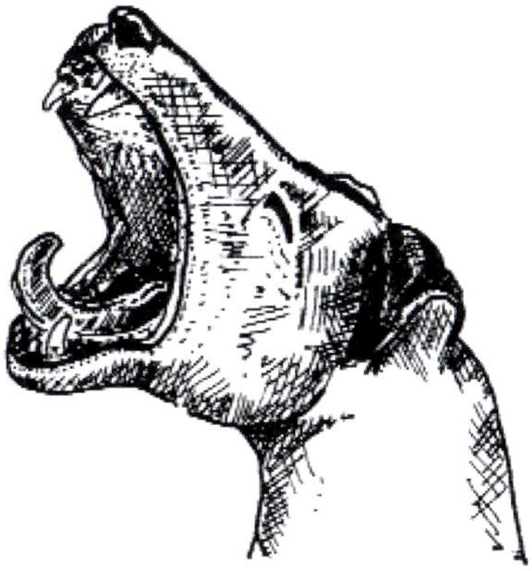

Gähnen

selbst dafür schalt, dass ich so eine Idiotin gewesen war, schaute Fletcher den jungen Hund an und geriet nicht in Panik. Er setzte sich lässig hin, schaute weg und gähnte. Der zweijährige Rottweiler blieb abrupt stehen und schaute verblüfft. Er nahm eine Gebrauchsanleitung aus seiner Hosentasche und begann hektisch nach dem Abschnitt »Was tue ich, wenn der andere Hund nicht überreagiert?« zu suchen. Vermenschlichende Gedanken mal beiseite, die nur zu Ihrer Unterhaltung dienen sollen. Fletchers Verwendung von Beschwichtigungssignalen zerstreuten eine unberechenbare und möglicherweise tödliche Situation sofort und auf wirksame Art und Weise. Der junge Rottie folgte Fletcher den Rest der Woche wie ein kleiner Welpe und respektierte die Umgangsformen. Dies war eins von vielen dramatischen sozialen Zusammenspielen zwischen Hunden zur Vermeidung von Gewalt.

Kratzen

Damit meine ich nicht kontextbedingtes Kratzen, denken Sie daran. Manchmal juckt es den Hund wirklich!

Stellen wir uns vor, Ihr Hund sitzt in einer Gruppe Hunde. Der Hund kennt die Hunde an seiner Seite nicht und fühlt sich nicht wohl. Außerdem wurde er dafür korrigiert, ein Verhalten unterbrochen zu haben, oder ... der Hund zu seiner Linken ist nervös, weil sein Herrchen gerade zurückkommt, um ihn zu korrigieren... Plötzlich steht Ihr Hund auf und beginnt, sich zu kratzen. Oder vielleicht bleibt er sitzen und kratzt sich. Damit sagt Ihr Hund Ihnen, dass er gestresst ist.

Kratzen

Breanna hat sich bei einem Obedience-Turnier beim Stopp mitten in der Acht gekratzt. Es war der Stress, dass sie mich so nervös sehen musste! Sie versuchte, mich zu beruhigen, und bat mich, mich wieder normal zu verhalten! Es fällt mir schwer, mich dabei wohl zu fühlen, meinen Hund für mein ungewöhnliches Verhalten zu korrigieren!

Schütteln

Schütteln ist sehr interessant. Häufig, wenn ich zwei Hunde sich nähern sehe, wird die Situation ein bisschen angespannt, wenn die Hunde den persönlichen Raum des anderen betreten. Dann können beide Hunde eine nicht-bedrohliche Absicht signalisieren. Dann sehen Sie, dass häufig einer der beiden Hunde sich schüttelt. Turid Rugaas hat dafür eine wunderbare Erklärung - sie nennt das »den Stress abschütteln«. Wie anschaulich!

Eine neue Sprache zu lernen, sei es Französisch oder »Hündisch«, braucht Übung und Zeit. Ein guter Weg, etwas über die Körpersprache zu lernen, ist, ein Tierheim oder den Tierschutzbund aufzusuchen. Wenn Sie als Tierpfleger oder in einem Hundezwinger arbeiten, können Sie Ihre Fähigkeiten verbessern. Als freiwilliger Helfer beim Tierschutzbund oder im Hundeheim können Sie viele Hunde sehen, die nicht erzogen sind und unter Stress stehen. Sprechen Sie mit Hundeleuten und beobachten Sie die Hunde. Kommunizieren Sie mit Ihrem eigenen Hund. Ihre Beziehung wird wachsen und gedeihen.

Schütteln

9

Distanzvergrößernde Signale zur Minimierung von Kontakt und Interaktion

Distanzvergrößernde Signale haben den Zweck, sozialen Abstand zu erzielen. Assertive, bedrohende und aggressive Verhaltensweisen fallen alle in diese Kategorie. Wenn Sie diese Signale verstehen, wird es Sie vor Bissen bewahren. Bei einem Verhaltensänderungsprogramm ist es unerlässlich, eingreifen zu können, bevor die Verhaltensabfolge zu weit fortschreitet.

Zu den distanzvergrößernden Signalen gehören:

- Starren
- Zähne fletschen (Lefzen senkrecht angehoben. Die von den Lefzen geformte Linie ist kurz.)
- Ohren aufgestellt oder flach anliegend
- Spannung im Körper oder Gesicht
- Haltung (vor allem Änderung der Kopf-/Nackenposition, entweder angehoben oder gesenkt.)
- Piloarrektion (aufgestellte Nackenhaare)
- Urinieren und auf dem Boden Scharren; Markieren des Territoriums
- Rute gerade oder über Rücken gebogen
- nur mit der Spitze der Rute wackeln oder Wackeln in kurzem, deutlichem Bogen, während die Rute über dem Rücken soweit wie möglich »nach oben« gehalten wird.
- Pirschen
- Kurzes »Wegschauen« in einem sehr angespannten Moment

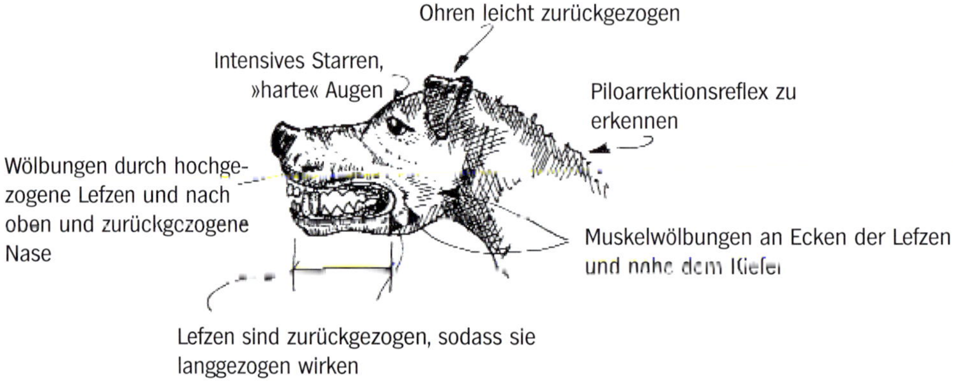

Distanzvergrößernde Signale

Während der Hund auf dem letzten Bild ängstlich aussieht und sicherlich beißen wird, kann sein Gesichtsausdruck uns viele Informationen über seinen emotionalen Zustand liefern.
Machen wir eine Liste:

- Augen: stechend, starrend
- Ohren: nicht gerade nach vorne, sondern leicht zurückgelegt
- Fang: Die Nasenspitze ist nach oben und zurückgezogen. Kombiniert mit einem »Lefzen-Heber« führt dies zu einer leichten Wölbung dort, wo die Barthaare sind.
- Maul: zurückgezogen – die Lefzen sehen »lang« aus. Die Zähne sind zu sehen. In den Mundwinkeln sowie nahe dem Kiefer sind die Muskeln angespannt. Die Lefzen sind weit genug zurückgezogen, dass man nicht nur die Schneide- und Fangzähne sieht, sondern auch die Backenzähne.
- Der Piloarrektionsreflex zeigt sich im Nacken (die Haare stehen hoch).

Doch was bedeutet das alles? Der Konflikt, den Ihr Hund bezüglich des Ausgangs dieser Situation sieht, kann größer sein als Sie annehmen. Die zurückgezogenen Lefzen signalisieren einen defensiven Status. Ein Hund in einem defensiven Zustand wird wahrscheinlich nicht angreifen, sofern Sie vorsichtig sein Territorium oder seinen persönlichen Raum verlassen, bevor er äußerst reaktiv wird. (Im Unterschied zu einem Hund, der Sie als »Beute« ansieht. Ein Hund, der Sie als Beuteobjekt ansieht, wird Sie weiterhin verfolgen oder Ihnen über eine größere Entfernung folgen und sogar nach Ihnen zwicken, um zu sehen, ob er Sie zum Laufen bewegen kann, sodass er eine befriedigende Jagd haben kann. In diesem Zustand neigen Hunde dazu, stiller zu sein und eine pirschende Körperhaltung einzunehmen, auch wenn das nicht immer der Fall ist. Denken Sie an Schafe treibende Border Collies: gesenkter Gang, Stille, Intensität.)

Der Piloarrektionsreflex bestätigt dies. Ein Piloarrektionsreflex zeigt sich vor allem, wenn ein Hund unruhig ist oder sich unbehaglich fühlt, und rührt von mangelndem, nicht von übermäßigem Selbstvertrauen her. Außerdem zeigt er sich bei Hunden, die erschrocken sind. Wenn sich die Emotionen ändern, treten in unserem Körper chemische Veränderungen auf. Natürlich gehen die internen chemischen Veränderungen den externen, »beobachtbaren« Verhaltensweisen voraus. Zu dem Zeitpunkt, an dem ein Hund großes emotionales Unbehagen zeigt, steht er bereits unter dem Einfluss einer erheblichen »Chemiekeule« aus beispielsweise Adrenalin und anderen Neurotransmittern. Diese chemischen Substanzen bereiten den Körper auf eine Kampf- oder Fluchtreaktion vor. In Extremsituationen »denken« die Hunde nicht so sehr wie sie »reagieren«.

Denken Sie bei der folgenden Diskussion daran, dass wir nicht einfach einen Hund auf der Straße treffen, sondern das Verhalten ändern und somit eine gewisse Kontrolle über die Situation haben. Wenn Sie einen Hund auf der Straße treffen, achten Sie darauf, dass Sie für ihn keine Bedrohung darstellen und gehen Sie ihm seitlich zugewandt weg – rennen Sie nicht, stehen Sie nicht mit dem Gesicht zum Hund, drehen Sie ihm nicht den Rücken zu! Vermeiden Sie, frontal zu ihm zu stehen, sondern stehen Sie besser *seitlich* zu ihm. Halten Sie Ihre Arme vor der Brust verschränkt, lassen Sie sie nicht herabbaumeln. Vermeiden Sie direkten Blickkontakt, aber beobachten Sie ihn aus den Augenwinkeln heraus.

Wenn Sie mit einem Hund *arbeiten*, dessen Körpersprache bedrohlich ist, rate ich Ihnen, die Situation aufzulösen, anstatt die Anspannung eskalieren zu lassen. Das Schwierige ist natürlich, die Situation aufzulösen, ohne den Hund noch für sein derzeitiges Verhalten zu bestärken.

Achten Sie auf nicht bedrohliche Körpersprache: Stehen Sie seitwärts zum Hund. Bleiben Sie ruhig – keine plötzlichen Bewegungen! Im Zweifelsfall bleiben Sie still stehen und warten ab, ob der Hund sich dadurch beruhigt. Bleiben Sie ruhig stehen und atmen Sie, bis der Hund sich ein wenig entspannt hat, dann können Sie versuchen, ruhig wegzugehen. Halten Sie Ihre Augen und Ihr Gesicht abgewandt und beobachten Sie den Hund aus den Augenwinkeln heraus. Gehen Sie seitlich weg und, sobald Sie können, machen Sie langsam ein paar Schritte, während Sie die Reaktion des Hundes beobachten, sodass Sie wieder pausieren können.

Sobald Sie sehen, dass der Hund sich ein wenig entspannt, können Sie ihn zu einem Verhalten auffordern, das Sie verstärken können, beispielsweise »Sitz«. Das geht natürlich nur, wenn der Hund das Kommando »Sitz« kennt! Fordern Sie ihn also zu einem bekannten Verhalten auf. »Sitz« kennen die meisten Hunde, daher eignet sich dieses Kommando meist. Wenn Sie mit diesem Hund in der Vergangenheit »Sitz« geübt haben, sind Sie in einer besseren strategischen Position.

Möglicherweise müssen Sie eine Zeit lang warten, bis der Hund sich beruhigt hat, bevor Sie es überhaupt mit jeglicher Art der Kommunikation versuchen können. Wenn das der Hund ist, denn Sie bei Ihrem ersten Versuch sehen – dann haben Sie wirklich ein Problem! Das Beste ist, Sie versuchen sicher aus der Situation herauszukommen, und kehren anschließend zur Gruppe zurück. Sie brauchen eine Methode, um die Situation und den Hund zu kontrollieren, damit niemand gebissen wird! Am besten ist es, *niemals* eine Situation so außer Kontrolle geraten zu lassen! Kontrollieren Sie die Umstände, sodass das Tier sich niemals so unwohl fühlt. Nehmen Sie den Übungsplan »Zen-Sitz und -Platz« für eine Sitz- und Bleib ruhig-Übung zu Hilfe. Dadurch lernt der Hund »umzuschalten«, sodass sich sein emotionaler Zustand von »Kampf / Flucht« zu einem entspannteren und normaleren Zustand ändert.

Distanzvergrößernde Signale – extrem

Wenn Sie den Gesichtsausdruck des Hundes auf S. 64 mit den vorigen vergleichen, werden Sie ein paar subtile Unterschiede erkennen:

- Augen: angestrengt, starrend. Kein Blinzeln.
- Ohren: nach vorne zeigend
- Maul: Die Lefzen sind weit nach oben und zurück gezogen, sodass das Zahnfleisch zu sehen ist, aber dennoch noch in Form eines »Cs«.
  Auf der Schnauze sind Falten zu sehen.
  In den Mundwinkeln und nahe dem Kiefer sind die Muskeln angespannt.
  Die Lefzen sind vorne soweit angehoben, dass sich über der Nase Falten bilden.
  Die Lefzen sind soweit zurückgezogen, dass die Schneide- und Fangzähne zu sehen sind.
- Dieser Hund ist in einem Extremzustand. Er ist außerdem defensiv und steht in einem großen Konflikt. Vernünftig mit ihm »reden«, wäre vergebliche Liebesmüh, bis er sich »chemisch« wieder beruhigt hat.
- Achten Sie besonders darauf, wie stark die Lefzen angehoben, anstatt zurückgezogen sind. Je »länger« die Lefzen wirken, desto weniger Selbstbewusstsein zeigt der Hund.

Es ist wichtig, *nicht* weiter in den persönlichen Raum des Hundes einzudringen! Atmen Sie weiter; Hunde sind sehr feinfühlig, was den Atemrhythmus anbelangt. Schauen Sie weg und lecken Sie sich über die Lippen. Senken Sie Ihre Schultern und schauen Sie nicht bedrohlich. Verhalten Sie sich still. Wenn sich der Hund etwas entspannt, können Sie versuchen, vom Hund zurückzuweichen (vergessen Sie das Atmen nicht!). Wenden Sie dabei Kopf und Augen ab, lecken Sie sich über die Lippen, halten Sie Ihre Hände ruhig über dem Bauch, falls möglich. Gehen Sie langsam soweit weg, bis Sie eine Tür zwischen Ihnen und dem Hund schließen oder sonst wie Zuflucht suchen können.

Wenn Sie die Signale, die der Hund ausgesendet hat, solange ignoriert haben, bis er so schaut, dann haben Sie ein ernsthaftes Problem. Kontrollieren Sie den Hund und die Umgebung (Situation) besser, damit Sie niemals so angeschaut werden!

Distanzvergrößernde Signale – warnend

Der Hund auf Seite 65 ist ein Schäferhund-Mischling, den ich einmal im Tierheim sah, daher können Sie davon ausgehen, dass die Augen eine »Schäferhundform« haben, genau wie die Ohren. Die allgemeine Haltung ist ebenfalls die eines Schäferhundes. Unterschiedlich ist die etwas leichtere Knochenstruktur am Kopf und auch der schlankere und geraderer Hals.

Listen Sie Ihre Beobachtungen auf über:

- Augen
- Ohren
- Maul und Lefzen

Die offensichtliche Antwort lautet natürlich, dass Sie sich nicht nähern sollen. Der Hund sieht aus, als könne sein Verhalten eskalieren, vielleicht sogar explosionsartig. Achten Sie vor allem darauf, dass er nicht verschüchtert aussieht; er hat einen »Komm nicht näher, ich bin bereit, etwas dagegen zu tun«-Blick. Wenn man sich seinem Zwinger mehr als zehn Zentimeter näherte, führte dies unverzüglich zu eskalierendem Warnverhalten, gefolgt von einem plötzlichen stillen Satz nach vorne. Ein Hinweis darauf, was nach seinem ersten Verhalten folgen kann: Achten Sie darauf, dass die Lefzen »C«-förmig sind. Das bedeutet im Allgemeinen eine ernsthafte Angelegenheit. Weitere Einzelheiten über »c«-förmige Lefzen im Vergleich zu länglichen Lefzen finden Sie im Kapitel: »Die Absicht durch Beobachtung interpretieren können – Signalgruppen«.

Distanzvergrößernde Signale – territoriales Bellen

Auf der vorigen Seite unten ist mein Schäferhund Maeve im, wie ich es nenne, »Defensives-Bellen«-Modus. Dieses Verhalten ist als Warnung an diejenigen gemeint, die territoriale Grenzen überschreiten. Achten Sie darauf, dass es ein »wichtiges« Verhalten, mit jeder Menge Drama, ist. Es hat den Zweck, dass Sie es bemerken und weggehen.

Es kann von Piloarrektion begleitet sein oder nicht, je nachdem wie »erschrocken« der Hund ist.

Wenn ich Sie wäre, würde ich nicht weitergehen! Dieser Hund ist zu Aggression bereit, aber bemüht sich sichtlich, Sie zu warnen. Dieses Verhalten signalisiert in den meisten Fällen, dass Sie in Frieden weggehen können - solange Weggehen bedeutet, »kein Stück näher zu kommen und die Distanz zwischen uns beiden sofort zu vergrößern«.

Offenkundiges aggressives Verhalten hat den Zweck, Aggressionen zu verhindern. Denken Sie daran! Das kann Ihnen dabei helfen, die Aggression nicht »persönlich« zu nehmen, sondern das aggressive Verhalten auf eine eher nicht-provokative Art zu sehen. Wenn Sie Emotionen die Oberhand über die Logik gewinnen lassen, erreichen Sie nicht Ihr Ziel. Diese sachliche Betrachtungsweise ist immer sehr hilfreich, wenn ich aggressives Verhalten klassifiziere und ändere, weil ich dann bei meiner Vorgehensweise mehr Initiative zeige und gedankenvoller vorgehe, anstatt reaktiv zu sein und somit die Situation zu verschlimmern.

10

Distanzverringernde Signale als Einladung zur Kontaktaufnahme

Es ist wichtig, zu verstehen, wann Ihr Hund Ihnen sagt, dass er normal kommunizieren möchte, weil Sie ihm dann soziale Anerkennung dafür geben können, dass er sich auf angemessene Weise verhält. Sie übermitteln Ihrem Hund sehr verwirrende Nachrichten, wenn Sie seine Signale falsch interpretieren und ihn dafür bestrafen oder überreagieren, weil Sie fürchten, er könnte aggressiv sein. (Wenn Ihr Hund in der Vergangenheit schon mal aggressiv war, dann ist es verständlich, dass Sie Angst haben, er könne »zu weit gehen«, sodass es nicht zu einem weiteren Vorfall kommt.) Auf diese Art zerstören Menschen die natürliche Sprache des Hundes. Viele Menschen haben Angst, ihren Hund mit anderen Hunden Umgang haben zu lassen, weil sie denken, die Hunde könnten aggressiv werden. Außerdem wissen Menschen häufig nicht, was genau sie sehen, wenn Hunde miteinander kommunizieren, und interpretieren Spielen fälschlicherweise als Kämpfen oder aggressives Verhalten als Spiel. Menschen erlauben grenzwertiges Verhalten, halten es fälschlicherweise für Spielen, und greifen nicht ein, wenn es Zeit dafür wäre. Unabhängig davon, ob Ihr Hund sich anderen Hunden oder Menschen nähert, müssen Sie wissen, was Ihr Hund Ihnen über seine Gefühle in der jeweiligen Situation sagt. Dadurch können Sie ihm das richtige Feedback geben, sodass der Hund das für die jeweilige Situation angemessene Verhalten lernt.

Im Folgenden finden Sie eine Liste mit distanzverringernden Signalen:

- Vorderpfoten niedriger als Hinterpfoten (spielerische Verbeugung, Begrüßung oder nachgiebiges Verhalten)
- Vermeidung von Blickkontakt
- unterwürfiges Grinsen (Lefzen horizontal zurückgezogen. Die Lefzen wirken »länger«.)
- Ohren leicht gesenkt, zurückgezogen oder so gezogen, dass die Ohrmuschel seitlich am Kopf zu sehen ist
- Herabsenken des Körpers
- wackelnde Rute
- Schnalzen mit der Zunge
- Anheben der Vorderpfote
- Rollen
- Urinieren während er sich rollt oder auf dem Rücken liegt
- Anheben des Hinterbeins, wenn ein Mensch den Hund nahe der Flanke berührt oder ein anderer Hund in dem Bereich schnüffelt, um die Leistengegend zu erkunden. Häufig streckt der Hund den Hinterlauf aus, um es dem »Schnüffler« leichter zu machen.

Dieser Hund zeigt eine passive, nachgiebige Körperhaltung:

- Ohren liegen flach an
- Lefzen sind zurückgezogen (aber keine Zähne sichtbar)

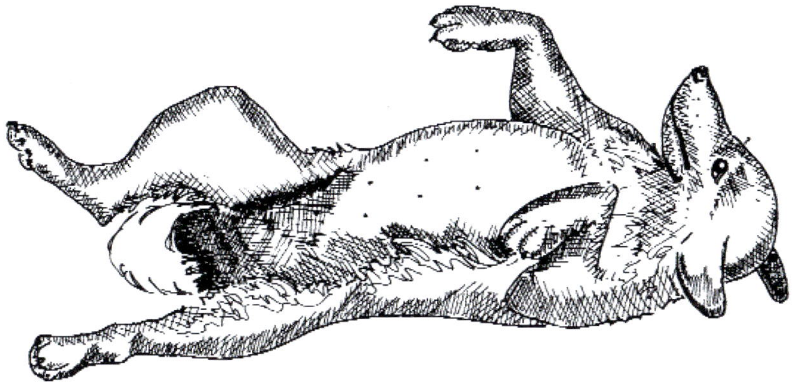

Distanzverringernde Signale – unterwürfige Rolle

- die Augen schielen oder sind lang gezogen und blinzeln
- die Rute ist zwischen den Hinterläufen eingeklemmt

Dieser Hund fordert Sie dazu auf, seinen Bauch zu kraulen, oder sagt Ihnen einfach nur, wie sehr er Sie respektiert.

Diese Körperhaltung kann von der Abgabe von Urintröpfchen begleitet sein (das muss aber nicht der Fall sein). Bestrafung ist in diesem Fall eindeutig kontraindiziert (ein medizinischer Fachausdruck dafür, dass eine Vorgehensweise oder Medikation nicht angebracht ist)! Dadurch würden Sie das unterwürfige Urinieren nur verstärken. Stattdessen sollten Sie positive Methoden ausprobieren, um dem Hund beizubringen, Sie im Sitz zu begrüßen.

Ein Hund, der eine unterwürfige Körperhaltung einnimmt, sollte niemals bestraft werden. Bestraft man einen solchen Hund, fühlt er sich in Ihrer Gegenwart nur noch ängstlicher. Außerdem würden Sie Ihrem Hund beibringen, dass Sie seine Versuche, mit Ihnen zu kommunizieren, ignorieren.

Ich habe ängstliche und furchtsame Hunde gesehen, die eine unterwürfig-passive Körperhaltung einnehmen und anschließend knurren oder schnappen, wenn man die Hand nach ihnen ausstreckt. Warum tut ein Tier das? Es gibt verschiedene Gründe, hier sind ein paar der häufigsten:

- Manche Hunde vertrauen nicht darauf, dass Sie unterwürfige Körpersprache respektieren. Vielleicht haben sie durch Erfahrungen in der Vergangenheit gelernt, dass diese Körperhaltung, die normalerweise Aggression »abwendet«, bei Menschen nicht immer funktioniert. Ein Beispiel: Ein Hund springt an einer Person hoch. Die Person wird wütend und brüllt den Hund an. Dann rollt sich der Hund herum, nimmt eine unterwürfige Körperhaltung ein und uriniert. Dann wird die Person wütend, weil der Hund auf den Boden uriniert hat, und korrigiert ihn weiterhin. Dieses Szenario zeigt, wie Menschen auf sehr uneffektive Art und Weise mit Hunden kommunizieren, und dieser Hund hat von seinem Menschen nur falsche Informationen übermittelt bekommen.

- Manche Hunde scheinen verwirrt zu sein und nicht zu wissen, welche Signale sie aussenden, so als ob sie niemals die »richtigen Wörter« (Körpersprache) gelernt hätten.
- Andere zeigen diese Körperhaltung als Zeichen der Unterwürfigkeit, empfinden aber Ihr »Handausstrecken« als weitere Bedrohung. Der Hund hat sich selbst nun in eine Position gebracht, in der er nur begrenzte Fluchtmöglichkeiten hat, daher reagiert er mit Verteidigung.
- Andere Hunde haben gelernt, dass man sie aus dieser Position heraus schlecht an eine andere Stelle bewegen kann, sodass diese Körperhaltung kombiniert mit einem Schnappen verhindert, dass Sie sie von einer Stelle bewegen, an der sie gerne bleiben möchten, oder dass Sie sie an einen Ort bringen, an dem sie nicht sein möchten.

Es kann also sein, dass ein Hund, der diese passive, unterwürfige Position vergeblich ausprobiert hat, und der keinerlei Fluchtmöglichkeiten hat (aus Sicht des Hundes ist er »in die Enge getrieben«) auf defensives Verhalten umschaltet.

Verhaltensweisen, die freundliches Näherkommen signalisieren:

- Dies ist derselbe Gesichtsausdruck wie vorher, das Bild ist nur gedreht. Beachten Sie die »langen« Lefzen. Ein Hund, der freundliches, ausweichendes Verhalten zeigt, wird sich Ihnen beschwichtigend nähern. Die Rute wird wahrscheinlich tief gehalten und der Rücken oder die Rumpfgegend können leicht gewölbt sein.
- Die Rute wird an der Spitze wackeln, es kann auch die gesamte Rute wackeln. Die Bewegung der Rute wird wahrscheinlich schwungvoll sein, entweder ein sanftes Schwingen oder eine schnellere, ausholendere Bewegung.

Distanzverringernde Signale – beruhigende Mimik

- Der Hund probiert möglicherweise ein paar beschwichtigende Verhaltensweisen, beispielsweise den Hund oder den Menschen, dem das Verhalten gilt, mit der Pfote zu berühren oder an ihm zu lecken. Wenn es sich um einen Hund handelt, dann stupst er diesen am Maul an oder leckt dessen Maul oder Lefzen.
- Viele Hunde, die freundliches Begrüßungsverhalten zeigen, tun das, was ich das Brezel-Manöver nenne. Auf übertriebene Weise winden sie ihren Körper oder beugen ihn in der Mitte, wackeln mit beiden Körperenden und ihre Nase berührt praktisch ihren Schwanz! Vinny, der Glatthaar-Foxterrier eines Freundes, wackelt, wenn er menschliche Freunde trifft, mit so großer Freude, dass sich sein Körper "C"-förmig beugt.

Dieser Hund zeigt entspanntes und freundliches Verhalten:
- weit geöffnetes Maul, Lefzen bedecken vollständig oder teilweise die Zähne
- keine Muskelwölbungen an den Ecken der Lefzen oder über der Nase
- Ohren sind nach vorne gerichtet und entspannt
- Augen geöffnet und blinzelnd
- das Heben der Pfote ist eine unterwürfige Geste, mit der er um Zuwendung bittet

Na los! Streicheln Sie ihn – Sie werden beide davon profitieren.

Der »neutrale, aber freundliche« Hund, den Sie auf S. 72 sehen, verhält sich freundlich und entspannt.
- Die Lefzen sehen »lang« aus. (Das wird Ihnen klarer, wenn Sie später die Bilder der Hunde vergleichen, die offenkundige Aggression zeigen.)
- Die Lefzen sind entspannt. Über der Nase oder in den Mundwinkeln sind keine Muskel-

Distanzverringernde Signale – Heben der Pfote

wölbungen zu erkennen. Die Ohren sind nach vorne gerichtet, die Augen sind geöffnet und für diesen Hund »normal« geformt. Der Hund blinzelt.
- Die Rute kann gerade nach hinten gestreckt oder über dem Rücken des Hundes gehalten werden oder einfach nur herabhängen. Sie kann still gehalten werden oder in weitem Bogen wackeln.
- Im Gesicht des Hundes ist keinerlei Anspannung zu sehen.

Machen Sie sich Gedanken über subtile Verhaltensweisen, die zeigen, dass ein Hund Ihren Annäherungsversuchen gegenüber nicht aufgeschlossen ist? Schauen Sie sich diesen neutralen Ausdruck im Gesicht und Körper an und achten Sie auf die folgenden Eigenschaften: ein ernsthafterer oder starrender Blickkontakt. Angespannter nach vorne gerichtete Ohren und eine unbewegliche Rute in Kombination mit Starren würden absolut ausreichen, damit *ich* mich nicht näher wage. Ein Hund mit neutraler Körperhaltung kann noch darüber entscheiden, ob er Ihre Annäherung willkommen heißt oder nicht! Beobachten Sie alle Veränderungen, die der Hund bei seinen Signalen macht, und achten Sie vor allem darauf, ob sich sein Körper anspannt, wenn Sie immer näher kommen.

Achten Sie genauestens auf Veränderungen der Pupille. Veränderungen der Pupille sind oftmals eins der ersten sichtbaren Signale dafür, dass der Hund durch die Situation unter Stress steht. Wenn sich also nicht die Lichtverhältnisse ändern und Sie dennoch eine plötzliche Veränderung in der Pupille sehen, sollten Sie Ihre Annäherung noch mal überdenken.

Es ist immer das Sicherste und Klügste, den Hund auf Sie zukommen zu lassen, anstatt seinen persönlichen Raum zu verletzen.

Distanzverringernde Signale – neutral, aber freundlich

11

Ruten – das andere Ende …

Ruten können eine sehr knifflige Angelegenheit sein! Als Erstes müssen Sie wissen, wie der Hund, den Sie beobachten, normalerweise, wenn er entspannt ist, seine Rute hält. Das erfordert intensive Beobachtung. Wenn Sie mit vielen Hunden gearbeitet haben, können Sie, wenn Sie nicht genügend Zeit haben, um das Tier zu beobachten, Vermutungen anstellen. Dabei ist es eine große Hilfe, die Rassen gut zu kennen. Genauso wie Grundwissen über Skelettstrukturen.

Bei unterschiedlichen Rassen sind auch die Ruten unterschiedlich. Das hat etwas damit zu tun, wie die Skelettstruktur aufgebaut ist, sowie mit dem Winkel, in dem die Rute mit der Lendenwirbelsäule verbunden ist. Ein Siberian Husky und ein Mops haben eine Rute, die sich über dem Rücken kringelt. Ebenso verhält es sich beim Keeshond. Ein Keeshond, der sich unterwürfig fühlt, entrollt seine Rute möglicherweise ein bisschen, wohingegen derselbe emotionale Zustand bei einem Sheltie, der die Rute normalerweise ziemlich tief trägt, dazu führen würde, dass er sie zwischen den Hinterläufen einklemmt. Das Italienische Windspiel klemmt die Rute normalerweise zwischen die Hinterläufe, weil er dieses Verhalten erlernt hat. Das müssen Italienische Windspiele bei der Vorführung im Ausstellungsring zeigen. Bitte denken Sie daran, dass eine wedelnde Rute nur bedeutet, dass der Hund Kontakt aufnehmen möchte. Achten Sie genau auf andere Signale, damit Sie sicher sein können, *wie* der Hund mit Ihnen Kontakt aufnehmen möchte!

Denken Sie daran, auf »Signalgruppen« zu achten. Jedes Signal kann ein »Wort« sein, doch die verschiedenen Signale miteinander kombiniert ergeben den »Satz«. Überprüfen Sie die Gesamt-Körperhaltung und sein Auftreten: Achten Sie auf Anspannung und anschließend auf die Details. Verhält sich die Rute ruhig, wedelt sie, ist sie über dem Rücken, einklemmt oder auf Halbmast? Wenn sie auf Halbmast oder gesenkt ist - ist das für diese Rasse oder diesen Hund normal? Ist das Gesicht angespannt, können Sie die Zähne sehen, gibt er irgendwelche Laute von sich? Achten Sie genau auf die Größe der Pupille. Plötzliche Veränderungen der Pupillengröße sind immer eine Warnung, dass »etwas« passiert, aus Sicht des Hundes zumindest. Vergrößerte Pupillen sind ein Hinweis darauf, dass er gestresst ist (wenn man davon ausgeht, dass keine Veränderung der Lichtverhältnisse der Grund für die Pupillenreaktion ist). Gibt Ihr Hund Ihnen irgendwelche offenkundigen Signale von bedrohlicher oder nicht bedrohlicher Absicht? Schauen Sie sich die »Puzzleteile« an und fügen Sie sie logisch zusammen. Dadurch können Sie erkennen und verstehen, was Ihr Hund Ihnen zu sagen versucht! Beobachtung und Erfahrung werden Ihnen Informationen über das Gesamtbild liefern.

Der Foxterrier auf der nächsten Seite oben links ist freundlich und neugierig. Das Anheben der Pfote ist ein distanzverringerndes Signal. Es kann signalisieren, dass der Hund sich ein wenig unsicher fühlt oder dass er Zuwendung möchte, es kann aber auch einfach ein Zeichen von Freundlichkeit sein.

Normale Rute

Eingezogene Rute

Normale Rute

Diese Körperhaltung ist besonders für Glatthaar-Foxterrier charakteristisch, wenn sie im Ausstellungsring den Richter oder ihren Halter in Erwartung eines Quietschspielzeugs oder eines in ihre Richtung geworfenen Leckerlis anschauen.

Achten Sie auf die Rute, die senkrecht zur Oberlinie getragen wird. So trägt der Foxterrier normalerweise seine Rute.

Eingezogene Rute

Nur selten sehe ich bei einem meiner Glatthaar-Foxterrier, dass er die Rute so hält, dass sie vollständig zwischen seinen Hinterläufen eingezogen ist. Was ich beobachte, ist diese »Teetassengriff«-Haltung bei unterwürfigen Foxterriern, die äußerst unsicher sind. Interessanterweise konnte ich eine ähnliche Rute bei Hunden beobachten, die sich auf eine wirklich schwierige Aufgabe konzentrierten. Punch liegt oftmals da und kaut auf einem Knochen, ohne dass andere Hunde oder Menschen dabei wären, und hält die Rute auf diese Art und Weise.

Wird die Rute niedriger als normal getragen, ist dies ein Anzeichen für Unsicherheit. Darum ist es so wichtig, die Anatomie und Rassebeschreibungen zu kennen. Ich kann die Wichtigkeit umfassender Kenntnisse nicht genug betonen. Annahmen allein reichen nicht aus. Menschen machen viele Fehler, weil sie aufgrund von Vermenschlichung »annehmen«, dass ein Hund sich auf die eine oder andere Art und Weise benimmt.

Vor allem wenn Sie mit aggressiven Hunden arbeiten, was an sich schon gefährlich ist, sollten Sie sich so viele Kenntnisse über die Spezies aneignen, wie Sie können. Achten Sie dabei darauf, dass Sie sich einen objektiven Standpunkt bewahren. Aus diesem Grund sind Verhaltensforscher so wichtig für uns. Ich lese ihre Arbeiten sehr umsichtig und achte stark auf die

Beobachtungen. Anschließend gehe ich in Gedanken meine Ansichten durch und ziehe eigene Rückschlüsse. Bei meinen auf Beobachtungen basierenden Erfahrungen mit meinen eigenen Hunden versuche ich, die Haltung eines Hundes nicht emotional zu bewerten. Wenn ich beispielsweise meine Hunde sehe, wie sie auf einem Knochen nagen und dabei den Schwanz eingezogen halten, gehe ich nicht unbedingt davon aus, dass dies bedeutet, dass sie sich »unterwürfig« oder »unsicher« fühlen. Ich glaube, dass sie sich sehr stark auf ihre Aufgabe konzentrieren und den anderen Hunden mitteilen wollen, dass sie sich nicht defensiv fühlen.

Ich konnte eine ähnliche Rutenhaltung bei Hunden beobachten, die eine neue Gehorsamsübung lernen. Der Rest des Hundes wirkt aktiv und lebhaft, doch die Rute wird leicht gesenkt gehalten. Die Ohren möglicherweise auch. Wenn ich das Gesicht des Hundes betrachte, so sieht es konzentriert aus. Der Körper ist nicht angespannt. Meine Hypothese wird dadurch verstärkt, dass ich diese Körperhaltung bei Hunden beobachtet habe, die ich gut kenne, und dadurch weiß, dass sie während der Gehorsamsübungen nicht bestraft wurden. Meine Schlussfolgerung lautet, dass eine eingezogene Rute ein hohes Maß an Konzentration bedeuten kann oder dass der Hund unsicher oder besorgt ist.

Ruten sind ein wichtiger Bestandteil des Kommunikationssystems der Hunde und werden in Verbindung mit anderen Signalen eingesetzt.

12

Die Absicht durch Beobachtung interpretieren können – Signalgruppen

Wenn Sie die Körpersprache der Hunde beobachten, denken Sie daran, dass der Hund »Muttersprachler« ist. Sie lernen vom Hund und sind kein »Muttersprachler«. Muttersprachler ist ein entscheidender Begriff – er bedeutet, dass alle, die Muttersprachler einer bestimmten Sprache sind, intuitiv selbst subtile Nuancen verstehen. Die Sprachen der Menschen sind in »formell« und »informell« unterteilt. Wenn jemand, dessen Muttersprache Französisch ist, anfängt Deutsch zu lernen, fängt er mit formellem Deutsch an. Wenn wir das Wort »heiß« als Slang benutzen (»Wow, das Kleid ist echt heiß«), ist dies für einen Nicht-Muttersprachler verwirrend. Der Nicht-Muttersprachler fühlt womöglich an dem Kleid und stellt fest, dass seine Temperatur nicht gerade heiß ist. Ich finde die Unterhaltungen meiner 16-jährigen Tochter und ihrer Freunde äußerst interessant. Sätze wie »Das geht ja voll ab hier« bedeuten, dass sie etwas toll finden, und die Worte »Ist gebongt« bedeuten, dass sie mit etwas einverstanden sind. (Manchmal brauchen sogar wir erwachsenen Muttersprachler einen Moment, um die jungen Muttersprachler zu verstehen!) Der Punkt ist, dass es aufgrund körperlicher Unterschiede und erheblich unterschiedlicher sensorischer Nachrichten (Hunde haben hervorragende Nasen, ihr Sehvermögen ist anders etc.) für uns Menschen unmöglich ist, Hundesprache nachzumachen, genauso wie Hunde nicht über die Mittel verfügen, so wie wir zu sprechen. Was wir tun können, um Hunde zu verstehen, ist zu beobachten und das, was wir beobachten, anzuwenden. Dann benutzen wir dieses Wissen, um so gut wie möglich mit Hunden zu kommunizieren.

Ich stelle mir jedes »Signal« als einzelnes Wort und die Kombination aus Signalen als einen Satz vor. Würde ich zu Ihnen »Bücherschrank«, aber sonst nichts, sagen, würden Sie wissen, welchen Gegenstand ich meine, aber sonst nichts wissen. Würde ich das Wort »Bücherschrank« in einen Satz integrieren, würde dies die Genauigkeit dessen, was ich meine, steigern und Missverständnisse reduzieren: »Ich mag meinen antiken Bücherschrank sehr gern« oder »Bitte staube den Bücherschrank ab.« Das Wort »Bücherschrank« allein würde Sie verwirren (und Sie würden sich vielleicht über meine mentale Leistung wundern), während ein vollständiger Satz der Kommunikation Genauigkeit verleiht. Genauso verhält es sich bei der Hundesprache. Sie können nicht nur den wackelnden Schwanz nehmen – das bedeutet nur, dass der Hund Kontakt aufnehmen möchte. Es ist das Lächeln oder das Knurren am anderen Ende des Hundes, welches Ihnen zusätzliche Informationen darüber gibt, ob es ratsam ist, diesen Hund zu streicheln.

Auf der folgenden Zeichnung »Signalgruppen« ist Dervish's Rute leicht gesenkt. Wenn Sie diesen einen Hund nicht besonders gut kennen, würde Ihnen das nicht auffallen. Ich kenne Dervish und normalerweise trägt er seine Rute gerade nach oben oder ganz leicht gekrümmt über seinem Rücken. Um den emotionalen Zustand des Hundes beurteilen zu können, sollten Sie immer auf Signalgruppen und nicht nur auf ein einzelnes Signal achten.

Signalgruppen

Bei der Beobachtung von Hunden müssen Sie daran denken, dass nicht alle Hunde wie im Bilderbuch von einem Kommunikationszustand zum nächsten übergehen. Bei den ritualisierten Verhaltensmustern von Hunden gibt es große Unterschiede.

Hier liste ich die offensichtlichen »Signale« in obiger Zeichnung auf:

- Vorderlauf angehoben
- Ohren nach unten und hinten gezogen
- Kopf und Nacken gesenkt
- Körper herabgesenkt und geduckt
- Augen verengt und blinzelnd

Während die Aufmerksamkeit des Hundes noch immer auf mich gerichtet und sein Kopf in meine Richtung gewandt ist, ist sein Blick jedoch abgewandt und er schaut mir nicht direkt in die Augen, sondern auf einen Punkt ungefähr auf Höhe meines Kinns. Er schielt und blinzelt.

Er verharrt in seiner Position und behält seine geduckte Körperhaltung bei und hält still.

Raten Sie mal. Was könnte diese Körperhaltung besagen? Ist der Hund neugierig? Erschrocken? Wütend? Ist es wahrscheinlich, dass er sich Ihnen nähert und Sie beißt?

Dies ist die Körperhaltung, die Dervish einnimmt, wenn er sich heftig bestraft fühlt! Diese Körperhaltung zeigt viele nachgiebige Verhaltensweisen.

Wenn meine Deutsche Schäferhündin sich auf ähnliche Art und Weise bestraft fühlt, ist ihre Körperhaltung ganz anders. Sie liegt dann auf dem Boden oder kriecht über den Boden zu mir hin, die Rute ist gesenkt und zwischen den Läufen eingeklemmt. Manchmal sind mehrere Anläufe nötig, selbst wenn die Situation längst vorbei ist, bis sie kein beschwichtigendes Verhalten mehr zeigt, wie beispielsweise herabhängende Ohren.

Ich zeige Ihnen diesen Kontrast auf, da die Emotionen von Hunden genau wie bei Menschen von einer individuellen Körpersprache begleitet sein können. Wenn Sie beispielsweise die Gefühle von jemandem richtig verletzen, fängt diese Person möglicherweise zu weinen an. In exakt derselben Situation kann es sein, dass eine andere Person sich umdreht und weggeht. Die gleichen Umstände können bei einer weiteren Person dazu führen, dass sie wütend wird und Sie anschreit (Aggression).

Achten Sie immer genau auf den Zusammenhang. Wenn ich beispielsweise ein Fangspiel mit meinem Hund spiele und er zu mir hinrennt, den Ball fallen lässt, eine spielerische Verbeugung macht, meine Hand mit seinen Zähnen nimmt und mich dann anbellt, würde ich dies nicht als aggressives oder dominantes Verhalten bezeichnen!

Betrachten Sie nun dieselben grundlegenden Verhaltensweisen und dieselbe Ausgangssituation: Ich strecke meine Hand nach einem Spielzeug aus, mit dem mein Hund spielt, und der Hund läuft auf mich zu und lässt den Ball fallen. Für den Bruchteil einer Sekunde hält der Hund inne, dann berührt er mit seinen Zähnen meine Hand und hält diese fest, jedoch nicht schmerzhaft. Er hält die Hand nur kurz fest, vielleicht zwei oder drei Sekunden lang. Er gibt keine Laute von sich. Es besteht eindeutiger und direkter Blickkontakt.

Beide Situationen erfordern Erziehung! Die erste Situation würde ich als Erziehungsproblem klassifizieren - der Hund ist zu überschwänglich und spielt viel zu grob. Die zweite Situation hat einen eindeutigen Beiklang von assertivem Verhalten und auch Bewachen von Ressourcen ist zu erkennen. Die zweite Situation erfordert umgehende Bewertung und Verhaltensübungen. Es handelt sich um grenzwertiges (riskantes) Verhalten – an sich keine große Sache, aber es geht definitiv in eine unerwünschte Richtung.

Die Moral der Geschichte lautet: Achten Sie auf Signalgruppen und besonders auf den Zusammenhang. Manchmal müssen Sie Verbindungen herstellen, wie zum Beispiel: Die spielerische Verbeugung im ersten Beispiel ist ein Signal für eine nicht-aggressive Absicht, woraufhin folgte, dass der Hund Ihre Hand mit den Zähnen berührte. Ich will nicht behaupten, dass ich dieses Verhalten nicht tadeln würde (indem ich das Spiel unterbreche und es dann nach meinen Regeln wieder aufnehme), aber die Absicht des Hundes war eindeutig nicht-aggressiv. Die Botschaft der zweiten Situation ist eindeutig (aufgrund der gesamten Signalabfolge) - eine Korrektur für den Menschen, weil er in den persönlichen Raum des Hundes eingedrungen ist.

Achten Sie bei der folgenden Zeichnung darauf, wie Signalgruppen auf den emotionalen Zustand des Hundes hinweisen.

Distanzverringernde Signale – freundlich

Dieser kleine Glatthaar möchte Ball spielen! Er hat ein entspanntes Grinsen und zeigt seine Zähne! Seine Ohren sind in Vorfreude auf das Spiel nach vorne gerichtet und seine Rute wedelt in einem großen Bogen. Er ist besonders erfreut, dass Sie es sind, sein besonderer Freund, und hat sogar seine vordere Lefze angehoben, sodass seine oberen Eckzähne zu sehen sind und er ein leichtes »unterwürfiges Grinsen« zeigt. Seine Augen sind geöffnet, aber er blinzelt und starrt Sie nicht an. An seinem Kiefer oder den Ecken der Lefzen sind keine Muskelwölbungen aufgrund von Anspannung zu sehen. Spielen Sie mit ihm Ball!

Distanzvergrößernde Signale – bewachendes Verhalten, extrem
Dieser Glatthaar möchte *nicht* Ball spielen!
Die wedelnde Rute zeigt nur den Wunsch, Kontakt aufzunehmen, und ist nicht immer ein Zeichen von Freundlichkeit. Die übrige Körperhaltung liefert Ihnen Hinweise, in welcher Form der Hund Kontakt aufnehmen möchte.
In dieser Zeichnung wird die Rute nach oben getragen und wackelt mit kurzen, scharfen Bewegungen. Manche Verhaltensforscher bezeichnen dies nicht als Wackeln, sondern als Peitschen.
An Kiefer und Lefzenecken sind Muskelwölbungen zu erkennen.
Der Nacken ist bis kurz oberhalb der Schulterhöhe herabgesenkt und der Kopf ist gesenkt und ausgestreckt (in etwa parallel zum Boden gehalten) oder »nach vorne gestreckt«. Dies ist eine typische Bewachungspose.
Es handelt sich um ein selbstbewusstes Tier, das schon einen Schritt weiter ist als die anfängliche warnende Körperhaltung, die aus Körperspannung und Starren besteht.

Körperstelle	Beobachtung
Augen	starrend, intensiv
Ohren	aufgerichtet
Lefzen	angehoben, leicht zurückgezogen
Rute	ruhig oder peitschend (kurze, scharfe Bewegungen)
Kopfhaltung	nach vorne gestreckt, herabgesenkt
Nackenhaltung	herabgesenkt

Defensiv
Dieser Hund ist nicht so selbstbewusst und selbstsicher wie der Hund auf der vorigen Abbildung. Der Hund hat sich entweder erschrocken und jemand hat sich ihm unerwartet genähert oder er ist unsicher, ob er eine Ressource behalten kann. Das wichtigste Anzeichen dafür ist der leichte Piloarrektionsreflex, der sich nur im Nacken zeigt. Dennoch hat sich der Hund dafür entschieden, sich zu »behaupten«. Diese Körperhaltung wird wahrscheinlich von einem hörbaren Knurren begleitet, wenn der Hund Sie »warnt«.

Körperstelle	Beobachtung
Augen	starrend, intensiv
Ohren	aufgestellt
Lefzen	Gerade so weit angehoben, dass der Fang an Stelle der Barthaare leicht hervorgewölbt ist, jedoch nicht so stark, dass sich auf der Schnauze Falten bilden würden. In den Lefzenecken sind Muskelwölbungen nach dem Kiefer. Lefzen sind so weit zurückgezogen, dass nur die Schneide- und Eckzähne zu sehen sind.
Rute	ruhig oder peitschend (kurze, scharfe Bewegung, erhoben
Kopfhaltung	nach vorne gestreckt, gesenkt
Nackenhaltung	gesenkt, Piloarrektionsreflex zu erkennen

Defensiv & unsicher, extrem

Die Rute ist eingezogen. Bei vielen Rassen ist sie zu diesem Zeitpunkt fest zwischen den Hinterläufen eingeklemmt. Der Piloarrektionsreflex zieht sich über den Nacken, runter über den Rücken und bis zur Rute. Bei manchen Hunden habe ich eine Rute beobachtet, die wie eine Flaschenbürste aussieht! Der Hund knurrt laut. Dieser Hund fürchtet sich zu Tode. Könnten Sie ihn befragen, würde er Ihnen sagen, dass er das Gefühl hat, dass sein Leben in Gefahr ist. Dieser Hund ist physisch in die Enge getrieben bzw. er hat das Gefühl, in die Enge getrieben zu sein, und er hat keine Möglichkeit zur Flucht.

Körperstelle	Beobachtung
Augen	starrend, intensiv
Ohren	leicht zurückgezogen, leicht angelegt
Lefzen	Gerade so weit angehoben, dass der Fang an der Stelle der Barthaare leicht hervorgewölbt ist, jedoch nicht so stark, dass sich auf der Schnauze Falten bilden würden.In den Lefzenecken sind Muskelwölbungen zu sehen sowie eine weitere Muskelwölbung nahe dem Kiefer. Lefzen sind so weit zurückgezogen, dass nur die Schneide- und Eckzähne zu sehen sind.
Rute	gesenkt oder eingezogen
Kopfhaltung	nach vorne gestreckt, gesenkt
Nackenhaltung	gesenkt, Piloarrektionsreflex deutlich zu erkennen

Angriffsbereit & assertiv

Dieser Hund möchte nicht nur *nicht* mit Ihnen Ball spielen, er ist sich sogar absolut sicher, dass Sie ihm unter keinen Umständen den Ball wegnehmen werden. Er ist sich seiner Position sicher und gewiss, dass Sie Ihre kennen. Falls nicht, wird er sie Ihnen gerne verdeutlichen. Er kann still sein oder sehr laut knurren. Dass er Laut gibt, nehmen Sie möglicherweise nur dann wahr, wenn Sie so lebensmüde sind und seine Rippen berühren, um die Vibrationen zu fühlen. Sobald Sie die Distanz erreicht haben, welche der Hund als »bedenklich« erachtet, wird er Sie beißen.

Körperstelle	Beobachtung
Augen	starrend, intensiv
Ohren	aufgerichtet und nach vorne zeigend
Lefzen	angehoben, »C«-förmig hochgezogen, zurückgezogen
Fang	Gerunzelt. In den Lefzenecken sind Muskelwölbungen zu sehen sowie eine weitere Muskelwölbung nahe dem Kiefer. Lefzen sind vorne so weit hochgezogen, dass die Nase extrem gerunzelt ist. Lefzen sind so weit zurückgezogen, dass nur die Schneide- und Eckzähne zu sehen sind.
Rute	ruhig oder peitschend (kurze, scharfe Bewegung) angehoben oder über dem Rücken getragen
Kopfhaltung	nach vorne gestreckt
Nackenhaltung	angehoben

Zu diesem Gesicht möchte ich Ihnen eine kurze Anekdote erzählen. In meiner Hundepension war ein nicht kastrierter Pyrenäenberghund-Rüde namens Gent zu Besuch. Er war mir gegenüber sehr beschützerisch und wir behandelten ihn entsprechend. Er war kein Leichtgewicht, sondern wog um die sechzig Kilo. Jynx, eine meiner kleinen Fox Terrier-Hündinnen, war im Zwinger und, so wie sie es für gewöhnlich tat, lief herum und schaute, ob vielleicht jemand vorne an den Zwinger ein paar Futterkrümel geworfen hatte. Als sich Jynx der Vorderseite von Gents Zwinger näherte, stand Gent langsam auf und ließ dieses laute, warnende Knurren hören, was einem die Haare zu Berge stehen lässt. Ich stand direkt hinter Jynx, bereit, sie »zu retten«. (Sie konnten sich durch den Zwinger nicht erreichen; rein körperlich gesehen, waren sie beide in Sicherheit. Aber ich kann keinen Zaunstreit im Zwinger gebrauchen!) Als ich durch den Raum lief, knurrte Gent erneut, fletschte seine Zähne und thronte mit seinem Gewicht über der 35 Zentimeter großen Jynx. Jynx hielt für ungefähr eine Sekunde lang inne, wurde sehr still, schaute dann zu Gent hoch, so als ob sie ihn gerade erst entdeckt hätte, schaute ihn mit diesem Blick an und gab einen einzigen, kurzen, fast unhörbaren Knurrlaut von sich. Sie stand nicht einmal vollständig auf, sie war auf ihren vorderen Ellbogen und versuchte an das schwer zu erreichende Leckerli heranzukommen. Gent hielt plötzlich inne, drehte sich um und legte sich still im hinteren Teil seines Zwingers hin, mit dem Rücken zu Jynx gewandt, sein Gesicht vorsichtig abgewandt. Jynxie suchte weiter und bekam ihr Leckerli. Ich gab Gent auch eines und rief Jynxie in ihren Zwinger zurück. Der Vorfall war vorüber bevor ich überhaupt bis zehn zählen konnte. Mit dieser Geschichte wollte ich Ihnen sagen, dass das alte Sprichwort wahr ist: »Nicht die Größe des Hundes ist im Kampf entscheidend, sondern das Ausmaß des Kampfgeistes im Hund.«

13

Die Bedeutung des Spielverhaltens

Ein wichtiges Mittel, durch das Welpen etwas über das Verhalten und die Muttersprache lernen, ist das Spielverhalten mit anderen Hunden. Dadurch lernen sie, wann eine Situation wirklich bedrohlich ist und wann nicht. Indem sie mit mehreren Hunden spielen, haben sie die Möglichkeit, zu lernen, dass nicht alle Hunde exakt dasselbe Verhalten und die gleichen Signale zeigen, wodurch der Hund in seiner Muttersprache fließend wird. Das führt dazu, dass der Hund nicht in Schwierigkeiten gerät; es ist sogar unwahrscheinlich, dass er in Schwierigkeiten gerät, da ein solcher Hund anderen Hunden gegenüber nicht überreagiert. Daher ist es ratsam, einen Welpen mit anderen Hunden spielen zu lassen, weil dadurch das spätere Auftreten von Aggressionen verhindert wird. Spielverhalten zu verstehen und dessen Verhältnis zu Aggression zu erkennen, hilft Ihnen, ein Trainer zu werden, der mehr Eigeninitiative zeigt und das Verhalten eines Hundes zu einem frühen Zeitpunkt beurteilen und Schwierigkeiten verhindern kann.

Zu dem üblichen Spielverhalten von Hunden gehören viele Verhaltensweisen, die Sie auch in einer »realen« körperlichen Konfrontation zu sehen bekommen würden. Durch das Spiel mit den Wurfgeschwistern lernen Hunde wann und wie sie sich richtig verhalten müssen, um Konflikte zu lösen und Aggression zu vermeiden. Hunde üben im Spiel ihre Sprachkompetenz, sodass sie gut kommunizieren und Aggression vermeiden können. Eines der besten Dinge, die Sie für Ihren Hund tun können, ist, ihn mit Hunden spielen zu lassen, deren Sprachkompetenz hervorragend oder zumindest normal ist. Hunde lernen durch Nachahmen - sie kopieren das Verhalten von Artgenossen. Ein Hund, der seine eigene Muttersprache hervorragend und fließend beherrscht, kann Ihrem Hund beibringen, höflich, sozial und selbstbewusst zu sein!

Zu einer Liste der spielerischen Verhaltensweisen gehören:

- Anpirschen, Jagen
- gefletschte Zähne
- Auflauern
- T-Position (Kopf über den Schultern des anderen Hundes)
- Schulter-/ Hüftstöße
- Umkreisen und drängeln
- Boxen und rangeln
- Attackieren
- Besteigen mit oder ohne Beckenstöße
- Wurfgeschwister in Gesicht-/Kopf-/Nackengegend beißen
- Stark aufgestellte oder stark angelegte Ohren
- Knurren

Dieselbe Liste kann für Signale agonistischen Verhaltens verwendet werden. Wie erkennt ein Hund den Unterschied? Eine Möglichkeit ist die Verwendung von Verhaltensweisen, welche eine nicht-aggressive Absicht signalisieren. Wenn ein Hund eine »spielerische Verbeugung« macht, scheint dies zu bedeuten: »Das Verhalten, das nun folgt, ist keine ›wirkliche‹ Aggression, es besteht keine Absicht, zu verletzen.« Wenn das Spiel zu grob wird oder sich in eine Situation ausweitet, welche ein Beteiligter unangenehm findet, werden Sie sehen, dass das Tier, das diese als unangenehm empfindet, Beschwichtigungssignale (bestimmte nicht-situationsbedingte Verhaltensweisen) benutzt. Diese können als Aufforderung an einen anderen Hund dienen, ebenfalls Beschwichtigungssignale auszusenden als Bestätigung, dass »dies immer noch Spiel ist«.

Spielerische Verbeugung/Spielaufforderung
Die typische »Ich will nur spielen, ich bin nicht aggressiv, ich möchte dein Freund sein«-spielerische Verbeugung. Je nach Situation kann dies auch ein Signal für »Ich akzeptiere deinen Status« sein. Die abgesenkten Ohren und die leicht gesenkte Rute zeigen mir, dass dieser Hund Unterwürfigkeit signalisiert, zumindest vorübergehend, bis er mehr Informationen über die Person oder den Hund, mit dem er Kontakt aufnimmt, sammeln konnte. Eine weitere Möglichkeit ist, dass der Hund sich absichtlich unterwürfig zeigt, um einen scheuen Hund zum Kontakt aufzufordern.

Als ich zur Beobachtung von Wölfen den »Wolf Park« besuchte, war ich davon fasziniert, dass die dortigen Betreuer ein Verhalten, das oben beschriebenem ähnelt, als »Beuteverbeugung« bezeichnen. Die Wölfe verwenden dieses Verhalten angesichts großer Beutetiere (z.B. Bison), um sie zu »testen« und zu sehen, ob sich die Beute dadurch bewegt oder eine andere Reaktion zeigt. Sobald sich das Tier bewegt, kann der Wolf besser einschätzen, ob es sich um ein gutes Ziel handelt. Das Beutetier schaut oftmals den Wolf an und wartet darauf, dass sich dieser davonschleicht. Dann duckt der Wolf sich, was dem Verhalten von Border Collies, wenn sie

Schafe im Visier haben und diese treiben, ähnlich ist. Bei einem Border Collie ist die Jagdsequenz natürlich unterbrochen, was beim Wolf nicht der Fall ist!

Meine eigenen Hunde zollen mir, genau wie untereinander, ihre Anerkennung mit einer bestimmten Streckbewegung, die eine veränderte Variante der spielerischen Verbeugung ist. Manchmal strecken sie sich so, dass die Vorderläufe gesenkt sind, und manchmal mit den Hinterläufen nach hinten gestreckt. Manchmal machen sie auch beides. Es ist eine Art »Hallo«-Sagen. Dabei handelt es sich um eine freundliche und entspannte Begrüßung, die allgemein bei bekannten Hunden und Menschen erfolgt.

Wenn Hunde sich spielerisch voreinander verbeugen, senden sie vorher meist Signale aus, um den anderen Hund wissen zu lassen, dass sie ein Beutespiel beginnen möchten. Spiel und spielen sind hier die Schlagwörter. Wenn ein Hund einen unfreundlichen Annäherungsversuch wagen möchte, habe ich niemals beobachtet, dass er dazu eine spielerische Verbeugung macht. Ich habe aber gesehen, wie meine Hündin Breanna eine spielerische Verbeugung benutzt, um einzugreifen und Aggression zwischen meinen Jungs zu vermeiden, wenn sie »einen Bully« machen - eine Körperhaltung, die schnell zu gewalttätigem Verhalten führt. Die Jungs starrten einander in die Augen, standen auf den Zehenspitzen und machten sich gerade dazu bereit, sich gegenseitig mit den Schultern zu schubsen, was ohne Zweifel kurz darauf zu einer Beißerei geführt hätte. Breanna preschte dazwischen und machte vor jedem eine einzige spielerische Verbeugung. Es erstaunte mich, zu beobachten, dass meine Jungs den Blickkontakt sofort unterbrachen, sich schüttelten (den Stress abschüttelten) und in unterschiedliche Richtung weggingen. Breanna rannte zu jedem Hund einzeln, leckte ihn kurz und wackelte freundlich mit dem Schwanz. Anschließend ging sie ins Esszimmer zurück und legte sich wieder hin. Durch ihr Verhalten verpuffte jegliche Anspannung und wir alle hatten einen schönen, friedlichen Nachmittag.

Schauen Sie sich folgendes Szenario an: Zwei Hunde gehen aufeinander zu, machen eine spielerische Verbeugung und beginnen zu spielen. Nach ein paar Minuten eskaliert das Spiel und wird immer gröber. Bei dieser gesteigerten Intensität des Verhaltens unterbricht einer der Hunde plötzlich das Spiel und fängt an, am Boden zu schnüffeln. Dieses Schnüffelverhalten ist hier »nicht kontextbezogen«, also ein Beschwichtigungssignal, das verwendet wird, um eine nicht-aggressive Absicht zu signalisieren. Wahrscheinlich können Sie beobachten, dass das Spiel abgebrochen wird oder zumindest ruhiger verläuft. Falls das raue Spiel weiter eskaliert, selbst wenn ein Beteiligter eindeutig eine nicht-aggressive Absicht signalisiert, sollten Sie die beiden Hunde trennen und ihnen zumindest ein paar Minuten eine »Abkühlpause« geben. Es ist unnötig, dass ein Hund lernt, in Schrecken versetzt zu werden, und der andere Hund übt, herrisch oder aggressiv zu sein. Ich weiß nicht, ob ich sie noch mal miteinander spielen lassen würde. Das hängt stark von den einzelnen Hunden und ihren jeweiligen Vorgeschichten ab.

Man muss unbedingt den Unterschied zwischen Hunden, die miteinander spielen, und Hunden, die posieren, kennen. Den Terminus »Posieren« verwende ich, um den subtilen Moment zu definieren, wenn sich spielerisches oder anderes »Annäherungs«-Verhalten zu etwas anderem entwickelt: jedes Verhalten, das höhere Reaktivität anzeigt. Aufdringliches oder herrisches Verhalten oder Körperspannung ist ein Anzeichen dafür, dass der Hund nicht länger »spielt«, sondern anfängt, sich bedrängt, bedroht oder unsicher zu fühlen. Unsicherheit kann sich als assertives oder nachgiebiges Verhalten zeigen, je nach individuellem Hund.

Denken Sie einen Moment darüber nach – selbstsichere Menschen laufen nicht in der Gegend rum und erzählen jedem, wie »souverän« sie sind. Sie machen sich keine Gedanken, ob sie mit allem fertig werden. Ein bestimmter Typ unsicherer Menschen tritt häufig ein bisschen zu stark auf, wobei sie sich bemühen, das Gefühl, sie könnten mit einer Situation nicht zurecht kommen, zu kompensieren. *Hunde, die über kein gutes Kommunikationstalent verfügen, verwenden Gesten, die »zu groß« sind.* Anstatt sich in einem Bogen zu nähern und zu schnüffeln, kommen sie angerannt, werfen sich auf den Boden und drehen und winden sich zu Füßen des anderen Hundes. Meine Hunde begrüßen ein solches Tier mit der Einstellung: »Du kannst auch einfach Hallo sagen, du musst es nicht gleich übertreiben!«

Ein anderes übertriebenes Verhalten zeigt sich, wenn sich ein Hund nähert und den anderen Hund mit der Brust stößt oder seine Pfoten auf dessen Schultern legt. Zwei kluge Hunde werden sich in Form eines Bogens nähern und einander ruhig beschnüffeln. Ein sicherer, selbstbewusster Hund verhält sich anderen Hunden gegenüber ziemlich zurückhaltend. Spielende Hunde, die beide im »Spielmodus« bleiben und sich wohl fühlen, bleiben auch entspannt, wenn es um den persönlichen Raum geht.

Vergessen Sie nicht, dass die folgenden Beschreibungen zwar »typisch«, aber keineswegs vollständig sind und bereits in einem leicht anderen Kontext etwas anderes bedeuten können. Sie liefern Ihnen nur einen Ansatzpunkt, wenn Sie anfangen, aus Ihren eigenen Beobachtungen zu lernen. Ich habe Tausende Hunde beim Spiel beobachtet und war Zeuge vieler Auseinandersetzungen, von leichten Angriffen bis hin zu heftigen Kämpfen, welche mit dem Tod geendet hätten, wenn ich nicht eingegriffen hätte. Und dennoch lerne ich von jeder Gruppe Hunde, die ich zusammen sehe, immer noch etwas Neues.

Hinweise dafür, dass sich die Hund im Spiel-Modus befinden

- Wenn etwas anderes die Aufmerksamkeit des Hundes erregt, wird er seinen Blick von dem anderen Hund abwenden, das anschauen, was seine Aufmerksamkeit erregt hat, und dann wieder das Spiel aufnehmen. Dies kann man testen, indem man ein Geräusch oder ein »Spektakel« macht, herumrennt oder in die Hände klatscht, sich zwischen die Hunde stellt oder etwas anderes, das dazu führt, dass sie sich umschauen, um zu sehen, was sonst noch in der Umgebung vor sich geht. Falls es schwierig ist, die Hunde zu unterbrechen, würde ich das gezielt machen. Belohnen Sie die Hunde dafür, dass sie sich haben unterbrechen lassen, und lassen Sie sie dann weiter spielen, wobei Sie immer auf »zu intensives« Verhalten achten sollten.
- Meistens werden Sie sehen, dass die Hunde ihre »Rollen« tauschen und von der Beute zum Jäger wechseln. Sie werden auch sehen, wie Hunde beim »Ringen« die Position wechseln – einer ist oben und spielt den Angreifer, während der andere Hund unten liegt. Ungeachtet

ihrer Rolle oder Position sollten die Hunde ab und zu die Rollen tauschen, sowohl beim Hinterherjagen als auch beim Ringen.

- Die Hunde haben beide einen entspannten Gesichtsausdruck. Wenn Sie sich ihre Augen anschauen, dann sind die Pupillen weder übermäßig geweitet noch winzig klein; sie sind für die Lichtverhältnisse normal. Die Lefzen der Hunde sind wahrscheinlich bis zu ihren Ohren nach hinten gezogen und nicht »C-förmig«, wie im Kapitel »Distanzverringernde Signale« illustriert.
- Spielende Hunde können ziemlich laut sein, auch wenn der Geräuschpegel beim Spiel sehr unterschiedlich ausfallen kann. Ein Kampf zwischen Hunden kann ebenfalls laut sein, doch das »Timbre« der Geräusche ist anders. Wenn Sie Hunde im Umgang miteinander beobachten, sollten Sie auf jedeÄnderung der Geräusche achten. Sind die Laute gerade lauter geworden? Hat sich die Art der Laute verändert? Ist es plötzlich sehr still? Jede Veränderung der Geräusche kann ein Vorzeichen dafür sein, dass sich der Umgang der Hunde untereinander verändert, darum sollten Sie auf diese achten und bereit sein, das Spiel zu unterbrechen.
- Falls ein Hund den anderen verletzt, indem er zu fest zubeißt, wird Hund zwei womöglich leicht jaulen oder quietschen und den Hund, der etwas zu grob ist, unterbrechen. Das geschieht meist recht flüssig, genauso wie bei zwei Menschen, wenn der eine deutlich sagt: »Autsch! Pass auf!« Das Spiel wird wahrscheinlich nicht abgebrochen.

Anzeichen für sich anbahnende Probleme

- Ein Hund kann die Annäherungsversuche des anderen Hundes nicht leicht unterbrechen (z.B. unterwürfige Versuche fruchten nicht) und wird ängstlich. Wenn Hunde miteinander raufen, zeigt sich dies möglicherweise durch heftigeres Kämpfen, wobei der Angreifer nicht innehält und den anderen Hund aufstehen lässt, obwohl dieser zeigt, dass er sich bedrängt fühlt.
- Das Gesicht ist angespannt, die Barthaare sind aufgestellt und/oder es kommt zu plötzlicher Erweiterung der Pupillen.
- Ein Hund ignoriert die Beschwichtigungssignale, die der andere aussendet.
- Ein Hund verfolgt den anderen und der »Gejagte« sendet Alarmsignale aus, er lässt beispielsweise die Rute hängen oder schaut besorgt nach hinten, während der »Jäger« immer angespannter schaut.
- Es ist nicht leicht, das Verhalten des Hundes zu unterbrechen oder die Hunde dazu zu bringen, zumindest kurz in Ihre Richtung zu schauen, indem Sie ein lautes, plötzliches Geräusch machen oder in angenehmem Tonfall den Namen eines der Hunde rufen. Ist dies der Fall, sollten Sie eingreifen und sich überlegen, ob die Hunde weiterhin miteinander Umgang haben dürfen.

Die Wahl der Spielkameraden

Bei der Besprechung von Spielverhalten möchte ich noch einmal betonen, wie wichtig es ist, die Spielkameraden Ihres Welpen vorsichtig auszuwählen. Genauso wie Sie nette Kinder mit guten

Manieren und guter Sozialkompetenz als Spielkameraden für Ihre Kinder aussuchen würden, sollten Sie adäquate Welpen und Hunde auswählen, damit diese Ihrem Tier gute Sprachkenntnisse vermitteln. Ältere Hunde, die ruhig und nicht reaktiv, aber verspielt sind und über gute Sozialkompetenz verfügen, sind eine gute Wahl, genauso wie Welpen mit ähnlichem Aktivitätsinteresse.

Bevor Sie Ihren Welpen oder Hund mit einem anderen Hund spielen lassen, sollten Sie den potenziellen Spielkameraden testen. Stellen Sie dem Hundebesitzer ein paar Fragen:

- Hat Ihr Hund schon mal mit anderen Hunden oder Welpen gespielt?
- Kam Ihr Hund mit den anderen Hunden gut aus?
- Wie alt war Ihr Hund, als er mit den anderen Hunden gespielt hat? (Denken Sie daran, wie wichtig dies sein kann. Als sechs oder neun Monate alter Welpe ist dieser Hund möglicherweise ganz anders auf andere Hunde zugegangen als nun im Alter von fünf Jahren.)
- Wie geht Ihr Hund auf andere Hunde zu, die er nicht kennt?

Wenn Ihr Hund schon älter ist und Sie ihn mit einem anderen älteren Hund in Kontakt bringen, möchten Sie wahrscheinlich, dass sich die beiden zuerst auf neutralem Gebiet (weder das Zuhause des einen noch des anderen Hundes) kennenlernen. Es ist ratsam, die Leinen anzulassen, sodass Sie die Hunde festhalten können, falls es zu einer Auseinandersetzung kommt. Halten Sie einen Schlauch oder Wassereimer bereit (viele kleinere Auseinandersetzungen können beendet werden, indem man kaltes Wasser über die Hunde schüttet oder sprüht). Falls Sie irgendeinen Zweifel haben, legen Sie beiden Hunden einen Maulkorb an, sodass jeder sicher ist, falls die Situation eskaliert. *Es ist einfacher, Maulkorb und Leine zu entfernen, wenn die Hunde sich vertragen, als die Wunden zu nähen, die entstehen können, falls sie sich nicht vertragen.*

Für ältere Hunde, vor allem, wenn Sie sich in Bezug auf Ihren oder den anderen Hund unsicher sind, sind meist Hunde des anderen Geschlechts geeignet, obwohl sich das nicht pauschal sagen lässt. Viele Hunde gleichen Geschlechts sind einander gegenüber aufgeschlossen, doch ernsthafte Kämpfe sind zwischen Rüden und Hündinnen selten der Fall. Am schlimmsten sind die gleichgeschlechtlichen Kämpfe. Die Raufereien zwischen Rüden und die berühmt-berüchtigten »Hündinnen-Kämpfe« können ziemlich leidenschaftlich sein, vor allem, wenn die Beteiligten nicht kastriert oder sterilisiert sind.

Von dem älteren Hund, der nicht spielen möchte, kann Ihr Welpe lernen, diejenigen, die nicht belästigt werden möchten, in Ruhe zu lassen. Diese Korrektur kann auf den Uneingeweihten recht alarmierend wirken, doch ein dreister Welpe kann dadurch lernen, nicht jeden zu nerven, damit er mit ihm spielt. Es kann sein, dass ein älterer Hund Ihren Welpen mit Körper und Pfoten festhält und knurrt. Manchmal sogar bis der Welpe schreit und uriniert. Solange der ältere Hund nicht fest zubeißt oder den Welpen beißt und gleichzeitig schüttelt, handelt es sich um eine angemessene Korrektur. Eine solche Korrektur sollte niemals eine Wunde hinterlassen. Ein Welpe, der durch diese Erfahrung gelernt hat, entschuldigt sich sofort bei dem älteren Hund, indem er ihm das Maul leckt, eine geduckte Körperhaltung einnimmt, die Ohren herabhängen lässt und die Rute tief trägt und mit ihr wedelt. Dann können Sie eventuell beobachten, dass der ältere Hund den Welpen zum Spielen auffordert oder einfach von ihm weggeht. Sobald ein Welpe auf diese Art korrigiert wurde, reicht normalerweise schon ein Blick aus, um ihn zu mäßigen.

Ich lasse es nicht zu, dass Welpen oft und zu stark durch andere Hunde korrigiert werden. Wenn der ältere Hund den Welpen sofort maßregelt, ohne ihn vorher durch milderes Verhalten zu »bitten«, wegzugehen, handelt es sich um nicht angemessenes Verhalten seitens des älteren Hundes. (Denken Sie daran, »bitten« kann ein sehr subtiles Verhalten sein, wie beispielsweise den Welpen bewusst zu übersehen oder zu vermeiden.) Wenn der ältere Hund den Welpen ständig willkürlich korrigiert, billige ich das auch nicht.

Welpenspielgruppen

Wenn mehrere Welpen, beispielsweise in einer Welpenspielgruppe, zusammen sein können, ist das für sie eine wunderbare Erfahrung. Hier können mehrere Welpen im Alter von sechs Monaten und jünger auf welpengerechte Art und Weise miteinander spielen. Und das Risiko ist gering, weil die Welpen klein sind. In unseren Kursen teilen wir die Welpen nach ähnlichem Temperament ein. Das bedeutet, dass wir die Gruppen in zwei Kategorien unterteilen:

- Die Schachspieler: Die ruhigeren, vorsichtigeren Welpen, die nicht körperlich »grob« miteinander umgehen und lieber einander hinterherjagen oder einfach nur zusammen herumlaufen, wobei es nur zu leichtem Ringen oder behutsamem Körperkontakt kommt.
- Die Graffiti-Sprüher: Jene Welpen, von denen man weiß, dass sie die ganze Stadt rot anmalen würden, wenn man sie ließe. Die ungestümen, groben Raufbolde, diejenigen, die geboren wurden, um Football oder Rugby zu spielen. Achten Sie auf Ihre Knie, wenn Sie diese Gruppe beaufsichtigen!

Ein paar Regeln für Welpenspielgruppen: Zu allererst – *kein* Spielzeug oder Futter auf dem Boden. Zur Sicherheit ist dies eine gute Regel für jede Hunde- oder Welpengruppe, die sich untereinander nicht gut kennt. Wenn alles gut läuft, können Sie *mehrere Spielzeuge* über dem Boden verteilen. Ich achte darauf, dass es von jedem Spielzeug zwei oder drei Exemplare gibt: zwei oder drei Tennisbälle, zwei oder drei Stofftiere, zwei oder drei Zerrspielzeuge etc., wobei die Anzahl der Spielzeuge höher als die der Welpen sein sollte. Benutzen Sie niemals Futter, Büffelhautknochen oder andere essbare Dinge, die für Hunde von hohem Wert sind. Heben Sie Buster Cubes™ und anderes hochwertiges Spielzeug dafür auf, wenn Sie mit Ihrem Hund alleine spielen, und benutzen Sie es nicht für das Spiel in der Gruppe. Für meinen Hund Zasu ist der Wiggly-Giggly Ball™ ein Tabu in der Gruppe, da sie unverzüglich mit Objektbewachungsverhalten reagiert.

Sie sollten die spielenden Welpen mehrfach unterbrechen, indem Sie sie rufen. Lassen Sie die Welpen anfangs eine Leine tragen – das hilft beim Abrufen (Kommen auf Kommando). Lassen Sie die Leine an, bis das Abrufen bestens gelingt. In den Kursen in Heaven On Arf sollen die Besitzer ihre Hunde rufen, die Leine festhalten, sich mit ihren Welpen von der Spielgruppe entfernen und ihnen ein Leckerli geben. Sobald der Welpe seinen Besitzer anschaut, darf er wieder zur Spielgruppe zurückkehren. Dadurch lernt der Welpe, auf Kommando zu kommen, er wird durch Futter *und* dadurch verstärkt, dass er wieder spielen darf (dadurch bedeutet das Kommen auf Kommando nicht immer, dass der Spaß nun vorbei ist).

»Aufreiten« ist nicht erlaubt – das bedeutet, dass kein anderer Hund von vorne, hinten oder der Seite, kombiniert mit Beckenstößen, bestiegen werden darf. Dabei handelt es sich nicht immer um sexuelles Verhalten. Sie erinnern sich, es kann auch ein Rangordnungsverhalten sein. Oftmals ist der Hund, der dies tut, ein wenig unsicher. Es ist egal, ob das Verhalten des individuellen Hundes in penetranten oder unsicheren Emotionen verwurzelt ist: Dieses Verhalten ist keinesfalls zu billigen. Der besteigende Welpe wird durch sanfte Worte der Missbilligung (»Ich will das nicht!«) und mit einer Hand am Halsband oder an der Leine, gerade ausreichend, um ihn vom anderen Hund zu entfernen, vom bestiegenen Welpen getrennt; anschließend darf er wieder spielen gehen. Es können drei oder vier solcher Korrekturen nötig sein, aber der Welpe wird verstehen, dass Besteigen in keiner Gesellschaft ein angemessenes soziales Verhalten ist! Falls er es weiterhin macht, obwohl er drei oder vier Mal korrigiert wurde, sollten Sie dem »Besteiger« für eine Minute, höchstens zwei Minuten, eine Auszeit in einer Box oder vom Spielareal entfernt gönnen und ihn dann wieder spielen lassen. Eine Alternative zur Auszeit in der Box ist, mit dem »Besteiger« einen fünfminütigen Spaziergang zu machen und ihn dann zurückzubringen, sodass er seine sozialen Fähigkeiten wieder unter Beweis stellen kann.

Falls die Welpen furchtsam sind, müssen Sie darauf achten, dass sie nicht durch die Possen ihrer Spielkameraden weiter eingeschüchtert werden. Animieren Sie die anderen Welpen, woanders zu spielen (rennen Sie rufend und Hände klatschend in einen anderen Teil des Raumes, um die Welpen an eine andere Stelle zu locken) und lassen Sie den verängstigten Welpen nahe seines *neutralen, ruhigen* Besitzers sitzen. Der Besitzer soll den Welpen nicht »verhätscheln« oder bemitleiden, sondern eine neutrale Unterstützung für ihn sein. Erlauben Sie nicht, dass diese Welpen sich unter Stühlen etc. verstecken. Normalerweise laufen sie am Ende der zweiten oder dritten Spielstunde zumindest am Rande des Geschehens um die anderen Welpen herum und fangen an, mitzumachen und zu spielen. Wenn es sich um einen kleinen Hund handelt, der mit großen Hunden läuft, rate ich dem Besitzer dazu, den Hund hochzunehmen, aber im »Gewühl« zu bleiben, mit dem Welpen auf dem Schoß auf einem Stuhl zu sitzen und ihm angemessenes Feedback zu geben, wenn er nicht-reaktives oder nicht-ängstliches Verhalten zeigt.

Manche kleinen Zwerghundwelpen sind wahrhaftig einem Risiko ausgesetzt, wenn sie mit großen, groben Hunden oder Welpen spielen. Verhätscheln Sie sie nicht, aber suchen Sie sanftere Spielkameraden oder Hunde derselben Größe. Hunde sollten nicht im Namen der Sozialisierung verletzt werden.

Manche Welpen sind richtig wild auf Spielen, während andere zurückhaltender sind. Das liegt alles im Rahmen des normalen Verhaltens. Nicht zum normalen Verhalten gehört übertriebene, ernsthafte, »erwachsene« Aggression bei sehr jungen Hunden oder rasendes Beißen. Bei Hunden, die diese Verhaltensweisen zeigen, benötigen Sie die Hilfe eines Verhaltensexperten. Ein weiterer Hinweis für riskantes Verhalten als erwachsener Hund ist, wenn ein Welpe, der wegrennt und sich versteckt, acht oder zehn Wochen später noch genauso ängstlich ist wie in der ersten Welpenspielstunde (vorausgesetzt, dass der Welpe geeignete Spielkameraden hat, die nicht sehr furchteinflößend sind).

Der »ältere« Hund und das Spiel

Wenn Hunde das kritische Alter von 12 bis 24 Monaten erreichen, zeigen sie meist weniger jugendliches Verhalten und dafür umso mehr »ernsthaftes« Rangordnungs- und Erwachsenenverhalten. In diesem Alter wird das Territorium wichtiger, genauso wie andere Ressourcen, wie beispielsweise der Besitzer, Spielzeug und Futter. Mehrere Hunde dieses Alters zusammen sind unberechenbarer und riskanter, was der Hauptgrund dafür ist, warum Sie Ihren jüngeren Welpen, dessen Sozialisierungsfenster noch weit geöffnet ist, verschiedenen sozialen Situationen mit Hunden aussetzen sollten.

Manche Hunde bewahren sich ihr spielerisches, jugendliches Welpenverhalten bis ins Erwachsenenalter. Das ist eine wunderbare Eigenschaft bei einem Haushund und ist für manche ganz selbstverständlich. Wenn Sie einen solchen Hund haben, ist das toll. Doch häufiger ist es der Fall, dass Hunde dieser Altersgruppe kein Interesse mehr daran haben, »Mensch ärgere dich nicht« oder »Quartett« zu spielen, sondern andere Dinge im Sinn haben.

In dem Alter lasse ich meine eigenen Hunde nur unter Aufsicht mit Artgenossen spielen. Ein paar meiner älteren Terrierhündinnen und Maeve, meine Schäferhündin (die im Alter von 18 Monaten mit vielen Problemen zu mir kam, unter anderem auch Aggression), spielen mit einem ausgewählten Kreis von Hunden, die sie gerne mögen. Ich erwarte nicht, dass sie »nett« mit jedem Hund spielen, auf den sie treffen, und Erfahrungen in der Vergangenheit haben mir gezeigt, dass Breanna und Maeve nicht gut mit anderen Hunden spielen.

Häufig sehe ich ältere Hunde, die das Spiel nicht zu genießen scheinen, obwohl sie kein bisschen aggressiv sind. Sie möchten schlicht und einfach keine Welpenspiele mehr spielen. Der ältere Hund mag es oftmals nicht, wenn alberne Welpen ihn anrempeln. Viele ältere Hunde scheinen sich in Gruppen von Hunden, die sie nicht kennen, unbehaglich zu fühlen. Ich halte dies für normal und akzeptabel, obwohl aggressives Verhalten, Beißen, Kämpfen und Überreagieren auf keinen Fall akzeptabel sind.

Man sollte nicht erwarten, dass *alle* Hunde *immer* zu *jedem* Hund freundlich sind, den sie treffen. Ich erwarte das zweifelsohne nicht von mir selbst und kann Menschen, mit denen ich nichts zu tun haben möchte, meistens aus dem Weg gehen. Ich denke, es wäre gut, wenn wir unseren Hunden ebenfalls diese Möglichkeit geben würden.

Ich lasse auch nicht zu, dass meine garstigen Hündinnen ihre Statusprobleme ausleben oder andere Hunde drangsalieren. Ich habe das Verhalten meiner Hunde so modifiziert, dass sie unter vielen Umständen sicher sind, auch wenn ein anderer Hund auf sie zurennt und herumspringt. Diese Situation halten weder Breanna noch Maeve für akzeptabel und sie möchten nur allzu gerne vorpreschen und den Idioten beißen, der umherspringt. Doch durch meine Verhaltensänderung sind sie zumindest in meiner Gegenwart sicher. Wenn Sie mit Ihrem Hund in der Öffentlichkeit unterwegs sind, muss er zumindest über ein Mindestmaß an Manieren verfügen. Dazu gehört, dass wenn ein anderer Hund angerannt kommt, Sie zumindest genug Zeit haben, den anderen Hund außer Sichtweite zu bringen, bevor Ihr Hund sich dazu entschließt, die Dinge in die eigene Hand - oder die eigenen Zähne - zu nehmen. Daher muss Ihr Hund gewillt sein, sich Ihnen zuzuwenden, bevor er sich dem anderen Hund zuwendet, und zwar mindestens so lange, dass Sie ihn mit sich wegziehen können.

Kontrolle ist immer noch mein effektivstes (und sicherstes!) Hilfsmittel. Maeve und Breanna laufen mit unbekannten Hunden nicht frei herum. Ende.

Spielen sollte Ihrem Hund Spaß machen, aber nicht *alle* Situationen, die Ihrer Meinung nach spaßig sind, bereiten Ihrem Hund wirklich Freude. Bis zu einem gewissen Maß ist es »in Ordnung« und sogar weise, wenn Sie Ihren Hund Ihnen sagen lassen, welche Situationen er als Spaß empfindet und in welchen er sich unbehaglich fühlt, und Sie sich danach richten. Das ist keine Entschuldigung dafür, Ihren Hund *nicht* zu sozialisieren, aber wenn er älter wird, ist es realistischer, dass er in bestimmten Situationen oder bei bestimmten Hunden eine Ausnahme macht.

Spielen kann als Spiel beginnen und zu wahrer Aggression eskalieren. Wenn aus Spiel Posieren wird, ist anfangs nur eine subtile Änderung zu bemerken; und zwar in der Körperspannung, wenn sich die Hunde nähern. Wenn sie dann weiterhin miteinander Umgang haben, eskaliert es zu grobem Verhalten. Der Posierende Hund ignoriert die Signale des Unbehagens des anderen Hundes.

Was als Posieren beginnt, kann sich auch entschärfen und zu Spiel werden, was sich dadurch zeigt, dass ein Hund erkennt, dass er den persönlichen Raum des anderen Hundes verletzt hat und diesem seinen persönlichen Raum wieder zu gewähren bereit ist. Durch das Spiel kann der Hund seine Sprachfertigkeiten verbessern. Das Experimentieren mit Signalen liefert Hunden Informationen darüber, wie sie in Probleme geraten und aus diesen wieder herauskommen!

Wenn zwei Hunde miteinander Umgang haben, sollten Sie beide genauestens beobachten. Ich arbeite lieber mit einem Hund, der sehr stabil ist, über gute Sprachfertigkeiten verfügt und den ich gut kenne. Ich hole den »Problemhund« dazu und beobachte meinen »Kontrollhund« genauestens. Falls mein Kontrollhund sich durch den Problemhund unwohl fühlt, schreite ich schnell ein, damit die Hunde eine Auszeit bekommen. Diese Technik erfordert einen sehr großen Erfahrungsschatz. Doch durch sie kann man sehr viele diagnostische Informationen über den Problemhund sammeln und diesem beibringen, weniger reaktiv zu sein. In dieser Situation würden Sie natürlich der Sicherheit den Vorrang geben. Das bedeutet Maulkörbe, Leinen, Schleppleinen, die über den Boden gezogen werden - alles, was nötig ist, um das Risiko zu verringern und Verletzungen sowohl der Tiere als auch der Menschen zu verhindern.

Auch in normalen Spielsituationen sollten Sie, falls Ihnen auffällt, dass ein Hund sich aufgrund eines anderen Hundes unwohl fühlt oder ein Hund nicht angemessen auf Beschwichtigungssignale reagiert, einschreiten und dem Hund durch eine Auszeit ein Feedback zu seinem Verhalten geben. Wie sonst sollte man ihm angemessenes Verhalten beibringen? In manchen Situationen ist es weder angemessen noch sicher, Hunde »ihre Differenzen unter sich ausmachen zu lassen«. Würde ich Maeve und Breanna das erlauben, hätte ich eindeutig tote Hunde. Soll man Welpen erlauben, ältere, möglicherweise körperlich schwächere oder kranke Hunde zu belästigen? Auf keinen Fall. Soll man zulassen, dass jugendliche Hunde kleinen Welpen gegenüber grob sind? Wiederum: auf keinen Fall.

Rollenspiele
Hunde lieben Rollenspiele. Statt »Dungeons & Dragons« spielen sie oft »Beute & Jäger«. Hier spielen Maeve und Dervish, zwei alte Freunde (die daher die Sprache des anderen kennen und sich dabei wohlfühlen), miteinander. Maeve spielt freiwillig die Beute, und Dervish hat die Rolle des Jägers übernommen. Gerade ortet und fixiert er: Kopf und Hals gesenkt, sehr intensiver Blick und übertriebene, langsame Bewegungen.

Als Nächstes wird Dervish einen Satz auf Maeve machen. Wenn Dervish mitten in der Luft ist, entscheidet sich Maeve zur Flucht oder rollt in unterwürfig-spielerischer Geste herum, und dann spielen sie – wie ich es nenne – »Mundswing«, wobei sie mit ihren Gesichtern bei geöffnetem Maul miteinander »fechten«.

Anschließend tauschen sie die Rollen und Dervish ist die Beute und Maeve rennt hinterher und »jagt« ihn. Hunde, die gut miteinander auskommen, tauschen häufig die Rollen. Durch die Bereitschaft, die Rollen zu tauschen, zeigt sich, dass das derzeitige Verhältnis zwischen den Hunden kompatibel, gesund und nicht-kampfeslustig ist. Oftmals ist das assertivere Tier zu Beginn freiwillig die Beute, vielleicht um dem schüchterneren oder eher reservierten Tier genug Selbstvertrauen zu geben, um beim Spiel mitzumachen.

Unsere eigene Spezies überprüfen wir so die ganze Zeit. Auf die Art bringen wir unseren eigenen Kindern bei, gute Menschen zu sein. Es ist leicht, Kindern ein Feedback zu geben, weil wir beide dieselbe Muttersprache sprechen – die Sprache der Menschen! Um unseren Hunden diesen Service zu liefern, müssen wir die Muttersprache der Hunde erstmal so gut wie möglich lernen. Sie müssen Hunde, die Menschen oder Hunden gegenüber keine guten Kommunikationsfähigkeiten besitzen, ein wenig unterstützen. Sollten Sie dem Hund nicht zum frühestmöglichen Zeitpunkt nach Beginn des unangemessenen Verhaltens ein Feedback geben, haben Sie eine wertvolle Chance vertan, Ihrem Hund zu helfen.

Jemand, der nicht sehr erfahren ist, neigt dazu, entweder zu wenig einzugreifen (»sie werden das schon regeln«) oder zu viel (so stark zu unterbrechen, dass die Hunde frustriert und gereizt werden und somit eher ein Streit ausbricht). Wissen über die Sozialsysteme der Hunde und wie Hunde miteinander kommunizieren, wird Ihnen dabei helfen, Hunde zu trennen und festzulegen, welche Hunde man besser nicht zusammen lässt! Erfahrung wird Ihre Fähigkeiten polieren, sodass Sie durch zeitlich gut gewähltes Feedback die sozialen Fähigkeiten eines Hundes verbessern.

Freundliche Annäherungen

Alle Hunde lieben Begrüßungszeremonien. Wenn zwei freundliche Hunde einander begrüßen, gehen sie meistens in einem Bogen, nicht auf direktem Wege, aufeinander zu. Dann schnüffeln sie an der Leistengegend, den Genitalien und am Maul, meistens in dieser Reihenfolge, auch wenn das nicht der Fall sein muss.

Dann können Sie möglicherweise beobachten, wie die Hunde über die Rangfolge diskutieren. Es kann jedoch auch sein, dass sie einfach zu spielen beginnen, indem sie eine deutliche spielerische Verbeugung machen, um nicht-aggressive Absichten zu zeigen. Häufig signalisiert das unterwürfigere Tier dies durch Zwinkern, Heben der Pfote, sanfte Berührungen, wobei die Ohren leicht gesenkt sind. Das assertivere Tier signalisiert dies, indem es ein wenig vom anderen Hund wegschaut und leicht blinzelt (nur mit den Augen, der Kopf wird nicht bewegt), die Ohren sind leicht zurückgelegt und der Kopf wird möglicherweise geringfügig oder übertrieben vom anderen Hund weggedreht.

Sie können sich dieses Wissen zunutze machen. Wenn Sie auf einen neuen Hund treffen, sollten Sie sich nicht mit dem Gesicht zu ihm stellen. Drehen Sie sich so, dass Sie mit der Seite zum Hund stehen. Stellen Sie keinen Blickkontakt her. Lassen Sie den Hund auf Sie zukommen. Strecken Sie nicht die Hand nach ihm aus bis Sie sich ganz sicher sind, dass der Hund sich in Ihrer Gegenwart wohl fühlt. Sollten Sie doch die Hand nach ihm ausstrecken, dann tun Sie es langsam und so, dass die Handinnenfläche vom Hund weggedreht und die Handrückseite dem Hund zugewandt ist.

Mit schüchternen oder störrischen Hunden freunden Sie sich am besten an, indem Sie sie ignorieren und die Annäherung von ihnen kommen lassen. Schon sehr bald haben Sie sie in der Tasche! Falls sie sich Ihnen aber nicht von selbst nähern, liefern sie Ihnen sehr wertvolle Informationen! Respektieren Sie dies!

Wenn Ihr Hund einen Artgenossen begrüßt oder nur auf dem Bürgersteig trifft, sollten Sie ihm den Raum und die Möglichkeit geben, im Bogen auf ihn zuzugehen. Falls Ihr Hund von sich aus keinen Bogen macht, können Sie ihm durch Ihren eigenen Weg und Ihre Körpersprache beibringen, wie er das tun soll. Fördern Sie dieses Verhalten dadurch, dass Sie einen Moment lang seinen Blick auf sich ziehen und er dann den anderen Hund über die Schulter oder von der Seite begrüßen kann, statt von vorne aus. Schlagen Sie, falls Sie nicht anhalten, selbst einen Bogen und ziehen Sie die Aufmerksamkeit Ihres Hundes auf sich. Bei den ersten Malen kann ein Kopfhalfter nötig sein (umfassend im Abschnitt »Die richtige Ausstattung« besprochen), bis Ihr Hund versteht, worum es geht. (Umfassende Informationen darüber, wie Sie mit Hunden üben, sich anderen Hunden richtig zu nähern, finden Sie in den Kapiteln »Begegnungen zwischen Hunden«, »Leinen-Aggression« und »Begegnungen zwischen Hunden für Fortgeschrittene«).

14

Hundewiesen

Theoretisch sind Hundewiesen eine wunderbare Idee. Aber sind sie das Richtige für Sie und Ihren Hund? Meine Gefühle zum Thema Hundewiesen sind gemischt. Ich persönlich würde mit meinen eigenen Hunden niemals eine Hundewiese aufsuchen. Selbst wenn meine eigenen Hunde sicher und gut sozialisiert sind, woher weiß ich, ob die anderen Hunde es sind? Wie ich vorher schon gesagt habe, spielen manche meiner Hunde nett mit manchen Familienmitgliedern, haben aber kein Interesse daran, ihren sozialen Horizont zu erweitern, und das ist für mich in Ordnung. Ich erwarte von meinen Hunden nicht, dass sie mit jedem Hund spielen, den sie treffen, und ich möchte das sogar nicht. Da, wo ich lebe und arbeite, kann ich meine eigenen Hunde leicht mit vielen geeigneten Hunden sozialisieren (sie gehen fünf bis sechs Mal die Woche mit mir zur Hundeschule, also gibt es ausreichend Möglichkeit, mit geeigneten Hunden zu spielen). Ich habe Freunde, die auch Hundebesitzer sind, also können wir Spielgruppen bilden.

Für Menschen, die nicht über diesen Luxus verfügen, gibt es dennoch zahlreiche Möglichkeiten. Ich animiere meine Kunden in den Welpengruppen dazu, die Telefonnummern auszutauschen und sich auch außerhalb der Gruppe zu treffen, damit die Sozialisierung der Hunde auch nach dem Kurs stattfindet. Halten Sie nach Menschen mit Hunden Ausschau und wenn die Leute und die Hunde nett sind, treffen Sie sich zum Spielen oder beginnen Sie damit, dass Sie zusammen spazierengehen und schauen Sie, wie das funktioniert. Oder geben Sie in Ihrer lokalen Zeitung eine Anzeige auf, dass Sie gerne eine Spielgruppe gründen würden.

Meine größte Sorge hinsichtlich Hundewiesen ist, dass die Hunde von anderen Hunden, die frech und unerzogen sind und deren Besitzer ungebildet sind, eine unangemessene Sprache lernen. Soll ich meinen Hund in eine Situation bringen, in der er »sich selbst verteidigen« muss? Es gefällt mir nicht, wenn Hunde »es unter sich ausmachen« müssen, es sei denn, ich bin mir sicher, dass die beteiligten Hunde über die sozialen Fähigkeiten verfügen, dies friedlich zu bewerkstelligen.

Für Hunde, die nie ohne Leine rennen oder mit anderen Hunden in Kontakt kommen können, ist dies jedoch das kleinere Übel. Viele meiner Kunden gehen sehr gerne auf die Hundewiese hier in der Stadt und empfinden es als nutzbringend. Aber sie alle waren in irgendeinen Vorfall verwickelt, bei dem sie sich sehr unwohl gefühlt haben. Es kam zu Hundekämpfen und Verletzungen. Es gibt Hundebesitzer, die nicht wissen, dass ihr Hund ein Tyrann ist, geschweige denn irgendetwas unternehmen, um ihrem Hund bessere Manieren beizubringen. Dies bringt Ihren Hund in die Situation, dass er sich gegen einen Tyrann verteidigen muss und von ihm in Schrecken versetzt wird. Was glauben Sie, was der Hund aus solchen Vorfällen lernt?

Jugendliche Hunde gehen ständig an die Grenze der Toleranz anderer Hunde. Achten Sie genau auf die Interaktion zwischen Hunden, damit Ihr jugendlicher Hund keinen älteren Hund quält oder einen Welpen verängstigt. Ebenso sollten Sie darauf achten, dass Ihr älterer Hund oder Welpe nicht Situationen ausgesetzt ist, die ihn überfordern und ängstigen.

Achten Sie auch auf Schikanierung - Aggression oder Mobbing eines »Sündenhundes« durch einen oder mehrere Hunde. Wenn ein Hund sich angemessen verhält und Beschwichtigungssignale aussendet und die anderen Hunde dies ignorieren, sollte der Kontakt sofort unterbrochen werden. Nach einer Abkühlungs- oder Auszeit von ein paar Minuten (die Hunde sind angeleint und sitzen oder liegen), können Sie die Hunde wieder losmachen und Kontakt aufnehmen lassen. Falls die Aggression offenkundig oder ausschweifend war oder ein Hund Angst bekam und sich verteidigt hat, können Sie sich auch dafür entscheiden, die Hunde nicht wieder loszumachen. Das liegt in Ihrem Ermessen. War es angebracht, dass ein Hund geschnappt hat? Haben die Handlungen eines Hundes dazu geführt, dass die Aggression des anderen Hundes eskalierte, oder hat der Hund »die Nachricht verstanden« und hat, wie gefordert, den persönlichen Raum des Hundes verlassen? Falls es zu offenkundiger, fortwährender Aggression zwischen zwei Hunden kommt, ist es an der Zeit, diese zu trennen und darüber nachzudenken, ob man sie noch mal einer Situation aussetzen sollte, in der sie frei miteinander herumlaufen können. Man sollte Hunde auch voneinander fernhalten, falls es zwischen ihnen zu einem Vorfall kam, der nur schwer zu unterbrechen war oder bei dem sie sich gegenseitig verletzt haben.

Hundegruppen, die sich untereinander kennen und regelmäßig zusammen spielen, neigen dazu, sich »zusammenrotten«. Wenn ein »neuer« Hund in das abgesteckte Territorium eindringt, wird die »Gang« versuchen, den Neuankömmling zu verjagen. Manchmal wird der Neuankömmling bereitwillig akzeptiert, aber wenn das nicht der Fall ist, kann die Situation so enden, dass Hunde und Menschen verletzt werden. Das bedeutet, dass neue Hunde vorsichtig und systematisch in bestehende Gruppen eingeführt werden sollten, und das unterliegt auf öffentlichen Hundewiesen eventuell nicht Ihrer Kontrolle.

Hundewiesen sind für mich so etwas wie eine Cocktailparty, auf der Sie, wenn überhaupt, nur wenige Leute kennen. Wenn Sie ein normaler Mensch und halbwegs nüchtern sind, werden Sie sich bei einer Gruppe Menschen, die Sie nicht gut kennen, verständlicherweise ein wenig unwohl fühlen. Vergleichen Sie dies mit dem Gefühl, das Sie haben, wenn Sie sich mit einer Gruppe Menschen treffen, die Sie bereits seit Jahren kennen. Dann fühlen Sie sich wohl und entspannt.

Manche meiner Kunden sind umgezogen, damit ihr Hund einen größeren Garten hat, und haben einen zweiten Hund dazugeholt, damit ihr Hund Gesellschaft hat. Natürlich ist das nicht für jeden eine Option. Die Lösungen für körperliche Betätigung und Sozialisierung sind individuell unterschiedlich und hängen von verschiedenen Faktoren ab, beispielsweise den Finanzen, der Mobilität der Hundebesitzer und den Arbeitszeiten. Sie müssen Ihre eigenen Prioritäten und finanziellen Grenzen festlegen.

Eine Lösung, die viele meiner Kunden statt der Hundewiese gefunden haben, ist, ihre eigenen Spielgruppen zu gründen. Sie treffen sich regelmäßig bei sich zuhause in einem sicheren, umzäunten Garten oder einem anderen umzäunten Areal. Das funktioniert sehr gut, ist sicher und vorhersehbar, und die Hunde genießen die Gesellschaft alter Freunde.

Kurz gesagt: Ich erachte Hundewiesen zwar nicht immer als schlecht, doch habe ich oft genug gesehen, dass meine Kunden und ihre Hunde in Situationen geraten sind, die keine positiven Sozialisierungserfahrungen mit sich brachten. Seien Sie vorsichtig. Befreundete Tierarzthelfer haben mir von vielen Hunden erzählt, die in die Tierklinik kamen, weil sie nach einer »Spielstunde« auf der Hundewiese wieder zusammengeflickt werden mussten. Bewerten Sie die Situation vorsichtig, bevor Sie Ihren Hund dort spielen lassen. Schauen Sie sich Ihre örtliche Hundewiese erst zwei- oder dreimal mit Ihrem Hund an und lassen Sie ihn nur dann dort laufen, wenn Ihnen gefällt, was Sie sehen.

Teil III

Arten der Aggression

15

Klassifizierungen

Einordnungen von Verhalten in bestimmte Kategorien oder Klassen können für die Verhaltensänderung dann hinderlich sein, wenn Sie damit den Charakter eines Tieres »abstempeln« oder sich in Ihrem Denken einschränken lassen. Klassifizierungen können dem Tier auch noch anhaften, wenn sie schon längst ihre Zweckmäßigkeit verloren haben. Durch Klassifizierung an sich löst man keine Probleme und oftmals wird dadurch das wahre Problem sogar verschleiert. Wenn ich, beispielsweise, weiß, dass ich unter dem Prämenstruellen Syndrom leide, bin ich noch längst nicht besser gelaunt. Oder denken Sie an die neue Arbeitskollegin, die Sie noch nicht kennengelernt haben. Ein anderer Arbeitskollege kommt zu Ihnen und sagt: »Der So-und-so hat gesagt, die neue Mitarbeiterin ist faul.« Die neue Arbeitskollegin wurde gerade »klassifiziert«. Bevor sie sie überhaupt getroffen haben, haben andere nun möglicherweise eine vorgefasste Meinung über die Person, die auf ihrer eigenen Interpretation dieser »Klassifizierung« fußt. Später finden Sie möglicherweise heraus, dass die neue Mitarbeiterin sich noch von einer Krankheit erholt hatte und daher zu dem Zeitpunkt, an dem der Kommentar gemacht wurde, nicht bis an ihre Belastungsgrenze arbeiten konnte. Und was genau bedeutet eigentlich »faul«? Die eine Person kann dieses Wort ganz anderes interpretieren als eine andere.

Verhalten zu klassifizieren, kann jedoch zweckdienlich sein, solange diese Klassifizierungen wohl überlegt und genau und nicht übermäßig gebraucht werden. Wird die Klassifizierung benutzt, um mit wenigen Worten ein beobachtbares Verhalten zu beschreiben, können Sie schneller denken und sich Notizen machen. Die Gefahr liegt darin, dass Menschen dazu neigen, die gesamten Lebenserfahrungen eines Hundes mit einer schnellen Beschreibung zu generalisieren. Und das wäre nicht richtig.

Im Folgenden finden Sie eine kurze Erläuterung unterschiedlicher Klassifizierungen von Aggression. Dies hilft bei der Kommunikation mit anderen Menschen, allerdings nur, wenn die Person, mit der Sie sprechen, der Klassifizierung dieselbe Bedeutung oder Definition zugeordnet hat wie Sie. Es ist schwierig, ein Verhalten anhand einer kurzen Beschreibung einer anderen Person zu klassifizieren. Wenn ich mit einem aggressiven Hund arbeite, warte ich meistens mit einer endgültigen Entscheidung über die Klassifizierung, bis ich mit dem Hund einen Übungsplan durchgearbeitet habe und mir sein Verhalten vorsichtig 30 bis 60 Tage lang angeschaut habe. Indem ich beobachte, wie der Hund auf individuelle Übungspläne reagiert, kann ich eine spezifische Reihe von Verhaltensweisen genauestens klassifizieren und weiß, auf welche Übungspläne ich besonders Wert legen oder welche ich als Nächstes machen soll.

In der folgenden Liste finden Sie Beschreibungen, die nicht nur Ihren Hund »klassifizieren«, sondern mit deren Hilfe Sie auch mit anderen Personen in klaren Worten über das Verhalten Ihres Hundes sprechen können. Mein Klassifizierungssystem basiert im Grunde auf zwei Quellen: *Clinical Behavioral Medicine For Small Animals* von Karen Overall, M.A., V.M.D., Ph.D. (1997) und

A Diagnostic Classification of Problem Behavior in Dogs and Cats von J.S.J. Odendaal, BSc, MRCVS, DVSc, DPhil (1997). Ich benutze diese beiden Quellen seit Jahren und sie sind wirklich hervorragend.

Dieses Kapitel soll Ihnen nicht zeigen, wie man eine Diagnose erstellt, sondern Ihnen einen kurzen Überblick über manche Klassifizierungen von Aggression geben, die ich als sinnvoll erachte. Indem Sie Verhalten klassifizieren, können Sie einen Hinweis darauf bekommen, welche Übungspläne nützlich sind. Vielleicht dient die Klassifizierung Ihnen nur als eine Art »Stenographie« für Ihre Notizen. Möglicherweise können Sie das Verhalten auf den ersten Blick überhaupt nicht klassifizieren!

Bevor Sie sich die Beschreibungen der einzelnen Klassifizierungen anschauen, behandeln wir erst einmal ein paar Themen, welche die Klassifizierung beeinflussen.

Leerlaufhandlungen

Eine Leerlaufhandlung ist eine Reaktion, die abläuft, ohne dass ein Außenreiz, welcher diese Handlung normalerweise auslösen würde, vorhanden ist. Falls das Tier für eine bestimmte Situation über keine Reaktion bzw. keinen Bewältigungsmechanismus verfügt, kommt es zu einem »Vakuum«. Der Hund »füllt« dieses Vakuum mit einer Handlung, die meistens nicht situationsgerecht ist. Aggression ist eine der Handlungen, in die ein Hund fallen kann, wenn er gestresst oder frustriert ist und über kein vorher konditioniertes Verhalten verfügt, mit dem er dieses Vakuum füllen könnte.

Ein anderes Beispiel ist ein Hund, der sich wie ein »Kreisel« dreht. Der Hund jagt seinen eigenen Schwanz und verletzt sich dabei manchmal sogar. Dies wird zu einem obsessiven, unkontrollierbaren Verhalten. Das »Kreiseln« kann als Reaktion auf Frustration begonnen haben, beispielsweise, wenn der Hund in der Box war und andere Hunde vorbeiliefen. Das ist häufig in Zwingern oder Tierheimen der Fall. Das Frustrationsniveau des Hundes wird von Tag zu Tag höher. Er kann nicht so Kontakt mit den anderen Hunden aufnehmen, wie er gerne würde. In seiner Frustration beginnt er, sich im Kreis zu drehen. Schon bald wird das Verhalten generalisiert, und jedes Mal, wenn der Hund »heiß« auf oder unruhig ist wegen irgendetwas – der Fütterungszeit, zum Beispiel – beginnt er, sich im Kreis zu drehen. Schon bald erfolgt das Sich-im-Kreis-drehen durch einen geringen oder gar keinen äußeren Reiz.

Normal vs Anormal

Zur Klassifizierung von Verhalten gehört, zu entscheiden, ob ein Hund »normal« oder »anormal« ist. Das kann eine unerfahrene Person (und auch viele erfahrene Hundetrainer) nicht beurteilen. Vieles, was als »Problemverhalten« bewertet wird, ist einfach normales Hundeverhalten, das in bestimmten Situationen allerdings unerwünscht oder gefährlich ist. Nur weil es normal ist, dass ein Hund gerne den Mülleimer plündert oder Katzenkot frisst, ist dies noch lange keine Charaktereigenschaft, von der die Menschen begeistert sind.

Eine allgemeine Definition »normalen« Verhaltens ist die Bandbreite der Verhaltensweisen, welche die überwiegende Mehrheit der Hunde oder zumindest die meisten Hunde einer bestimmten Rasse (normal für diese Rasse) zeigen. Genauer gesagt, ein normaler Hund zeigt Verhaltensweisen, die für normale Hunde typisch sind, und verfügt auch über eine normale Fähigkeit, neue Verhaltensweisen zu erlernen und sich an neue Umgebungen anzupassen. Doch am allerwichtigsten ist, dass normale Hunde aufgrund ihrer Genetik und der Sozialisierung chemisch normal sind – ihre Hirnchemie ist so gestaltet, dass sie, selbst wenn manche ihrer Verhaltensweisen unerwünscht sind, in der Lage sind, neue, bessere Verhaltensweisen in normaler Geschwindigkeit zu lernen.

Andererseits können anormale Hunde atypisches, äußerst übertriebenes, deplatziertes oder nicht angepasstes Verhalten zeigen. Der anormale Hund ist im Vergleich zum typischen Hund außerdem weniger in der Lage, dieses Verhalten zu verändern, was meistens an einem chemischen Ungleichgewicht liegt, welches sich störend auf Lernprozesse auswirkt. Dies ist beispielsweise der Fall bei Epilepsie, starker Trennungsangst oder Panikattacken (wobei Reize eine Reaktion hervorrufen, welche der Hund nicht kontrollieren kann). Anormale Hunde verarbeiten Informationen nicht wie andere Hunde – sie sind anders »geschaltet« und lernen nicht so wie normale Hunde, sodass Sie eine langsame und ungleichmäßige Lernkurve zu sehen bekommen, wobei es spontan immer wieder zum unerwünschten Verhalten kommt.

Ein normaler Hund gewöhnt sich schnell an neue Reize. Ein normaler Hund lernt neue Verhaltensweisen recht schnell. Durch Wiederholung bleiben die neuen Verhaltensweisen bestehen. Das Verhalten des Hundes ändert sich langfristig und wird mit der Zeit verlässlicher. (Denken Sie daran, wenn ich »recht schnell« sage, dann spreche ich davon, dass sein Verhalten über einen Zeitraum von drei Monaten bis zu ein oder zwei Jahren immer zuverlässiger wird.) Ein Anzeichen für Anormalität ist, wenn ein Hund ein neues Verhalten lernt, es aber zu häufigen Rückschlägen kommt (selbst wenn der Kunde alles richtig macht). Bei solchen Hunden kommt es häufig zur sogenannten Spontanerholung. Tritt Spontanerholung auf, ist die Intensität des anvisierten Verhaltens so stark, dass kein Unterschied zwischen der ursprünglichen Intensität und der, die nach langem Training zu erkennen war, besteht.

Auch bei einem normalen Hund kommt es zu Spontanerholung, doch wird dies im Laufe der Zeit seltener, weniger stark und kann leichter unterbrochen werden.

Anormale Hunde leiden unter einem chemischen Ungleichgewicht. Diese chemische Interferenz kann den Grad beeinträchtigen, zu dem das Tier Impulskontrolle ausüben kann. Das Tier wird von neurochemischen Stoffen überflutet, was es selbst nicht kontrollieren kann, beispielsweise bei Panikattacken. Dies wirkt sich störend auf Lernprozesse aus. Dadurch kann das Tier bei Übungsplänen keine Fortschritte erzielen und es reagiert nicht auf seine Umgebung und die erlernten Kommandos. Nun spielen wir in einer ganz anderen Liga: Es geht um lebenslange Kontrolle, die niemals aufhört, um Übungspläne, die *immer* durchgeführt werden müssen, und vielleicht auch um die Gabe von Arzneimitteln.

Die Entscheidung, welche Arzneimittel angewandt werden sollen bzw. ob überhaupt welche genommen werden sollen, sollte von einem Tierarzt getroffen werden.

Festzustellen, ob ein Hund normal oder anormal ist, ist entscheidend für die Prognose. Prognose bedeutet, das Endergebnis vorauszusagen – der Tierarzt stellt anhand seiner Erfahrung und Statistiken eine Prognose. Wie hoch liegt die Wahrscheinlichkeit, dass das Tier das neu erlernte, angemessene Verhalten in vielen verschiedenen Situationen zeigt? Wie hoch liegt die Wahrscheinlichkeit, dass sich das Verhalten des Hundes bei anhaltendem Training kontinuierlich verbessert und es immer seltener zu Spontanerholung kommt? Kliniker haben für die Prognose ein Bewertungsverfahren: ausgezeichnet, gut, mittelmäßig, eingeschränkt und schlecht. Da sie unter Lernhemmungen leiden, sind die Prognosen für anormale Hunde weniger gut.

Nur weil das Verhalten Ihres Hundes ungewöhnlich oder höchst unerwünscht ist, sollten Sie nicht sofort davon ausgehen, dass er unter einem chemischen Ungleichgewicht leidet und somit nicht normal lernen kann! Viele unerwünschte Verhaltensweisen sind einfach nur extremes Verhalten und treten auch bei chemisch normalen Hunden auf. Beispielsweise zeigen viele Hunde unerwünschtes Verhalten, wie Aggression, schlicht und einfach deshalb, weil sie gelernt haben, dass sie mit einem solchen Verhalten bei sich zuhause durchkommen (d.h. durch agonistisches Verhalten bekommen sie eine bestimmte Ressource oder bestimmten Komfort). Ich habe erlebt, dass Hunde, die sich auf eine sehr alarmierende Art und Weise verhalten, sehr gut auf den richtigen Übungsplan ansprachen. Um herauszufinden, ob der Hund normal ist, ist es sehr wichtig, mit den Übungsplänen anzufangen und zu sehen, wie es klappt!

Festzustellen und zu beurteilen, ob ein Hund anormal ist, ist nichts für Anfänger. Doch durch Beobachtung, Erziehung und die Übungspläne in diesem Buch können Sie erstaunliche Fortschritte im Verhalten Ihres Hundes erzielen. Gleichzeitig werden Sie lernen, wie Sie wichtige Informationen sammeln, sodass Sie das Problemverhalten Ihres Hundes bestmöglich beeinflussen können. Unterm Strich ist es mit der Anormalitätsfrage wie folgt: Der Hund wird entweder in der Lage sein, Ihre Hilfe anzunehmen und sein Verhalten zu ändern oder nicht. Wenn Sie mit der Arbeit beginnen, werden Sie unzählige Informationen über den Hund, mit dem Sie arbeiten, bekommen und darüber, wie viel »Hilfe« der Hund annehmen kann.

16

Arten von Aggression

Viele der beschriebenen Arten von Aggression treten bei einem völlig normalen Hund auf; es ist die Intensität und Beharrlichkeit, mit der das Verhalten an den Tag gelegt wird, die über das normale Verhalten hinausgeht und zu schlecht angepasstem, ungeordnetem oder anormalen Verhalten wird.

Die folgende Liste umfasst Arten von Aggression. Diese unterscheiden sich von der bereits behandelten Unterscheidung zwischen »normal« und »anormal«. Bei der Klassifizierung von Aggression wird oftmals anhand des *Aggressionsgrundes* (z.B. mangelnde Sozialisierung) und anhand von Gruppen ähnlicher Situationen, die aggressives Verhalten auslösen (beispielsweise Bewachen von Ressourcen) differenziert. Wenn der Hundetrainer die Aggressionstypen kennt, kann er besser im Vorfeld erkennen, welche Situationen zu aggressivem oder agonistischem Verhalten führen, oder verhindern, dass diese Verhaltensarten sich bei Welpen weiter entwickeln.

Sofern ich nichts Gegenteiliges sage, können Sie all diese Klassifizierungen dafür verwenden, Aggression gegenüber einem anderen Hund (Hund-Hund-Aggression), einer Person (Hund-Mensch-Aggression) oder einer dritten Art (beispielsweise Hund-Katze) zu beschreiben. Manche Hunde sind nur einer Spezies gegenüber aggressiv; sie sind beispielsweise in unterschiedlichsten Situationen gegenüber Hunden aggressiv, aber niemals gegenüber Menschen. Andere Hunde zeigen bestimmte Arten der Aggression gegenüber Hunden und andere gegenüber Menschen, oder sie sind in manchen Situationen aggressiv gegenüber allem und jedem (beispielsweise wenn sie Futter bewachen).

Achten Sie darauf, dass Sie nicht nur die Gründe und die Auslöser von Aggression identifizieren, sondern achten Sie auch auf die *Ziele* der Aggression Ihres Hundes.

Klassifizierungen

Entwicklungsstadien - mangelnde Sozialisierung, Interspezies
Entwicklungsstadien - mangelnde Sozialisierung, Intraspezies
Übertriebene oder mangelhafte Zuchttendenzen
Selektion des Menschen nach Aggression beim Hund
Aggression durch Kontrollkonflikt
Aggression von Hund zu Hund (siehe auch Entwicklungsstadien, mangelnde Sozialisierung
Angstbedingte Aggression
Idiopathische Aggression
Erlernte Aggression
Mütterliche Aggression
Neophobie (Angst vor Neuem)
Schmerzbedingte Aggression
Spielaggression
Besitzaggression
Besitzaggression bezogen auf Futter
Beuteaggression
Beschützende Aggression
Umgerichtete Aggression
Territorialbedingte Aggression

Die folgenden Klassifizierungen sind Unterkategorien der Entwicklungsstadien:

Mangelnde Sozialisierung – Intraspezies

Mangelnde Erfahrung mit der eigenen Spezies kann beim Hund zu angstbedingtem Verhalten führen und möglicherweise zu defensiver Aggression gegenüber der eigenen Spezies generell (nicht nur auf bestimmte Hunde bezogen, so wie es für einen Hund normal wäre, der die Rangordnung festlegen möchte oder der sexuelle Aggression etc. zeigt). Diese Hunde haben auch Probleme, effektiv mit ihrer eigenen Spezies zu kommunizieren; sie entwickeln also keine richtige Hundesprache.

Dies kann man häufig bei Hunden beobachten, die im Alter von zwei bis sechs Wochen von ihrer Mutter und ihren Wurfgeschwistern getrennt wurden. Welpen sollten frühestens mit sieben Wochen von ihrer Mutter und den Wurfgeschwistern getrennt werden und zu den neuen Besitzern kommen. Für kleinere Rassen (Terrier, Zwerghunde) ist es am besten, wenn sie erst im Alter von acht bis zwölf Wochen abgegeben werden, sofern der Züchter dafür sorgt, dass sie bereichernde Erfahrungen machen. Dieses Verhalten kann man auch bei Hunden beobachten, mit denen der Besitzer, nachdem sie im Alter von acht Wochen zu ihm kamen, niemals nach draußen gegangen ist, damit sie Erfahrungen sammeln konnten.

Aus unterschiedlichen Gründen haben die Hunde, die in diese Kategorie eingeordnet werden, die Hundesprache niemals richtig gelernt. Das, was andere Hunde ihnen sagen, verarbeiten sie nicht richtig, und sie sind nicht in der Lage, effektiv mit anderen Hunden zu kommunizieren.

»Ungeschulte« Hunde neigen dazu, eine Sprache zu verwenden, die im Zusammenhang »übertrieben« ist. Ich kann mich noch gut daran erinnern, wie ich »ungeschulte« Hunde mit Fletcher, meinem Basset, bekannt machte. Fletcher war einer der gebildetsten »Sprecher«, der mir jemals begegnet ist. Es war unvermeidbar, dass der ungeschulte Hund auf Fletcher zu preschte und sich auf ihn warf, auf dem Boden wälzte, herumkroch und urinierte; oder mit aufgestellten Nackenhaaren und steifen Läufen auf ihn zu rannte - bereit, es krachen zu lassen. Man konnte Fletcher fast sagen hören: »Hey, du hättest auch langsam auf mich zu kommen können und ein nettes, ruhiges Schnüffeln austauschen können.«

Im Allgemeinen verwenden diese Hunde defensives Verhalten als erstes Mittel der sozialen Kommunikation. Ein Beispiel: Wenn eine Gruppe Hunde angerannt kommt und einen solchen Hund überwältigt, greift er nicht auf die kultivierte Lösung zurück und setzt oder legt sich hin (ein Beschwichtigungssignal), sondern verwendet, sobald seine Fluchtmöglichkeiten eingeschränkt sind, sofort ziemlich extremes Verteidigungsverhalten. Manche dieser Hunde ziehen die Möglichkeit der Flucht nicht einmal in Erwägung - wenn sie andere Hunde sehen, legen sie sofort Rangordnungs- oder Verteidigungsverhalten an den Tag, was beides in der ersten Sekunde, in welcher der Hund ein anderes Tier sieht, kein angemessenes Verhalten ist.

Mangelnde Sozialisierung – Interspezies

Aufgrund mangelnder Erfahrungen mit unterschiedlichsten Menschen sind viele Hunde ängstlich (was Aggressionen Tür und Tor öffnet) gegenüber Menschen mit Hüten oder an Krücken oder sogar gegenüber Menschen, die einer anderen Rasse angehören als jenen, mit denen sie in Kontakt gekommen sind. Manchen Tieren kommt *jeder* Mensch, den sie nicht gut kennen, suspekt vor und sie sind extrem vorsichtig oder ängstlich.

Es ist sehr wichtig, dass Ihr Hund so unterschiedlichen Menschen wie möglich ausgesetzt wird. Genauso entscheidend ist es, dass Ihr Hund das normale menschliche Verhalten kennenlernt: Blickkontakt ist harmlos; die Hand nach dem Hund ausstrecken, ist keine Drohgeste; von Menschen eingesperrt werden, ist keine Frage von Leben oder Tod; und andere Handlungen, die Menschen oftmals vollziehen, sind gut gemeint.

Diese Hunde sehen jeden Menschen, den sie nicht gut kennen, sofort als Bedrohung an, ebenso wie jede Körpersprache von Menschen, mit der sie nicht vertraut sind. Für Hunde dieser Kategorie gibt es eine einfache Lösung: Erziehung ist die Lösung, sofern der Hund sich an Dinge gewöhnen kann (zu normalem adaptivem Verhalten fähig ist).

Die folgenden Klassifizierungen sind Unterkategorien von: Unterschiedlicher Rassecharakter

Übertriebene oder mangelnde Zuchttendenzen

Bei der selektiven Zucht wurden Hunde zu bestimmten ursprünglichen Zwecken gezüchtet. Man könnte sagen, dass wir dadurch unsere eigenen Monster geschaffen haben. Hinsichtlich dieser Charaktereigenschaften rangiert der höchste Prozentsatz reinrassiger Hunde im Mittelfeld. Doch aufgrund genetischer Variation gibt es Hunde, denen es entweder an diesen rassespezifischen Eigenschaften mangelt oder bei denen diese zu stark vertreten sind. Das führt natürlich nur dann zu einem Problem, wenn die Erwartungen des Hundebesitzers nicht erfüllt werden.

Dass Ihr Hund einer bestimmten Rasse angehört, ist *keine* Entschuldigung für gefährliches Verhalten. Es ist nicht in Ordnung, wenn Ihr Hütehund sich Ihnen nähernde Männer anknurrt, weil »die Rasse nun mal so ist«. Menschen, welche die Rasse als Entschuldigung für mangelnde Sozialisierung und Erziehung verwenden, sind eine der Hauptquellen für Probleme beim Hund. Wenn Besitzer auf diese Entschuldigung zurückgreifen, ist der Hund in einer destruktiven Verhaltensfalle gefangen. Falls Ihr Hund ein Problem hat, sollten Sie es zugeben, es überwinden und daran arbeiten.

Ein Beispiel: Um einen Eindringling zu vergraulen, zeigen manche Deutsche Schäferhunde sehr drastisches und überreaktives Verhalten und benutzen »übertriebene Kraft«. Oder der Hund hindert nicht-bedrohliche Personen daran, sich normal zu nähern. Oder der Deutsche Schäferhund beschützt ohne ersichtlichen Grund ein Familienmitglied vor einem anderen. Dies sind normale Verhaltensweisen eines Hütehundes, jedoch in übertriebenem Maße. Sein Übereifer und seine mangelnde Urteilsfähigkeit stellen eine Last dar.

Das genaue Gegenteil wäre ein Deutscher Schäferhund, der überhaupt kein Beschützungsverhalten zeigt, ungeachtet der Umstände und des Trainings. Dies wäre eine Enttäuschung, wenn der Hund als ziviler Schutzhund gekauft oder zu einem Schutzhund ausgebildet werden sollte.

Auszuschließendes Verhalten

- erlerntes Verhalten
- mangelnde Erziehung
- schlechtes Training
- Hunde wurde neuen Reizen nicht ausreichend ausgesetzt
- Hunde wurde anderen Hunden und/oder Menschen nicht ausreichend ausgesetzt

Menschliche Selektion nach Aggression beim Hund

Manche Rassen wurden speziell darauf gezüchtet, intensive, häufige und langanhaltende Aggression zu zeigen und nur eine geringe Stimulierung zu benötigen, um defensives oder beschützendes Verhalten zu zeigen.

Diese Charaktereigenschaften treten auch bei Zuchtprogrammen auf, bei denen die Besitzer unachtsam Hunde gezüchtet haben, die über erwünschte körperliche Eigenschaften verfügen, dabei aber nicht auf das unerwünschte Temperament geachtet haben.

Zu dieser Klassifizierung (sowie zu vielen anderen Temperament- und Gesundheitsproblemen) tragen auch die folgenden Personen entscheidend bei:
- Züchter, die nur deshalb züchten, weil eine hohe Nachfrage nach der Rasse besteht und sie somit Geld verdienen können.
- Hundebesitzer, die züchten, weil: »Ich habe einen Rüden und du eine Hündin, lass uns ein paar Welpen machen!«, ohne dass sie ausreichende Kenntnisse über Stammbäume und Gentests haben.
- »Züchter«, die Welpen speziell zur Weitergabe an Händler züchten.

Natürlich behandeln wir hier erbliche Eigenschaften. Somit kann es für Sie schwierig sein, diese zu klassifizieren, es sei denn, Sie wissen sehr viel über den Stammbaum des Hundes, mit dem Sie arbeiten.

Es gibt einen Pointer-Stamm, der speziell von Wissenschaftlern gezüchtet wurde, um ängstliches und nervöses Verhalten zu zeigen, was zu besserem Verständnis von Angst und Furcht führen sollte. Dies ist ein Beispiel für die Zucht auf bestimmte, geerbte Eigenschaften. Manche Züchter züchten extra auf besondere »Arten« von Aggression. Dies kann für bestimmte Aufgaben nützlich sein. Menschen, die Hirtenhunde zum Schutz ihrer Schafe vor Wölfen, Kojoten und frei lebenden Hunden benutzen wollen, möchten einen Hund, der territorialbedingte Aggression zeigt. Wenn ein Züchter absichtlich auf bestimmte Eigenschaften züchtet, damit der Hund eine nützliche Aufgabe erfüllen kann, *und* der Züchter den Hund an den richtigen Menschen abgibt und weiß, was er tut, ist die Zucht auf bestimmte Eigenschaften eine gute Sache.

Die folgenden Klassifizierungen sind Unterkategorien von:
Abweichungen im Ethogramm

Die folgenden Verhaltensweisen rühren von »fest verankertem« Verhalten (starre Handlungsmuster oder instinktives Verhalten). Agonistisches Verhalten wird zur Verteidigung, Festlegung der Rangordnung oder zur Konfliktlösung innerhalb derselben Spezies verwendet. Ich glaube, wenn ich Hunde fragen könnte, würden sie es nicht als »Problemverhalten« ansehen, sondern mir erklären, dass das, was sie tun, einfach ein natürliches Verhalten ist.

Nur sehr wenige Menschen möchten in einer Hundemeute leben, die nach den Regeln der Hunde funktioniert. Die meisten meiner Kunden erwarten, dass ihre Hunde hundetypisches Verhalten zeigen, und wissen, dass ihr Hund Menschen anbellt, die auf das Haus zukommen, möchten aber, dass ihr Hund still ist, wenn sie ihm das Kommando dazu geben. Springen ist nicht in Ordnung, wenn Kleinkinder, Gäste oder ältere Personen zu Besuch sind. Die Menschen erwarten, dass Hunde lernen, nicht im Haus zu urinieren oder ein Häufchen zu machen, nicht den Postboten zu beißen und so weiter. Bellen, Urinieren, zur Begrüßung Hochspringen, Beißen und viele andere Verhaltensweisen sind natürliche und beim Hund keine anormalen Verhaltensweisen. Dennoch sehen Menschen dies als Problemverhalten an, wenn sie dem Hund nicht beibringen können, seinen natürlichen Neigungen Einhalt zu gebieten, um mit dem Menschen zusammenzuleben.

Daher wird dies von Menschen als »Problemverhalten« angesehen, wenn diese Verhaltensweisen mehr (oder weniger) intensiv oder häufiger als erwartet auftreten. Diese Verhaltensweisen zu ändern ist primär eine Frage der Erziehung und davon, dem Hund beizubringen, seine Impulse unter Kontrolle zu halten.

Wenn agonistisches Verhalten übermäßig auftritt, kann man es als Temperament des Tieres (genetisch), erlerntes Verhalten oder Abweichung von normalen Verhaltensstrategien interpretieren. Meiner Meinung nach lautet die große Entscheidungsfrage: Verhält sich der Hund noch im Rahmen des normalen Verhaltens, auch wenn es diesem Kunden lästig ist, oder zeigt der Hund ein Verhalten, das in Häufigkeit (gesteigerte oder verringerte Verhaltensmuster) oder Intensität (extreme Verhaltensmuster) stark von der Norm abweicht? Ist der Hund übermäßig aufgeregt (überschreitet er angemessene Grenzen) und ist das Verhalten ungewöhnlich intensiv? Ist der Hund in der Lage, sich nach einer angemessenen Zeit wieder zu beruhigen? Starke Intensität eines Verhaltens kann die normale Grenze übersteigen und zu ungewöhnlichem Verhalten führen (z.B. extreme Angst kann dazu führen, dass der Hund sich selbst verletzt). Extreme Frustration kann zu umgerichteter Aggression führen.

Aggression durch Kontrollkonflikt

Manche Fachleute verwenden diesen Begriff ausschließlich für die Interaktion zwischen Mensch und Hund, woran ich mich halten möchte. Andere benutzen ihn auch zur Beschreibung der Kommunikation zwischen Hund und Hund, doch ich möchte dies lieber als eine Form der Hund-Hund-Aggression klassifizieren und somit als gute Beschreibung der Auslöser und der Funktion, welche dieses Verhalten für das Tier hat.

Ich bevorzuge den Terminus »Aggression durch Kontrollkonflikt« gegenüber »Dominanzaggression«, da der Terminus »Dominanz« in die Irre führen kann.

Das Tier, das problemlos in diese Kategorie einzuordnen ist, ist auf jeden Fall anormal. Diese Tiere sind besessen von Rangordnung und scheinen an fast nichts anderes denken zu können. Diese Klassifizierung ist sehr furchteinflößend, weil das Tier mit bekannten Menschen wegen eines nicht greifbaren Gegenstands in Konflikt gerät: Kontrolle der Umgebung. Manchmal scheint es als ob das Tier um einen Platz oder um Fressen streitet, doch das Verhalten tritt in den unterschiedlichsten Situationen zutage.

Die unter diese Kategorie fallenden Hunde halten ständig nach einer »Verletzung« ihrer Autorität oder ihres Status Ausschau – Kontroll-Freaks tausendsten Grades – und sind jederzeit dazu bereit, darum zu kämpfen. Ihre sofortige Reaktion in den meisten sozialen Situationen ist Aggression oder assertives Verhalten (intensiv und ernsthaft assertiv, nicht nur körperlich ein bisschen aufdringlich), um ihren Status zu schützen. Es gibt bei ihnen scheinbar keinen anderen Mechanismus zur Konfliktlösung. Diese Hunde scheinen keine normale Toleranz im Umgang miteinander lernen zu können, nicht einmal mithilfe von Verhaltensänderung.

Dieses Verhalten hat seinen Ursprung in einem Hund, der sich schlecht anpassen kann, der unsicher ist und sich anstrengt, mit dieser angeborenen Unsicherheit fertig zu werden.

Merkmale

- Diese Hunde dulden es meist nicht, angefasst zu werden, und werden sehr leicht reizbar, wenn sie angefasst werden oder ein Mensch versucht, sie physisch zu kontrollieren, selbst wenn es nur ansatzweise ist, beispielsweise, wenn ihnen der Zugang zu einem Raum verwehrt wird.
- Dieser Hund warnt kaum oder gar nicht. Die Auslöser können widersprüchlich oder eindeutig sein, je nachdem, wie gereizt der Hund bereits ist.
- Berührungen und Festhalten werden allgemein als Bedrohung angesehen, was zu einer Reaktion führt. Doch in diesem Fall fällt die Reaktion darauf unterschiedlich stark aus. Selbst wenn die Reaktion des Hundes zu Beginn gering ist, wird das Verhalten schnell eskalieren, wenn Sie seine Warnungen nicht beherzigen.
- Der auslösende Reiz muss häufig nur sehr gering sein, da diese Hunde nicht in der Lage sind, auch nur mit sehr geringem Frustrationsniveau umzugehen.
- Oft ist es so, dass der Hund zuerst verspielt und zärtlich ist, dann jedoch, wenn das »Opfer« reagiert, reaktiv wird. Ein Beispiel: Der Hund kommt zu Ihnen, stupst Sie an, um gestreichelt zu werden, und ist ziemlich beharrlich, dass Sie das tun. Und sobald der Hund erfolgreich Aufmerksamkeit gefordert hat und Sie ihn streicheln, »warnt« er Sie mit einem Knurren oder schnappt zu, damit Sie aufhören.
- Sogar geringe Berührungen und ein geringer Reiz können zu einer Reaktion führen, die der Situation überhaupt nicht angemessen ist.

Ein Beispiel. Der folgende Hund war ein Rottweiler-Mischling, eine sterilisierte Hündin, ungefähr 36 Monate alt. Ihr Besitzer schlief auf dem Sofa und der Hund lag neben dem Sofa auf dem Boden. Der Hund war wach und die Ehefrau saß neben dem Hund auf einem Stuhl. Der Mann bewegte sich im Schlaf und sein Arm und seine Hand berührten den Hund an der Schulter. Die Ehefrau berichtete, der Hund hätte sich kurz steif gemacht, den schlafenden Ehemann direkt angestarrt und ihn dann unverzüglich, ohne sich erschrocken zu zeigen, gebissen. Der Mann hatte vier Bisswunden und abgerissene Haut und blaue Flecken. Schon in der Vergangenheit hatte die Hündin es nicht toleriert, wenn sie bewegt oder berührt wurde.

Häufige vorhergehende Reize (Auslöser)

- berührt werden
- bewegt werden
- körperliche Kontrolle

Auszuschließendes Verhalten

- Achten Sie darauf, dass der Hund hinsichtlich der Körpersprache des Menschen und Berührungen richtig erzogen wird und nicht einfach »ein bisschen berührungsempfindlich« ist, weil er mit menschlichen Berührungen *schlechte Erfahrungen* oder *mangelnde Erfahrungen* mit menschlichen Berührungen hatte. (Siehe Übungsplane für »Anfassen & Festhalten«.)
- erlernte Aggression
- Besitzaggression
- territorialbedingte Aggression
- angstbedingte Aggression
- schmerzbedingte Aggression

Die übermäßige Verwendung dieser Kategorie verärgert mich. Es scheint so, als ob jeder Fehltritt eines Hundes von den Unwissenden darauf zurückgeführt wird, dass der Hund ein »Dominanz«-Problem hat, und falls der Hund beißt, wird der Vorfall auf »Dominanz«-Aggression geschoben. Dies gilt auch für Hunde, die nicht gerne angefasst werden, und denen nicht eigens und systematisch beigebracht wurde, von Menschen berührt und festgehalten zu werden. Diese Klassifizierung sollte ausschließlich als sehr spezifische Beschreibung eines Hundes verwendet werden, der nicht zu *normaler sozialer Interaktion* fähig ist.

Besitzer können dieses Verhalten bei einem Hund fördern oder dafür sorgen, dass er dieses Verhalten nachmacht, indem sie den Hund in Situationen bringen, in denen er immer Erfolg hat. Wenn man dem Verhalten des Hundes keine Grenzen setzt und ihm erlaubt, ohne Ende aufdringlich zu sein, wird er dazu ermuntert, körperliche Kraft einzusetzen, um Ressourcen zu erhalten. Wenn Sie die Pfoten Ihres Hundes abwischen und er Sie anknurrt, sodass Sie nie wieder seine Pfoten abwischen, weil »er es einfach nicht mag«, fördern Sie dieses Verhalten nur.

Wenn der Hund immer und sofort mit Nachsicht behandelt wird, lernt er niemals, mit Frustration umzugehen, und entwickelt keine Geduld, wenn er nicht unverzüglich belohnt wird. Ist dies über einen längeren Zeitraum der Fall – vom Welpenalter bis zum Alter von 18 bis 24 Monaten (eine Zeit, in der Hunde aufgrund sozialer Entwicklungsphasen anfälliger dafür sind, assertiv zu sein) – haben Sie ein Monster erschaffen. Ein Hund, dem niemals etwas vereitelt wurde, lernt niemals, mit Frustration umzugehen und niedrige Frustrationsschwellen aufzubauen. Dies führt dazu, dass der Hund reaktiv wird, wenn er sich in einer frustrierenden Situation befindet. Kurz gesagt: Mangelnde Struktur (dem Hund nicht beibringen, mit dem täglichen Leben umzugehen) wird den Hund zerstören. Das bedeutet nicht, dass Sie unmenschlich oder Attila der Hunnenkönig sein müssen. Es bedeutet nur, dass Sie Hausregeln aufstellen und befolgen und sicherstellen sollten, dass Sie mit Ihrem Hund umgehen und ihn festhalten können. (Siehe Übungspläne für »Anfassen & Festhalten« und »Nachgiebiges und haltungsrelevantes Verhalten«.)

Angstbedingte Aggression

Diese Klassifizierung hängt von der Intensität des aggressiven Verhaltens und dem Zusammenhang, in dem es auftritt, ab. Es ist normal, dass ein Hund beißt, wenn er große Furcht hat. Doch bei manchen Hunden ist die Angstschwelle so niedrig, dass sie sich sogar bei unerheblicher oder gar keiner Bedrohung defensiv verhalten und zubeißen. Angstbedingte Aggression wird, während der Hund sich defensiv verhält, oftmals von Urinieren und Kotabsatz begleitet.

In diesem Buch habe ich schon mehrfach wiederholt, dass Angst und Stress häufig zu aggressivem Verhalten als Symptom der zugrunde liegenden Furcht führen. Ein Hund kann aggressiv sein und gleichzeitig offenkundiges Angstverhalten, wie zum Beispiel Vermeidung, oder Fluchtverhalten zeigen. Außerdem können physiologische Veränderungen im Körper stattfinden, die mit dem sympathischen System des vegetativen Nervensystems zusammenhängen. Verhält sich ein Hund auf diese Art und Weise, ist Angstaggression die richtige Klassifizierung.

Ohne zu sehr ins Detail gehen zu wollen, möchte ich Ihnen kurz das zum vegetativen Nervensystem gehörende sympathische System erklären. Falls dieses Thema Sie interessiert, können Sie in einem Text über Physiologie mehr darüber lesen. Darin werden Sie Einzelheiten über bestimmte Körpersysteme und die jeweiligen chemischen Veränderungen finden. *Clinical Behavioral Medicine for Small Animals* (Overall, 1997) liefert Informationen zu diesem Thema.

Das sympathische System des vegetativen Nervensystems dient der Kontrolle verschiedener Reflexe. Ist der Hund aufgeregt, gestresst oder ängstlich, wird dieses System stimuliert. Der Körper reagiert auf diese Stimulierung, was manchmal zu sehen ist. Wenn Sie eine oder mehrere dieser Reaktionen beobachten können, wissen Sie, dass das sympathische Nervensystem aktiviert wurde und die jeweiligen chemischen Reaktionen im Gange sind. Möglicherweise können Sie eine oder mehrere der folgenden Reaktionen beobachten:

- Die Pupillen weiten sich.
- Die Schweißdrüsen werden aktiviert und es kommt zu Schweißbildung. Bei einem Hund bedeutet das, dass möglicherweise seine Nase zu tropfen beginnt oder er feuchte Pfotenabdrücke hinterlässt oder er zu hecheln beginnt.
- Der Herzschlag und die Kontraktionskraft nehmen zu (das klopfende Herz, das Sie spüren, wenn Sie sich erschrecken).
- Die Bronchien in der Lunge weiten sich und die Blutgefäße in der Lunge sind leicht verengt, was zu flacher und schneller Atmung führt.
- Die Peristaltik (Beweglichkeit) des Darms ist vorübergehend vermindert. Wenn die Peristaltik wieder in Gang kommt, kann dies so stark sein, dass der Stuhl nicht mehr kontrolliert werden kann.
- Piloarrektionsreflex (die Haare stehen nach oben).
- Der Hund verliert die Kontrolle über Blase oder Darm.

Merkmale

- Aggression wird begleitet von sichtbaren Anzeichen für Reaktionen des sympathischen Nervensystems.
- Möglicherweise beobachten Sie, dass der Hund sofort nachdem er aggressiv war oder während er es ist, sich schüttelt oder zittert oder ängstlich schaut.
- Der Hund schleicht sich möglicherweise von hinten an und beißt und rennt dann weg. (Verwechseln Sie dies nicht mit Hüte- oder Beuteverhalten.)
- Diese Art der Aggression ist häufig gegen Menschen gerichtet, weil in der Vergangenheit Menschen den Hund unangebracht oder zu stark bestraft haben, während er sich sowieso schon in einem Zustand der Angst befand. Häufig ist das Timing der Menschen bei der Bestrafung schlecht, sodass der Hund verwirrt ist. Dass er nicht weiß, was Menschen wollen (Verwirrung), assoziiert der Hund schnell mit Bestrafung. Nun wird das angstbedingte aggressive Verhalten leicht ausgelöst, wenn ein Mensch auch nur ein wenig bedrohlich schaut oder ein Verhalten zeigt, welches der Hund nicht versteht oder noch nicht kennt.
- Die erste Wahl des Hundes ist Vermeidungsverhalten, doch wenn er sich in die Ecke gedrängt fühlt, greift er schnell auf defensives Verhalten zurück.

Auszuschließendes Verhalten

- Besitzaggression (welche stark nach angstbedingter Aggression aussehen kann, je nach Erfahrungen des Hundes in der Vergangenheit).

Idiopathische Aggression

Idiopathisch bedeutet »grundlos«. Auch wenn mir viele Leute sagen, der Hund wäre »plötzlich durch den Raum gesprungen und hätte ohne Grund gebissen«, sieht die Realität so aus, dass ich, sobald ich der Vergangenheit des Hundes auf den Grund gehe, nicht nur feststelle, dass der Hund einen guten Grund hatte (ein Grund, der zumindest in den Bereich dessen fällt, was ich schon vorher bei anderen Hunden beobachtet habe), sondern auch, dass der Hund davor gewarnt hat, dass dies eines Tages passieren würde.

Idiopathisches Verhalten wird manchmal auch als »Wutsyndrom« oder »Cocker-Wut« bezeichnet. Diese Klassifizierung ist nicht richtig. Dies ist ein gutes Beispiel für eine eigenständige Diagnose, die fälschlicherweise als »Klassifizierung« verwendet wird. Wut ist ein sehr vermenschlichender Begriff und hier nicht anwendbar. Außerdem kommt es bei vielen Rassen zu verstärktem Bewachungsverhalten, unter anderem beim Cocker Spaniel. Viele Leute rufen mich an und erzählen mir, ihr Tierarzt hätte ihnen gesagt, ihr English Cocker Spaniel leide an der »Cocker-Wut«. Wenn ich anfange, nachzuforschen, stelle ich fest, dass es sich um gewöhnliches Ressourcen-Bewachen handelt.

Eine Version dieser Diagnose ist noch immer gültig. Dies ist der Fall, wenn es sich *nicht* um Hunde handelt, die ein Anfallsleiden haben und bei denen Aggression ein Symptom des mentalen Sturms in ihnen ist. Um dieses Verhalten eindeutig diagnostizieren zu können, ist eine umfassende Untersuchung durch den Tierarzt erforderlich. Alle neurologischen Funktionen müssen überprüft werden, um ausschließen zu können, dass es sich um etwas Pathologisches handelt. Dies muss ganz genau von einem Team diagnostiziert werden, das aus einem Verhaltensspezialisten, dem Hundebesitzer und einem Tierarzt (vorzugsweise einem Spezialisten auf dem Gebiet der Neurologie) besteht.

Merkmale

- Extreme Stärke oder Gewalt
- Äußerst unvorhersehbar. Der Hund liegt im einen Moment *ruhig* auf Ihrem Schoß und im nächsten greift er Sie an. Das Schlüsselwort hier ist *ruhig*, nicht zu verwechseln mit *still*. Hunde sind oftmals einen Moment lang still, bevor sie einen Frontalangriff starten, wenn sie ein Objekt bewachen. Der Moment der Stille ist eine Warnung – »die Ruhe vor dem Sturm« –, kein wirklich entspannter Emotionszustand.
- Kann Menschen, Hunde oder leblose Objekte attackieren.
- Zeigt zu anderen Zeitpunkten normalerweise keinerlei Aggression.
- Kann kurz vor dem Angriff verwirrt schauen, mit glasigen Augen (Reaktion des sympathischen Nervensystems).
- Alter von 1 - 3 Jahren.

Es wird berichtet, dass die Verbreitung unter English Springer Spaniels, American Cocker Spaniels und Bernhardinern am stärksten ist.

Seien Sie mit dieser Klassifizierung vorsichtig. Dies ist keine allumfassende Beschreibung von Aggression; diese Klassifizierung wird häufig falsch verwendet, wenn der Tierarzt zu wenig Kenntnisse hat und nicht weiß, wie er das Verhalten seines Patienten kategorisieren soll.

Auszuschließendes Verhalten

- Besitzaggression
- Aggression durch Kontrollkonflikt
- Umgerichtete Aggression
- Beuteaggression

Hund-Hund-Aggression

Denken Sie daran, dass Hund-Hund-Aggression unter den unterschiedlichsten Umständen auftreten kann, wie ich zu Beginn dieses Kapitels beschrieben habe. Machen Sie also Ihre Hausaufgaben und greifen Sie nicht sofort auf diese Klassifizierung zurück, nur weil Ihr Hund einen anderen anknurrt. Dafür kann es verschiedene Gründe geben, von denen viele unter den Umständen vollkommen normal sind.

Hund-Hund-Aggression ist eine sehr verallgemeinerte Kategorie, um Hunde zu beschreiben, die nicht nur sozial ungeschickt sind, sondern *aktiv* Ärger mit anderen Hunden »suchen«. Aggression ist die ständige Reaktion auf andere Hunde, und dieser Hund wird Aggression verwenden und die Signale der anderen Hunde ignorieren. Das aggressive Verhalten tritt auf, obwohl keine Bedrohung seitens des anderen Hundes vorhanden ist; es kann sogar so sein, dass der andere Hund sich in jeglicher Hinsicht angemessen verhält, und dennoch ist der Hund aggressiv. Diese Hunde beginnen möglicherweise so, dass sie als Jugendliche sehr aufdringlich sind, doch wenn sie zu Erwachsenen geworden sind, ist ihre Reaktion auf andere Hunde, sobald sie nah genug herankommen, schlicht und einfach wütende Aggression.

Wenn Sie in Ihrem Haushalt einen älteren Hund haben, der sich so benimmt, und dann einen Welpen mit nach Hause bringen, ist es sehr wahrscheinlich, dass das Verhalten auch bei diesem entsteht. Der jüngere Hund lernt das Verhalten schnell vom älteren Hund.

Am besten schließen Sie die anderen Kategorien aus, bevor Sie sich zu sehr an diese Klassifizierung hängen, weil es leicht dazu kommt, dass diese Klassifizierung übermäßig gebraucht wird.

Ein Beispiel für diese Klassifizierung ist ein 18 Monate alter, kastrierter Deutscher Schäferhund-Rüde, mit dem ich arbeitete. Er näherte sich einer Hündin an der Leine. Sie benutzte freundliches Begrüßungsverhalten. Er ging auf sie zu und statt auf ihre Signale zu reagieren oder auch nur andere Alternativen auszuprobieren, biss er sie in den Nacken und schüttelte sie. Die Hunde konnten schnell getrennt werden. Seine übliche Reaktion auf andere Hunde ist schon beim ersten Auftreten Aggression. Dies ist seine Reaktion auf jeden Hund, den er trifft, und er stürzt sich auf jeden Hund, den er von weitem sieht, bellt und knurrt.

Erlernte Aggression

Sobald ein Tier lernt, dass Aggression zu einem erfolgreichen Resultat führt, wird bereitwillig auf Aggression zurückgegriffen. Bei Aggression gibt es fast immer eine erlernte Komponente – daher möchte ich diese Kategorie als eigenständige Kategorie für die Hunde verwenden, die in dieses Verhaltensmuster »hineingestolpert« zu sein scheinen, die entdeckt haben, dass »es funktioniert« und sich dies zunutze machen.

Bei dieser Klassifizierung stellen Sie eine begründete Vermutung an, also versuchen Sie, Folgendes herauszufinden: Bei manchen Tieren würde dieses Verhalten unter normalen Umständen niemals zu Tage treten, doch da der Hund unter außergewöhnlich hohem Stress steht, wird auf das Verhalten zurückgegriffen und herausgefunden, dass es zu Erfolg führt. Ein streunender Hund, beispielsweise, würde vielleicht niemals zu Futteraggression neigen, wenn er zuhause ausreichend gefüttert würde, doch auf der Straße lernt er darum zu kämpfen, weil Futter knapp ist.

Wenn erlernte Aggression als Klassifizierung verwendet wird, wird in 99 % der Fälle noch eine weitere Form der Aggression benutzt, um bestimmte Auslöser zu beschreiben: Angstaggression, Besitzaggression, etc. Wenn ich diese Klassifizierung verwende, beschreibe ich deren Ausmaß; zum Beispiel: Besitzaggression, *starke erlernte Komponente* (von anderem Familienhund).

Wenn ein ängstliches Tier so verzweifelt ist, dass es nach jemandem schnappt, der die Hand nach ihm ausstreckt, und diese Person zurückspringt, hat diese Person dem Hund gerade beigebracht: »Wenn du dich unwohl fühlst, kannst du dich von dem Gefühl befreien, indem du defensives Verhalten gebrauchst.« Damit will ich nicht sagen, dass Sie nicht die Hand zurückziehen sollen, wenn ein Hund nach Ihnen schnappt, aber seien Sie nicht so leichtsinnig, weiterhin nach einem Tier greifen zu wollen, das sich unwohl fühlt und Ihnen dies durch seine Körperspannung vermittelt, die von einem warnenden Blick begleitet sein kann. Dann erlauben Sie dem Hund, sein aggressives Verhalten zu üben. Das nächste Mal, wenn eine ähnliche Situation auftritt, wartet der Hund vielleicht nicht fünf Minuten ab, in denen er sich unwohl fühlt, so wie er es das erste Mal getan hat, sondern beißt bereits nach drei Minuten zu. Und das nächste Mal vielleicht schon nach fünf Sekunden. Dann generalisiert der Hund dieses defensive Verhalten möglicherweise mit jeder Situation, in der er sich ängstlich zu fühlen beginnt.

Mütterliche Aggression

Hormonelle Veränderungen oder ererbtes Temperament können dazu führen, dass eine frischgebackene Mutter Fremde (Hunde oder Menschen), die sich ihren Welpen nähern, angreift.

Merkmale

- Das Verhalten hängt vom Hormonstatus der Hündin ab. Die Symptome klingen ab, wenn sich ihr Hormonstatus verändert.
- Zeigt defensives Verhalten, wenn eine Person oder ein Tier sich den Welpen nähert, am intensivsten, wenn die Welpen jung sind.
- Bewacht, bevor sie sich vor der Geburt ihr »Nest« baut, Spielzeug und Bettwäsche vor Menschen und Hunden.
- Manche Hündinnen bewachen Spielzeug sehr aggressiv, auch im Falle einer Scheinschwangerschaft.
- Falls sich die Hündin chronisch bedroht fühlt, frisst sie möglicherweise ihr Spielzeug oder ihre Welpen.

Neophobie

Diese Hunde reagieren auf *jede* neue Situation, *jeden* neuen Ort oder *jedes* neue Objekt mit einem Verhalten, das von vorsichtig bis panisch reicht. Der Hund zeigt intensives Vermeidungsverhalten, das am Rande von Panik ist und manchmal zu dieser eskaliert. Es ist so als ob diese Hunde keinen »Abprallmechanismus« oder keine Möglichkeit haben, sich an irgendetwas, das ihnen nicht vertraut ist, zu gewöhnen. Dies ist definitiv anormal, da die Unfähigkeit, sich an etwas zu gewöhnen, der Ursprung für diese Klassifizierung ist. Die Fähigkeit, sich zu verändern und anzupassen, sich an neue Umstände zu gewöhnen, ist die Grundlage für erfolgreiche Überlebensfähigkeiten. Hunde, die sich an Neues nicht gewöhnen können, sind auf manche Art eindeutig maladaptiv (nicht anpassungsfähig).

In extremen Fällen wird der Hund so ängstlich, dass er Phobien entwickelt – plötzliche und unangebrachte Ängste. Manchmal entsteht die Angst, ohne dass der ursprüngliche Reiz vorhanden ist. Diese Klassifizierung ist nur deshalb zu unseren Diskussionszwecken relevant, da Aggression ein Symptom für die Art und Weise sein kann, mit welcher der Hund mit seiner Angst umgeht. Dieses Verhalten kann seinen Ursprung darin haben, dass der Hund in entscheidenden Entwicklungsphasen isoliert war, doch es gibt auch eine starke vererbte Komponente.

Schmerzbedingte Aggression

Es ist äußerst schwer, zu beurteilen, wie stark die Schmerzen eines Tiere sind, da es nicht sprechen kann. Manche Tiere sind unglaublich stoisch und manche sind das genaue Gegenteil. Wenn ich meine kleinen Glatthaar-Foxterrier impfen lasse, stehen sie die ganze Zeit mit wackelndem Schwanz da – sie achten auf nichts anderes als das Leckerli, das sie anschließend bekommen. Doch meine Border Collie-Hündin macht ein Affentheater, jault, guckt mitleiderregend und hinkt, wenn ihr ein Antibiotikum ins Bein gespritzt wurde. Doch wenn sie arbeitet, könnte ich wetten, dass man ihr ein Bein abhacken könnte und sie glücklich rumhumpeln und diese Misslichkeit einfach ignorieren würde. Schmerz ist also unterschiedlich und subjektiv, nicht nur bei verschiedenen Individuen, sondern auch bei ein und demselben Tier.

Darum sollten Sie diese Kategorie speziell für die Hunde verwenden, die »mehr als nötig« zeigen, dass Sie ihnen wehtun. Meiner Meinung nach ist es eine ziemlich bizarre Klassifizierung. Wie können wir, da wir nicht wissen, wie stark die Schmerzen des Tieres sind, entscheiden, dass es zu stark protestiert? Dies ist eine subjektive Entscheidung des Tierarztes und hängt von dessen Erfahrung mit Tieren ab.

Jedes Tier, das verletzt wurde, kann defensiv sein oder Sie beißen, wenn Sie sich ihm nähern, besonders, wenn Sie seinen Körper drehen oder schieben und dadurch die Schmerzen vergrößert werden. Seien Sie vorsichtig, wenn Sie mit verletzten Hunden arbeiten.

Manche Tiere werden aggressiv, wenn sie Schmerzen *vorhersehen* – das ist zweifellos eine angemessene Beschreibung von schmerzbedingter Aggression. In diesem Fall lautet die beste Richtlinie: Greift das Tier sofort auf heftige Aggression zurück? Oder warnt der Hund Sie und, falls Sie nicht nachgeben, eskaliert das Verhalten schnell und heftig?

Schmerzbedingte Aggression ist ein sehr verständliches Verhalten. Ich kann mich daran erinnern, als ich in der Notaufnahme war und genäht werden musste, weil ein Hund mich gebissen hatte. Die Verletzung war am Finger und sehr tief, nahe am Knochen und einiger Bänder. Die Assistenzärztin untersuchte, stocherte herum und säuberte die Wunde, bevor die Lokalanästhesie wirkte. Ich bat sie, aufzuhören, aber sie tat es nicht. Ich kann mich noch daran erinnern, dass ich ihr sagte, dass wenn sie noch weitermachen würde, ich dazu gezwungen sei, sie zu verletzen. Normalerweise spreche ich nicht so mit Menschen, aber ich war bereit, meinen Worten Taten folgen zu lassen.

Merkmale

- Wenn ein Hund alt und daher schwächlich oder arthritisch ist, sich von einer Verletzung erholt oder es eine Reihe anderer, handfester Gründe gibt, und Menschen gegen ihn prallen oder Kinder grob mit ihm spielen, verhält sich der Hund defensiv. Es ist klar, warum! Die Assoziation zwischen menschlicher Annäherung und Schmerzen kann eine Reaktion auslösen, *bevor* der Hund Schmerzen hat.
- Diese Reaktion kann schnell zu angstbasierter Aggression werden.

Auszuschließendes Verhalten

- Aggression durch Kontrollkonflikt
- Der Hund wurde niemals richtig an die Körpersprache des Menschen und daran, angefasst zu werden, gewöhnt. (Siehe Übungsplan für »Anfassen & Festhalten«)

Spielaggression

Diese Hunde beginnen die Interaktion mit anderen, indem sie offensichtliches Spielverhalten zeigen. Doch sobald die Reizschwelle überschritten wurde, beginnt das Verhalten schnell zu eskalieren und mündet in intensiven, bedrohlichen Handlungen. Ein menschliches Äquivalent könnte jemand sein, der Monopoly zu spielen beginnt und dann aufspringt, das Spielbrett umschmeißt und Sie zu Ohrfeigen beginnt. Das Spiel stimuliert den Hund so stark, dass er übermäßig aufgeregt wird. Er fängt an, Drohgebärden zu machen oder nach dem anderen Hund zu schnappen oder ihn zu beißen und deutliche Signale des anderen Hundes, die normalerweise das Spiel beenden würden, zu ignorieren.

Eine andere Version von Spielaggression ist, wenn ein Hund sein Spielverhalten nicht mit Spielsignalen ankündigt. Wenn dann Hund eins spielen möchte, wird seine mangelnde Kommunikation von anderen Hunden leicht als Drohverhalten interpretiert. Das kann zu defensivem Verhalten von Hund zwei führen. Dadurch mutmaßt Hund eins, dass andere Hunde unberechenbar sind, und wird dann, bei späteren Zusammentreffen mit Hunden, defensiv.

Hunde, die in diese Kategorie fallen, verfügen weder über normale Sozialmuster noch über angemessene soziale Reaktionen auf andere Hunde. Um in dieser Kategorie eingeordnet zu werden, muss der Hund durchwegs eine Absicht zu verletzen[2] zeigen, und zwar unter Umständen, unter denen normale Hunde Spielverhalten zeigen ohne die Tatsache zu vergessen, dass es sich nur um »Spiel« handelt. Im Grunde spreche ich wieder über eine starke Intensität des Verhaltens, das nur eines geringen Auslosers bedarf.

Die Aggression kann sich, sobald eine bestimmte Reizschwelle beim Hund überschritten ist, auch gegen Menschen richten, die mit dem Hund spielen.

[2] Interpretieren Sie in diesem Satz »Absicht zu verletzen« nicht falsch. Mit »Absicht« meine ich nicht, dass der Hund in dieser Situation denkt »Hey, ich werde jetzt dem anderen Hund wehtun«, denn das ist definitiv nicht der Fall. Es geht mehr darum, dass Hunde einen bestimmten Aufregungs- oder Stimulationspegel erreichen und dann die Kontrolle über ihr Verhalten verlieren. Es handelt sich um ein chemisches Problem.

Die Schwierigkeit hierbei ist, Spielaggression von nur grobem Spiel zu unterscheiden. Ein einzelner Hund kann zu Spielaggression neigen. Doch genauso gut kann ein Hund zu grobem Spiel neigen, doch dies wird dem Hund oftmals im Welpenalter von Menschen beigebracht, die dieses Verhalten fördern, oder dadurch, dass sie ihren Welpen mit Hunden spielen lassen, die grob sind und nicht aufhören, wenn ihnen dies von anderen Hunden gesagt wird, sodass Ihr Hund gezwungen ist, sich zu verteidigen. Ebenfalls können Spielkameraden, die »zu grob« sind, Ihrem Hund beibringen, dass Signale »nicht funktionieren«, um die Aggression anderer Hunde abzuwenden.

»Grobes Spiel« kann man wie folgt beschreiben: Hunde sind einfach körperlich zu grob und ignorieren, dass ihnen der andere Hund durch Beschwichtigungssignale mitteilt, dass er sich unwohl fühlt. Sie müssen wissen, dass grobes Spiel in Spielaggression enden kann. Wenn Sie bei sehr jungen Hunden grobes Spiel beobachten, ist das Risiko hoch, dass ihr Verhalten, wenn sie älter werden, eskaliert – Spielaggression.

Merkmale

- aufregungsbedingte Aggression, die durch Überstimulierung hervorgerufen wird
- Hunde, die keine distanzvergrößernden Signale benutzen
- Hunde, die ständig die Beschwichtigungssignale anderer Hunde ignorieren und diese weiterhin drangsalieren und erschrecken
- Hunde, die, wenn der Hund, mit dem sie spielen, Angst bekommt, noch mehr stimuliert werden, deren Verhalten weiter eskaliert und die den Spielkameraden erschrecken oder beißen
- kann mit Spielverhalten beginnen, wird aber schnell zu ernsthafterem Verhalten, wenn das Spiel weitergeht
- beim Spiel mit Menschen lernt der Hund nicht schnell, zwischen Spielzeug und menschlichem Fleisch zu unterscheiden. Schnappt nach Händen und Kleidung von Menschen, verursacht möglicherweise kleinere Wunden in der Haut (die nicht genäht werden müssen) oder Löcher in der Kleidung.

Auszuschließendes Verhalten

- grobes Spiel (das grenzwertiges Verhalten ist)
- Besitzaggression – wenn beim Spiel der Hunde Spielzeug involviert ist und es zu einem Zwischenfall kommt, ist mein erster Gedanke eine Form von Ressourcenbewachen oder Besitzaggression. Falls ein Mensch bei den Hunden ist und die Kämpfe immer in dessen Anwesenheit stattzufinden scheinen, oder durch einen anderen Hund ausgelöst werden, der sich dem Menschen nähert, ist eine Form der Ressourcenbewachen eine Möglichkeit.
- Beuteaggression

Meine Terrier sind für Spielaggression anfällig, genauso wie für etwas, das zu Beginn wie Spielaggression aussieht und dann einen Anklang von Beuteaggression bekommt.

Einer der Hauptgründe für Spielaggression ist falsche Erziehung. Der Hund hatte nicht die Möglichkeit, die Grenzen seines Verhaltens sowie Beißhemmung zu erlernen. Es steuert zum

Problem bei, wenn Welpen zu früh von ihren Wurfgeschwistern getrennt werden. Werden dem Hund nicht ausreichend Möglichkeiten geboten, mit normalen Mitgliedern der eigenen Spezies Kontakt zu haben, trägt dies immer zu dem Problem bei. Außerdem sind Hunde, die aufgrund ihres eigenen Naturells leicht erregbar sind, sowie Rassen, die zu extremem Beuteverhalten neigen, anfällig für Spielaggression.

Besitzaggression

Das Thema Besitzaggression wird ausführlich im Übungsplan für Ressourcenbewachen (»Gib mir das – es gehört mir!«) behandelt.

Der Hund benutzt aktiv und immer wieder agonistisches und konfrontierendes Verhalten, um ein für ihn wichtiges Objekt zu bekommen. Die Wichtigkeit der Ressource ist

- vom Hund definiert
- nicht abhängig vom Status.

Merkmale

- Körperhaltung ist sehr typisch für Bewachung, das heißt, Kopf und Nacken sind gesenkt, stille Annäherung. Der Hund warnt möglicherweise. Sie können vielleicht viele vorhergehende Verhaltensweisen beobachten, es kann aber auch sein, dass der Hund schon nach einer subtilen Warnung (Regungslosigkeit für einen Bruchteil der Sekunde und leicht gesenkter Kopf) reagiert.
- Die Reaktion ist sehr situationsbezogen. Das heißt, er wird nur aggressiv, wenn ein für ihn wichtiges Objekt vorhanden ist oder es um einen für ihn wichtigen Platz geht.
- Der Hund kann defensiv oder assertiv schauen. Meine eigenen Hunde, die beuteaggressiv sind, nehmen eine defensive Körperhaltung ein (gesenkte Rute, gesenkter Kopf, defensive Körperhaltung), wenn es um Menschen geht, und variieren bei anderen Hunden zwischen defensiver und assertiver Körperhaltung. Einfach gesagt: Beide Arten der Körperhaltung können bei Menschen oder Tieren der Fall sein.
- Es kommt zu Problemen, wenn der Hund Spielzeug oder Gegenstände abgeben soll, vielleicht sogar schon seit sehr jungen Jahren. Ich konnte bei meinen Terrier-Babys schon im Alter von acht Wochen ernsthaftes, nicht spaßhaftes defensives Verhalten beobachten. Ich mache hier keine einzelnen Rassen schlecht, sondern berichte nur aus meinem Erfahrungsschatz. Ich habe Bewachungsverhalten auch bei Corgi- und Rottweilerwelpen im Alter von zwölf Wochen sowie bei sehr jungen Australian Shepherds und Border Collies gesehen. Dabei handelt es sich um ein anderes Verhalten als das normale »Dinge klären«-Verhalten, das man häufig bei jungen Hunden sieht, darum müssen Sie Hunde umfassend beobachtet haben, um zu wissen, worum es sich hier handelt.

Häufige vorhergehende Reize

- wird leicht und versehentlich ausgelöst durch nicht bedrohliche oder harmlose Annäherungen an das für den Hund wichtige Objekt oder den Ort sowie durch Greifen nach dem erwünschten Objekt

Besitzaggression kann sowohl gegen andere Hunde als auch gegen Menschen (oder andere Tiere, wie beispielsweise die Hauskatze) gerichtet sein.

Besitzaggression – bezogen auf Futter

Alles, was ich zur Besitzaggression gesagt habe, trifft auch hier zu, mit Ausnahme der Tatsache, dass das Verhalten nur auftritt, wenn Futter oder andere essbare Dinge, beispielsweise Büffelhautknochen, Suppenknochen etc. präsent sind.

Diese Hunde bewachen typischerweise den Futternapf (was sich auch darauf ausweiten kann, dass sie den Ort, an dem der Futternapf steht, bewachen) oder besondere Leckerlis, wie beispielsweise Schweineohren. Als Kind wurde ich immer davor gewarnt, mich einem Hund zu nähern, während er fraß. Das ist auch ein guter Rat an Sie und Ihre Kinder - wenn Sie nicht *wissen*, dass von dem Hund keine Gefahr ausgeht, sollten Sie auch nicht davon *ausgehen*, dass er sicher ist.
Dies ist eine sehr erschreckende Kategorie. Wenn der Hund keine gute Beißhemmung hat und Kleinkinder anwesend sind, ist die Katastrophe vorprogrammiert. Wenn jemand versehentlich Essen auf den Boden fallen lässt und ein Kind zur selben Zeit wie der Hund danach greift... kann das sehr schlimm enden.

Mich rief jemand wegen seines Beagle-Mischlings an, der seinen Fressnapf bewachte. Sie hatten kleine Kinder. Ich warnte sie über dieses Verhalten und über die möglichen Gefahren und mahnte sie, sich sofort Hilfe zu suchen. Die Familie war sehr beschäftigt und entschlossen sich »nicht jetzt« das Geld und die Zeit zu opfern. Ein paar Wochen später erfuhr ich von gemeinsamen Bekannten, dass eines der Kinder Geburtstag gefeiert hatte, Essen fiel auf den Boden und das Kind und der Hund wollten sich beide gleichzeitig den heruntergefallenen Keks holen. Das Ergebnis dieses Vorfalls war, dass der Hund eingeschläfert wurde und das Kind im Gesicht genäht werden musste.

Beuteaggression

Jagen ist normales Verhalten von Hunden. Selektive Zucht hat zu einem breiten Spektrum an Beuteverhalten geführt. Bei manchen Rassen wurde das Beuteverhalten größtenteils auf Schnüffeln und Apportieren reduziert. Bei anderen Rassen wurden Jagd-, Blick- und Pirsch-Verhalten verfeinert, aber Beiß-, Tötungs- und Zerlegungsverhalten reduziert (Hütehundrassen).

Eine Jagdsequenz umfasst alle oder manche der folgenden Verhaltensweisen (in chronologischer Reihenfolge):

- Orten
- Fixieren
- Packen
- Schütteln

- Festhalten
- Totbeißen
- Zerreißen

Meine eigenen munteren, kleinen Glatthaar-Foxterrier wurden dazu gezüchtet, Füchse aus ihren Bauten zu jagen; eine Aufgabe, für die sie bestens geeignet sind: klein, große Zähne, hohe Schmerztoleranz und unglaubliche Hartnäckigkeit. Dazu kommt noch eine sehr niedrige Erregungsschwelle für extremes Verhalten. Sehr nützlich, um Füchse aus ihrem Bau zu treiben. Die Sache ist die, wenn Sie Rassetendenzen kennen und verstehen, können Sie auf diese vorbereitet sein und sich auf Eventualitäten vorbereiten. Sie können in jungem Alter den Erregungsgrad beobachten und dem Hund beibringen, sich zu verändern und auch so zu bleiben (Übungspläne finden Sie in Niveau I »Blickkontakt & Mitarbeit«).

Bei Hunden, die zu ihrem ursprünglichen Zweck verwendet werden sollen (ausgenommen solche Rassen wie beispielsweise Schoßhunde, Nicht-Jagdhundrassen und Zughunde), ist ein hohes Maß an für die Rasse typischem Beuteverhalten wünschenswert. Wenn Ihr Hund einem Ball oder einer Frisbee hinterherjagt oder herumläuft und ein Gummispielzeug schüttelt, handelt es sich dabei um Beuteverhalten. Diese Eigenschaften werden von den Menschen als erwünscht und akzeptabel angesehen. Ungefähr die Hälfte meiner Hunde sind ganz wild darauf, flauschige Quietschspielzeuge zu zerlegen, und geben erst Ruhe, wenn das Quietschteil ausgebaut und das Spielzeug still ist. Beuteverhalten kann sich auf unterschiedliche Art und Weise zeigen: Fahrradfahrern oder Joggern hinterherlaufen, einem Ball hinterherjagen oder ein Quietschspielzeug herumtragen sind alles Formen von Beuteverhalten.

Vieh zu töten ist nicht akzeptabel. Aber dennoch liegen das Töten von Schafen und das Töten eines Quietschspielzeugs auf derselben Ebene des Beuteverhaltens.

Da Hunde Haustiere sind, ist es anormales Verhalten, wenn sich der Hund Kinder oder Erwachsene als Beuteziel aussucht und sich anpirscht oder anderes Beuteverhalten zeigt. Um es zu verdeutlichen: Ich meine damit nicht das Anpirschen, das Ihr Border Collie macht, wenn Sie mit einem Spielzeug spielen. Ich meine damit Hunde, die Kleinkinder oder Babys, aufgrund ihrer Art sich fortzubewegen, ernsthaft als »verwundet« und als Ziel ansehen. Es scheint so, als wäre der Hund angesichts bestimmter Reize nicht in der Lage, zwischen unangemessener und angemessener Beute zu unterscheiden sowie unfähig, sein Verhalten zu kontrollieren.

Es wird häufig diskutiert, ob Beuteverhalten überhaupt als »aggressives« Verhalten angesehen werden sollte, und zwar nicht ganz unbegründet. Beuteverhalten ist sehr »tiefgehendes« Verhalten, das fest im Hirnstamm verankert ist. Ich bin der Meinung, dass Beuteverhalten keine Aggression ist – doch das kann einfach Wortklauberei sein, denn der daraus resultierende Schaden ist der gleiche, egal, ob Sie es nun Aggression nennen oder nicht. Die Zähne sind beteiligt, auch wenn es nicht um Konfliktlösung im Speziellen geht. Ich habe häufig gesehen, wie Hunde andere Hunde als Beute angesehen haben. Die daraus resultierenden Bisse und der Schaden sind der gleiche wie bei einem Hund, der sein Territorium verteidigt oder ein Objekt bewacht.

Merkmale

- Bei Beuteaggression handelt es sich um stille Aggression, nicht um das normale Zähnefletschen und Knurren, dem eine steifbeinige Haltung vorausgeht. Beuteverhalten kann intensives Starren, leise Annäherungen, Absenken des Körpers, Zucken der Rute, Speicheln, Anpirschen umfassen. Hunde im Beutemodus nähern sich ihrem Ziel leise und schnell. Ein heftiger, sehr starker Biss mit dem gesamten Gebiss, begleitet von Schütteln des ausgewählten Zieles, ist ein häufiges Anzeichen von Beuteverhalten. Der Hund ist so stark auf seine Beute fokussiert, dass es äußerst schwierig ist, dieses Verhalten zu unterbrechen.
- Das Verhalten kann jede der Verhaltensweisen einer Beutesequenz beinhalten und in zeitlicher Reihenfolge stattfinden, auch wenn eine einzelne Verhaltensweisen dieser Sequenz »übersprungen« werden kann.
- Bevor der Hund einen Satz macht und die »Beute« schüttelt, gibt er keine warnenden Laute von sich.
- Der Hund pirscht sich an andere Tiere, Kleinkinder, Babys, Personen, die behindert aussehen (hinken oder einen unkoordinierten Gang haben), oder Fahrradfahrer, um nur ein paar der häufigeren »Beuteziele« zu nennen.

Häufige vorhergehende Reize

- schnelle Bewegungen
- ruckartige Bewegungen
- ein anderes erschrockenes oder kämpfendes Tier
- hinkender oder verletzter Artgenosse
- unkoordinierte Bewegungen bei Kindern/Erwachsenen
- Tiere, die bereits zum Ziel wurden oder vom Hund als "Beute" ausgemacht wurden, beispielsweise Katzen

Auszuschließendes Verhalten

- Territorialaggression
  Häufig werden Formen der Territorialaggression fälschlicherweise als Beuteaggression klassifiziert. Ein Beispiel ist ein Hund, der einen Jogger oder einen Skateboarder auf dem Bürgersteig verfolgt. Fragen Sie sich selbst: Welche Funktion hat dieses Verhalten für den Hund? Verfolgt er ihn intensiv und gibt niemals auf oder verfolgt er ihn nur, bis der Radfahrer außerhalb seines Territoriums ist?
- umgerichtete Aggression

Der *Beutetrieb* eines Hundes kann sich auch auf einen anderen Hund richten. In diesem Fall würden die Hunde unter normalen Umständen friedlich nebeneinander leben, doch bestimmte Reize lösen eine Reaktion des limbischen Systems aus, sodass der eine Hund den anderen als Beute ansieht. Dies findet man vor allem bei Terrier-Rassen sowie bei Hütehund-Rassen, vor allem bei Hüte- und Wachhundtypen, wie beispielsweise dem Malinois und dem Deutschen Schäferhund.

Manche Hunde fallen in den Beutemodus, wenn sie spielen und das Spiel eine bestimmte Intensität erreicht. Aus Jagdspielen wird schnell nicht mehr Spiel, sondern eine ernste Angelegenheit für diese Tiere. Zu diesem Punkt fängt der Hund an, den anderen Hund als »Beute« zu behandeln und nicht mehr als Mitglied der eigenen Spezies.

Das dramatischste Beispiel dafür konnte ich beobachten, als ich Maeve, meine aus dem Tierheim gerettete Schäferhündin, das erste Mal mit einem meiner Terrier frei laufen ließ. Aufgrund ihrer Hintergrundgeschichte war ich verständlicherweise nervös und arbeitete viel mit den zwei Hunden unter äußerst kontrollierten Umständen. Wenn sie weiter unter uns Lebenden verweilen sollte, war es von äußerster Wichtigkeit, festzustellen, dass sie zu einem normalen Verhältnis zu ihren Artgenossen fähig war. Es kam der Tag, an dem ich beschloss, es einfach mal zu probieren. Also ging ich mit Dervish, den ich seit seinen Welpentagen aufgezogen hatte und der sehr sozialisiert war, und Maeve zu einem »Spielplatz« mit einer Größe von 20 x 30 Metern. Häufig ging ich mit ihnen zusammen an der Leine spazieren und sie liefen oft frei im Haus zusammen herum. Doch ich wusste genau, dass es eine ganz andere Geschichte ist, Hunde in einem großen Gebiet frei herumlaufen zu lassen. Dervish machte Spielaufforderung und begann sofort mit einem Jagdspiel. Maeve lief hinter Dervish her, der mit Vollgas durch den Garten tobte. Als Maeve ihn ein paar Minuten lang verfolgt hatte, konnte ich sehr subtile und erschrekkende Veränderungen in ihrem Verhalten beobachten. Sie fokussierte sich intensiver auf Dervish. Sie wurde ruhiger und hörte zu hecheln auf. Ihr Körper glitt tief über den Boden. Sehr subtil schien sie ihren Mantel der Sozialisierung abzustreifen, während sie lief. Dervish bemerkte dies zeitgleich mit mir, schaute zu ihr zurück und verlangsamte seinen Gang. Ein Versuch meinerseits, Maeves Jagdverhalten verbal zu unterbinden, führte zu überhaupt keiner Reaktion; in ihrem aufgeregten emotionalen Zustand schien sie nicht in der Lage, die Tatsache zu verarbeiten, dass ich ein bekanntes Verhalten von ihr forderte. Ich hatte Angst vor dem, was als Nächstes passieren würde, und ging auf die Hunde zu, um physisch einzuschreiten. Doch Dervish hatte die Situation bestens in der Hand. Als Maeve bei ihm angelangt war (zu diesem Zeitpunkt hatte ich sozusagen eine außerkörperliche Erfahrung), blieb er plötzlich stehen und schnüffelte am Boden. Verblüfft beobachtete ich, wie Maeve kurz vor dem Angriff innehielt und ihren Kopf und dann den Körper schüttelte. Da stand ich nun und sah, wie ihre Pupillen wieder normal wurden und ihren Glanz verloren, als sie neben ihm den Boden abschnüffelte. Der ganze Vorfall dauerte in etwa fünf bis acht Sekunden, doch ich hatte das surreale Gefühl von Zeitlosigkeit, das man hat, wenn man keine Kontrolle über eine Situation hat. Nach dieser Situation, in der Dervish seine Muttersprache hervorragend angewendet hat, zeigte Maeve nicht einmal in ähnlichen Situationen mit Spielkameraden dieses Verhalten noch einmal. Dervish hat ihr irgendwie beigebracht, dass er keine Beute ist und dass Spielverhalten sich nicht in Jagdverhalten zu wandeln hat.

Beachten Sie bitte, dass Maeves Verhalten tatsächlich »Beuteaggression« und keine »Spielaggression« ist, denn bei diesem Vorfall wurde sie nicht durch grobes Spiel überstimuliert. Sie sah Dervish buchstäblich als Beute an bis dieser den Vorfall unterbrach. Durch diese Situation zeigt sich, dass sie die Hundesprache nicht falsch interpretiert; sie versteht sie sehr gut.

Verlassen Sie sich aber bitte nicht auf Beschwichtigungssignale, um das Beuteverhalten eines

Hundes zu unterbrechen. Auch wenn ich beobachten konnte, dass die Strategie der Beschwichtigungssignale funktioniert, habe ich auch Vorfälle gesehen, bei denen sie nicht funktionierte.

Beschützende Aggression

Die Annäherung eines Dritten führt zu einer aggressiven Reaktion, auch wenn der sich nähernde Mensch bzw. das Tier eindeutig nicht bedrohlich ist. Dies ist die ständige oder zumindest vorwiegende Reaktion auf Annäherungen von Dritten.

Merkmale

- Bereits eine niedrige Reizschwelle provoziert agonistisches Verhalten mit der Absicht, zu verhindern, dass ein Dritter sich dem Individuum nähert, welches der Hund »bewacht«.
- Ständiges Prüfen der Umgebung.
- Intensives Warnverhalten gegenüber einem Dritten. Dies ähnelt sehr dem Verhalten, wenn der Hund sich anpirscht, doch statt der gesenkten Haltung behält der Hund eine aufrechte Körperhaltung. Es kann sein, dass er Kopf und Nacken leicht senkt oder anhebt. Die Bewegungen des Hundes werden »ökonomischer«, sodass er zu gleiten scheint.
- Bellen und andere Laute, wenn sich der Dritte nähert.
- Stürzt sich auf den Dritten, um diesen zu verscheuchen.
- Der Hund stellt sich zwischen den »zu Beschützenden« und den »sich Nähernden«.
- Das agonistische Verhalten verstärkt sich, je näher der Dritte kommt. Oder, was sogar noch gefährlicher und wahrscheinlicher ist, der Hund wartet still in aufmerksamer, wachsamer Haltung, während sich der Dritte nähert.
- Wenn die Person, welche der Hund bewacht, nicht mehr in der Nähe ist, lässt das Verhalten sofort nach. Das kann sehr drastisch erfolgen. Ich arbeitete einmal mit einem dreijährigen Deutschen Schäferhund und dessen Besitzerin. Die Besitzerin war sehr passiv. Das Verhalten des Hundes, wenn ich mich näherte, war sehr intensiv und heftig sowie ernsthaft. Wir zogen dem Hund einen Maulkorb an und ich näherte mich, die Besitzerin übergab mir die Leine und ging weg. Ich muss zugeben, dass es recht schwierig war, den Hund zu halten, ohne mich selbst zu verletzen, doch der Maulkorb machte es möglich. Sobald die Besitzerin außer Sichtweite war, drehte sich der Hund sofort zu mir und wackelte mit dem Schwanz und schaute mich freundlich an. Ich konnte den Maulkorb abnehmen und mit dem Hund arbeiten, solange die Besitzerin nicht in der Nähe war.

Auszuschließendes Verhalten

- Territorialbedingte Aggression
- Besitzaggression
- Angstbedingte Aggression

Es handelt sich um ein ziemlich unliebsames Verhalten, das in vielen Fällen unbeabsichtigt vom Besitzer verursacht wird. Der Hund erhält sozusagen die Genehmigung, das Herrchen oder Frauchen zu »besitzen«, da dieser Hund von Natur aus dazu neigt, Dinge zu bewachen. Dies zeigt sich aber möglicherweise erst mit einer gewissen sozialen Reife, wodurch der Besitzer von diesem Verhalten überrascht wird. Der Besitzer fördert die Entwicklung dieses Verhaltens, wenn dem Hund nicht klar gemacht wird, dass der Besitzer kontrolliert, wer sich nähert und wer nicht. Macht der Besitzer dies nicht seinem Hund klar, sieht der Hund vorsichtiges oder neutrales Feedback seitens des Besitzers als »Erlaubnis« zu Bewachungsverhalten an. (Manchmal ist der Besitzer aufgrund des reaktiven Verhaltens des Hundes vorsichtig, doch das weiß der Hund nicht! Er denkt, das nervöse Verhalten des Besitzers wird dadurch hervorgerufen, dass sich jemand nähert.) Manche dieser Hunde entscheiden ab einem gewissen Punkt selbst. Und die Entscheidung, Sie zu besitzen und zu bewachen, wird genauso getroffen, wie wenn es um einen Kauknochen ginge.

Um festzustellen, »wo« dieses Verhalten herkommt, müssen Sie herausfinden, ob der Hund bewacht oder ob er die Körpersprache des Dritten falsch interpretiert. Wenn Sie wissen, was los ist, können Sie leichter herausfinden, welche Funktion dieses Verhalten für den Hund hat, wodurch Sie wiederum auf die richtigen Übungspläne zurückgreifen können. Als Vorbeugungsmaßnahme ist es wichtig, Ihrem Hund unterschiedliche Arten menschlichen Verhaltens und deren Annäherungsformen beizubringen – dadurch lernt Ihr Hund, freundliche von unfreundlichen Annäherungen zu unterscheiden.

Ebenso ist es wichtig, dass Sie diese Klassifizierung von *Schutzverhalten* zu unterscheiden lernen, in welchem Fall Ihr Hund ein Familienmitglied vor einer *tatsächlichen Bedrohung* beschützt und in der Vergangenheit gezeigt hat, dass er unterscheiden kann, ob ein Dritter sich mit bedrohlichen oder nicht bedrohlichen Absichten nähert.

Beschützende Aggression richtet sich meisten gegen jemanden, der nicht zur Familie gehört, und dieser »Dritte« ist ein entscheidender Faktor, durch den sich dieses Verhalten von Besitzaggression unterscheidet. In manchen Fällen richtet sich beschützende Aggression auch gegen ein Familienmitglied, weil der Hund meint, dass das Familienmitglied ein anderes Familienmitglied bedroht.

Bei beschützender Aggression handelt es sich um defensives Verhalten, das nicht im Zusammenhang mit einer Bedrohung auftritt und wobei ein Dritter involviert ist.

Menschen fördern dieses Verhalten und schaffen ihre eigenen Monster, wenn sie Welpen dazu ermuntern, ein Familienmitglied im Spiel zu »beschützen«. Der Hund kennt den Unterschied nicht und nimmt dann als Erwachsener seine Aufgabe sehr ernst. Interpretiert ein Hund die Absichten eines Dritten falsch, weil dieser so tut als ob er eine Bedrohung wäre, ist das Risiko sehr hoch, dass der Hund beschützende Aggressionen entwickelt. Wird aus Spaß so mit dem Hund umgegangen und mangelt es an der richtigen Erziehung und Kontrolle, entstehen sehr schnell Probleme. Auch der Besitzer, der sehr passiv ist und versehentlich dem Hund »erlaubt«, Bewachungsverhalten zu zeigen, indem er selbst neutral oder hilflos ist, fördert dieses Verhalten. Dadurch wird der Hund darin bestätigt, dass diese Person jemanden braucht, der sie beschützt, oder er glaubt zumindest, dass sein »Bewachungsverhalten« vom Besitzer geduldet wird.

Häufig merken die Menschen gar nicht, dass der Hund subtiles Bewachungsverhalten zeigt, weshalb sie nichts dagegen unternehmen, bis der Hund, *der das Nichtreagieren der Person als Erlaubnis ansieht,* intensiveres Verhalten zu zeigen beginnt. Der Hund hat auch möglicherweise das Gefühl, dass der Besitzer ihn »unterstützt«, indem er sich passiv oder neutral verhält.

Umgerichtete Aggression

Bei umgerichteter Aggression handelt es sich um Aggression, die sich immer gegen einen Dritten richtet, wenn der Hund davon abgehalten wird, sein agonistisches Verhalten gegen das eigentliche Ziel zu richten. Wenn der Hund aufgeregt oder nervös ist, wird er, ungeachtet des eigentlichen Grundes, seine Aggression gegen das nächstliegende und am leichtesten verfügbare Ziel richten und sie dort »entladen«.

Merkmale

- Der Dritte ist, zusätzlich zum »ursprünglichen Grund«, ein wesentlicher Bestandteil. Der ursprüngliche Grund kann ein Hund, eine Person, ein Eichhörnchen oder eine Situation sein – beispielsweise aufgeregte Hunde an einer Tür oder einem Zaun.
- Bei dem Dritten handelt es sich um jemanden (Mensch oder Tier), der mit dem ursprünglichen Zusammenhang oder der Situation nichts zu tun hatte. Der Dritte stand unschuldig daneben oder näherte sich, nachdem der Hund Frustration entwickelt hat.
- Tritt häufig unter Hunden zuhause auf. Das kann durch Statusprobleme unter den Hunden weiter kompliziert werden oder auch nicht. (Mehr dazu finden Sie im Kapitel »Aggression gegenüber einem vierbeinigen Hausgenossen«.)
- Sobald er sich einmal auf den Dritten konzentriert hat, kann es sein, dass der Hund den Dritten resolut jagt.

Häufige vorhergehende Reize

- Hervorgerufen durch Frustration und Überstimulierung und durch häufiges Üben aufrechterhalten.
- Tritt auf, wenn der Hund bereits sehr aufgeregt ist.
- Tritt häufig an Orten auf, an denen die Hunde leicht miteinander in Kontakt kommen, da sie auf engem Raum miteinander sind (z.B. zwei Hunde an der Haustür; zwei Hunde, die am Zaun entlang laufen und die Nachbarskatze anbellen).

Umgerichtete Aggression tritt häufig zwischen Hunden im selben Haushalt auf, weil sich dort viele Gelegenheiten für dieses Verhalten bieten. Beispielsweise sind die Hunde, wenn es an der Tür klingelt, frustriert, weil sie nicht zum Gast hinlaufen können, und lassen dies dann aneinander aus. Es kann auch sein, dass sie ihre Aggression gegen einander richten, weil sie durch die Situation angeheizt sind. Dies kann durch Statuskonflikte zwischen zwei Hunden noch weiter kompliziert werden. Von acht Hunden sind es meine Hunde Jynx und Breanna, die ihre Aggression an der Haustür immer aneinander auslassen – das war keine »willkürliche« Auswahl durch einen Dritten, sondern ich würde, aufgrund ihrer Vorgeschichte, dies als umgerichtete Aggression als Symptom von Statuskonflikten klassifizieren.

Umgerichtete Aggression ist keine unbeabsichtigte Aggression, wie es der Fall ist, wenn eine Person eingreift, wenn zwei Hunde miteinander kämpfen, und dann gebissen wird. Bei einem solchen versehentlichen Biss ist sich der Hund nicht einmal darüber im Klaren, wen er gebissen hat. Umgerichtete Aggression ist reflektierter. Ein Beispiel: Mein Ehemann Steve beendete einmal einen Kampf zwischen meinen Hunden Sport und Dervish. Steve benutzte dafür einen Schuh und sobald er es erreicht hatte, dass Dervish von Sport abließ, drehte sich Dervish um, knurrte Steve warnend an und stürzte sich vorsätzlich auf Steve. Überstimulierung und Frustrierung führten dazu, dass Dervish dies bei Steve »entlud«. Normalerweise ist Dervish ein artiger Hund und geht sehr liebevoll mit seinen Menschen um.

Hunde sind besonders anfällig für umgerichtete Aggression an Eingängen zu Territorien, an denen bereits viele andere Hunde sind. Achten Sie also darauf, wenn Hunde an der Tür sind, an einem Zaun entlang laufen oder vor einem Tor stehen. Diese Form der Aggression tritt auch häufig auf, wenn Sie mit zwei Hunden an der Leine laufen. Die Hunde sehen ein Eichhörnchen. Sie sind beide aufgeregt und fangen zu bellen und sich auf das Ziel zu stürzen an. Dadurch, dass sie das ursprüngliche Ziel nicht erreichen können, sind sie frustriert und ein Hund attackiert den anderen.

Auszuschließendes Verhalten

Umgerichtete Aggression sieht fast immer wie umgerichtete Aggression aus, kann aber genauer beschrieben werden, wenn man zusätzliche Deskriptoren oder Klassifizierungen, durch die man den *Auslöser oder die Funktion* (falls erkennbar) *definieren* kann, hinzufügt. Die umgerichtete Aggression kann durch eine Raub-Beute-Beziehung, territoriales Verhalten oder statusbedingte Konflikte motiviert, mit diesen vermischt oder durch diese kompliziert werden.

Ein Beispiel: Ich war mit Breanna beim Coursing und hielt sie fest, während ich darauf wartete, dass wir dran kamen. Als der Hund, der vor uns an die Reihe kam, aus der Startbox gelassen wurde, starrte Breanna ihn intensiv an und versuchte kurz, ihm hinterher zu laufen. Ich beschwichtigte sie: »Bree, warte, du bist als Nächste dran.« Durch diese Information war sie definitiv nicht beschwichtigt, schaute mich an, winselte den Köder noch einmal an und biss mich in den Arm. Das war umgerichtete Aggression mit einer Beute-Komponente (ihre Aufregung und Frustration durch die Beute »entließ« sie an meinem Arm.)

Territoriale Aggression

Territorien abstecken und verteidigen sind grundlegende Verhaltensweisen der meisten Spezies. Eine (vom Hund festgelegte) Grenze wird aktiv gegen jeden verteidigt, den der Hund als Eindringling ansieht. Die meisten Menschen sagen, dass sie einen Hund haben möchten, der territoriale Grenzen verteidigt, doch wenn es zu einem Gerichtsverfahren kommt, ändern sie schnell ihre Meinung.

Viele Rassen wurden so gezüchtet, dass sie über ein gewisses Maß an territorialer Aggression verfügen. Bei vielen Hunden kommt dies nur als »Wachhund«-Verhalten zum Tragen. Das bedeutet, der Hund bellt alarmierend, wenn jemand das Territorium betritt. Bei einem durchschnittlichen Labrador oder Golden Retriever bedeutet das, dass eine Person, sobald sie durch die Tür tritt, abgeschleckt wird. Bei den Wachhundrassen bleibt ein Eindringling ein Eindringling, und diese Hunde verstehen keinen Spaß. Viele Hütehundrassen neigen zu territorialem Verhalten und sind bereit, ihr Territorium zu verteidigen. Ich habe viele Australian Shepherds und belgische Schäferhunde (Tervueren, Malinois) gesehen, die ihr Revier verteidigen. Die Hirtenhunde (Kuvasz, Komondore etc.) werden speziell auf diese Eigenschaft gezüchtet. Deutsche Schäferhunde wurden darauf gezüchtet, ein »lebendes Hindernis« zu sein. Ein Mensch legt die Grenze für den Hund fest und dann kommt nichts und niemand herein oder heraus. Familienmitglieder (mit denen der Hund vertraut ist) werden zurück in das Territorium getrieben und Eindringlinge werden vertrieben, egal, was dazu nötig ist.

Territoriale Aggression wird vor allem dann ein Problem, wenn Hunde unbeaufsichtigt sind und dieses Verhalten häufig und von ihren Besitzern unkontrolliert praktizieren dürfen. Dies ist auch ein Problem, wenn der Hund seine Aufgabe zu ernst nimmt, wenn Menschen, beispielsweise durch die Vordertür, sein Revier betreten. Wenn die Besitzer ihrem Hund durch Erziehung nicht klar gemacht haben, dass die Menschen entscheiden, wer das Haus betritt, wird der Hund selbst seine Entscheidung treffen.

Merkmale

- alarmierendes Bellen
- sehr auffälliges und »großes« Warnverhalten. Dieses Verhalten wird stärker, wenn sich die Entfernung zwischen Hund und »Eindringling« verringert.
- Der Hund verteidigt sein Territorium *trotz* der Signale, dass die sich nähernde Person oder der Hund keine Bedrohung darstellt.
- Verteidigung eines bestimmten Gebietes.
- Verteidigt für gewöhnlich ein bekanntes Areal. Dieses Areal kann sichtbare Grenzen, wie beispielsweise einen Zaun, oder aber auch unsichtbare Grenzen haben, wie beispielsweise einen Elektrozaun. Es kann aber auch willkürlich vom Hund festgelegt worden sein und wird von ihm durch Patrouillieren und Duftmarkierungen kontrolliert (Urin, Fäkalien, Sekret aus der Analdrüse und Kratzen über den Boden sind nur ein paar Möglichkeiten, mit denen der Hund seinen Duft hinterlässt).
- Der Hund verteidigt das Revier oder benutzt agonistisches Verhalten (das mit der Zeit in Bissen eskalieren kann) gegenüber Unbekannten oder »Eindringlingen«.
- Das verteidigte Revier kann über einen langen Zeitraum festgelegt worden sein oder der Hund beschließt schon nachdem er kurz in dem Areal war, dass es »sein Territorium« ist. Ein Beispiel: Ein nicht kastrierter Rüde wird an einer Leine geführt. Er ist fünf Minuten lang in dem Gebiet, markiert ein paar Büsche und hat das Gefühl, er hat sein Revier abgesteckt und beginnt, es zu verteidigen.

Auszuschließendes Verhalten

- Frustrationsverhalten, wie beispielsweise Kämpfe an Zäunen
- Erlernte Aggression. (Manche Hunde »erlernen« dieses Verhalten von anderen Hunden, mit

denen sie leben. Sie neigen vielleicht gar nicht dazu, imitieren aber das Verhalten ihrer Hausgenossen.)

- Angstbedingte Aggression.

Klassifizierungen zur genauen Beschreibung des Verhaltens

Wenn eine Klassifizierung zur genaueren Beschreibung einer Form von Aggression verwendet wird, sollten Sie so viele Informationen wie nötig notieren, um korrekt beschreiben zu können, was passiert. Wenn, zum Beispiel, Hund-Hund-Aggression willkürlich zwischen Ihrem Hund und einem Hund, den Sie auf der Straße treffen, auftritt, lautet die Frage: Richtet sich sein Verhalten gegen alle sich nähernden Hunde? Gegen manche? Nur gegen freilaufende Hunde? Hunde, die von jemandem an der Leine geführt werden? Tritt das aggressive Verhalten nur auf, wenn sich der andere Hund dem Garten Ihres Hundes nähert? Oder nur, wenn der Hund sich Ihnen nähert, und nur, wenn Ihr Hund angeleint ist?

Im Folgenden finden Sie eine Klassifizierung eines Hundes, der Kauspielzeug vor anderen Hunden im Haushalt beschützt, aber nicht vor Menschen. Es ist auch nicht bekannt, ob der Hund das Spielzeug auch vor Menschen beschützt, die er nicht kennt: Ressourcenbewachen (bislang insbesondere Spielzeug und Knochen), ausschließlich gerichtet gegen Hunde im selben Haushalt; nicht gegen bekannte Familienmitglieder; nicht bekannt, ob auch gegen unbekannte Personen. Je genauer Ihre Klassifizierung ist, desto informativer ist sie.

Wie Sie erkennen können, handelt es sich bei Obigem nicht um tatsächliche Hund-Hund-Aggression, weil es sich um einzelne Vorfälle handelt und ein Objekt daran beteiligt ist.

Klassifizierung von Problemaggression – Zusammenfassung

Ich bin geteilter Meinung über die Klassifizierung. Wird sie von erfahrenen Hundetrainern durchgeführt, ist sie sehr hilfreich. Durch Klassifizierung kann man die unterschiedlichen Umstände voraussagen, unter denen sich das unerwünschte Verhalten zeigt. Wenn beispielsweise festgelegt wird, dass der Hund »Besitzaggression, auf Futter bezogen« hat, wissen wir, dass der Hund sein Futter aggressiv verteidigt. Da bei jedem Verhalten das Risiko der Generalisierung besteht (eine Tendenz, die sehr erwünscht ist, wenn es um das Trainieren eines erwünschten Verhaltens geht!), kann der Hundetrainer voraussagen, dass bei dem Hund auch das Risiko bestehen kann, dass er sein Spielzeug, seine Box oder sogar seinen Besitzer als bevorzugte Besitztümer ansieht und bewacht. Darum wird ein Besitzer, der Eigeninitiative zeigt, einen Übungsplan für die Ressourcenbewachung im Allgemeinen machen und auch an dem jeweiligen bekannten Kontext arbeiten. Dadurch werden verwandte Aggressionsprobleme verhindert oder minimiert. Zumindest erhält man durch die Klassifizierung viele Informationen über das Verhalten des Hundes. Nun stehen dem Besitzer bessere Möglichkeiten zur Verfügung, vorherzusagen, unter welchen Umständen das unerwünschte Verhalten auftritt. Durch diese Informationen steigt für Besitzer und Hund die Erfolgsrate durch Training und Kontrolle.

Doch die Klassifizierung kann auch ihre Nachteile haben. Wird zu voreilig und ohne ausreichende Informationen »klassifiziert« oder »ein Stempel aufgedrückt«, kann dies dazu führen, dass der Hundetrainer oder der Besitzer sich anderen Möglichkeiten verschließt. »Klassifizieren« hat das Resultat, dass man während des Übungsplans nicht einfallsreich und experimentierfreudig ist. Es kann sogar dazu führen, dass man einen völlig falschen Weg einschlägt. Oder man sieht keine *Details* mehr, weil man versucht, jedes Verhalten in eine enge Beschreibung zu pressen, egal, ob das Verhalten da hineinpasst oder nicht. (Bewacht der Hund mich aggressiv vor anderen Hunden, weil er Besitz und Ressourcen bewacht? Oder zeigt der Hund stattdessen beschützende Aggression oder einfach nur Aggression, von der der Hund gelernt hat, dass sie wirksam ist, um das zu bekommen, was er möchte?) Den Hund als »Ressourcenbewacher« zu klassifizieren, kann das bestimmte, feine Detail im Repertoire des Hundes verschleiern, wodurch es schwerer wird, sein Verhalten zu verändern.

Ein weiteres Problem der Klassifizierung ist, dass ein Großteil des Verhaltens des Hundes nicht so leicht in eine Schublade zu stecken ist, wie wir es uns wünschen! Häufig zeigt der Hund aggressives Verhalten, das in verschiedene Kategorien einzuordnen ist, oder es ist schwierig, genau festzulegen, welche Funktion seine Aggression innehat, was eine tatsächliche Klassifizierung erschwert. Ist dies nicht klar voneinander abzugrenzen, ist es hilfreich, *sich darauf zu konzentrieren, durch welche Verstärker das Verhalten aufrechterhalten und/oder hervorgerufen wird.*

Ein anderer Bereich, auf den man sich konzentrieren sollte, sind die Auslöser des Verhaltens. Manchmal erkennen Sie die Funktion des aggressiven Verhaltens, nachdem Sie speziell an den Auslösern gearbeitet und »ein paar Schichten abgeschält« haben. Zu diesem Zeitpunkt lassen sich genauere Schlussfolgerungen über die Klassifizierung und die zukünftigen Übungspläne ziehen. Ein Beispiel: Der Hund zeigt assertives, selbstbewusstes aggressives Verhalten. Auf den ersten Blick mag dies nach Aggression durch Kontrollkonflikte aussehen. Doch nachdem Sie sich mit der Fallgeschichte des Hundes vertraut gemacht und mit ihm gearbeitet haben, zeigt sich, dass dem Hund niemals systematisch die Körpersprache des Menschen beigebracht wurde und er kein grundlegendes menschliches Verhalten erlernt hat (Anfassen & Festhalten). Wahrscheinlich begann sein aggressives Verhalten als defensives Verhalten, welches seinen Ursprung in Furcht hat. Doch dadurch, dass der Hund erfolgreich gefürchtete Annäherungsversuche abwehrte, hat sein Verhalten einen allgemeinen, aggressiven Touch bekommen.

Kurz gesagt: Das Verhalten zu klassifizieren, die Funktion zu verstehen, die das Verhalten für den Hund hat, die Vorgeschichte des Hundes zu kennen – all das sind entscheidende Puzzleteile. Je mehr Teile Sie haben, desto schneller können Sie das Puzzle zusammensetzen. Alle Puzzleteile tragen dazu bei, dass Sie zukünftige Umstände, unter denen das reaktive Verhalten auftreten kann, besser voraussehen können. Sie alle helfen Ihnen, einen guten Übungsplan zur Verhaltensänderung aufzustellen. Sie alle helfen, den Übungsplan auf den einzelnen Hund zuzuschneiden.

Nachdem dies nun alles gesagt wurde, rate ich Ihnen, sich nicht lange damit aufzuhalten, sich den Kopf über bestimmte Klassifizierungen zu zermartern, sich darüber zu sorgen, dass Sie die

Vorgeschichte nicht kennen oder die Tatsache zu beklagen, dass Sie nicht genau sagen können, welche ursprüngliche Funktion das Verhalten für den Hund hatte. Manche dieser Antworten sind tief in der Vergangenheit des Hundes vergraben oder es gibt mehrere »Schichten« von unerwünschten Angewohnheiten, die zu dem Zeitpunkt, an dem Sie den Hund übernehmen, das »Kernverhalten« überlagern.

Je weniger Erfahrung Sie mit unterschiedlichsten Hunden haben (und somit auch damit, was normales Verhalten von Hunden und was typisches Rasseverhalten ist), desto mehr trifft dies zu! *Legen Sie Ihr Augenmerk auf die Lösung des Problems.* Letztlich ist das Entscheidende bei der Verhaltensänderung, dass das unerwünschte Verhalten langfristig verändert wird. Konzentrieren Sie sich darauf, die Übungspläne durchzuarbeiten, auf das beobachtbare Verhalten Ihres Hundes, darauf, die verstärkenden Umstände, welche dem Verhalten zugrunde liegen, zu beseitigen, und auf die Auslöser, die das Verhalten hervorrufen.

Um das aggressive Verhalten akkurat zu klassifizieren, muss man:

- Gutes Wissen über Rassetendenzen haben. Gleichzeitig sollten Sie nicht der Versuchung nachgeben, ein Tier sofort zu klassifizieren, weil es einer bestimmten Rasse angehört – lassen Sie das Tier Ihnen selbst erzählen, bis zu welchem Grad es Rassetendenzen unterliegt. Ich war für eine Routineuntersuchung bei meinem Hausarzt und am Ende meines Termins fragte er mich, ob er mir ein paar Fragen über den Hund seiner Freundin stellen dürfte. Ich fragte ihn nach der Rasse, und er antwortete, es handele sich um einen zweijährigen Rottweiler-Rüden. Ich dachte sofort an Aggressionsprobleme, aufgrund der Rasse, des Geschlechts und dem Alter des Tieres. (Sofort Schlussfolgerungen ziehen und klassifizieren… ich sollte noch mal die Schulbank drücken!) Seine Frage war zwar durch menschliche Sichtweise geprägt, aber durchaus wohl überlegt: Sah der Hund ihn als Eindringling an? Ich tat das wissenschaftlich Korrekte und befragte ihn zum Verhalten des Hundes ihm gegenüber: War der Hund ihm gegenüber freundlich? Ließ der Hund sich von ihm streicheln und spielte er mit ihm Bringspiele? Hatte der Hund ihn jemals angeknurrt oder sich ihm mit steifem Gang, Piloarrektionsreflex, erweiterten Pupillen, steifen, langsamen Bewegungen genähert? Die Antwort war, dass der Hund ihn die ganze Zeit vollsabberte, ihm hinterherlief und freundlich und sanftmütig war. Der Hund zeigte ihm gegenüber überhaupt keine Aggression.
- Eine große Zahl von Hunden gesehen haben, um festlegen zu können, was »normales« (im Gegensatz zu anormalem) Verhalten ist.
- Sich an einen Tierarzt wenden, um körperliche Beschwerden sowie pathophysiologische Krankheiten auszuschließen.

Viele Kunden, die ihre Hunde mit Aggressionsproblemen zu mir bringen, haben oben genannte Punkte nicht befolgt, mit Ausnahme, dass sie beim Tierarzt waren, um körperliche Beschwerden auszuschließen. Es mangelt ihnen an Erfahrung. Trotzdem möchten sie mit ihrem Hund arbeiten. Ja, sie haben sich an mich gewandt, aber wenn ich ihnen eine Klassifizierung des aggressiven Verhaltens liefere, wissen sie noch längst nicht, was zu tun ist. Was sinnvoll ist und was ihnen beibringt, das Problem effektiv zu lösen, wenn ich nicht in der Nähe bin, ist:

- Verständnis der Hundesprache, sodass sie Eigeninitiative zeigen können
- Identifizierung von Auslösern und die Änderung des mit ihnen einhergehenden Verhaltens
- Identifizierung dessen, was das Verhalten verstärkt und somit aufrechterhält.

Dadurch wird das unangebrachte Verhalten des Hundes in Gefilde gelenkt, in denen man an ihnen arbeiten kann. Beobachtbares Verhalten ist Verhalten, das verändert werden kann. Die Auslöser zu identifizieren, haben sie bereits getan. Durch das Verstehen der Hundesprache und wie ein Hund lernt, erhalten sie Hilfsmittel, um das Verhalten des Hundes zu ändern.

Das Resultat ist: Der Besitzer des Hundes ist derjenige, auf den nun die »Routinearbeit« zukommt, jeden Tag die Übungspläne durchzuarbeiten und die Umgebung des Hundes zu kontrollieren. Dadurch, dass ich viele Hunde gerettet habe, deren Vorgeschichte unbekannt war, habe ich Folgendes gelernt: Wenn ein Verhalten beobachtbar ist, ist es veränderbar. Um mit der Arbeit beginnen zu können, ist nur Folgendes nötig:

- Kenntnis des unerwünschten Verhaltens, das ich ändern möchte
- Identifizierung der Umstände, unter denen das Verhalten auftritt
- ein erwünschtes Verhalten parat haben, das der Hund statt des unerwünschten Verhaltens zeigen soll.

Auch wenn Sie zu diesem Zeitpunkt nicht mehr tun können, als die Ereignisse und Auslöser aufzulisten, sind trotzdem die Grundlagen für einen hervorragenden Start gegeben. Sie können sofort damit anfangen, das Verhalten, das jeden Auslöser umgibt, zu ändern. Der nächste Schritt ist dann, immer Initiative zu zeigen, sodass der Hund keine Möglichkeit hat, das unerwünschte Verhalten zu praktizieren. Jedes Mal, wenn Sie Ihrem Hund ein neues Verhalten beibringen, um mit dem Auslöser klarzukommen, der dazu führt, dass er erregt, gestresst oder defensiv ist, haben Sie für den Hund die Situation »abgepolstert«. Wenn Sie ihm verschiedene Verhaltensweisen beigebracht haben, haben Sie die Sicherheit des Hundes stark erhöht, da er somit auf verschiedene »andere« Verhaltensweisen zurückgreifen kann, bevor er sein »Ich benutze die Zähne«-Verhalten zeigen muss.

Klassifizierung kann beim Überblick über ein Problem nützlich sein, solange Sie nicht zulassen, dass dieser Klassifizierungsprozess verhindert, dass Sie auf die Details achten, um das Problem zu beheben. Dies stellt für die Personen, die an vorderster Front mit Leuten mit Problemhunden arbeiten, eine Hilfe. Die Klassifizierung trägt dazu bei, eine Prognose zu stellen und weitere Übungspläne hinzuzufügen oder diese zu erweitern.

In der realen Welt sind die Klassifizierung und die Übungspläne miteinander verflochten und können nicht unbedingt in ein starres, chronologisches Muster gepresst werden. Sie können ein bisschen am einen und dann ein bisschen am anderen arbeiten, sodass Sie immer mehr Informationen über den Hund, mit dem Sie arbeiten, erhalten. Jede kleinste Information liefert Ihnen Hinweise darüber, welche Richtung als nächstes einzuschlagen ist.

Wir sollten die Diagnose von der Klassifizierung trennen. Zu diagnostizieren (durch einen Tierarzt), ob ein Hund chemisch anormal ist, ist in manchen Fällen nützlich. Der Besitzer erfährt dadurch, ob eine zusätzliche Behandlung mit Arzneimitteln das Training unterstützen kann und bereitet den Besitzer außerdem auf einen längeren Trainingsweg vor. Arzneimittel sind keine »Wunderpillen«. Wäre das der Fall, würde niemand die langen, manchmal schwierigen, Verhaltensänderungsprogramme erfinden oder durchführen. Die Gabe von Arzneimitteln ist nur ein weiteres Hilfsmittel und sollte nur in bestimmten Fällen Anwendung finden.

17

Dinge, die Ihren Hund in den Wahnsinn treiben

In diesem Kapitel werden chronische umfeldbedingte Stressfaktoren behandelt. Dabei handelt es sich um chronische Probleme mit Trainingstechniken und/oder der Umgebung, in der Ihr Hund lebt. Das sind Fallen, die Sie als Trainer kennen sollten. Aggression ist häufig ein Symptom eines oder mehrerer dieser spezifischen Stressfaktoren.

In die Falle tapsen

Sie tapsen in die Falle, wenn Sie Ihrem Hund befehlen oder ihn ermutigen, sich auf eine bestimmte Art und Weise zu benehmen, und dieses Verhalten dann, wenn der Hund es zeigt, bestraft wird. Das beste Beispiel, das mir dafür einfällt, ist leider auch eine der am häufigsten zu beobachtenden Situationen, wenn ein Mensch seinem Hund beibringt, zu kommen, wenn er gerufen wird. Der Hund wird gerufen, er reagiert darauf aber erst ziemlich spät (der Hund kommt nicht sofort). Wenn der Hund dann letztlich zu seinem Besitzer hinläuft, wird er dafür bestraft, dass er nicht sofort reagiert hat. Das ist für den Hund verwirrend, der doch gekommen ist, als er gerufen wurde (obgleich nicht so schnell wie erwünscht), und letztlich dafür bestraft wurde.

Daraus lernt der Hund nicht, dass es eine gute Sache ist, zu kommen, wenn man gerufen wird. Aufgrund des schlechten Timings der Bestrafung versteht er nicht, dass seine späte Reaktion bestraft wurde. Wenn so etwas eintrifft, muss die verspätete Reaktion als separate Übung trainiert werden, um dem Hund zu verdeutlichen, dass eine zeitnahe Reaktion Teil der Übung ist.

Frustration

Frustration entsteht, wenn verhindert wird, dass der Hund einen Wunsch oder Zweck erfüllen kann. Frustration führt beim Hund zu Erregung und Überreaktion. Extreme Frustration kann zum Ergebnis haben, dass die Aggression von der ursprünglichen Quelle der Erregung auf denjenigen oder dasjenige, der bzw. das zu dem Zeitpunkt in der Nähe des Hundes ist, umgelenkt wird.

Hindernisse, wie beispielsweise Leinen oder Zäune, stellen für Hunde eine starke Frustrationsquelle dar. Von einem Menschen ausgebremst zu werden, der den Hund körperlich zurückhält, beispielsweise ihn am Halsband hält, ist eine Quelle der Frustration. Hindernisse, Leinen und Menschen sind alle Bestandteile des täglichen Lebens eines Haushundes und sind Voraussetzungen für die Sicherheit des Hundes. Darum muss Ihr Hund Bewältigungsmechanismen entwickeln, um mit Frustration umgehen zu können, da er wohl täglich damit konfrontiert wird. Unkontrollierbare und unvorhersehbare Angst und Frustration, wenn Ihr Hund die Umgebungsfaktoren nicht ändern kann, führt zu unangepasstem Verhalten. Die Symptome äußern sich wie folgt: obsessives Zwangsverhalten, Panikattacken, wie es bei Trennungsangst der Fall ist, und Aggression.

Viele Hunde befinden sich dadurch, dass sie mit Menschen leben, bereits in der Situation, dass sie unterstimuliert und unterfordert sind, was dazu führen kann, dass sie schnell frustriert werden, da sie biologisch gesehen bereits im »Belagerungszustand« sind.

Ein weiterer Faktor, der zur Frustration beiträgt, ist die Art und Weise, wie die Menschen mit Hunden leben. Hunde, denen nur wenige Strukturen gesetzt werden, haben einfach nicht die Möglichkeit, zu lernen, wie sie mit Frustration auf angebrachte Weise umgehen sollen. Menschen neigen dazu, die Hunde strukturlos leben zu lassen, was teilweise auf folgende Gründe zurückzuführen ist:

- Die Besitzer sind zu nachgiebig (sie lieben ihren Hund und auf diese Art drücken sie ihre Emotionen aus).
- Die Besitzer sind von Natur aus passiv und der Hund möglicherweise von Natur aus »fordernd«.
- Die Besitzer sind zu faul, um dem Hund konsequente Regeln aufzustellen.
- Der Großteil der Hundebesitzer weiß nicht, wie wichtig Strukturen für Hunde sind. Darum stellen sie keine konsequenten Regeln auf, weil sie nie auf die Idee gekommen sind, dies zu tun.
- Die Menschen wissen zu wenig darüber, wie sie ihrem Hund Strukturen beibringen sollen, die für den Hund Sinn ergeben und sich für den Besitzer »human« anfühlen.

Ein Hund kann frustriert sein, wenn er in einem Haus lebt, in dem er sich »angegriffen« fühlt. Vielleicht ist es so, dass ein anderer Hund ihn ständig kontrolliert oder ihm gegenüber aggressiv ist, oder er wird häufig von menschlichen Familienmitgliedern »gehänselt«. Eine solche Konfrontation kann zu enormen Stress und Frustration sowie so einer defensiv-aggressiven Reaktion führen.

Frustration ist eine Hauptkomponente der umgerichteten Aggression. Frustration kann schnell zu extremen Erregungszuständen führen, vor allem, wenn der Hund Beuteverhalten zeigt und er das Beuteobjekt nicht bekommen kann.

Doch sehr geringe Frustration wiederum kann das Lernen fördern. Ich benutze sie, um den Hunden das Apportieren beizubringen. Zuerst verstärke ich den Hund dafür, wenn er den Dummy leicht mit der Nase anstupst. Sobald ich dies ein paar Mal hintereinander verstärkt habe, halte ich mich mit der Verstärkung zurück. Dadurch dass er frustriert wird, steigert der Hund sein Verhalten und stupst den Dummy stärker an. »Hey, ich bekomme ein Leckerli (Ergebnis) dafür! Hast du es nicht bemerkt?« Ich verstärke dies wiederum und anschließend verstärke ich nur noch die stärkeren »Stupser«. Dann unterlasse ich die Verstärkung wieder, und wenn ich mit meinem Verstärkungsplan zwischen Verstärkung, Unterlassung und Frustration jongliere, genau wie ein Uhrwerk, wird der Hund sein Verhalten so ausweiten, bis er den Dummy mit einem zaghaften »Biss« versieht.[3] Die Frustration bleibt für den Hund kontrollierbar, wodurch niemals der Punkt erreicht wird, an dem der Hund überbesorgt oder erregt sein muss. Unterscheiden Sie bitte zwischen chronischer und intensiver Frustration, welches die wahre

[3] Was man in diesem Fall natürlich in Wahrheit verstärkt, ist der sogenannte »Löschungstrotz«. Statt dass man sie im Sande versickern lässt, »schnappt« man sich den Löschungstrotz und verstärkt ihn.

»Falle« ist, die es zu vermeiden gilt, nicht die kleinen Frustrationen, die unvermeidbar sind oder für die normale Sozialisierung und das Lernen sogar von Vorteil sind.

Erregungsniveau

Alle Hunde regen sich über irgendetwas auf. Es gibt zwei Komponenten, auf die Sie achten müssen, wenn Sie sich über ein hohes Erregungsniveau Gedanken machen:

- Manche Hunde werden sehr leicht erregt (reaktiv bei niedrigen Reizen).
- Manche Hunde erholen sich nur sehr langsam – sie brauchen eine lange Zeit, um wieder ruhig und rational zu werden.

Beides sind Anzeichen für Hunde, die in Zukunft oder auch jetzt schon Aggression zeigen.

Mein Basset hebt den Kopf, sieht die Katze der Familie, legt seinen Kopf wieder hin und führt sein Nickerchen fort. Doch wenn meine Terrier sehen, wie dieselbe Katze zwanzig Mal am Tag durch den Garten läuft, stürzen sie vom Sofa und springen mit so viel Wucht gegen das Erkerfenster, dass es wackelt. Sie schreien und springen und regen sich gerne über diese Katze auf. Der Adrenalinkick macht ihnen Spaß! Offenbar ist der Basset für diese Sucht nicht so anfällig. Doch die Terrier müssen daran arbeiten, ihr Reaktivitätsniveau auf meinen Befehl hin zu senken. Es ist wichtig, dass ich ihr Verhalten unterbrechen kann und sie sogar dann zu mir kommen, wenn sie so aufgeregt sind.

Im Allgemeinen ist ein hohes Erregungsniveau der Fall, weil die Menschen dies zulassen, es somit unbeabsichtigt verstärken. Manchmal verstärken die Menschen dies, weil sie es bei einem Welpen süß finden. Doch dasselbe Erregungsniveau bei einem zwanzig oder dreißig Kilo schweren, ausgewachsenen Hund (oder auch schon bei einem zehn Kilo schweren), der die Einstellung eines erwachsenen Hundes hat, ist eine ganz andere Sache.

Ein Hund attackiert nicht bereits als acht Wochen alter Welpe Leute an der Tür und sorgt dafür, dass sie ins Krankenhaus eingeliefert werden müssen. Der Welpe darf an die Tür rennen und sich wild benehmen. Bald schon reicht die Türklingel allein aus, um die Flut chemischer Reaktionen auszulösen, die man bei hoher Erregung erkennen kann. Der Hund praktiziert dieses Verhalten häufig und die Besitzer freuen sich sogar, weil der Hund alarmierend bellt und sich »beschützend« verhält. Nun sind die Voraussetzungen dafür geschaffen, dass der Hund, wenn er seine soziale Reife erreicht, es ernst nimmt, wenn jemand sein Territorium betritt, und er möglicherweise zu einer Gefahr wird.

Wenn der Hund mit übermäßigem, gut eingespieltem Verhalten seine Besitzer zu warnen beginnt, fangen diese an, ihn an der Tür zurückzuhalten, indem sie ihn am Halsband festhalten, wenn sie die Tür öffnen. Wenn nun der unglückselige Gast eintritt und der Hund knurrt, ziehen die Besitzer den Hund zurück, während er den Eindringling anschaut und ihn davor warnt, noch näher heranzukommen. Frustration entsteht. Oftmals ist es sogar so, dass die Besitzer den Hund rückversichern, indem sie ihn festhalten und er Besucher anknurrt und anspringt. Der

Hund sieht dies als Bestätigung seines Verhaltens an und assoziiert außerdem seinen emotionalen Zustand der Frustration mit Gästen, die sein Territorium betreten.

Natürlich beißen nicht alle Hunde in einem solchen Fall. Freundliche Hunde werden in ihrem Begrüßungsverhalten einfach nur immer fieberhafter, bis die Besitzer jedes Mal, wenn sie zur Tür gehen, das Gefühl eines Spießrutenlaufens haben (ganz zu schweigen vom armen Gast, über den der Hund herfällt, der abgeschleckt und durch die überschwängliche, unangemessene Begrüßung aus dem Gleichgewicht gebracht wird).

Klar, der beste Zeitpunkt, einzugreifen, ist im Welpenalter. Bringen Sie dem Hund direkt von Anfang an bei, wie er sein Erregungsniveau senkt, wenn jemand vor der Tür steht, und zeigen Sie ihm alternative Begrüßungsverhalten, die er stattdessen praktizieren kann. (Siehe Übungspläne: »Wie Sie ihm höfliche Begrüßungen beibringen« und »Betreten des Territoriums«.)

Was an Haustüren und in *anderen Situationen, in denen das Erregungsniveau hoch ist,* am häufigsten auftritt, ist, dass der Besitzer den Hund ständig körperlich am Halsband zurückhält, während dieser einen Satz nach vorne macht (weil der Besitzer keine andere Möglichkeit sieht, den Hund zu kontrollieren). Zusätzlich zur körperlichen Einschränkung, fügt der Besitzer noch eine dieser zwei Komponenten hinzu, oder, was noch schlimmer ist, er wechselt zwischen beiden hin und her:

- Der Besitzer schimpft den Hund aus und ermahnt ihn, Ruhe zu geben.
- Der Besitzer beschwichtigt den Hund »beruhige dich, es ist okay«.

Der Hund wird dadurch frustriert und zeigt seine Frustration auf eine der folgenden Weisen, je nach seinem Charakter und seiner Vorgeschichte:

- Durch die körperliche Einschränkung und das Ausschimpfen durch den Besitzer, um ihn zu »beruhigen«, kommt noch Angst hinzu, was zu einer noch fieberhafteren Reaktion führt. Bemüht, die Gäste zu begrüßen, wird der Hund an der Tür zu einem wütenden Teufel. Die Angst steigert die körperliche Aktivität des Hundes, was oftmals zu noch stärkerer Bestrafung führt, wodurch wiederum die Angst verstärkt wird... Sie verstehen, worauf ich hinaus will.
  Dies ist ein so genannter »Bestrafungskreislauf«. Oder der Hund wird so frustriert und ängstlich, dass er aggressives Verhalten gegenüber der Person, die durch die Tür kommt, oder umgerichtete Aggression gegenüber der Person, die ihn zurückhält, also demjenigen, der »ihn davon abhält, das ›Problem‹ in Angriff zu nehmen«, zeigt.
- Die körperliche Einschränkung und die Beschwichtigung des Besitzers, »beruhige dich, es ist okay«, hört sich in den Ohren des Hundes nach Verstärkung an, wodurch der emotionale Zustand, in dem sich der Hund zurzeit befindet, verstärkt und bestätigt wird. Das bedeutet, dass der superfreundliche Hund ganz außer sich ist, vor Aufregung vielleicht uriniert, aber allermindestens in einem Zustand des Begrüßungsrausches ist. Den Gästen kann dies wie eine Haifischfütterung vorkommen, da der Hund freudig voller Wucht gegen sie springt und seine Krallen zeigt. Der Hund, der bereits das Gefühl hat, dass es sich um einen Eindringling handelt, wird noch von seinem Besitzer verstärkt, der liebevoll gurrt, »es ist in Ordnung,

Liebling, sie tun dir überhaupt nicht weh.« Genauso gut könnten Sie sagen: »Mach weiter, Schatz, zerreiß unseren freundlichen Besucher. Frauchen/Herrchen mag das.«

Dies sind nur ein paar Beispiele für ein hohes Erregungsniveau und die starke Wirkung, die es auf das Verhalten eines Hundes hat. Die Quintessenz des Ganzen ist: Das Erregungsniveau hat einen fürchterlichen Einfluss darauf, wie der Hund die Situation wahrnimmt und wie er mit ihr umgeht. Wenn Ihr Hund den Weg der Erregung einschlägt, wird aus einem Rinnsal schnell eine Flutwelle. Dann ist es natürlich sehr wichtig, dem Hund beizubringen, wie er in einen anderen Modus schalten und darin bleiben kann. Dadurch stehen dem Hund Möglichkeiten zur Verfügung, sein Erregungsniveau zu regulieren und andere Verhaltensweisen zu zeigen, um mit Situationen, die ihn aufregen, umzugehen. Dies wird ausführlich in den Übungsplänen von Niveau I behandelt.

Der Grad, bis zu dem Sie das Erregungsniveau Ihres Hundes (und sein Verhalten) verändern können, und wie viel Selbstkontrolle der Hund entwickelt, hängt von diesen zwei Hauptfaktoren ab: Charakter und Erziehung. Abhängig vom grundlegenden Charakter des einzelnen Hundes, kann der Hund lernen, sich selbst erstaunlich gut zu kontrollieren und in Situationen, in denen er vorher die Wände hochgegangen ist, ruhig zu bleiben. Abhängig von Ihren Fähigkeiten und Ihrem Engagement und davon, bis zu welchem Grad Sie die Umgebung verändern wollen (Kontrolle), können Sie das Verhalten des Hundes zu 90-99 % verändern.

Manchmal ist es nicht eine Frage dessen, »wie« erregt der Hund ist, sondern »was er tut«, wenn er erregt ist. Immer wenn ich beim Flyball zuschaue, bin ich erstaunt. Die Wahrscheinlichkeit umgerichteter Aggression oder Beuteaggression ist bei dieser Aktivität ziemlich hoch. Die Hunde befinden sich in einem hohen Erregungszustand. Beuteverhalten wurde gefördert. Trotzdem kommt es zu relativ wenigen Zwischenfällen, weil die Hunde darauf trainiert wurden, sich auf ein bestimmtes Beuteobjekt zu konzentrieren. Wenn ein Hund aggressive Neigungen zeigt und nicht gut auf das Training anspricht, wird er durch einen anderen Hund im Team ersetzt.

Einige meiner Hunde zuhause wären unter diesen Umständen niemals sicher, egal wie sehr wir trainiert und/oder das Verhalten verändert haben. Doch genauso wären manche meiner Hunde in dieser Situation absolut sicher und würden nur wenig Training benötigen. Manche Hunde sind vom Temperament her einfach nicht in der Lage, mit einem solchen Erregungsniveau umzugehen, ohne Sklave von Beute- oder Aggressionsverhalten zu werden. Sobald Ihr Hund nicht mehr auf bekannte Kommandos reagiert, ist er in diesem emotionalen Zustand und legt einfach den Hörer auf.

Konflikt

Konflikt kann zu unterschiedlichen Stärkegraden der Fall sein und natürlich führt nicht jede Konfliktsituation dazu, dass ein Lebewesen sich maladaptiv verhält. Unter normalen Umständen befinden Sie sich mehrmals täglich in einer Konfliktsituation. Sollen Sie zum Mittagessen einen Burrito oder Hühnchen süßsauer essen? Sollen Sie Ihr Wohnzimmer blau oder grau-braun streichen? In diesen Situationen zögern Sie kurz, bevor Sie eine Entscheidung treffen.

Wenn man einen Konflikt nicht umgehen kann und man gelernt hat, dass es zu extremen emotionalen oder körperlich schmerzhaften Konsequenzen führen kann, wenn man die »falsche« Entscheidung trifft, führt dies zu Stress, Angst und Aggression. Konflikt kann zu Chaos im Leben führen. Ist der Konflikt stark oder chronisch, ist das Resultat häufig eine maladaptive Reaktion, um mit der Situation umzugehen.

Zu den Arten von Konflikt gehören:

Annäherung/Vermeidung

Tritt auf, »wenn das Ziel des Verhaltens sowohl attraktiv als auch aversiv ist« (übersetzt nach Lindsay, 2000, S. 346).

Hunde möchten sich Menschen nähern und zu ihnen Kontakt aufnehmen und tun dies, indem sie hochspringen. Dann treten die Menschen dem Hund auf die Hinterzehen, treten ihn, rammen ihn mit dem Knie oder halten oder kneifen die Pfoten des Hundes. Je nachdem, wie groß der Schmerz oder das Trauma ist, das der Hund erleidet, haben wir dann einen Hund, der sich zwar annähern möchte und sehr motiviert ist, das zu tun, aber aufgrund seiner vergangenen Erfahrungen auch Angst vor der Annäherung hat. Zwiespältigkeit ist keine angenehme Emotion! Das ist nicht immer der Grund für Verhalten wie beispielsweise unterwürfiges Urinieren (nicht zu verwechseln mit Urinieren aufgrund von Aufregung), Verteidigung oder Vermeidung, kann jedoch ein solches Verhalten auslösen.

Vermeidung/Vermeidung

»tritt auf, wenn Verhaltensalternativen sowohl aversiv sind als auch das Gefühl vermitteln, die Wahl zwischen Pest und Cholera zu haben« (übersetzt nach Lindsay, 2000, S. 346)

Das lässt uns sofort an solche Personen denken, die ihren Hund »auf die Probe stellen« möchten, indem sie ihrem Hund das Kommando »Sitz! Bleib!« geben, ihm dann eine Leine anziehen und jemand anderen den Hund aus dieser Position herausziehen lassen, um anschließend den Hund dafür zu bestrafen, dass er nicht im Sitz geblieben ist. Der Hund ist innerlich gestresst, denn wenn er sich der Person widersetzt, die an ihm zieht, wird er dadurch, dass an ihm gezerrt wird, dennoch dafür bestraft, dass er sitzen bleibt. Der erfahrene Hund weiß, dass ihm das Kommando Sitz gegeben wurde und ist vielleicht nervös, sich zu bewegen, weil er sich an frühere, barsche körperliche Korrekturen dafür erinnert. Wenn er dem Ziehen nicht widersteht und aufsteht, wird er bestraft. Wenn er jedoch dem Ziehen widersteht, wird an ihm gezerrt, bis er letztlich aufsteht und der Hundehalter ihn bestraft. Für den Hund ist es eine Situation, in der er nur verlieren kann.

Nebenbei bemerkt, können Sie die oben beschriebene Technik verwenden (allerdings sollten Sie die Konsequenzen leicht abändern), damit der Hund versteht, dass er verstärkt wird, wenn er der ziehenden Person widersteht. Anstatt dass Sie ihn bestrafen, wenn er nachgibt, sollten

Sie ihn einfach nur wieder neutral ins Sitz zurückbringen. Üben Sie nur leichten Druck aus, nicht so starken, dass der Hund sich bewegt, und geben Sie dem Hund schnell ein Leckerli, dafür, dass er an Ort und Stelle geblieben ist – und zwar bevor er sich bewegt. Steigern Sie allmählich den Druck auf das Halsband, verstärken Sie ihn jedes Mal, wenn Sie den Druck erhöhen, für richtiges Verhalten. Statt einer Konfliktsituation haben Sie das Verständnis des Hundes gefördert.

Annäherung/Annäherung

»tritt auf, wenn zwei Verhaltensalternativen annähernd gleich attraktiv sind und die Entscheidung zwischen beiden schwer fällt« (übersetzt nach Lindsay, 2000, S. 346).

Diese Art von Konflikt scheint die am wenigsten schlimmste der drei Kategorien zu sein. Wir machen uns diese sogar zunutze, wenn wir eine Weggang-Übung, wie unter »Lass das« beschrieben, machen. Indem wir den Hund von einem gewünschten Gegenstand entfernen, verringern wir die Verfügbarkeit/Attraktivität des Gegenstands und steigern, durch die Nähe, die Verfügbarkeit/Attraktivität des Hundehalters. Durch die Entfernung fällt die Entscheidung leichter, wodurch der Hund sich nicht mehr in einem Konflikt befindet.

Das klassische Szenario: Kampf vs Flucht

Die ersten beiden Optionen, auf die ein Hund meistens zurückgreift, wenn er aufgeregt ist, sind Kampf- oder Fluchtverhalten. Manche Hunde vermeiden Probleme, während andere, die mit ähnlichen Reizen konfrontiert werden, in aggressive Konfrontationen verwickelt werden. Warum entscheidet sich ein Hund in potenziell aggressiven Situationen für den Kampf, während der andere sich für die Flucht entscheidet?

Die zwei Hauptgründe sind:

- er kann nicht fliehen
- er denkt, er kann nicht fliehen.

Ein Hund zeigt aktives Verteidigungsverhalten, weil er meint, er hätte keine andere Wahl. Sobald dies ein paar Mal der Fall gewesen ist (manchmal handelt es sich aber auch um Lernen durch einmaligen Versuch) wird die Reaktion zur Gewohnheit – das Verhalten, auf das der Hund zuerst zurückgreift, wenn er mit einem bestimmten Reiz konfrontiert wird.

Beispiele:

- Der Hund wird derart körperlich zurückgehalten, dass Flucht keine Option für ihn darstellt. Leinen, Zäune, Ecken – die findet man überall und sind nötig, um unsere Haushunde vor Schaden zu beschützen, können aber auch zu Frustration beitragen, wodurch aggressive Begegnungen gefördert werden.
- Der Hund versucht zu fliehen, aber dadurch wird seine Umgebung nicht sicherer. Die Option, die übrig bleibt, ist »Kampf«.
- Der Hund ist von Natur aus ängstlich, und wird aufgrund seiner angeborenen und ererbten

Neigungen eher zu defensivem Verhalten als zu Flucht tendieren.

- Der Hund ist assertiver Natur und hatte Erfolg bei Konfrontationen.
- Der Hund hat zu kämpfen gelernt. Flucht ist nicht mehr die Option der Wahl, weil er in der Geschichte gelernt hat, dass dadurch die Situation nicht gemildert wird. Der Hund hat allerdings gelernt, dass defensives oder konfrontierendes Verhalten eine Lösung ist. Im Grunde genommen hat Vermeidungsverhalten nicht funktioniert, jedoch Konfrontation oder Verteidigung.

Bei Hunden ist die Impulskontrolle im Allgemeinen niedrig und sie bevorzugen eine sofortige Belohnung und direkten Zugang zu Ressourcen. (Sind Menschen so anders? Impulskontrolle ist ein erlerntes Verhalten, unabhängig von der Spezies.) Wenn Sie die Impulskontrolle nicht vorsätzlich lehren, wie können Sie sicher sein, dass sie Teil des Verhaltensrepertoires des Hundes ist? Eine niedrige Impulskontrolle wird schnell zur Unfähigkeit, mit Frustration umzugehen, ein Zustand, mit dem Haushunde tagtäglich klarkommen müssen. Hunde müssen lernen, mit der Frustration umzugehen, dass sie nicht den Zeitungsjungen jagen oder die Eichhörnchen fangen oder nicht das Futter vom Küchentisch klauen dürfen; oder mit der Frustration, dass sie von Menschen festgehalten werden – die Liste ist endlos. Der Großteil der Hundebesitzer überlässt diesen wichtigen Punkt dem Zufall. Meistens, weil sie nicht wissen, wie Impulskontrolle die Art und Weise beeinflusst, wie Hunde mit jedem alltäglichen Ereignis umgehen.

Natürlich fällt es manchen einzelnen Hunden leichter, mit Stressfaktoren in der Umgebung umzugehen, aber wenn Sie diese Fähigkeit nicht beim Training »austesten«, woher können Sie dann wissen, wie Ihr Hund sich verhalten wird, wenn er »unter Beschuss gerät«?

Teil IV

Die Gesetze des Lernens

18

Die Gesetze des Lernens – Erziehung für jeden!

Der Übungsplan für jedes Verhalten basiert auf den Gesetzen des Lernens, darum ist es *unbedingt nötig,* dass man etwas darüber weiß, wie Hunde lernen, und wie man am besten ein Kommunikationssystem mit dem Hund aufbaut. Dies wird ausführlicher in meinem Buch Positive *Reinforcement: Dog Training in the Real World* (2001) beschrieben. Außerdem sind viele hilfreiche Bücher zu diesem Thema in der Literaturliste im Anhang dieses Buches aufgeführt.

Lernen passiert durch Erfahrung und beinhaltet Entscheidungen über aktuelles und zukünftiges Verhalten basierend auf den Erfahrungen in der Vergangenheit.

Tiere lernen vorwiegend durch Verknüpfung. Verknüpfungen treten unabhängig davon auf, ob Sie Ihren Hund bewusst trainieren oder nicht. Der Hund verknüpft die ganze Zeit (nimmt Ereignismuster in sich auf). Ein Verhalten zu »lernen« impliziert, etwas zu verknüpfen (ein Muster zu erlernen): Ein bestimmter Reiz sagt das Auftreten eines anderen Reizes voraus. (Ein Reiz ist ein Ereignis, das eine Reaktion Ihres Hundes hervorruft, oder ein Ereignis, das er »bemerkt«.) Aus Sicht des Hundes sieht das wie folgt aus:

- Ich höre »Sitz!«.
- Ich nehme eine bestimmte Position ein.
- Ich bekomme ein Leckerli.

Klassische Konditionierung

Zur klassischen Konditionierung gehört, dass ein Tier eine Verknüpfung zwischen einem neutralen (unbekannter oder unbemerkten) Ereignis und einem bedeutungsvollen Ereignis (einem, das eine Reaktion des Tieres hervorruft) macht. Das häufigste Beispiel hierfür ist der Hund, der das Läuten einer Glocke damit assoziiert, dass sein Futter erscheint. Nachdem die Glocke (der neutrale - unbekannte oder vorher nicht bemerkte - Reiz) wird mit dem Futter (bekannter, bedeutungsvoller Reiz) *gepaart* und der Hund *verknüpft* das Läuten der Glocke damit, dass er Futter bekommt. Wir wissen, dass der Hund diese Verknüpfung bildet, weil er zu speicheln beginnt, wenn er die Glocke hört, das Futter aber noch nicht da ist. Der Speichel ist der Beweis dafür, dass klassische Konditionierung stattgefunden hat.

Klassische Konditionierung umfasst bestimmte Elemente. Die Glocke, das Futter und der Speichel in obigem Beispiel haben alle Fachtermini. Der *unkonditionierte Reiz* ist der bekannte, bedeutungsvolle Reiz - in diesem Beispiel das Futter. Die *unkonditionierte Reaktion* ist eine ungelernte, automatische Reaktion, die tief im Inneren des Individuums verankert ist und nicht auf den Erfahrungen des Individuums basiert. Es ist eine reflexartige, instinktive Reaktion, die bei der gesamten Spezies auftritt. Beispiele bei Menschen sind Schwitzen unter Stress oder das Verziehen des Gesichts, wenn einem Zitronensaft auf die Zunge gespritzt wird - Dinge, die passieren, ohne dass man darüber nachdenkt. (Das ist entscheidend, weil es bedeutet, dass es sich um eine starke Reaktion handelt, über die man keine bewusste Kontrolle hat.) In obigem Beispiel ist die unkonditionierte Reaktion das Speicheln, wenn das Futter hingestellt wird. Also führt der bedeutungsvolle unkonditionierte Reiz (Futter) zur automatischen unkonditionierten Reaktion (Speicheln).

Der neue, neutrale Reiz heißt *konditionierter Reiz* (Sie konditionieren bzw. lehren das Tier, diesen mit dem unkonditionierten Reiz zu verknüpfen). In obigem Beispiel ist der konditionierte Reiz die Glocke. Sie hat für den Hund keine Bedeutung, bis er sie mit dem Futter zu verknüpfen lernt. Sie wissen, dass diese Verknüpfung stattgefunden hat, weil die Reaktion des Hundes allein auf die Glocke das Speicheln ist, genauso wie es beim Futter der Fall ist. Also ist das Speicheln die konditionierte Reaktion; bei der *konditionierten Reaktion* und der unkonditionierten Reaktion handelt es sich immer um exakt dieselbe Reaktion.

Es gibt hier also vier entscheidende Elemente, die ich jetzt noch einmal zusammenfassen möchte (bitte lesen Sie sich alle durch!):

- der unkonditionierte Reiz/Stimulus (UCS) - bedeutungsvolles Ereignis (z.B. Futter)
- die unkonditionierte Reaktion (UCR) - automatische Reaktion auf den UCS (z.B. Speicheln)
- der konditionierte Reiz (CS) - neutrales Ereignis (z.B. Glocke)
- die konditionierte Reaktion (CR) - selbe Reaktion wie UCR, erfolgt nun aber auch auf CS

Das Lernen findet statt, wenn der Hund den UCS mit dem CS assoziiert. Das geschieht, weil der UCS und der CS zeitnah (idealerweise innerhalb einer halben Sekunde) miteinander gepaart werden. Das bedeutet, dass die Glocke die ganze Zeit geläutet wird, bevor das Futter gezeigt wird. Da diese beiden Ereignisse mehrmals zeitlich nah beieinander eintreten, lernt der Hund, sie miteinander zu verknüpfen. Er begreift das Muster: Glocke bedeutet, dass Futter kommt. Der vorher neutrale CS hat nun eine Bedeutung.

Genauer gesagt, würde das Training wie folgt aussehen:

1. Füttern Sie den Hund, was dazu führt, dass er mit Speicheln reagiert. Dieses Speicheln tritt bei einem hungrigen Hund ohne vorheriges Training auf. Das Futter ist der unkonditionierte Reiz, da der Hund auf ihn ohne vorherige Konditionierung immer wieder reagiert.
2. Fügen Sie nun den konditionierten Reiz hinzu. Läuten Sie die Glocke kurz bevor Sie dem Hund das Futter zeigen. Das ist der konditionierte Reiz, weil er *zu dem Zeitpunkt* noch keine Bedeutung für den Hund hat.
3. Nachdem dieses Modell mehrfach wiederholt wurde, lernt das Tier, dass der konditionierte Reiz (die Glocke) ein Vorbote des Futters ist.
4. Sobald dieser Lernvorgang eintritt, ruft die Glocke die Reaktion des Speichelns hervor (konditionierte Reaktion), sogar wenn kein Futter vorhanden ist.

Es gibt viele Beispiele für die klassische Konditionierung, die Sie tagtäglich beobachten können. Die meisten sind jedoch etwas komplexer als oben beschriebenes Beispiel. Die meisten

Reaktionen, die man in der realen Welt beobachten kann, sind eine komplexe Mischung aus klassischer und operanter Konditionierung (siehe nächster Abschnitt). Bevor sie schlafen gehen, bekommen alle meine Hunde ein Leckerli. Wenn sie sehen, dass ich ins Badezimmer gehe, um meine Zähne zu putzen, hängen sie alle voller Vorfreude um die Leckerlidose herum. Für meine Hunde ist mein Zähneputzen der Vorbote für die Leckerlis geworden. Verschiedene Ereignisse sagen zusammengenommen ein Endergebnis voraus – Zähneputzen ist der Vorbote für Leckerlis, was dazu führt, dass die Hunde reflexartiges Verhalten zeigen, wie beispielsweise Sabbern in Vorfreude auf das nächste Leckerli.

Ein weiteres Beispiel ist der Spaziergang. Die meisten Hunde reagieren mit Aufregung darauf, dass der Besitzer die Leine holt. Das liegt daran, dass sie gelernt haben, dass das Holen der Leine der Vorbote für einen Spaziergang ist. Wiederum: Das Holen der Leine sagt den Spaziergang voraus, was zu einer Steigerung bestimmter reflexartiger Verhaltensweisen führt, beispielsweise Atmung, weil der Hund aufgeregt ist. Ein bestimmter emotionaler Zustand wird mit der einfachen Geste des Leinenholens assoziiert.

Sie werden lernen, die klassische Konditionierung zu nutzen, *um den emotionalen Zustand Ihres Hundes zu verändern,* indem Sie eine Technik anwenden, die Gegenkonditionierung heißt. Falls Ihr Hund ängstlich, nervös oder aggressiv auf einen gegebenen, vorhersehbaren Reiz (Auslöser) reagiert, ist es möglich, das Denkmuster des Hundes bezüglich dieses Ereignisses, der Person oder der Situation zu ändern. Natürlich assoziiert der Hund, der auf diese Art und Weise reagiert, das Ereignis (den Reiz) im Moment mit unangenehmen Konsequenzen. Kurz gesagt, das Ereignis sagt voraus, dass dem Hund in dieser Situation etwas Unangenehmes passieren wird. Ein Beispiel: Sie gehen mit Ihrem Hund spazieren und jedes Mal, wenn er einen anderen Hund sieht, erfolgt eine Halsband-Korrektur und ein »Nein!«. Das Erscheinen anderer Hunde ist für Ihren Hund der Vorbote unangenehmer Konsequenzen. Wenn er einen anderen Hund sieht, fühlt er Schmerzen oder unterliegt sozialer Missbilligung. *Das Erscheinen eines anderen Hundes ist zum Vorboten von Bestrafung geworden.*

Sie können dieses Ereignis oder die Situation nutzen und mit der Zeit das nun unangenehme Ereignis (das Erscheinen eines anderen Hundes) damit paaren, dass der Hund Sie anschaut und dafür ein Leckerli, soziale Anerkennung oder ein Spiel oder alles drei bekommt. Am Ende wird Ihr Hund einen anderen Hund sehen, und anstatt dass er das Schlimmste erwartet, wird er Sie eifrig anschauen und sich mit Ihnen befassen, weil der andere Hund nun zum Vorboten einer Verstärkung geworden ist. So trainieren Sie nicht nur Ihren Hund, Sie ändern auch seine Motivation, sich auf eine bestimmte Art und Weise zu benehmen. Schon dadurch wird das Verhalten Ihres Hundes verändert. Er sorgt sich nicht länger über den anderen Hund, daher muss er sich nicht mehr defensiv benehmen. Dies geht über Schadenskontrolle hinaus – es ist das Wunder der Verhaltensänderung.

Das Tolle ist, dass Sie bei Ihrem Hund reflexartiges Verhalten beobachten können, welches Ihnen verrät, dass er die richtigen Verknüpfungen bildet. Wenn Ihr Hund andere Hunde sieht und erregt wird, können Sie das am Verhalten Ihres Hundes erkennen. Seine Pupillen sind möglicherweise erweitert, seine Rute angehoben und er sieht sehr wachsam aus und hält für einen Moment inne, dann heben und senken sich seine Wangen schneller (ein Zeichen für stärkere Atmung) oder er fängt stark zu hecheln an. Wenn Sie, nachdem Sie mit einem Übungsplan begonnen haben, an einem anderen Hund vorbeigehen können und Ihr Hund den anderen Hund ignoriert oder ihn anschaut, ohne dass sich seine Atmung verändert, wissen Sie, dass Sie das Denkmuster Ihres Hundes verändert haben. Er ist nun entspannter, wenn sich andere Hunde nähern.

Dafür sind möglicherweise mehrere Wiederholungen nötig, und Sie werden wahrscheinlich sehen, dass er ab und zu wieder auf das alte, unerwünschte Verhalten zurückfällt. Doch wenn etwas mehr Zeit vergangen ist und Sie das erwünschte Verhalten öfter wiederholt haben (zusammen mit Verstärkung),

- wird der plötzliche »Ausbruch« des alten, unerwünschten Verhaltens (Spontanerholung) schwächer
- wird zwischen den Vorfällen von Spontanerholung mehr Zeit liegen
- wird die Dauer des alten, unerwünschten Verhaltens abnehmen.

Operante Konditionierung

Die Theorie der operanten Konditionierung basiert auf Thorndikes Gesetz der Wirkung, welches besagt, dass das zukünftige Verhalten auf Konsequenzen basiert. Verhalten, auf das eine angenehme Konsequenz folgt, wird wahrscheinlich wiederholt. Verhalten, auf das eine negative Konsequenz folgt, wird weniger werden.

Operante Konditionierung arbeitet mit dieser einfachen Tatsache und macht sich diese zunutze. Sie werden lernen, mit Hilfe von operanter Konditionierung die Konsequenzen so zu manipulieren, dass Sie das zukünftige Verhalten Ihres Hundes beeinflussen können.

Operante Konditionierung umfasst auch, dass das Tier zum Lernprozess beiträgt. Das daran beteiligte Verhalten ist freiwilliges oder *angeborenes* Verhalten. Der Trainer wählt erwünschte Reaktionen aus und hilft dem Tier dabei, sich an dieses Verhalten zu erinnern, indem er die Konsequenzen manipuliert. Das bedeutet eine eingehende Kontrolle der Umgebung, sodass die Konsequenzen Ihrem Hund so dargeboten werden, dass Sie ihn zu dem gewünschten Verhalten hinführen und vom unerwünschten Verhalten wegführen können.

Doch was tut man, wenn das Tier nicht die gewünschte Reaktion zeigt? Ah! Auch dafür gibt es eine Lösung! Sie können folgendes tun:

- Eine Reaktion verstärken, die derjenigen, die Sie sich wünschen, nahe kommt, und diese dann so *formen* (auch »Shaping« genannt), dass Sie letztlich die gewünschte Reaktion erhalten, und/oder
- die Umgebung so kontrollieren, dass Sie zu verstärkendes Verhalten schaffen.

Ein Beispiel: Wenn man das Abrufen formen möchte, werden Verhaltensweisen ausgewählt, die dem Endziel, dass Ihr Hund zu Ihnen kommt, wenn Sie »Komm!« rufen, nahe kommen. Sie würden die folgenden Verhaltensweisen verstärken, wobei die Kriterien nach und nach gesteigert werden:

1. Zuerst, immer wenn Ihr Hund in Ihrer Nähe ist.
2. Dann, jedes Mal, wenn Sie sich von Ihren Hund fortbewegen und er Ihnen folgt.
3. *Wenn der Hund bereits auf Sie zukommt,* sagen Sie »Komm!« und geben ihm ein Leckerli, wenn er bei Ihnen ist.
4. Wenn der Hund von Ihnen wegläuft, fangen Sie an, in die *entgegengesetzte Richtung oder von Ihrem Hund wegzulaufen,* und wenn er sich *zu Ihnen umdreht,* benutzen Sie das Kommando »Komm!« und geben ihm ein Leckerli, wenn er bei Ihnen ist.
5. Letztlich rufen Sie Ihren Hund, wenn er von Ihnen wegläuft, mit dem Kommando »Komm!« und geben ihm ein Leckerli, wenn er zu Ihnen kommt.

Im wahren Leben greifen die klassische und die operante Konditionierung häufig kompliziert ineinander über, wie das folgende Beispiel zeigt.

Ziel ist es, das derzeitige Verhalten als Grundlage zu nehmen und eine gewünschte Reaktion zu »formen«, indem das jeweilige Feedback durch Konsequenzen gegeben wird. Dabei hilft Kontrolle, um sowohl zu verhindern, dass das unerwünschte Verhalten wieder auftritt, als auch um das zu verstärkende Verhalten zu konstruieren. *Formen* ist ein wichtiger Bestandteil der operanten Konditionierung und bedeutet, dass die Kriterien nach und nach gesteigert werden. Genauso wie Sie mit allgemeiner Mathematik anfangen, müssen Sie dem Hund die Informationen in kleinen Paketen anbieten, die er leicht verarbeiten kann. Das bedeutet auch, dass der Hund viele Möglichkeiten zur Verstärkung des richtigen Verhaltens bekommt, indem er ermuntert wird, es »auf seine Art zu machen«, ohne dass Feuer in das Öl der Reaktivität und Frustration gegossen wird. Klassische Konditionierung wird eintreten, wenn Sie die emotionale Reaktion Ihres Hundes ändern: Angenehme Dinge, wie beispielsweise Leckerlis, werden mit Situationen gepaart, die ihn vorher aufgeregt haben. Dadurch assoziiert er die Situation mit einem entspannten und glücklichen Emotionszustand.

Nehmen wir mal an, Ihr Hund würde Leute, die an die Tür kommen, anknurren und sich auf sie stürzen. Wenn Sie einen Übungsplan für Ihren Hund aufstellen, sollten Sie als Erstes die Sicherheit bedenken sowie, dass Sie vermeiden müssen, dass das alte Verhalten wieder eintritt. Das bedeutet zuallererst Kontrolle. Wenn es an der Tür klingelt, müssen Sie Ihren Hund anleinen. Das schützt Ihre Gäste und Ihren Hund. Durch die Leine können Sie Ihren Hund außerdem sanft ins Sitz bringen, wenn er auf Ihr verbales Kommando nicht reagiert. Zudem wird verhindert, dass er sich wieder auf die Gäste stürzt. Ihr Hund wird dadurch in Ihrer Nähe bleiben und die Situation ist leichter kontrollierbar. Bis Ihr Hund *zuverlässig* auf Ihr verbales Kommando reagiert, müssen Sie ihn körperlich kontrollieren.

Durch die Kontrolle haben Sie die Möglichkeit, die Konsequenzen zu beeinflussen – das ist die operante Konditionierung. Indem Sie Ihrem Hund Sitz beibringen, anstatt dass er sich auf die

Gäste stürzt, formen Sie sein beobachtbares Verhalten. (In anderen, weniger gefährlichen Situationen würden Sie dem Hund mehr Raum geben, ein Verhalten anzubieten.)

Indem Sie das angemessene Verhalten (still sitzen) mit Leckerlis paaren, und ihn von unangebrachtem Verhalten abhalten oder es kontrollieren (hochspringen, knurren), lernt der Hund, sich hinzusetzen und seine Aufmerksamkeit auf Sie zu richten, wenn Gäste kommen.

Das Wunder der Verhaltensänderung erzielen Sie, indem Sie Ihrem Hund beibringen, sein Denkmuster über Menschen, die sein Revier betreten, zu verändern. Dadurch dass Sie die Konsequenzen ändern und dem Hund das nötige Feedback geben, kann er die alte Situation auf neue und andere Art und Weise wahrnehmen. Durch die Belohnung, wenn er ruhig bleibt, wenn Gäste kommen, wird die Ankunft der Gäste mit etwas Angenehmen assoziiert und er gewöhnt sich an, ruhig zu bleiben. Sie schaffen eine echte Veränderung seiner Emotionen sowie der Reaktion des sympathischen Nervensystems. Das ist die klassische Konditionierung.

In diesem Buch finden Sie spezielle Übungspläne, um die oben beschriebene Situation zu bewerkstelligen. In den Abschnitten »An der Tür warten« und »Betreten des Territoriums und richtiges Begrüßungsverhalten« werde ich Sie Schritt für Schritt durch den Prozess führen.

Ein Kommunikationssystem

Ein besonderes Kommunikationssystem ist ein sinnvolles Hilfsmittel, mit dem Sie das Verhalten Ihres Hundes ändern werden. Programme zur Verhaltensänderung basieren auf der Gabe von Futter und Aktivitäten, die Ihrem Hund Spaß machen, oder Gegenständen, die er gerne haben möchte. Diese tragen zur Schaffung eines funktionierenden Kommunikationssystems zwischen Ihnen beiden bei. Sie werden sich diese Gegenstände zunutze machen, indem Sie sie mit Wörtern und Sätzen paaren, auf die Ihr Hund reagieren soll (Kommandos). Außerdem werden Verstärker verwendet, indem Sie sie mit Ereignissen paaren, durch die Ihr Hund bestimmte Situationen anders wahrnehmen soll. Sie werden Ereignisse und Verhaltensweisen durch klassische und operante Konditionierung manipulieren. Ihr Ziel ist es, die Art, wie Ihr Hund über eine bestimmte Situation »denkt«, tatsächlich zu ändern. Zusätzlich dazu werden Sie Ihrem Hund beibringen, seine Impulse zu kontrollieren und zu »denken«, anstatt einfach nur zu reagieren.

Sie müssen Ihrem Hund die Informationen auf reiflich durchdachte, umsichtige Art präsentieren, und zwar in einer bestimmten Syntax, ansonsten werden die Ergebnisse enttäuschend sein. Die Gesetze des Lernens sind der Schlüssel zu diesem speziellen und erfolgreichen Kommunikationssystem. Wenn die Informationen Ihrem Hund *verständlich* präsentiert werden, wird er kooperieren.

Manche Leute lehnen es ab, mit Leckerlis zu arbeiten. Aber vielleicht konnten sie in der Vergangenheit nicht die gewünschten Resultate erzielen, weil sie nicht die Leckerlis zusammen mit dem richtigen Timing gegeben haben. Ein weniger wohltätiger Grund ist, dass manche Menschen »Macht« über ein Tier haben möchten, welches die Situation akzeptieren soll. Wieder andere müssen sich erst daran gewöhnen, das Verhalten mit Hilfe von Leckerlis zu verändern.

Denken Sie über die Gründe nach, warum Sie kein Futter beim Training benutzen wollen. Ich möchte Sie auch daran erinnern, dass wir zwar auch Sie »umerziehen« müssen, aber dennoch das Verhalten des Hundes der wichtigste Grund ist. Stellen Sie sich das Futter als Hilfsmittel vor, genauso wie ein Halsband oder eine Leine oder auch Ihre Stimme. Wenn Sie eine Trockenmauer aufstellen, können Sie diese Aufgabe natürlich mit einem Hammer und Nägeln bewerkstelligen, aber mit Hilfe von Schrauben und einer Bohrmaschine schaffen Sie es nicht nur in weniger Zeit, sondern die Mauer wird auch besser und hält länger. Genauso wie bei anderen Aufgaben ist das Trainieren eines Tieres um einiges einfacher, wenn Sie die richtigen Hilfsmittel haben und diese korrekt anwenden.

Überblick über das Lernen eines Verhaltens

Das Endresultat des Trainings ist, einen Hund zu haben, der berechenbar und verlässlich auf Kommandos reagiert. Signalkontrolle bedeutet, dass Sie ein Verhalten mit einem bestimmten Kommando oder Signal hervorrufen können. Außerdem bedeutet es, dass Sie die Dauer, Häufigkeit und Intensität des Verhaltens voraussagen können. Sehr grundlegend gesagt, bedeutet Signalkontrolle, dass Sie ein Verhalten auf Kommando beginnen und beenden können.

Um dem Hund das Verhalten beizubringen und es unter Signalkontrolle hervorzurufen, sind die folgenden Schritte notwendig:

1. Die erste notwendige Komponente ist zu verstärkendes (erwünschtes) Verhalten. Es ist Ihre Aufgabe, freiwilliges Verhalten zu erzielen. Oder das angemessene Verhalten und eine nicht bedrohliche Art zu schaffen. Oder Verhalten, welches der Hund anbietet, zu verstärken.
2. Benutzen Sie Kontrolle und Feedback, um dem Hund mitzuteilen, welches Verhalten von ihm gewünscht wird.
3. Durch Formen verpacken Sie das Verhalten in kleine, leicht verständliche Schritte. Bauen Sie das Verhalten auf, indem Sie die Kriterien steigern.
4. Fügen Sie ein Kommando hinzu. Das kann ein Wortkommando oder ein Sichtzeichen sein. Manchmal ist es am besten, wenn das Kommando direkt aus der Umgebung kommt (zum Beispiel, wenn der Hund einen anderen Hund sieht und, ohne Kommando seitens des Hundeführers, letzteren direkt fragend anschaut).
5. Bauen Sie Herausforderungen mit ein: Steigern Sie die Schwierigkeit, sodass Sie zuverlässiges, feinabgestimmtes Verhalten erzielen, und bringen Sie ihm bessere Bewältigungsmechanimen bei.

Jetzt schwirrt Ihr Kopf bestimmt und Sie fragen sich, wie Sie diese fünf einfachen Schritte angehen sollen entspannen Sie sich und lesen Sie weiter!

In Stein gemeißelt – Die Gesetze des Lebens

Verlassen Sie sich auf Ihr AVK

A = Antezedent (= das Vorhergehende; situative Bedingungen)
V = Verhalten
K = Konsequenz

Verhalten wird dadurch gelernt, dass der Antezedent (etwas, das vor dem Verhalten passiert) und die Konsequenzen (das, was nach dem Verhalten passiert) mit dem jeweiligen Verhalten verknüpft werden.

Wenn Sie möchten, dass Verhaltensweisen erlernt werden, müssen drei Anforderungen erfüllt werden, damit der Hund begreift:

1. Der *Antezedent* muss beständig und präzise sein.
   Sie und Ihr Hund müssen beide verstehen, welches Kommando zu welchem Verhalten gehört. Sie müssen beide das Kommando als *das Kommando* ansehen. Wenn ich Leute frage, auf welches Kommando ihr Hund sich hinlegen soll, meinen viele, dass der Hund das verbale »Platz!« als Kommando ansehen würde. Doch der Hund zeigt das Verhalten erst, wenn sie »Platz!« sagen und gleichzeitig auf den Boden zeigen. Könnte man beide Beteiligten fragen, würde der Mensch das Wort »Platz!« als Kommando interpretieren, während dem Hund das Wort fremdartig vorkommt und er den zeigenden Finger als Kommando ansieht.
2. Die *Konsequenz* muss an den Hund und die Situation angepasst sein und dem richtigen Verstärkungsschema unterliegen.
3. Das *Timing* muss präzise sein: Um optimale Lernergebnisse zu erzielen, muss die Konsequenz (Verstärkung oder Bestrafung) entweder zeitgleich mit dem Verhalten oder innerhalb von einer halben Sekunde erfolgen.

Einen Hund zu trainieren, beinhaltet vor allem Kommunikation. Konsequenzen zu manipulieren, ist ein wesentlicher Bestandteil dieser Kommunikation. Konsequenzen gibt es in zwei Geschmacksrichtungen:

- Verstärkung, wodurch ein bestimmtes Verhalten gefördert wird
- Bestrafung, wodurch ein bestimmtes Verhalten abnimmt.

Verstärkung ist ein sehr zuverlässiges Hilfsmittel, weil dadurch ein stabiles, verlässliches Verhalten geschaffen wird, ohne dass Furcht, Verteidigungsverhalten, unvorhersehbare Vermeidungsreaktionen oder anderes negatives Verhalten, das mit Bestrafung assoziiert wird, eintreten.

Im Folgenden bespreche ich, wie ein gutes Kommunikationssystem aufgebaut wird.

Primäre Verstärkung

- Die wissenschaftliche und technische Definition von »primärer Verstärkung« lautet: notwendig für das Überleben.
- Notwendig für das Überleben sind: Futter, Wasser, Luft, Sex. Natürlich müssen Sie selbst aus dieser Liste auswählen, aber wenn es um Training geht, entscheide ich mich für Futter.
- Trainingsleckerlis sind winzig! Sie sollten nur halb so groß wie Ihr Fingernagel oder ungefähr so groß wie ein kleines Stück Trockenfutter sein!
- Trainingsleckerlis müssen leicht und sofort zu fressen sein. Es muss etwas sein, was Ihr Hund liebt.
- Achten Sie darauf: Beim Training ist das Timing entscheidend!

Primäre Verstärkung ist der Schlüssel zur Eröffnung von Kommunikationswegen. Sie müssen Ihrem Hund nicht beibringen, dass dies »gut« bedeutet – er weiß es bereits. Primäre Verstärkung ist der Mutterboden, auf dem Kommunikation gesät werden kann! Es handelt sich um eine nicht-konfrontative Methode, mit der Sie erreichen, dass Sie und Ihr Hund am selben Strang ziehen und nicht miteinander im Konflikt stehen. Ja! Jetzt sind wir erfolgreich!

Positivmarker

Wie höre ich mit dem Futter wieder auf? Mehr Methoden für die effektive Kommunikation

- Auch bekannt als: Konditionierter Verstärker, Sekundärverstärker, Brücke, Brückensignal, Ereignismarker

Futter wird als Hilfsmittel zur Öffnung von Kommunikationswegen verwendet. Sobald Sie und Ihr Hund ein paar »Vokabeln« beherrschen, können Sie statt des Futters den Positivmarker verwenden; zuerst manchmal und bei fortgeschrittenem Training bei den meisten Gelegenheiten. Der Positivmarker (PM) ist ein Wort oder ein anderes Signal (wie beispielsweise ein Klicker), das Sie konsequent in Verbindung mit einem Primärverstärker verwendet haben und das daher für Ihren Hund eine Bedeutung bekommen hat. Der PM wird zum Vorboten der Verstärkung und *markiert* das Ereignis als »vergiss es nicht – du wirst es noch mal brauchen.«

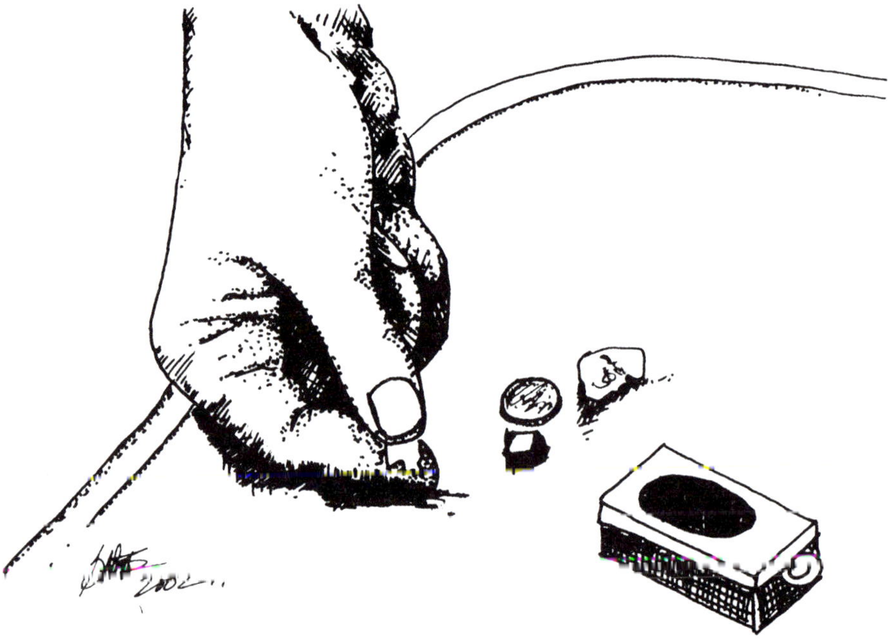

Nötige Hilfsmittel
So halten Sie das Leckerli: zwischen Daumen und Zeigefinger. So können Sie die Leckerligabe gut kontrollieren. Die Leckerlis sind winzig! Ungefähr so groß wie ein Cent-Stück bzw. bei kleineren Hunden noch deutlich kleiner. Der Clicker wird als Positivmarker eingesetzt.

Wie führe ich es ein?

ACHTUNG: Es gibt einen speziellen Übungsplan, der Ihnen zeigt, wie Sie den Positivmarker einführen. (Lesen Sie dazu bitte den Übungsplan »Der PM/NM und das Entlassungswort«). Dies hier ist nur eine kurze Zusammenfassung.

- Assoziieren Sie ein Wort oder ein Signal (wie beispielsweise das Wort »Ja« oder einen Klicker) mit einem Leckerli.
- Wenn Ihr PM (Positivmarker) eine starke Reaktion seitens Ihres Hundes hervorruft, können Sie statt der Kombination aus PM und Leckerli manchmal nur noch den PM verwenden. Ab und zu muss der PM noch in Kombination mit Futter erfolgen, damit er stark und wertvoll bleibt.
- Ein PM bedeutet: »Ja, das Verhalten mag ich sehr und ich möchte es noch mal sehen!«
- Ein PM ist ein Vorbote für Verstärkung.

Um optimale Kommunikation zu erzielen, müssen Sie auch einen Negativmarker einführen

Dabei handelt es sich wissenschaftlich gesehen um einen konditionierten Aversivreiz, oder wie manche es ausdrücken, ein »Auslöschungskommando«, obwohl das nur ein Streit um das richtige Wort ist. Ein Negativmarker bedeutet: »Bei dem Verhalten bekommst du von mir kein Leckerli! Ich möchte etwas anderes sehen.« Im Wesentlichen spielen Sie mit dem Verhalten des Hundes ein Heiß- und Kaltspiel[4], indem Sie den PM (Positivmarker) und den NM (Negativmarker) verwenden, um Ihrem Hund schnelle, präzise und reiflich durchdachte Informationen zu übermitteln. Der NM ist ein Wort, das Sie verwenden, um Ihrem Hund zu signalisieren, dass Sie ein anderes Verhalten sehen möchten als das, welches er gerade an den Tag gelegt hat. Ein guter NM ist »Noch mal«. Viele meiner Kunden benutzen hervorragende Wörter, wie beispielsweise »Entschuldigung« oder »noch nicht«. Der NM sollte in neutralem und nicht urteilendem Tonfall gesagt werden.

Der NM soll dem Tier Informationen überliefern. Beim NM handelt es sich nicht um körperliche Bestrafung und er sollte auch in keiner Weise mit körperlicher Bestrafung oder starker sozialer Missbilligung, wie beispielsweise Ausschimpfen, assoziiert werden. Ihr Hund sollte sich nicht hinhocken, seine Ohren senken oder »schuldig aussehe« müssen, um die jeweilige Information zu bekommen. Sobald Ihr Hund den NM als Information versteht, werden Sie sehen, dass er Ihnen statt des Verhaltens, das Sie gerade zurückgewiesen haben, ein anderes Verhalten zeigt (auch wenn dies sehr subtil sein kann).

Manche Hundetrainer erzählen, dass sie keinen NM benutzen, weil ihre Hunde »zu sensibel« seien. Wenn Sie den PN/NM als *Informationssystem* verwenden, wird das nicht eintreten. Hunde, die dieses System verstehen, reagieren sehr gut auf den NM, indem sie härter arbeiten und andere Verhaltensweisen anbieten, um einen PM »zu gewinnen«; sie verschließen sich nicht. Wenn der NM richtig angewandt wird, sagt er dem Hund, dass er es weiter probieren soll. »Wechselhunden« (bei denen zuerst mit Techniken begonnen wurde, die auf Bestrafung basierten, und die anschließend mit positiven Methoden erzogen wurden) fällt dies zu Beginn mögli-

[4] Das Kinderspiel, bei dem ein Gegenstand versteckt wird und einer anderen Person mit den Wörtern »heiß« oder »kalt« Hinweise gegeben werden, wo dieser ist.

cherweise schwer, da es für diese Hunde in der Vergangenheit gefährlich war, eine falsche Entscheidung zu treffen oder einen Fehler zu machen, und dies mit körperlicher Korrektur assoziiert wurde. Das größte Problem eines »Wechselhundes« ist, dass er, wenn Sie ihm einen NM geben, dazu neigt, sich zu verschließen oder gar nichts mehr zu tun. Doch nach ein paar Monaten, vor allem, wenn der Halter den Hund ein paar Mal für seine »Versuche« verstärkt, kommen die Hunde damit klar.

Mit meiner neun Monate alten Schäferhündin versuchte ich, dass sie mir Verhaltensweisen anbot. Doch sie hat in der Vergangenheit durch die körperlichen Korrekturen eines Vorbesitzers Traumata erlitten. Für sie war es bei manchen ihrer Vorbesitzer sehr gefährlich und auch schmerzhaft, falsche Entscheidungen zu treffen. Die größte Herausforderung bei »Wechselhunden« ist, dass Sie sehr viele Verhaltensweisen erst einmal hervorrufen müssen.

Manche Hunde sehen enttäuscht aus, wenn sie den NM erst einmal verstanden haben, aber sie bieten weiterhin Verhaltensweisen an, um vielleicht die richtige zu erwischen. Es ist so, als ob man die Teilnehmer von »Jeopardy« beobachten würden. Wenn sie eine falsche Antwort abgegeben haben, sehen sie auch enttäuscht aus! Trotzdem bemühen sie sich weiterhin um den Preis, genauso wie Ihr Hund, wenn Sie immer besser in der Kommunikation untereinander werden.

Ein NM ist kein Ersatz für das Wort »Nein«, was bei mir zuhause bedeutet: »Mach das auf keinen Fall wieder!« Bewahren Sie sich das »Nein« für die Situationen, in denen es passt. (Beispielsweise wenn Ihr Hund auf den Küchentisch spring. Das ist ein absolutes »Nein«-Verhalten.)

Wie führe ich es ein?

ACHTUNG: Es gibt einen speziellen Übungsplan, der Ihnen zeigt, wie Sie den Negativmarker einführen. Dies hier ist nur eine kurze Zusammenfassung. Lesen Sie den Übungsplan »Der PM/NM und das Entlassungswort«, um Ihrem Hund den NM Schritt für Schritt beizubringen.

- Sie können den NM wie im Fluge einführen. Ich benutze einfach den NM, während ich mit dem Hund arbeite, um ihm zu zeigen, dass das Verhalten, das er gerade gezeigt hat, von mir nicht verstärkt wird, weil ich mir ein anderes Verhalten wünsche.
- Im Laufe einiger Tage versteht der Hund, dass es kein Futter gibt, wenn er das kurze »Noch mal!« hört. Kurz gesagt, dieser Satz sagt keine Verstärkung des derzeitigen Verhaltens voraus! Noch mal.
- Sie können den NM auch reichlich reflektiert einführen, was die Lernfortschritte Ihres Hundes steigern kann.

Hier ist ein Beispiel, wie Sie den PM/NM bei der Arbeit mit Ihrem Hund benutzen können. Sie haben bereits mehrmals Sitz und Platz verstärkt, aber der Hund macht noch immer manchmal Fehler:

- Wenn Sie ihn zum Sitz auffordern und er Platz macht, sagen Sie: »Noch mal!«
- Warten Sie ca. eine halbe bis eine Sekunde. Versuchen Sie es dann noch einmal mit dem gewünschten Verhalten: »Sitz!
- Wenn der Hund sich nicht bewegt oder verwirrt aussieht, sagen Sie »Noch mal!« und wieder-

holen Sie das Kommando und versuchen Sie ihm dann zu helfen, indem Sie ihn in die Position locken oder ihm ein Handsignal geben. Eine weitere hervorragende Strategie ist, den Ort zu wechseln und ein paar Schritte woanders hinzugehen und dann das Kommando zu wiederholen.

- Wenn Sie das korrekte Verhalten bekommen, in diesem Fall das Sitz, sagen Sie »Ja« und geben Sie ihm dann ein Leckerli.

Beim Wettbewerbstraining könnte beim Apportieren ein NM benutzt werden. Wenn Ihr Hund losrennt, um den Dummy zu apportieren, dann aber abgelenkt wird und ohne Dummy zurückkommt, sagen Sie »Noch mal!«, warten Sie eine halbe Sekunde und geben Sie ihm dann wieder das Kommando zum Apportieren: »Apport!« Wenn der Hund sich umdreht, um das Dummy zu holen, sagen Sie »Ja«, wenn er es aufhebt.

Versuchen Sie es mit dem NM, wenn er sich nähernde Personen anknurrt. »Noch mal«, wenn Sie das Verhalten so umlenken wollen, dass er Sitz macht, sich entspannt oder Platz oder weggeht (siehe Übungspläne). Wenn Ihr Hund dann auf das Unterwürfigkeitskommando gehorcht, sagen Sie »Ja!« und geben ihm ein Leckerli.

Hunde als Wissenschaftler, oder: Wie begreift der Hund ein Muster?

Ohne den Vorteil der menschlichen gesprochenen Sprache kann Ihr Hund sich durch seine Umwelt bewegen und zu entscheiden versuchen, welche Verhaltensmuster ihm den größten Nutzen bringen. Hunde experimentieren mit ihren Verhaltensweisen. Genau wie Sie. Ihr Hund wird etwas tun und dann abwarten, was das Ergebnis ist. (Wie wissenschaftlich!) Dadurch kann er Entscheidungen über sein zukünftiges Verhalten treffen. Strategien, die nicht funktionieren, werden schnell aufgegeben, auf erfolgreiche Strategien greift er wieder zurück.

Wie können wir unseren Hunden dabei helfen, sich für Verhaltensmuster zu entscheiden, die wir für gut heißen? Gibt es da einen schnellen Weg? Ja! Durch die korrekte Verwendung von *Verstärkungsschemata.*

Ihr Hund begreift die Verhaltensmuster durch Verstärkungsschemata. Es gibt zwei Kategorien von Verstärkungsschemata, die in der Fachliteratur noch weiter unterteilt werden.

Doch für unsere Zwecke reicht die folgende Definition von Verstärkungsschemata:

Ein fixes Schema bedeutet, dass die Verstärkung konsequent und vorhersehbar erfolgt. Das fixe Schema wird verwendet, wenn ein Hund ein Verhalten zum ersten Mal erlernt. Um Ihrem Hund Sitz beizubringen, würden Sie ihm jedes Mal, wenn er sich hinsetzt, eine primäre Verstärkung (Futter) geben. Dadurch wird das »Sitz«-Verhalten gefördert, sodass es wiederholt wird. Der Hund bekommt ein zuverlässiges Feedback darüber, welches Verhalten gerade erwünscht ist. Durch ein fixes Schema wird ein Verhalten *beständig.*

Ein variables Schema bedeutet, dass die Verstärkung unvorhersehbar erfolgt. Es wird verwendet, um ein Verhalten aufrecht zu halten. (Sobald ein Verhalten immer wieder auftritt, können Sie anfangen, ihn nur manchmal und nicht jedes Mal zu verstärken.) Ein variables Schema *stärkt* das Verhalten und bringt dem Hund bei, *ausdauernd* zu sein. Ein variables Schema bringt Ihrem Hund bei, am Ball zu bleiben. Durch ein variables Schema bleibt ein Verhalten beständig.

Um die Verstärkungsschemata gut zu verstehen, müssen Sie auch die unterschiedlichen Phasen kennen, die eintreten werden, wenn ein Hund eine Aufgabe lernt. Jedes Verhalten durchläuft verschiedene Entwicklungsphasen.

Aneignung und fixe Verstärkungsschemata

Der erste Schritt beim Lernen ist die Aneignung. Der Hund lernt ein Verhalten und muss zwei entscheidende Aufgaben erfüllen:

- einen Zusammenhang zwischen dem Verhalten und den Konsequenzen herstellen
- einen Zusammenhang zwischen dem Kommando und dem Verhalten herstellen.

Aus diesem Grund müssen Sie, wenn Sie ihm ein neues Verhalten beibringen, *zuerst das Verhalten haben und dann das Kommando hinzufügen.* Dies ist die richtige Reihenfolge, weil Hunde primär durch Assoziation und Experimentieren von Menschen lernen. Sie können das Baby noch nicht vor dessen Geburt mit Namen ansprechen, und genauso können Sie auch keinem Verhalten einen Namen geben, das noch nicht existiert oder für den Hund noch keine Relevanz besitzt. Sobald das Verhalten auftritt (verfügbar ist, weil der Hund es anbietet oder Sie es hervorrufen können), können Sie eine Verknüpfung zwischen einem bestimmten »Wort« oder Kommando und einer bestimmten Körperhaltung oder einem emotionalen Zustand herstellen.

Wenn ein Hund das Kommando Sitz noch nicht kennt und er die ganze Zeit steht, während ich »sitz, sitz, sitz« sage - welches Verhalten verknüpft er wohl mit dem Wort »Sitz«? Er verknüpft das Stehen (oder Herumspringen oder Schnüffeln oder was auch immer er gerade tut) mit dem Wort »Sitz«. Am besten bringen Sie ihm ein Verhalten bei, indem Sie ihn in die Position locken. Um ein Sitz zu schaffen, ist es sinnvoll, ein Leckerli über den Kopf des Hundes zu halten. Sobald Sie wissen, dass Sie das Sitz-Verhalten hervorrufen können, können Sie anfangen, ihm das Wort beizubringen, welches das Kommando sein soll, seinen Hintern auf den Boden zu drücken. Sagen Sie »Sitz«, wenn er dazu seine Hinterläufe krümmt. Wenn Ihr Hund sitzt, benutzen Sie Ihren PM und geben Sie ihm ein köstliches Leckerli. Nach mehreren Wiederholungen wird Ihr Hund das Wort Sitz mit dem Verhalten, sich *hinzusetzen* und *sitzen zu bleiben*, verknüpfen.

Beim Hervorrufen eines Verhaltens geht es darum, ein freiwilliges Verhalten zu bekommen. Platzieren oder forcieren Sie Ihren Hund nicht in eine Position. Wenn das Verhalten freiwillig ist, lernt der Hund, das Verhalten anzubieten. Ansonsten würden Sie ihm nur beibringen, sich passiv zu verhalten, und Sie müssten ihn andauernd erinnern, zurückhalten und drangsalieren, damit er sich benimmt. Wenn Sie für Ihren Hund seine »Hausaufgaben« machen, wie soll er sich dann die Fähigkeiten aneignen, um den »Test« zu bestehen? Mit dem richtigen Feedback übertragen Sie Ihrem Hund die Verantwortung, seine Entscheidungen zu treffen. Dadurch haben Sie die Möglichkeit, ihm bedeutungsvolle Informationen zu vermitteln. Auf diese Art und Weise lernt Ihr Hund eine sehr wichtige Lektion: Sein Verhalten hat Konsequenzen.

WICHTIGER HINWEIS: Führen Sie nicht das Kommando ein, bis Sie das Verhalten haben! Das bewahrt Sie und Ihren Hund vor endloser Frustration aufgrund falscher Verknüpfungen.

In der Aneignungsphase ist es wichtig, dass Sie Ihrem Hund konsequente Informationen vermitteln, sodass er das Muster (welches Verhalten welche Konsequenzen hat und welches Kommando an das Verhalten gebunden ist) leicht verstehen kann. Kontingenz ist eines der Schlagwörter, das bedeutet, dass sich zwei Ereignisse »zeitlich berührt« haben (oder wie schnell und zuverlässig ein Ereignis auf ein anderes folgt). Kontingenz ist wichtig, wenn Tiere versuchen, zwischen zwei Ereignissen eine Verbindung zu knüpfen. Wenn die Ereignisse nicht in nahem zeitlichen Zusammenhang stehen, ist es schwer, ein Muster zu erkennen, wodurch sich der Lernprozess erheblich verlangsamt. Es ist sogar so, dass wenn das Timing sehr schlecht ist, gar keine Verbindung geknüpft wird.

In der Aneignungsphase eines Verhaltens sollten Sie auf ein fixes Verstärkungsschema zurückgreifen:

Ein Verhalten = Ein Leckerli

Machen Sie das folgende Quiz, um zu sehen, wozu Sie zu Beginn ein fixes Verstärkungsschema benötigen. Filtern Sie das Muster heraus:

Erkennen Sie das Muster. In 12 Minuten treten 6 Ereignisse in einem Zeitintervall von 2 Minuten ein

Durchgang 1	Durchgang 2	Durchgang 3	Durchgang 4	Durchgang 5	Durchgang 6
Glocke ertönt	Glocke ertönt	Glocke ertönt	Glocke ertönt	Glocke ertönt	Glocke ertönt
1/2 Sekunde Pause	1/2 Sekunde Pause	1/2 Sekunde Pause	1/2 Sekunde Pause	1/2 Sekunde Pause	1/2 Sekunde Pause
Ich gebe dir ein M&M	Ich gebe dir ein M&M	Ich gebe dir ein M&M	Ich gebe dir ein M&M	Ich gebe dir ein M&M	Ich gebe dir ein M&M

Wenn Sie darauf getippt haben, dass Sie jedes Mal, wenn die Glocke ertönt, ein M&M bekommen, dann liegen Sie richtig! Es ist leicht, die Verknüpfungen zwischen der Glocke und dem M&M herzustellen, weil es sich um eine konsequente und vorhersehbare Basis handelt, es gab eine direkte Verbindung (Kontingenz) zwischen der Glocke und dem M&M.

Erkennen Sie das Muster. In 12 Minuten treten 6 Ereignisse in einem Zeitintervall von 2 Minuten ein.

Durchgang 1	Durchgang 2	Durchgang 3	Durchgang 4	Durchgang 5	Durchgang 6
Glocke ertönt		Glocke ertönt	Glocke ertönt	Glocke ertönt	
1/2 Sekunde Pause				1/2 Sekunde Pause	
Ich gebe dir ein M&M	Ich gebe dir ein M&M			Ich gebe dir ein M&M	Ich gebe dir ein M&M

Hierbei ist kein eindeutiges Muster zu erkennen. Doch viele unserer Trainingseinheiten und Interaktionen sehen genauso aus und haben für Ihren Hund eine ähnliche Bedeutung. Ein Muster ist möglicherweise nach mehr als 100 Durchgängen zu erkennen. Es ist leicht zu begreifen, dass für das *Begreifen eines Musters* in nur wenigen Durchgängen das fixe Schema 1 (1 Verhalten = 1 Leckerli, Muster in Tabelle 1) am besten ist.

In der Aneignungsphase müssen die Konsequenzen beständig sein, damit Ihr Hund herausfinden kann, welches Verhalten Sie positiv verstärken.

In der Aneignungsphase stellt Ihr Hund eine Verbindung her zwischen:

- Verhalten und Konsequenz (z.B. Sitz = Leckerli)
- Kommando und Verhalten. Sie haben Ihr Kommando oder »Fang jetzt mit dem Verhalten an«-Signal hinzugefügt (z.B. »Sitz« bedeutet: eine bestimmte Körperhaltung einnehmen).

Sobald diese Verbindungen hergestellt wurden und Ihr Hund nicht mehr durch Leckerlis oder Handzeichen »angetrieben« werden muss und sein Hintern dennoch den Boden berührt, wenn Sie »Sitz!« sagen, hat Ihr Hund erfolgreich eine A-V-K-Beziehung hergestellt. Antezedent - Verhalten - Konsequenz. »Sitz!« = Sitz-Position = Leckerli.

Jetzt, wo das Tier diese Verbindung fest hergestellt hat, ist es Zeit für das Erhaltungsschema.

Schemata zur Erhaltung eines Verhaltens und zur variablen Verstärkung

Um ein Verhalten aufrechtzuerhalten und die Reaktion zu stärken, wird ein variables Verstärkungsschema verwendet.

Wie kann ich ein variables Verstärkungsschema aufstellen?

- Sie fordern Ihren Hund zu zwei oder drei oder mehr Verhaltensweisen auf, bevor Sie ihm ein Leckerli geben. Sie können auch oft einen PM für Verhalten, das Sie wünschen, verwenden. Kurz gesagt, Sie fordern ihn zu mehreren Verhaltensweisen auf, wofür der Hund immer weniger durch primäre Verstärkung (Futter) verstärkt wird. (Info: Dies ist ein Beispiel für ein varia-

bles Intervall-Schema).
- Sie werden unberechenbar, wenn es um Leckerlis geht (variables Intervall).
- Benutzen Sie manchmal Trockenfutter und manchmal Käsestücke oder andere besondere Leckerlis (Verstärkungsvielseitigkeit).
- Benutzen Sie manchmal ein Leckerli. Geben Sie Ihrem Hund für wirklich gute Bemühungen oder wenn er etwas beim ersten Mal richtig macht mehrere Leckerlis (variable Anzahl).
- Benutzen Sie manchmal Futter, manchmal Streicheleinheiten und manchmal Spiele als Verstärker (Verstärkungsvielseitigkeit). Auch periodische Verstärkung[5] kann verwendet werden. Das bedeutet, Sie benutzen die Leckerlis nur für »größte Mühe«.

Wird es richtig durchgeführt, verleitet ein variables Schema den Hund dazu, auf Ihre Kommandos noch engagierter zu reagieren. Ihr Hund wird intensiver und beharrlicher arbeiten, weil er »spekuliert«. Der Hund wird »das Risiko eingehen«, dass *irgendwann* Verstärkung erfolgen wird, *falls er weiterarbeitet.* Dieselben Prinzipien führen dazu, dass der Glücksspieler am Spieltisch sitzen bleibt. Aber Ihr Hund weiß, dass es eine sichere Sache ist, wenn er am Ball bleibt.

Nehmen wir mal an, ich würde den Hund zum Sitz auffordern. Mein Hund gehorcht mit der Einstellung »Ich habe mich hingesetzt. Ich wette, ich bekomme ein Leckerli!«. Ich sage »Ja« und fordere ihn zu einem weiteren Verhalten auf (ohne ihm ein Leckerli zu geben). Ich gebe ihm das Kommando zum Platz. Mein Hund gehorcht mit der Einstellung »Ich beeile mich besser und lege mich hin. Letztes Mal habe ich kein Leckerli bekommen, also muss ich jetzt ganz nah an einem Leckerli dran sein!« Ich sage »Ja« und fordere ihn auf, aufzustehen. Mein Hund gehorcht mit der Einstellung »Ich muss gut aufpassen, damit ich keine Gelegenheit zu einem PM verpasse.« Ich sage »Ja« und fordere ihn zu einer Rolle auf. Mein Hund gehorcht und ich sage »Ja« und gebe ihm ein Leckerli. Mein Hund hat die Einstellung: »Okay! Ich wusste, dass das Leckerli unterwegs war. Ich wusste, dass ich meiner Belohnung immer näher kam! Ich wusste, dass ich bekommen würde, was ich wollte, wenn ich ausdauernd und arbeitsam war!«

Variable Verstärkungsschemata machen ein Verhalten intensiver, stärker und resistent gegen Extinktion (= Löschung). Sie bringen Ihrem Hund bei, am Ball zu bleiben, Missgeschicke zu überwinden und konzentriert und arbeitsam zu bleiben. Ihr Hund lernt, beharrlich zu bleiben und eine Belohnung für seine Bemühungen zu bekommen.

Lassen Sie sich von folgender Tatsache nicht überraschen: Wenn Sie *erstmalig* ein variables Schema für ein Verhalten aufstellen, bekommen Sie wahrscheinlich variables Verhalten zu sehen. Doch wenn Sie nicht locker lassen, werden Sie sehen, wie sich das Verhalten ständig verbessert und die Reaktion im Laufe mehrerer Durchgänge stärker wird.

Wenn ich das erste Mal ein variables Schema für das Verhalten Sitz aufstelle, erziele ich folgendes:
- einen Prozentsatz korrekter, aber durchschnittlicher Sitz-Reaktionen
- einen Prozentsatz langsamer Reaktionen auf das Kommando

[5] Periodische Verstärkung ist auch bekannt als selektive Verstärkung oder DRE (Differential Reinforcement of Excellent Behaviour) bekannt. Differentielle Verstärkungsschemata werden ausführlich im Kapitel »Hilfsmittel« dieses Buches behandelt.

- einen Prozentsatz von »Nicht«-Sitz
- einen Prozentsatz perfekter, sofortiger, allerbester Sitz-Reaktionen

Im Laufe der Zeit und sowohl durch Beständigkeit Ihrerseits als auch den Einsatz eines variablen Schemas (in diesem Fall insbesondere die Verwendung von Selektiver Verstärkung) steigt der Prozentsatz der korrekten Reaktionen und der »allerbesten« Sitz-Reaktionen. Gleichzeitig werden die »langsamen« und die »Neins« ausgerottet, *weil dieses Verhalten nicht verstärkt wird.* Hunde verschwenden ihre Zeit nicht darauf, Dinge zu tun, die sich nicht rentieren. (Nicht viel anders als Sie und ich!)

Wie rotte ich das aus?

- Benutzen Sie einen PM für alle korrekten Reaktionen (»Ja« oder einen Klicker).
- Benutzen Sie einen PM und geben Sie ihm für manche korrekten Reaktionen ein Leckerli (»Ja« + Leckerli).
- Benutzen Sie einen NM für alle falschen Reaktionen (»Noch mal!«).
- Machen Sie ein Straßenfest und geben Sie ihm eine Prämie (große oder besondere Leckerlis) für »allerbeste« Reaktionen oder wenn er etwas zum ersten Mal lernt (erstmalige korrekte Reaktion).

Ein Beispiel: Mein Hund kann sich auf Kommando hinsetzen, aber manchmal reagiert er nur langsam. Ich möchte, dass er sofort auf mein Kommando reagiert.

- Ich benutze einen PM für alle korrekten Reaktionen.
- Auf ein »Nicht-Sitz« folgt ein NM und ich bringe ihn ruhig wieder in die Position zurück oder gebe ihm noch mal das Kommando für Sitz.
- Auf jedes Sitz, das schneller als durchschnittlich ist, folgt ein PM und 3 oder 4 Leckerlis, wobei jedes mit einem PM verknüpft ist (z.B. Ja-Leckerli, Ja-Leckerli, Ja-Leckerli, Ja-Leckerli). Alternativ nehme ich ein ganz besonderes Leckerli – etwas, das ich nicht oft benutze, beispielsweise Käse oder kleine Fleischstückchen. Das ist eine Prämie oder ein »Jackpot« – eine überdurchschnittliche Belohnung für überdurchschnittliche Bemühungen.
- Ich höre auf, die langsameren Reaktionen verbal oder sonst wie zu verstärken, und »bemerke« nur die *neuen* Kriterien – schnellere Sitz-Reaktionen.

Für die ersten drei oder vier hervorragenden Reaktionen gibt es einen Jackpot. Anschließend erfolgt für diese hervorragenden Reaktionen ein variables Schema.

Um bei der *Aufrechterhaltung* eines Verhaltens beste Ergebnisse zu erzielen, sollten Sie unberechenbar sein. Mein Rat lautet, auch ebenso großzügig zu sein. Wenn eine Übung für Ihren Hund schwierig ist, sollten Sie nicht mit Aufmerksamkeit und Leckerlis geizen. Schenken Sie ihm für richtiges Verhalten Aufmerksamkeit und Leckerlis!

Dies sind nur die Grundlagen der Gesetze des Lernens. Hervorragende Bücher, in denen Sie mehr darüber lernen können, sind: *Dog Training – The Gentle Modern Method* (Weston, 1990); *Don't Shoot The Dog* (Pryor, 1984) (dt.: *Positiv bestärken – sanft erziehen*), *The Culture Clash*

(Donaldson, 1996) (Dt.: *Hunde sind anders*), *How Dogs Learn* (Burch und Bailey, 1999), *Positive Reinforcement - Dog Training in the Real World* (Aloff, 2001) und *Verstärker verstehen* (Theby, 2011).

Woher weiß ich, wann ich welches Schema verwenden soll?

1. Aneignung – fixes Schema
- Erlernen neuer Konzepte
- Herstellung der AVK-Verknüpfung (Antezedent - Verhalten - Konsequenz)

2. Beherrschung – variables Schema
Sobald der Hund die AVK-Verknüpfung hergestellt hat, sollten Sie ein variables Schema verwenden. Dass Ihr Hund sich in der Phase der Beherrschung befindet, erkennen Sie an
- gesteigerter Reaktionsrate
- mehr automatischen Reaktionen
- konsequenteren Reaktionen.

Durch die Verstärkung bekannter Verhaltensweisen durch variable Schemata steigern Sie deren Intensität.

3. Verhaltensgeneralisierung
Ein Verhalten zu generalisieren, bedeutet, dass Sie Ihrem Hund beibringen, ein Verhalten konsequent unter verschiedensten Bedingungen zu zeigen.
- Fixes Schema, wenn Sie unter neuen Bedingungen arbeiten, dann ein variables Schema, wenn Ihr Hund in dieser speziellen Situation mehr Selbstvertrauen zeigt und das Verhalten besser beherrscht.

Durch verschiedene Herausforderungen[6] erläutern Sie Ihrem Hund genauestens, was die Übung bedeutet.

4. Beibehaltung – variables Schema
- Überprüfen Sie fortlaufend, ob seine Fähigkeiten noch sehr gut sind.
- Zur Beibehaltung gehört es auch, das Verhalten wieder durchzugehen. Wiederholen Sie die Schritte, anhand derer Sie ihm das Verhalten ursprünglich beigebracht haben.

Schritte zum Erfolg

- Schmieden Sie einen Plan! Definieren Sie die Aufgabe und haben Sie eine klare Vorstellung davon, was Sie von Ihrem Hund möchten. Legen Sie die dafür nötigen Schritte fest.

[6] Mit Herausforderung ist eine Aktivität gemeint, die Ihrem Hund die Facetten eines Verhaltens verdeutlichen soll. Herausforderungen beinhalten oftmals den Einsatz von ablenkenden Dingen. In dieser Situation sollten Sie Ihrem Hund dabei helfen, *Erfolg* zu haben. Lernt Ihr Hund sogar im Sitz zu bleiben, wenn jemand durch die Vordertür tritt, lernt er, dass Sitz Sitz bedeutet, egal, in welcher Situation. Die Übungen im Abschnitt »Die Übungspläne zur Lösung der Probleme Ihres Hundes« umfassen Beispiele für Herausforderungen.

- Nicht zu viel Neues auf einmal! Arbeiten Sie jeweils nur an einem Verhalten. Wenn Sie ein Verhalten formen, arbeiten Sie an einem der folgenden drei Punkte: *Häufigkeit, Dauer* oder *Intensität*. Wenn Sie an einem neuen Schritt einer Übung oder einer schwereren Stufe einer Fähigkeit arbeiten, sollten Sie Ihren alten Standard vorübergehend etwas lockern bis Sie Ihrem Hund das neue Können beigebracht haben. Ein Beispiel: Wenn Sie an Bleib-Übungen arbeiten, konzentrieren Sie sich zuerst auf die Dauer. Bleiben Sie ganz nah bei Ihrem Hund und versuchen Sie, es zu schaffen, dass er 15 Sekunden verharrt. Gehen Sie dann einen Schritt von ihm weg und verringern Sie die Zeit. Arbeiten Sie dann mit der neuen Entfernung auf die alte Zeit hin und machen Sie dann einen Schritt zurück. Verringern Sie die Zeit, wenn Sie die Entfernung steigern, und arbeiten Sie dann wieder auf die alte Zeit hin.
- Gibt es irgendwelche Vorbedingungen? Ist Ihr Hund schon dazu bereit, diese Aufgabe zu lernen? Bevor Sie lernen zu rennen, müssen Sie erst gehen können. Bevor Ihr Hund »Bleib« lernen kann, muss er erst lernen, Sitz oder Platz zu machen. »Bleib« beginnt mit einer Sekunde, dann zwei, dann mehrere, dann eine Minute, dann mehr.
- Sukzessive Approximation oder Formen ist sehr wichtig. Ihre Erfolgsrate wird stark davon abhängen, wieweit Sie eine Übung in winzige Schritte einteilen können, sodass Sie leichte, schnelle Lernprozesse erzielen und die Frustration kontrollieren können. Steigern Sie anhand dieser winzigen Schritte Ihre Kriterien, bis Sie die von Ihnen gewünschte Endreaktion erzielen.
- Erfahrene Trainer gehen davon aus, dass der Hund viele falsche Reaktionen zeigen wird. Das ist für den Lernenden ein unerlässlicher Bestandteil der Lernerfahrung. Erlauben Sie dem Hund, bis zu einem gewissen Maß zu experimentieren, aber ebnen Sie ihm gleichzeitig den Pfad zum richtigen Verhalten, während Sie gleichzeitig das falsche Verhalten in seine Schranken verweisen.

Achtung: Wenn Sie mit einem Hund mit Aggressionsproblemen oder der überreaktiv ist arbeiten, müssen Sie darauf achten, dass Sie und andere in Sicherheit sind. Bei vielen Verhaltensweisen, die Sie Ihrem Hund beibringen, ist Experimentieren unter kontrollierten Bedingungen in Ordnung - aber *nicht*, wenn es sich um aggressives Verhalten handelt. Das bedeutet, dass es nicht erlaubt ist, dass der Hund wieder Aggression zeigt, und dass diesem Verhalten immer Schranken gesetzt werden (indem Sie Techniken verwenden, die ich im Laufe des Buches noch erklären werde).

In anderen Fällen, beispielsweise wenn Sie ihm den Blickkontakt beibringen, sollten Sie dem Hund ein paar falsche Reaktionen gewähren, damit er seine Lernfähigkeiten praktizieren kann und außerdem wertvolle Informationen übermittelt bekommt.

- Wenn Sie es in einem Satz erklären oder Sie Wörter benutzen müssen, wird Ihr Hund es nie begreifen! Ihr Hund kann keine auch Gedanken lesen, selbst wenn er Ihre Körpersprache scharf beobachtet. Unterstützen Sie den Erfolg Ihres Hundes durch einheitliche Kommandos.
- Gehen Sie nicht zu früh davon aus, dass er etwas gelernt hat! Häufig nehmen wir an, der Hund hätte bereits etwas gelernt, obwohl es sich nur um Zufall handelt!

- Kurze, Spaß bringende, über mehrere Tage verteilte Übungseinheiten werden bessere Ergebnisse erzielen als langes, anstrengendes, hartes Training. Ich arbeite mit meinen Hunden immer nur für wenige Minuten. Manche Hunde tolerieren längere Übungseinheiten, andere nicht. Sie selbst ertragen doch auch keine langen Unterrichtseinheiten! Integrieren Sie das Training in den Alltag.
- »Nein« ist nicht hilfreich! Verwenden Sie positive Anweisungen, wie beispielsweise »Lass das« oder »Sitz«, um Ihrem Hund die Richtung zum richtigen Verhalten zu weisen. Dann haben Sie das richtige Verhalten geschaffen, auf das Sie den PM anwenden können. Das ist unser Ziel! Geben Sie Ihrem Hund Informationen! Darüber, was er *tun* soll, nicht nur, was er unterlassen soll.
- Wenn der Schlüssel zum Grundstücksverkauf die Lage, und nochmals die Lage ist, dann ist der Schlüssel zu gutem Training Kontrolle und nochmals Kontrolle! Kontrollieren Sie die Situationen und Umstände so gut wie möglich. Seien Sie proaktiv, indem Sie aufmerksam gegenüber Problemen sind, die entstehen könnten. Ergreifen Sie dann Schritte, um diese Probleme zu verhindern. Achten Sie auf die Sicherheit, halten Sie Ihren Hund beispielsweise an der Leine oder in einem umzäunten Areal, falls nötig. Bringen Sie Ihrem Hund, wenn er sich »sicher« fühlt, neue Verhaltensweisen in einer Umgebung bei, die nicht viel Ablenkung bietet. Gehen Sie dann die Herausforderungen an, um das Verständnis Ihres Hundes zu steigern. Dies sind nur ein paar Wege, um Kontrolle als Ihren Hauptverbündeten zu benutzen!
- Benutzen Sie beim Training die KISS-Methode: Benutzen Sie Ihre Sprache und Körpersprache nur zu einem Minimum und Keep It Simple, Simon! Führen Sie keine langen Gespräche mit Ihrem Hund. Vermeiden Sie Sätze, wie beispielsweise: »Bitte, wenn du diesen Hochsprung im Wettbewerb machst, dann gebe ich dir alles, was du möchtest, für immer« oder »Wenn du noch mal solchen Unsinn machst, gibt es richtig Ärger.« Ich weiß, dass diese Sätze geäußert werden, weil Sie mit dem Hund auf die Art kommunizieren möchten, die Sie am besten verstehen (gesprochene Sprache), aber sie verwässern nur die deutliche Kommunikation zwischen Mensch und Hund. Machen Sie es sich zum Prinzip, vor einem Spiegel zu üben, damit Sie Ihre Körpersprache sehen können. Natürlich können Sie Ihrem Hund den ganzen Tag lang all Ihre Probleme erzählen - aber warten Sie damit, bis Sie es sich auf dem Sofa mit ihm gemütlich gemacht haben, nicht während des Trainings!
- Haben Sie eine Vision - und bewahren Sie sie sich! Halten Sie Ihr *Erwartungsfenster* klein. Wenn Ihr Hund die Übung kapiert, machen Sie weiter und unterteilen Sie sie in winzige Schritte. Natürlich können Sie am Anfang nur wenig von ihm fordern. Benutzen Sie sukzessive Approximation, damit die Übungen für den Hund leichter zu lernen sind. Aber verstärken Sie nicht niedrige Standards und erlauben Sie ihm nicht, Verhalten zu praktizieren, das Sie für unangebracht erachten.
- Seien Sie flexibel. Beurteilen Sie Ihre Ergebnisse und machen Sie im Laufe des Trainings Veränderungen. Die Pläne für Ihre nächste Übungseinheit basieren auf den Ergebnissen der letzten Einheit.
- Machen Sie gewissenhafte Aufzeichnungen. Wenn Sie kein Notizbuch haben, in das Sie Ihre Trainingseinheiten eintragen, woher wollen Sie dann wissen, ob Sie Fortschritte erzielen? Häufig verpassen wir es, sowohl unseren Hund als auch uns selbst positiv zu verstärken, weil wir nicht bemerken, dass wir Fortschritte erzielen. Machen Sie sich Notizen!

- Liefern Sie ihm angemessene Konsequenzen. Verhindern Sie mit einem NM (Negativmarker), dass Ihr Hund den falschen Weg einschlägt und schaffen Sie das angebrachte Verhalten, sodass Sie ihn positiv verstärken können. Manchmal ist ein gut getimtes »Nein«, auf das eine positive Anweisung, »Sitz«, folgt, genau das Richtige. Manchmal lautete die Antwort schlicht und einfach: Kontrolle. Benutzen Sie Ihr Urteilsvermögen und lernen Sie aus Ihren Fehlern!
- Beginnen Sie jede Trainingseinheit mit einer kurzen Wiederholung. Führen Sie dann neue Gegenstände oder höhere Kriterien ein. Beenden Sie die Trainingseinheit mit einem Verhalten, das Ihrem Hund Spaß macht, oder einem Spiel.

Bevor wir weitermachen:
Falls nicht jeder, der engeren Kontakt zum Hund hat, bei den Übungen zur Verhaltensänderung mitmacht, sollten diese sich aber auch nicht störend auf die Bemühungen desjenigen, der sich die Arbeit macht, auswirken. Bei aggressivem Verhalten ist die Kooperation aller, mit denen der Hund in Kontakt kommt, gefragt, vor allem seitens der Familienmitglieder. Mit meinen Kunden habe ich die folgende Erfahrung gemacht: Wenn sich nicht die ganze Familie einig ist, fallen die Ergebnisse nicht gerade ideal aus. Es kann sogar sein, dass sich die Situation überhaupt nicht ändern lässt. Es ist schon genug Arbeit, das Problem des Hundes anzugehen; da braucht man nicht auch noch Konflikte, interne Streitigkeiten und Inkonsequenz innerhalb der Familie. Es ist wichtig, dass alle Familienmitglieder und andere, die ständig Kontakt zum Hund haben, den Hund angemessen behandeln und konsequent sind. Alle für einen und einer für alle, lautet das Motto!

Sie und Ihr Hund werden Fehler machen und Dinge falsch beurteilen. Das erfordert Geduld mit Ihnen selbst und Familienmitgliedern, aber auch mit dem Hund. Doch wenn Sie fortwährend trainieren, werden Sie Ergebnisse erzielen.

Wichtiges Prinzip: Viele Menschen scheinen das Training durch positive Verstärkung als »zu tolerantes« Training zu interpretieren. Nichts könnte ferner der Wahrheit liegen. Kontrolle, Prävention und die richtige Gabe von Leckerlis (als Hilfsmittel zur Unterstützung des Lernprozesses) sind alle für Ihren Erfolg von Bedeutung.

Übertriebene Toleranz und *inkonsequentes Verhalten* seitens der Menschen haben bei der Verhaltensänderung nichts zu suchen. Wird auf diese Art und Weise erzogen, spiegelt sich das in den Ergebnissen wider!

Auf unerwünschtes Verhalten wird reagiert. Häufig wird als Information ein NM anstatt körperlicher Bestrafung benutzt. Dadurch erhält der Hund *Informationen* über das unerwünschte Verhalten. Positive Verstärkung ist eine Technik, welche die »Arbeitsethik« beim Hund fördert.

Ein Hund, der über eine »Arbeitsethik« verfügt, erfasst die Verbindung zwischen Verhalten und Konsequenz. Er begreift, dass er die Umgebung in hohem Maße kontrollieren kann, indem er das gewünschte Verhalten zeigt, und dass dies auch zu seinem Vorteil ist. Er versteht, dass Sie ein entscheidender Teil der Gleichung sind. Sie sind es, der bzw. die ihm die Möglichkeit gibt, positiv verstärkt zu werden und Konsequenzen zu liefern.

Mit einem Hund zu arbeiten, der Sie in die Gleichung mit einbezieht, ist der Idealzustand!

Die Alternative ist die Arbeit mit einem Hund, der eine Strategie entwickelt hat, Sie bei jeder Gelegenheit aus der Gleichung zu subtrahieren, weil er meint, Sie stünden »im Weg«, um Zugang zur Umgebung zu bekommen. Manchmal sind Verwirrung oder Angst der Grund, warum Hunde nicht arbeiten möchten und Sie »ausschließen«. Der Hund wurde bestraft und versteht nicht genau, »warum«.

Sie sind nicht »zu tolerant«, wenn Sie positive Verstärkungsmethoden verwenden - solange Sie konsequent nur das Verhalten verstärken, das Sie sehen möchten! Sie sind nicht zu tolerant, wenn Sie Bestrafung vermeiden oder weniger einsetzen. Das Ziel ist, Ihrem Hund klare Informationen bereitzustellen, sodass er sich auf die Art benehmen kann, die Sie befürworten, und er gerne arbeitet.

19

Hilfsmittel

In diesem Kapitel werden die häufigsten bei Verhaltensänderungsprogrammen verwendeten Techniken aufgeführt. Ausführlichere Informationen finden Sie in speziellen Büchern über Verhaltensänderung, die Unmengen von Termini, Schaubilder und die Geschichte der Lerntheorie umfassen. Dieses Buch möchte nicht Fachbücher über die Lerntheorie und die Prinzipien der Verhaltensänderung ersetzen. Wissen ist Macht, darum möchte ich Sie dazu animieren, die Bücher in der Literaturliste im Anhang dieses Buches zu lesen.

Extinktion

Wenn ein Verhalten gezeigt wird, wird es durch Verstärkung angefeuert. Manchmal wird der Hund durch die Umgebung an sich verstärkt. Zum Beispiel, wenn Ihr Hund in Ihrem Vorgarten auf einen Hasen trifft, wird er höchstwahrscheinlich die Jagd aufnehmen und dabei eine tolle Zeit haben!

Extinktion (= Löschung) ist eine Technik, die Sie bei jedem Verhaltensänderungsprogramm anwenden können. Extinktion ist der Fall, wenn jede Belohnung oder *Verstärkung entfällt, wenn ein bestimmtes Verhalten gezeigt* wird. Tritt keine Verstärkung mehr ein, so verschwindet auch das mit ihr verbundene Verhalten.

Häufig tritt Verstärkung unbeabsichtigt ein – und zwar durch den Besitzer. Im Folgenden finden Sie ein paar Beispiele, wie dies passieren kann:

- Ohne Absicht verstärkt der Besitzer unerwünschtes Verhalten. Ein Beispiel ist die Beschwichtigung bzw. Rückversicherung eines ängstlichen Hundes.
- Der Besitzer nimmt nicht *aktiv* teil an den Lernerfahrungen seines Hundes und trainiert nicht *bestimmte* Verhaltensweisen in bestimmten Kontexten. Das ist ein Beispiel für einen Besitzer, der keine Eigeninitiative übernimmt. Stattdessen lässt er ihn »sich selbst trainieren« und nimmt dann an, der Hund würde die richtigen Entscheidungen treffen. Ich nehme, beispielsweise, niemals an, dass meine Hunde es als »selbstverständlich ansehen«, dass menschlicher Blickkontakt immer freundlich gemeint ist. Viele Hunde sehen das nicht so. Mit all meinen Hunden und auch denen, die gerettet wurden und ein neues Zuhause bekommen sollen, mache ich Übungen zum Blickkontakt. Jeweils so viel, wie es für den einzelnen Hund nötig ist. Solche Übungen finden Sie im Übungsplan »Blickkontakt und Mitarbeit« in diesem Buch.
- Der Besitzer kontrolliert die Umgebung des Hundes nicht, und der Hund lernt, dass er »sich selbst verstärken« kann, indem er an der Umgebung partizipiert und den Besitzer geschickt aus der Gleichung ausschließt. Wenn der Hund ohne Leine und ohne dafür erforderliches Training frei laufen darf, lernt er schnell, dass er nicht kommen muss, wenn er gerufen wird, wenn er doch viel lieber den Jogger auf der Straße verfolgen möchte. Durch eine Schlepp-

leine, die dem Hund mehrere Monate lang im Garten und im Park angelegt wird, kann der Besitzer für die Sicherheit des Hundes sorgen *und* dessen Aktivitäten einschränken. Gleichzeitig kann der Besitzer dem Hund das gewünschte Verhalten in unterschiedlichsten Situationen beibringen und das gewünschte Verhalten verstärken.

- Der Besitzer erkennt nicht an der Körpersprache seines Hundes die Vorboten für riskantes Verhalten. Weil der Besitzer nicht eingreift, interpretiert der Hund das Verhalten seines Besitzers als neutrales Feedback (Erlaubnis, weiterzumachen) oder Befürwortung des aktuellen Verhaltens. Darum eskaliert das Verhalten des Hundes, bis es schließlich soweit ausartet, dass der Besitzer es als aggressives Verhalten erkennt. Doch zu diesem Zeitpunkt hat der Hund mit seinem Verhalten wahrscheinlich schon »Ergebnisse erzielt«.

Wenn Sie wie ein Ölgötze dastehen, wird der Hund sich das Feedback durch die Umgebung suchen.

- Der Hundeführer bemerkt zwar grenzwertiges Verhalten, identifiziert es aber nicht als *riskantes* Verhalten. Weil der Hundeführer nicht einschreitet, zeigt der Hund weiterhin auf niedriger Stufe unerwünschtes Verhalten. Der Hundeführer versucht nicht, einzuschreiten, bis das Verhalten extrem oder übermäßig ist. Zu dem Zeitpunkt wurde der Hund allerdings schon längere Zeit für unerwünschtes Verhalten verstärkt.
- Vielleicht wird das Verhalten auf einer niedrigen Stufe gefördert, weil der Besitzer es schmeichelhaft oder amüsant findet. Der Besitzer erkennt nicht, dass es sich *für den Hund* um eine ernste Angelegenheit handelt.
- Der Hundeführer erkennt das grenzwertige Verhalten überhaupt nicht. Der Hund zeigt weiterhin das unerwünschte Verhalten. Dies fällt dem Hundeführer nicht auf, bis das Verhalten extrem oder übermäßig ist.

Um Extinktion zu verwenden, müssen Sie zuerst herausfinden, welcher Verstärker für eine Beibehaltung des Verhaltens sorgt. Kontrollieren Sie dann die Ereignisse oder die Umgebung, damit verhindert wird, dass das Tier für dieses Verhalten verstärkt wird. Sie müssen Ihrem Hund zeigen, dass dieses Verhalten nicht länger funktioniert:

1. Verhindern Sie, dass es zu einer Verstärkung kommt.
2. Entfernen Sie die verstärkenden Umstände aus der Umgebung.
3. Machen Sie sich die Umstände bewusst und seien Sie selbstdiszipliniert, sodass Sie nicht mehr versehentlich falsches Verhalten verstärken.

Achtundneunzig Prozent meiner Kunden mit Welpen sind besorgt oder genervt, weil ihre als Welpen getarnten Krokodile mit ihren nadelspitzen Zähnen in Hände, Füße und Kleidung beißen. Bei mir Zuhause mache ich mir keine Sorgen wegen der Welpenbeißerei. Nicht, dass meine Welpen das nicht tun würden, sondern weil es mir einfach nicht auffällt. Indem ich es aktiv nicht bemerke, kommt es zum besonderen Wunder der Extinktion.

Um ein Verhalten schnell auszurotten, sind Kontrolltechniken (wie beispielsweise im Falle eines beißenden Welpen nicht mit den Händen vor seinem Gesicht zu wedeln) für den Erfolg absolut unerlässlich. Außerdem mache ich mir die operante Konditionierung zunutze, indem ich die erwünschten Mensch-Hund-Interaktionen bemerke und sehr verstärke. Dem überstimulierten Welpen die Möglichkeit zur sozialen Interaktion zu nehmen, indem man ihn mit einem Kauknochen in die Box sperrt und sofort das Spiel unterbricht, wenn man seine Zähne auf der Haut spürt, sind zwei weitere Erziehungshilfen. Der Übungsplan im Kapitel »Anfassen & Festhalten« kümmert sich um den Rest dieses problematischen, aber normalen Welpenverhaltens.

Der Schlüssel ist der Extinktionsprozess – die Unterlassung von Verstärkung für unerwünschtes Welpen-Krokodil-Verhalten. Mit der Zeit, während andere, erwünschte Verhaltensweisen verstärkt werden, unterlässt der Welpe das Beißen als Strategie, um Aufmerksamkeit zu erzielen. Auf diese Art und Weise schleicht sich das Welpen-Beißen einfach aus – es erlischt.

Wenn Sie Extinktion benutzen, um ein Verhalten loszuwerden, brauchen Sie die Geduld; Sie müssen die Sache aussitzen. Eine Zeit lang intensiviert der Hund möglicherweise sogar das unerwünschte Verhalten, sodass es zuerst so aussieht, als ob die Technik versagen würde. Bleiben Sie am Ball – Sie beobachten wahrscheinlich gerade nur ein Lernphänomen, das sich »Löschungstrotz« nennt. Dies wird gleich behandelt. Es handelt sich um eine normale Komponente des Löschungsprozesses, und wenn Sie diese überstanden haben, sind Sie auf dem besten Wege, das unerwünschte Verhalten auszumerzen.

Löschungstrotz

Wurde ein Verhalten in der Vergangenheit immer verstärkt und entfällt plötzlich diese Verstärkungskontingenz, ist dies für das beteiligte Individuum sehr frustrierend. Das Individuum hat ein bestimmtes Ergebnis erwartet, welches dann aber nicht stattgefunden hat. Die erste Reaktion auf diese Unterbrechung der Vorhersehbarkeit ist eine Eskalation des Verhaltens. »Hey! Das hat doch immer funktioniert, vielleicht muss ich dem Verhalten noch ein wenig mehr Intensität verleihen!« Für gewöhnlich versuchen die Hunde, das unerwünschte Verhalten ein paar Mal zu wiederholen, dann werden sie spürbar energischer und das Verhalten intensiver. Das ist der kritische Augenblick, in dem die meisten Menschen beschließen, dass der Hund nicht nachgeben wird, und sie kapitulieren gegenüber den Forderungen des Hundes. Tritt das ein, hat diese Person gerade das Verhalten verstärkt, das sie eigentlich loswerden wollte! Wenn Sie also mit der Extinktionstechnik beginnen, *müssen* Sie aushalten, bis der Hund begreift, dass eine Eskalation seines Verhaltens zu nichts führt und nicht weiter verstärkt wird. An diesem Punkt verschwindet das Verhalten nicht wirklich, aber es wird nicht länger praktiziert, weil »es einfach nicht mehr funktioniert«. Es ist so, als ob man einen alten, leckenden Gartenschlauch ausrangieren würde. Aber statt ihn in den Müll zu werfen, hängt man ihn an ein dunkles, schattiges Plätzchen in einem Nebengebäude. Er befindet sich zwar noch auf dem Grundstück, wird aber nicht mehr regelmäßig benutzt.

Zentrale Voraussetzung ist, in der jeweiligen Situation ein erwünschtes Verhalten statt des unerwünschten einzuführen. Zumindest sollten Sie die »Abwesenheit« des unerwünschten Verhaltens verstärken, damit auf dieses nicht länger zurückgegriffen wird und es gut versteckt gelagert wird.

Spontanerholung

Das andere häufige Phänomen, das sich bei der Extinktion beobachten lässt, ist die Spontanerholung. Das bedeutet, dass Sie eine Zeit lang das alte Verhalten nicht zu sehen bekommen haben. Doch dann, unter bestimmten Umständen, taucht das unerwünschte Verhalten wieder auf. Wenn das Verhalten bereits eine Weile lang ausgemerzt war, ist die Spontanerholung vorübergehend und das Verhalten weniger intensiv und von kürzerer Dauer. Wenn Sie Symptome von Spontanerholung sehen, machen Sie am besten genau dasselbe, was Sie ursprünglich getan haben, um das Verhalten los zu werden. Haben Sie das durch Extinktion geschafft, müssen Sie wieder dieselben Bedingungen schaffen, die ursprünglich zur Extinktion geführt haben. Haben Sie eine andere Technik oder einen anderen Übungsplan angewandt, ist das der erforderliche Weg. Das Verhalten wird wieder verschwinden und dieses Mal vielleicht für immer!

Extinktion ist eine hervorragende Methode, um unerwünschtes Verhalten auszumerzen. Ist diese Technik erfolgreich, führt sie zu einer Veränderung des Verhaltens des Hundes, ohne dass dieser strapaziert wird. Extinktion funktioniert, weil der Hund lernt, dass das Zielverhalten (das Verhalten, das Sie loszuwerden versuchen) ihm nicht mehr das erwünschte Resultat bringt. Das Verhalten funktioniert nicht mehr. Hunde verschwenden keine Zeit darauf, Dinge zu tun, die nicht funktionieren!

Systematische Desensibilisierung

Bei der Desensibilisierung geht es darum, Ihren Hund langsam und systematisch vorgegebenen Reizen auszusetzen, damit er das Gefühl bekommt, dass diese Situation »sicher« und nicht »gefährlich« ist. Diese Technik erfordert eine exzellente Beobachtungsgabe. Es ist notwendig, dass sich der innere Zustand des Hundes so verändert, dass er nicht erregt oder ängstlich wird, sondern dass sein innerer Zustand ruhig bleibt. Denken Sie daran: Beobachtbares Verhalten liefert Ihnen Informationen über den inneren Zustand des Hundes.

Jedes Desensibilisierungsprogramm ist so aufgebaut, dass der Hund schrittweise den Reizen ausgesetzt wird, die ihn beunruhigen. Dies geschieht mit so geringer Intensität, dass das unerwünschte Verhalten nicht zu Tage tritt. Bei der systematischen Desensibilisierung wird der Hund kontrolliert dem Ursprungsreiz ausgesetzt und die Intensität des Reizes wird so gesteigert, dass der Hund langsam darauf konditioniert wird, das zu akzeptieren, was er ursprünglich stressig oder furchterregend fand.

Ziel ist es, dass der Hund die Situation aus einer neuen, entspannten und selbstbewussten Perspektive sieht.

Desensibilisierung kann lebensrettend sein. Für die meisten Hunde mit Aggression ist Desensibilisierung entscheidend, weil Aggressionsverhalten in den meisten Fällen ein Ausdruck von Angst ist. Die Stolperfalle bei der Desensibilisierung ist, dass die Ereignisse sehr vorsichtig kontrolliert werden müssen, *bis der Hund diese Änderung der Perspektive vollzogen hat.* Wenn Sie mit einem Hund mit Geräusch-Phobie ein sorgfältiges Programm durcharbeiten und der Hund sich gut macht, in Woche zwei des Programms aber ein unkontrolliertes Ereignis eintritt (die Nachbarn beispielsweise Feuerwerksraketen hochgehen lassen), stehen Sie sofort wieder am Nullpunkt.

Nehmen wir mal an, Sie würden mit einem Hund arbeiten, der Angst davor hat, dass jemand ihn am Halsband berührt und sie gebissen hat, als sie nach seinem Halsband griffen. Sie haben den Hund vorsichtig desensibilisiert, sodass Sie ihn nun am Halsband anfassen können. Der Hund wartet sogar freudig darauf, dass sein Hals, seine Wangen und das Halsband angefasst werden und er dafür leckere Leckerlis bekommt. Der Paketbote kommt an die Tür und Sie sperren den Hund in seine Box. Aber, wie auch immer es geschehen ist, Sie haben die Box nicht richtig verschlossen, weil Sie in Eile waren, der Hund drückt gegen die Boxentür und prescht unerwartet in Richtung der Haustür, die Sie wegen des Paketboten geöffnet haben. Als der Hund an Ihnen vorbeipreschen will, schaffen Sie es, sein Halsband zu packen und zu verhindern, dass er auf die Straße rennt. Der Hund gerät in Panik und beißt Sie. Das bedeutet nicht, dass Ihr Desensibilisierungsprogramm versagt hat oder dazu verdammt ist, zu versagen. Es bedeutet nur, dass Sie mit Ihrem Desensibilisierungsprogramm wieder am Anfang anfangen müssen. Der Hund befand sich in einer Situation, für die er nicht über die erforderlichen Fertigkeiten verfügte.

Sobald das Desensibilisierungsprogramm beendet wurde, wird es recht gut aufrechterhalten, auch wenn manche Ereignisse eintreten können, gegen die Ihr Hund nicht im Speziellen desensibilisiert wurde. Mein eigener Hund Maeve war einst ständig auf der Hut und überwachte die Umgebung, wenn wir in einer Menschenmenge waren. Letztes Jahr stieg sie bei einer Hundeausstellung in den Obedience-Ring. Sie hatte zwar schon vorher an Ausstellungen teilgenommen, aber noch niemals an einer so großen, chaotischen, stressigen wie die in der Cobo Hall in Detroit. Sie ist wie ein Profi mit der Situation umgegangen und zeigte weniger Stress, als ich angenommen hatte, sogar als ein Vorfall eintrat, den ich niemals erwartet hätte. Sie war unerschütterlich, sogar als ein unglückseliger Zuschauer direkt auf sie zukam und – bevor ich überhaupt reagieren konnte – nach dem Spielzeug griff, das sie im Maul hatte. (Da ich mit unterschiedlichen Haus- und Hoftieren groß geworden bin, bin ich immer wieder erstaunt darüber, wie naiv die Allgemeinheit ist. Obwohl man meinen könnte, dass ich dazulerne.) Diesem Typ ist gar nicht aufgefallen, wie riskant sein Verhalten war; er ging einfach davon aus, dass er mit den Hunden spielen könnte, ohne mich überhaupt um Erlaubnis zu fragen. Maeve zeigte hervorragendes Urteilsvermögen. Sie gab dem Dummkopf nicht ihr Spielzeug. Sie schaffte es, es weiterhin festzuhalten, zog den Typ dadurch mit sich, und schaute mich gleichzeitig um Rat an. Ihr Blick war nicht wohlwollend; sie hatte eindeutig das Gefühl, dass dieser Typ seine Grenzen überschritt! Es handelt sich um einen Hund, der zu Besitzaggression und beschützender Aggression neigt, und dieser Mann verletzte nicht nur beides, sondern auch noch ihren persönlichen Raum. Doch obwohl sie so unter Beschuss geraten war, benahm sie sich bewundernswert! Dass ich sie vorsichtig unterschiedlichen Situationen ausgesetzt und ihr ständig positive Assoziationen geliefert hatte, zahlte sich wirklich aus, als es drauf ankam. Ich war dankbar! Diese Episode zeigt, dass Sie sich nicht auf alle Eventualitäten vorbereiten können. Die Umstände können Sie immer überraschen!

Bei Desensibilisierungsprogrammen hängt der Fortschritt ausschließlich von der Fähigkeit des Hundes, sich an die Situation zu *gewöhnen*, ab. Manche Hunde erzielen schnell Fortschritte, andere langsamer, doch der Hund bestimmt die Geschwindigkeit. Der Erfolg der Desensibilisierung hängt von Ihrer Fähigkeit ab, eine Reizsteigerung zu schaffen, bei der die Kriterien kontrolliert angehoben werden, sowie davon, ob Sie Ihren Hund »lesen« können. Wenn Sie den Hund niemals Stress aussetzen, kommen Sie niemals voran; wenn Sie den Hund zu sehr stressen, müssen Sie immer wieder von vorne beginnen und fügen ihm möglicherweise sogar dauerhaften Schaden zu.

Flooding

Flooding (engl. für Überflutung) wird vorrangig zur Behandlung von ängstlichem Verhalten verwendet. Während Desensibilisierung es erfordert, dass der Hund *nicht* intensiven, angsteinflößenden Reizen ausgesetzt wird, ist beim Flooding das Gegenteil der Fall. Wenn Sie mithilfe von Flooding das Verhalten ändern möchten, ist es das Ziel, ängstliches Verhalten hervorzurufen und dann abzuwarten, bis der Hund nicht mehr auf den angsteinflößenden Reiz reagiert.

Flooding ist eine sehr knifflige Technik, und wenn Sie sie nicht richtig anwenden, können Sie der Psyche des Hundes schaden. Es ist nicht ratsam, Flooding bei einem Hund anzuwenden, der in der Vergangenheit Ihnen oder anderen gegenüber offene Aggression gezeigt hat. Es kann auch sehr schwierig sein, bei einer Flooding-Übung zuzuschauen. In manchen Fällen ist es nötig, dass das Tier, damit es zu reagieren aufhört, geistig und körperlich erschöpft ist.

Flooding umfasst die ständige Konfrontation mit dem Reiz, bis sich der Hund an ihn gewöhnt. Der Terminus »gewöhnen« hat in diesem Zusammenhang eine eigenständige Bedeutung, und zwar, dass der Hund aufgehört hat, auf den Reiz zu reagieren. Das bedeutet, dass der chemische Zustand des sympathischen Nervensystems im normalen Bereich liegt. Die Atmung ist normal, die Herzfrequenz ist normal. Das Mindestkriterium ist, dass das Tier relativ entspannt ist und die Situation akzeptiert.

Sobald Sie angefangen haben, den Hund mit dem angsteinflößenden Reiz zu konfrontieren, müssen Sie weitermachen bis er sich beruhigt. Das bedeutet, die Situation ändert sich erst, wenn der Hund ruhiges Verhalten zeigt. Außerdem darf der Hund nicht das Areal verlassen, bis er sich an die Situation gewöhnt hat. Sobald er sich beruhigt hat, ist großzügige Verstärkung angesagt.

Hunde entdecken, dass wenn sie vor etwas Angst haben und sie dies vermeiden und sich aus dem Gebiet zurückziehen, sie »Linderung« und Sicherheit verspüren. Dieses Gefühl der Erleichterung ist sehr mächtig und sorgt dafür, dass ängstliches und vermeidendes Verhalten weiter bestehen kann. Flooding-Techniken hängen davon ab, dass der Hund lernt, dass Vermeidung nicht funktioniert, sondern dass er sich der Situation stellen und ruhig bleiben muss. Wenn Sie dies sorgsam durchdenken, können Sie leicht all die Stolperfallen erkennen, die sich während eines Flooding-Programms auftun können.

Um einen langfristigen Erfolg erzielen zu können, muss das Flooding mehrmals wiederholt werden. Flooding funktioniert am besten bei Ängsten, die nicht zu stark sind. Wenn die Situation dazu führt, dass Ihr Hund »den Telefonhörer hinknallt« und das Gebiet so verlassen möchte, dass er sich selbst verletzt (durch eine Fensterscheibe springt oder sich selbst verletzt, um eine Box verlassen zu können), dann ist es keine Technik, die Sie anwenden sollten. Zeigt Ihr Hund Verteidigungs- oder Aggressionsverhalten, wenn seine Fluchtmöglichkeiten eingeschränkt sind, setzen Sie sich und andere einer Gefahr aus, wenn Sie mit ihm Flooding machen.

Wenn Sie die Flooding-Technik verwenden möchten, um geringgradiges Angstverhalten zu bekämpfen, muss Ihr oberstes Ziel sein, für die Sicherheit eines jeden in der Umgebung des Hundes zu sorgen (auch für Ihre eigene!) sowie auch für die Ihres Hundes, während Sie gleichzeitig verhindern, dass er sich der Situation entziehen kann. Das kann Kopfhalfter, Halsbänder, Leinen, Boxen und Maulkörbe bedeuten. Wird der Reiz zu Beginn mit geringerer Intensität oder mit einer größeren Entfernung eingesetzt, erfolgt der Stress in besser tolerierbaren kleinen Paketen.

Ein Beispiel ist ein Hund, der Angst vor Menschen hat, die Hüte tragen. Ist der Hund an der Leine, wird er versuchen, davonzupreschen, und hört nicht mehr auf ihm bekannte Kommandos, wenn eine Person mit Hut den Raum betritt. Ist er unangeleint, rennt er weg und versteckt sich unter dem Bett. Nähert sich die Hut tragende Person dem Hund und kann dieser nicht weglaufen, fängt er zu knurren an und sich soweit wie möglich von der Person zu entfernen. Wird er in die Ecke gedrängt, wird der Hund nach dem Hutträger schnappen. Der Besitzer ist sich sicher, dass der Hund beißen wird, wenn er unter Druck gesetzt wird.

Um die Flooding-Technik anzuwenden, würde man den Hund in einen Raum bringen, sodass ihm jede Fluchtmöglichkeit genommen wird. Eine Person mit Hut bewegt sich dann in der Nähe des Hundes und bleibt dort, bis der Hund nicht länger auf sie reagiert. Zuerst hält der Hundeführer ihn an einer Leine und einem Kopfhalfter.

Im folgenden Beispiel wird mit Flooding gearbeitet. Jeder Schritt beinhaltet einen Reiz, der zu Beginn weniger intensiv ist.

1. Eine Person mit Hut betritt den Raum und steht nahe beim Hund. Die Person achtet darauf, vom Hund wegzuschauen und ihn nicht anzustarren. (Es ist in Ordnung und auch klug, den Hund aus dem Blickwinkel zu beobachten!) Die Person mit Hut steht still, bis der Hund sich beruhigt. Sobald er sich ruhig verhält, verstärken Sie ihn und die Person mit Hut verlässt den Raum.
2. Eine Person mit Hut betritt den Raum und tritt ein wenig näher an den Hund heran. Egal, was der Hund tut, die Person mit Hut reagiert nicht.
3. Die Person mit Hut geht auf den Hund zu.
4. Die Person mit Hut wirft dem Hund Leckerlis zu.
5. Die Person mit Hut streichelt den Hund.

Es ist beim Übungsplan wichtig, dass Sie erst dann zum nächsten Schritt übergehen, wenn der Hund ruhig ist. Das ist ein Anzeichen dafür, dass er sich an den Stressfaktor gewöhnt.

In dieser Situation sollte der Hundeführer natürlich verhindern, dass der Hund vorstürzt, knurrt oder anderes offenkundiges Aggressionsverhalten zeigt. Zeigt er ein solches Verhalten, arbeiten Sie mit dem falschen Programm, denn Sie setzen den Helfenden einem Risiko aus. Falls Sie irgendeinen Zweifel haben, legen Sie dem Hund vorher einen Maulkorb an. Zeigt er offenkundige Aggression, sollten Sie ihn aus der Reichweite der Person mit Hut bringen, indem Sie einen strategischen Rückzug durchführen (siehe »Mutig ist besser« für Approximationen.) Sobald der Hund ruhig bleibt, sollte der Helfer den Raum verlassen. Stattdessen sollten Sie nun mit dem Hund ein Desensibilisierungsprogramm durchführen.

Zusammenfassung

Flooding unterscheidet sich von Desensibilisierung im Grad der Reaktion des Hundes. Bei der Desensibilisierung achten Sie darauf, Reize zu *vermeiden*, die eine heftige Reaktion beim Hund auslösen. Beim Flooding setzen wir den Hund einer Situation aus, die eine *Reaktion hervorruft,* und lassen ihn sich dann daran gewöhnen.

Differenzielle Verstärkungsschemata

Differenzielle Verstärkungsschemata werden benutzt, um die Wahrscheinlichkeit zu steigern, dass der Hund auf ein bestimmtes Verhalten zurückgreift. Durch Manipulation der Verstärkung steigern Sie die Chance, dass ein Verhalten öfter gezeigt wird als ein anderes. Es gibt verschiedene Arten von Verstärkungsschemata. *Fixe Schemata* treten berechenbar innerhalb eines bestimmten Zeitfensters auf (alle zwei Minuten) oder nachdem eine festgelegte Anzahl von Verhaltensweisen gezeigt wurde (Ein Verhalten = ein Leckerli). *Variable Verstärkung* tritt unberechenbar ein. Differenzielle Verstärkung impliziert, dass Sie ein bestimmtes Verhalten verstärken möchten. Es gibt eine Terminologie, welche die bestimmten Arten der differenziellen Verstärkungsschemata beschreibt. Ich benutze dafür eine Eselsbrücke: AEIO (alle Vokale mit Ausnahme des U).

DR<u>A</u>

Differenzielle Verstärkung eines alternativen Verhaltens (*differential reinforcement of alternate behaviour*). DRA bedeutet, dass Sie ein erwünschtes, ALTERNATIVES Verhalten auswählen, das Sie dann verstärken. Dadurch hat Ihr Hund eine neue Aufgabe, auf die er sich statt des unerwünschten Verhaltens konzentrieren kann. Somit hat der Hund keine Motivation mehr, das unerwünschte Verhalten an den Tag zu legen.

Ein Beispiel ist, dass Sie den Hund mit sich zur Tür gehen und ihn dort Platz machen lassen, anstatt dass er bellt, wenn es an der Tür klingelt. Theoretisch könnte der Hund zwar bellen und Platz machen, aber dadurch, dass er eine alternative Aufgabe hat, wird das Bellen höchstwahrscheinlich aufhören.

DR<u>E</u>

Differenzielle Verstärkung eines hervorragenden Verhaltens (*differential reinforcement of excellent behaviour*). Dies bedeutet, dass Sie nur die allerbesten Beispiele des Verhaltens, an dem Sie arbeiten, verstärken. Sie warten auf besonderen Einsatz, hervorragende Bereitschaft, eine ruhigere Gemütslage, eine ganz schnelle Reaktion etc.

Ein Beispiel: Langsame Reaktionen auf das Kommando »Platz« werden nicht mehr verstärkt, sondern nur noch sofortige Reaktionen.

DRI

Differenzielle Verstärkung eines inkompatiblen Verhaltens (*differential reinforcement of incompatible behaviour*). DRI bedeutet, dass ein Verhalten verstärkt wird, das mit dem unerwünschten Verhalten inkompatibel, also unvereinbar, ist. Stellen Sie sich vor, Sie verstärken das genaue Gegenteil, wie beispielsweise Sitzen vs. Springen: Wenn der Hund sitzt, kann er nicht springen.

DRO

Differenzielle Verstärkung anderen Verhaltens (*differential reinforcement of other behaviours*). DRO wird wahrscheinlich am besten so beschrieben, dass die Abwesenheit eines bestimmten Verhaltens verstärkt wird. Wenden Sie DRO an, dann verstärken Sie jedes Verhalten mit Ausnahme des unerwünschten Verhaltens. Ich benutze diese Technik, wenn ich kein Glück dabei habe, ein inkompatibles Verhalten zu erzielen. Oder bei Hunden, die nicht viele Kommandos kennen, oder bei Hunden, die nicht viele andere Verhaltensweisen zeigen als das unerwünschte Verhalten. Wenn Sie daran arbeiten, das Bellen in der Box zu eliminieren, könnten Sie jedes Verhalten in der Box, das *nicht* Bellen ist, fördern und verstärken. Sie könnten es verstärken, wenn er still ist, an einem Kauknochen nagt, friedlich herumliegt oder jedwedes »anderes« Verhalten zeigt.

Unten finden Sie ein Beispiel für die Anwendung von differenzieller Verstärkung. Es würde als DRI klassifiziert werden, weil es nicht miteinander vereinbar ist, den Besitzer anzuschauen und gleichzeitig einen Satz von ihm weg zu machen.

Ihr Hund stürzt sich beim Spaziergang auf andere Hunde. Dies ist das unerwünschte Verhalten. Ihnen wäre es lieber, wenn Ihr Hund Sie anschauen würde, wenn er beim Spaziergang einen anderen Hund erblickt.

Dies kann man wie folgt unterteilen:

- Antezedent: Der andere Hund nähert sich
- Aktuelles Verhalten – unerwünscht: Ihr Hund stürzt hervor und bellt.
- Zielverhalten – erwünscht: Ihr Hund läuft ruhig neben Ihnen und schaut Sie an.

Die neue Aufgabe wird in einer Situation gelehrt und geübt, die nicht ablenkend ist und nicht die unerwünschte Reaktion hervorruft. Das neue Verhalten wird großzügig verstärkt. Sobald der Hund das neue Verhalten leicht in einer Umgebung ohne Ablenkung zeigen kann, steigern Sie die Kriterien und üben das Verhalten in zwei oder drei schwierigeren Situationen, wobei es sich aber noch immer nicht um die wirklich intensive, aufwühlende Situation eines »anderen Hundes beim Spaziergang« handelt. Womöglich müssen Sie dies in Ihrem eigenen Garten üben. Eine Person sollte sich nähern, während Sie dem Hund den PM und Leckerlis geben. Als Nächstes könnte ein Hund, den Ihr Hund kennt und wirklich mag, als weiterer Schwierigkeitsgrad zum Einsatz kommen. Sie verstärken speziell, dass er nicht reagiert und (Ihnen) Aufmerksamkeit schenkt. (Weitere Informationen darüber, wie Sie dies erreichen finden Sie in den Übungsplänen von Niveau I). Sobald Sie bei diesen Schritten ständig seine Aufmerksamkeit bekommen können, können Sie wieder Ihre normale Gassirunde drehen.

Der wirkliche Trick besteht darin, die neue Aufgabe in der alten Situation *so verstärkend* zu machen, das der Hund sich statt des alten Verhaltens für das neue »entscheidet«. Für Ihren ersten Spaziergang brauchen Sie also ein Leckerli, das für Ihren Hund besonders wertvoll ist. Sobald *Sie* den anderen, sich nähernden Hund sehen, erinnern Sie Ihren Hund sofort an das neue Verhalten, das Sie von ihm sehen möchten. Verwenden Sie Ihre Kommandos, Ihre anderen Signale und Ihre Gebete - was auch immer nötig ist, um das gewünschte Verhalten zu erzielen, und setzen Sie dann alle Hebel in Bewegung, wenn Sie verstärken. Die erste richtige Bemühung muss eine riesige Belohnung für Ihren Hund mit sich bringen. In dem Moment, in dem Ihr Hund Sie anschaut, statt nach vorne zu preschen, verwöhnen Sie ihn dann mit einer ganzen Dose Thunfisch und jede Menge Lob. Bleibt ihm das erste richtige Verhalten im Gedächtnis, wird er es wahrscheinlich auch das nächste Mal statt des anderen Verhaltens zeigen, weil es für ihn so toll war!

Mit der Zeit werden Sie immer weniger verstärken müssen, um dieses Verhalten aufrecht zu halten, weil es dem Hund zur Gewohnheit oder sein *vorrangiges Verhalten* wird, Sie in dieser Situation anzuschauen. Das neue ersetzt das alte Verhalten.

Differenzielle Verstärkung ist eine sehr leistungsstarke Methode, um ein Verhalten zu verändern. Sie funktioniert aber nur, wenn Sie dafür sorgen, dass das neue Verhalten *mehr* Verstärkung bringt als das alte Verhalten. Das ist ein bisschen schwierig, aber Sie können es schaffen, indem Sie die Situation kontrollieren und sie zu Ihren Gunsten einrichten.

Gegenkonditionierung

Vieles, was die Menschen als Gegenkonditionierung definieren, ist in Wahrheit differenzielle Verstärkung, vor allem in Bezug auf operantes oder freiwilliges Verhalten. Um die Gegenkonditionierung wirklich zu verstehen, sind Kenntnisse der klassischen Konditionierung erforderlich, da die Gegenkonditionierung eng mit der klassischen (reagierenden) Konditionierung verwandt ist. Beide beinhalten eine Konditionierung, welche stark im Zusammenhang mit Veränderungen steht, die »reflexartig« sind (oder mit einem emotionalen Zustand zusammenhängen.)

Bei der Gegenkonditionierung wird eine alte klassisch-konditionierte Reaktion durch eine neue klassisch-konditionierte Reaktion ersetzt. Das bezieht sich auf einen emotionalen Zustand und Veränderungen, die vor allem auf reagierender (reflexartiger) Ebene stattfinden.

Klassische Konditionierung

Bei der klassischen Konditionierung geht es darum, dass das Tier eine Assoziation zwischen zwei Reizen herstellt. In dem Beispiel mit dem Pawlowschen Hund, welches vielen Menschen bekannt ist, werden zwei Reize miteinander assoziiert, indem sie wiederholt fast zeitgleich stattfinden, sodass sie dieselbe Reflex-Reaktion hervorrufen. Sieht ein Hund Futter, fängt er zu speicheln an. Werden eine Glocke und Futter miteinander kombiniert, speichelt der Hund letztlich, wenn er nur die Glocke hört, auch wenn kein Futter vorhanden ist.

Diese Reaktion ist ein Reflex bzw. erfolgt automatisch. Es kann sich um eine automatische körperliche Reaktion handeln, wie beispielsweise Speicheln, Schwitzen, Kläffen oder Veränderungen im Verdauungssystem oder in den Blutgefäßen. An solchen Reaktionen ist im Allgemeinen das autonome Nervensystem beteiligt – *schnelle, angeborene, ungelernte Reaktionen, welche die grundlegenden Körperfunktionen kontrollieren.* Bei der Reaktion kann es sich auch um eine automatische grundlegende emotionale Reaktion handeln, wie beispielsweise Angst oder das Gefühl von Erleichterung. Beachten Sie bitte, dass wir hier wiederum über angeborene, ungelernte grundlegende Emotionen im »Eidechsen«-Gehirn sprechen, die ganz automatisch auftauchen.

Die meisten Reaktionen sind Anhäufungen von grundlegenden emotionalen und körperlichen Reaktionen. Der Hund, beispielsweise, verfügt über eine Anzahl automatischer Reaktionen, wenn eine Situation auf einmal sicher wird: körperliche Reaktionen, wie beispielsweise Entspannung angespannter Muskeln, langsamere Atmung und niedrigerer Puls. Aber auch emotionale Reaktionen, wie beispielsweise das Gefühl von Wohlbehagen und Entspannung. Wenn der Hund *Sie* mit sicheren Situationen zu assoziieren beginnt, laufen bei ihm vielleicht diese automatischen Reaktionen ab, sobald er Sie sieht. Das nennt man Vertrauen.

Mehr Informationen über die klassische Konditionierung finden Sie im Abschnitt »Gesetze des Lernens« in diesem Buch. Hervorragende Informationen finden Sie auch in *Learning* (Catania, 1992) und *Behaviour Modification: What It Is and How To Do It* (Martin and Pear, 1996).

Zurück zur Gegenkonditionierung

Klassische Konditionierung ruft *unwillkürliche* Reaktionen beim Hund hervor. Das sind reflexartige Reaktionen, wie beispielsweise Speicheln oder schnellere Atmung. (In manchen Texten wird der Terminus »respondente Konditionierung« statt »klassische Konditionierung« verwendet. Diese Termini sind bezeichnen dasselbe.)

Die operante Konditionierung setzt *freiwilliges* Verhalten voraus. Das Tier denkt und reagiert dann anstatt reflexartig zu reagieren. Denjenigen, die sich für Verhalten interessieren, stellt sich die entscheidende Frage: Woher stammt das zu beobachtende Verhalten?

Wenn wir uns Verhalten im realen Leben anschauen, wird deutlich, dass eine Verhaltenssequenz sowohl operante als auch klassische Konditionierung umfasst.

Auch unsere Emotionen beinhalten zwei Komponenten: eine klassische oder »respondente« Komponente und eine operante Komponente. Das autonome Nervensystem ist an der Atmung, der Verdauung, dem Herzschlag und den Funktionen der Drüsen beteiligt. »Autonome Reaktionen sind unkonditionierte Reaktionen auf Reize, und diese Reaktionen sind als Rotwerden, Zittern und Weinen zu sehen.« (Martin und Pear, 1996, S. 196-197). Obwohl Martin und Pear sich in diesem Satz auf menschliche Reaktionen beziehen, gilt dasselbe auch für Tiere, auch wenn das externe (beobachtbare) Verhalten anders ausfällt. Diese physiologischen Reaktionen stehen in engem Zusammenhang mit bestimmten *Gefühlen*, beispielsweise Verlegenheit, Angst oder Trauer. Wie Sie mit den Emotionen umgehen, die Sie reflexartig fühlen, hängt vom erlernten Verhalten ab. Wenn Sie eine bestimmte Emotion »fühlen«, welche absichtliche Handlung vollziehen Sie?

Wie sich Angst äußert, im Gegensatz zu anderen reflexartigen physiologischen Reaktionen, hängt von den Bewältigungsmechanismen ab, welche ein Individuum erlernt hat. Manche Individuen neigen zu einer bestimmten Richtung – Kampf oder Flucht. Aber Lernen und die Umgebung haben einen großen Einfluss darauf, was das Individuum gegen die Angst erregenden Reize tut. Ist Vermeidung die erste Wahl? Ja, wenn der Hund in der Vergangenheit damit gute Erfahrungen gemacht hat. Ist Verteidigung die erste Wahl? Ja, wenn Verteidigung in der Vergangenheit die Lösung für den Hund war und er dadurch Abstand zu Angst einflößenden Gegenständen erzielen konnte.

Wenn Sie anhand dieser Prinzipien das Verhalten des Hundes verändern möchten, müssen Sie die Art und Weise ändern, wie Ihr Hund »fühlt«. Dies können wir kontrollieren, indem wir darauf achten, welche Emotionen der Hund in bestimmten Situationen zeigt (denn wir können ihn ja nicht fragen, wie er sich fühlt).

Wenn ein aufgeschlossener Welpe keine umfangreichen Erfahrungen mit kleinen Kindern gemacht hat, nähert er sich einem Kind fröhlich und ohne Angst. Prompt greift das Kleinkind nach dem Ohr des Hundes und lässt es nicht los. Wenn der Welpe dann vor Angst kreischt, greift das Kind unbeabsichtigt noch fester zu. Der Welpe hat Angst und beißt das Kind. Die herumstehenden Erwachsenen fangen zu schreien an, was nicht unbedingt dem Welpen gelten muss. Der Welpe, der von dieser Erfahrung gründlich genervt ist, entwickelt jetzt möglicherweise Angst vor Kindern, vor allem wenn er vorher keine angenehmen Erfahrungen mit Kindern gemacht hat und nach diesem Ereignis auch keine solchen folgen.

Nun hat der Welpe eine direkte Verknüpfung zwischen Kind, Schmerz und Angst hergestellt. Der Welpe hat möglicherweise auch vor freundlichen und sanften Kindern Angst und reagiert schon beim bloßen Anblick eines Kindes auf der Straße mit Furcht. Ziel ist es, die Emotion »Angst« durch ein Gefühl von sanftem Wohlwollen zu ersetzen. Dazu wird die Gegenkonditionierung verwendet. Um diese Leistung vollbringen zu können, benötigen wir ein kleines Kind, das sanft und kontrollierbar ist. Gehen Sie mit dem Welpen an der Leine in die Nähe des Kindes und geben Sie dem Welpen etwas richtig Leckeres, oder nehmen Sie das Lieblingsspielzeug Ihres Hundes und spielen Sie in der Nähe des Kindes. Der Grundgedanke ist, dass der Welpe das Kind mit

»guten« Gefühlen assoziiert und nicht mehr mit Gefühlen von Angst. Nach und nach würde man das Kind näher kommen und dann mit dem Hund Kontakt aufnehmen lassen, während der Hund dies mit Leckerlis, Spiel, sozialer Anerkennung und *keiner* Angst assoziiert. Während Sie also alles Ihnen Mögliche tun, um die Angst zu reduzieren, tun Sie auch alles Ihnen Mögliche, um das Gefühl von Sicherheit und Spaß in der Nähe des Kindes zu *steigern*. Das schafft einen Hund, der sich in der Umgebung von Kindern nicht ängstlich oder defensiv verhalten muss, weil er sich mit ihnen wohl fühlt. Das ist wahre Gegenkonditionierung: Verändern Sie die Art und Weise, wie Ihr Hund sich in dieser Situation fühlt, dann ändern Sie auch die Art und Weise, wie er sich in ihr *verhält*. Der Hund ist ruhig, fühlt sich wohl und ist selbstbewusst, im Gegensatz zu ängstlichem und defensivem Beißen. Das liegt daran, dass Sie an einem ruhigen, entspannten emotionalen Zustand in der Nähe von Kindern gearbeitet haben.

Später in diesem Buch werde ich die Verwendung von »Umschalt«-Übungen behandeln. Diese machen sich sowohl die operante als auch die klassische Konditionierung zunutze, um eine physische Position (beispielsweise das Sitz) mit einem bestimmten emotionalen Zustand (ruhig und entspannt sein) zu assoziieren. Siehe dazu den Übungsplan »Zen-Sitz und -Platz«.

Zusammenfassung

Manche der in diesem Kapitel behandelten Techniken konzentrieren sich darauf, den inneren chemischen Zustand des Tieres zu ändern, der sich im äußeren, beobachtbaren Verhalten widerspiegelt. Dies geschieht auf primitiver, limbischer Ebene und beinhaltet Prinzipien der klassischen (respondenten) Konditionierung. Das ist unerlässlich, um die Art und Weise zu ändern, wie das Tier eine Situation empfindet und sich fühlt. Indem die Wahrnehmung des Hundes verändert wird, wird sein Verhalten verändert. Sowohl auf direkte als auch indirekte Art: Direkt, weil sehr erregtes Verhalten, wie beispielsweise defensives Verhalten, reduziert wird, und indirekt, weil der Hund empfänglicher dafür wird, zu lernen und neue Verhaltensweisen anzunehmen, da er sich dafür »sicher« genug fühlt.

Diese beeindruckende Sammlung von Techniken bietet die Mittel, dem Hund beizubringen, auf Situationen, die vorher Erregung oder Angst produzierten, so zu reagieren, dass er von einem Zustand starker Erregung in einen ruhigen chemischen Zustand »umschaltet«. Mit anderen Worten: Der Hund lernt, statt reflexartiger Reaktionen, die im Eidechsen-Gehirn entstehen, mit seinem Einstein-Gehirn überlegte Handlungen und höherrangige Lernprozesse zu vollbringen.

Die Verwendung sowohl der klassischen als auch der operanten Konditionierung ist der Weg zu stabiler, anhaltender Verhaltensänderung, die gut generalisiert wird. Wenn Sie das Verhalten Ihres Hundes, der bereits Aggression zeigt, verändern, finden Sie hier die Gelegenheit, jedes Hilfsmittel anzuwenden.

Diese Prinzipien sind auch wertvoll, wenn Sie Ihrem Hund beibringen möchten, Bewältigungsstrategien zu entwickeln, um Aggression zu vermeiden. Je mehr angenehme und gute Erfahrungen Ihr Hund macht, desto geringer ist die Wahrscheinlichkeit, dass er in Zukunft riskantes Verhalten entwickelt.

Teil V

Die richtige Ausstattung

20

Die Grundlagen – Halsbänder und Kopfhalfter

Weder ein Stachelhalsband noch ein Würgehalsband (die oftmals mit dem Euphemismus »Erziehungshalsband« bezeichnet werden) sind bei diesen Übungsplänen eine geeignete Ausstattung. Diese beiden Halsbänder beruhen auf positiver Bestrafung (körperliche Bestrafung für den Hund) und Disziplin, um den Hund zu kontrollieren - und somit auf *Vermeidung*, um ein Verhalten zu erzielen. Beim Würgehalsband erleidet die Speiseröhre des Hundes im Laufe der Jahre sehr großen Schaden, weil sie immer wieder gequetscht wird. Das Stachelhalsband kann starke Schmerzen hervorrufen, was für unsere Übungspläne aufgrund der hergestellten Assoziationen nachteilig ist: Der andere Hund oder die sich nähernde Person ruft Schmerzen hervor, darum hat der Hund noch mehr Angst davor, wenn sich ein Dritter nähert. Im Falle von Hunden, deren Aggression sich gegen den Hundeführer richtet, kann ein solches Halsband eine wahre Gefahr für Letzteren darstellen. Das Wissen über die Gesetze des Lernens und die Hundesprache hat gezeigt, dass Schmerzen *nicht* die optimale Methode sind, um das Verhalten des Hundes oder dessen Denkweise zu ändern. (Wenn Sie mit dieser Auffassung nicht konform gehen, sollten Sie sich nicht auf meine Worte verlassen, sondern eigene Nachforschungen anstellen, wobei Sie am besten mit *Coercion and Its Fallout* von Murray Sidman (1989) beginnen.

Aggression ist keine Folgeerscheinung von »Verhalten«. Verhalten ist das beobachtbare Endprodukt eines chemischen Zustands. Sind Sie in Ihrem Auto jemals plötzlich auf die Bremse getreten, um einen Unfall zu verhindern? Ihr Körper schenkt Ihnen einen kräftigen Adrenalinschub als Reaktion auf Ihre Wahrnehmung einer gefährlichen Situation. Wenn Ihr Hund wegen eines ande-

Ungeeignete Halsbänder
Stachelhalsband, links, und Würgehalsband, rechts

ren Hundes oder einer Person so überreagiert, dass er nicht mehr auf Sie hören kann, befindet er sich im chemischen Zustand der Erregung. Sein Eidechsen-Gehirn hat entschieden, dass eine Kampf- oder Fluchtreaktion angesagt ist. Wenn sich der Hund bereits im Zustand hoher Erregung befindet und ihm dann die Luft durch ein Würgehalsband abgeschnitten wird oder er durch ein Stachelhalsband Schmerzen empfindet, tun Sie nichts, damit Ihr Hund sich beruhigen kann! Ein Würge- oder Stachelhalsband fördert den Zustand der Erregung, indem der Adrenalinpegel gesteigert wird. Ich bevorzuge Ausstattung, die den Hund in Schach hält, sein Verhalten kontrolliert und schließlich zu den Verhaltensänderungsübungen beiträgt.

Martingale-Halsband

Sie sollten Ihrem Hund ein Martingale-Halsband oder ein anderes Halsband anziehen, das sich nicht vollständig zuziehen kann.

Kopfhalfter

Ein Kopfhalfter ist bei einem aggressiven Hund unerlässlich. Sie werden dieses spezielle Halfter verwenden, um Ihren Hund unter Kontrolle zu halten und die Gefahr für Sie und andere zu minimieren. Kopfhalfter ähneln stark den Halftern, die man zur Führung großer Tiere verwendet, beispielsweise Pferden oder Rindern. Sie würden niemals versuchen, ein sehr großes, starkes Tier zu führen, indem Sie ihm etwas um den Hals oder die Schultern legen – das ist der stärkste Körperteil der Tiere! Ein Vorteil eines Kopfhalfters ist, dass es für das Tier schwierig ist, Sie in die von ihm gewünschte Richtung zu ziehen, weil Hebelwirkung und Physik auf Ihrer Seite sind. Somit wird Ihren Schultern und Händen der Verschleiß erspart. Doch der wichtigere Vorteil ist,

Martingale-Halsbänder
Martingale-Halsbänder können sich im Gegensatz zu einem Würgehalsband nicht immer weiter zuziehen, aber dennoch kann Ihr Hund nicht aus einem solchen herausgleiten und frei herumlaufen.

aus Sicht der Verhaltensänderung, dass der Hundeführer Kontrolle über das ausüben kann, was der Hund sieht. Das ist deshalb so wichtig, weil, wenn der Hund etwas sieht (einen anderen Hund, einen Menschen, ein Eichhörnchen), er genau daran denkt. Wenn er durch das, was er sieht, aufgeregt wird, kann sein Erregungsniveau bei manchen Hunden zu aggressivem Verhalten führen.

Mit einem herkömmlichen Halsband können Sie ihn zurückhalten und daran ziehen, aber es wird nicht verhindert, dass der Hund das Objekt, das sein Erregungsniveau steigen lässt, ansieht. Selbst wenn Sie den Hund in die entgegengesetzte Richtung des aktuellen »Hunde-Magneten« ziehen, kann sein Erregungsniveau dennoch hoch bleiben, weil er den »Magneten« weiterhin anschaut und überreagiert. Bis Sie den Blick des Hundes von dem, auf das er fixiert ist, abwenden, haben Sie keinen Einfluss darauf, woran er denkt. *Wenn der Hund »es« anschaut, denkt er weiterhin an »es«.*

Mit einem Kopfhalfter kontrollieren Sie, wohin Ihr Hund schaut. Das ist dann der erste Schritt einer Reihe von Approximationen, die verwendet werden, um Kontrolle über den Hund zu bekommen. Ein Kopfhalfter ist eine Form der Hunde-Gedanken-Kontrolle. Kopfhalfter sind ein absoluter Lebensretter und es ist die Aufgabe aller, die gebildet sind, die allgemeine Öffentlichkeit darüber zu informieren, dass es sich nicht um Maulkörbe handelt, sie dem Hund nicht schaden und sogar noch humaner sind als die allgemein akzeptierten Würgehalsbänder. Ironischerweise dürfen Sie bei manchen Hundeshows oder Prüfungen kein Kopfhalfter verwenden, um Ihren Hund zu führen, aber ein Würgehalsband ist erlaubt. Das ist bezeichnend für den derzeitigen Informationsmangel und die allgemeine Auffassung über Halsbänder.

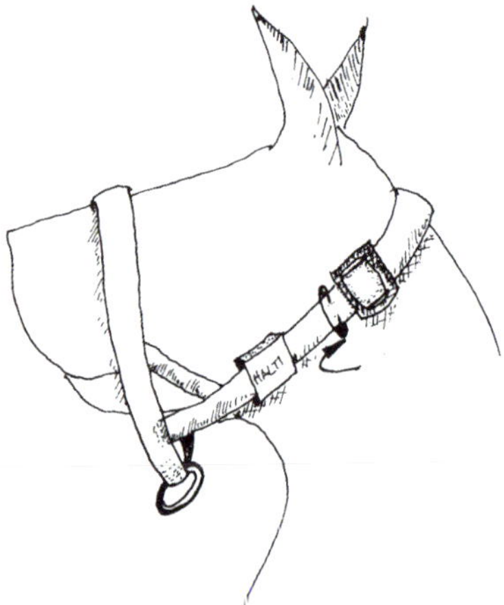

Kleine Veränderungen zu Sicherheitszwecken
[links] Sicherheitsnadel oder Nähte nahe dem Verschluss, wo der Stoff »doppelt« ist. Das Halti sollte bequem sitzen, dann bringen Sie eine Sicherheitsnadel oder eine Naht an, damit das Nylonmaterial, das zwar stabil aber rutschig ist, sich nicht unbemerkt lockert.
[rechts] Haben Sie die Ausstattung korrekt angelegt, brauchen Sie keine Angst zu haben, dass der Hund sich losmachen kann, selbst wenn das Halti verrutscht.

Ich benutze bei allen Hunden, die mit Aggressionsproblemen zu mir kommen, ein Kopfhalfter. Von allen Kopfhalftern, die ich bislang ausprobiert habe, bevorzuge ich das Halti™. Die Wangenteile bieten den meisten Hunden einen guten Sitz und sorgen dafür, dass das Kopfhalfter nicht verrutscht. Mit einem Halti kann ich das Maul des Hundes geschlossen halten, wenn das absolut nötig ist. (Für Hunde mit einer sehr kurzen Schnauze ist ein Gentle Leader™ oder ein Snoot Loop besser geeignet.)

Um die Sicherheit und Kontrolle bei der Benutzung eines Haltis zu maximieren, nehme ich ein paar Veränderungen an der Ausstattung vor. Es ist möglich, dass der Hund sich aus dem Halti herauswindet. Ich passe sehr gut auf, wenn ich mit einem Hund arbeite, und bislang hat sich keiner das Halti ausgezogen. Sie können das Halti mit einem kleinen Stück schmalen Seils und einem Karabiner am Halsband befestigen. Somit wird die Leine mit dem Halti verbunden. Oder Sie können die Leine sowohl mit dem Halti als auch dem Ring am Halsband befestigen. Windet sich der Hund nun aus dem Halti heraus, haben Sie trotzdem keinen freilaufenden Hund.

Ich rate meinen Kunden, entweder eine Sicherheitsnadel zu benutzen oder das Halti, wenn es einmal auf die richtige Größe des Hundes eingestellt ist, mit ein paar Stichen in den doppelten Stoff nahe beim Verschluss des Haltis zu befestigen. Manchmal verrutscht das Nylon nämlich heimtückisch, sodass das Halti locker wird, ohne dass der Hundeführer es bemerkt. Durch die Sicherheitsnadel oder die Stiche kann das rutschige Nylon nicht verrutschen. Dies verhindert, dass das Halti locker wird und der Hund sich herauswinden kann, wenn Druck auf die Leine ausgeübt wird.

Halti-Kopfgeschirre
Diese Hunde tragen Haltis, die sicher angepasst wurden. Bei Misty (links) wurde ein zusätzlicher Riemen angebracht, durch den das Kopfgeschirr mit dem Halsband verbunden wurde. Mir ist das so lieber, denn dadurch kann das Nasenband des Haltis sich hin- und herbewegen und sich nach Bedarf zuziehen oder lockern. Bei Data (rechts) wurde das Kopfgeschirr nur mit dem Karabiner der Leine mit dem Martingale-Halsband verbunden. Das ist in Ordnung, solange das Martingale-Halsband so beim Hund sitzt, dass sich das Nasenband problemlos zuziehen und lockern kann.

21

Anlegen des Haltis

Um das Halti zu verwenden, legen Sie es zuerst dem Hund an und geben Sie ihm dann ein Leckerli. Machen Sie großes Bohei, wie toll er mit seinem neuen »Schmuck« aussieht. Sie können es ihm dann ausziehen, sobald er nicht mehr versucht, es sich mit den Pfoten auszuziehen. Eventuell müssen Sie dieses Verhalten erst einmal erzielen, indem Sie ihn fortwährend füttern oder den Kopf des Hundes nach oben halten, sodass er das Halti nicht mit den Pfoten berühren kann.

1 von 4: Anlegen des Haltis
Wenn Sie Ihren Hund sicher anfassen können, ist dies die einfachste Methode, um einem Hund ein Kopfgeschirr anzulegen, der währenddessen versucht, vor Ihnen zurückzuweichen. Hier halte ich Ally sanft mit meinen Knien an den Flanken und verhindere so, dass sie zurückweichen kann. Durch meine Hand unter ihrem Kinn kann sie nicht nach vorne weggehen.

Wehrt Ihr Hund sich (schnappt oder knurrt), wenn Sie dies versuchen, oder haben Sie Angst, dass er das tun könnte, können Sie neben dem Hund stehen, dem Sie eine Leine an sein normales Halsband angelegt haben, sodass Sie seine Bewegungen kontrollieren können. Positionieren Sie Ihren Hund so, dass er, falls er zurückweicht, in eine Ecke gedrängt wird. Stehen Sie nicht vor dem Hund und strecken die Hand nach ihm aus, um ihm das Kopfhalfter anzuziehen – die Mehrheit der Hunde weicht beängstigt zurück. Stellen Sie sich neben die linke Schulter des Hundes und auf die Leine. Das Kopfhalfter halten Sie in der linken Hand und lassen das Nasenband über die Nase des Hundes gleiten. Mit der rechten Hand halten Sie es an seinem Kopf fest und schnallen es hinter seinen Ohren fest. Es kann mehrere Tage brauchen, bis Ihr Hund sich an das Halti gewöhnt hat.

Der Sitz des Haltis ist sehr wichtig. Wird es nicht richtig angepasst, kann der Hund sich zu einem ungünstigen Zeitpunkt befreien, oder der Nasenriemen sitzt nicht richtig, sodass Sie den Hund nicht optimal kontrollieren können. Was mir am Halti am besten gefällt, ist, dass die Wangenteile dick und fest genug sind, dass das Kopfhalfter an Ort und Stelle bleibt (so wie bei dem Halfter, das man bei einem Pferd verwendet). Die Kopfhalfter, die nur aus einer Maulschlaufe bestehen, die am Halsband befestigt wird, bieten meiner Meinung nach nicht genauso viel Kontrolle und Einfluss wie das Halti. Falls es nötig war (und man kann davor nicht genug Angst haben!!!), konnte ich so erfolgreich verhindern, dass Hunde mich gebissen haben, während sie ein Halti trugen. In ähnlichen Situationen war die Maulschlaufen-Halsband-Variante nicht erfolgreich.

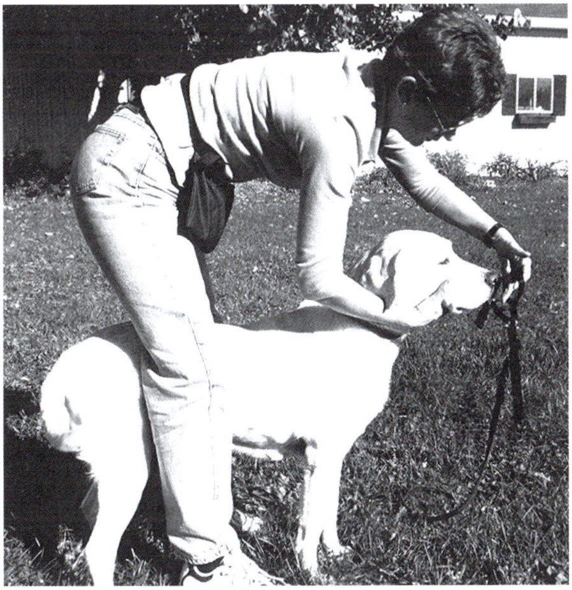

2 von 4: Anlegen des Haltis
Legen Sie ihm das Nasenband über die Nase ...

3 von 4: Anlegen des Haltis
Schnallen Sie es dann hinter seinen Ohren fest, wobei Sie darauf achten müssen, dass seine Haare sich nicht im Verschluss verfangen.
Achten Sie darauf, dass das Halti *sehr* bequem hinter den Ohren des Hundes sitzt. Ansonsten wird er seinen Kopf an Ihren Beinen oder am Boden reiben oder ein paar Mal mit den Pfoten drangehen und das Halti wird abfallen. Das passiert, wenn das Halti nicht richtig angepasst wurde – ein Fehler des Hundeführers!

4 von 4: Anlegen des Haltis
Belohnen Sie ihn sofort mit Leckerlis, falls der Hund sie von Ihnen nimmt und sich nicht schon auf den Boden geworfen hat und versucht, das Ding, das sich so merkwürdig anfühlt, loszuwerden.

22

Halb so schlimm! Das Tragen eines Kopfhalfters

Ich bevorzuge es immer, den Hund langsam und mit der TTouch™-Methode an das Kopfhalfter zu gewöhnen, weil dies weniger Stress für das Tier darstellt. (Lesen Sie bitte den Übungsplan »Anfassen & Festhalten« sowie ein Buch von Linda Tellington-Jones zum Thema TTouch.)

Manchmal, wenn es nötig ist, sicher mit einem Hund zu arbeiten, oder um zu vermeiden, dass die Besitzer hin- und hergezerrt und verletzt werden, mache ich den Hund in nur einer Trainingsstunde mit dem Halti vertraut. Häufig sind die Besitzer, wenn sie den Hund zu mir bringen, schon verzweifelt und frustriert. Natürlich würde ich mir lieber mehr Zeit lassen, aber manchmal ist das einfach nicht möglich und dann benutze ich die »schnelle« Technik, die ich hier beschreibe.

Manche Besitzer können gar nicht fassen, dass wir mit dem Hund ohne Würgehalsband trainieren. Oder manchmal sieht ein Teil der Familie dies als sinnvoll an, aber ein anderes Familienmitglied (das heißt, meistens der Ehegatte) ist damit nicht einverstanden und findet, dass es idiotisch sei, mit dem Hund zum »Hunde-Seelenklempner« zu gehen. Darum muss ich den Hund schnell und sicher unter Kontrolle bringen. Sobald die Leute Ergebnisse sehen, akzeptieren sie eher den Rest des Programms. Dafür dass die Welt nicht perfekt ist und ich meistens eiligst handeln muss, ist diese schnelle Methode sehr effektiv und human, da ich den Hund alle Entscheidungen über die Korrekturen treffen lasse. Lassen Sie sich, wenn möglich, Zeit mit der Einführung des Haltis. Aber auch wenn Sie die schnelle Methode verwenden müssen, machen Sie auch kurz etwas Schönes: Legen Sie das Halti an und lassen Sie den Hund fressen, ziehen Sie es dann wieder aus. Legen Sie das Halti an und geben Sie ihm ein paar köstliche Leckerlis, ziehen Sie es dann wieder aus. Wenn Sie über den Luxus der Zeit verfügen: Legen Sie ihm das Halti im Laufe mehrere Trainingseinheiten an, bis es ihn nicht mehr stört, füttern Sie ihn dann dafür, dass er sich nicht mehr drum kümmert und ziehen Sie es dann aus. Machen Sie mehrere Spaziergänge mit dem Hund, während er das Halti trägt, aber befestigen Sie keine Leine am Halti, sondern nur am Halsband des Hundes. Nach einer Woche oder zwei können Sie dann die Leine am Halti befestigen.

Wie Sie Ihren Hund an das Kopfhalfter gewöhnen

Ihr Hund kann ruhig ein bisschen mit den Pfoten am Halti reiben, genau lang genug, dass er begreift, dass es von alleine nicht wieder abgeht. Um den Hund in diesem Glauben zu bestärken, müssen Sie eingreifen und dürfen ihn nicht zu lange mit der Pfote daran reiben lassen. Sobald er feststellt, dass diese Strategie nicht funktioniert, wird er es unterlassen und beginnen, sich an das Halti zu gewöhnen, und es entspannt tragen. Legen Sie dem Hund das Halti an, geben Sie ihm ein Leckerli und ziehen Sie es dann wieder aus. Wiederholen Sie dies ein paar Mal.

Kleine Rangelei, weil sich das Kopfhalfter fremd anfühlt
Es ist ziemlich normal, dass der Hund versucht, das Kopfhalfter abzustreifen. Für viele Hundebesitzer ist das schlimmer als für die Hunde selbst. Wenn Sie Ihren Hund kurz (vielleicht 10 bis 60 Sekunden) experimentieren lassen, sodass er feststellt, dass er es nicht ausziehen kann, und ihn dann für angebrachtes Verhalten verstärken, wird er schnell damit klarkommen. Manche Hunde sind dabei ziemlich amüsant. Mein kleiner Foxterrier Punch reagierte so, dass er im Kreis herumlief. Ich lachte, woraufhin er damit weitermachte. Achten Sie also darauf, über was Sie kichern, oder wobei Sie mit dem Hund »Mitleid« haben. Kichern und Mitleid verstärken ein Verhalten, sodass Sie ihn genau zu dem Verhalten ermuntern, das Sie loswerden möchten. Ehrlich, es ist ja nicht so als ob Sie ihm damit wehtun würden. Die Berührungen mit der Pfote sind eine natürliche Reaktion auf: »Was zum Himmel ist das? Es fühlt sich komisch an!« Ich habe festgestellt, dass die Hunde schnell damit klarkommen, wenn die Besitzer es erst einmal tun.
Wenn es nach mir ginge, würde ich den Hund lieber so sanft und langsam wie möglich an das Kopfhalfter gewöhnen, aber irgendwann müssen Hund (und Halter!) einfach damit klarkommen!

Legen Sie dem Hund das Halti an und lassen Sie ihn dann eine Mahlzeit fressen. Wenn er damit fertig ist, ziehen Sie ihm das Halti aus.

Hat der Hund das Halti schon ein paar Mal getragen, können Sie anfangen, ihm beizubringen, wofür das Halti gedacht ist.

1. Legen Sie dem Hund das Halti mit dem Martingale-Halsband an.
2. Befestigen Sie eine Leine am Halti und eine am Martingale-Halsband.

Reißen oder zerren Sie niemals an einem Hund, der ein Halti trägt. Es sollte immer sanfter, gleichmäßiger Druck ausgeübt werden.

Als Erstes bringen Sie dem Hund bei, dass er den Druck auf das Kopfhalfter »kontrollieren« kann, indem er »nachgibt«. Das bringen Sie ihm wie folgt bei: Legen Sie Ihre Hand auf Ihren Oberschenkel, um die Leine zu fixieren. Gehen Sie nun rückwärts bis ein *leichter* Druck auf das Halti ausgeübt wird. Wahrscheinlich wird der Hund dagegen protestieren und rückwärts gehen, um noch stärker am Halti zu ziehen. Locken Sie den Hund mit Ihrer Stimme und Leckerlis zu Ihnen.

Wenn ein oder zwei stille Aufforderungen und lockende Leckerlis zu keinem sofortigen Ergebnis führen, halten Sie einfach still und bleiben Sie ruhig, bis der Hund es aussitzt. Sie haben versucht, ihm zu helfen. Wenn der Hund in diesem Moment nicht für Hilfe Ihrerseits offen ist, warten Sie einfach ruhig und geduldig. Es ist kein »lehrbarer Moment«.

Manche Dinge muss der einzelne Hund selbst herausfinden. (Können Sie sich an all die tollen Ratschläge Ihrer Eltern erinnern, die Sie doch nicht befolgt haben? Sie mussten es einfach selbst lernen. Dies zeigt uns: Beherzigen Sie gute Ratschläge!) Wenn Sie abwarten und der Hund dann auch nur ein bisschen nach vorne geht, damit der Druck auf der Leine nachlässt, geben Sie ihm sofort den PM und Leckerlis. Dadurch können Sie dem Hund die nötigen Informationen vermitteln. Allgemein gehen Hunde an diesem Punkt dazu über, den anderen Informationen Beachtung zu schenken und Ihren Ratschlag zu beherzigen. Er bemüht sich dann bewusst, die Leine locker zu halten und Sie zu anzuschauen.

Ally lernt, dem Druck auf das Kopfhalfter nachzugeben
Hand liegt fest auf Oberschenkel.
Sobald der Hund lernt, dem Druck auf das Kopfhalfter nachzugeben, kann er schnell die erfolgte Korrektur kontrollieren. Ich lege meine Hand fest auf meinen Oberschenkel – ich ziehe *nicht* am Hund, der Hund hat beschlossen, an mir zu ziehen. Sobald er einen Schritt macht oder sich nur leicht nach vorne lehnt, nimmt der Druck ab, die Bestrafung hört auf und Ihr Hund lernt zwei sehr humane, aber dennoch wertvolle, Lektionen: 1. Ich kann kontrollieren, was mir passiert, indem ich mich auf bestimmte Art und Weise benehme. 2. Mein Mensch kann mir aus einer schwierigen Situation heraushelfen, wenn ich ihn in die Gleichung mit einbeziehe.

In dem Moment, in dem der Hund den Druck verringert oder, sogar noch besser, einen Schritt auf Sie zumacht, wodurch der Druck auf das Halti weniger wird, markieren Sie dies und geben ihm Leckerlis. Wiederholen Sie dies ein paar Mal und geben Sie ihm für jeden Schritt, den er auf Sie zumacht, ein Leckerli.

Die meisten Hunde lernen schnell, dass es am besten ist, wenn das Halti locker ist, indem sie nicht dagegenziehen. Jetzt können Sie einen kleinen Spaziergang machen. Sie haben dem Hund zwei Leinen angelegt, dadurch können Sie ihn, wenn nötig, sowohl über das Halsband als auch das Halti führen. Bringen Sie dem Hund bei, schnell auf das Halsband an sich zu reagieren, indem Sie sanften, gleichmäßigen Druck auf das Halsband ausüben. Falls der Hund nicht darauf reagiert, indem er langsamer geht oder sich zu Ihnen dreht, können Sie dieses Kommando dadurch unterstützen, dass Sie gleichmäßigen, sanften Druck auf das Halti ausüben, wodurch sich der Kopf des Hundes in Ihre Richtung dreht. Markieren und belohnen Sie dies mit Leckerlis.

Haben Sie immer jede Menge tolle Leckerlis dabei und seien Sie in den ersten Unterrichtsstunden mit dem Halti sehr freigiebig mit Lob, Zustimmung und Leckerlis.

Ja!
Ally bekommt viele Belohnungen – der Druck wird vom Kopfhalfter genommen und sie bekommt ein köstliches Leckerli und soziale Anerkennung. Dadurch fällt es ihr in Zukunft leichter, sich zu entscheiden, ob sie Widerstand leisten möchte! Gutes Timing ist der Schlüssel zum Erfolg. Es ist wichtig, dass fehlender Widerstand (der Hund zieht nicht) dadurch verstärkt wird, dass die Leine locker gehalten wird und der Hund sich so wohlfühlt.

Zusammenfassung

Achten Sie auf einen neutralen Tonfall und lassen Sie sich Zeit, um den Hund an das Halti zu gewöhnen. Die meisten Hunde reagieren ähnlich darauf wie beim ersten Mal, als Sie ihm ein herkömmliches Halsband angelegt haben. Sie kratzen und schütteln sich und versuchen, es wieder loszuwerden. Es fühlt sich anders und merkwürdig an. Aber mit der Zeit und Geduld lernen sie alle, ein Halti zu tragen. Möglicherweise sind dazu ein paar Wochen und sanfte, kurze Trainingseinheiten nötig. Ich erlaube mir oft einen Spaß mit meinen Kunden und sage ihnen, dass es genauso ist wie bei einem Ehering: In mancher Hinsicht ist es eher eine mentale als eine körperliche Übung…

Legen Sie NICHT das Halti an und beginnen sofort mit der körperlichen Korrektur. Erwarten Sie kein Wunder. Es ist schlicht und einfach ein weiteres Hilfsmittel, das Sie verwenden. Training, Training und nochmals Training ist immer die richtige Antwort auf Verhaltensprobleme.

Achten Sie darauf, dass Sie die Leine am Halti locker halten, es sei denn, Sie benutzen es insbesondere dafür, dem Hund Informationen zu übermitteln. Wenn Ihr Hund brav läuft oder sich Ihnen nähert und Sie dabei die Leine am Halti stramm halten, bestrafen Sie Ihren Hund in Wahrheit für korrektes Verhalten. Eine konstant stramme Leine bringt dem Hund bei, am Halti zu zerren, genau wie eine stramme Leine ihm vorher beigebracht hat, am Halsband zu zerren.

Ally lernt, so zu laufen, dass die Leine locker hängt

Gehen Sie jetzt rückwärts vom Hund weg. Solange der Hund mir folgt und sich auf mich fokussiert, bleibt das Kopfhalfter angenehm und die Leine locker. Darum müssen Sie darauf achten, dass Sie Ihre Hand ruhig halten. Sie können Ihren Daumen in Ihre Hosentasche stecken, sodass nicht Sie, sondern nur der Hund ziehen kann. Jetzt wo der Hund die Leine locker hält und mich anschaut, habe ich nur begrenzte Möglichkeiten zur Verstärkung des erwünschten Verhaltens.

Achtung: Lassen Sie den Hund niemals unbeobachtet, während er das Halti trägt. Das Kopfgeschirr ist dafür gedacht, wenn Sie mit Ihrem Hund arbeiten, damit Sie zu verstärkendes Verhalten erzielen können. Binden Sie einen Hund niemals mit einem Kopfgeschirr an. Ein Halti ist für diesen Zweck nicht geeignet. Das ist gefährlich!

Rückwärts gehen...
Als Nächstes gehen Sie rückwärts. Markieren und belohnen Sie das Verhalten, dann ...

... und in Fuß-Position drehen
... drehen Sie sich in Fuß-Position
Schon bald läuft Ally normal und glücklich an meiner Seite. Die ganze Fotostrecke wurde in »Echtzeit« aufgenommen und dauerte rund zehn Minuten (manchmal mussten wir anhalten und warten, bis die Fotografin eine neue Position eingenommen hatte etc.). Sam, die Fotografin, hatte Ally mitgebracht, weil ich ihr gesagt hatte, dass ich einen Hund bräuchte, der noch nie ein Kopfhalfter getragen hatte und garantiert einen Wutanfall kriegen würde.

23

Nichtgehorsam, bekanntes Verhalten und korrekte Verwendung des Kopfgeschirrs

Ein Halti muss *sanft* (kein Zerren!) benutzt werden, um ein Kommando durchzusetzen, wenn Ihr Hund so reaktiv ist, dass er nicht gut gehorcht. Das Halti darf nur auf diese bestimmte Art und Weise (siehe Beschreibung unten) verwendet werden, wenn es sich um *bekanntes* Verhalten handelt und dieses in der Vergangenheit umfangreich *stark* wurde. Ein Halti darf nicht verwendet werden, um diese Verhaltensweisen *beizubringen* (wir verwenden dafür positive Verstärkung). Es wird benutzt, um *bekanntes* Verhalten unter Bedingungen herzustellen, unter denen Ihr Hund reaktiv wird und nicht auf Sie hört.

Verwenden Sie das Halti, um das Kommando »Sitz« zu unterstützen, dem Ihr Hund keine Beachtung geschenkt hat, ziehen Sie sanft nach oben und üben Sie weiterhin leichten Druck auf

Sitz-Korrektur mit Kopfhalfter für den Hund, der das Kommando Sitz kennt
Wenn Sie dem Hund das Kommando Sitz geben und er nicht gehorcht, obwohl er das Verhalten bestens beherrscht, ist ein sanfter Druck nach oben auf das Kopfhalfter in Ordnung. Man kann die Intensität des ausgeübten Drucks nur sehr vorsichtig beschreiben. Kein Rucken!
Der Druck sollte ein wenig unangenehm sein, aber nicht schmerzhaft. Ihre Bewegung dabei sollte immer gleichmäßig sein, niemals plötzlich oder ruckhaft.
Nehmen Sie sofort den Druck vom Kopfhalfter, in dem Moment, in dem der Hund zu gehorchen beginnt. Das ist nötig, damit Sie dem Hund die richtigen Informationen übermitteln.

das Halti aus bis Ihr Hund sitzt. Geben Sie sofort den PM, lockern Sie sofort die Leine und geben Sie dem Hund die ersten Male ein köstliches Leckerli. Anschließend können Sie für dieses Verhalten ein variables Verstärkungsschema aufstellen und verstärken Sie nur, wenn der Hund sitzt, ohne dass er über das Halti dazu aufgefordert werden musste.

Die Platz-Aufforderung über das Halti sieht so aus, dass Sie gerade nach unten ziehen bis der Hund gehorcht. Für ein Platz ist es häufig am besten, wenn man sich auf die Leine stellt, sodass Ihre Hände nicht in der Nähe des Hundegesichts sind, was nur dazu führen würde, dass er das »Thema wechseln« möchte, indem er sich windet und in Ihre Hände beißt. Wedelt man mit den Händen vor dem Gesicht des Hundes, wird für ihn das Kommando-System nur unnötig verworren.

ACHTUNG: Falls Ihr Hund explosionsartig aggressiv wurde oder Sie angeknurrt hat, sollten Sie besonders vorsichtig sein. Es ist sehr gut möglich, dass er während dieser Übung plötzlich hervorstürzt und Sie beißt. Wenn Sie dies auch nur im Entferntesten für möglich halten, sollten Sie dem Hund sowohl einen Maulkorb als auch das Halti anlegen, bevor Sie diese Technik ausprobieren. Machen Sie dies niemals mit einem Hund, den Sie in der Vergangenheit nicht ausgiebig verstärkt haben. Achten Sie immer auf Sicherheit und darauf, die Initiative zu ergreifen.

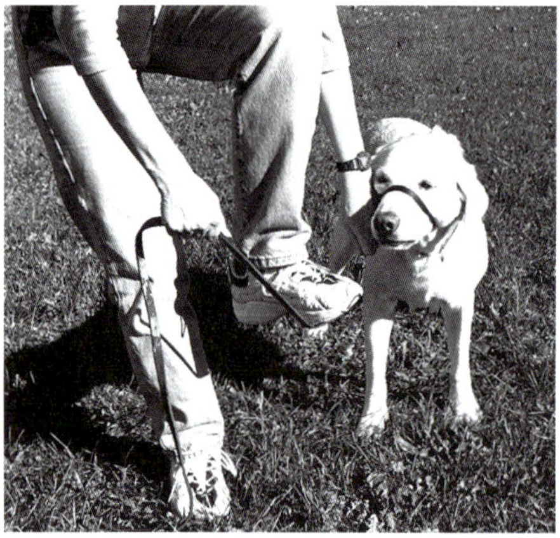

Platz-Korrektur für den Hund, der das Kommando Platz kennt – Foto 1 von 2
Das ist so ungefähr die härteste Korrektur, die ich anwende, mit Ausnahme der »Hunde Liegestützen«. Zerren Sie den Hund nicht auf den Boden. Auch hier handelt es sich um einen sanften, gleichmäßigen Druck nach unten, der aufrechterhalten wird, bis der Hund gehorcht.

Platz-Korrektur – Foto 2 von 2
Es ist zwar nötig, dass Ihre Hände beim nächsten Teil dieser Korrektur in der Nähe des Gesichts des Hundes sind, doch sobald der Verschluss unter Ihrem Fuß ist, sollten Sie diese von seinem Gesicht fernhalten und ihn herausfinden lassen, dass Widerstand zwecklos ist. Sobald der Hund ruhig daliegt, markieren und belohnen Sie.

24

Maulkörbe und sonstige Hinweise zur Ausstattung

Ein Maulkorb ist ein notwendiges Utensil für die Sicherheit des Hundeführers und anderer Menschen und Hunde, die als »Helfer« fungieren. Im Falle von Hunden, die bereits jemanden angeknurrt oder nach jemandem geschnappt haben, ist der Maulkorb in vielen Situationen erforderlich, vor allem, wenn Sie ein Verhalten trainieren, bei dem Sie sich nicht sicher sind, wie Ihr Hund darauf reagieren wird. Die Sicherheit aller sollte immer vorrangig sein, wenn Sie mit einem Tier arbeiten, das die Tendenz gezeigt hat, leicht erregbar zu sein, oder jemanden angeknurrt oder nach jemandem geschnappt hat.

Der Maulkorb sollte eng genug anliegen, dass der Hund sein Maul nicht weiter öffnen kann als die Breite eines Fingers! Trotzdem sollte er so angelegt werden, dass Sie ihm ein weiches Leckerli in das Maul legen geben können, oder er es soweit öffnen kann, dass er Streichkäse oder Erdnussbutter von Ihrem Finger oder, sogar noch besser, von einem Löffel lecken kann, während er den Maulkorb trägt. Ich empfehle Ihnen, den Hund an einen Maulkorb zu gewöhnen, unabhängig davon, ob Sie diesen für notwendig halten oder nicht. Dadurch ist der Hund bereits an einen Maulkorb gewöhnt und dieser kann sofort verwendet werden, wenn eine Aufgabe dadurch sicherer wird. Falls Sie ihn niemals brauchen, umso besser. Dann haben Sie ein paar Minuten Zeit dafür verschwendet, ihn auf ein Ereignis vorzubereiten, das niemals eintritt. Seien Sie dankbar für das, was Sie haben!

Ihrem Hund beizubringen, etwas zu akzeptieren, von dem er nicht begeistert ist, ist eine tolle Übung sowohl für Mensch als auch Hund. Die Menschen lernen einen gewissen Pragmatismus, Hunde lernen Gehorsam und beide lernen die wichtige Lektion »Werd' damit fertig«. Außerdem fördern Sie das Vertrauen Ihres Hundes: »Egal, womit ich, dein Herrchen, dich bekannt mache, vertrau mir, es wird dir nicht weh tun.«

Das Verhalten der Menschen in Bezug auf Maulkörbe ist sehr interessant. Die Leute reagieren, als ob ein Hund durch einen Maulkorb zum Aussätzigen wird. Der Besitzer des Hundes mit Maulkorb erntet häufig skeptische Seitenblicke und Kommentare, die nur ein Zeichen der Ignoranz seitens des Sprechers sind. Dabei sollten diese Hundebesitzer gelobt werden! Es bedeutet, dass sie sich ihres Hundes bewusst sind und wissen, dass sein Verhalten riskant ist, und dass sie versuchen, jeden in der Nähe (und auch den eigenen Hund!) in Sicherheit zu wiegen. Ein Maulkorb ist eine schöne, nonverbale Warnung an sich nähernde Personen, dass dieser Hund keine warmherzigen Begrüßungen seitens unbekannter Personen und Hunde mag.

Manche Menschen sind der Auffassung, Maulkörbe seien »grausam«. Ist es grausamer, dem Hund einen Maulkorb anzulegen, wodurch er mehr Gelegenheiten zur geistigen Stimulierung und zum Training hat, oder den Hund zu töten, weil er letztlich jemanden gebissen hat? Tierärzte und Hundefrisöre zögern, ihren Kunden einen Maulkorb anzulegen, weil diese so emotional darauf reagieren. So setzen sie sich einem unnötigen Risiko aus. Wirklich, Leute, was ist besser? Dass der Hund zehn Minuten lang einen Maulkorb trägt oder die für alle Beteiligten schreckliche Erfahrung, die möglicherweise in Verletzung gipfelt?

Es scheint, als ob die Leute die Krallen des Hundes lieber so lang wachsen lassen, dass es unangenehm wird und zu Arthritis führt, als dem Hund einen Maulkorb anzulegen und die Krallen zu schneiden. Erstaunlich. Vielleicht rührt meine eigene pragmatische Einstellung daher, dass ich mich seit Jahren um Vieh und gerettete Tiere kümmere und solche Tätigkeiten für ihr Wohlbefinden nötig sind. Es wäre einfach lächerlich, wenn ich mich bei diesen Tätigkeiten verletzen würde, und außerdem wäre dem Tier damit auch nicht geholfen!

Ich erinnere mich an eine Person, die mich in einer Therapiegruppe ansprach, die ich leitete. Sie besaß einen großen Wachhund. Sie bat mich, mit dem Hund zu arbeiten, aber sie wollte nicht mit ihm das Gebäude betreten, weil er anderen Hunden gegenüber aggressiv war. Ich bat sie, »aggressiv« zu beschreiben, und sie war nicht sehr entgegenkommend. Doch nach ein paar Fragen meinerseits beschrieb sie einen reaktiven, manchmal explosiven Hund. Sie hatte ein banges Gefühl, ihren Hund unter diesen Umständen anzufassen. Ich fragte sie, ob der Hund Menschen gegenüber freundlich sei und ob ich mich ihm nähern und ihn soweit anfassen könn-

Gewöhnung an den Maulkorb
Gehen Sie nicht davon aus, dass Ihr Hund den Maulkorb sofort lieben wird. Zuerst wird er das nicht. Wenn Sie sich mit einer fröhlichen, aber dennoch bestimmten Einstellung daran machen, Ihren Hund an den Maulkorb zu gewöhnen, wird der Hund ihn schon bald akzeptieren. Wenn Sie so tun, als ob der Maulkorb eine Art Bestrafung ist, wird Ihr Hund sich auch entsprechend benehmen. Es ist auch wichtig, dem Hund den Maulkorb eine Zeit lang jeden Tag anzuziehen.
Sie können Ihren Hund an den Maulkorb gewöhnen, indem Sie Leckerlis benutzen, die er lecken kann und auf denen er nicht viel kauen muss. Wenn Ihr Hund mit Maukorb ein Leckerli kauen kann, kann er auch jemandem einen Finger abbeißen. Benötigt der Hund einen Maulkorb, ist es ja Sinn und Zweck, dass er niemanden beißen kann. Streichkäse und Leberwurst sind hervorragende Leckerlis für diese Übung. Sobald der Hund sich an den Maulkorb gewöhnt hat, wird er ihn wie beiläufig tragen.

te, dass ich mit ihm arbeiten könnte, sodass ich ihr dabei helfen könnte, mit ihm ins Gebäude zu gehen. Sie antwortete, er sei »zu den meisten Menschen recht freundlich«. Ich muss zugeben, dass mich dies nicht gerade zuversichtlich stimmte! Risiken müssen minimiert werden, wenn ich einem Hund helfen soll. Hundebisse tragen nicht dazu bei, dass der Hund ein langes, glückliches Leben führt, und können außerdem beim Gebissenen zu dauerhaftem Schaden führen. Ich antwortete ihr, ich würde gerne mit dem Hund arbeiten und ihr dabei helfen, mit ihm das Gebäude zu betreten, doch sie müsse dem Hund einen Maulkorb und außerdem ein Kopfgeschirr anlegen, damit ich und andere sicher seien. Ziemlich schnippisch informierte sie mich: »Er mag keine Maulkörbe und Kopfgeschirre. Sie machen ihn zu nervös.« Freundlich wiederholte ich, dass ich auf meine Sicherheit und die anderer achten müsse, weshalb er die Ausstattung tragen müsse, bevor ich sicher mit ihm arbeiten könnte. Mit vor Erstaunen geöffnetem Mund sah ich, wie sie auf dem Absatz kehrtmachte und sofort davonging. Es war zuviel verlangt: Dass ich mit einem Hund arbeitete, dessen Verhalten anderen Hunden und Menschen gegenüber fraglich ist, und ich nicht einmal für meine Sicherheit und die unschuldiger Zuschauer sorgen durfte.

Wenn ein Hund auf einen anderen Hund überreagiert, dann seine Aggression gegen mich oder seinen Besitzer richtet und jemand gebissen wird – gibt es dann einen Gewinner? Nein! Mit der geeigneten Ausstattung, sodass jeder sicher ist, kann es möglich sein, diesem Hund beizubringen, weniger reaktiv zu sein. Doch wenn ein Hundebesitzer sich nicht dazu überwinden kann, dass dieser Prozess für den Hund ein bisschen unangenehm ist, kann dieser Prozess einfach nicht stattfinden. Wenn Ihnen Ihre eigenen Emotionen wichtiger sind als das allgemeine Wohlbe-

Wie Sie die Belohnungstube benutzen
Die Belohnungstube hat den Vorteil, dass Ihre Finger nicht in die Nähe des Mauls kommen. Das ist mir lieber, wenn ich den Hund nicht kenne oder er schon mal nach mir geschnappt hat.

finden des Hundes, müssen Sie das akzeptieren, was Ihr Hund Ihnen zu geben bereit ist. Erwarten Sie aber nicht, dass andere ihre eigene Sicherheit oder die ihres Hundes gefährden, damit Ihr Hund sich nicht unbehaglich fühlt. Schauen Sie sich Ihre eigene Einstellung realistisch an und treffen Sie eine vernünftige Entscheidung, die auf dem basiert, was langfristig das Beste ist.

Leinen

Eine Lederleine ist wichtig, weil sie nicht aus der Hand gleiten oder diese verbrennen kann, wie es bei einer Nylonleine passieren kann. Meine zweite Wahl wäre eine Baumwoll-Leine. Leinen sollten regelmäßig auf durchgescheuerte oder abgenutzte Nähte überprüft werden.

Instandhaltung

Kontrollieren Sie regelmäßig Maulkorb, Halti, Leine und Halsband auf starke Abnutzung oder brüchige Stellen. Bei der Arbeit mit einem aggressiven Hund kann kaputte Ausstattung tragische Folgen haben, nicht nur hinsichtlich dessen, was der Hund aus dieser Erfahrung lernt, sondern auch bezüglich der Sicherheit. Achten Sie jedes Mal, wenn Sie sie verwenden, darauf, dass der Zustand Ihrer Ausstattung tiptop ist. Doch vor allem, wenn Sie an etwas arbeiten, was Sie vorher noch nie ausprobiert haben, oder das, was Sie tun, eine große Herausforderung für den Hund darstellt. Eine kaputte Leine oder ein zerstörtes Halsband kann in einem ungünstigen Moment dazu führen, dass Sie oder andere in der Notaufnahme landen und Ihr Hund eingeschläfert werden muss. Riskieren Sie nicht, dass jemand gebissen wird.

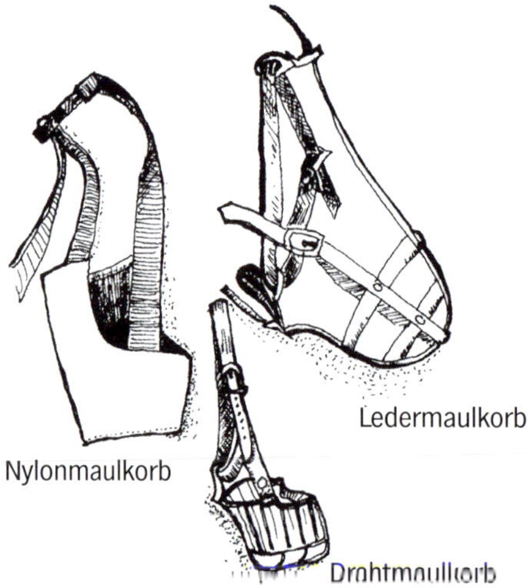

Maulkörbe
Links sehen Sie einen Nylonmaulkorb. Er ist nur für den kurzfristigen Einsatz gedacht, weil der Hund damit nicht hecheln kann. In der Mitte ist ein Drahtmaulkorb. Solche Maulkörbe sind angenehm, weil der Hund sein Maul zum Hecheln öffnen kann, doch falls ein großer Hund Sie mit seinem Drahtmaulkorb anstößt, kann das ziemliche Prellungen hinterlassen! Der Ledermaulkorb rechts ist auch recht angenehm zu tragen.

Teil VI

(Schadens) Kontrolle

25

Einführen planmäßiger Fütterungen

Planmäßige Fütterungen sind eine hervorragende Idee. Falls Ihr Hund jemals krank ist, wird Ihr Tierarzt Sie zu allererst fragen: »Wann und wie viel hat Ihr Hund das letzte Mal gegessen?« Wenn Sie immer nur seinen Futternapf auffüllen, sobald er leer ist, wissen Sie nicht, wie viel er frisst. Außerdem ist übrig gelassenes Trockenfutter ständig der Luft ausgesetzt, sodass es schlecht wird und seinen Nährstoffgehalt verliert, wodurch Insekten und anderes ekliges Getier angezogen werden.

Eine Sache, die solche Hundebesitzer meiner Meinung nach nicht bedenken, ist, dass ein Hund übergewichtig oder fettleibig werden kann. Viele dieser Hunde werden frei gefüttert. Es ist anstrengend, dieses ganze Fett mit sich herumzutragen, und Muskeln, Skelett und Organe des Hundes werden unnötig belastet. Sie verkürzen dadurch das Leben Ihres Hundes und fördern gesundheitliche Probleme in höherem Alter (und steigern Ihre Tierarztrechnung!), wenn Sie Ihren Hund fett werden lassen.

Ich frage Sie: Falls Sie Kinder haben, dürfen diese sich auch jederzeit an einem reichlich gefüllten Buffet bedienen? Nein! Es gibt feste Mahlzeiten und zwischendurch auch Snacks, aber nicht ständig. Wir haben für unsere Kinder und uns selbst feste Mahlzeiten.

Für ein erfolgreiches Training sind feste Fütterungszeiten unerlässlich. Für die große Mehrheit der Hunde ist alles im Leben frei verfügbar. Spielzeug liegt auf dem Boden verstreut, Liebe und Zuneigung sind auf Wunsch erhältlich und überall gibt es Futter. Es überrascht nicht, dass viele Hunde Menschen nicht als so wichtig ansehen, als dass sie ihre Kommandos befolgen müssten. Wenn Ihr Hund sieht, dass Sie das Futter kontrollieren – die wichtigste Ressource – weiß er, dass Sie mächtig und wichtig sind! Das ist die beste Methode, um Ihrem Hund zu zeigen, »wer *wirklich* der Chef ist« (das sind Sie, falls Sie sich das fragen sollten!), und zwar auf nicht-konfrontierende Art und Weise. Wenn Sie Ihren Hund für sein Futter arbeiten lassen, lernt er Folgendes:

- Sie sind wichtig.
- Kommandos zu befolgen ist super, um Futter zu bekommen!
- Auf richtiges Verhalten kommt es an.

Meine süße Miss Breanna, die in ihrer Jugend beschlossen hatte, dass viele *bekannte* Verhaltensweisen völlig optional waren und manchmal aus ihrem aktuellen Aufgabengebiet gestrichen wurden, lernte anders als ich feste Fütterungen einführte. Am auffälligsten war, dass sie zu apportieren begann, was sie vorher ziemlich dämlich gefunden hatte. Zur Regel wurde: »Du bringst nicht den Dummy, dann gibt's auch kein Abendessen.« Das erste Mal als ich den Dummy beim Abendessen hervorzauberte, ignorierte sie mein Kommando »Apport« demonstrativ. Sie blickte flüchtig auf das Dummy, rollte mit den Augen und stolzierte davon und sprang um den Futternapf herum, der oben auf dem Küchentisch stand. Ich nahm sofort ihr fertiges Futter, stellte es zurück in den Kühlschrank und ging weg. Ungefähr fünf Minuten später holte ich ihren Futternapf und das Dummy hervor, ordnete alles an und gab ihr das Kommando zum Apportieren. Als sie sich weigerte, stellte ich einfach wieder das Futter weg. Nach ungefähr sechs solchen Versuchen beschloss Breanna, dass Apportieren Spaß macht!

Um ihren Weitsprung, ihr Platz auf Kommando - was auch immer, mit Ausnahme von Jagdverhalten (ein Verhalten, zu dem niemals aufgefordert wird, das aber immer gerne angeboten wird) aufzupolieren, hing es von da an immer mit den Mahlzeiten zusammen. Sobald Breanna (und auch die nachfolgenden Hunde) dieses Puzzle ausgetüftelt hatte, stieg die Reaktionsrate auf meine Kommandos exponentiell. Und dann wurde es zur Gewohnheit, auf bekannte Kommandos richtig zu reagieren! Nicht schlecht!

So setzen Sie die planmäßigen Fütterungen in die Realität um:

1. Bei einem erwachsenen Hund teilen Sie die Tagesration in zwei Portionen auf. Welpen brauchen drei oder vier Portionen.
2. Geben Sie die erste Portion in den Napf und stellen Sie diesen auf die Küchenablage, den Esstisch oder einen anderen Platz, den der Hund zwar sehen, aber nicht erreichen kann.
3. Fordern Sie Ihren Hund zum Sitz, Platz (irgendein *bekanntes* Verhalten) oder eine Abfolge mehrerer bekannter Verhaltensweisen auf.
4. Reagiert Ihr Hund korrekt auf das Kommando, geben Sie ihm sein Futter. Falls er in seiner Box frisst, bringen Sie sowohl ihn als auch das Futter in die Box.
5. Entfernen Sie das Futter, das er nach 10 bis 15 Minuten nicht aufgefressen hat.
6. Falls Ihr Hund sein Futter innerhalb von 3 Sekunden verschlungen hat, handelt es sich um normales Hundeverhalten.
7. Wiederholen Sie dies bei jeder Mahlzeit.

Wenn Sie Ihren Hund von freier auf feste Fütterung umstellen, erwarten Sie nicht, dass er alles sofort auffrisst. Schließlich ist er an sein Catering gewöhnt! Lassen Sie nicht locker! Innerhalb von ein paar Tagen wird Ihr Hund das Prinzip der festen Fütterungszeiten begriffen haben und Sie mit anderen Augen sehen - Sie werden wichtig sein!

Falls Ihr Hund fett und untrainiert ist, oder er gegen alle Erziehungsmaßnahmen resistent ist, sparen Sie 50-75 % seiner Tagesration an Trockenfutter für das Training auf. Nirgendwo steht geschrieben, dass ein Hund den gesamten Futternapf auf einmal leerfressen muss - Sie können ihm ein bisschen als Belohnung für gutes Verhalten geben. Reduzieren Sie die Mahlzeiten Ihres gesunden, erwachsenen Hundes entsprechend um die Kalorien, die Sie ihm durch die Leckerlis beim Training mehr Kalorien zuführen.

Durch die festen Fütterungszeiten werden Sie merken, dass Ihr Hund viel motivierter ist, für Leckerlis oder sogar sein tägliches Trockenfutter zu arbeiten!

26

Beziehungen – Wie man Hunden beibringt, dass Menschen wichtig sind!

Dieses Programm funktioniert sehr gut, um Hunden mit Angstproblemen Strukturen zu vermitteln. Außerdem lernt der Hund durch dieses Programm, Achtung zu zollen, und es eignet sich hervorragend für Hunde, die Menschen als unwichtig erachten!

Ich habe diesem Programm meinen eigenen »Touch« und meine eigene Philosophie eingehaucht, doch allgemein wurde es vor vielen Jahren von William Campbell (1975) beschrieben. Es ist von einer zeitlosen Klugheit und alle sollten ihm Beachtung schenken!

Die *große* Mehrheit der Hunde, die in die Kategorie »dominant« eingeordnet werden, ist in Wahrheit ängstlich oder einfach nur unerzogen oder zu wenig trainiert. Ihnen wurde niemals systematisch beigebracht, menschliche Berührungen zu akzeptieren oder ihnen zu vertrauen. Das Schöne an diesem Übungsplan ist, dass es hierbei nur wenig Potenzial zur Verschlimmerung der Probleme gibt. Stattdessen können hiermit so viele gute Dinge für die Beziehung zwischen Mensch und Hund erreicht werden.

Unsere Haushunde hängen für immer von uns ab, wenn es um Futter, Wasser, den Zugang nach draußen, Liebe und Zuneigung geht; aber auch hinsichtlich Disziplin und Ordnung in ihrem Leben. Doch nur wenige Menschen machen sich die vielen Trainingsmöglichkeiten zunutze, die ihnen dadurch geboten werden.

Die meisten von uns wurden von ihren Hunden sehr gut darin erzogen, ihnen Aufmerksamkeit zu schenken, wenn immer sie diese wünschen. Weil Hunde uns sagen, dass sie rausgehen, etwas trinken, ein Leckerli haben oder gestreichelt werden möchten, und wir darauf reagieren, ohne vorher etwas vom Hund zu verlangen (irgendein erwünschtes Verhalten: Mitarbeit, Sitz, Rolle - egal was), wird es den Hunden nicht klar, dass Menschen von Wichtigkeit sind. Es ist wirklich nicht überraschend, dass Hunde Menschen nicht als wichtig ansehen. Was viel überraschender ist, ist dass nicht noch mehr Hunde aufdringlich und penetrant werden! Bei einem unsicheren Hund führen viele unserer Interaktionen dazu, dass er glaubt, es gäbe keine Grenzen - wodurch für sie die Welt noch unsicherer wirkt. Viele Hunde werden übermäßig fordernd, weil sie versuchen, Grenzen zu definieren und die Regeln herauszuarbeiten.

Wir lieben unsere Haustiere, sie sind Teil unserer Familie. Es ist leicht und macht Spaß, sie zu verwöhnen! Auch ich verwöhne meine Hunde - aber ich gebe ihnen auch strukturierten Gehorsam (dafür ist längst nicht so viel nötig, wie Sie vielleicht denken!) und »Hausregeln«, die befolgt werden müssen. Für Ihren vierbeinigen Freund ist es wichtig, dass er Regeln hat und weiß, dass er diese zu befolgen hat. Dadurch fühlt sich Bello sicher und geliebt, genauso wie menschliche Kinder und Erwachsene. Bevor Sie die Regeln »durchsetzen« können, muss Ihr Hund lernen, was

Regeln überhaupt sind. Es ist nicht fair, ihn für eine Lektion zu bestrafen, die er noch gar nicht gelernt hat.

Unsere Hunde verfügen nicht über die Instinkte, den Hintergrund oder das Urteilsvermögen, um mit vielem, auf das sie in ihrem Leben in der menschlichen Gesellschaft treffen, umzugehen. Hunde haben nicht das Urteilsvermögen - und sollten es auch nicht haben -, zu entscheiden, wer wo im Haus sitzt, wer im Garten spazieren darf oder wer ins Haus gelassen wird, ob sie auf der Straße laufen dürfen etc. Wir müssen der »Führer« unserer Familie sein und Entscheidungen für die körperliche und geistige Sicherheit unserer Hunde treffen. Und auch für das Wohlbefinden unserer Besucher und Familie!

Strukturen bieten – Hilfe für aufdringliche oder ängstliche Hunde!

Falls Ihr vierbeiniger Freund in diese Kategorie einzuordnen ist, stehen Sie damit nicht alleine da! Die meisten Verhaltensprobleme sind auf mangelnde Kommunikation zwischen Mensch und Hund zurückzuführen. Sobald Sie lernen, dass es effektive Methoden gibt, um Ihren Hund wissen zu lassen, was Sie wollen, lernt er auch, wie er sich Lob und Anerkennung verdient. Sind Sie derjenige, der Verstärkung austeilt, werden Sie wichtig und es wird deutlich, dass Sie die Autorität besitzen, Konsequenzen zu bieten. Indem er versteht, dass Konsequenzen von Verhalten abhängen, versteht Ihr Hund die Relevanz von Kommandos.

Um einem ängstlichen Hund zu helfen oder einen aufdringlichen oder nicht folgsamen Hund zu einem, der Ihre Wünsche akzeptiert, zu verändern, müssen Sie einen leicht zu beschreibender Übungsplan befolgen, der aber Engagement und Selbstdisziplin von Ihnen erfordert.

Die Formel ist leicht: Jedes Mal, wenn Ihr Hund Sie um etwas bittet (z.B. Streicheleinheiten, Gassigehen, Futter), fordern Sie ihn auf, etwas für Sie zu tun.

Das Szenario sieht wie folgt aus:

1. Bello nähert sich Ihnen und stupst Sie an.
2. Sie reagieren, indem Sie »Bello, Sitz!« sagen.
3. Sobald Bello sitzt, können Sie ihn nach Herzenslust streicheln.
4. Bevor Sie ihm sein Futter geben, fordern Sie Bello zum Platz auf.
5. Bevor Sie Bello erlauben, aus der Tür zu gehen, fordern Sie ihn zum Sitz oder dazu, Sie anzuschauen, auf.

Ein guter »Geführter« muss dem Anführer folgen. Da Ihr Hund in einer »menschlichen« Umgebung lebt, muss er ein guter Geführter sein. So laufen die Dinge viel reibungsloser! Um einen guten Geführten zu haben, müssen Sie ein guter Anführer sein. Außerdem benötigt Ihr Hund Zustimmung und Lob. Das ist ein »Gehaltsscheck« für gutes Benehmen. Gesellschaft ist wahrscheinlich der Grund, warum Sie sich den Hund zugelegt haben. Sie sollten sich aneinander erfreuen und nicht ständig auf Konfrontationskurs gehen!

Kurz gesagt, jedes Mal, wenn Bello um Ihre Aufmerksamkeit bittet, sollten Sie ihn zum Sitz oder Platz oder einem anderen Verhalten auffordern. Dann können Sie ihn loben oder streicheln. Vermeiden Sie zuerst langes Streicheln oder lange Aufmerksamkeit (ungefähr zwei Wochen lang). Wenn Sie zu großes Bohei machen, verlangsamt das Ihre Fortschritte erheblich und führt zu Rückschlägen. Auch in anderen Situationen sollten Sie mit Gehorsamsübungen arbeiten. Fordern Sie ihn zum Sitz, Platz oder einem Kunststück auf bevor Sie ihn füttern, streicheln, nach draußen lassen, wieder hereinlassen, mit ihm Gassi gehen und auch währenddessen und bevor Sie ihm ein Spielzeug werfen.

Integrieren Sie die Kommandos zu Sitz oder Platz oder anderem Verhalten in Ihren Alltag und jeden Umgang mit Ihrem Hund. Der Vorteil ist, dass Sie am Tag mehrere kurze Trainingseinheiten absolvieren, wovon jede rund 5-10 Sekunden dauert. *Wiederholung ist das Geheimnis zuverlässiger Reaktionen auf Ihre Kommandos.* Jedes Mal, wenn Ihr Hund ein bestimmtes Verhalten zeigt, wird dieses Verhalten gestärkt. Das Nebenprodukt ist, dass es Ihrem Hund zur Gewohnheit wird, zu gehorchen. Ja! Sofern Sie sich an dieses »Programm« halten, haben Sie innerhalb einer oder zwei Wochen einen ganz neuen Hund. Nicht nur, dass er sich viel mehr für Ihre Meinung interessiert, er wird auch noch viel entspannter sein. Er muss nicht mehr Entscheidungen treffen, zu denen er gar nicht in der Lage ist. Außerdem bekommt er auch noch den Vorteil der »guten« Aufmerksamkeit und Lob von Ihnen. Die Vorteile für Sie sind offensichtlich: Sie bekommen einen sogar noch besseren Freund, weil Sie miteinander kooperieren. Die Beziehung wird gestärkt, weil der Druck, der durch die Frage »Was sind die Regeln?« entstanden ist, wieder abgebaut wurde!

Es kann sein, dass es an manchen Tagen zu Rückschlägen, Verwirrung und »Schmollen« kommt. Das liegt sicherlich im Rahmen der normalen Reaktionen. Vergessen Sie nicht, Sie haben gerade die Regeln geändert und anfangs kann Ihr Hund sehr irritiert sein – seine Routine hat sich verändert. Warum kommt es plötzlich zu einem Rückschlag? Bello hat so hart daran gearbeitet, *Sie zu erziehen,* und Sie haben so gut darauf reagiert!

Dieses Programm funktioniert wunderbar, um ängstlichen Hunden Strukturen aufzuzeigen und Sicherheit zu bieten sowie aufdringliche Hunde in ihre Schranken zu verweisen. Es ist sogar so, dass dieses Programm bei allen Hunden gut funktioniert. Der *wahre* Grund, warum es funktioniert, ist: Es sorgt dafür, dass die Konsequenzen vom Verhalten abhängen. Die Frage lautet für den Hund nicht mehr »Wer ist hier der Boss?«, sondern »Was kommt für mich dabei raus?«. Genau wie Menschen brauchen Hunde Strukturen, Muster und Berechenbarkeit, damit sie die Regeln kennen und somit innerhalb deren Rahmen arbeiten können.

Für die unter Ihnen, die es interessiert: Dieses Programm basiert auf dem Premack-Prinzip (benannt nach David Premack). Es besagt, dass ein mit hoher Wahrscheinlichkeit vorkommendes Verhalten (etwas, das der Hund machen möchte, wie beispielsweise aus der Tür zu preschen) als Verstärkung für ein Verhalten benutzt werden kann, das wahrscheinlich nicht vorkommt (etwas, das der Hund ansonsten nicht freiwillig tun würde, wie beispielsweise zu Sitzen, bevor er aus der Tür prescht).

27

Spiele für Hunde und Menschen

Das Spiel ist einer der Hauptgründe, warum wir uns einen Hund zulegen, ob wir uns dessen bewusst sind oder nicht. Viele Menschen würden Gesellschaft als Grund nennen, doch das Spiel ist ein wichtiger Bestandteil der Gesellschaft. Durch Spielen können Menschen und Hunde lernen, sozial miteinander zu agieren. Es gibt viele Spiele, die Sie mit Ihrem Hund spielen können, um Ihre Beziehung zu stärken und selbst wieder zum Kind zu werden. Die geistigen und körperlichen Vorteile des Spiels für Sie beide sind endlos.

Durch Spiel lernen Hunde auf natürliche Art und Weise, miteinander zu interagieren (vor allem als Welpen). Durch das Spiel können Sie Ihrem Hund auch beibringen, mit Menschen zu interagieren. Bei den meisten Hundespielen geht es um Jagen (Beute) und Besitz. Durch Spiele können Sie Ihrem Hund beibringen, dass Menschen *keine* Hunde sind und nicht auf dieselbe Art wie Hunde spielen möchten (beispielsweise sich miteinander im Dreck zu wälzen, sich zu beißen und gegeneinander zu prallen).

Macht der Hund beim Spielen gute Erfahrungen, wird dadurch aggressives Verhalten verhindert. Für Hunde, die aggressives oder grenzwertiges Verhalten zeigen, ist das Spiel wichtig, weil dadurch richtiges Verhalten Menschen gegenüber geübt werden kann, indem die Spiele umsichtig ausgewählt werden.

Oftmals wird durch die Art und Weise, wie Menschen mit ihren Hunden im Welpenalter spielen, Verhalten gefördert, das im Erwachsenenalter als Aggression interpretiert wird. Wird zugelassen, dass Hunde Besitzspiele spielen und jedes Mal »gewinnen«, wird dadurch die Information vermittelt, dass es in Ordnung ist, seine Zähne zu benutzen, um etwas zu bekommen. Wird der Hund während des Spiels müde oder ärgerlich und benutzt er defensives Verhalten, damit Sie aufhören, bringen Sie ihm defensives Verhalten bei. Spielen Sie so mit Ihrem Hund, dass er sehr aufgeregt ist, und fördern Sie dies dann sogar noch durch grobes Spiel, kann es dazu führen, dass er Angst bekommt und Sie durch verteidigendes Verhalten abzuwehren versucht. Dann verlieren Sie die Beherrschung und bestrafen Ihren Hund, wodurch ein unangenehmer Kreislauf beginnt.

Kein Welpe oder Hund sollte im Spiel ins Gesicht, auf den Kopf oder das Maul geschlagen werden. Halten Sie Ihrem Hund nicht die Hand oder den Arm hin, sodass er im Spiel hineinbeißen oder daran zerren darf. Es sollten nur geeignete Spiele gespielt werden, die Ihre Beziehung stärken und wobei der Hund dafür verstärkt wird, dass er Menschen gegenüber rücksichtvoll ist.

Jedes Mal, wenn die Zähne des Hundes mit menschlicher Haut in Berührung kommen, sollten Sie sofort das Spiel unterbrechen! Je nach Situation können Sie eine der folgenden verschiedenen Techniken benutzen:

1. Falls Ihr Hund grob und besitzergreifend wird oder Sie ständig dazu zu animieren versucht, hinter ihm herzulaufen, legen Sie ihm eine Leine an, um Mensch-verfolgt-Hund-Spiele zu verhindern. Halten Sie jede Menge Leckerlis bereit, um Ihrem Hund beizubringen, dass es zu seinem Vorteil ist, wenn er Spielzeug aufgibt und stattdessen mit ihnen zu Menschen läuft.
2. Falls Sie mit einem Welpen arbeiten, der spielen möchte und Ihre Hand statt des Spielzeugs greift, unterbrechen Sie sofort das Spiel und ignorieren Sie ihn betont einen Moment lang. (Stehen Sie auf, schauen Sie an die Decke und verschränken Sie Ihre Arme.) Anschließend können Sie wieder ein ähnliches Spiel mit Ihrem Hund spielen und sehen, ob er die Nachricht verstanden hat. Vielleicht müssen Sie dies mehrfach wiederholen, je nach einzelnem Hund, bis er es begriffen hat.

Lassen Sie sich auf kein grobes Spiel ein, bei dem Sie mit den Hunden schubsen, drücken oder herumrollen und sie somit dazu auffordern, in Sie hineinzuprallen. Außerdem sind Spiele tabu, die Menschen scheinbar sehr amüsieren: Den Hund so sehr reizen, bis er schließlich reaktiv wird (ihn schubsen, ins Gesicht schlagen etc.). Unweigerlich sind das genau die Menschen in der Familie, die sich darüber beschweren, dass der Hund ihnen nicht gehorcht. Dieses Spiel vermittelt den Hunden außerdem die deutliche Nachricht: Menschen sind ein Ziel für grobes Spiel und es ist in Ordnung, wenn man ihnen gegenüber erregt, gereizt und sehr körperlich ist.

Menschen sollten mit ihren Hunden nicht grob raufen und Jagdspiele machen. Durch grobes Raufen lernt Bello, dass es in Ordnung ist, wenn er zu Menschen grob ist, und er wird zwangsläufig einem Kind oder einem hundeunerfahrenen Erwachsenen Angst einjagen. Jagdspiele werden Ihnen keinen Spaß machen, wenn Sie morgens um sechs Uhr im kalten Regen mit ihm draußen sind und gleich zur Arbeit müssen oder wenn Bello gerade Ihre Unterhose im Maul hat und Gäste zu Besuch sind.

Achten Sie auf darauf, dass Ihr Hund und andere *sicher* sind! Erziehen Sie Ihren Hund und bringen Sie ihm vom ersten Tag an korrektes Spielverhalten bei.

Spiele, die Hunde mit Artgenossen spielen

Diese Spiele fallen im Allgemeinen in eine der folgenden Kategorien: Beute- und Jagdspiele, Besitzspiele (die schnell in intensives oder ernstes »Das ist meins und ich mache keinen Spaß«-Verhalten eskalieren können) oder Scheinkämpfe.

Bei Beute- und Jagdspielen ist ein Hund der »Jäger« und der andere die »Beute«. Ohne ersichtlichen Grund tauschen die Hunde ihre Rollen, aber das ist Teil des Spiels. Wenn die »Beute« gefangen wurde, wird sie über den Boden gerollt, im Nacken gepackt und ein Scheinkampf kann stattfinden. Meine Hunde scheinen es sehr zu mögen, dem anderen Hund auf den Füßen, dem Gesicht oder den Ohren zu kauen oder sich gegenseitig zu belauern und sich plötzlich aufeinander zu stürzen. Es ist sehr schön, diese Strategien zu beobachten. Ein Hund versucht, dem anderen den Weg abzuschneiden, um ihn zu fangen.

Wenn der »Jäger« zu ungestüm mit dem »Gejagten« umgeht, ist es Zeit, dass die Eltern eingreifen. Manchmal bekommen kleinere oder jüngere Hunde Angst, wenn die anderen Mitspieler zu grob werden. Sobald er einmal Angst hat, verhält sich der Hund wie reale Beute. Rufen Sie beide Hunde zu sich oder halten Sie einen von beiden fest, damit das Spiel unterbrochen wird, und gönnen Sie beiden eine kleine Auszeit. Eine soziale Auszeit, wobei der Hund in die Box gesperrt wird oder Platz-Bleib machen muss, ist eine gute Methode, um diese Pause durchzusetzen.

Scheinkämpfe

Kennen Sie die Zwillinge Diedeldei und Diedeldum aus »Alice im Wunderland«? Zum Schein posieren sie und veranstalten jede Menge Kämpfe. Hunde lieben »Maulspiele«, sich anzuknurren und sich gegenseitig auf dem Gesicht herumzukauen. Ein Hund hält den anderen am Boden fest und mit gefletschten Zähnen und jede Menge Lauten und Bewegungen schlägt Maul an Maul. Sie können beobachten, dass alle gut sozialisierten Hunde sehr vorsichtig sind, sodass sie nicht beißen. Denn wenn sie zu fest zubeißen, wird niemand mehr mit ihnen spielen!

Alle haben ihren Spaß, solange die Hunde nicht fest zubeißen. Keiner scheint ängstlich zu sein oder mit eingezogener Rute verzweifelt zu entkommen zu versuchen. Niemand schreit auf. Die Hunde tauschen die Rolle.

Warnsignale: Ein Hund besteigt ständig die anderen Tiere. Das ist häufig ein Zeichen von Unsicherheit. Ein kleiner Tyrann ist in der Mache, sofern dieses Verhalten nicht eingedämmt wird, damit sich andere, wünschenswertere Verhaltensweisen entwickeln können.

Dasselbe gilt für solche Hunde, die andere begrüßen, indem sie auf sie zu rennen und ihnen ihre Pfoten auf die Schultern oder den Rücken legen. Mein eigener Hund, Breanna, ist dafür berühmt und dies ist ungefähr genauso spielerisch, als wenn jemand auf Sie zu käme und Sie schubsen würde, anstatt Ihnen die Hand zu geben. Nicht süß! Oder freundlich!

Wenn beide Hunde einen Schlagabtausch beginnen, wobei sie beide auf ihren Hinterläufen stehen und miteinander »boxen«, sich viel in die Augen gucken, kann dies Ärger bedeuten. Solange sich ein Hund deutlich unterwirft, wobei er seine Augen abwendet, die Ohren anlegt und den Kopf senkt, führt dies zu Freundschaft und Spiel.

Spiele, die Menschen mit Hunden spielen sollten

Die besten Spiele verstärken die Qualitäten, die Sie sich bei Ihrem Hund im Umgang mit Menschen wünschen. Davon gibt es jede Menge, und ich wette, Ihnen fallen sogar noch mehr ein, sobald Sie darüber nachdenken. Die meisten haben »persönliche« Spiele, die sie gerne spielen, so wie einen privaten Witz. Breanna »lächelt« morgens, wenn sie morgens auf's Bett darf, um den Bauch gekrault zu bekommen, und Punch springt gerne in den Wäschekorb (mein Mann hat ihr das beigebracht; wenn sie es macht, bekommt sie ein Leckerli). Zasu und Rylie jagen gerne Tennisbällen hinterher. Zasu, ein Glatthaar-Foxterrier, stürzt sich auch gerne auf alles und bellt dann – Harken, die an den Zwinger gelehnt wurden, Wasser, das aus dem Schlauch fließt, Bälle und eine Reihe anderer fester und beweglicher Gegenstände. Rylie, ein Border Collie, starrt Tennisbälle genauso gerne an, wie er ihnen hinterherrennt.

Mit den untenstehenden Spielen werden den Hunden Sitz, Platz, Aus und andere Kommandos beigebracht. Sie sind ein weiteres Beispiel für das Üben in Alltagssituationen oder das Premack-Prinzip. Durch diese Spiele üben Sie, dass Ihr Hund zuverlässig auf Kommandos hört.

Versteckspiel

1. Sie brauchen jemanden, der Ihnen hilft, den Hund festzuhalten, während Sie ihm ein Leckerli oder ein Spielzeug zeigen, sodass er schon ganz aufgeregt wird.
2. Gehen Sie außer Sichtweite – zuerst nur um die Ecke.
3. Rufen Sie den Hund, der Helfer muss ihn loslassen.
4. Machen Sie ein Riesenbohei, wenn der Hund Sie findet!

Alternative:

1. Wenn Sie einen Spaziergang machen und der Welpe Sie gerade ignoriert, ducken Sie sich hinter einen Baum, Busch etc.
2. Schauen Sie nach, ob dem Welpen aufgefallen ist, dass Sie nicht mehr da sind.
3. Wenn es ihm aufgefallen ist und er nach Ihnen Ausschau hält – super!
4. Ist es ihm nicht aufgefallen, erregen Sie seine Aufmerksamkeit, indem Sie seinen Namen rufen oder plötzlich wegrennen, während Sie seinen Namen rufen.
5. Eine Spielzeit ist angesagt, wenn er Sie gefunden hat!

Sie können Ihrem Hund am Anfang für dieses Spiel auch eine Schleppleine anziehen. Wenn Sie dieses Spiel mit einem sehr unabhängigen Hund spielen, kann es nach hinten losgehen, so wie es mir mit meinen Terriern ein- oder zweimal passiert ist… Achten Sie also höllisch darauf, dass Umgebung und Situation sicher sind, bevor Sie dieses Spiel beginnen. Am besten benutzen Sie dafür ein umzäuntes Areal oder eine Schleppleine. Ich rate Ihnen, dass Sie Welpen in den ersten zwölf Monaten eine Schleppleine anlegen, sodass er gute Angewohnheiten entwickelt.

Apportspiele

Für Apportspiele brauchen Sie immer zwei- oder dreimal *denselben* Gegenstand. Weitere Informationen zu diesem Thema finden Sie im Übungsplan »Das Zweierspiel«.

1. Ohne dass Sie den Gegenstand Ihrem Hund ins Gesicht knallen, sollten Sie dafür sorgen, dass er ganz begeistert von diesem Gegenstand ist.
2. Werfen Sie den Gegenstand; beim ersten Mal nur ein kleines Stück weit.
3. Wenn er sein Maul um ihn legt und ihn aufhebt, sagen Sie seinen Namen, klatschen Sie in die Hände und gehen Sie von ihm weg.
4. Zeigen Sie ihm das Spielzeug, das Sie in der Hand haben und dass er zu Ihnen zurückbringen soll.
5. Wenn er Ihnen das Spielzeug bringt, das er bereits hat, konzentrieren Sie sich nicht auf das

Spielzeug, sondern *auf ihn* und geben Sie ihm soziale Anerkennung (verbale »Ohs« und »Ahs« und einen freundlichen Klaps).

6. Nach rund fünf Sekunden können Sie ihn dazu ermuntern, das Spielzeug, das er bereits hat, Ihnen zu Füßen zu legen. Legen Sie Ihre Hand auf das Spielzeug und sagen Sie »Aus« und ermuntern Sie ihn dann dazu, es Ihnen zu geben.

   Alternativ können Sie anfangen, mit dem Spielzeug, das Sie in der Hand halten, zu spielen, bis er sich dafür interessiert und neugierig wird und dann sein Spielzeug fallen lässt.

7. Sobald Ihr Hund sein Spielzeug fallen lässt oder es Ihnen gibt, werfen Sie es oder eines der identischen Spielzeuge sofort weg, sodass Ihr Hund sofort dafür belohnt wird, dass er sein Spielzeug hergegeben hat.
8. Hören Sie zu spielen auf, solange Ihr Hund noch eifrig dabei ist. Für gewöhnlich ist es bei den ersten Malen vollkommen ausreichend, wenn Ihr Hund zwei- oder dreimal apportiert. Auch wenn Sie und Ihr Hund viel Spaß haben, sollten Sie nicht in Versuchung geraten, das Spiel fortzuführen bis der Hund gelangweilt ist und weggeht. Im Laufe der Spieleinheiten können Sie die Zahl der Wiederholungen steigern, wenn der Hund begeisterter und seine Aufmerksamkeitsspanne länger wird.
9. Eine großartige Methode, um dieses Spiel zu beenden, ist, ein Leckerli gegen den Ball (oder das Spielzeug) zu tauschen. Danach bleiben alle Apportier-Spielzeuge in Ihrem Besitz.

Sobald Ihr Hund das Spielzeug fallen lässt oder es Ihnen bereitwillig auf Kommando gibt, können Sie für das Spiel nur noch ein Spielzeug benutzen. Aber es ist hilfreich, am Anfang mehrere Spielzeuge zu verwenden, damit Ihr Hund versteht, dass »etwas aufgeben« eigentlich bedeutet, dass er etwas »bekommt«.

Achtung: Dieses Spiel ist nur dann geeignet, wenn Ihr Hund in der Vergangenheit nicht versucht hat, Gegenstände vor Ihnen zu »bewachen«. Das zeigt sich dadurch, dass Ihr Hund eine Bewachungshaltung einnimmt, knurrt, nach Ihnen schnappt oder Sie beißt, wenn Sie an ihm vorbeigehen oder versuchen, ihm Gegenstände wegzunehmen.

Falls Ihr Hund Besitzaggression gezeigt hat, müssen Sie äußerst vorsichtig sein und sollten am Anfang jede Menge toller Leckerlis benutzen, um Ihren Hund dazu zu motivieren, das Spielzeug, das gerade in seinem Besitz ist, abzugeben. Solche Hunde müssen angeleint werden, sodass man einen Rückschlag vermeiden kann, bei dem er mit Gegenständen wegrennt, sodass Sie ihm hinterherjagen müssen, was am Ende noch zu defensivem Verhalten führen könnte. Weitere Informationen über Besitzaggression und anderes Besitzverhalten finden Sie in den Übungsplänen »Lass das« und »Ressourcenbewachen«.

Besieg die Uhr

Durch dieses Spiel lernt Ihr Hund, Ihnen auch dann zuzuhören, wenn er sehr aufgeregt ist. Man kann es sowohl für kurze oder lange Zeit spielen, wodurch es so vielseitig ist, dass man es täglich und spontan spielen kann.

1. Bei den ersten Phasen dieses Spiels ist Ihr Hund angeleint. Die Leine können Sie abnehmen, wenn er zuverlässig ist.
2. Fangen Sie zu spielen an; wenn der Hund aufgeregt ist, geben Sie ihm ein Kommando, das er gut beherrscht.
3. Ziel ist eine sofortige Reaktion.
4. Sobald der Hund das gewünschte Verhalten anbietet, fangen Sie *sofort* wieder mit enthusiastischem Spiel an.

Seien Sie still oder benutzen Sie einen Negativmarker, wenn der Hund nicht gehorcht. Anschließend können Sie versuchen, das Kommando noch einmal zu wiederholen. Wenn Ihr Hund in dieser Phase nicht angeleint ist und Sie keine schnelle Reaktion erzielen, legen Sie ihm eine Leine an, was ihn in seiner Bewegung einschränkt und dazu beiträgt, dass Sie von ihm das gewünschte Verhalten bekommen.

Die Leine hat nicht den Zweck, den Hund zu korrigieren, sondern ihn in seiner Bewegung einzuschränken, sodass Sie auf irgendeine Weise und unter Berücksichtigung des derzeitigen Könnens Ihres Hundes eine korrekte Reaktion erzielen.

Der Hund soll lernen, dass er das Spiel kontrolliert – je schneller er auf Sie reagiert, desto schneller beginnt das Spiel wieder. Wenn er nicht gehorcht, wird das Spiel beendet.

Such!

1. Fangen Sie mit dem Lieblingsspielzeug oder -leckerli Ihres Hundes an.
2. Zeigen Sie dem Hund diesen Gegenstand, legen Sie ihn dann ein Stück weit entfernt hin und sagen Sie: »Such!«
3. Wenn er diesen Schritt gemeistert hat, verstecken Sie den Gegenstand unter etwas.
4. Sie können dann anfangen, ihn auch in anderen Räumen zu verstecken.
5. Sie können Ihrem Hund beibringen, einen Raum systematisch abzusuchen.

Hütchenspiel

Falls Ihr Hund Futter oder Spielzeug bewacht, sollten Sie statt Ihrer wertvollen Finger eventuell ein Hilfsmittel verwenden, das sich »Assess-a-Hand«™ nennt, um zu sehen, ob Sie dieses Spiel sicher mit Ihrem Hund spielen können. Wenn er positiv reagiert, eignet sich dieses Spiel hervorragend, um Ihrem Hund Beherrschung und das »Tauschen« beizubringen. (Weitere Informationen über den »Assess-a-Hand« finden Sie im Übungsplan »Anfassen & Festhalten«). Falls Ihr Hund zu Besitzverhalten neigt, sollte er, bevor Sie sich noch mal an dieses Spiel wagen, zuerst die Grundlagen- und Niveau 1-Übungspläne sowie »Lass das« und »Ressourcenbewachen« absolvieren. Besitzverhalten erkennt man unter anderem daran, dass er plötzlich stillhält, wenn Sie nach dem Spielzeug greifen, knurrt, vorspringt oder schnappt.

1. Geben Sie Ihrem Hund das Kommando »Bleib«.
2. Legen Sie ein Leckerli unter eine von drei Schüsseln oder Körbe.
3. Erlösen Sie Ihren Hund, indem Sie »Such« sagen.

4. Bello wird seine Nase benutzen müssen, um das Leckerli zu finden und den Korb umzudrehen, um seinen Preis in Empfang zu nehmen.
5. Wenn er verwirrt wirkt, können Sie ihm helfen, indem Sie ihm den richtigen Korb zeigen und ihn für ihn umdrehen.

Tauziehen

Dies ist das Lieblingsspiel vieler Hunde, aber viele Hundetrainer raten davon ab. Es ist eine Frage des Ermessens - ich halte es für ein tolles Spiel und spiele es oft mit meinen Hunden. Allerdings kann dieses Spiel schnell fehlschlagen, aber wie bei allen Spielen ist es so, dass man, wenn Regeln aufgestellt und befolgt werden, viel Spaß haben kann. Zerrspiele können bei richtiger Handhabung Ihrem Hund viele wertvolle Dinge beibringen. Beherrschung, sich beruhigen, wenn er aufgeregt ist, dem Besitzer erlauben, das Erregungsniveau zu kontrollieren und zu begrenzen - dieses Spiel kann Ihrem Hund all dies beibringen. Tauziehen bietet Ihrem Hund ein Ventil für Ziehen, Schütteln und Rennen - all die Dinge, die der Großteil der Hunde so gerne macht.

Achtung: Dieses Spiel ist für Hunde, die bereits aggressives Verhalten zeigen, nicht geeignet. Falls Ihr Hund Besitzverhalten zeigt oder sie schon mal gebissen hat oder gedroht hat, sie zu beißen, handelt es sich um kein geeignetes Spiel. Für manche Hunde wird das Spiel nie geeignet sein.

Wie immer, sollten Sie auch hierbei immer die Sicherheit im Auge haben. Gehen Sie kein Risiko ein; falls Sie sich bei diesem Spiel mit Ihrem Hund unwohl fühlen oder das Spiel Ihnen zu grob ist, weil der Hund so stark zerrt, lassen Sie das Spiel!

Ich lasse niemanden anderen außer mir mit meinen Hunden dieses Spiel spielen. Ich möchte meinen Hunden ein Ventil für Beuteverhalten geben, aber ich möchte es nicht fördern, dass er mit willkürlichen Leuten grob spielt. Sinn dieses Spiel ist, dass die Kontrolle, die ich über meinen Hund habe, gefördert wird, und nicht, dass der Hund grob sein darf.

Ein paar Regeln für das Tauziehen

Ich sorge dafür, dass meine Hunde nur ganz sanft ziehen, und sie begreifen das ziemlich schnell.

- Tauziehen geht *nur* vom Menschen aus.
- Das Erregungsniveau des Hundes wird dadurch kontrolliert, dass das Spiel immer wieder unterbrochen wird, indem der Hund das Spielzeug ausgeben muss. Eventuell benötigen Sie ein Leckerli, damit er gehorcht.
- Wenn der Hund das Spielzeug »aus« gibt (es also hergibt), können Sie ihn auf zwei Arten belohnen: ein Leckerli oder einfach die Aufforderung zum Sitz, Platz oder einem anderen Verhalten und als Verstärker für Gehorchen können Sie ihm das Spielzeug zurückgeben und das Tauziehen wieder aufgreifen.
- Ignoriert Ihr Hund Ihr Kommando, sollten Sie ihn an der Leine lassen, damit Sie ihm den Spaß verderben können, indem Sie ihn in seiner Bewegung einschränken.
- Sobald Sie seine Zähne auf Ihrer Haut spüren, sollten Sie sofort das Spielzeug an sich neh-

men und es weglegen. Das Spiel endet, wenn das Kommando »Aus« ignoriert wird oder der Hund zu grob oder unkontrollierbar wird.

- Wenn Sie bei diesem Spiel nicht die Kontrolle haben, spielen Sie es nicht. Es würde ihm nur all die Verhaltensweisen beibringen, die Sie vermeiden möchten.
- Lassen Sie *niemals* Kinder Tauziehen mit Ihrem Hund spielen. Kinder verfügen nicht über das notwendige Urteilsvermögen und sie werden viel zu leicht vom Hund überwältigt.

Problembehandlung beim Tauziehen

Falls sich Probleme auftun und Ihr Hund den Gegenstand nicht zurückgibt, oder das Verhalten Ihres Hundes Ihnen Sorgen bereitet, ist es das vorrangige Ziel, den Gegenstand wieder zurückzuerlangen. Die ersten Male, wenn Sie dieses Spiel spielen, sollte Ihr Hund angeleint sein. Es kann zur Geduldsprobe werden, den Gegenstand zurückzubekommen. Versuchen Sie nicht, den Gegenstand an sich zu nehmen, wenn Ihnen dieses Vorhaben gefährlich erscheint. Lassen Sie Ihren Hund aber auch nicht damit davonrennen, sodass er sich selbst damit vergnügen kann. Lassen Sie den Hund an der Leine und fangen Sie einfach an, herumzulaufen. Warten Sie, bis Ihr Hund sich für etwas anderes interessiert oder gelangweilt wird und das Spielzeug fallen lässt. Vielleicht überzeugt eine Handvoll Käsestückchen, die über dem Boden verteilt werden, ihn davon, das Spielzeug fallen zu lassen. Greifen Sie zu diesem Zeitpunkt nicht nach dem Gegenstand. Gehen Sie einfach mit dem Hund ein paar Schritte weg und ermuntern Sie ihn mit Leckerlis, mit Ihnen zu gehen. Dann können Sie den Hund woanders hinbringen, entfernt von dem Gegenstand. Dadurch können Sie den Hund anbinden oder ihn ganz aus dem Areal bringen und ohne ihn zurückgehen, um den Gegenstand zu holen. Jetzt sollten Sie mit ihm alle Grundlagen- und Niveau-1-Übungspläne durchgehen. Befassen Sie sich mit allen Übungsplänen zum Thema Ressourcenbewachung und zur Kontrolle der Impulskontrolle und Handhabung. Hilfreiche Übungspläne sind: »Anfassen & Festhalten« und »Ressourcenbewachen«.

Es gibt hervorragende Bücher über Spiele, die Sie mit Ihrem Hund machen können. Viele davon sind Spiele zur Nasenarbeit, die großen Spaß bereiten. Tricks basieren auf Lernen und Kooperation, darum sollten Sie ihm so viele Tricks wie möglich beibringen. Auch für Tricks gibt es in Büchern und Videos viele Anregungen.

Durch Spiele wird Ihre Beziehung zu Ihrem Hund in vielerlei Hinsicht gestärkt. Bei richtiger Vorgehensweise können Spiele sogar Aggression verhindern. Wenn Sie mit einem Hund, der bereits Aggression gezeigt hat, die richtigen, sorgfältig ausgewählten Spiele spielen, kann Ihr Miteinander eine ganz andere Ebene erreichen und der Hund lernt, wie er entspannter mit Menschen umgeht. Die Menschen sind meistens entspannter, wenn sie ihrem Hund Tricks beibringen, als wenn sie mit ihm Gehorsamsübungen machen. Und wenn der Hundebesitzer nicht so verspannt ist, wirkt es sich positiv auf die Beziehung zum Hund aus.

28

Still!!

Warum spreche ich in einem Buch über Aggression über das Bellen? Bellen an sich ist nicht unbedingt aggressives Verhalten, aber es ist ein Anzeichen für Erregung. Indem er fortwährend bellt, kann ein Hund sich selbst in einem chemisch reaktiven Zustand halten. Seien wir mal ehrlich, wenn Hunde ruhig und entspannt sind, bellen sie nicht. Bellen kann dazu führen, dass andere Hunde in der Umgebung ebenfalls reaktiv werden, wodurch sich die Wahrscheinlichkeit erheblich steigert, dass es zu defensiver oder umgerichteter Aggression kommt.

Ein Hund, der sich einem anderen nähert und diesen direkt anbellt, zeigt damit eindeutig, dass es sich nicht um eine friedliche Begegnung handeln wird. Erwidert der zweite Hund die Lautgebung, ist die Möglichkeit einer friedlichen Begegnung schnell verflogen. Dasselbe gilt für sich nähernde Personen. Bellt ein Hund, ist er nicht auf Frieden aus.

Die Menschen erwarten von Hunden, dass sie bellen, und es macht niemandem etwas aus, sofern er das in der richtigen Situation tut (wie zum Beispiel, wenn jemand an der Tür klingelt); was wir uns alle wünschen würden, ist, dass unsere Hunde still sind, wenn wir sie dazu auffordern. Eine der besten Möglichkeiten, Ihrem Hund beizubringen, auf Kommando still zu sein, ist, sowohl das Bellen als auch das Stillsein mit einem Kommando zu verbinden. Ihr Hund tut bereits beides, aber *Sie* verfügen noch nicht über die Reizkontrolle. Beide Verhaltensweisen werden bislang nur von der Umgebung oder durch einen internen Reiz im Hund selbst bestimmt. Auch die segenvolle Stille existiert bereits, aber Sie müssen dafür noch ein Kommando einführen und es dann exzessiv verstärken.

Fangen Sie damit an, dass der Hund auf Kommando bellen soll. Wenn Sie sehen, dass Ihr Hund gleich bellen wird, geben Sie ihm ein verbales Kommando, »Laut!«, und verstärken Sie dieses. Zuerst werden Sie wahrscheinlich beobachten, dass er immer wieder bellt, aber haben Sie Geduld. Schon bald werden Sie dieses Verhalten nach Ihrem Gutdünken an- und abschalten können. Jetzt, wo Ihr Hund auf Kommando bellt, können Sie üben, zwischen Bellen und Stille »hin- und herzuschalten«.

Genauso wie das Bellen kommt es auch ganz von alleine, dass der Hund wieder still ist. Wenn Ihr Hund schon still ist, gehen Sie zu ihm und geben Sie ihm ein anderes, *eindeutiges* Handsignal oder ein plötzliches verbales Kommando (wie beispielsweise »Still!«). Ich benutze beides. Ich klopfe dem Hund kräftig mit meinen Fingern auf den Kopf und anschließend sage ich »Still!«. Somit verfüge ich über zwei Kommandos und kann das eine oder andere benutzen, je nach Situation. Sobald Sie ihm das neue Kommando für Stille erteilt haben, sollten Sie sofort Ihren PM benutzen und ihm ein Leckerli geben. Machen Sie dies mehrmals. Anfangs wird Ihr Hund verwirrt sind und wahrscheinlich keinen blassen Schimmer haben, wofür er gerade verstärkt wurde, aber er wird trotzdem gierig die Leckerlis fressen, die Sie ihm geben!

Nun können Sie Ihrem Hund entweder das Kommando zum Bellen geben oder abwarten, bis er etwas anbellt. Lassen Sie ihn ein- oder zweimal bellen (lassen Sie ihn nicht erst richtig in Fahrt kommen!) und geben Sie ihm das Kommando »Still!«. Am Anfang, vor allem, wenn Ihr Hund aufgeregt ist, weil er etwas Bestimmtes anbellt, müssen Sie ihm möglicherweise leicht auf den Kopf klopfen, sodass er überrascht ist und zu bellen aufhört. Sobald Sie das gemacht haben und er Sie überrascht anschaut und für eine Sekunde zu bellen aufhört, müssen Sie ihm sofort den Positivmarker und ein Leckerli geben. Zuerst sollten Sie mehrere Leckerlis bereithalten, weil Sie ihn langsam und konstant füttern werden, solange er still ist. Zugleich sollten Sie Ihr Kommando immer wieder wiederholen, solange der Hund still ist. Dadurch kann er das neue Kommando damit assoziieren, dass er still ist.

Falls das Klopfen auf den Kopf alleine nicht funktioniert, können Sie es damit versuchen, dass Sie dem Hund etwas Wasser ins Gesicht spritzen. Wiederholen Sie dann das eigentliche Kommando und verstärken Sie immer sofort, wenn er still ist, egal, wie Sie das erzielt haben! Wenn Sie ihm den Wasserstrahl ins Gesicht spritzen, sollten Sie *sehr* ernst tun, aber nicht wütend wirken.

Achtung: Manche Hunde sehen den Wasserstrahl im Gesicht als Verstärker an. Mein kleiner Terrier, Zoomer, fängt an, herumzuspringen und wie wild zu bellen, wenn er eine Wasserflasche sieht. Denn für ihn ist es ein tolles Spiel! Bei manchen Hunden funktioniert der Wasserstrahl also sofort, bei anderen überhaupt nicht.

Falls der Klopfer auf den Kopf *und* der Wasserstrahl nicht funktionieren sollten, versuchen Sie es mit einem lauten, überraschenden Geräusch, und zwar wie folgt:

1. Geben Sie ihm das Kommando, das Sie einführen wollen: »Still!«
2. Machen Sie ein lautes, plötzliches Geräusch (einen Holzlöffel gegen eine Pfanne schlagen, funktioniert ganz gut, zwei Pfannen gegeneinander schlagen noch besser und ein Signalhorn wird ihn auf jeden Fall aufschrecken, Ihr Nachbarn allerdings auch…).
3. Falls nötig wiederholen.
4. Verstärken Sie ihn dafür, dass er leise ist.

Für wirklich hartnäckige Beller ist ein Signalhorn sehr wirksam, um Ihr Kommando »Still!« zu unterstützen. *(Achtung: Signalhörner, wie sie z. B. an Fußballfans verkauft werden, sind so laut, dass sie das Gehör des Hundes schädigen können! Besser ist ein anderes, überraschendes Geräusch wie z. B. aus einer Pfeife, um den Hund zu unterbrechen. Anm. d. dt. Verlages.)* Denken Sie daran, ihn zu verstärken, wenn er still ist. Es kann sein, dass das Signalhorn Ihren Hund beunruhigt und er sich ängstlich verhält. Bestätigen Sie sein ängstliches Verhalten nicht, sondern ermuntern Sie ihn, zu Ihnen zu kommen. Fordern Sie ihn dann zum Sitz auf, sagen Sie noch einmal »Still!« und verstärken Sie dies. Schon bald wird Ihr Hund begreifen, dass das Signalhorn nicht ertönt, wenn er Ihnen gehorcht.

Das Signalhorn, ein anderes Geräusch oder das Wasser soll den Hund aus seiner Bell-Ekstase reißen und ihm zu einem ruhigeren Zustand verhelfen. Es handelt sich nicht um eine Bestrafung.

Der Hund soll seinen reaktiven Zustand verlassen und ruhiges Verhalten soll geschaffen werden, sodass Sie ihn positiv verstärken können. Achten Sie darauf, dass Sie ernst und ruhig sind, wenn Sie diese Aufschreckungstechniken benutzen, und nicht wütend oder strafend.

Genauso wie bei anderen Übungen ist es wichtig, dass das Zielverhalten zuerst unter kontrollierten Umständen geübt wird. Erst wenn der Hund das Verhalten zumindest einigermaßen beherrscht, kann die Aufgabe gesteigert werden, indem die Kriterien gesteigert werden und er schwierigeren Situationen ausgesetzt wird (solche, die normalerweise dazu führen, dass er bellt).

Wenn es zu einem Ereignis kommt, bei dem der Hund normalerweise wie verrückt bellen würde, er aber nur ein paar Mal lautgibt und dann still ist, perfekt! Oder wenn der Hund sich in einer Situation still verhält, in der er normalerweise bellt, verstärken Sie es intensiv, dass er nicht bellt. Es ist wichtig, dass erste richtige Bemühungen freigiebig verstärkt werden. Nehmen Sie wahr, welche wirklich guten Entscheidungen Ihr Hund trifft!

Auf diese Art und Weise werden Sie im Laufe von einer oder zwei Wochen die Kontrolle über das Verhalten des Hundes gewinnen. Sie werden ihn nicht mehr für das Bellen verstärken oder ihm das Kommando dazu geben, außer wenn Sie üben möchten, dass er still ist. Stattdessen werden Sie es verstärken, dass er still ist und niemals das Bellen verstärken. Das ist eine sehr wirksame Vorgehensweise, damit der Hund auf Kommando still ist und dieses Verhalten von sich aus anbietet.

29

Wie Besitzer Aggression fördern

In der Lebenswelt eines Hundes gibt es verschiedene Faktoren, die Aggression fördern. Unwissentlich fördern Besitzer Aggression auf verschiedene Art. Wenn Sie sich der Situationen und Auslöser von außen, die Aggression fördern, bewusst sind, können Sie diese verhindern.

Mangelnde Beaufsichtigung

Werden Hunde unbeaufsichtigt draußen angebunden oder halten sie sich innerhalb eines Zauns auf, fördert dies zweifellos Aggression. Die Hunde sind in ihrem Territorium und können Passanten anbellen, anknurren oder versuchen, sich auf sie zu stürzen. Es ist genau die gleiche Situation wie die mit dem Postboten: Der Hund glaubt, dass Menschen und Hunde weggehen würden, weil sie so exzessiv bellen und sich auf sie stürzen. Jedes Mal, wenn dies geschieht, übt der Hund unschöne Gewohnheiten: zu entscheiden, wer sein Territorium betreten darf, und agonistisches Verhalten zu benutzen, damit »Eindringlinge« sein Territorium verlassen.

Manche Hunde nehmen die Sache mit dem Territorium nicht wirklich ernst. Aber wissen Sie das von Ihrem unbeaufsichtigten Hund? Wenn Sie nicht da sind, um sein Verhalten zu beobachten, kann es sein, dass Ihr Hund riskantes Verhalten zeigt, das eskalieren wird. Vielleicht geraten Sie mit Ihrem Hund nie in Probleme. Aber wenn er häufig in solchen Situationen ist, sollten Sie nicht erstaunt sein, dass es eines Tages zu unangenehmen Ereignissen kommt.

Falls Sie Ihren Hund einzäunen und dann zur Arbeit gehen, lassen Sie zu, dass Ihr Hund unerwünschte und gefährliche Verhaltensmuster entwickelt und übt.

Tägliche Anwendung von unangebrachtem Verhalten (unüberwacht innerhalb eines Zauns oder angebunden) fördert Aggression, die schließlich unkontrollierbar wird.

Mangelnde Struktur

Viele Menschen erkennen nicht, wie wichtig es ist, dem Verhalten des Hundes Grenzen aufzuweisen. Dadurch kann Ihr Hund lernen, effektiv mit der Frustration umzugehen, die der Alltag mit Menschen für Hunde mit sich bringt. Lektionen zu lernen, wie beispielsweise:

- nicht alles, was ich sehe, kann ich mir nehmen
- manchmal komme ich in die Box, auch wenn ich nicht möchte
- Menschen schränken mich körperlich ein (beispielsweise durch eine Leine oder indem ich am Halsband festgehalten werde)
- manchmal muss ich mich hinlegen und ruhig verhalten…

und viele andere strukturbedingte Ereignisse sind Teil des Lebens von Haustieren.

Dies ist zwar stark mit der Beaufsichtigung verwandt, hat aber einen leicht anderen Touch. Wenn Sie Ihrem Hund Strukturen beibringen, umfasst das auch, dass der Hund für das, was er bekommt, »arbeiten« muss. Ein wichtiger Bestandteil der Strukturen ist auch, dass Sie ihm beibringen müssen, dass er manchmal Dinge tun muss, die er lieber nicht tun würde.

Der Vorteil davon, dass Sie Ihrem Hund Strukturen und Regeln beibringen, ist, dass das Verhältnis zu Ihrem Hund viel kooperativer wird. Diese Lektion lernt Ihr Hund schnell und profitiert lebenslänglich von ihrem Nutzen.

Mangelnde Strukturen führen bei Ihrem Hund zu Unsicherheit.

Weitere Informationen zu diesem Thema finden Sie im Kapitel »Beziehungen - wie man Hunden beibringt, dass Menschen wichtig sind«.

Mangelndes Wissen

Alle, die mit einem aggressiven Hund zu mir kommen, haben eins gemeinsam: Sie verstehen die Sprache der Hunde nicht. Mangelnde Kommunikation und die daraus resultierenden Missverständnisse sind äußerst bedauerlich. Eine gute Kommunikation zwischen Hund und Mensch ist eine der wichtigsten Voraussetzungen, um sowohl Aggression zu vermeiden als auch das Verhalten von Hunden zu ändern, die bereits Aggression zeigen. (Bitte lesen Sie Abschnitt II »Die Kommunikationssysteme der Hunde« in diesem Buch. Weiterführende Literatur finden Sie im Anhang.)

Nur wenige Menschen haben Verständnis für den Hund als Spezies. Darum tendieren sie dazu, Hunde zu vermenschlichen - sie filtern das Verhalten des Hundes aus »menschlicher« Sicht. Doch diese Vorgehensweise basiert auf Annahmen statt auf Fakten. Ich möchte etwas aufgreifen, was bereits viele Autoren von Hundebüchern vor mir gesagt haben: Hunde sind keine kleinen Menschen in Fellanzügen.

Mangelnde Kontrolle

Den Hunden werden viel zu viele Freiheiten gelassen und sie dürfen zu viele Entscheidungen treffen, ohne dass die Besitzer ihnen rechtzeitig ein Feedback geben. Den Hunden werden zu viele Freiheiten gelassen, bevor sie erzogen werden und über gute Umgangsformen verfügen. »Mangelnde Kontrolle« kann man verhindern.

Wenn Sie sich einen Welpen zulegen, ist die Betreuung in den ersten sechs Monaten seines Lebens sehr aufwendig und zeitraubend. Bekommen Sie einen älteren Hund (24 Monate oder älter), wird er sich zwar schneller eingewöhnen, aber dennoch sind die ersten dreißig bis sechzig Tage sehr zeitaufwendig. Ein Großteil dieser Zeit wird dafür benötigt, ihm Regeln aufzustellen und seinem Verhalten Grenzen (Strukturen) zu setzen - kurz gesagt: Kontrolle.

Gute Kontrolle hat viel mit Vorausplanung zu tun. Es ist viel leichter, dem Hund das gewünschte Verhalten abzuverlangen und dies dann zu verstärken, als Trainingstechniken zu benutzen, die dazu führen, dass der Hund scheitert und dadurch Probleme geschaffen werden, die später wieder in Ordnung gebracht werden müssen.

Auch die Menschen und Ereignisse in der Umgebung Ihres Hundes müssen kontrolliert werden. Machen Sie keine groben Spiele und lassen Sie auch nicht zu, dass Ihr Hund sich in Situationen befindet, in denen er gequält wird. Kinder und auch erstaunlich viele Erwachsene verfügen in dieser Hinsicht über kein gutes Urteilsvermögen. Mit quälen meine ich, dass jemand einen Hund ärgert und bedrängt, der körperlich in der Falle sitzt und nicht weglaufen kann oder der auf defensives Verhalten zurückgreifen muss, um der Falle zu entkommen. Den Hund anstupsen, ihm ständig Futter oder ein Spielzeug anbieten, ihn aber niemals daran kommen lassen, kann dazu führen, dass der Hund so frustriert wird, dass er ausrastet. Kinder, die den Hund durch einen Zaun hindurch anstupsen, oder Familienmitglieder, die den Hund anstacheln bis er sich schließlich rächt – all das ist Schikane.

Lässt man zu, dass der Hund ständig Passanten anbellt oder bellt, wenn jemand an die Tür kommt, kann dies bei Hunden eines bestimmten Temperaments Aggression auslösen. Überlässt man es der Umgebung, den Hund zu erziehen, kann man sich sicher sein, dass der Hund nicht nur unerwünschtes Verhalten lernt, sondern auch, Sie aus der ganzen Sache herauszuhalten. Eine sehr gute Broschüre zu diesem Thema ist »Management Magic« von Leslie Nelson und Gail Pivar (1997).

Mangelnde Bewegung

Welpen brauchen täglich unendlich viel Bewegung und Stimulation. Unterschätzen Sie dies nicht oder Sie werden es eines Tages bereuen. Im Kapitel »Spiele, die Menschen und Hunde miteinander spielen« finden Sie ein paar Vorschläge. Fügen Sie zu Ihrer Aufgabenliste den Punkt »mit dem Hund spazieren gehen« hinzu. Suchen Sie nach Gebieten, in denen er sicher ohne Leine herumtollen kann – umzäunte Gärten sind ein Geschenk des Himmels.
Wenn Ihr Hund älter wird, ist es leichter, ihm angemessene Bewegung zu verschaffen. Er wird seine Batterien langsamer wieder aufladen, um nur eine Sache zu nennen. Außerdem ist es leichter, den Hund körperlich zu trainieren und dabei für seine Sicherheit zu sorgen, wenn Sie mehr Kontrolle über sein Verhalten haben.

Falls Sie kein Gebiet finden, indem er ohne Leine nach Herzenslust herumtoben kann, sollten Sie ihm eine zwölf Meter lange Schleppleine anlegen, sodass er mehr Bewegung hat, Sie ihn aber noch kontrollieren und auf seine Sicherheit achten können.

Versehentliche Verstärkung von ängstlichem Verhalten

Zeigt Ihr Hund ängstliches Verhalten, steigert dies die Wahrscheinlichkeit von defensivem Verhalten, was sich durch Aggression zeigt. Es ist eine übliche Reaktion des Menschen, ein Tier, das sich in einer Situation unsicher fühlt oder Angst hat, zu trösten und zu beruhigen. Dadurch bestätigt der Hundeführer den ängstlichen Zustand des Hundes. Der Hund interpretiert die Beruhigungsversuche des Herrchens als Bestätigung seines Verhaltens in genau diesem Moment. In diesem Fall konditioniert der Hundeführer den Hund auf den Zustand der Angst und darauf, sich ängstlich zu verhalten. Angst ist der erste Schritt in Richtung defensiven Verhaltens.

Nicht alle vorsichtigen oder ängstlichen Hunde werden später defensives Verhalten zeigen, aber die Wahrscheinlichkeit wird größer. Im Übungsplan »Mutig ist besser« finden Sie spezielle Informationen über den Umgang mit ängstlichen Reaktionen. Ängstliches Verhalten wird auch dadurch gefördert, dass der Hund als Welpe, jugendlicher oder junger erwachsener Hund nicht regelmäßig bestimmte Erfahrungen machen kann.

Allgemein:

- Hören Sie auf, versehentlich Aggression zu verstärken.
- Hören Sie auf, versehentlich ängstliches Verhalten zu verstärken.
- Hören Sie auf, ihn für Aggression zu bestrafen – zeigen Sie dem Hund, was Sie wollen und wie er sich verhalten soll, indem Sie mit ihm die Übungspläne in diesem Buch durcharbeiten oder eine andere Technik benutzen, die gut funktioniert, aber bestrafen Sie nicht willkürlich aggressives Verhalten. Bei Bestrafung gibt es immer »negative Begleiterscheinungen«. Das bedeutet, dass Sie möglicherweise ein Verhalten bestrafen, von dem Sie nicht wollten, dass er es weniger zeigt, oder Sie aufgrund von falschen Verknüpfungen Aggression fördern. Es kann passieren, dass Ihr Hund Ihnen nicht mehr vertraut. Bestrafung kann zu einer Steigerung des Erregungs- oder Angstniveaus führen.
- Verstärken Sie richtiges Verhalten immer, wenn Sie es sehen.
- Seien Sie umsichtig und ergreifen Sie die Initiative.
- Gehen Sie nicht davon aus, dass Ihr Hund, wenn er die soziale Reife erlangt hat (also im Alter von 18-24 Monaten) oder älter ist, automatisch zu jedem Hund, auf den er trifft, freundlich sein wird. Sorgen Sie dafür, dass die Hunde sich, soweit es möglich ist, unter kontrollierten Bedingungen treffen, sodass Sie die Situation überwachen können. Denken Sie daran, dass viele erwachsene Hunde unterschiedliche Vorstellungen als Welpen haben.

30

Beim Spaziergang und sich nähernde, unangeleinte Hunde

Hunde, die unbeaufsichtigt frei herumlaufen, sind ein häufiges Problem, vor allem für meine Kunden, die in der Stadt leben.

Sehr oft kommen freilaufende Hunde angerannt und haben keine freundlichen Absichten. Oder der freilaufende Hund ist zu freundlich und zu überschwänglich zu Ihrem Hund, der einfach nur losgelassen werden möchte, um zu spielen oder diesen Idiot außer Gefecht zu setzen, der so grob seinen persönlichen Raum verletzt. Für ein solches Wespennest habe ich keine passende Lösung, aber es ist immer gut, jede Menge Leckerlis bei sich zu haben. Häufig können Sie Ihren eigenen Hund ablenken, indem Sie vom fremden Hund weggehen und ihn dann dafür verstärken. Das oberste Gebot ist, dass Sie sich so positionieren, dass Sie langen, starren Blickkontakt zwischen den beiden Hunden verhindern können, weil dies eindeutig bedeutet, dass die Dinge sich negativ entwickeln werden.

In wirklich aussichtslosen Situationen hebe ich meine kleinen Hunde hoch. Falls das Ihre einzige Möglichkeit ist, machen Sie es bitte langsam und vorsichtig. Reißen Sie Ihren Hund nicht hoch. Den Hund in Gegenwart eines Artgenossen, der sehr erregt ist, hochzunehmen, ist sehr provokativ und kann dazu führen, dass der Hund am Boden hochspringt und zubeißt. Achten Sie darauf, dass die Rute und die Pfoten Ihres Hundes weit genug in der Luft sind, sodass sie dem schnappenden Kiefer nicht als Futter bereitstehen. Achten Sie auch auf Ihre eigenen Hände und Ihr Gesicht.

Ich befand mich mit meiner Schäferhündin einmal in der Situation, dass ein Hund unseren persönlichen Raum betrat und auf sie sprang. Maeve, die nicht immer freundlich zu anderen Hunden ist und es ganz gewiss nicht mag, wenn ungezogene Hunde aufgrund von beschützender Aggression herangeprescht kommen, reagiert darauf nicht mit Freundlichkeit. Nach umfassender Verhaltensänderung reagiert sie in einer solchen Situation nicht sofort gefährlich. Die Verhaltensänderung hat definitiv etwas verändert, aber der Handel, den ich mit ihr eingegangen bin, ist genauso wichtig: »Wenn du darauf nicht reagierst, werde ich die Sache für dich in die Hand nehmen, damit du es nicht zu tun brauchst.« Ihr Urteilsvermögen in dieser Hinsicht hat sich sehr verbessert, aber dennoch kann ich noch nicht sorglos mit solchen Situationen umgehen!

Ich bin mit der Situation wie folgt umgegangen. Vergessen Sie aber nicht, dass Sie, falls Sie sich auch dafür entscheiden, sich selbst dem Risiko aussetzen, gebissen zu werden oder zumindest vom Eindringling ein paar Puffer und Schrammen bekommen können. Außerdem besteht ein Risiko seitens Ihres eigenen Hundes, je nachdem wie gut Sie ihn kontrollieren können. Meine Hauptsorge ist, ob ich die Situation gut genug kontrollieren kann, sodass die Hunde sich nicht gegenseitig beißen können, denn dann sind Verletzungen vorprogrammiert. Sobald die Hunde sich gegenseitig erwischen, ist das immer schlimm. Darum sorge ich dafür, dass mein Hund *hinter* mir ist und blocke ihn vor dem anderen Hund ab, indem ich mich zwischen die beiden stelle. Sie erkennen bestimmt, welche Gefahr besteht, wenn der andere Hund nicht freundlich gesinnt ist. Aber so kann ich wenigstens die beiden Hunde voneinander fernhalten und dem anderen Hundebesitzer zurufen, dass er kommen und seinen Hund wegnehmen soll. Sofern der Hundebesitzer in der Nähe ist. Versuchen Sie, sich aus dem Gebiet herauszumanövrieren. Zitronenspray oder ein Signalhorn können helfen, den Eindringling zu vertreiben.

Falls der Eindringling sich auf Heimatterrain befindet, ist es sehr wahrscheinlich, dass er Sie in Ruhe lässt, sobald Sie sein »Grenzgebiet« verlassen haben. In Extremfällen, wenn ich mir um meinen Hund Sorgen mache und der Eindringling sich ruhig und friedlich verhält, konnte ich meinen eigenen Hund erfolgreich davor bewahren, Schaden anzurichten, indem ich das unten Beschriebene gemacht habe. Allerdings müssen Sie dies oft *außerhalb* dieser Situation üben, damit der Hund es sich angewöhnt.

Wenn der Eindringling sich nähert, »umarme« ich meinen eigenen Hund, indem ich meine rechte Hand um seinen Körper lege, genau hinter den Vorderläufen, und meine linke Hand um seinen Fang lege und seinen Kopf über meiner linken Schulter halte. Dann hebe ich das Vorderteil meines Hundes hoch und halte ihn so fest. Ihr Hund wird davon womöglich nicht begeistert sein, darum warne ich Sie vor, dass Sie sich selbst eventuell einem Risiko aussetzen. Der sozial unbeholfene, aber dennoch freundliche Hund wird wahrscheinlich eine Minute lang oder so einfach nur schnuppern, mit dem Schwanz wackeln und herumspringen, Sie dann aber völlig uninteressant finden und weggehen. Dann können Sie Ihren Hund wieder herunterlassen und mit ihm Ihres Weges gehen, auch wenn die Freude daran ein wenig durch den verunsichernden Vorfall geschmälert wurde. Der Hauptpunkt ist, dass der Vorfall nur »verunsichernd« war, Sie aber hohe Tierarztkosten oder einen Rechtsstreit verhindert haben. Falls der sich nähernde Hund herausfordernd oder aggressiv statt freundlich ist, funktioniert die »Umarmung« Ihres Hundes nicht, weil Sie ihn nur für den bevorstehenden Angriff festhalten.

Häufig kriegen Sie den Hund auch dazu, zu gehen, indem Sie ihn ignorieren. Unfreundlich sein, Brüllen etc. führt manchmal nur dazu, dass der Eindringling noch erregter wird statt weniger, aber Sie können es probieren. Wenn es beim ersten oder zweiten Versuch nicht klappt, den Eindringling zu verscheuchen, wird es auch nicht klappen. Dann sind Ihre Verscheuchungsversuche nur kontraproduktiv, sodass Ihr Hund und der Eindringling nur noch erregter werden.

Die beste Verteidigung ist, sich selbst und Ihren Hund so uninteressant wie möglich zu machen. Das bedeutet, Sie sollten Ihren Hund dazu bringen, Sie anzuschauen, und so ruhig wie möglich von dem anderen Hund weggehen. Gehen Sie in gemäßigtem Tempo mit Ihrem Hund weg, denn durch eine schnelle Geschwindigkeit kann der Hund dazu verleitet werden, hinter Ihnen herzujagen. Übrigens würde ich dem anderen Hund nicht meinen Rücken zudrehen, sondern würde in Richtung sowohl meines Hundes als auch des Eindringlings schauen und meinen Hund dazu ermuntern, mit mir zu kommen, sodass er dem anderen Hund den Rücken zudreht. Dadurch wird der möglicherweise gefährliche Blickkontakt zwischen den Hunden vermieden.

Vergessen Sie nicht, dass Sie nichts über diesen Eindringling wissen. Wenn mein Hund über die Situation nicht glücklich ist, möchte ich keinen Blickkontakt, weil ich nicht will, dass mein Hund etwas »anfängt«. Selbst wenn mein Hund freundlich ist, weiß ich trotzdem nicht, wie unberechenbar der Eindringling ist. Blickkontakt zwischen den beiden Hunden zu vermeiden, ist die beste Methode, um die Situation im Auge zu behalten, zumindest bis man die Absichten des Eindringlings abschätzen kann.

In solchen Situationen sollte man wissen, dass der eigene Hund »handhabbar« ist, wenn Sie sein Halsband greifen oder ihn hochheben müssen, während er sich im Erregungszustand befindet. In diesem Buch finden Sie Übungen, nach deren Durcharbeitung Sie sicher sein können, dass Ihr Hund an solche Handgriffe gewöhnt ist. (Bitte lesen Sie die Übungspläne »Anfassen & Festhalten« sowie »Nachgiebiges und haltungsrelevantes Verhalten«.)

Verteidigungsmittel

Sie können es damit versuchen, bei Spaziergängen ein Signalhorn mitzuführen. Damit können Sie einen anderen Hund loswerden, aber vergessen Sie nicht, dass Sie jeden in der Nachbarschaft aufschrecken (das kann gut, aber auch schlecht sein) und Sie sowohl bei sich als auch Ihrem Hund für taube Ohren sorgen. Aber wenn eine Assoziation zwischen dem Geräusch und dem sich nähernden Hund geschaffen wird, kann das Ihren Hund so sehr aus der Fassung bringen, dass er schließlich Angst vor sich nähernden Hunden hat. Das hängt stark vom Temperament Ihres Hundes ab und davon, ob er empfindlich auf Geräusche reagiert. Eine gute Strategie ist, dass Sie ein- oder zweimal ohne Ihren Hund spazieren gehen und das Signalhorn für den Hund/die Hunde benutzen, die ein ständiges Problem auf Ihrem üblichen Spazierweg sind. Wenn Sie Glück haben, assoziiert der fremde Hund Sie mit dem Signalhorn und umgeht Sie, wenn Sie kommen. Wenn Ihr Hund dann bei Ihnen ist, sollten Sie das Signalhorn griffbereit haben. Möglicherweise geht der Eindringling schon weg, wenn Sie ihm das Signalhorn nur zeigen. Wahrscheinlich ziehen Sie dadurch die Aufmerksamkeit, und zwar unerwünschte, von Menschen auf sich, vor allem aber die des Besitzers des Hundes, um den es geht. Es liegt an Ihnen, ob Sie dieses Risiko auf sich nehmen möchten oder nicht.

In den Ländern, in denen es legal ist, können Sie auch überlegen, ob Sie Pfefferspray benutzen, um unerwünschte, freilaufende Hunde loszuwerden. Seien Sie damit vorsichtig, denn es kann leicht passieren, dass Sie sich selbst oder Ihren Hund besprühen. Zitronenspray kann manchmal statt Pfefferspray benutzt werden.

Die Idee, einen Regenschirm zur Verteidigung zu benutzen, bekam ich vor langer Zeit von einem Bekannten, der ein Seminar von Patricia McConnell besuchte und mir von der Idee erzählte. Den untenstehenden Übungsplan habe ich entworfen, also sind mögliche Fehler nur mir allein zuzuschreiben.

Sie können Ihren Hund einem Regenschirm gegenüber desensibilisieren und einen solchen dann bei Spaziergängen mit sich tragen. Benutzen Sie ihn, um freilaufende Hunde, die sich Ihnen nähern, loszuwerden, indem Sie ihn plötzlich öffnen, wenn sie in Ihrer Nähe sind.

Wenn der Eindringling unangenehm ist, können Sie ihm manchmal mit dem Regenschirm einen Schrecken einjagen. Möglicherweise müssen Sie Ihren Regenschirm »opfern«, wenn die Situation eskaliert. Ja, Sie geben zwar Ihren Schirm auf, aber wenn Sie Glück haben, passiert Ihnen und Ihrem Hund nichts.

Bevor Sie diese Technik anwenden, müssen Sie sichergehen, dass Ihr Hund keine Angst bekommt, wenn Sie plötzlich neben ihm den Regenschirm öffnen! Das erreichen Sie dadurch, dass Sie den Schirm zuerst in einiger Entfernung von ihm öffnen und ihm jedes Mal, wenn er ruhig bleibt, Leckerlis geben. Allmählich können Sie die Entfernung verringern, bis Sie schließlich direkt neben ihm stehen und er sich dabei trotzdem noch wohl fühlt. Genauer gesagt:

1. Lassen Sie einen Regenschirm auf dem Boden liegen, sowohl geschlossen als auch geöffnet, während Ihr Hund sein Futter frisst.
2. Nehmen Sie den Regenschirm auf Spaziergänge mit, sowohl geschlossen als auch geöffnet. Dabei ist es nicht unbedingt nötig, dass Sie Unmengen von Leckerlis dabei haben, außer Ihr Hund ist sehr eingeschüchtert durch den Schirm.
3. Ihr Hund wird von einem Freund festgehalten oder ist in einiger Entfernung angebunden (beginnen Sie in einer Entfernung von etwa 25 Zentimetern und schauen Sie, ob das für ihn in Ordnung ist; falls nicht, passen Sie die Entfernung entsprechend an). Öffnen Sie den Schirm ganz langsam und vorsichtig. Ihr Hund bekommt Leckerlis dafür, dass er ruhig bleibt.
4. Arbeiten Sie in einem Tempo, in dem der Hund nicht negativ reagiert, und gehen Sie allmählich näher und näher, bis Sie schließlich selbst den Hund halten oder neben ihm stehen und den Schirm öffnen können.
5. Gehen Sie nun zu der ursprünglichen Entfernung zurück, bei der Hund nicht reagiert hat, und öffnen Sie jetzt den Schirm plötzlich.
6. Aus derselben Entfernung öffnen Sie den Schirm und schwenken ihn herum.
7. Gehen Sie nun allmählich wieder immer näher an den Hund heran, und zwar in einem Tempo, in dem er nicht negativ reagiert, bis Sie schließlich mit ihm herumlaufen können. Halten Sie dann an und öffnen Sie den Schirm und schwenken Sie ihn herum. Dafür bekommt er jede Menge Leckerlis.
8. Sobald Ihr Hund herumläuft, während Sie den Regenschirm tragen, dürfen Sie nicht vergessen, ihn zu öffnen und herumzuschwenken und zu rufen: "Geh nach Hause, geh zurück!", genauso wie Sie es tun würden, wenn Ihnen ein anderer Hund auf dem Spaziergang begegnet. Geben Sie Ihrem Hund viele Leckerlis dafür, dass er von Ihrem merkwürdigen Verhalten nicht eingeschüchtert wird!
9. Nun können Sie diese Methode benutzen, um mit freilaufenden Hunden fertig zu werden.

Wenn Sie schon wissen, dass auf Ihrem üblichen Spazierweg Hunde sind, die Ihren Hund einschüchtern oder belästigen, gehen Sie diesen Weg ohne Ihren Hund, aber *mit* Ihrem Schirm. So können Sie sehen, ob Ihre Verteidigungsstrategie bei diesen lästigen Hunden funktioniert. Falls in Ihrer Gemeinde oder Ihrem Bundesland Leinenzwang herrscht, können Sie immer das zuständige Ordnungsamt um Hilfe bitten. Manche sind eine große Hilfe, andere sind jedoch mit der alltäglichen Arbeitsflut so beschäftigt, dass sie das nicht sein können.

Sie können auch versuchen, mit den Besitzern der freilaufenden Hunde zu sprechen. Auch das kommt oft nicht gut an, darum müssen Sie selbst entscheiden, was in Ihrer jeweiligen Situation am besten ist.

Achtung: Bei der Verwendung eines Signalhorns oder eines Regenschirms müssen Sie immer abwägen, ob es das Risiko, dass es Probleme mit Ihrem eigenen Hund gibt, wert ist, um den anderen Hund loszuwerden. In manchen Fällen ist es das Risiko absolut wert!

Elektrische Sicherheitszäune

Hunde, die hinter »unsichtbaren« elektrischen Zäunen sind, haben ständig die Gelegenheit, die Verteidigung ihrer Grenzen zu üben und defensives Verhalten anzuwenden, um Eindringlinge zu verscheuchen. *(Anm. d. dt. Verlages: Unter dem Rasen unsichtbar verlegte Elektrozäune, die dem Hund beim Übertreten einen Stromschlag versetzen, sind in den USA häufiger anzutreffen).* Auch hier kann es hilfreich sein, die Besitzer anzusprechen. Manche meiner Kunden hatten aufgrund dieser Hunde, die vehement die eigenen unsichtbaren Grenzen verteidigen, Angst, mit ihren Hunden die eigene Straße entlang zu gehen. Die Hunde bleiben innerhalb ihrer Grenzen, aber meine Kunden hatten dennoch Angst, so wie auch ihre Hunde. Die folgende Technik wird möglicherweise von den Besitzern dieser Hunde missbilligt, aber sie hat bei manchen meiner Kunden sehr gut funktioniert. Wir haben Extraleckerlis mitgenommen und diese hinter den Zaun in den Garten des Hundes geworfen. Nach ein paar Tagen freuten sich die »eingesperrten« Hunde auf die Leckerlis und wedelten mit dem Schwanz und ihr Auftreten änderte sich, wenn sie sahen, dass wir uns näherten. Sie müssen leider nah genug herangehen, um die Leckerlis in den Garten zu werfen, was bedeutet, dass Sie auch Ihren Hund näher an den Artgenossen zerren müssen, der ihm Angst einjagt. Das ist zwar keine angenehme Sache, kann aber funktionieren. Manche Hunde bekommen hinter ihrem unsichtbaren Zaun einfach Angst und benehmen sich deshalb defensiv und ihr Verhalten eskaliert, wenn Sie sich nähern. Außerdem kann es sein, dass wenn der Hundebesitzer Sie sieht, er das verständlicherweise missbilligt. Aber dann haben Sie die Möglichkeit, das Problem zu besprechen – das Verhalten seines eigenen Hundes und die mangelnde Aufsicht – und eine Lösung zu suchen. Das hängt davon ab, wie verständnisvoll der Hundebesitzer ist.

Vermeidung

Letztendlich kann auch Vermeidung freilaufender Hunde eine Möglichkeit sein, außerdem ist es die sicherste Lösung. Sie können einen alternativen Spazierweg nehmen, wenn es auf Ihrer üblichen Route ein ständiges Problem mit solchen Hunden gibt.

Teil VII

An die Arbeit! Aber bitte mit Plan!

31

Hunde machen viele Fehler – genau wie wir!

Es ist wichtig, viele Fehler vorauszusehen, die der Hund im wahren Leben machen könnte, sodass wir sie für Übungen simulieren können und der Hund dadurch die Entscheidungen erlernen kann, die wir von ihm haben möchten. Wenn der Hund die jeweilige Situation vorher noch niemals gesehen hat und eine Entscheidung trifft, die allerdings die falsche ist – wem muss man dann die Schuld dafür geben? Indem Sie den Hund vor Herausforderungen stellen und ihm die für seine Entscheidungen nötigen Informationen und das angebrachte Feedback geben, zeigen Sie ihm, welche Entscheidungen er in der jeweiligen Situation treffen soll. Dadurch formen Sie das Verhalten in die Richtung, die Sie wünschen.

Stürzen Sie sich nicht einfach in Situationen und hoffen dann, dass Ihr Hund schon alles richtig machen wird, weil er es zuhause auch tut. Es lässt sich nicht vermeiden, dass Ihr Hund etwas zu sehen bekommt, dass er nicht von Zuhause kennt. Aber wenn Sie Ihre Hausaufgaben gemacht haben, Ihren Hund unterschiedlichen Situationen ausgesetzt und ihm beigebracht haben, wie er mit Stress umgehen soll, sind Ihre Erfolgschancen weitaus größer. Je mehr Sie üben, desto weniger Pannen wird es geben.

Man reagiert leicht emotional, aber das hilft einem nichts. Ich versuche, immer sehr sachlich zu sein. Ich formuliere das Problemverhalten (das Verhalten, das ich ändern möchte). Dazu gehören unter anderem Orte in der Vergangenheit, die Umgebung, meine Kommandos. Dann formuliere ich das Endverhalten (das Verhalten, das ich sehen möchte). Dann sammele ich Ideen, wie ich die Situation beeinflussen kann, sodass ich das Endverhalten bekomme. So gehe ich mit der Situation um. Ich habe festgestellt, dass wenn ich mich wirklich nur auf das Verhalten und darauf, wie ich es ändern werde, konzentriere, ich viel nüchterner vorgehe. Man entfesselt sonst so leicht einen »Sturm im Wasserglas«. Nehmen Sie sich zusammen und benutzen Sie Ihre Logik, um Ihre Emotionen außer Kraft zu setzen! Im Kapitel »Masterplan« werde ich Sie durch diesen Prozess leiten.

Ein paar zusätzliche Hinweise:

- Benutzen Sie gleich bleibende Antezedenten (Kommandos).
- Futter ist kein Ersatz für ein gutes Verhältnis zum Hund; es ist nur eines der Hilfsmittel, die Sie für das Training verwenden, so wie Sie auch ein Halsband oder eine Leine benutzen.
- Sie sollten Ihren Hund weder bestechen noch ihm drohen. Verstärkung ist der Lohn für einen gut gemachten Job. Das bedeutet, dass die Kriterien erfüllt wurden!
- Ergreifen Sie die Initiative und treffen Sie Entscheidungen. Wenn Sie darüber nachgedacht haben, wie Sie mit einer Situation umgehen, wenn alles den Bach runtergeht (Sie können versichert sein, dass das eines Tages passieren wird), sind Sie darauf vorbereitet, etwas zu tun und nicht nur hilflos daneben zu stehen und zu merken, wie Ihre Frustration eskaliert.

Das richtige Timing

Das richtige Timing ist äußerst wichtig! Ich kann nicht stark genug betonen, wie wichtig es ist. Es ist so wichtig, dass Sie sich auf Ihren Hund konzentrieren, aber sich dennoch Ihrer Umgebung bewusst sind. Wenn Sie wirklich auf das Verhalten Ihres Hundes achten, wird Ihr Timing sich verbessern. Leider bemerken viele meiner Kunden das richtige Verhalten nicht, das sie verstärken sollten, oder Ihr Timing ist zu spät oder einfach nicht existent.

Das ist genauso schlecht wie verfrühte Verstärkung. Häufig passiert es, dass die Person beim Versuch, das richtige Verhalten zu bekommen, den Hund »anfeuert« oder »besticht«. Ohne Absicht verstärkt sie dann das Verhalten, das reduziert oder ganz ausgemerzt werden soll. Anfeuern oder Bestechung beobachte ich oft beim Dogdancing. Der Hund hinkt zeitlich hinterher und der Hundeführer, der möchte, dass der Hund schneller ist, ermuntert ihn indem er sagt »Na los, gehen wir!« und dann den Hund füttert, oder das Futter verwendet, damit der Hund sich beeilt. Doch dadurch wird das langsame Verhalten belohnt und verstärkt.

Der andere Grund für »zu frühes« Timing ist, dass der Besitzer die Kriterien nicht erhöht. Das bedeutet, dass er zwar korrektes Verhalten verstärkt, aber zu früh – er wartet nicht ab bis die Dauer länger oder das Engagement größer ist. Ein Beispiel: Wenn Sie gerade anfangen, ein Verhalten zu formen, können Sie jeden Schritt in die richtige Richtung akzeptieren. Die ersten Male sagen Sie »Sitz« und markieren und füttern das Verhalten in dem Moment, in dem der Hund mit dem Hintern den Boden berührt. Aber wenn Sie ihn immer genau dafür belohnen und füttern, werden Sie es nie erreichen, dass er auch sitzen bleibt. Mit anderen Worten, der Hund wird niemals lernen, sitzen zu bleiben, sondern wird denken, dass das Kommando bedeutet: »Wenn ich sitze, bekomme ich ein Leckerli, und danach darf ich sofort wieder aufstehen.« Um Dauer zu erzielen, müssen Sie diese verstärken. Sobald Sie es geschafft haben, dass Ihr Hund sich auf Ihr verbales Kommando oder Ihr Handsignal hinsetzt, müssen Sie die Kriterien allmählich steigern, indem Sie länger mit dem Leckerli warten und außerdem die Entfernung vergrößern. Wenn Ihr Hund rudimentäre Kenntnisse des Kommandos besitzt, fangen Sie an, die Kriterien zu erhöhen, damit sich das Verhalten verbessert. Und zwar dadurch, dass Sie nicht nur das Verhalten an sich verstärken, sondern auch das Engagement des Hundes dabei.

Approximation

Eine Kategorie der häufigen Fehler bei der Hundeerziehung betrifft Approximationen.

Die Kriterien sind zu niedrig: Der Hundetrainer steigert die Kriterien nicht, weil er Angst vor Fehlern hat oder davor, dass er den nächsten Schritt nicht kennt. Um diese Falle zu umgehen, sollten Sie sich vorher einen Plan machen und den nächsten Schritt kennen.

Vergessen Sie auch niemals, welches Ihr voriger Schritt war – für den Fall, dass Sie die Kriterien wieder verringern müssen.

Ein weiterer häufiger Fehler bei Approximationen ist, dass die Kriterien zu hoch angesetzt sind: Der Hundetrainer unterteilt das Zielverhalten nicht in viele kleine Approximationen.

Da diese Fehler sehr häufig der Fall sind, finden Sie im Abschnitt »Die Übungspläne zur Lösung der Probleme Ihres Hundes« schrittweise Anweisungen. Ist eine Approximation zu hoch und der Hund erfüllt die Kriterien nicht, müssen Sie zwischen den Approximationen, die ich beschreibe, noch Zwischenschritte einfügen. Ich habe diese Übungspläne in recht kleine Approximationen gesplittet, aber für manche Hunde sind diese Schritte trotzdem noch zu groß. Oder Sie interpretieren etwas falsch und preschen daher nach vorne. Wenn es nicht gut läuft und der Hund Fehler macht, versuchen Sie, die Probleme zu lösen, indem Sie zuerst Ihr Timing überprüfen und dann Ihre Approximationen. Eventuell müssen Sie dafür Ihr Training mit der Videokamera aufzeichnen, sodass Sie genau erkennen können, wo Sie vom rechten Weg abgekommen sind.

32

Regeln, oder: Wie Sie sich das Leben leichter machen

Vor dem Training:
Ziehen Sie immer, immer Ihre Humorkappe und Ihren Geduldsanzug an!

Trainieren Sie ein- oder zweimal am Tag für jeweils fünf bis fünfzehn Minuten,
wenn es um »offizielle« Trainingseinheiten geht. Besser wäre noch, wenn Sie aus jedem Kontakt mit Ihrem Hund etwas machen würden! Der Alltag ist die allerbeste Trainingsmöglichkeit!

Trainieren Sie niemals mit ihm, wenn Sie schlecht gelaunt sind!
Natürlich können Sie das an Tagen, an denen Sie schlecht drauf sind, nicht vermeiden und müssen trotzdem mit ihm umgehen können. Aber dann tun Sie einfach so, als seien Sie nicht schlecht gelaunt! Übelgelaunte Menschen verfügen nicht über ihr übliches Urteilsvermögen. Mir ist es einmal passiert, dass mein ganzes Trainingsprogramm um einen Monat zurückgeworfen wurde, weil ich die Geduld verloren habe.

Achten Sie darauf, dass Ihre Kommandos nicht ins Leere laufen.
Wenn Sie ein Kommando nicht durchsetzen oder die Umgebung entsprechend anpassen können, lassen Sie die Worte gar nicht erst Ihre Lippen verlassen! Sie bringen Ihrem Hund nur bei, nicht zu gehorchen, wenn Sie erfolglos an ihm herumnörgeln. Es ist sogar so, dass Sie ihn in einer solchen Situation Ihren Kommandos gegenüber desensibilisieren. Sie bringen ihm bei, dass er frei entscheiden kann, ob er auf einen bestimmten Reiz reagiert oder nicht. Ein Kommando ist ein »Achtungssignal« für Ihren Hund: Es signalisiert ihm, dass die Chance besteht, dass er sich eine Verstärkung verdient.

Wenn Sie ihn verbal nicht kontrollieren können, müssen Sie ihn körperlich kontrollieren können.
Das bedeutet Schleppleinen, Zäune, Halsbänder, Leinen, Kopfgeschirre – was auch immer nötig ist, damit Sie die Kontrolle über die Situation haben. Denken Sie daran, dass das Ziel nicht lautet, dass Sie Ihren Hund körperlich unterdrücken. Das Ziel ist, zu verstärkendes Verhalten herbeizuführen.

Wenn Ihr Hund sich unsicher fühlt, korrigieren Sie ihn nicht – gehen Sie die Übung noch mal mit ihm durch.
Korrigieren Sie ihn nicht einfach gedankenlos! Wie ich es bereits im Kapitel »Die Gesetze des Lernens« beschrieben habe, ist es kein Misserfolg, wenn man bezüglich eines bestimmten Verhaltens noch mal den Kindergarten besucht. Das ist ein notwendiger Bestandteil des Lernprozesses. Überprüfung ist immer gut. Wiederholungen sind notwendig, damit ein Lernprozess

stattfinden kann. Während Sie ein Verhalten generalisieren, müssen Sie je nach Situation und abhängig von der Lernkurve des Hundes die Kriterien häufig senken und steigern.

Falls Sie Ihren Hund korrigieren müssen, sollten Sie ihn nicht zu sich rufen und ihn dann korrigieren oder böse sein. *Gehen Sie zu Ihrem Hund,* um das Verhalten zu korrigieren. Immer wenn Ihr Hund zu Ihnen kommt, sollten Sie ihn lieben und loben, selbst wenn er erst spät reagiert. Arbeiten Sie separat an seiner verspäteten Reaktion, aber wenn Ihr Hund zu Ihnen kommt, ist das immer gut! Das beste Beispiel hier sind die Menschen, die ihrem Hund das Abrufen nicht richtig beigebracht haben oder dieses Verhalten nicht richtig generalisiert haben. Wenn der Hund dann nicht gehorcht und nicht sofort kommt, werden sie sauer und böse. Sie rufen mehrfach. Wenn der Hund dann schließlich kommt, bekommt er Schelte. Das ist nicht fair und wirkt sich negativ auf das Training aus.

Sie sollten niemals Ihren Hund rufen und dann etwas machen, was er hasst...
wie zum Beispiel ihn baden oder seine Krallen schneiden. Gehen Sie zu Ihrem Hund hin oder rufen Sie ihn zu sich und spielen Sie dann mit ihm und geben ihm ein Leckerli. Während Sie ihn noch immer festhalten oder ihm eine Leine anziehen, sodass Sie die nötige körperliche Kontrolle über ihn haben, sollten Sie ihn ins Badezimmer führen und baden, Krallen schneiden, ihn in die Box sperren etc.

Approximationen sind sehr wichtig

Jedes Verhalten muss in kleine Bestandteile unterteilt werden. Dadurch erhält Ihr Hund die Informationen auf leicht zu verarbeitende Art und Weise. Es ist wie in der Geschichte vom Igel und dem Hasen – mit Ruhe und Zielstrebigkeit kommt man ans Ziel!

Indem das Verhalten in leicht zu schaffende Schritte unterteilt wird und dann die Kriterien gesteigert werden, wird Ihr Hund gerne arbeiten, weil:

- Er versteht, was Sie wollen.
- Er erzielt viele Erfolge. Anstatt dass er demotiviert wird, fühlt er sich also selbstbewusst. Erfolg erzielt Erfolg!
- Die Aggression lässt nach, weil auch Sie, der Hundebesitzer, durch den Erfolg Ihres Hundes bestärkt werden. Dadurch verringert sich Ihr Frustrationspegel und Sie üben weniger sozialen Druck auf Ihren Hund aus. Das führt dazu, dass der Hundehalter weniger aggressiv ist, wodurch wiederum der Hund nicht das Gefühl hat, defensiv oder ängstlich reagieren zu müssen.

Approximationen schaffen eine gute Grundlage für die Endreaktion oder das gewünschte Zielverhalten. Genau wie bei dem Bau eines guten Hauses – die Grundlage muss gut verankert werden, damit das Haus stabil steht.

33

Bereits bestehendes Problem vs. Prävention

Durch die Grundlagen- und Niveau-1-Übungspläne in den folgenden Kapiteln bekommt Ihr Hund die Hilfsmittel, die er benötigt, um das Lernen zu lernen. Er wird lernen, auf Sie zu achten, damit Sie ihm die richtige Richtung weisen. Es ist ein beidseitiger Deal: Ihr Hund wird sich auf Sie verlassen, darauf, dass Sie ihm genaue Informationen liefern. Da Sie es sind, der auf dem Fahrersitz sitzt, sind Sie für die Navigation verantwortlich. Das bedeutet allerdings nicht, dass Ihr Hund einfach nur Beifahrer ist. Sie werden merken, dass auch er viel dazu beiträgt und Ihnen ebenfalls Feedback gibt. Seine Aufgabe ist, auf Sie zu achten. Gutes Training ist wie eine gute Unterhaltung – es ist ein gegenseitiger Austausch.

WICHTIG: Sie können an mehreren Problemen gleichzeitig arbeiten. Es ist nicht nötig, dass Sie erst eins behandeln bis es komplett gelöst ist und sich dann an das nächste wagen. Wenn für einen Übungsplan Voraussetzungen erforderlich sind, habe ich dies angegeben. Zum Beispiel: Während Ihres heutigen, offiziellen 15-minütigen Trainings möchten Sie an folgendem arbeiten:

- Mitarbeit
- Lass das
- Sitz & Platz-Bleib

Über den Tag verteilt haben Sie im Haus eventuell mehrfach die Gelegenheit zu 10- bis 60-sekündigen Trainingseinheiten:

- Ihr Hund muss Gassi gehen. Bevor Sie die Tür öffnen, fordern Sie ihn dazu auf, Sie anzuschauen.
- Sie möchten eine Tasse Tee trinken und während Sie das Wasser erwärmen, haben Sie jede Menge Zeit, den Hund zu sich zu rufen und eine Minute lang Sitz und Platz-Bleib mit ihm zu üben. Oder Sie können ihm mehrmals das Kommando Platz geben und daran arbeiten, dass er schnell auf Ihr verbales Kommando reagiert. (»Platz – Ja!« Machen Sie zwei Schritte. »Platz – Ja!« und so weiter.)

Das sind nur ein paar Beispiele. Sie müssen Ihre Zeit selbst planen und organisieren. Denken Sie aber daran, *dass je besser Sie diese Übungen* (insbesondere die Grundlagen- und Niveau-1-Übungspläne) *in den Alltag Ihres Hundes integrieren, desto schneller wird sich sein allgemeines Betragen verändern.*

Meine Vorgehensweise bei Aggression wurde durch meine eigenen Hunde sowie die meiner Kunden und meiner Arbeit mit ihnen beeinflusst. Ich habe unendlich viel gelesen und unaufhörlich mit anderen Hundebesitzern gesprochen. Die Übungen, die bei mir und meinen beharrlichen Kunden funktioniert haben, finden Sie in den Übungsplänen in diesem Abschnitt.

Ich benutze die gleichen Übungspläne, um Aggression zu verhindern, die ich auch bei den Hunden verwende, die bereits aggressives Verhalten zeigen. Das liegt daran, dass der Knackpunkt die Erziehung ist. Ein Hund ist ein unwissender Hund – und was er braucht, ist Erziehung. Entweder hatte der Hund niemals die Möglichkeit, erzogen zu werden, oder er hat diese Erziehung aus irgendeinem Grund nicht verstanden. Oder seine Erziehung bestand nicht aus positiven Erfahrungen, durch die er das richtige Verhalten lernen konnte, sondern förderte stattdessen defensives oder konfrontatives Verhalten.

Der folgende Übungsplan dient der Prävention defensiven und konfrontativen Verhaltens, sodass Ihr Welpe oder Hund dies gar nicht erst entwickelt. Von diesen Übungen können alle Hunde profitieren. Durch sie werden alle Beziehungen gefestigt und vertrauensvoller. Hunden, die sich schon ängstlich oder defensiv verhalten oder die schon erste Warnsignale für Aggression zeigen, können Sie mithilfe der folgenden Übungen erläutern, wie man sich in der Welt verhält: friedlich. Sie werden die Sichtweise Ihres Hundes über die Welt ändern, sodass Sie sein Verhalten verändern können. Allein darum geht es bei der Verhaltensänderung: nicht bloß ein Verhalten zu unterdrücken, sondern die Art und Weise zu ändern, wie Ihr Hund eine Situation wahrnimmt. Sie werden Arbeitsethik und Impulskontrolle lehren. Sie und Ihr Hund werden lernen, ein Team zu sein und effektiv miteinander zu kommunizieren.

Ich möchte hier noch einmal wiederholen, dass manche Hunde anormal sind oder unter einer Verhaltensstörung leiden. Bei diesen Hunden wird es viel häufiger zu spontanem Wiederauftreten alter Verhaltensmuster kommen. Alte Angewohnheiten sind bei ihnen viel schwieriger auszumerzen, weil ihre Lernmuster anormal sind. Aus demselben Grund sind auch neue Verhaltensweisen viel schwieriger beizubringen. Wenn Sie die Übungspläne genauestens befolgen und sich richtig abrackern, aber nach vier oder fünf Monaten immer noch keinen Erfolg erzielt haben, sollten Sie sich vielleicht an einen Experten wenden. Das heißt nicht, dass Ihr Hund ungezogen ist – möglicherweise kann er die Informationen, die Sie ihm auf »normale« Art und Weise zu übermitteln versuchen, einfach nicht verarbeiten. Genauso wie Sie einem Kind, das Legastheniker ist, das Lesen anders beibringen müssen als einem »normalen« Kind, brauchen diese anormalen Hunde spezielle Hilfe. Manchmal können Medikamente dabei helfen, dass er weniger ängstlich ist, sodass das Lernen ermöglicht wird. Vermeiden Sie die Gabe von Psychopharmaka ohne einen guten Plan zur Verhaltensänderung. Das ist ein erfolgloses Unterfangen.

Der große Unterschied zwischen Prävention und Rehabilitation liegt darin, wie ich mit den Übungsplänen umgehe. Bei einem Tier, das bereits besorgniserregendes Verhalten zeigt, liegt die oberste Priorität bei der Sicherheit. Bei älteren Hunden, die ein hitziges Temperament haben, ist es unrealistisch zu glauben, dass man sie nach ein paar Wochen der Arbeit im Hundepark herumlaufen lassen könnte. Im Großen und Ganzen findet die Arbeit langsamer statt, weil Sie erst seine Vorgeschichte, während der unerwünschtes Verhalten verstärkt wurde, wieder wettmachen und dann das gewünschte Verhalten einführen müssen.

Im Vergleich dazu ist die Präventionsarbeit bei einem jungen Welpen ein Kinderspiel. Sein Zeitfenster, in dem er neue Erfahrungen akzeptiert, ist weit geöffnet. Sie müssen keine alten Angewohnheiten bekämpfen, die erst überwunden werden müssen, und gleichzeitig neue

Reaktionen einführen. Auch die Größe eines Welpen ist von Vorteil. Die Kiefer sind noch nicht so stark, die Zähne sind zwar messerspitz, aber noch nicht so groß und zerstörerisch. Aufgrund der sozialen Entwicklungsphase und der kleineren Größe ist das Gefahrenpotenzial, wenn man Welpen mit anderen Welpen oder stabilen älteren Hunden in Kontakt bringt, gleich Null.

Das heißt nicht, dass ein älterer Hund sein Verhalten nicht unglaublich stark verändern kann. Ich persönlich habe erstaunliche Erfolge bei Hunden erzielt und diese Magie auch bei meinen Kunden und ihren Hunden gesehen, die sie mit den beschriebenen Methoden zur Verhaltensänderung erreicht haben. Dafür ist viel Arbeit und Engagement nötig. Sie müssen auch Ihre eigenen Verhaltensmuster ändern. Aber die Ergebnisse sind es wert. Als ich Maeve vor drei Jahren bekam, hätte ich niemals geglaubt, dass sie heute der Hund sein würde, der sie jetzt ist. Würde ich den Menschen nicht erzählen, dass es in ihrer Vergangenheit Phasen sehr ernster Aggression gab, würden sie das niemals denken. Fremde Hunde können auf sie zulaufen und sie reagiert nicht mehr über. Wenn sie erregt ist, schaut sie mich hilfesuchend an, statt jegliche Irritation mit ihren Zähnen zu lösen. Gerade als ich dachte, ich könnte bei ihr nichts mehr erreichen, staunte ich darüber, dass sie einen Durchbruch schaffte und Menschen behandelte, als ob sie sie mag, statt sie einfach nur zu tolerieren, weil ich dabei war. Als ich die Arbeit mit Breanna begann, dachte ich, dass sie niemals sicher genug sein würde, um sie mit anderen Hunden im Platz liegen zu lassen, ohne dass ich sie dabei beobachten würde. Und doch: Als während eines Obedience Trials ein Shar-Pei sie bei einer Gruppenübung bestieg, nahm sie sich zusammen und riss den unerzogenen Hund nicht in Stücke. Weil Breanna in der Situation, in der die Hundegruppe im Platz bleiben muss, immer wieder für ihr Nichtreagieren verstärkt wurde, hat sie nicht reagiert. (Das Hauptproblem in dem Moment war eher Mensch-Mensch-Aggression – dass ich mich zusammenreißen musste, um nicht den Besitzer des Shar-Pei in Stücke zu reißen, weil er seinen Hund nicht richtig erzogen hatte.) Wenn Sie sehen, dass Ihr Training und die Verhaltensänderung auch unter Extremsituationen Früchte tragen, haben Sie Erstaunliches erreicht.

Zusammenfassung: Wenn Sie mit einem Welpen arbeiten, können Sie so schnell vorangehen, wie Ihr Welpe es zulässt, und ihm viele neue Erfahrungen bieten. Bei Hunden, die bereits grenzwertiges oder riskantes Verhalten zeigen, müssen Sie deutlich langsamer und vorsichtiger vorgehen und der Sicherheit von Ihnen und anderen immer die oberste Priorität einräumen.

Durch den Gedanken- und Erfahrungsaustausch, der zwischen Ihnen und Ihrem Hund stattfindet, steigert sich Ihr Bewusstsein für das Verhalten Ihres Hundes, aber auch für das menschliche Verhalten, vor allem Ihres eigenes! Es wird wunderschön sein, wie sich Ihre Beziehung verbessert. Sie werden ein Team werden.

Beobachtung ist wichtig

Denken Sie daran, wie wichtig Beobachtung und die folgende Gleichung sind: Chemischer Zustand (innerer Zustand) = Verhalten (äußerer Zustand). Durch Beobachtung des Verhaltens, also des äußeren Zustand des Hundes, sammeln Sie Informationen über den chemischen, also den inneren, Zustand des Hundes. Dies liefert Ihnen wertvolle Informationen darüber, welche

Funktion die Aggression für den Hund haben könnte. Mithilfe dieses Wissens können Sie die richtigen Übungspläne auswählen und maximales Potenzial erreichen. Ein Beispiel: Wenn Ihr Hund Anzeichen eines ängstlichen Gefühlszustandes zeigt, sollten Sie langsam fortfahren und sich darauf konzentrieren, sein Selbstbewusstsein in dieser Situation zu steigern – hätte er keine Angst, würde er sich nicht defensiv verhalten. Falls der Hund andererseits jedoch eine selbstbewusste Körpersprache signalisiert und deshalb auf aggressives Verhalten zurückgreift, weil er sich dadurch in der Vergangenheit Zugriff auf Ressourcen verschaffen konnte, sollten Sie möglicherweise einen anderen Weg einschlagen, um dem Tier zu vermitteln, dass »Aggression ihm keine Ressourcen einbringt«. Das bedeutet nicht, dass Sie dem Tier entgegentreten. Es bedeutet, dass Sie das Tier Situationen aussetzen müssen, die seine Denkweise darüber verändern, wann Ressourcen verfügbar sind und wann nicht.

Während Sie die Übungspläne durcharbeiten, werden Sie viele Informationen über Ihren Hund sammeln.

1. Verfügt der Hund über normale Lernmuster?
2. Kann er sich anpassen?
3. Wie schnell erholt er sich wieder von stressigen Situationen?
4. Wenn es sich um einen Hund mit Aggressionsproblemen handelt, wie sieht die Prognose aus? (ausgezeichnet, gut, mittelmäßig, eingeschränkt, schlecht, unlösbar.) Wie stehen die Prognosen, dass sich das Verhalten stark verbessern wird?
5. Weist Ihr Hund Potential zu reaktivem oder riskantem Verhalten auf? Zeigt Ihr Hund kein aggressives Verhalten, zeigen Ihnen die Übungspläne wie wahrscheinlich und unter welchen Umständen aggressives Verhalten auftreten wird. Durch diese Information sind Sie in der Lage, diese Wahrscheinlichkeit zu minimieren.

Fangen wir an

Ob Sie Probleme von Anfang an verhindern oder Verhalten ändern wollen, das der Hund bereits zeigt, liegt der Schlüssel zum Erfolg in den folgenden Übungen. Die Übungspläne beginnen mit den Verhaltensgrundlagen – dem wichtigen Schritt, ein gutes Kommunikationssystem aufzubauen. Als Nächstes folgt Niveau 1, wobei Sie sich darauf konzentrieren werden, Ihrem Hund die richtige Impulskontrolle beizubringen sowie dass er Sie in den Entscheidungsprozess mit einbezieht. Die Grundlagen und auch das Niveau 1 sind absolut erforderlich, da auf ihnen die gesamte Arbeit basiert. Sobald Sie diese Schritte durchlaufen haben, werden Sie erstaunt sein, wie Ihr Hund sich verändert hat, wie viel besser die Kommunikation ist und wie gut er auf Ihre Kommandos hört.

Im Laufe der Übungen werden die Aufgaben immer spezieller und schwierigerer. Fangen Sie sofort mit den Grundlagen und Niveau 1 an. Ab jetzt sollten Sie an Anfassen & Festhalten arbeiten.

Bevor Sie sich an speziellere Aufgaben wagen, sollten Sie sich einen Plan machen. Das Kapitel »Der Masterplan« hilft Ihnen dabei, Ihren Plan zu erarbeiten.

34

Plötzliche Veränderungen der Umgebung

Hierbei geht es um plötzliche Veränderungen in der Umgebung. Möglicherweise ist eine Veränderung für einen Menschen unbedeutend, für einen Hund aber provokativ, wie beispielsweise ein Hund oder ein Mensch in einiger Entfernung oder jemand, der einen Raum betritt.

Plötzliche Veränderungen der Umgebung können Hunde stark aufregen und sind einer der Hauptgründe für aggressiv-defensives Verhalten. Wenn Ihr Hund bereits über ein hohes Erregungsniveau verfügt, das sich in Aggression oder Beuteverhalten umwandelt, müssen Sie sehr auf jede Veränderung der Umgebung achten.

Ihr Hund ist möglicherweise in der Hundeschule glücklich und entspannt, bis ein anderer Hund auf dreißig Zentimeter herangelaufen kommt und bellt und spielerische Verbeugungen macht. Auch wenn dieser Hund Ihren zum Spiel auffordert, kann es sein, dass Ihr Hund, wenn er sich dadurch erschreckt, defensiv reagiert. Das ist ein Beispiel für eine plötzliche Veränderung der Umgebung. Eine weitere häufig eintretende Veränderung ist, dass sich eine Tür öffnet und jemand Neues die Umgebung betritt. Nehmen wir das Beispiel der Hundeschule und Sie und drei andere Personen arbeiten friedlich mit Ihren Hunden. Eine vierte Person und deren Hund kommen dazu. Zwei der drei Hunde, die sich in ihrem »Territorium« befinden, erschrecken sich und fangen zu bellen an. Der dritte Hund tut es ihnen gleich und wird auch aufgeregt. Man kann sich leicht denken, dass eine solche Situation schnell eskalieren kann und somit nicht mehr »freundlich« ist.

Falls Ihr Hund in solchen Situationen reaktiv wird, ist es eine gute Vorgehensweise, diese Situation als »Lass das«-Übung zu betrachten. Ihre Aufgabe ist es, die Initiative zu ergreifen und, sobald Sie sehen oder sich denken, dass jemand das Gebiet betritt, sollten Sie, unabhängig davon, ob Ihr Hund schon reagiert oder nicht, Folgendes tun:

- Fordern Sie ihn dazu auf, Sie anzuschauen, und falls das nicht ausreicht…
- geben Sie ihm schnell das Kommando »Lass das« und gehen Sie von der Person, die durch die Tür kommt, weg, bis Ihr Hund Sie anschaut.
- Verstärken Sie ihn großzügig dafür, dass er sich mit Ihnen befasst und nicht der Umgebung »nachgibt«.

Starker Erregung in Situationen, in denen sich die Umgebung plötzlich ändert, wird mit derselben Methode vorgebeugt. Schon während des frühen Trainings sollten Sie solche Veränderungen dazu benutzen, ihm das Kommando zu geben, Sie anzuschauen. Ihr Hund lernt, sich den Grund der Veränderung anzuschauen, aber dann sofort Sie anzuschauen, statt auf die Umgebung zu reagieren. Jetzt, wo Sie wissen, dass Sie auf plötzliche Veränderungen der Umgebung achten und sehr schnell auf sie reagieren müssen, sind Sie für den Erfolg gerüstet!

- Entwickeln Sie Angewohnheiten, die Ihnen helfen, die Umgebung zu kontrollieren und auch die Kontrolle über den Hund nicht zu verlieren. Kommandos wie beispielsweise »Schau«, »Lass das« oder »Komm« sind eine große Hilfe. (Lesen Sie auch die Übungspläne »Blickkontakt & Mitarbeit« sowie »Lass das«)
- Außerdem müssen Sie ruhig bleiben oder zumindest *nachdenken*. Sie können nicht die Wahrnehmung Ihres Hundes in dieser Situation ändern und ihm beibringen, sich selbst zu kontrollieren, wenn Sie selbst in Panik sind und einfach nur reflexartig reagieren, anstatt gedankenvoll vorzugehen.

»Initiative ergreifen« ist das Zauberwort! Bringen Sie Ihrem Hund bei, dass plötzliche Veränderungen der Umgebung kein Umstand sind, auf den man mit Erregung reagieren muss.

- Wenn Sie unerwartet auf einen unbekannten Hund oder eine unbekannte Person treffen, tun Sie alles, um die Situation abzuschwächen und zu »zerstreuen«. Machen Sie eine »Weggeh«-Übung (siehe Übungsplan »Lass das«), sodass Ihr Hund auf Sie achtet, und verstärken Sie jede Bewegung in Ihre Richtung und jede Aufmerksamkeit, die er Ihnen schenkt. Abstand ist in solchen Situationen die beste »Abschwächungsmethode«, natürlich falls es möglich ist, Abstand zu wahren.
- Wenn sich andere Hunde oder Menschen nähern, sollten Sie Ihren Hund, bevor er sich aufregt, ablenken und ihn dann dafür verstärken, dass er nah bei Ihnen ist und auf Sie achtet. Anfangs müssen Sie ihn dafür vielleicht ständig füttern.
- Wenn Sie aus heiterem Himmel auf einen unbekannten Hund treffen und dieser einfach nur neugierig und Ihr Hund hundefreundlich und auch nur neugierig ist, lockern Sie Ihre Leine plötzlich (lassen Sie die Leine aber nicht fallen!) und gehen Sie dann von Ihrem Hund weg, während Sie etwas sagen wie »Tschüs« oder »Lass uns gehen«. Wenn das Ende der Leine erreicht ist, fühlt Ihr Hund dies, und wenn er nicht bereits auf Sie zukommt, sollte er – wenn Sie die Grundlagen und Niveau 1 durchgearbeitet haben – schnell auf den leichten Druck auf sein Halsband reagieren.
  Denken Sie daran: Diese Übung darf nur mit *freundlichen* Hunden stattfinden und funktioniert möglicherweise überhaupt nicht, wenn Sie mit Ihrem Hund noch nicht die Übungen zu Niveau 1 durchgearbeitet haben, durch die Ihr Hund auf Ihr Weggehen reagiert, indem er Ihnen folgt.
- Verstärken Sie Ihren Hund großzügig dafür, dass er die Umgebung ignoriert und mit Ihnen interagiert bis Sie ihm erlauben, an der Umgebung teilzuhaben. (Siehe Übungsplan »Lass das«.)

Eine gute Präventionsstrategie ist es, ihn jedes Mal zu verstärken (PM oder PM & Leckerli), wenn Sie mit ihm erfolgreich an Menschen, Hunden oder Autos etc. vorbeigehen können. Wenn Ihr Hund sich auf Sie und das, was Sie tun, konzentriert, kümmert er sich nicht um das, was in der Umgebung geschieht, und hat auch keine Angst davor. Wenn Sie selbst die Initiative ergreifen, können Sie es leicht schaffen, dass Ihr Hund sich Ihnen widmet, statt auf jede kleinste Veränderung in der Umgebung zu reagieren. In den Übungsplänen in diesem Buch geht es darum, zwischen Ihnen und Ihrem Hund eine gute Vertrauens- und Kommunikationsgrundlage zu schaffen.

35

Der Masterplan

Gut, Sie wissen jetzt jede Menge über Aggression. Warum dieses Verhalten für den Hund Sinn ergibt. Welche inneren und äußeren Faktoren zu diesem Verhalten führen. Wie die Umgebung die Aggression fördert. Die Ereignisse und Handlungen, durch die aggressives Verhalten aufrechterhalten wird. Wie Aggression aussieht.

Na und? Sie haben noch gar nichts erreicht!

Das sollten wir unverzüglich ändern! Krempeln Sie die Ärmel hoch! Jetzt geht's an die Arbeit. Bevor Sie anfangen, sollten Sie sich einen Navigationsplan zurechtlegen, der Ihnen bei stürmischer See den Weg weist, bis Sie sicher in den Hafen der Verhaltensänderung einlaufen. Dieser Plan wird sich je nach Fortschritten ändern und umfangreicher werden, also sollten Sie dafür immer offen sein.

Dieser Abschnitt soll eine Art allgemeine Orientierungshilfe sein und kein endgültiger Stadtplan. Jede Fallgeschichte ist einzigartig, genauso wie die Dynamik innerhalb der Familie und die jeweilige Umgebung für den Hund. Wenn es in der Familie beispielsweise Kinder gibt, würde man bei einem Hund, der Futter bewacht, viel vorsichtiger umgehen und weniger Fehler tolerieren.

Der erste Teil dieses Kapitels bezieht sich eher auf die Arbeit mit Hunden, die »bereits ein Problem haben«. Die Personen, die Präventionsarbeit leisten, benötigen möglicherweise die unten aufgeführte mentale Gymnastik nicht, aber trotzdem kann der Abschnitt lesenswert sein! Anschließend erläutere ich, wie Sie Ihren Navigationsplan erstellen – Ihren individuellen Masterplan. Während Sie gemeinsam mit Ihrem Hund den Lernprozess durchlaufen, sind Ihre Einstellung und Erwartungen von großer Bedeutung.

Mentale Gymnastik

Wie Sie sich auf die Aufgabe vorbereiten.

Bei der Verhaltensänderung handelt es sich um keine akkurate Wissenschaft. Die Übungspläne an sich müssen während des Trainings möglicherweise immer wieder optimiert werden. Die Reihenfolge, in der Sie an den Übungsplänen arbeiten, kann sich ändern, obwohl Sie immer zuerst die Grundlagen und das Niveau 1 sowie den Übungsplan Anfassen & Festhalten abschließen müssen. Falls sich herausstellt, dass ein Problem ernster wird und Sie sich darum kümmern müssen, sollten Sie es auch tun. Kehren Sie dann zu der Stelle zurück, an der Sie den Übungsplan unterbrochen haben. Im Laufe des Übungsplans werden Sie möglicherweise feststellen, dass es sich gar nicht um das Problem handelt, das Sie anfangs angenommen haben, sondern um ein anderes. Machen Sie einfach mit der Arbeit weiter und Sie werden sich verbessern. Achten Sie genau auf Details, aber auch gleichzeitig auf das Gesamtbild.

Wenn Sie die Ziele und Erwartungen auflisten, sollten Sie realistisch bleiben. Denken Sie an andere Familienmitglieder (Haustiere und Menschen). Ich habe mir bei Entscheidungen den Kopf zermartert, denn »Die Bedürfnisse der Masse überwiegen die Not einiger weniger« (Trekkies werden dieses Zitat wieder erkennen...). Wenn sich alle aufgrund eines Tieres schlecht fühlen oder dieses eine Gefahr für alle darstellt, und man mit Verhaltenskontrolle und -änderung nicht die Ergebnisse erzielt, die für das Zusammenleben nötig wären, sind Sie gezwungen, sehr wichtige Entscheidungen zu treffen. Andererseits können durch Kontrolle so viele Probleme erträglich gemacht werden. Also übersehen Sie bitte keine wichtigen Strategien zur Aggressionskontrolle. Kontrolle geht mit den Übungsplänen zur Verhaltensänderung Hand in Hand, wird aber von den Besitzern häufig vernachlässigt oder verweigert.

Die Einstellung von Herrchen oder Frauchen ist ganz wichtig und eng mit dem Ergebnis verbunden. *Engagement, Ausdauer und Konsequenz* Ihrerseits tragen zum Erfolg bei. Aber möglicherweise sind Sie nicht das einzige beteiligte Familienmitglied. Um bestmögliche Ergebnisse zu erzielen, muss auch Ihre Familie mitmachen. Vielleicht müssen Sie eine Familienversammlung einberufen, um sicherzugehen, dass alle einverstanden sind und bei den Übungsplänen kooperieren. Eventuell stellen Sie fest, dass es genauso ärgerlich ist, die Einstellungen und das Verhalten der Familienmitglieder zu ändern, wie es anfangs das Verhalten Ihres Hundes war. Vielleicht aber auch nicht. Vielleicht zieht die ganze Familie an einem Strang. Gut für Sie! Dann haben Ihre Erfolgschancen gerade einen kleinen Schritt in die richtige Richtung gemacht!

Die ganze Sache ist schon zum Scheitern verurteilt und Sie setzen sich und andere (auch Ihren Hund) dem Risiko der Körperverletzung aus, wenn:

- Sie denken, dass der Hund dominant ist und das die Ursache allen Übels ist, weswegen Sie meinen, Sie müssten ihn einer provozierenden Situation aussetzen bis er schließlich aggressiv wird, sodass Sie ihm dann »einen Dämpfer versetzen« können;
- Sie die Einstellung »Friss oder stirb« haben. Sie meinen, dass Hunde Auseinandersetzungen alleine lösen können und »lernen müssen, sich selbst zu helfen«. In manchen Fällen mag das zwar zutreffen, aber in den meisten Fällen ist es eindeutig nicht so. Nur wenige Menschen können diese Fälle voneinander unterscheiden.
- Sie leiden unter dem »Kaninchen vor der Schlange«-Syndrom. Sie bekommen Panik, wenn der Hund reaktives Verhalten zeigt; Sie verlieren die Nerven und können nicht klar denken. Fakt ist, dass Sie beim Training einige haarsträubende Erfahrungen machen werden. Das Wichtigste ist, in einer Krise nicht die Nerven zu verlieren. Ihren Nervenzusammenbruch können Sie später bekommen.

  Das Heilmittel für dieses spezielle Problem ist, zu wissen, was man tut – wenn Sie einmal einen klaren Plan haben, besteht kein Grund zur Panik
- Sie denken, Konfrontation wäre die beste Methode, dem Hund »eine Lektion zu erteilen«. Wenn Sie auf Aggression mit Aggression reagieren und der Hund seine Aggression noch weiter steigert, wie lautet dann Ihr großartiger Plan? Da fällt mir sofort ein Hund ein, mit dem ich einmal gearbeitet habe. Er wog gut fünfzig Kilo (ohne fett zu sein), ein zweijähriger, nicht kastrierter Rottweiler, der sich sozusagen selbst im Garten erzogen hatte und dessen Verhalten keinerlei Grenzen gesetzt worden waren. Um ihn zu füttern, lockte die Familie ihn

in einen großen Zwinger und warf ihm dann das Futter aus etwa zwei Metern Entfernung zu, denn sie konnten nicht näher herangehen, weil er sich sonst sofort auf sie stürzte und den Zaun attackierte. Na ja, ich war mir nicht sicher, ob ich aus einer direkten Konfrontation mit diesem Jungen als Siegerin hervorgehen würde. Ich war mir sogar ziemlich sicher, dass ich verlieren würde. Einige Monate später und nach viel Arbeit, Kontrolle und Verstärkung blieb er sitzen, während er gefüttert wurde. Wenn ich mit ihm schimpfte, kroch er gedemütigt über den Boden. Diese Autorität erzielte ich durch Kontrolle und positive Verstärkung. Aber am ersten Tag war ich noch weit entfernt von allem, außer von Körperverletzung durch eine Konfrontation.

Der Punkt ist, dass der Hund durch Konfrontation das genaue Gegenteil dessen, was Sie möchten, lernen kann: Dass er gewinnen kann. Wahrscheinlich werden Sie überhaupt keine Konfrontation »gewinnen« können.

- Sie sind auf die Illusion all der Lassie-Mythen hereingefallen: Hunde sind süße, unschuldige Kreaturen, die wirklich niemandem wehtun möchten.
- Sie glauben, dass Sie nicht verletzt werden können, weil Sie so »gut zu Tieren« sind und »Hunde Sie immer lieben« und der Hund einfach auf Ihre liebe Art und Weise reagieren wird.
- Sie finden ständig Entschuldigungen für das Verhalten Ihres Hundes. Zum Beispiel: Sie glauben, dass Hunde »einfach so sind« oder »mein Hund tut wirklich nie jemandem weh« oder »so sind (Namen der Rasse einfügen) einfach« oder »er wollte eigentlich nicht zubeißen«.

Mit dieser Liste habe ich wohl so ziemlich jeden Menschen auf diesem Planeten gegen mich aufgebracht und Sie alle sind jetzt sauer auf mich. Aber denken Sie daran, dass Sie dieses Buch lesen, um ein Ergebnis zu erzielen. Doch die oben beschriebenen Einstellungen werden Ihnen nicht das gewünschte Ergebnis bringen.

Sie rüsten sich, Ihre Familie und Ihren Hund für die gewünschten Ergebnisse, wenn Sie:

- vor allem ein aufmerksamer Beobachter sind
- die Initiative ergreifen
- zuversichtlich sind. Auch wenn Sie momentan nicht das Gefühl haben, kommt das von alleine, wenn Sie Ihr Können verbessern, bei den Übungspläne kleine Erfolge erzielen und lernen, wie Sie die Umgebung beeinflussen können. (Im Moment fühlen Sie sich allerdings möglicherweise überschüttet vor lauter Informationen.)
- vorsichtig sind. Achten Sie auf Sicherheit. Die Sicherheit ist immer die oberste Priorität. Es hört sich vielleicht banal an, aber Vorsicht ist besser als Nachsicht. Das trifft auch auf den Umgang mit aggressiven Hunden zu.
- Ihre eigenen Emotionen oder zumindest Ihre eigenen Handlungen unter Kontrolle halten können, auch wenn Sie gerade einen starken Adrenalinstoß hatten, weil Ihr Hund etwas Besorgniserregendes getan hat.
- Sich Ihrer eigenen Körpersprache bewusst sind und diese kontrollieren können, um Ihrem Hund zu helfen, selbst wenn Sie »im Kreuzfeuer« sind. (Natürlich können Sie anschließend noch Ihren Nervenzusammenbruch haben, was mir auch passiert. Heben Sie ihn sich einfach für später auf.)

- Ihr Ego Ihnen nicht im Weg steht. Wenn Sie kein Land mehr sehen können, sollten Sie sich so sicher wie möglich der Situation entziehen und wissen, wann Sie aufhören oder nachgeben sollten. Sie »verlieren vielleicht das Gesicht«, aber Sie bleiben heil und können somit mit der Verhaltensänderung fortfahren. In vielen Fällen habe ich Beschwichtigungssignale und offenkundige »unterwürfige« Körpersprache benutzt und mich somit gerettet.
- Sie realisieren, dass Wissen Macht ist. Sie verstehen die Spezies Hund und ihre Körpersprache. Sie kennen sich mit der klassischen und der operanten Konditionierung aus und wissen, wie Sie ein Kommunikationssystem mit dem Hund einrichten.

Änderungen des menschlichen Verhaltens

Sind Sie bereit?

- Sie möchten Ihr eigenes Verhalten und den Umgang mit Ihrem Hund ändern? Es überrascht mich immer wieder, wie viele Menschen mich um Hilfe bitten, sie dann aber doch ablehnen, weil es letztlich einfacher ist, mit den alten Angewohnheiten und Einstellungen zu leben. Doch nach weiteren Auseinandersetzungen und oftmals Verletzungen, die sie selbst oder andere erleiden mussten, lassen diese Leute das Tier häufig einschläfern.
- Sind Sie gewillt, langfristige Kontrolle als Teil Ihres Lebens zu akzeptieren? Aggression ist eine ernsthafte Angelegenheit. Damit der Hund und andere sicher sind, müssen Sie langfristige Veränderungen hinsichtlich des Alltags Ihres Hundes in Kauf nehmen. Seien Sie sich darüber im Klaren, dass auch Ihre Lebensgewohnheiten sich ändern werden.
- Sind Sie sich dessen bewusst, dass Sie, wenn Ihr Hund aggressiv ist, und vor allem, wenn er in der Vergangenheit schon mal zugebissen hat, Sie eines Tages ein Problem mit dem Gesetz haben könnten? Informieren Sie sich! Unterschiedliche Bundesländer können unterschiedliche Richtlinien haben, die sich ständig ändern können. Wenden Sie sich an einen Anwalt oder eine Versicherungsgesellschaft, wenn Sie Fragen haben. Vor Gericht ist Unwissenheit keine gute Verteidigung.
- Wissen Sie, dass es nötig ist, die Übungen langfristig zu machen und immer wieder zu kontrollieren?
- Sind Sie gewillt, Ihren Lebensstil anzupassen, um diesen mit der für die Verhaltensänderung nötige Kontrolle und die Übungspläne in Einklang zu bringen? Ich habe einen schönen, beheizten Zwinger und nebenan mein Büro. Dadurch kann ich meine Hunde halten. Erst ist eine Gruppe eine Zeit lang im Haus, dann die andere. Tagsüber kann ich sie alle im Zwinger sicher voneinander trennen, wenn ich nicht aufpassen kann. Ich habe alles so arrangiert, dass meine Lieblinge nicht aufeinander losgehen können, selbst wenn sie sich hassen. (Vor allem Breanna und Maeve.) Sie können frei miteinander umherlaufen, wenn ich dabei bin und aufpasse. Sie können alle nebeneinander sitzen und Leckerlis futtern. Es können sogar Menschen an die Tür klopfen und sie können alle aufgeregt ineinander rennen ohne dass es zu Unfällen kommt. Ich habe visuelle Barrieren aufgestellt, sodass sie einander nicht sehen können, wenn sie im Zwinger und unbeobachtet sind, weil diese Situation sonst zu Aggression führen würde. Doch der Druck, dass sie ständig beieinander sind, wird durch meine Methode, den Alltag der Tiere zu kontrollieren, genommen. Nicht jeder verfügt über diesen Luxus. Welche Anpassungen können und wollen Sie vornehmen?

So, der Realitäts-Check ist geschafft.

Uff! Das sind schwierige Fragen und auf manche gibt es keine Antwort. Das Gute ist, dass Sie etwas bewirken können, wenn Sie es richtig versuchen. Für manche Hunde geht es um Leben und Tod. So, jetzt geht's an Ihren Masterplan.

Der Plan

Der erste Schritt ist eine eher allgemeine Fallgeschichte. Sie werden systematisch über die Umgebung des Hundes und seine tägliche Routine nachdenken. Manche Antworten, die Sie auf diese Fragen geben, sind vielleicht gar nicht relevant. Doch Sie können auch auf ein paar Warnzeichen treffen. Zum jetzigen Zeitpunkt ist es schwer, zu entscheiden, was relevant ist und was nicht. Wie ein Detektiv, der gerade einen neuen Fall bekommen hat, müssen Sie alle möglichen Informationen sammeln, damit Sie herausfinden können, was relevant ist.

Persönliche Geschichte und tägliche Umgebung

- Machen Sie eine Liste aller Personen im Haushalt, einschließlich Geschlecht und Alter.
- Machen Sie eine Liste Ihrer Haustiere, einschließlich Geschlecht und Alter.
- Hat Ihr Hund ein besonderes Problem mit einer der oben genannten Personen/einem der oben genannten Tiere? Was für eins? Lieblinge? Wer?
- Gab es irgendwelche Veränderungen im Haushalt? Auflisten!
- Wie alt war Ihr Hund, als Sie ihn bekamen?
- Seit wann haben Sie Ihren Hund?
- Warum haben Sie ihn bekommen?
- Woher haben Sie ihn bekommen?
- Wo leben Sie? (Belebte Straße nahe einer Schule mit einem Hütehund, Terrier oder Wachhund? Lassen Sie ihn unbeaufsichtigt frei im Garten herumlaufen? Und Sie sagten, er bellt? Auf dem Land? Viele Besucher?)
- Beschreiben Sie einen typischen Tag Ihres Hundes: Wann füttern Sie ihn, wann ist er draußen? Etc.
- Bekommt Ihr Hund genug Bewegung?
- Wird Ihr Hund in einem umzäunten Garten gehalten? Angebunden? Geht er angeleint spazieren? Unangeleint und unbeaufsichtigt? (Falls letzteres zutrifft, sollten Sie sofort Ihre Ansichten ändern.)
- Machen Sie eine Liste seiner gesundheitlichen Probleme, in der Vergangenheit oder jetzt, auch wenn es nur kleine Probleme waren/sind.
- Machen Sie eine Liste dessen, was Sie für seine Erziehung getan haben oder der Gruppen oder Privatstunden durch andere. Wie ist es gelaufen?
- Welches offizielle Training bekommt er von Ihnen am Tag? Benoten Sie die folgenden Kommandos nach sehr zuverlässig (er gehorcht in mindestens 95 % der Fälle), ziemlich zuverlässig (mehr als 50 %), unzuverlässig (weniger als 50 %): Sitz, Platz; Bleib; unangeleint laufen; Lass das; Aus; Apport.

Funktionale & Aufgabenanalyse

Nachdem Sie über die Umgebung des Hundes im Allgemeinen nachgedacht haben, geht es nun um die Details des Problemverhaltens. Der erste Schritt der Problemlösung besteht darin, das Problem an sich zu identifizieren.

Machen Sie eine solche Liste wie die untenstehende. Führen Sie jedes Problemverhalten einzeln auf. Entscheiden Sie dann, welches gewünschte Verhalten anstatt des Problemverhaltens funktionieren könnte.

Trefferliste

Problemverhalten	**Gewünschtes Verhalten**
Unkontrollierbares Bellen und Aufregung, wenn es an der Tür klingelt	Ein oder zwei Belllaute, dann ist der Hund sofort still und beruhigt sich, wenn ich »Still« sage
Hund warnt und macht Satz auf andere Hunde	Hund schaut mich ratsuchend an

Für jeden Punkt auf der Trefferliste sollten Sie ein separates Blatt Papier benutzen und darauf die folgenden Fragen beantworten:

- Seit wann tritt das Problemverhalten auf?
- In welchem Alter wurde das Problemverhalten zuerst beobachtet?
- Hat sich die Häufigkeit des Problemverhaltens gesteigert seitdem es erstmalig beobachtet wurde?
- Hat sich die Intensität des Problemverhaltens gesteigert seitdem es erstmalig beobachtet wurde?
- Ist das Verhalten berechenbar? (Falls das Verhalten sehr unberechenbar ist, sollten Sie mit äußerster Vorsicht vorgehen und alle zur Verfügung stehenden Sicherheitsmittel benutzen, einschließlich eines Maulkorbs. Eventuell sollten Sie sich an einen Verhaltensberater wenden, wenn das Verhalten sehr heftig und sehr unberechenbar ist.)
- Können Sie das Verhalten verbal unterbrechen?
- Wie schwierig ist es, das Verhalten zu unterbrechen?
- Machen Sie eine Liste der Methoden, die Sie ausprobiert haben, um das Verhalten zu unterbrechen, sowie der Ergebnisse.
- Meinen Sie, dass Sie zu dem Verhalten beigetragen haben? Wie?
- Machen Sie eine Liste dessen, was Sie bis heute getan haben, um das Problem zu korrigieren.
- Beschreiben Sie das Ausmaß der folgenden Punkte:
  Mündet das Verhalten in:
  - Zur Schau stellen?
  - bedrohlichem Verhalten?

  - gehemmtes Beißen? (Sie haben die Zähne des Hundes gespürt, aber es waren keine Bisszeichen oder Schrammen zu sehen.)
  - Verletzung? Beschreiben Sie die Stellen und das Ausmaß von Bisszeichen, Schrammen, Punktionen, Rissen etc. an der menschlichen Haut durch die Zähne des Hundes (um die Beißhemmung feststellen zu können). Sie können auch die durch Krallen entstandenen Verletzungen aufschreiben, notieren Sie aber, dass sie nicht durch Zähne hervorgerufen wurden.
- Erwartungen: Welche Verbesserung ist nötig, damit das Problemverhalten für Sie und die anderen Familienmitglieder akzeptabel ist? (Denken Sie daran, realistisch zu sein. Und flexibel.) Möglicherweise schätzen Sie dies zum jetzigen Zeitpunkt falsch ein und, sobald sich das Verhalten zu bessern beginnt, stellen fest, dass Sie mit geringerer Verbesserung als anfänglich angenommen leben können. Umgekehrt können Sie auch feststellen, dass die Verbesserung um 50 % nicht ausreichend ist.

Hintergründige Ereignisse

Die hintergründigen Ereignisse sind die »Bühne«, auf der das Problemverhalten gespielt wird. Die hintergründigen Ereignisse erzählen die Geschichte des jeweiligen Vorfalls. Sie sind eine wertvolle Information und schließlich das Hauptmittel, um herauszufinden, welche Übungspläne angewandt werden sollten. Sie erhalten eine Liste der »Auslöser« oder der Vorläufer des Verhaltens, sodass Sie die Initiative ergreifen können und wissen, welche Art von Situationen Sie kontrollieren müssen. Sie erfahren außerdem, was Ihren Hund frustriert und zu Konflikt und Erregung führt.

Für jeden Vorfall machen Sie sich eine Liste aus:

- Ungefähres Datum
- Ort
- Anwesende
- Was passierte kurz vor dem Vorfall?
- Wie sah Ihr Hund aus, kurz bevor es zum Vorfall kam? Beschreiben Sie: Augen, Ohren, Rute, andere Körperhaltung
- Beschreibung des Vorfalls an sich
- Wie sah Ihr Hund während des Vorfalls aus?
- Was passierte direkt nach dem Vorfall? Wurde der Hund bestraft oder eingesperrt? Falls ja, wie?
- Wie sah Ihr Hund nach dem Vorfall aus?
- Anderes über den Vorfall, das wichtig ist.

Puh! Das war viel Arbeit, und jetzt?

Aus diesen drei Bestandteilen, der täglichen Umgebung, der Trefferliste und den hintergründigen Ereignissen, entsteht nun langsam ein Muster. Sie können, möglicherweise erstmalig, einen Zusammenhang zwischen diesen drei Bestandteilen erkennen. Mithilfe dieser systematischen Analyse können Sie nun sachlicher und klarer über die Vorfälle nachdenken.

Anhand der Arbeitsblätter können Sie den Zusammenhang, in dem das aggressive Verhalten auftritt, bewerten. Dadurch können Sie solche Vorfälle vermeiden oder auf sie vorbereitet sein. Außerdem können Sie die Umgebung vorsichtig so »einrichten«, dass Sie dem Hund zeigen können, wie er sich verhalten soll (verstärkbares Verhalten herstellen). Sie haben somit die Möglichkeit, erwünschtes Verhalten zu verstärken.

Aus den Arbeitsblättern können Sie auch Folgendes herleiten:

- eine Liste der Vorläufer oder Auslöser des Verhaltens. Das ist sehr wichtig. Notieren oder nummerieren Sie die Auslöser, die beim Hund zu Erregung führen, von »am wahrscheinlichsten« bis »am unwahrscheinlichsten«.
- Legen Sie eine Toleranzschwelle (Entfernung) fest. Dadurch können Sie anhand dieser Ihre Arbeit beginnen und somit die Sicherheit und die Erfolgschancen steigern.
- eine Liste der Körpersprache, die Sie beobachtet haben.

Das Blatt mit den hintergründigen Ereignissen wird Ihnen verraten, welches das früheste, zu beobachtende Verhalten war, bei dem Ihnen aufgefallen ist, dass Ihr Hund grenzwertig reaktiv wird. (Es ist dieses früheste, beobachtbare Verhalten, bei dem Sie eingreifen oder das Sie unterbrechen sollten.)

Anhand Ihrer Listen können Sie auch das Verhalten des Hundes besser klassifizieren, falls es Ihnen noch nicht ganz klar ist.

Die Informationen durch diese Listen helfen Ihnen auch bei der Entscheidung, welche Übungspläne Sie absolvieren sollten.

Durch die auf den Listen gesammelten Informationen wissen Sie, welche Konsequenzen das Verhalten verstärken. Es handelt sich um sehr wertvolle Informationen, da Sie uns viel über die Funktion verraten, welche das Verhalten für das Tier hat.

Sie sollten auf Ihren Listen nun über reichlich organisierte Informationen verfügen, anhand derer Sie die Trainingseinheiten herausarbeiten werden.

Arbeiten Sie immer zuerst die Grundlagen- und Niveau-1-Übungen durch. Auf ihnen basiert die gesamte restliche Arbeit. Ein gutes Kommunikationssystem, Impulskontrolle sowie ein aufmerksamer Hundeführer sind notwendig, um gute Ergebnisse zu erzielen. Das Wichtigste ist, dass diese Übungspläne eine funktionierende Beziehung zwischen Ihnen und Ihrem Hund schaffen, die auf Vertrauen basiert, unabhängig davon, ob Sie ein bestehendes Problem lösen oder Präventionsarbeit leisten. Bei der Durchführung der Übungspläne werden Sie viel über Ihren Hund lernen, was Ihnen bei der Entscheidung über spätere Übungspläne hilft. Während der Grundlagen und Niveau 1 werden Sie sich gute Führungsfähigkeiten aneignen und eine gute Beziehung zu Ihrem Hund schaffen. Das wird Ihnen von Nutzen sein, wenn Sie die Kriterien steigern und sich selbst und Ihren Hund Situationen aussetzen, die mehr Spannung, Ablenkung oder Erregung bieten! Durch diese Übungspläne wird Ihr Hund Fähigkeiten erlernen, die er für die schwierigeren Aufgaben, die Sie später von ihm verlangen werden, gebrauchen wird.

Jetzt fangen Sie an, an Übungsplänen zu arbeiten, die sich mit bestimmten Auslösern beschäftigen, auf die Ihr Hund reagiert.

Problemlösung – Ran an die Arbeit!

Der erste Schritt zur effektiven Problemlösung ist die genaue Identifizierung des Problems. Anschließend können Sie sich daran machen, zu überlegen, wie Sie es lösen.

Identifizierung des Problems:

1. Schauen Sie auf Ihrer Trefferliste nach, welche Verhaltensweisen Sie ändern möchten.
2. Gehen Sie die persönliche Vorgeschichte und die tägliche Umgebung durch, damit Sie genau wissen, wann und wo der Hund das unerwünschte Verhalten zeigt. Wenn Sie sein Verhalten ändern möchten, müssen Sie in erster Linie verhindern, dass das unerwünschte Verhalten wieder auftritt.
3. Schauen Sie sich das Arbeitsblatt »Hintergründige Ereignisse« an. In welcher Weise hätten Sie die Initiative ergreifen und das Verhalten somit verhindern können? Wie können Sie die hintergründigen Ereignisse ändern, um Ihrem Hund etwas beizubringen, statt nur Schadenskontrolle zu betreiben?

Fangen Sie an, das Problem zu lösen:

4. Machen Sie anhand der hintergründigen Ereignisse eine Liste aller Auslöser und führen Sie auch alle anderen Auslöser an, die Sie im »Alltag« bemerkt haben.
5. Machen Sie eine Liste der riskanten oder grenzwertigen Verhaltensweisen. Verhindern Sie diese oder seien Sie darauf vorbereitet, einzugreifen, bevor sich das Verhalten in seiner Intensität steigert. Je früher Sie in den Verhaltenskreislauf eingreifen können, desto besser stehen Ihre Chancen, das Verhalten zu verändern.
6. Machen Sie eine Liste aller beobachtbaren Verhaltensweisen und der Verwendung der »Muttersprache«. Für den Anfang können Sie Ihr Arbeitsblatt »Hintergründige Ereignisse« verwenden. Anschließend notieren Sie, wie das Verhalten im Alltag auftritt. Dadurch bekommen Sie Hinweise darauf, wann Sie eingreifen können. Unterbrechung und Umlenkung des Verhaltens muss stattfinden lange bevor der Hund sich auf jemanden oder etwas stürzt und bellt oder er stark erregt ist, sodass Ihr Hund lernen kann, dieses »Gefühl« zu identifizieren und auf das gewünschte statt auf das reaktive Verhalten zurückzugreifen.
7. Fangen Sie mit den Grundlagen- und Niveau-1-Übungsplänen an; ungeachtet der Probleme

Ihres Hundes. Das trifft auch auf die Präventionsarbeit zu.

8. Gleichzeitig sollten Sie am Übungsplan »Anfassen & Festhalten« arbeiten. Die Wichtigkeit dieses Übungsplanes kann ich nicht stark genug betonen. Dadurch dass man ein Tier anfassen und festhalten kann und sein Vertrauen gewinnt, stellt der Hund eine geringere Gefahr dar.
9. Je nach speziellem Auslöser suchen Sie sich nun einen Übungsplan aus, der den bestimmten Auslöser behandelt.
10. Passen Sie den Übungsplan, falls nötig, dem einzelnen Hund an. Der Hund wird Ihnen dabei eine Hilfe sein - Sie müssen einfach nur das zu beobachtende Verhalten anschauen und interpretieren.

DENKEN SIE DARAN:

- Verhaltensänderung ist keine genaue Wissenschaft. Währenddessen muss immer wieder »optimiert« werden.
- Achten Sie auf realistische Ziele und Erwartungen.
- Vergessen Sie »hätte, könnte, warum hab ich nicht« - verscheuchen Sie diese Einstellungen und machen Sie weiter.
- Die Einstellung des Besitzers ist überaus wichtig und steht in direktem Zusammenhang mit dem Resultat.
- Sicherheit ist immer die oberste Priorität.

Auslöser

Jemand klopft an die Tür
Es klingelt an der Tür
Gäste betreten das Haus
Der Zeitungsjunge bringt die Zeitung, auch wenn er nicht klopft oder klingelt - er steht nur vor der Tür

Körpersprache

Das Verhalten tritt häufig sehr plötzlich auf und es ist schwierig, ihm »vorauszueilen«.
Der Hund »hängt einfach nur rum« und plötzlich rennt er bellend an die Tür.
Lautgeben - Bellen
Gelegentlicher Piloarrektionsreflex
Gelegentliches Bellen

Beispiel für einen Masterplan

Beim Problemverhalten handelt es sich um unkontrollierbares Bellen an der Tür.	Das gewünschte Verhalten sieht so aus, dass der Hund auf Kommando still ist. Außerdem wäre es ideal, wenn er Gäste ruhig begrüßen würde.
Grundlagen-Übungspläne	Sorgt für ein gutes Kommunikationssystem
Niveau-1-Übungspläne	Sorgen für Kontrolle, Teamarbeit, Aufmerksamkeit, Impulskontrolle und liefern eine Liste alternativer, gewünschter Verhaltensweisen, die anstatt von Bellen und Reaktivität verwendet werden können.
Anfassen & Festhalten	Bringt Vertrauen bei, sorgt dafür, dass der Hund sicher ist, wenn sein Verhalten unterbrochen wird und er angefasst wird, wenn er erregt ist.
Bitte lesen Sie: (Schadens-)Kontrolle: Ausstattung	Am Anfang kann ein Hund durch ein Kopfgeschirr besser kontrolliert werden. Später werden Sie in der Lage sein, den Hund auch ohne Leine zu kontrollieren.
Bitte lesen Sie: (Schadens-)Kontrolle: Beziehungen	Dadurch werden Sie wichtig und der Hund versteht die Verbindung zwischen Verhalten und Konsequenz besser.
Bitte lesen Sie: (Schadens-)Kontrolle:Still!	Bringt dem Hund bei, auf Kommando mit dem Bellen aufzuhören.
An der Tür warten	Die Gewohnheit, erregt zu sein, nimmt ab. Sie lernen, die hintergründigen Ereignisse und das Verhalten des Hundes zu kontrollieren und der Hund gewöhnt sich daran, sich an Sie zu wenden, wenn Sie an Orten sind, die er vorher mit starker Erregung assoziierte.
Wie Sie ihm höfliche Begrüßungen beibringen	Bringt Selbstbeherrschung und erwünschtes Begrüßungsverhalten bei.
Betreten des Territoriums und richtiges Begrüßungsverhalten	Bringt dem Hund bei, sich ruhig zu verhalten, Ihren Anweisungen zu folgen und Ihnen die Verantwortung zu überlassen.

Unabhängig davon, ob Sie Präventionsarbeit leisten (gut für Sie!) oder das Verhalten eines Hundes ändern, der bereits überreaktiv reagiert, werden Sie ein besseres Verständnis für das Problem und Ihren Hund erzielt haben. Falls Sie bereits ein Problem haben: Ich fühle mit Ihnen! Ich habe auch mit Hunden gelebt, die »Problemkinder« waren. Durch diese Erfahrungen habe sehe ich diese Spezies nun aus einem völlig anderen Blickwinkel! Aber ich musste auch ein paar Hiebe einstecken und haarsträubende Abenteuer durchleben. Ich sehe sie aus einem besseren Blickwinkel – einem realistischen, der die Spezies und deren Individuen mehr schätzt.

Weil ich es alles schon erlebt habe, verstehe ich die herzzerreißenden Entscheidungen, die manchmal getroffen werden müssen. Die Schuld. Dass man sich fragt, was man getan oder unterlassen hat, das zu dem Problem beigetragen hat. Dass man verzweifelt wünscht, Fehler nicht zu wiederholen. Ich weiß, wie es sich anfühlt, einen Hund zu lieben und sich für sein Wohlbefinden verantwortlich zu fühlen. Ich weiß, wie es sich anfühlt, wenn man mit einem Hund arbeiten möchte, auch wenn jeder einem sagt, es sei verlorene Liebesmüh, und man sich selbst fragt, ob man verrückt oder zu unrealistisch ist, weil man es probiert.

Gerade durch die Arbeit mit diesen Hunden bin ich zu der Hundetrainerin geworden, die ich heute bin. Unter anderem bin ich sehr aufmerksam geworden, um nur eine Sache zu nennen. Ich fühle mit den Hunden, die in einem destruktiven Reiz-Reaktions-Zyklus gefangen sind, oder mit denen, die von Angst erfüllt und defensiv sind.

Die Gesetze des Lernens – Kontrolle, Verhaltensänderung, positive Verstärkung, die Muttersprache des Hundes – sie alle beinhalten die Antworten. Je besser Sie verstehen, wie Tiere lernen und je mehr Sie über die Spezies, mit der Sie arbeiten, wissen, desto größere Erfolge werden Sie erzielen. Auch wenn es hart ist, zu wissen, dass man »nicht alle retten kann«, werden Sie ganz bestimmt die Zahl derer erhöhen, die Sie retten können.

Durch meine Arbeit mit »schwierigen Hunden« bemühe ich mich umso mehr, solches Verhalten bei meinen Welpen und den geretteten Hunden zu verhindern. Wir sind dafür verantwortlich, ausgereifte Entscheidungen über diese Hunde zu treffen, sodass wir das tun können, was für sie am besten ist (und auch für uns und unsere anderen menschlichen und hündischen Familienmitglieder).

Ich möchte sichergehen, dass meine Hunde gut erzogen sind und keine Gefahr darstellen. Ich gehe nicht mehr davon aus, dass *jeder* Hund sicher ist und überlasse es auch nicht dem Zufall. Die Initiative zu ergreifen, ist der Schlüssel zum Erfolg!

Teil VIII

Die Übungspläne zur Lösung der Probleme Ihres Hundes

36

Entwicklung eines Kommunikationssystems
Der PM/NM und das Entlassungswort

Grundlagen-Verhalten	
Voraussetzung	Keine
Ziel	Ein Kommunikationssystem mit dem Hund zu entwickeln.
Was Ihr Hund lernt	Der Hund versteht, dass der PM/NM (Positivmarker/Negativmarker) ihm Informationen vermittelt. Der Hund versteht, wann es »nach Ihnen geht« und Arbeit angesagt ist vs. wann es »nach ihm geht«.
So sieht es in der Praxis aus	Hunde und Menschen verfügen über ihre eigene, einzigartige und separate Sprache. Wenn wir einen Hund erziehen möchten, müssen wir zuerst auf eine Art mit ihm kommunizieren, die er verstehen kann.

Von allen Übungsplänen in diesem Buch ist dieser hier der wichtigste. Es ist so wichtig, dass Sie das Prinzip begreifen und in den Alltag mit Ihrem Hund integrieren müssen. Wenn Sie Ihrem Hund nicht schnell und präzise Informationen übermitteln können, wie wollen Sie ihm dann etwas beibringen? Die gesamte folgende Arbeit basiert auf dem PM/NM-Kommunikationssystem.

Legen Sie positive Verstärker für das Training fest

Um loslegen zu können, mussen Sie zuerst eine Liste der Dinge erstellen, die für Ihren Hund eine Belohnung darstellen. Diese Liste liefert Ihnen primäre Verstärker (wissenschaftliche Definition: notwendig für das Überleben. Für unsere Zwecke: Futter). Außerdem haben Sie mehrere Möglichkeiten für sekundäre Verstärker (andere Dinge, die Ihr Hund mag, aber die nicht als primärer Verstärker bezeichnet werden können). Diese werden Sie benutzen, um Ihren Hund für ein erwünschtes Verhalten zu belohnen und – das ist genauso wichtig – um ihm Informationen über das zu liefern, was Sie möchten.

Was sollten Sie benutzen, um ein erwünschtes Verhalten zu verstärken? Die besten Belohnungen sind Dinge, die der Hund unbedingt haben möchte. Auf bekanntem Terrain, wie beispielsweise zuhause, können Sie sein normales Futter als Verstärker benutzen. In neuen oder stärker ablenkenden Situationen müssen Sie ihm eine Gefahrenzulage bezahlen. Die Gefahrenzulage besteht aus ganz besonderen Leckerlis, wie beispielsweise Käse, Hühnchen oder ein kurzes Spiel mit seinem Lieblingsspielzeug.

»Alltagsbelohnungen« sind für den Hund herausragend und bedeutungsvoll und stellen hervorragende Verstärker dar. Ein Beispiel ist das Öffnen der Tür, wenn Sie Ihren Hund erst dann hinaus lassen, wenn er zuerst Sitz macht. Alltagsbelohnungen sind nur ein anderer Name für das Premack-Prinzip. Sie erlauben dem Hund den Zugang zu etwas, was er mag, als Ausgleich dafür, dass er zuerst ein gewünschtes Verhalten zeigt. Weiterführende Informationen zu diesem Thema finden Sie im Kapital »Beziehungen«.

Vorerst sollten Sie das Leben mit den Augen Ihres Hundes betrachten. Was mag er? Worum bettelt er Sie an? Um welches Futter bettelt er? (Falls die Antwort »alles und jederzeit« lautet, dann haben Sie einen sehr gut trainierbaren Hund. Das macht es Ihnen wirklich leicht, denn Futter ist so leicht zu kontrollieren.) Was macht Ihr Hund, wenn er entspannt und glücklich aussieht? Zufrieden? Welche Aktivitäten versucht er zu umgehen? Wenn Sie ihn anfassen, aufgrund welcher Art von Berührung geht er weg? Für welche Berührungen kommt er näher zu Ihnen und sieht begeistert aus?

Sie müssen eine Vielzahl von Verstärkern benutzen, um ein Verhalten so wirkungsvoll wie möglich aufrecht zu erhalten.

Was Sie tun sollten: Machen Sie eine Liste der Dinge, die Ihr Hund mag. Versuchen Sie, mindestens drei Dinge jeder Kategorie zu finden:

- Womit spielt Ihr Hund am liebsten?
- Was würde Ihr Hund am allerliebsten tun?
- Welche Art körperlichen Kontakts mag Ihr Hund am meisten? (Geknuddelt werden? Bauchkraulen? Hinter den Ohren gekratzt werden?)
- Was sind seine Lieblingsspiele oder -aktivitäten?
- Wie zieht Ihr Hund Ihre Aufmerksamkeit auf sich?
- Welches sind seine Lieblingsleckerlis?

Also gut, gehen wir es an! Sie haben nun eine Liste, aus der Sie auswählen können, wenn Sie einen Verstärker benötigen. Markieren Sie ein paar der meistgewünschten Verstärker als Reserve für eine Gefahrenzulage.

Bevor Sie den PM einführen

Jetzt haben Sie einen Überblick über die Dinge, die Sie als Verstärker benutzen können, und sollten sich nun für ein Wort oder ein Signal entscheiden. Dieses Wort oder Signal werden Sie als

PM (Positivmarker) benutzen. Eine der wichtigsten Funktionen des PM ist, dass er als Gedächtnisstütze dient. Was ist Lernen eigentlich? Sich daran erinnern, ein bestimmtes Verhalten zu einem bestimmten Zeitpunkt oder auf ein bestimmtes Kommando hin zu tun. Der PM sagt dem Tier: Von den Millionen Verhaltensweisen, die du heute zeigst, solltest du dich an diese erinnern, denn wir werden sie später noch brauchen.

Der PM markiert das gewünschte Verhalten in dem Moment, in dem es auftritt.

Was Sie als PM verwenden können
Clicker sind ein hervorragender PM. Weil der Clicker in der Umgebung des Hundes ein einzigartiges Geräusch ist, ist es für ihn sehr bedeutungsvoll.

Ideen für einen verbalen PM sind »Ja!«, »Wow!«, »Gut!«. Sprechen Sie die Worte einfach kurz und freundlich aus und benutzen Sie sie *konsequent.*

Es ist natürlich möglich, manchmal einen verbalen PM und manchmal den Clicker zu benutzen. Meine eigenen Hunde kennen und verstehen sowohl den verbalen PM als auch den Clicker, der stattdessen benutzt wird. Ein Clicker ist äußerst praktisch und führt dazu, dass ein Verhalten, wenn man anfängt, es dem Hund beizubringen, schneller umgesetzt wird. Ein Clicker hat außerdem den Vorteil, dass dem Hund genau verdeutlicht wird, welches Verhalten Sie markieren. Andererseits haben Sie natürlich Ihre Stimme immer griffbereit, weshalb sie, falls Sie den Clicker nicht dabei haben oder Sie das Verhalten bereits eingeführt haben, perfekt als PM zu benutzen ist.

- Sie können sowohl den Clicker als auch einen verbalen PM einführen, wenn Sie möchten. Tun Sie dies allerdings nicht in ein und derselben Trainingseinheit.

Wie der PM eingeführt wird

Entscheiden Sie sich für einen PM (Positivmarker). Falls es sich um ein Wort handelt, spitzen Sie die Lippen, falls es sich um den Clicker handelt, sollten Sie diesen griffbereit halten und wissen, wie Sie »Klick« machen müssen.

Schnappen Sie sich 30 oder 40 köstliche Leckerlis, packen Sie sie in einen Leckerlibeutel oder in eine Gürteltasche. Dann:

1. PM (entweder ein »Klick« oder Ihr verbales »Ja«).
2. Warten Sie ungefähr eine halbe Sekunde lang.
3. Geben Sie ihm das Leckerli.
4. Wiederholen Sie die Schritte 1 bis 3 vier- oder fünf Mal.
5. Gehen Sie ein paar Schritte zurück; mittlerweile ist es bestimmt schon schwierig, Ihren Hund wieder los zu werden! Machen Sie das Geräusch oder Ihren PM. Geben Sie ihm schnell das Leckerli.
6. Wiederholen Sie diese Schritte fünfzehn bis fünfundzwanzig Mal.

Während Sie den PM einführen, dürfen Sie ihn zu keinem bestimmten Verhalten auffordern.

Wichtiger Hinweis:
Ihr PM bedeutet nicht »Guter Hund!«. Die Magie liegt darin, dass der PM Ihrem Hund ein freudiges Ereignis voraussagt und somit mit diesem freudigen Ereignis assoziiert wird, wodurch der PM benutzt werden kann, um Informationen zu übermitteln.

Ihr PM-/NM-System liefert dem Hund wertvolle und präzise Informationen über sein aktuelles Verhalten.

Einführen eines PM
Auf das »Klicken« oder den gesprochenen PM »Ja« folgt sofort ein köstliches Leckerli.

Kleiner Test

- Nach rund zwanzig oder dreißig Wiederholungen stellen Sie sich für rund eine Minute lang ganz still hin. Dabei stehen Sie entweder auf der Leine des Hundes oder er läuft sicher in einem umzäunten Areal oder Raum umher. Lassen Sie den Hund leicht gelangweilt oder abgelenkt sein, bis er Sie schließlich nicht mehr anschaut oder sogar ein oder zwei Schritte weggeht.
- Wenn er das tut, machen Sie das Geräusch Ihres PM.
- Schaut der Hund sofort in Ihre Richtung und/oder kommt zu Ihnen zurück? Ist das der Fall, fängt der Hund zu verstehen an, dass der PM ein Vorbote für Verstärkung ist. Er hat schon recht gut verstanden, dass es einen Zusammenhang zwischen diesen beiden Ereignissen gibt (auf den PM folgt ein Leckerli), und er ist auf gutem Wege, die Bedeutung des PM zu begreifen.
- Jetzt können Sie anfangen, Ihren PM zu benutzen, um Ihrem Hund sachdienliche Informationen zu übermitteln.
- Falls Ihr Hund seine Aufmerksamkeit nicht sofort auf Sie richtet, sollten Sie die PM/Leckerli-Abfolge mindestens zehn Mal wiederholen. Machen Sie dann diesen Test erneut.

Wichtiger Hinweis:

Denken Sie daran, dass der PM nicht dazu dient, die Aufmerksamkeit Ihres Hundes zu erhaschen. Das würde nur nach hinten losgehen, weil Sie den Hund dann in Wahrheit für seine Unaufmerksamkeit verstärken. Beim kleinen Test benutzen Sie den PM nur deshalb auf diese Art und Weise, um zu schauen, ob der PM für Ihren Hund schon eine Bedeutung hat! Sobald der PM korrekt eingeführt wurde, werden Sie ihn nie wieder auf diese Art benutzen. Warum? *Sobald Ihr Hund die Verwendung des PM begriffen hat, wird genau das Verhalten verstärkt, dass er in dem Moment tut, wenn er den PM hört.* Das bedeutet, dass Ihr Hund das Verhalten wiederholen wird, das gerade markiert wurde. Wenn Sie so wollen, benutzen wir den PM in der frühen Anfangsphase falsch, jedoch um zu sehen, über welche Fähigkeiten Ihr Hund zu diesem Zeitpunkt bereits verfügt.

Üben Sie die Verwendung Ihres PM

Jetzt ist ein guter Zeitpunkt, die Verwendung Ihres PM zu üben, sodass Sie, der Hundeführer, diesen gut beherrschen. Üben Sie anhand eines Verhaltens, das Ihr Hund bereits kennt. Die meisten Hunde können Sitz, darum werden wir dieses Kommando in unserem Beispiel benutzen.

- Geben Sie Ihrem Hund das Kommando »Sitz«. In dem Moment, in dem Ihr Hund mit dem Po den Boden berührt:
- PM
- Geben Sie ihm sofort nach dem PM ein Leckerli.
- Geben Sie ihm nun das Kommando »Sitz« und zählen Sie dann bis zwei, bis Sie das Verhalten markieren und belohnen. Dies ist eine kurze Lektion darüber, wie Sie eine längere Dauer eines Verhaltens erreichen können.

Der NM

Voraussetzung: Sie können Ihrem Hund den NM beibringen, sobald er den PM versteht.

Der PM und der NM (Negativmarker, keine Belohnung) werden verwendet, um dem Hund Informationen zu geben, und nicht, um ihn »zu loben oder zu bestrafen«. Wenn Sie Ihren NM benutzen, sollten Sie darum darauf achten, dass Ihr Tonfall sehr neutral ist. Ein NM bedeutet nicht »Nein!«. Sparen Sie sich Ihren unfreundlichen, grummeligen Tonfall und das Wort »Nein!« für Verhaltensweisen auf, die Sie niemals wieder sehen wollen, wie beispielsweise das Springen auf den Küchentisch.

Für den Hund gibt es beim Training kein »richtig« oder »falsch«. Es gibt nur Verhalten, das »funktioniert«, und Verhalten, das »nicht funktioniert«! Je schneller Sie dieses Prinzip verinnerlichen, desto besser wird Ihre Kommunikation mit dem Hund ablaufen und desto besser werden die Ergebnisse sein.

Was Sie als NM benutzen können

Ein paar Ideen für den NM: »Noch mal«, »Sorry«, »nicht ganz« oder »schade«.

Wie Sie den NM nebenbei einführen

Den NM können Sie leicht »nebenbei« einführen. Beginnen Sie mit der Verwendung des NM während Sie mit dem Hund arbeiten, um ihm zu zeigen, dass er für das dargebotene Verhalten keine Verstärkung bekommt. (Zum Beispiel: Wenn Sie ihm das Kommando »Sitz« geben und Ihr Hund nur da steht, sagen Sie den NM, »Noch mal«.) Nach rund einer Woche wird Ihr Hund begreifen, dass dieses verbale Signal niemals ein Vorbote für Verstärkung ist, sondern immer ein Vorbote dafür, dass keine Verstärkung stattfinden wird.

Eine »schnelle« Alternative für die Einführung des NM

1. Legen Sie Ihrem Hund die Leine an und stellen Sie sich auf sie drauf, um zu verhindern, dass er sich von Ihnen entfernt.
2. Umschließen Sie ein Leckerli mit Ihrer Hand; so zwischen Finger und Daumen, dass Ihr Hund es Ihnen nicht wegnehmen kann. Ihr Hund kann dabei Sitz machen, aber das ist nicht unbedingt nötig.
3. Halten Sie das Leckerli in die Nähe seiner Nase.
4. Wenn der Hund nach dem Leckerli greifen möchte...
5. benutzen Sie Ihren NM, »Noch mal« und entfernen Sie das Leckerli schnell, indem Sie die Hand waagerecht von der Nase des Hundes wegführen oder nach oben halten und auf Ihrer Schulter platzieren. Sie möchten, dass Ihr Hund glaubt, dass das Leckerli sich von ihm entfernt, weil er danach greifen wollte. (Als Bonus lernt Ihr Hund sogar noch eine wichtige Lektion: »Wenn ich geduldig bin, kommen die guten Dinge zu mir.« Das vermittelt dem Hund, dass Impulskontrolle *funktioniert*.)
6. Nachdem Sie dies ein paar Mal gemacht haben, sollte Ihr Hund sitzen bleiben und nicht mehr nach vorne preschen. Falls es eine Gewohnheit ist, dass er einen Satz nach vorne

macht und nach Dingen greift, können mehr als nur ein paar Wiederholungen nötig sein. Sie können sich auch auf die Leine stellen, sodass Ihr Hund Sie nicht umrennen oder auf Sie springen kann.

7. Sobald Ihr Hund aufgehört hat, nach vorne zu preschen und an das Leckerli herankommen zu wollen, können Sie »Ja« sagen und ihm das Leckerli geben. Eine Methode, durch die Ihr Hund Ihnen zeigt, dass er nicht mehr nach dem Leckerli zu greifen versucht, ist, dass er seinen Kopf leicht wegdreht. Das muss ihm auf jeden Fall eine Markierung und ein Leckerli einbringen. Falls der Hund aufsteht und weggeht, zeigt er, dass er nicht nach dem Leckerli greifen möchte. Rufen Sie den Hund zu sich und gehen Sie dann einen Schritt zurück, damit er Ihnen folgt. Markieren und belohnen. Sie möchten ja nicht, dass Ihr Hund denkt, der NM bedeutet, dass er weggehen soll!

Wichtiger Hinweis:
Auf diese Art und Weise lernt der Hund, dass der NM bedeutet, dass ihm Futter weggenommen wird, und er sieht den Unterschied zum PM, der ein Vorbote für Futter ist.

Diese Übung bringt Ihrem Hund außerdem bei, dass er dadurch, dass er einen Satz macht und nach dem Futter zu greifen versucht, niemals ein Leckerli bekommt, und dass dieses für ihn nicht verfügbar ist, egal wie nah es an seiner Nase ist, bis er schließlich das Wort »Ja!« hört.

Wenn Ihr Hund auf den NM reagiert, indem er ein anderes Verhalten anbietet – und mag es auch noch so subtil sein! – sind Sie auf dem besten Wege, ein gut funktionierendes Kommunikationssystem aufzubauen. Der Hund experimentiert – arbeitet daran, herauszufinden, was er tun muss, um sich einen PM zu verdienen. Es ist erstaunlich, was Sie jetzt, wo Sie und Ihr Hund miteinander »sprechen«, erreichen können!

Achtung: Falls Ihr Hund Ihnen gegenüber jemals aggressiv war, vor allem, wenn es um Leckerlis ging, dürfen Sie diese Übung nicht in dieser Form machen, da Sie ansonsten ein Problem haben könnten!

Die Frage lautet dann: »Wie soll ich denn dann den NM einführen?« Falls Sie sich Sorgen machen, lesen Sie bitte den Abschnitt »Wie ich den NM nebenbei einführe« und benutzen die dort beschriebene Technik. Sie ist effektiv, dauert nur ein bisschen länger.

Selbst wenn Sie nur die kleinste Unsicherheit verspüren, sollten Sie bei oben genannter Technik dem Hund einen Maulkorb anziehen. Benutzen Sie Streichkäse oder Leberwurst auf einem Löffel, sodass Ihre Finger nicht in der Nähe des Mauls sind. Falls Ihr Hund, während Sie ihm den NM beibringen, auf Sie stürzt, brummt oder knurrt und Sie warnt oder seine Bewegungen steif oder stolzierend sind, rate ich Ihnen, sich sofort Hilfe bei einem Verhaltensexperten zu suchen. Eine Extremreaktion wie diese ist ein Zeichen für sehr ernsthaftes grenzwertiges Verhalten, das die Hilfe und Erfahrung eines Spezialisten benötigt.

Der Feinschliff – Das Kommando für das Arbeitsende oder das Entlassungswort

Zuerst sollten wir das Wort »Entlassung« definieren. Entlassung bedeutet nicht, dass Ihr Hund dazu ermuntert wird, herumzuspringen und verrückt zu spielen. Es bedeutet nur »jetzt gerade arbeitest du nicht«. Sobald ich meinem Hund das Entlassungskommando gebe, wartet er schon gespannt auf die nächste Übung. Kommt diese allerdings nicht, macht er sein eigenes Ding.

Reizkontrolle bedeutet, dass wir ein Verhalten sowohl mit einem Kommando *beginnen* als auch *beenden*. Das Stichwort für »fang zu arbeiten an« ist das Kommando an sich, wie beispielsweise »Sitz!«. Das Stichwort für »hör zu arbeiten auf« ist das Entlassungswort. Hunde, die so unterrichtet werden, werden sehr gute Schüler. Für Sie wird der PM an sich das Kommando sein, weiterzumachen – denn der PM bedeutet nicht nur »Erinnere dich an dieses Verhalten, wir werden es später noch brauchen«, sondern sagt dem Hund auch: »Du bist auf dem richtigen Weg – arbeite weiter!«.

Ich persönlich finde, dass das Training weniger unterbrochen wird und glatter verläuft, wenn man den PM als »Mach weiter«-Hinweis benutzt und ein zusätzliches Entlassungswort verwendet, statt dass der PM ausschließlich dazu verwendet wird, das Verhalten »zu beenden«.

Clicker-Puristen benutzen das Klickgeräusch, um das Verhalten zu beenden. (Ein informativer Kurzlehrgang zu dieser Technik ist das Video »Clicker Magic« von Karen Pryor (1997).

Sie können den PM auf beide Arten benutzen, aber seien Sie konsequent. Sie können den PM nicht am einen Tag als Signal, weiter zu machen, benutzen und am anderen Tag als Entlassungswort. Entscheiden Sie sich, wie Sie arbeiten wollen, und achten Sie dann auf einheitliche Verwendung.

Gute Wörter für das Entlassungswort sind: »vorbei« und »das reicht«.

Ein Entlassungswort ist notwendig, damit der Hund versteht, wann er arbeitet und wann er technisch gesehen nicht arbeitet. Das ist deshalb wichtig, weil der Hund ansonsten ständig »raten« würde, ob er gerade arbeitet. Das kann man oft sehen, wenn es um »Bleib!« geht. Dem Hund wurde »Bleib!« gesagt, aber wenn ihn etwas ablenkt, beispielsweise eine Tür sich öffnet, lässt der Hund die Umgebung ihn »entlassen«. Durch ein eindeutiges Entlassungswort muss der Hund nicht mehr raten. Sie sagen ihm, wann er »eingestempelt« hat und bei der Arbeit ist, im Gegensatz zu »ausgestempelt« und Freizeit haben.

Häufige Fehler

Ein Entlassungswort bedeutet nicht, dass Sie den Hund entlassen und dann ein tolles Spiel mit jede Menge Aufregung und Herumspringen spielen. Dieses häufige Missverständnis sieht man bei Menschen, die an einer Bleib-Übung arbeiten. Wenn das Bleib vorüber ist, lassen sie ihre Hunde aufstehen und fangen sofort ein Spiel an. Doch was wird hier in Wahrheit verstärkt? Dass er entlassen wurde! Wenn Sie das Bleib verstärken wollen, muss die Verstärkung während des Verhaltens stattfinden. Darum sollte Bleib immer ein »ruhiges« Verhalten sein und somit auch die Emotion, die Sie um das Verhalten herum fördern.

Damit will ich nicht sagen: »Spielen Sie nicht mit Ihrem Hund.« Ich will damit sagen, dass Sie bessere Ergebnisse erzielen, wenn Sie das Spiel richtig einsetzen - und zwar als Konsequenz. Wenn ich also mit einem Hund arbeite und er seine Sache gut macht, sage ich »Ja« und hole dann einen Ball oder ein Spielzeug hervor und fordere den Hund dazu auf, mit mir zu interagieren, indem ich ein Kommando wie beispielsweise »Komm und spiel« oder »Hol's« sage. Auf diese Art benutze ich ein Spiel als Konsequenz (positive Verstärkung) für gutes Verhalten! Aber ich würde *nicht* »Ja« sagen, ihm dann mein Entlassungswort »vorbei« geben und dann ein Spiel beginnen. Ich möchte, dass der Hund das Spiel als Konsequenz für »gute Arbeit« begreift, wenn ich das Spiel als Trainingsmittel benutze. Die richtige Syntax lautet, dass Verstärkung während oder unmittelbar nach dem Verhalten stattfindet. Darauf folgt dann das Entlassungswort, um dem Hund zu signalisieren, dass er »Feierabend« hat.

Jetzt ist ein guter Zeitpunkt, um Ihr neues, hervorragendes Kommunikationssystem (PM/NM) zu üben, sodass Sie zum Experten werden. Benutzen Sie ein Verhalten, das Ihr Hund bereits kennt. Die meisten Hunde kennen Sitz, darum benutzen wir dies als Beispiel.

Geben Sie Ihrem Hund das Kommando »Sitz«.

Wenn der Hund sitzt:

- PM
- Geben Sie ihm sofort nach dem PM das Leckerli.
- Entlassen Sie Ihren Hund mit einem Entlassungswort. Ich benutze »vorbei« oder »das reicht« bei meinen eigenen Hunden.

Falls der Hund nicht sitzt:

- »Noch mal« (oder das Wort, das Sie als NM ausgewählt haben).
- Wiederholen Sie das Kommando »Sitz«.
- Locken Sie den Hund ins Sitz (halten Sie das Leckerli über seinen Kopf oder benutzen Sie Ihre andere Methode, mit der Sie ihm Sitz beibringen).
- Wenn der Hund sitzt: Markieren und belohnen.
- Entlassungswort.

37

Auf seinen Namen hören

Grundlagen-Verhalten	
Voraussetzung	Keine
Ziel	Ihr Hund wird Sie ungeachtet der Umstände anschauen, wenn Sie seinen Namen sagen.
Was Ihr Hund lernt	Auf Sie zu achten, wenn er seinen Namen hört.
So sieht es in der Praxis aus	Wenn Ihr Hund Sie anschaut, ist die Wahrscheinlichkeit deutlich größer, dass er Ihren Kommandos gehorcht. Wenn er auf seinen Namen hört, können Sie unter jeglichen Umständen seine Aufmerksamkeit auf sich ziehen. Außerdem ist einem Hund nicht immer bewusst, dass wir mit ihm sprechen. Indem Sie seinen Namen sagen, begreift er leichter, dass Sie möchten, dass er ein Kommando befolgt.

- Sagen Sie den Namen des Hundes.
- Markieren und belohnen.
- Wiederholen Sie obige Schritte zwanzig bis dreißig Mal.
- Verstärken Sie dieses Verhalten mit einem variablen Verstärkungsschema. (Eine Version des variablen Schemas ist, dass der Hund das Verhalten unterschiedlich oft zeigen muss, bevor er ein Leckerli bekommt. Mehr über variable Schemata finden Sie im Kapitel »Die Gesetze des Lernens«.)

Sobald Ihr Hund diese Grundlagen (PM/NM-Kommunikationssystem und Hören auf seinen Namen) gelernt hat, verfügen Sie über die Grundlage für eine wunderbare Beziehung! Egal, ob Sie mit diesem Hund zusammenleben, in welchem Fall Ihre Beziehung komplexer ist, oder Sie ein Hundetrainer sind, der das entwickeln muss, was ich eine funktionierende Beziehung nenne, Sie sind gerade zu einer wundervollen Reise aufgebrochen.

38

Blickkontakt & Mitarbeit

Niveau 1	
Voraussetzung	Grundlagen-Verhalten
Ziel	Der Hund wird auf den Hundeführer achten und sich mit ihm beschäftigen, wobei er andere Hunde, Futter, Tauben, Personen etc. ignoriert.
Was Ihr Hund lernt	Der Hundeführer ist das Allerwichtigste in der Umgebung.
So sieht es in der Praxis aus	Im Alltag verlangen wir vom Hund, dass er vielen Aktivitäten und Ablenkungen in seiner Umgebung keine Aufmerksamkeit schenkt. Manche dieser Aktivitäten sind für den Hund viel interessanter als die Arbeit, die wir von ihm fordern. In dieser Übung geht es darum, dem Hund beizubringen, dass er sich auf seine Aufgabe konzentriert, auch wenn es um ihn herum viele Ablenkungen gibt.

Blickkontakt als Rettungsanker

Für Hunde, die bereits Überreaktivität oder Aggression zeigen, ist diese Übung weitaus mehr als nur eine »Aufmerksamkeitsübung«. Dieses Verhalten wird für den Hund zum »Rettungsanker«. Durch diese Mitarbeitsübung schaut Maeve, meine Deutsche Schäferhündin, wenn sie in einer Situation ist, die bei ihr zu Konflikt oder Erregung führt, mir nicht nur in die Augen, sondern blickt fast in meine Seele hinein. Sie hat gelernt, Blickkontakt als »Rettungsanker« für ihre Emotionen zu benutzen und ihren Fokus ausschließlich auf mich zu richten, was die perfekte Reaktion ist, die ich zig Millionen Male verstärkt habe. Maeve benutzt dieses Anker-Verhalten nun, um selbst in einem ruhigen emotionalen und somit auch ruhigen chemischen Zustand zu bleiben. Ich ermuntere all meine Hunde dazu, auf mich zu achten, aber bei Hunden, die dazu neigen, überreaktiv auf ihre Umgebung zu sein, ist diese Übung lebensrettend (in manchen Fällen sogar wortwörtlich!). Ich kann genau sagen, wann Maeve die beruhigende Wirkung eines Ankers braucht. Wenn sie intensiv auf etwas in ihrer Umgebung reagiert, lässt sie diese Intensität nicht nach außen, sondern benutzt den Blickkontakt zwischen ihr und mir als Rettungsleine, so wie ein Ertrinkender einen Rettungsring benutzt.

Zu Beginn interpretieren manche Hunde den Blickkontakt falsch und verstehen ihn als Bedrohung oder Herausforderung, worauf sie dann entsprechend reagieren. Arbeiten Sie vorsichtig und sicher, bevor Sie genau wissen, wie Ihr jeweiliger Hund auf diese Übung reagiert. Falls Ihr Hund bei dieser Übung offenkundige Aggression zeigt (Anpirschen, Vorstürzen, Knurren, Bellen oder Beißen) sollten Sie sich schnellstmöglich Hilfe von einem Experten suchen. Im Zweifelsfall ziehen Sie Ihrem Hund für diese Übung einen Maulkorb an. Außerdem können Sie ihn festbinden, sodass Sie sich in Sicherheit bringen können, falls er vorstürzen sollte. Falls Ihr Hund feindlich auf den direkten Blickkontakt einer bekannten Person, der gegenüber er freundlich ist, reagiert, brauchen Sie *unverzüglich* Hilfe.

Da Blickkontakt als Bedrohung aufgefasst werden kann, kann dadurch ängstliches oder sogar defensives Verhalten hervorgerufen werden. Möglicherweise zeigt Ihr Hund nur leichtes Vermeidungsverhalten, indem er sich anfangs weigert, Ihnen richtig und ruhig in die Augen zu schauen. Haben Sie Geduld mit solchen Hunden und akzeptieren Sie zuerst auch einen Blick auf Ihr Kinn oder Ihre Nase und »formen« Sie das Verhalten anschließend, sodass er Ihnen tief und konzentriert in die Augen schaut.

Eine andere Strategie für Hunde, die mit direktem Blickkontakt ein Problem haben, ist, darauf zu achten, dass Sie sie nicht »anstarren«. Blinzeln Sie schnell, bewegen Sie Ihre Augen, sodass Sie in seine Augen schauen, und bewegen Sie sie dann zur Seite und wieder zurück. Das vermittelt dem Hund eine nicht bedrohliche Absicht. Nachdem er dafür Leckerlis bekommen hat, dass er diese Art von Blickkontakt zugelassen und toleriert hat, können Sie anfangen, die Kriterien zu steigern und Ihren Blick längere Zeit auf seinen Augen ruhen lassen.

Bei Hunden, die bereits aggressiv sind, müssen Sie besonders ernsthaft an ihrer Mitarbeit arbeiten und ständig kurze Überprüfungen machen, während des ganzen Lebens. Sobald der Hund den Blickkontakt von »Freunden« gut akzeptiert, sollten Sie Fremde bitten, es zu versuchen. Natürlich werden für diese Übung die richtigen »Fremden« gebraucht: jemand, der Anweisungen schnell folgen kann und nicht überreagiert, falls der Hund vorstürzt, bellt oder knurrt. Es ist *zwingend erforderlich*, dass alle sicher sind, darum sind Maulkorb, Tie-out (Anlegepflock), Kopfhalfter und ein Martingale-Halsband, aus dem der Hund nicht hinausschlüpfen kann, sehr wichtig. Sicherheit muss die oberste Devise sein. Nur weil ein Hund »seine Sache ganz gut macht«, bedeutet das noch nicht, dass er jedes Mal, wenn er auf eine neue Person trifft, nicht reagiert. Doch wenn Sie diesen Punkt schon erreicht haben, haben Sie schon einen großen Fortschritt erzielt!

Wenn Sie nicht die Aufmerksamkeit haben, haben Sie gar nichts! Wenn Sie nicht Aufmerksamkeit schenken genauso wie bekommen, ist es keine Teamarbeit. In dieser Übung geht es sehr um Sie und Ihre Fähigkeit, sich zu konzentrieren und am Ball zu bleiben. Sie müssen auch auf Ihren Hund achten! Es handelt sich um eine Kommunikationsschleife!

Ich bevorzuge den Terminus »Mitarbeit« statt den anderen Schlagwörtern, die in diesem Zusammenhang oft benutzt werden, wie zum Beispiel Aufmerksamkeit oder Fokus. Zu unseren Zwecken geht es in dieser Übung nicht nur um Aufmerksamkeit an sich, obwohl Aufmerksamkeit eine wichtige Komponente und ein Nebenprodukt dieser Arbeit ist. Mitarbeit drückt besser Teamarbeit und eine funktionierende Kommunikationsschleife aus.

Strategien bei Unaufmerksamkeit

Bevor Sie anfangen, sollten Sie daran denken, dass es für Ihren Hund ziemlich verständlich (sogar normal!) ist, auf plötzliche Veränderungen der Umgebung, die ihn erschrecken, zu reagieren. Er wird wahrscheinlich immer kurz auf das blicken, das ihn erschreckt, aber es sollte ein kurzer Blick sein und nicht bedeuten, dass er seine Aufmerksamkeit von Ihnen auf die Ablenkung lenkt. Entscheidend ist dabei allerdings die Dauer. Wie lange hat Ihr Hund auf das geschaut, was ihn ablenkte? Falls Ihr Hund sagt »Hey, was ist das?« mit einen Blick der eine Sekunde oder einen Bruchteil davon dauert, dann ist das eine ganz andere Geschichte als wenn Ihr Hund sagt: »Oh.... cool.... ich muss das wirklich von Nahem und persönlich sehen« und sich auf die Ablenkung hinbewegt und Sie völlig im Stich lässt.

Strategien für Ihren Hund in den Situationen, in denen er völlig von den Ablenkungen durch die Umgebung eingenommen ist:

- Sitzen Sie es aus. Das ist meine Lieblingsmöglichkeit und auch die beste. Aber falls Ihr Hund auf eine Person oder einen sich nähernden Hund reagiert, sollten Sie eine der unten beschriebenen Techniken probieren, da Sie ja nicht möchten, dass Ihr Hund reaktives Verhalten einstudiert.
- Gehen Sie von der Ablenkung weg, bis Ihr Hund sich umdreht und Sie anschaut.
- Stellen Sie sich zwischen Ihren Hund und die Ablenkung.
- Laufen Sie vorsichtig gegen Ihren Hund. Seien Sie nicht grob oder abrupt; es handelt sich um eine Methode, die Aufmerksamkeit eines Hundes zu bekommen, der Sie völlig ignoriert – nicht um eine Bestrafung. Ich schlurfe dabei mit den Füßen über den Boden, damit ich nicht versehentlich seine empfindlichen Zehen trete. Ich kann den Hund sanft mit dem Knie schubsen. Es soll ein sanfter Schubser sein, der bedeutet: »Hallo, jemand zuhause?« – kein hartes Anrempeln oder Angriff! Achtung: Falls Ihr Hund in der Vergangenheit auf Berührungen mit Aggression reagiert hat, dürfen Sie diese Technik nicht anwenden!
- Wenn Ihr Hund von Ihnen weggeht, gehen Sie in die entgegengesetzte Richtung. Er wird Ihre Bewegungen bemerken und Ihnen folgen. Das ist keine Entschuldigung dafür, an der Leine zu rucken oder eine sonstige Halsbandkorrektur anzuwenden. Gehen Sie weg und nehmen Sie den Hund resolut mit sich, aber ohne an der Leine zu rucken.
- Gehen Sie weiter, ändern Sie häufig die Richtung, bis Ihr Hund schließlich auf Sie achtet. Mit »achten« meine ich, dass er Sie schließlich anschaut, vielleicht verärgert, vielleicht frustriert, aber zumindest schaut er Sie an! Die ersten Male schaut er Ihnen vielleicht nicht direkt in die Augen, aber wenn er Ihnen zugewandt ist (sein Kopf ist zur Abwechslung Ihnen zugewandt), ist es eine zu verstärkende Approximation, die in der Aneignungsphase bei den ersten fünf oder sechs Versuchen verstärkt werden sollte. Arbeiten Sie anschließend daran, das Verhalten so zu formen, dass er Ihnen ins Gesicht schaut.

Zurückweichen
Der Aussie richtet seine Aufmerksamkeit auf den anderen Hund und zieht zu ihm hin.

Seine Halterin geht rückwärts und er lenkt seine Aufmerksamkeit von der Umgebung wieder auf seinen Hundeführer.

Gegen den Hund laufen
Achtung: Üben Sie zuerst unter ruhigen Bedingungen und seien Sie sich darüber im Klaren, dass es zu umgerichteter Aggression kommen kann, wenn der Hund im Erregungszustand ist.

Indem der Hundeführer gegen seinen Hund läuft, um die Situation abzumildern, zeigt er dem Hund, dass er die Veränderungen in der Umgebung realisiert hat, und lenkt dessen Aufmerksamkeit wieder auf sich.

Verbales Geplapper, Gemecker und Leinenkorrekturen irritieren oder verwirren Ihren Hund nur und schon bald schaut er überall hin, nur nicht auf Sie. *Sie* werden zur Nervensäge und außerdem noch zu einer langweiligen Nervensäge! Das liegt daran, dass Bestrafung sich auf das Urteilsvermögen auswirkt, und das offensichtliche Ärgernis in diesem Fall sind Sie! Sie verhindern, dass Ihr Hund die aufregende Umgebung erkunden kann, darum sind Sie es, der oder die es zu vermeiden gilt.

Sie möchten, dass das Denkmuster (Glaubenssystem) Ihres Hundes lautet, dass *Sie* der Weg zu allen guten Sachen sind! Darum sollten Sie seine Aufmerksamkeit ohne verbales Gemecker und Leinenkorrektur auf sich lenken und anschließend die Kriterien so steigern, dass er Ihnen freiwillig Aufmerksamkeit schenkt. Schon bald werden Sie und Ihr Hund Partner sein, die zusammenarbeiten, statt miteinander im Konflikt zu stehen.

Zu Beginn dieser Übungen können Sie auch neben Ihrem Hund auf dem Boden knien. Dadurch fügen Sie der Übung einen zusätzlichen Schritt hinzu. Dieser Schritt ist besonders für kleine Hunde geeignet.

Achtung: Es ist eine sehr schlechte Idee, sich vor einen Hund, der vorher schon mal aggressiv war, zu knien, um zu üben, ihm in die Augen zu schauen. Denn dadurch begeben Sie sich in eine verletzbare Position. Blickkontakt ist bei solchen Tieren sehr unberechenbar und es sind sehr kleine Approximationen (Schritte) nötig, um ihnen beizubringen, dass Blickkontakt keine Bedrohung darstellt.

Eine andere Möglichkeit für kleine Hunde, ist mit ihnen auf einem Tisch zu arbeiten. Der Tisch funktioniert auch bei sehr hibbeligen, großen Hunden, da sie dadurch in ihrem Bewegungsfreiraum eingeschränkt werden und sich auf die Aufgabe konzentrieren können. Sobald wie möglich, eventuell nach vier oder fünf Versuchen, und wahrscheinlich noch während derselben Trainingseinheit, sollten Sie mit Ihrem Hund stehen, nicht mehr knien. Hunde, mit denen Sie auf dem Tisch angefangen haben, sollten Sie auf den Boden setzen.

Diese Strategien helfen dabei, dass Ihr Hund von Ihnen ganz entzückt ist, statt all seine Energie darauf zu verwenden, Sie zu vermeiden. Wenn Sie harsche Methoden benutzen, um die Aufmerksamkeit Ihres Hundes auf Sie zu lenken, ist es als ob Sie ein geriffeltes Steakmesser für einen chirurgischen Eingriff verwenden würden. Sie bewältigen die Aufgabe vielleicht, aber nicht nur ist die Methode weniger elegant, es wird auch Ihre Beziehung zu Ihrem Hund beeinträchtigt. Berücksichtigt man die Lernmethode von Hunden, wirkt es sich wahrscheinlich sogar negativ auf Ihr Training und Ihre Beziehung aus, weil der Hund die Bestrafung mit Ihnen verknüpft, was zu noch stärkerem Vermeidungsverhalten führt. Noch schlimmer ist, dass die Bestrafung nicht mit der mangelnden Aufmerksamkeit, sondern mit der anderen Person oder dem Hund, der ihn ablenkt, assoziiert wird. Das wird Ihr Verhaltensprotokoll verlangsamen und kann das aggressive und reaktive Verhalten des Hundes steigern. Mein persönliches Ziel bei dieser Arbeit ist, dass der Hund mich nicht nur anschaut, um Bestrafung zu vermeiden, sondern aktiv überlegt, was er für mich tun kann.

Aneignung

Vorbereiten und planen

Die folgende Liste von Trainingstipps wird Ihnen zu Beginn dieses Übungsplans helfen.

- Am einfachsten beginnt man mit dem Training in einer Umgebung, in der es keine größeren Ablenkungen gibt und die Ihr Hund kennt. Dadurch kann er sich in der Aneignungsphase am besten konzentrieren.
- Denken Sie daran, für das Training kleine Leckerlis zu benutzen! Besonders bei der Wettbewerbsarbeit sollten Sie sich für Leckerlis entscheiden, die Sie gut in Ihrem Mund »lagern« können und dann auf den Hund spucken können. Nur bei der Hundeerziehung werden solche anekelnden Gewohnheiten von den anderen fröhlich akzeptiert!
- Sie sollten ein Kommandowort parat haben. Häufig für dieses Verhalten benutzte Kommandos sind: »Schau!«, »Guck!«, »Bereit!«. Vergessen Sie nicht: Um falsche Assoziationen zu vermeiden, dürfen Sie Ihr Kommandowort für Aufmerksamkeit nicht benutzen, bis Sie das Verhalten eingeführt haben. Denken Sie daran: Sie können das Kind (Verhalten) nicht beim Namen nennen, bevor es geboren ist (beobachtbar ist)!
- Nur, damit wir auf derselben Wellenlänge sind: Ihr Kommando »Bereit!« ist nicht dasselbe wie »Schau mich an!«, da es ein Vorbote für Verstärkung ist. »Bereit!« bedeutet so viel wie: Es gibt jetzt die Möglichkeit zur Verstärkung. Das ist ein sehr wirksames Hilfsmittel und wenn Ihr Hund realisiert, dass Sie der Spielleiter sind, wird er Ihnen den Respekt und die Aufmerksamkeit schenken, nach der Sie sich gesehnt haben!
- Genauso wie ein Kommandowort für den Beginn des Verhaltens, brauchen Sie auch ein Entlassungswort, damit Ihr Hund weiß, wann er arbeitet. Das Endziel ist Reizkontrolle. Reizkontrolle beinhaltet, dass der Hundeführer das Verhalten auf Kommando beginnen und beenden kann.
- Denken Sie daran: Babyschritte, Babyschritte, Babyschritte zum Erfolg. Darum geht es bei den Approximationen: um Babyschritte. Trainieren Sie in kleinen, leicht verständlichen Schritten. Approximationen führen den Hund in die richtige Richtung.
- Die Tatsache, dass Sie Ihrem Hund beibringen können, dass ein Wort oder Kommando bedeutet, dass nun die Möglichkeit für Verstärkung besteht, ist das Herzstück von Trainingsmethoden, die auf positiver Verstärkung basieren. Jedes Kommando von Ihnen wird für Ihren Hund zum Signal, dass die Möglichkeit zur Verstärkung besteht! Sehr aufregend! Das ist auch der Grund, warum ein Negativmarker so effektiv ist – er zeigt, dass es zurzeit keine Möglichkeit zur Verstärkung gibt! Enttäuschend! Gleichzeitig wird Ihr Hund begreifen, dass sowohl der PM als auch der NM wertvolle Informationen und der Weg zum Erfolg sind.

Approximation I

»Gelegenheitstraining«

Sobald Sie den vorläufigen Plan erstellt haben, ist es nun Zeit, Ihr Zielverhalten zu erreichen und zu verbessern. Jeder Hund macht unterschiedliche Fortschritte, abhängig davon, inwieweit er von sich aus Ihre Gesellschaft und die Interaktion mit Menschen sucht. Manche Hunde möchten von Natur aus mit Ihnen zusammen sein und schauen Ihnen sofort in die Augen. Andere müssen erst ihren ganzen Mut zusammennehmen, um Ihnen direkt in die Augen zu schauen. Manche Hunde, wie mein erster Glatthaar-Foxterrier Breanna, sind fürchterlich unabhängig und werden schon vom Geräusch eines hauchdünnen Schmetterlingsflügels draußen am Fenster abgelenkt und verfügen über nahezu überhaupt keine Impulskontrolle. Natürlich fallen die Unterrichtsstunden immer unterschiedlich aus, abhängig von der Persönlichkeit des Hundes und dessen natürlicher Aufmerksamkeitsspanne. Aber alle Hunde werden von dieser Übung profitieren und werden erstaunlich schnell reagieren, sofern Sie bei den Approximationen und Ihrem Timing gutes Urteilsvermögen zeigen. Ich habe die Approximationen genau erklärt, sodass Sie nur entscheiden müssen, wann Sie zur nächsten Approximation übergehen und Ihre Verstärkungen genau timen müssen.

Approximation 1: Freiwillige Aufmerksamkeit erzielen
Klick! Gefolgt von einem Leckerli in dem Moment, in dem Cora sich auf Lori, ihr Frauchen, konzentriert.

Vorrangiges Ziel dieser ersten Approximation ist nur, Ihren Hund dazu zu bekommen, freiwillig in Ihrer Nähe zu bleiben.

- Am besten beginnen Sie damit, dass Sie jegliche Aufmerksamkeit, die der Hund Ihnen freiwillig schenkt, verstärken. Wenn Ihr Hund Ihre Gesellschaft sucht, sind soziale Interaktion und Leckerlis angesagt. Bei einem sehr unabhängigen Hund (das heißt: einem Hund, der nicht besonders daran interessiert ist, was Sie von Moment zu Moment tun) können Sie damit anfangen, ihn schon dafür, dass er in Ihrer Nähe ist, zu verstärken (»Ja« und Leckerli).

Am Anfang sollte der Hund an der Leine sein. Allmählich können Sie es so steigern, dass er Ihnen auch Aufmerksamkeit schenkt, wenn er nicht angeleint ist, aber nur in kontrollierten und angemessenen Situationen. Berücksichtigen Sie dabei die Sicherheit des Hundes und wie sehr Sie die Umgebung kontrollieren können.

- Gehen Sie rückwärts oder seitwärts vom Hund weg.
  Wenn der Hund angeleint ist, zerren Sie ihn nicht mit sich, wenn Sie weggehen. Sie möchten, dass Ihr Hund entweder auf einen sanften Druck vom Halsband oder nur auf Ihre Bewegung, wenn Sie weggehen, reagiert. Bemerken und verstärken Sie alle der folgenden Aktionen:
- Absichtsverhalten: Sobald Ihr Hund anfängt, den Kopf in Ihre Richtung zu drehen, markieren Sie das Verhalten und belohnen Sie ihn, wenn er zu Ihnen kommt. Dasselbe gilt für untenstehende Punkte.
- Ihr Hund geht auf Sie zu.
- Ihr Hund ist nah bei Ihnen.

Falls Sie draußen arbeiten oder die ersten Male, wenn sie in einer neuen Umgebung arbeiten: Ziehen Sie Ihrem Hund zu Beginn eine Leine oder Schleppleine an. Halten Sie die Leine oder Schleppleine nicht in der Hand. Ihr Ziel ist nicht, den Hund in Ihrer Nähe »zu halten«, sondern, dass er freiwillig neben Ihnen sein möchte. Andererseits müssen Sie auf die Sicherheit Ihres Hundes achten. Wenn Sie die Leine in der Hand halten, können Sie versucht sein, sie zu benutzen. Darum sollten Sie auf die Leine treten oder den Hund an einen Pfosten oder einen Baum binden. Sie können die Leine auch um Ihre Taille binden, aber verschätzen Sie sich nicht bei Ihrer Größe, der Stärke des Hundes und der Gesundheit Ihres Rückens. Falls möglich, sollten Sie anfangs in einem umzäunten Areal arbeiten, wo Sie auch auf die Leine treten können.

Den Hund anzubinden, ist eine gute Idee, wenn Sie klein sind und der Hund groß und von Ihnen schwer zu kontrollieren ist und Sie Bedenken haben, dass Sie auf den Hintern fallen könnten, wenn Sie auf der Leine stehen und der Hund sich auf ein Eichhörnchen stürzt. Nehmen Sie einen Pfosten oder Anlegepflock, der stark genug ist, den Hund zu halten, falls er einen Satz nach vorne macht. Hunde sind starke Tiere, unterschätzen Sie also nicht die Kraft eines Hundes, der am Ende eines Pfostens zerrt.

Approximation 2

Direkten Blickkontakt erzielen

Bei Hunden, die extrem nervös bei dieser ganzen »Blickkontaktsache« sind:
Wenn Ihr Hund in einem entspannten Gemütszustand und in einer bekannten, sicheren Umgebung ist, schauen Sie ihm für den Bruchteil einer Sekunde direkt in die Augen. Schweifen Sie dann schnell mit dem Blick zur Seite, sodass Sie vom Hund weg oder an ihm vorbeischauen. Lecken Sie sich über die Lippen (ein Beschwichtigungssignal). Wiederholen. PM & Leckerli, während Ihr Hund den kurzen Blickkontakt zulässt.

Allmählich steigern Sie dann die Zeit bis Sie den Blick abschweifen lassen. Geben Sie ihm weiterhin Leckerlis für richtiges Verhalten. Das Ziel ist, dass Ihr Hund anfängt, Ihren Blick mit einem konstant entspannten Blick seinerseits zu erwidern. Wenn Sie sicher sind, dass Ihr Hund Blickkontakt akzeptiert, können Sie vorsichtig fortfahren.

Ihr Hund steht oder sitzt vor Ihnen:

1. Halten Sie ein Leckerli in der Hand (links oder rechts, das ist egal), wobei Sie das Leckerli zwischen Zeigefinger und Daumen halten und die Hände an Ihrer Seite sind oder in Nähe Ihrer Brust gehalten werden.
2. Zeigen Sie dem Hund das Leckerli, indem Sie es ihm vor seine Nase halten.
3. Ziemlich schnell, aber dennoch sanft und ruhig, ziehen Sie die Hand mit dem Leckerli weg und halten sie vor Ihre Nase. Wenn die Augen Ihres Hundes auf Ihre treffen…
4. Markieren & Belohnen.
5. Wiederholen Sie dies vier oder fünf Mal.
6. Gehen Sie ein paar Schritte weg (neuer Ort!) und wiederholen Sie die Schritte 1 bis 5. Machen Sie dies zehn oder fünfzehn Mal. Beenden Sie die Trainingseinheit, wenn Ihr Hund seine Sache gut macht. Hören Sie auf, solange Sie die Nase vorn haben!

Während der nächsten Trainingseinheiten gehen Sie in einen anderen Raum oder anderen Bereich der Wohnung. Wiederholen Sie die Schritte 1 bis 6. Beenden Sie die Trainingseinheit jedes Mal mit einem »guten« Durchlauf.

Approximation 2: Direkten Blickkontakt herstellen
[oben links] Leckerli wird vor die Nase des Hundes gehalten und dann langsam ...
[oben rechts] an Ihre Augen – »Ja«...
[unten] ... geben Sie dann dem Hund den Verstärker.

Approximation 3

Eine bewusste Entscheidung - freiwilliger Blickkontakt

Wie Sie wahrscheinlich beobachtet haben, schaut Ihr Hund bei diesen ersten Schritten höchstwahrscheinlich nicht auf Sie, sondern auf das Leckerli. (Aber er ist jetzt wenigstens soweit, dass Sie mit dem Training beginnen können!) Ja, es ist Zeit, dies zu verbessern!

In dieser Phase ist es nicht wichtig, ob der Hund sitzt oder steht, aber ich ziehe es vor, dass er nicht liegt. Anfangs schauen Sie auf jede kleinste Aufmerksamkeit oder jeden Blickkontakt in Ihre Richtung. Schon bald wird er die gewünschte Reaktion zeigen: Ihr Hund wird Ihnen mit einer Intensität in die Augen schauen, die zeigt, dass er die bewusste Entscheidung trifft, Sie als Ziel seiner Aufmerksamkeit auszuwählen.

1. Legen Sie Ihren Hund an die Leine und das andere Ende auf den Boden und treten Sie darauf.
2. Stehen Sie still und ruhig, die Arme hängen dabei an Ihrer Seite, das Leckerli ist in Ihrer Faust.
3. Ihr Hund kann bellen, winseln, niesen, Sie anstupsen, an Ihrer Hand scharren, die Hand mit dem Leckerli anschauen, springen und viele andere süße Tricks ausprobieren. Verhalten Sie sich neutral und ruhig. Warten Sie.
4. Falls Ihr Hund weggehen will, achten Sie darauf, dass Sie auf der Leine oder Schleppleine stehen, sodass er nicht die Biege machen kann. Aber ignorieren Sie alles Übrige, sowohl das nervige als auch das süße Verhalten. Das bedeutet, dass Sie ruhig und still stehen und Ihren Hund freundlich, aber ruhig anschauen.
5. Plötzlich wird Ihr Hund, wahrscheinlich weil er frustriert ist, Ihnen ins Gesicht schauen. (Hey! Du! Gib mir endlich das Leckerli!). Sofort markieren und belohnen. Er muss aufschauen (mindestens) und besser sogar noch in Ihre Augen schauen (sehr gut!), um das Leckerli zu bekommen. Anfangs sollten Sie auch ganz kurze Blicke als Erfolg ansehen und dies markieren und belohnen. Seien Sie mit Ihrem PM schnell.

Auf diese Weise fördern Sie die Entschlossenheit Ihres Hundes, weiterzuarbeiten und sich bereits in diesem frühen Stadium auf Sie zu konzentrieren. Das ist ein sehr praktisches Verhalten! Sogar mit sehr jungen Welpen, die erst 7 oder 8 Wochen alt sind, kann man daran arbeiten. Dabei sollten Sie allerdings ihre sehr kurze Aufmerksamkeitsspanne berücksichtigen.

Kurz gesagt, diese Approximation ist ein Geduldsspiel mit dem Ziel, dass Ihr Hund Sie freiwillig anschaut. Lockversuche und Erinnerungen sind nach rund drei Durchgängen kontraproduktiv. Es ist Zeit, dass der Hund »seine Hausaufgaben macht«. Sie können sie nicht für ihn erledigen. Warten Sie auf das gewünschte Verhalten und lassen Sie ihn das Problem lösen! Wenn Sie Ihren Hund das Problem lösen lassen, unterstützt dies seine Gedächtnisleistung und führt auch dazu, dass er später nicht mit Verhaltensweisen experimentiert, da er schon an dieser Kreuzung den richtigen Weg eingeschlagen hat. Früher oder später wird Ihr Hund Sie anschauen. Da dieses Verhalten Verstärkung mit sich bringt, wird Ihr Hund Sie sogar noch öfter anschauen, wodurch Sie noch mehr Gelegenheiten bekommen, ihn für das erwünschte Verhalten zu verstärken.

Approximation 4

Eine Entscheidung treffen

1. Zeigen Sie Ihrem Hund das Leckerli in Ihrer Hand – aber geben Sie es ihm nicht.
2. Strecken Sie den Arm mit dem Leckerli in Schulterhöhe aus, sodass Ihr Hund das Leckerli sehen kann.
3. In dem Moment, in dem Ihr Hund Sie anschaut und vom Leckerli wegblickt, markieren und belohnen Sie.

Erwarten Sie keine sofortigen Ergebnisse! Sehr wahrscheinlich werden Sie dasselbe Verhalten zu sehen bekommen wie im ersten Teil dieser Übung! Zu irgendeinem Zeitpunkt wird Ihr Hund statt des Futters Sie anschauen. Jetzt sind Sie auf dem Weg dorthin…

Bei dieser Approximation muss Ihr Hund eine Entscheidung treffen, von der Sie genau wissen, wie sie ausfallen wird.

Denken Sie daran: Warten Sie ruhig ab! Kein Schwatzen – Sie möchten, dass Ihr Hund das Problem löst. Wenn der Hund von sich aus herausfindet, dass Blickkontakt nicht nur seine eigene Idee war, sondern ihm auch Leckerlis bringt… dann hat er angebissen!

Triff eine Entscheidung
[links] Warten Sie ab. Irgendwann wird Ihr Hund Sie anschauen ...
[rechts] JA! PM und geben Sie dann dem Hund sofort das Leckerli.

Hierbei ist die Intention, den Hund dafür zu verstärken, dass er die bewusste Entscheidung trifft, vom Futter weg- und zu Ihnen hinzuschauen. Die wirkliche Lektion, die er dabei lernen soll, ist, dass der Zugang zu Verstärkung nicht immer auf dem direkten, offensichtlichen Weg erfolgt. Der Weg verläuft vom Hund über Sie und dann zur Verstärkung. Das ist für Ihren Hund eine sehr wertvolle Erkenntnis. Wenn Sie Ihren Hund dazu bringen, zu begreifen, dass er die guten Dinge durch sein eigenes ruhiges und engagiertes Verhalten bekommt, haben Sie einen großen Schritt in Richtung einer guten Beziehung geschafft - und außerdem einen riesengroßen Schritt in Richtung Befolgung und Achtung Ihres Kommandos.

Approximation 5

Verlängerung des Blickkontakts

Hören Sie auf, kurze Blicke zu verstärken und warten Sie darauf, dass Ihr Hund Ihnen immer länger in die Augen schaut. Wenn Sie Ihren Hund mit einem Entlassungswort (»Fertig«, »Frei« - was auch immer Ihr Entlassungswort ist) entlassen und er weiter mit Ihnen arbeiten möchte, statt umherzuschauen, von Ihnen weg zu blicken oder wegzurennen, sollten Sie dies auf jeden Fall verstärken! Dadurch verstärken Sie ihn dafür, dass er am Ball bleibt.

Es ist ein großartiges und befriedigendes Gefühl, wenn Ihr Hund sein Leckerli nimmt und Ihnen dann sagt: »Ich entscheide mich gegen die Umgebung und dafür, hier bei dir zu bleiben und weiterzuarbeiten.« Das ist der Beginn einer Arbeitsmoral, was ein Verhalten ist, das bei Hunden und Menschen erst erarbeitet werden muss, denn sie sind nicht von Natur aus damit ausgestattet.

Ihr Hund muss ruhig und still sein, um den Blickkontakt aufrechtzuhalten. Als Nebenprodukt des Blickkontakt-Trainings verstärken Sie auch sein ruhiges und konzentriertes, engagiertes Verhalten.

Zu diesem Zeitpunkt erhält Ihr Hund circa alle drei bis fünf Sekunden ein Leckerli. Arbeiten Sie daran, dass er den Blickkontakt zwischen den einzelnen Leckerlis bis zu zwanzig Sekunden oder länger halten kann.

Kurz gesagt, Sie steigern die Kriterien von kurzen Blicken bis dahin, dass der Hund Ihnen richtig in die Augen schaut. Nicht auf Ihr Kinn oder Ihre Ohren oder Ihre Brust. Sondern dass er die bewusste Entscheidung trifft, sich Ihre Augen als Ziel für Blickkontakt auszusuchen.

Denken Sie daran: Das Ziel ist, dass er freiwillig mitarbeitet. Wenn der Hund verknüpft hat, dass Sie ein Vorbote für Verstärkung sind und sich ihm durch die Tatsache, dass er in Ihrer Nähe ist, die Möglichkeit zu Verstärkung bietet, dann haben Sie große Fortschritte gemacht, um erwünschtes Verhalten hervorrufen zu können. (In Folge dessen bedeutet dies, dass er Sie viel häufiger anschauen wird, um von Ihnen einen Rat für seinen nächsten Schritt zu bekommen!) Ja! Das ist Ihr erster richtiger Schritt, um das Reaktivitätsniveau des Hundes zu senken und er Sie ratsuchend anschaut und Sie fragt: »Wie gehe ich mit dieser Situation um?«

Approximaion 6

Das Kommando hinzufügen

Um das Verhalten der Signalkontrolle zu unterziehen, muss man als allererstes das Verhalten haben. Haben Sie mit dem Kommando also keine Eile! Wenn man ein Kommando zu früh benutzt, bevor der Hund richtig begriffen hat, worum es bei dem Verhalten überhaupt geht, steht man später immer vor Problemen. Je zuverlässiger das Verhalten ist und je näher es der Endreaktion kommt, bevor Sie das Kommando hinzufügen, desto zuverlässiger und beständiger ist das Endergebnis.

Wenn Sie das Kommando zu früh einführen, fügen Sie es tatsächlich zu mehreren Verhaltensweisen hinzu. Dadurch werden Sie wahrscheinlich statt einer, beständigen Reaktion eine Vielzahl von Reaktionen zu sehen bekommen, die Ihr Hund mit dem Kommando verknüpft hat. Außerdem wird die Reaktion »abgeschwächt«, wenn Sie das Kommando einführen, bevor der Hund das Verhalten versteht. Das heißt, der Hund wird das Kommando befolgen, wann es ihm passt, weil nicht wirklich festgelegt wurde, wann genau eine Reaktion erforderlich ist.

Die Körperhaltung als Signal verwenden

Diese spezielle Körperhaltung bedeutet: »Bleib bei Fuß und richte deine Augen auf mich!« Ich fange im Stehen an und verstärke dies häufig, bevor ich mit der Aufmerksamkeitsarbeit in Bewegung beginne. Aufmerksamkeit in Bewegung erfordert vom Hund nicht nur Multi-Tasking-Fähigkeit, sondern weitaus mehr Fertigkeiten und Konzentration.

Wenn wir von Kommando sprechen, gehen die meisten Menschen davon aus, dass es sich um ein verbales Kommando handelt. Aber Ihr Hund geht nicht davon aus, und Sie sollten in diesem Fall von Ihrem Hund lernen!

- Es kann ein verbales Kommando oder »Hörzeichen« sein, und zwar das, das Sie in der Planungsphase festgelegt haben.
- Das Kommando kann eine bestimmte Geste sein.
  Gestenkommandos oder »Sichtzeichen« werden eher bei Wettbewerbshunden angewandt. Ein Beispiel: Wenn ich aufrecht stehe und geradeaus schaue und dabei meine linke Hand vor meinen Bauch halte, kommen meine Hunde angelaufen, stehen Bei-Fuß und fangen an, »mitzuarbeiten«.
- Das Kommando kann situationsabhängig sein. Ein Beispiel: Wenn Ihr Hund durch die Hintertür prescht, rennt er an den Zaun, um nach Eichhörnchen Ausschau zu halten. Oder: »Oh, der Obedience-Ring – das heißt, aufmerksam sein.«

Ich benutze verschiedene Kommandos für die Mitarbeit meiner Hunde. Eines ist das verbale Kommando »Schau!«. Ein anderes ist die Bei-Fuß-Position, wiederum ein anderes Kommando ist, dass der Hund vor mir sitzen muss.

Premack-Prinzip
Das Premack-Prinzip ist ein sehr wertvolles Konzept. Durch den Gebrauch im Alltag begreift der Hund, dass Konsequenzen auf Verhalten basieren. Auf dieser Zeichnung muss der Hund Sitz machen und Blickkontakt herstellen, bevor er durch die Tür und in den umzäunten Garten laufen darf. Tut der Hund, was sein Frauchen möchte, bekommt er, was er möchte – er darf nach draußen.

Ich habe meiner Schäferhündin, die mit ziemlich besorgniserregenden Aggressionsproblemen zu mir kam, beigebracht, immer auf mich zu achten. Jedes Mal, wenn Sie etwas in der Umgebung sieht, das ihr Interesse weckt, schaut sie nun gewohnheitsmäßig kurz dorthin (Person, Hund, Hase, Reh), aber dann schaut sie sofort mich an, weil sie wissen möchte, was »wir« nun damit machen.

Wenn der Hund Ihnen nicht nur mit einem kurzen Blick seine Aufmerksamkeit schenkt, sondern fünf oder zehn Sekunden lang intensiven Blickkontakt hält, können Sie Ihr Kommando einführen. Aber! Falls Sie von Ihrem Hund Aufmerksamkeit wie in Wettbewerben erfordert, haben möchten, müssen Sie ihm ein Entlassungswort geben, bevor er seinen Blick wieder abwendet. Denken Sie an die Sache mit der Signalkontrolle. Wenn Sie keinen eindeutigen An-/Aus-Schalter haben, bringen Sie dem Hund nur bei, dass es keinen deutlichen Unterschied zwischen »arbeiten« und »nicht arbeiten« gibt. Das ist für Ihren Hund sehr verwirrend. Wenn Sie die Kriterien steigern, werden Sie immer länger warten, bis Sie ihm das Entlassungswort sagen.

Quengeln Sie nicht. Es ist sehr irritierend, wenn die Menschen beim Gebrauch Ihres Aufmerksamkeitswortes quengeln, betteln, nörgeln oder den Hund bequatschen. Wenn Sie sich Hunde anschauen, werden Sie feststellen, dass sie es auch irritierend und einschüchternd empfinden und sie dadurch nicht das Bedürfnis bekommen, mitzuwirken! Falls Sie Ihr Aufmerksamkeitswort benutzen und der Hund konstant in eine andere Richtung blickt, sollten Sie mal in den Spiegel schauen. Falls Sie glauben, dass Sie nicht nörgeln, quengeln oder betteln, gibt es einen oder mehre technische Gründe, warum Ihr Hund Ihnen nicht gehorcht: konkurrierende Verstärker (der Hund findet die Umgebung belohnender als Sie); falsche Verstärkungsrate (zu schnell wird zu wenig verstärkt oder Sie sind in dieser Phase nicht freigiebig genug); mangelnde Generalisierung (der Hund war nicht in ausreichend unterschiedlichen Situationen, in denen er das neue Verhalten anwenden konnte). Zeit für den menschlichen Teil des Teams, an der Problemlösung zu arbeiten!

Approximation 7

Einführung des Premack-Prinzips

Das Premack-Prinzip wurde nach dem Mann benannt, der zuerst erforscht hat, wie es sich auswirkt, wenn man ein höherwahrscheinliches Verhalten benutzt, um ein weniger wahrscheinliches Verhalten zu verstärken. Mit anderen Worten: Eine Aktivität, die Ihr Hund gerne mag, wird benutzt, um ihn dafür zu verstärken, dass er auf ein Kommando gehört hat. Ian Dunbar nennt dies »Belohnungen aus dem Leben«. Es handelt sich um eine sehr effektive Technik, darum sollten Sie in Erwägung ziehen, sie bei Ihrem Hund anzuwenden.

Damit Ihr Hund lernt, dass Sie wichtig sind, sollten Sie den Blickkontakt in jeder Situation fordern. Darin liegt der Schlüssel dazu, dass jede Interaktion mit Ihrem Hund »zählt«. Effektiver als der Gehorsamsdrill oder täglich 30 Minuten am Stück mit ihm zu arbeiten, sind die 10-sekündigen Trainingseinheiten.

Mein Hund möchte nach draußen gehen? Mach Sitz und Blickkontakt und ich öffne die Tür. Du möchtest aus deiner Box? Du möchtest auf meinen Schoß? Auf das Sofa? Du möchtest gekrault oder gekratzt werden? Schenk mir deine Aufmerksamkeit und du bekommst, was du möchtest. Mit Hilfe des Premack-Prinzips gewinnt dieses Spiel für den Alltag Ihres Hundes an Wichtigkeit.

Durch diese Technik wird Ihr Hund dazu ermuntert, etwas Interessantes in der Umgebung zwar zu bemerken, aber anstatt sich für den Direktzugriff zu entscheiden (Sie zu verlassen und zu der Ablenkung hinzulaufen), Sie ratsuchend anzuschauen. Durch klassische Konditionierung und assoziatives Lernen wird die Ablenkung zum Antezedent dafür, mit Ihnen zu interagieren! Toller Hund!

Approximation 8

Zwei Verhaltensweisen – Sitzen und Schauen

Für die, die an Wettbewerben teilnehmen möchten, ist das Vorsitzen eine ganz gezielte Position: Der Hund muss aufrecht in einer bestimmten Entfernung von Ihren Zehen sitzen. In diesem Buch soll es nicht um die Wettbewerbsarbeit gehen, aber sie ist eine kurze Erwähnung für diejenigen wert, die Aggressionsprävention betreiben und überlegen, an Wettbewerben teilzunehmen. Wenn das Thema Sie interessiert, sollten Sie Handbücher, wie beispielsweise »Clicker Training For Obedience« von Morgan Spector *(oder auf Deutsch: »Obedience-Training Schritt für Schritt« von Imke Nlewöhner, Anm. des dt. Verlages)* lesen. Wenn Sie die Übung für einen Hund benutzen, der keinen Obedience-Sport machen soll, ist die genaue Position nicht wichtig. Falls Ihr Hund Aggressionsprobleme zeigt, sind Wettbewerbe zu diesem Zeitpunkt wahrscheinlich kein angebrachtes Ziel; doch wenn Sie alle Übungspläne in diesem Buch durchgearbeitet haben, können Wettbewerbe in greifbarer Nähe sein. Das große Plus ist, dass Sie ihm dann Wettbewerbsverhalten viel schneller beibringen können, weil Ihr Hund weiß, wie man lernt und superaufmerksam sein wird.

- Möglicherweise müssen Sie den Hund ins Sitz bringen. Das ist in Ordnung. Manche Hunde sitzen automatisch Ihnen gegenüber, weil es die einfachste Position ist, um dieses Spiel zu spielen.
- Manche Hunde fühlen sich unwohl, wenn Sie sich über sie beugen, und kleineren Hunden fällt es leichter, etwas weiter weg zu sitzen, um Ihnen ins Gesicht schauen zu können. Wie gesagt, wenn Sie nicht an einem Obedience-Wettbewerb teilnehmen möchten, ist die exakte Position des Hundes weniger wichtig als der Blickkontakt an sich. Wenn der Hund sich in seinem persönlichen Raum verletzt und unwohl fühlt, müssen Sie sein Verhalten im Laufe mehrerer Trainingseinheiten so formen, dass er näher bei Ihnen sitzen kann.
- Jedes Mal, wenn Sie die Position ändern (beispielsweise von »Fuß« zu »Vorsitzen«), ist es eine ganz neue Aufgabe, die Mitarbeit Ihres Hundes zu erzielen. Eine Veränderung der Position ist eine Veränderung der Situation, sodass es zu Spontanerholung kommen kann und der Hund wieder weniger Aufmerksamkeit zeigt.
- Versuchen Sie, den Blickkontakt zu verlängern und dass es dem Hund zur Gewohnheit wird, auf Sie zu achten. Der Blick, den Sie zu erzielen versuchen, ist von einer Intensität, die zeigt, dass Ihr Hund die bewusste Entscheidung trifft, Sie als Ziel für seine Mitarbeit auszusuchen.

Denken Sie daran, dass ein kurzer Blick in Richtung dessen, das Ihren Hund erschreckt (ein Geräusch oder eine Bewegung), eine ganz andere Sache ist als wenn er die Ablenkung lange anschaut und dann von Ihnen weg und dorthin geht.

Problemlösung

Falls Ihr Hund während des Sitz länger als nur kurz wegschaut, selbst wenn er danach wieder zu Ihnen schaut, trifft er eine Entscheidung. Seien Sie in der Aneignungsphase geduldig, versuchen Sie, es auszusitzen. Sie sind einen Schritt weiter, wenn Sie den Hund dieses Rätsel selbst lösen lassen und Ihnen freiwillig die so wichtige Mitarbeit schenkt. (Denken Sie an die früheren Erörterungen über die Vorteile, die es bietet, wenn der Hund selbst seine "Hausaufgaben" macht und die Probleme löst.)

Wiederholung von Trainingseinheiten ist nichts Ungewöhnliches, wenn Sie die Umgebung oder die Situation eines Verhaltens ändern, und Sie sollten mit Wiederholungen rechnen.

Falls der Hund Sie nicht anschaut, sagen Sie seinen Namen, um seine Aufmerksamkeit zu bekommen, oder gehen Sie in eine andere Richtung als die, in die Ihr Hund gerade schaut. Wenn der Hund sich umdreht, um Sie ausfindig zu machen, müssen Sie ihn anschauen, als ob Ihnen

Front-Position oder »Vorsitzen«

Diese Front-Position eignet sich für alle Zwecke, auch für den Wettbewerb. Achten Sie darauf, dass die Arme der Hundeführerin an ihrer Seite sind. Sie gibt dem Hund weder Signale noch besticht oder bittet sie ihn, auf sie zu achten. Zu Beginn wird auch nur eine Sekunde der Aufmerksamkeit verstärkt (markieren & belohnen). Steigern Sie dann die Dauer des Verhaltens um jeweils eine oder zwei Sekunden.

das viel Spaß bereitet, ihm den PM geben, ein Lächeln schenken und die ersten Mal auch ein Leckerli geben.

Wenn Sie ihn locken müssen, damit er Ihnen mehr als nur einen kurzen Blick schenkt, sollten Sie so wenig locken wie möglich... Falls Sie ihn mehr als ein oder zwei Mal locken müssen, müssen Sie wieder zurückgehen und eine Wiederholungseinheit einlegen (wiederholen Sie die ersten Schritte mit Ihrem Hund, damit er sich daran erinnert, was das richtige Verhalten ist).

Falls Sie gar keine Aufmerksamkeit bekommen, sperren Sie den Hund fünf oder zehn Minuten lang in seine Box und versuchen Sie es dann noch mal. (Meine Einstellung lautet: »Wenn du nicht mit mir spielst, spielst du überhaupt nicht.«)

Approximation 9

Die Rolle des Negativmarkes

Die meisten Menschen möchten den NM für Nicht-Aufmerksamkeit bereits nach zwei bis fünf Trainingseinheiten einführen. (Eine Trainingseinheit besteht aus rund drei bis zehn Durchgängen. Ein Durchgang beginnt mit Ihrem Kommando und endet mit Ihrem Entlassungswort.) Ziel jeder Trainingseinheit ist, dass die Aufmerksamkeitsspanne des Hundes jeweils zwei bis fünf Sekunden länger andauert, wobei er sich von der Masse mit Aufmerksamkeitsstörung abhebt und er ein Überflieger wird, der seine Aufmerksamkeit konstant 15 bis 30 Sekunden halten kann.

Denken Sie daran: Ein NM wird *nicht* benutzt, um den Hund auf sich aufmerksam zu machen - was in dieser Übung verstärkt wird, ist freiwillige Aufmerksamkeit, die dabei ist, auch »auf Anforderung« erzielt werden zu können. Wenn Sie also feststellen, dass Sie den NM öfter als nur ab und zu benutzen: Widerstehen Sie dem Drang, Ihren Mund zu öffnen, kehren Sie zu früheren Trainingsabläufen zurück und überprüfen Sie diese mit Ihrem Hund. Bei jeder einzelnen Übung müssen Sie möglicherweise die Kriterien senken und steigern und fortwährend überprüfen. Werden Sie bitte nicht zu panisch; das ist der ganz normale Lernprozess.

Approximation 10

Von der Front- in die Fuß-Position

1. Fangen Sie an, indem Ihr Hund Sitz macht und Sie dann in die Front-Position gehen. Die Leine ist noch immer unter Ihren Füßen, sofern Ihr Hund dazu neigt, herumzuwandern oder sicher gehalten werden muss. Ein Leckerli ist in Ihrer linken Hand. Die übrigen Leckerlis können Sie in die rechte Hand nehmen oder in einer Bauchtasche oder einem Leckerlibeutel aufbewahren.
2. Wenn Ihr Hund zu Ihnen aufschaut, markieren & belohnen Sie dies. Mit einem Leckerli in Höhe der Nase Ihres Hundes drehen Sie sich langsam in Fuß-Position. Falls seine Aufmerksamkeit nicht mehr auf Sie gerichtet ist, während Sie sich drehen, stehen Sie sofort still. Warten Sie. Wenn Ihr Hund Sie wieder anschaut, markieren & belohnen Sie dies und machen

Sie mit Ihrer Drehung weiter. Wenn Sie am Anfang seine Aufmerksamkeit konditionieren, warten Sie auf den Hund und verstärken Sie alle Aufmerksamkeit, die er Ihnen schenkt. Sie werden noch mehr bekommen. Das ist eine der Regeln. Alles, was verstärkt wird, wird wiederholt.

Es kann sein, dass Ihr Hund seinen Kopf noch in Ihre Richtung verrenkt, wenn er in der Fuß-Position ist, aber ich erwarte von meinem Hund nicht, dass er sich in eine unbequeme Position verdreht. Sie merken, ob er in Ihre Richtung schaut und auf Sie achtet. Mehr brauchen Sie nicht.

Wenn Sie losgehen und Ihr Hund nicht einmal merkt, dass Sie sich bewegt haben, dann scheint er Ihnen wohl nicht genug Beachtung zu schenken, oder? Die stehende Position, die Sie in dieser Approximation üben, ist die, die Ihr Hund schließlich auch einnehmen soll, wenn Sie laufen. Breanna, mein Foxterrier, geht immer so in die Fuß-Position, dass ihre Nase nur leicht in Richtung meines Hosenbeins zeigt. So kann sie mich im Auge behalten und gleichzeitig darauf achten, wo sie hintritt. Maeve, meine Schäferhündin, geht gerne so Bei-Fuß, dass sie geradeaus schaut, dann ihren Kopf wieder in meine Richtung dreht und dann wieder geradeaus guckt. Ich finde das okay, sogar bei Wettbewerben. Mein Border Collie-Welpe dreht gerne sein Gesicht in meine Richtung und schaut dann auf. Punch, ein anderer meiner Glatthaar-Foxterrier, macht »vertikales Fuß«: Sie springt und schaut. Ich lasse also jedem meiner Hunde bei dieser Übung ein bisschen seinen eigenen »Stil« und die eigene Persönlichkeit und möchte, dass sie sich bei der Arbeit wohl fühlen.

Approximaion II

Fuß-Position im Stehen – Wie Sie ihm beibringen, eine bestimmte Position einzunehmen

Zuerst schreiten oder drehen Sie sich in Fuß-Position, weil Ihr Hund natürlich noch nicht weiß, an welcher Stelle er sich befinden soll. Allein darum geht es, wenn Sie ihm die Fuß-Position beibringen. Sie bringen ihm einfach nur bei, auf Kommando an eine bestimmte Stelle zu gehen, diese Position neben Ihnen auch beizubehalten, wenn Sie losgehen, und in ihr zu verweilen, bis er entlassen wird.

1. Die Leine ist unter Ihrem Fuß oder verläuft hinter Ihrem Rücken und wird in Ihrer rechten Hand gehalten. Ihr Hund ist dabei auf Ihrer linken Seite. Sie halten ein Leckerli in Ihrer linken Hand, zwischen Daumen und Zeigefinger. Weitere Leckerlis können Sie in Ihrer rechten Hand oder in einem Bauchgürtel oder einem Leckerlibeutel »lagern«.
2. Sobald Ihr Hund auf Sie achtet: Geben Sie ihm das Kommando »Sitz« und gehen Sie dann in Fuß-Position.
   Achtung: Bei den folgenden Schritten benutze ich »Schau« als Kommando für seine Mitarbeit und »Fuß« als das Kommando, das ihm sowohl den Ort sagen soll, an dem er sich befinden soll, als auch seine Aufmerksamkeit erregen soll. Dadurch assoziiert der Hund eine bestimmte Stelle mit dem Wort »Fuß«. Ich benutze das bekannte Kommando »Schau«, damit der Hund das neue Kommando »Fuß« begreift.

3. Wenn Ihr Hund noch immer auf Sie achtet, können Sie das verbale Kommando hinzufügen, »Schau«, markieren & belohnen.
4. Sie werden auch das neue Kommando »Fuß« einführen. Geben Sie ihm ein Leckerli, wenn er sich an der richtigen Stelle befindet.
5. Ich benutze sowohl die Kommandos »Schau« und »Fuß« und wechsle zwischen ihnen. Benutzen Sie aber nach und nach immer häufiger »Fuß« als »Schau«, bis letzteres schließlich gar nicht mehr benutzt wird. Das Leckerli sollte immer an einer bestimmten Stelle gegeben werden, zum Beispiel dort, wo Sie möchten, dass Ihr Hund beim Fußgehen hinschaut. Für die meisten Hunde ist das irgendwo an Ihrem Hosensaum, aber die Höhe hängt stark von der Höhe Ihres Hundes ab.
6. Fangen Sie an, immer länger zwischen dem verbalen Kommando »Schau« oder »Fuß« und dem PM zu warten. In dieser Phase sollte der PM wirklich jedes Mal von einem Leckerli begleitet werden. Aber Sie werden auch ein variables Schema einführen, weil Sie abwarten werden, dass das Verhalten immer länger anhält, jedes Mal eine oder zwei Sekunden länger…
7. Jetzt sollten Sie eine »formellere« Körperhaltung einführen. Aber achten Sie darauf, dass Sie nicht zur Seite gedreht sind, weil Sie Ihren Hund anschauen. Ihr Hund sitzt dabei Bei-Fuß, Sie schauen geradeaus, als ob Sie laufen würden (aber bewegen Sie sich noch nicht!). Verstärken Sie Ihren Hund dafür, dass er in Fuß-Position bleibt. Zu diesem Zeitpunkt handelt es sich noch um eine stehende Übung.

Nachdem Sie Ihren Hund entlassen haben, dürfen Sie nicht vergessen, ihm eine Spielpause zu gönnen. Machen Sie danach einen erneuten Durchgang. Pro Trainingseinheiten sollten Sie drei bis zehn Durchgänge machen. Wenn Sie möchten, können Sie am Tag zwei oder drei Trainingseinheiten einlegen.

Wenn Sie sich in Fuß-Position begeben, werden Sie darauf achten, wohin Sie gehen (das sollten Sie zumindest). Als Vorbereitung ist ein Spiegel hilfreich, damit Sie die Position des Hundes kontrollieren können. Sie können aber auch kurz nach unten schauen und sich Ihr peripheres Sehvermögen zunutze machen. Wenn Sie ständig zur Seite gedreht sind, um Ihren Hund sehen zu können, kann das dazu führen, dass er immer hinterherhinkt. Außerdem ist es sehr unbequem!

Wenn Sie diese Arbeit richtig durchführen, kommt es von ganz alleine, dass Ihr Hund Ihre Wünsche befolgt.

Approximation 12

Herausforderungen im Stehen

Um Ihrem Hund vor ein paar Herausforderungen zu stellen, ist es nicht nötig, dass er bereits Bei-Fuß läuft und gleichzeitig auf Sie achtet. Sie können ein paar Herausforderungen im Stehen aus der »Herausforderungsliste« am Ende dieses Kapitels machen. Sie können während derselben Trainingseinheit an diesen Übungen und auch an der Aufmerksamkeit in Bewegung arbeiten. Ein Beispiel:

15-Minuten-Training
Arbeiten Sie an der Aufmerksamkeit im Stehen – bis zu 30 Sekunden.
Fangen Sie mit »Bei Fuß« an (wie in Approximation 13).
Herausforderung: Aufmerksamkeit im Stehen mit Futter auf dem Boden in ca. einem Meter Entfernung.
Hören Sie auf, während es gut läuft! Beenden Sie die Einheit mit einem erfolgreichen Verhalten.

Approximation 13

Aufmerksamkeit in Bewegung und darüber hinaus

Zu diesem Zeitpunkt bekommen Sie schon automatisch jede Menge Aufmerksamkeit. Falls nicht, sollten Sie die Approximationen noch einmal durchgehen und die Übungen wiederholen, bis Sie die Aufmerksamkeit bekommen.

Fangen Sie mit »Bei Fuß« an. Sagen Sie »Los!« oder »Schau!«, um Ihrem Hund zu signalisieren, dass nun die Trainingseinheit beginnt. Sagen Sie »Fuß!«. Beide Füße stehen noch nebeneinander und Sie lehnen sich ganz leicht nach vorne, so wie Sie es immer machen würden, wenn Sie loslaufen. Machen Sie einen Schritt und geben Sie dem Hund ein Leckerli. Später machen Sie dann zwei Schritte, zehn Schritte und so weiter.

Aufmerksamkeit in Bewegung und bei Fuß

Sie müssen dieses Verhalten wirklich nicht mit »Drill« trainieren. Wenn Sie in der Werbepause vom Sofa aufstehen, können Sie mit dem Hund bei Fuß in die Küche gehen und ihm dann dafür ein Leckerli geben.

Approximation 14

Herausforderungen (Ablenkung hinzufügen)

Warum Herausforderungen? Hauptziel des Aufmerksamkeitstrainings ist, Ihren Hund darauf vorzubereiten, dass er in puncto Mitarbeit mit Ihnen zuverlässig wird. Wenn Sie Herausforderungen hinzufügen, wollen Sie nicht gucken, ob Sie den Hund »kriegen« können und Sie suchen auch nicht nach Möglichkeiten, um ihn korrigieren zu können. *Wenn Sie die Übungen mit Herausforderungen gestalten, geht es darum, das Vertrauen aufzubauen und dem Hund die Übung zu verdeutlichen.*

Üben Sie die Herausforderungen aus verschiedenen Arbeitspositionen heraus: ein Sitz in der Position »Fuß«, ein Vorsitzen und auch sowohl im Gehen als auch im Stehen. Glauben Sie es oder nicht, für die Aufmerksamkeit im Stehen und für die Aufmerksamkeit im Gehen sind unterschiedliche Kenntnisse vonnöten!

Bis jetzt haben Sie von Ihrem Hund erwartet, dass er Sie immer länger anschaut, bis er sein Leckerli bekommt. Doch an diesem Punkt des Trainingsprogramms geben Sie ihm nicht mehr ständig ein Leckerli unter bekannten Umständen. Bei den Herausforderungen geht es darum, Ablenkungen einzubauen. Beim ersten Mal werden Sie wahrscheinlich mit Ihrem Hund wieder in den Kindergarten gehen müssen. Bei jeder neuen Herausforderung, die Sie einführen, sollten Sie ihn anfangs konstant füttern und dann zu einem variablen Verstärkungsschema übergehen. Genau das erschwert es dem Hund allmählich, der Ablenkung zu widerstehen und seinen Preis zu gewinnen.

Warnung! Hier droht Gefahr! Bei diesem Ablauf machen viele Menschen Fehler. Inwiefern? Der Mensch vergisst, dass der Hund Zeit braucht, um sich an Veränderungen in der Umgebung zu gewöhnen. Denken Sie daran, dass Sie ein paar Durchgänge in »neuer« Umgebung brauchen und Ihre zeitlichen Anforderungen deutlich entspannter sehen müssen. So generalisiert der Hund das Verhalten deutlich schneller.

- Suchen Sie sich eine Ablenkung aus der folgenden Herausforderungsliste heraus und gehen Sie großzügig mit Verstärkung um.

Falls Ihr Hund der Versuchung, die Ablenkung anzuschauen, vollkommen widersteht: Geben Sie ihm einen Bonus – mehrere Leckerlis, die Sie ihm in folgender Form geben: PM/Leckerli; PM/Leckerli; PM/Leckerli und so weiter. Auch ein wenig soziale Anerkennung sollte nicht fehlen.

Strategien für den unaufmerksamen Hund

Falls Ihr Hund die Ablenkung länger als nur ein oder zwei Sekunden anschaut: Benutzen Sie den NM. Sollten Sie den NM öfter als zweimal benutzen müssen, ist es Zeit, eine Wiederholung einzulegen.

Wenn Ihr Hund die »Herausforderung« kurz anschaut, dann aber wieder zu Ihnen blickt:

1. Markieren & belohnen
2. Zuerst sollten Sie einen kurzen Blick akzeptieren, aber nur einem oder zwei Durchgängen sollten Sie die Kriterien sofort zu steigern, dass der Hund auf seine Arbeit konzentriert bleibt, bis Sie bis 2-3 gezählt haben. Achten Sie darauf, dass der Hund sich darauf konzentriert, auf Sie zu schauen statt auf die Umgebung zu achten.

Andere hervorragende Strategien für den unaufmerksamen Hund sind:

- Gehen Sie von der Ablenkung weg, bis Ihr Hund Sie anschaut oder in Ihre Richtung blickt.
- Gehen Sie rückwärts weg.
- Machen Sie einen Schritt gegen den Hund.

Herausforderungsliste

Bei den folgenden Übungen sollte Ihr Leckerlibeutel zu Anfang zu Ihrer Alltagsgarderobe gehören. Anschließend können Sie jede Übung ohne Futter in Ihrer Hand ausprobieren und den Leckerlibeutel ausziehen. Sie können die Leckerlis zwischen Ihren Lippen halten oder auf einen Tisch neben Ihnen legen oder in Ihrer Trainingstasche (Sie wissen schon, die Tasche mit all Ihren Trainingsutensilien) aufbewahren. Dadurch können Sie die Leckerlis an Ihrem Körper oder in Ihrer Nähe lagern, ohne dass dies allzu offensichtlich ist.

- Dabei sollten Sie jedes Mal, wenn Sie eine hervorragende Reaktion bekommen oder der Hund es beim ersten Mal schon richtig macht, ihm eine Gefahrenzulage oder einen Jackpot geben. Lassen Sie sich nicht dazu verleiten, eine Übung so lange zu wiederholen, bis Ihr Hund einen Fehler macht – lernen Sie, aufzuhören, solange Sie auf dem Gewinnerweg sind!
- Sie werden längere Zeiträume still sein müssen und dem Hund weniger verbales Feedback geben. Das trainiert den Hund, am Ball zu bleiben und weiterhin aufmerksam zu sein, auch wenn ihm das schwer fällt. Außerdem wird dadurch Vertrauen gebildet, insofern als dass Ihr Hund von ganz alleine freigiebig für korrekte Entscheidungen verstärkt wird, ohne ständige Aufforderungen oder Erinnerungen Ihrerseits.
- Nehmen Sie als Hundeführer die Fuß- oder Frontposition ein. Jetzt kommt eine zweite Person in einer Entfernung von ein bis anderthalb Metern näher. Dieser Assistent soll allmählich immer aus immer geringerer Entfernung arbeiten, jedes Mal einen Schritt näher herankommen. Achten Sie darauf, dass die Reaktion des Hundes verfestigt ist (dass er über mehrere Durchgänge gleich bleibend reagiert: beispielsweise drei hervorragende Reaktionen nacheinander, 8 von 10 Malen) bis Sie zur nächsten Approximation übergehen. Letztendlich wird die Person neben dem Hund stehen. Und noch später wird der Helfer hinter dem Hund herlaufen, während er bei Fuß geht. Wenn Ihr Hund wegschaut: NM. Dalls Sie den NM mehr als einmal benötigen: Wiederholung einlegen. Bei einer Wiederholung gehen Sie

Person bietet Leckerli an

Wenn Sie mit der Herausforderung beginnen, dass eine Person dem Hund Leckerlis anbietet, versucht der Helfer, den Hund damit zu locken, dass er ein Leckerli mit vorgestreckter Hand hält. Sobald der Hund den Helfer anschaut, sollte der Helfer sofort weniger verlockend wirken, indem er sich gerade hinstellt oder ein bisschen vom Hund weggeht. In den ersten Durchgängen kann der Hundeführer dem Hund das Kommando »Schau« geben, so wie Lori es hier tut. Sobald der Hund sich wieder dem Hundeführer zuwendet, markieren & belohnen Sie.

Im Laufe dieser Übung wartet der Hundeführer ruhig und gibt dem Hund keine Kommandos, bis dieser sich schließlich freiwillig seinem Hundeführer zuwendet. Die ersten Male folgt darauf ein Leckerli-Jackpot und vielleicht, damit der Moment etwas ganz Besonderes wird (und dadurch unvergesslich), eine kleine Party.

Der nächste Schritt wäre, dass die »Leckerli-Verlockung« (also der Helfer) näher beim Hund wäre und ihm ein Leckerli hinhält. Achten Sie darauf, dass der Helfer auf diesem Foto nicht so nah ist, sondern circa einen Meter vom Hund entfernt.

zur letzten Approximation (Schritt) zurück, bei der der Hund erfolgreich war, und dann gehen Sie wieder einen Schritt weiter. Das bedeutet, dass der Helfer vorübergehend die Entfernung verringert und sich dann allmählich wieder annähert.

- Werfen Sie ein Leckerli oder lassen Sie es fallen. (Achtung – treten Sie auf das Leckerli oder gehen Sie weg, falls der Hund darauf zugeht oder auf das Leckerli schaut.)
- Legen Sie Futter auf einen Stuhl, wobei Ihr Hund sehen soll, dass Sie das tun. Gehen Sie in die Nähe des Stuhls und fordern Sie Ihren Hund zum Sitz und zur Mitarbeit auf.
- Gehen Sie rückwärts, jedes Mal einen Schritt, vom Hund weg bis Sie schließlich circa zwei

Meter von der Ablenkung entfernt sind. Gehen Sie wieder in Fuß-Position bevor Sie ihn entlassen.

- Lassen Sie Ihren Helfer vorbeilaufen und Leckerlis werfen.
- Eine Person spricht, während Sie in einer Entfernung von mehr als anderthalb Metern herumgehen.
- Eine Person lässt einen Ball hüpfen oder schwingt langsam einen Regenschirm in einer Entfernung von mindestens anderthalb Metern.
- Eine Person bietet Ihrem Hund Futter an, verhält sich dabei neutral. Wenn der Hund das Futter nehmen möchte, zieht der Helfer es wieder zurück und dreht sich mit dem Rücken zum Hund.
- Eine Person nähert sich dem Hund und streichelt ihn.

Anfangs sollten Sie dies in folgenden Schritten machen:
1. Füttern Sie Ihren Hund fortwährend, während der Helfer den Hund leicht berührt.
2. Der Helfer berührt den Hund und wenn dieser der Ablenkung widersteht, folgen PM und Leckerli.
3. Wenn der Hund unaufmerksam wird, kommt der NM zum Einsatz. Warten Sie, bis der Hund Ihnen wieder seine Aufmerksamkeit schenkt und starten Sie dann einen erneuten Durchgang. Falls ein einfacher NM keine Wirkung zeigt, versuchen Sie es mit einer anderen, weiter oben unter "Strategien für den unaufmerksamen Hund" beschriebenen Technik.

Der Helfer darf nicht den Namen des Hundes nennen oder mit strenger Stimme sprechen – er sollte, zumindest am Anfang, nur sehr subtil vorgehen. Später kann er sich dem Hund so nähern, wie es auch eine Person auf der Straße tun würde. In dem *Moment*, in dem der Hund anfängt, auf die Ablenkung zu reagieren, muss der Helfer ihm die Aufmerksamkeit entziehen und den Hund demonstrativ ignorieren. Dafür schaut der Helfer an die Decke oder in den Himmel und verschränkt die Arme vor der Brust, damit der Hund begreift, dass diese Person keinerlei Verstärkung oder Formung bietet. Einem furchtsamen Hund signalisiert die Person, dadurch dass sie wegschaut, dass sie keine Bedrohung darstellt. Für einen Hund, der durch direkten Blickkontakt nervös wird, gilt dasselbe.

Achtung: Hunde, die Probleme damit haben, wenn sich Personen nähern, sind für diese Übung möglicherweise noch nicht bereit. In dem Fall sollten Sie vorher den Übungsplan »Mutig ist besser« durcharbeiten.

Das Verhalten aufrechterhalten

Sie sollten für die Mitarbeit ein Erhaltungsschema oder variables Verstärkungsschema benutzen. Das bedeutet, dass Sie häufig Ihren PM benutzen, aber nur manchmal den PM + Primärverstärker (Futter). Nach einer Weile wird die Reaktion zur Gewohnheit und in das Verhaltensrepertoire des Hundes integriert. Jedes Mal wenn Sie eine neue Herausforderung einführen, werden Sie vorübergehend ein fixes Schema verwenden müssen und das Verhalten anschließend mit einem variablen Verstärkungsschema belohnen.

Wenn Ihr Hund diese Übung gemeistert hat, werden Sie erstaunt feststellen, dass er sich freiwillig dafür entscheiden wird, auf das zu achten, was dem Hundeführer wichtig ist, statt auf das, was dem Hund wichtig ist. Für dieses Verhalten bekommt der Hund von mir sein Leben lang primäre Verstärkung (Futter). Nach mehreren Monaten fällt das Verstärkungsschema schon sehr dünn aus und häufige Verstärkung ist nicht mehr nötig. Scheuen Sie sich nicht, in den Kindergarten zurückzugehen, falls das nötig sein sollte.

Wann korrigiere ich?

Nachdem Sie den Hund vor viele Herausforderungen gestellt haben und er Ihnen bewiesen hat, dass er das Prinzip verstanden hat, dann - und nur dann - ist es fair, ihn zu korrigieren. In dieser Phase, wenn Sie ein variables Verstärkungsschema benutzen, dient die Korrektur ausschließlich dazu, dem Hund Informationen zu vermitteln.

Viele verstehen unter dem Wort »Korrektur« die Korrektur über das Halsband oder die Leine (ein ruckartiger Zug an der Leine), während der Hund ein Würgehalsband trägt. Ich möchte sichergehen, dass Sie nicht falsch interpretieren, was ich unter »Korrektur« verstehe, sodass wir uns nicht über die Bedeutung streiten. Für mich ist »Korrektur« keine Leinenkorrektur. Meistens bedeutet es, dass ich dem Hund meine Anwesenheit entziehe (und somit nehmen die Gelegenheiten zur Verstärkung rapide ab). Ich gehe in die der Ablenkung entgegengesetzte Richtung, sodass durch die Distanz der Wert dieses Verstärkers abnimmt, während mein eigener Verstärkungswert zunimmt. (Weitere Einzelheiten über diesen Weggang finden Sie im Übungsplan »Lass das«).

Damit Sie ein klares Bild bekommen, wie eine Korrektur aussehen könnte:

- Ein guter Aufmerksamkeitserreger für den abgelenkten Hund ist ein leichter Klopfer direkt auf seinen Kopf. Dieses kleine Klopfen bedeutet: »Wo bist du?« - kein starker Klaps!
- Gehen Sie rückwärts weg. Die Physik diktiert, dass der Hund in diesem Fall am Ende der Leine ankommt und, wenn Sie weiter rückwärts gehen, er Sie schließlich anschaut. Das ist kein »Ruck« für den Hund, sondern die sanfte, aber dennoch bedeutungsstarke Nachricht: »Du bist bei mir«. Sobald er zu Ihnen schaut, sagen Sie enthusiastisch »Ja« oder klicken Sie. Sie müssen wie ein spaßiger Spielkamerad und fröhlich wirken.

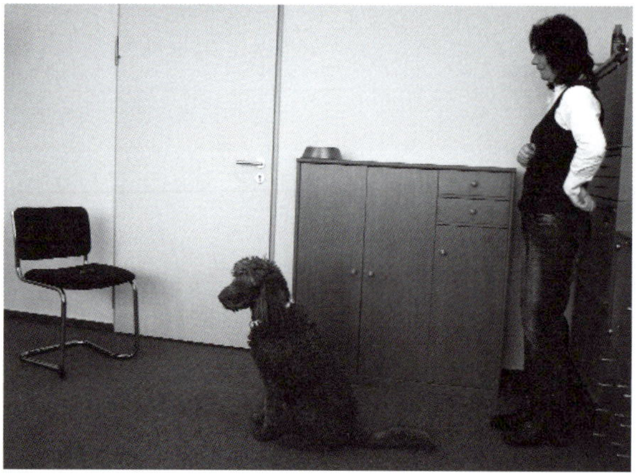

Herausforderung: Leckerlis auf einem Stuhl
Suse schaut sehnsüchtig auf das Leckerli auf dem Stuhl ... richtet aber ihre Aufmerksamkeit schnell auf den Hundeführer ...

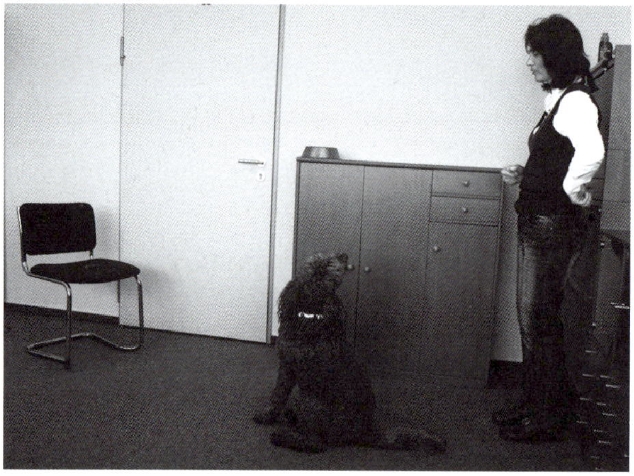

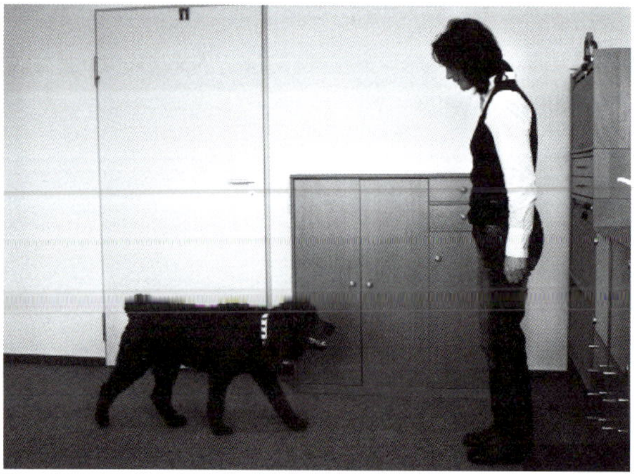

... und läuft freiwillig von einer »sicheren Sache« zu ihrem Hundeführer.

Und jetzt der Teil der Korrektur, der das Verhalten des Hundes ändern wird: Gehen Sie weiterhin rückwärts, um den Hund dazu zu ermuntern, zu Ihnen zu schauen. Haben Sie seine Aufmerksamkeit, markieren & belohnen Sie. In den darauf folgenden Fällen warten Sie, bis Sie seine Aufmerksamkeit drei bis fünf Sekunden oder länger haben, bevor Sie markieren und belohnen. Dieses Manöver soll den Hund überraschen und ihn somit darin bestärken, Sie besser im Auge zu behalten – es soll keine körperliche Bestrafung darstellen.

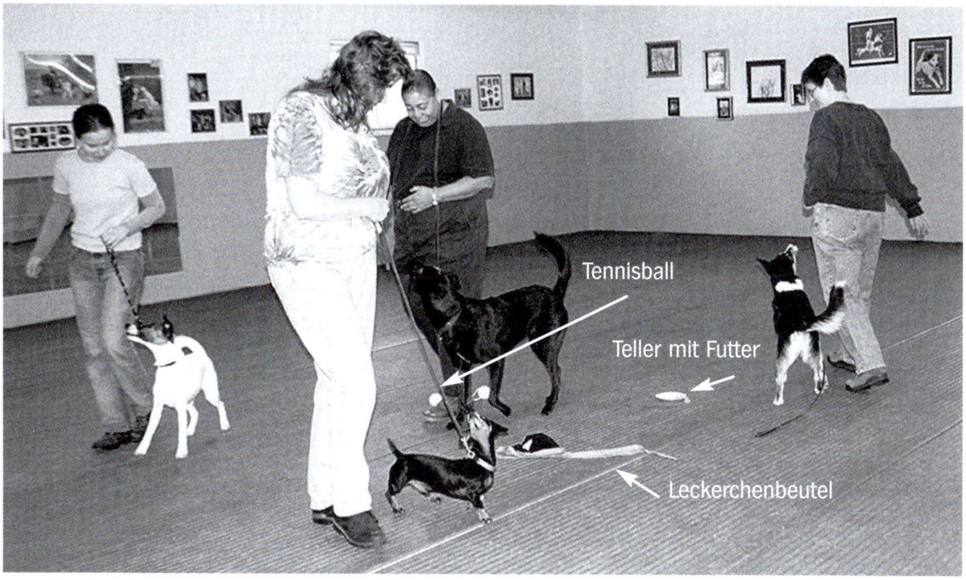

Aufmerksamkeit in Bewegung: Herausforderung für Fortgeschrittene
Diese Hunde haben gelernt, verschiedenen Verlockungen zu widerstehen und sich nicht auf die Umgebung, sondern auf den Hundeführer zu konzentrieren. Auf dem Boden liegen ein Teller mit Leckerlis, Spielzeug und ein Leckerlibeutel voller Käse.
Diese Ergebnisse wurden nicht durch Halsbandkorrekturen oder Gemeckere erzielt. Sie wurden dadurch erzielt, dass der Hund eindeutiges Feedback bekam und die Umgebung kontrolliert wurde, sodass die Hunde nur dann erfolgreich waren, wenn sie weiterhin ihre Aufmerksamkeit auf den Hundeführer richteten. Das ist keine Arbeit für Anfänger, sondern für Fortgeschrittene.

- Falls Ihr Hund ungestüm ist, wie wild herumspringt und Sie einfach nicht beachtet: Sperren Sie ihn fünf oder zehn Minuten lang in die Box. Wenn er Ihr Spiel nicht spielen möchte, darf er überhaupt nicht spielen. Falls Ihr Hund furchtsam ist, ist es das, wonach er sich gesehnt hat. Sie gönnen Ihrem furchtsamen Hund also eine kleine Auszeit, indem Sie einen Spaziergang machen oder ihn einem Minute lang Platz machen lassen, sodass er seinen Druck abbauen kann. Dann können Sie sich wieder an die Arbeit machen.
- Manchmal schaut der Hund Sie direkt an, ist aber trotzdem gedanklich nicht bei Ihnen! Falls Ihr Hund Sie anblickt, aber eindeutig von den Sandstränden von Tahiti träumt und seine Aufmerksamkeit abnimmt oder ganz weg ist, klopfen Sie ihm auf den Kopf (sanft – es ist ein

Weckruf). Machen Sie dann eine Wiederholungseinheit aus leichten und bekannten Babyschritten und arbeiten Sie sich schnell wieder zu seinem aktuellen Wissensstatus heran.
- Sie können es ein paar Minuten mit Sitz-Bleib probieren und dann wieder an der Mitarbeit arbeiten.
- Schauen Sie sich noch einmal den Abschnitt »Strategien für den unaufmerksamen Hund« an. Weggehen, Zurückweichen und gegen ihn gehen, sind allesamt wirkungsvoll.

Denken Sie daran: Wenn Sie ihn mehr als ein oder zwei Mal zur Aufmerksamkeit antreiben müssen, ist es Zeit für eine Wiederholungseinheit! Machen Sie diese jetzt sofort, warten Sie nicht eine Minute länger. Es ist nur vorübergehend: kurze Wiederholung für den Hund, wobei Sie die ersten Schritte benutzen, mit denen Sie seine Aufmerksamkeit auf sich ziehen konnten. (Siehe Approximationen 1-4).

WICHTIG! Der größte Fehler, den Sie machen können, ist, Ihren Hund, wenn er Sie nicht anschaut, zu korrigieren, finster dreinzublicken oder wütend zu wirken. Warum? Natürlich weil der Hund das gewünschte Verhalten dann mit einem Aversivreiz verbinden könnte. Großer Fehler! Begehen Sie ihn nicht.

Erfolgsgeheimnisse

- Das richtige Timing ist allentscheidend!
- Gucken Sie freundlich. Lächeln Sie! Oder zumindest sollten Sie nicht finster oder mürrisch dreinblicken, wenn Sie das hier machen. Was für ein Stimmungskiller!
- Falls Sie aus Versehen Futter fallen lassen und nicht verhindern können, dass der Hund es sich schnappt, sagen Sie ihm einfach: »Hol's dir!«. In so einem Fall können Sie auch einfach genauso gut allmächtig wirken. Falls Sie ihm nicht sagen »Hol's dir!« müssen Sie verhindern, dass er sich das Leckerli schnappen kann. Treten Sie darauf oder gehen Sie schnell mit ihm weg. Mit ein wenig Geschick bringen Sie ihm nicht bei, wie ein Staubsauger über den Boden zu fahren. Mit etwas Übung entwickeln Sie so viel Geschick, dass Sie die Leckerlis nicht mehr alle über seinem Kopf ausschütten. Wenn Ihnen das ein paar Mal passiert – was soll's? Dann verläuft die Lernkurve halt ein bisschen langsamer. Sobald Sie selbstsicher und geschickt sind, wird Ihr Hund Sie ständig anschauen und Sie werden die Verstärkung geschickt nach dem richtigen Schema austeilen!
- Die Leckerligabe erfolgt immer oben (der Hund muss zu Ihnen aufschauen) und der Hund muss sich in Ihren persönlichen Raum wagen. Gehen Sie nicht zu Ihrem Hund, um ihm das Leckerli zu geben, sondern lassen Sie ihn zu sich kommen. Genau darum geht es hier doch, oder? Denken Sie daran: Organismen werden von dem Ort der Verstärkung angezogen. Das bedeutet, dass Ihr Hund an den Ort zurückkehren wird, an dem er Verstärkung empfunden hat.
- Ab diesem Zeitpunkt sollten Sie, wenn Sie Ihren Hund zur Arbeit auffordern, selbst aufmerksam sein und nicht in der Gegend rumschauen. Bringen Sie sich ein, holen Sie sich seine Mitarbeit, absolvieren Sie die Übung und geben Sie ihm dann ein deutliches Entlassungssignal.

In dem Moment, in dem der Hund in Fuß-Position ist, ist dies das Signal für ihn, sich an die Arbeit zu machen, und Aufmerksamkeit ist ein absolutes Muss. Wenn Sie Ihren Hund in Fuß-Position gebracht haben, müssen Sie genauso engagiert sein, wie Sie es sich von ihm wünschen.

Das heißt nicht unbedingt, dass Sie dem Hund ins Gesicht starren müssen, während Sie laufen. Es bedeutet, dass Sie aufmerksam, geistesgegenwärtig sind und sich auf Ihren Hund konzentrieren. Sie können nach oben schauen und Ihren Hund dank des peripheren Sehens trotzdem sehen. Sie können, selbst wenn Sie mit jemandem sprechen, aufmerksam und sich Ihrer Umgebung und Ihres Hundes bewusst sein. Multitasking braucht Übung! Aber Sie können es schaffen!

39

Übungen zur Selbstentspannung Zen-Sitz & Platz-Bleib

Niveau 1	
Voraussetzung	Grundlagen-Verhalten
Ziel	Auf Ihr verbales Kommando und/oder Handsignal macht der Hund Sitz oder Platz und bleibt in der Position, bis er entlassen wird. Der Hund bleibt entspannt und konzentriert sich auf das Sitz oder Platz.
Was Ihr Hund lernt	Selbstbeherrschung (Impulskontrolle). Ein Mittel, sich zu beruhigen und zu entspannen. Sitz und Platz können als Beschwichtigungssignale verwendet werden, um von einem aufgeregten in einen entspannten emotionalen Zustand zu schalten.
So sieht es in der Praxis aus	Sitz und Platz eignen sich hervorragend, damit Ihr Hund vom Gas geht und in den Leerlauf schaltet – für eine Minute oder zehn Minuten oder sogar länger (mehr als 15 Minuten). Sitz und Platz können Ihren aus Schwierigkeiten heraushalten und verhindern, dass er im Wege steht oder jemanden belästigt, der gerade in dem Moment keine Lust hat, sich mit dem Hund zu beschäftigen. Bei dieser Übung geht es darum, Ihrem Hund beizubringen, wie er sich selbst in einen inneren Zustand bringen kann, der nicht zwangsläufig die äußeren Reize widerspiegelt, die ihn umgeben. Im Grunde zeigen Sie dem Hund, dass er das Chaos in seiner Umgebung nicht widerspiegeln muss. Da Sitz und Platz Beschwichtigungssignale sind, können durch sie andere Hunde in der Umgebung beschwichtigt werden. Das kann die Kontrolle der Umgebung begünstigen. Diese zwei Verhaltensweisen sind unerlässlich, wenn Sie mit Ihrem Hund an öffentliche Orte gehen und möchten, dass er sich ruhig verhält, während Sie mit etwas anderem beschäftigt sind.

Konzepte, die der Hund lernen sollte:

- Dauer des Platzes
- Entfernung
- Ablenkungen widerstehen
- Entspannt bleiben

Diese Verhaltensübung ist einer der entscheidenden Schritte zur Aggressionsprävention bzw. zur Rehabilitation Ihres Hundes. Sobald Sie das Sitz-Verhalten haben, schauen Sie sich nach einem Extra um – vor allem nach **Sitz und bleib ruhig.** Dabei handelt es sich nicht um Gehorsamsübungen, auch wenn Ihr Hund folgsamer sein wird, sobald Sie sie gemeistert haben. Ziel ist, dass der Hund Sitz macht, und, während er in dieser Position verharrt, sich ruhig verhält und dafür empfänglich ist, sein Empfinden über die Situation zu ändern. Gestresste oder ängstliche Hunde können buchstäblich keine besseren Verhaltensweisen lernen und können definitiv die aktuelle Situation nicht mit Spaß und Entspannung assoziieren. Ein reaktiver, gestresster oder unerzogener Hund ist so mit seinem aktuellen emotionalen Zustand und den damit verbundenen physiologischen Veränderungen beschäftigt, dass er sich nicht auf neue Informationen konzentrieren kann. Der gestresste Hund sagt Ihnen, dass er schon von seiner aktuellen Zwickmühle überfordert ist.

Es mag Ähnlichkeiten zu manchen Gehorsamsübungen geben, die Sie in der Vergangenheit gemacht haben. Aber es gibt auch Unterschiede, weshalb ich Sie bitte, sich an die Übungen zu halten und Sie wie beschrieben durchzuführen. Wenn Sie die Übungspläne nicht genau befolgen, kann Ihrem Hund damit nicht geholfen werden.

Sitz oder Platz als Umschalt-Übung benutzen

Auf Kommando von einem erregten in einen entspannten Zustand umzuschalten, ist definitiv ein erlerntes Verhalten – und zwar ein sehr praktisches bei Ihrem Hund! Denken Sie daran, dass Sie sich immer mit dem emotionalen Zustand des Hundes befassen, der das externe, beobachtbare Anzeichen für seinen inneren chemischen Zustand ist.

- Hunde lernen durch Erfolg. Bitte halten Sie sich umsichtig an die Schritte. Dadurch bringen Sie ihm keine schlechten Angewohnheiten bei und machen außerdem sehr schnelle Fortschritte, wodurch sowohl Sie als auch Ihr Hund Spaß haben und gleichzeitig Frustration vermeiden.
- Benutzen Sie Ihr Sitz! so oft wie möglich. Bevor Sie ein Spielzeug werfen. Bevor Sie Bello sein Futter geben. Bevor Sie Bello streicheln oder mit ihm spielen. Hunde lernen die Wichtigkeit eines bestimmten Verhaltens, wenn sie es im Alltag üben.

Sobald Sie ihm das Sitz entlocken können, können Sie mit Sitz-Bleib anfangen. Das Sitz an sich muss noch nicht mit einem verbalen Kommando verbunden sein, um mit Sitz-Bleib anfangen zu können.

Was Sie bereithalten sollten

- Halten Sie Trainingsleckerlis bereit und nehmen Sie den Hund an die Leine. Die Leine sollte unter Ihrem Fuß sein, bei einer Länge von zehn bis zwölf Zentimetern. Das ist lang genug, dass der Hund sich noch bewegen kann, aber kurz genug, dass er nicht weglaufen kann.
- Einen PM (verbal oder Klicker). Denken Sie daran: Ein Positivmarker ist für Ihren Hund sehr bedeutend, da er dadurch Informationen übermittelt bekommt. Genaue Informationen übermitteln, heißt die Devise.
- Einen NM (Negativmarker), wie beispielsweise »Noch mal« oder »Nicht ganz«, um Ihrem Hund zu signalisieren, dass Sie das Verhalten, das er gerade zeigt, nicht wünschen. Benutzen Sie nicht das Wort »Nein«. »Nein« ist das am übermäßigsten gebrauchte Wort in der Kommunikation zwischen Mensch und Hund.
- Geben Sie Ihrem Hund das Leckerli *nicht*, wenn er nicht sitzt. Zu Beginn bekommt er das Leckerli *jedes Mal*, wenn der Hund Sitz macht. Sobald der Hund an mindestens drei verschiedenen Orten oder in mindestens drei unterschiedlichen Situationen auf Kommando Sitz macht, erfolgt die Leckerligabe nur noch ab und zu.
- Denken Sie daran! Trainingsleckerlis sind kleine, winzige Leckerbissen. Ungefähr halb so groß wie der Nagel Ihres kleinen Fingers.
- Das Leckerli muss etwas sein, das Ihr Hund mag und wofür er zu arbeiten bereit ist.
- Sie werden mit einem fixen Schema beginnen und dann zu einem variablen Verstärkungsschema übergehen.

Aneignung: Sitz-Verhalten erzielen

Sagen Sie zu diesem Zeitpunkt noch *nicht* »Sitz«. Ihr Hund weiß nicht, was Sitz bedeutet. Wenn er also herumspringt oder Löcher in die Luft starrt und Sie ihn locken »Sitz, Sitz«, welches Verhalten wird er wohl mit Sitz assoziieren? Fürs Erste entlocken Sie ihm nur die gewünschte Position.

- Halten Sie das Leckerli zwischen Zeigefinger und Daumen und zeigen Sie es dem Hund, indem Sie es nah an seine Nase halten.
- In gleichmäßigem Tempo, aber nicht superschnell oder ruckhaft, heben Sie das Leckerli direkt über den Kopf des Hundes und dann leicht in Richtung seiner Rute.
- Das Timing ist entscheidend! Vor allem bei den ersten paar Durchgängen sollten Sie genau in dem Moment markieren und belohnen, in dem der Hund mit dem Hintern den Boden berührt.

Ein Verhalten mit einem Hörzeichen kombinieren

- Sobald Sie das Sitz leicht mit einem Lock- oder Handsignal hervorrufen können, fügen Sie das Hörzeichen hinzu. Der Ablauf ist wie folgt:
- Sagen Sie in freundlichem Tonfall »Sitz«.
- Warten Sie (circa eine halbe Sekunde lang).
- Zeigen Sie ihm das alte Signal (Handsignal) als »Helfer« oder Hinweis.

- Warten Sie (circa eine halbe Sekunde lang).
- Markieren und belohnen.

Sie können sich auch das »Gelegenheitstraining« zunutze machen, und zwar wie folgt: Sobald Sie voraussagen können, dass Ihr Hund sich Ihnen nähern und das Sitz anbieten wird: Wenn Sie sehen, dass der Hund anfängt, sich in Sitz-Position zu begeben, sagen Sie »Sitz« und markieren das Verhalten mit dem Wort »Ja« und geben ihm ein Leckerli.

Mit einer von beiden Methoden wird Ihr Hund schon bald auf Hörzeichen Sitz machen.

Kleiner Test

Wenn Sie die oben beschriebene Approximation zehn oder zwanzig Mal wiederholt haben, können Sie einen kleinen Test machen, um zu sehen, ob der Hund das neue Kommando wirklich begreift.
- Sagen Sie freundlich »Sitz«.
- Warten Sie (circa 5 bis 10 Sekunden).
- Beurteilen Sie sein Verhalten (hat der Hund Sitz gemacht?). Falls ja, markieren und belohnen.

Falls er es direkt beim ersten Mal richtig gemacht hat, veranstalten Sie eine Party! Das bedeutet, Sie geben ihm mehrere Leckerlis. Ich mache das wie folgt: »Ja, Leckerli, Ja, Leckerli, Ja, Leckerli, Ja, Leckerli«, sodass die Verstärkung in die Länge gezogen und betont wird und der Hund nicht einfach einen Haufen Leckerlis auf einmal inhaliert, sondern jeweils nur eins. Falls ich einen Clicker benutze, klicke ich nur beim ersten Mal und gebe ihm dann hintereinander, aber schnell, die Leckerlis - die »Maschinengewehr«-Leckerligabe.
- Falls der Hund NICHT sitzt, geben Sie ihm den NM.
- Geben Sie ihm erneut das verbale Kommando »Sitz!«.
- Locken Sie ihn in die Position.
- Sorgen Sie für angemessene Konsequenzen.

Falls Ihr Hund die Verbindung zwischen dem verbalen Kommando und dem Verhalten noch nicht herstellen konnte, wie es das Ergebnis des kleinen Tests zeigt, sollten Sie folgendes machen:
- Wiederholen Sie das Verhalten zehn bis zwanzig Mal mithilfe der unter »Ein Verhalten mit einem verbalen Kommando kombinieren« beschriebenen Schritte.
- Wiederholen Sie den kleinen Test.

Aneignung – Platz-Verhalten erzielen

Genau dieselben Approximationen wie für Sitz gelten auch für Platz. Das bezieht sich sowohl darauf, wenn Sie Entfernung und Dauer vergrößern möchten, als auch darauf, wie Sie das Verhalten mit einem verbalen Kommando kombinieren. Das einzige, was anders ist, ist die anfängliche Lockbewegung, um das Verhalten zu erzielen.

Falls Ihr Hund niemals in den Wettbewerbsring steigen soll, ist es meistens am einfachsten, wenn man damit beginnt, dass der Hund in Sitz-Position ist. Für Hunde, die an Wettbewerben teilnehmen sollen, empfehle ich, dass Sie damit anfangen, dass der Hund steht, und ihm dann Platz beibringen, indem er »nach hinten runterklappt«.

Dem Hund Platz aus dem Sitz heraus beibringen

- Halten Sie dem Hund ein Leckerli unter die Nase, sodass er sich dafür interessiert.
  Halten Sie das Leckerli fest zwischen Daumen und Zeigefinger, sodass der Hund es sich nicht nehmen kann, bevor Sie es ihm geben möchten.
- Senken Sie das Leckerli langsam herab.
- Anfangs sollten Sie ihm den PM geben, wenn er sich duckt, denn das ist der erste Schritt zum Platz.
- Markieren und belohnen Sie, wenn der Hund mit seinem Kopf seine Knie erreicht.
- Markieren und belohnen Sie, wenn der Hund mit seinem Kopf seine Pfoten erreicht.
- Benutzen Sie Ihr Lockmittel, um Ihren Hund dazu zu ermuntern, seinen Hals in Richtung Fußboden auszustrecken.
- Bewegen Sie das Lockmittel jedes Mal ein Stück weiter weg.
- Bewegen Sie das Lockmittel bis zu Ihrer »neuen« Entfernung und halten Sie es dann ruhig. Warten Sie ab, ob der Hund sich hinlegt.

Die Handbewegung beim Locken ist sehr entscheidend:
Die Regel lautet: Nase an Pfoten und nach vorne.

- Das bedeutet: Halten Sie das Leckerli an die Nase des Hundes.
- Senken Sie es bis zu seinen Pfoten herab.
- Bewegen Sie das Leckerli langsam vor dem Hund nach vorne. Die meisten Leute bewegen das Leckerli zu schnell, wodurch der Hund aufgibt.

Falls der Hund sitzt und dann, wenn er seinen Kopf herabsenkt, sein Hinterteil wieder nach oben schnellt:

- Entfernen Sie das Leckerli, indem Sie es hinter Ihren Rücken halten, und geben Sie ihm den NM.
- Starten Sie dann einen neuen Durchgang. Das bedeutet, Sie fangen im Sitz an, zeigen ihm wieder das Lockmittel und versuchen es noch einmal!
  Nach nur ein paar Durchgängen wird der Hund ins Platz fallen, weil das für ihn einfach bequemer ist.
- Sobald seine Ellbogen den Boden berühren, füttern Sie ihn fünf oder sechs Sekunden lang ununterbrochen.
- Gehen Sie ein paar Schritte und versuchen Sie es dann noch einmal.
- Wenn der Hund einmal Platz gemacht hat, sollten Sie ihn nicht mehr dafür verstärken, dass er den Kopf duckt.

Dem Hund Platz aus dem Stand beibringen

Befolgen Sie die oben für das Kommando Platz beschriebenen Schritte. Das einzige, was anders ist, ist die Handbewegung, wenn Sie ihn locken. Ihr Hund *steht* und:

»Platz« lernen:
Sorgen Sie dafür, dass der Hund sich für das Leckerli in Ihrer Hand interessiert ...

... locken Sie dann mit dem Leckerli seinen Kopf gerade nach unten bis zu seinen Zehen. Manche Hunde müssen jetzt schon dafür, dass sie den Kopf senken, verstärkt werden.

Jedes Mal sorgen Sie dafür, dass der Hund seinen Kopf ein bisschen tiefer senkt und ihn eine Sekunde oder länger so hält.

Wenn Ihre Hand auf dem Boden zwischen oder kurz vor den Zehen des Hundes liegt und der Hund ein paar Sekunden lang in einer merkwürdigen Position verharrt, legt sich der Großteil der Hunde einfach hin, weil er so bequemer an das Leckerli herankommen kann. Genau in dem Moment, indem der Hund sich auf den Boden legt und seine Ellbogen diesen berühren, markieren & belohnen Sie das Verhalten.

- Halten Sie das Leckerli zwischen Daumen und Zeigefinger.
- Senken Sie Ihre Hand leicht herab (anfangs ungefähr bis zum unteren Teil der Brust Ihres Hundes) schubsen Sie das Leckerli sozusagen leicht gegen seine Brust.
- Am Anfang verstärken Sie es, wenn der Hund nur den Kopf duckt.
- Um die Kriterien zu steigern, senken Sie die Hand jedes Mal ein Stückchen weiter herab und sorgen dafür, dass der Hund weiterhin am Leckerli interessiert ist und daran knabbert, aber geben Sie es ihm nicht. Wenn Sie Ihre Hand herabsenken, verlängern Sie auch gleichzeitig die Zeitspanne, die Ihr Hund in dieser Position verharrt, bevor Sie ihm das Leckerli geben.
- Sobald Sie unterhalb der Brust des Hundes angekommen sind, können Sie damit anfangen, das Leckerli unterhalb seiner Brust und zwischen seinen Vorderläufen zu halten. Wenn er sich darauf zu bewegt, wird er eine Art »Verbeugung« machen. Dieses Verhalten können Sie ein paar Mal verstärken und dann:
- Steigern Sie wieder die Zeit. Es ist ziemlich ungemütlich, für längere Zeit in dieser Position zu verharren und die meisten Hunde legen sich hin, um an das Leckerli heranzukommen, weil das bequemer ist.

Ich möchte Ihnen nichts vormachen – um ihm Platz aus dem Stand beizubringen, müssen Sie ihn ziemlich locken. Sie müssen wirklich am Ball bleiben und herumbasteln, bis Sie exakt die richtige Lockposition finden, in welcher der Hund das Verhalten zeigt. Sie werden wissen, wenn Sie einen Treffer erzielt haben, denn der Hund wird es Ihnen durch seine Reaktion verraten: Er wird mühelos rückwärts ins Platz zusammenklappen. Ich kann dies leider nicht gut beschreiben, aber nachdem Sie es einmal geschafft haben, werden Sie ein Gefühl für die richtige Handposition haben.

Sobald Sie ihn mühelos mit einem Handsignal ins Platz bringen können, wird das verbale Kommando hinzugefügt. (Siehe Abschnitt »Ein Verhalten mit einem verbalen Kommando kombinieren« in diesem Kapitel.)

Benutzen Sie das Kommando Platz! Bei jeder möglichen Gelegenheit. Bevor Sie Bello sein Futter geben. Bevor Sie Bello streicheln oder mit ihm spielen. Wie wichtig Gehorsam ist, lernen Hunde bei der Übung im täglichen Leben.

Sobald der Hund zuverlässig Platz macht, können Sie sofort mit der Arbeit am Platz-Bleib anfangen.

Approximation I

Fangen Sie mit der Arbeit am Bleib an

Um Probleme mit dem Kommando »Bleib« zu lösen, muss der Hund wissen, dass dies für ihn von Erfolg sein wird. Die ersten Male wird das Bleib in einer ablenkungsfreien Situation stattfinden. Falls Ihr Hund nicht jedes Mal eifrig Bleib macht, können Sie trotzdem daran arbeiten, wodurch Ihr Hund sogar das Kommando Sitz besser begreifen wird. Ich fange fast sofort, wenn ich ein Sitz-Verhalten erzielen kann, mit der Arbeit am Bleib an. Wenn der Hund, mit dem ich arbeite, sitzen bleibt oder anbietet, länger als eine Sekunde sitzen zu bleiben, verstärke ich unverzüglich dieses »Ich arbeite weiter«-Verhalten des Hundes. Außerdem müssen Sie nicht warten, bis sein Verhalten mit dem verbalen Kommando »Sitz« verknüpft wurde, bis Sie es verstärken, dass er »weiterhin sitzt«.

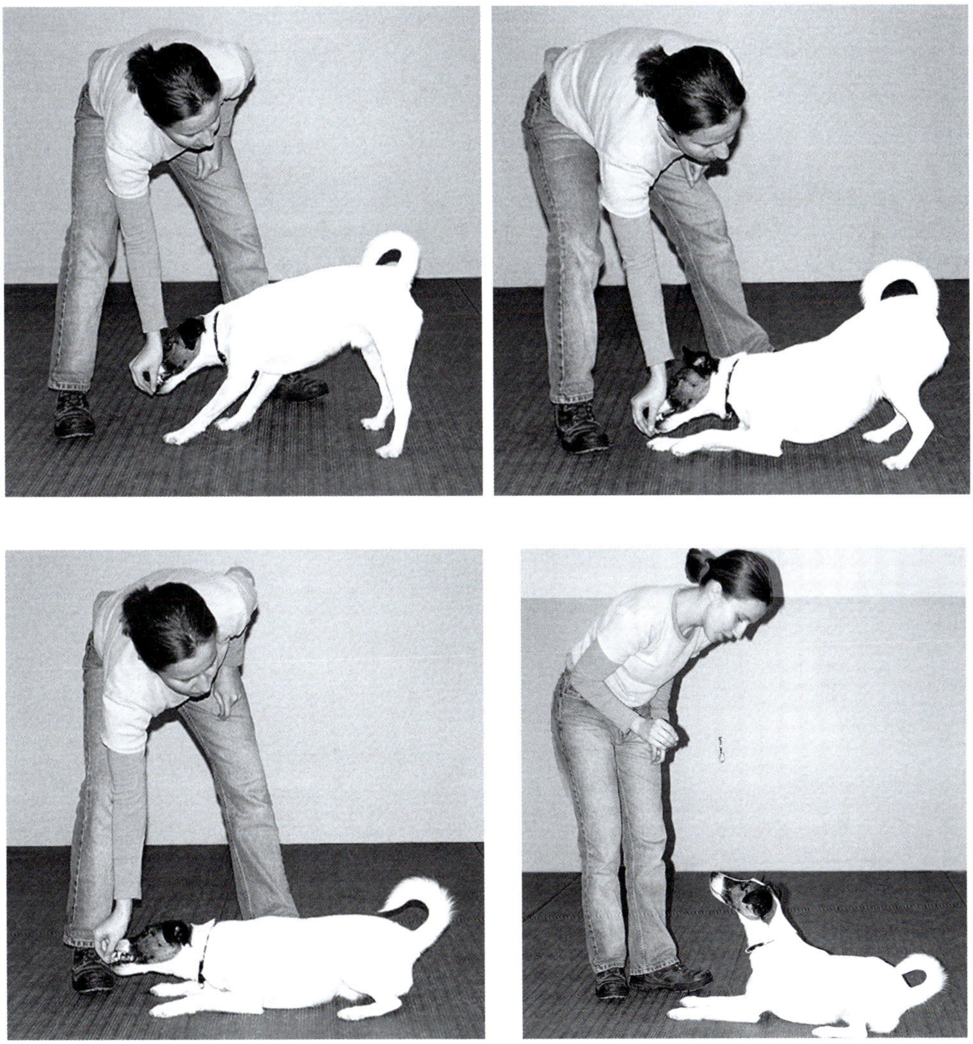

Platz aus dem Stand
Achten Sie darauf, wie geschickt Marie ihr Lockmittel positioniert, damit der Hund aus dem Stand Platz macht. Die Bewegung verläuft immer nach unten und in Richtung des Hundes.

Zeitlich begrenzter Verstärker

Falls Ihr Hund beim ersten Mal, wenn Sie ihm »Bleib« beibringen, langsam ins Sitz geht, sollten Sie sich keine Gedanken über die Geschwindigkeit, in der er ins Sitz geht, machen. Erachten Sie dies einfach als zwei unterschiedliche Übungen, die Sie später noch aneinanderreihen werden. Versuchen Sie nur, ihn ins Sitz zu bekommen, indem Sie ihn entweder locken oder ganz leicht sein Halsband nach oben ziehen. Arbeiten Sie auch am Bleib und behalten Sie im Hinterkopf, dass Sie in einer separaten Trainingseinheit an einem schnellen Sitz arbeiten, indem Sie einen zeitlich begrenzten Verstärker benutzen.

Mit einem zeitlich begrenzten Verstärker ist Folgendes gemeint: Falls Sie Ihrem Hund ein Kommando, wie beispielsweise »Sitz«, geben, und es drei Sekunden dauert, bis der Hund tatsächlich seinen Hintern in Richtung Boden senkt, Sie aber eine sofortige Reaktion wünschen, dürfen Sie das Sitz-Verhalten, das erst nach drei Sekunden eintritt, nicht mehr verstärken. Fangen Sie an, nur noch das Sitz-Verhalten zu verstärken, dass innerhalb von zwei Sekunden eintritt, und später dann nur noch das nach einer Sekunde.

- Sobald Ihr Hund Sitz macht, sollten Sie ihn konstant, aber dennoch langsam und kontrolliert füttern, damit er das Konzept leicht begreift. Im Laufe der nächsten paar Tage werden Sie Fortschritte erzielen und sollten dann immer länger abwarten, bis Sie ihn verstärken. Der Hund hat diese Übung begriffen, wenn er Geduld zeigt, egal wie sehr Sie das Leckerli hin- und herbewegen oder wie lange Sie ihn darauf warten lassen. Arbeiten Sie daran, letztlich eine Zeitspanne von zwei oder drei Minuten zu erreichen.

Bei diesen Übungen werden Sie *genau vor Ihrem Hund* sein. Jeder Schritt in den Tabellen 1, 2 und 3 soll zwei oder drei Mal wiederholt werden. Wenn Sie erfolgreich zwei oder drei Durchgänge hintereinander absolvieren können, gehen Sie zum nächsten Schritt über. Falls Sie sich nach drei Versuchen noch immer nicht an den nächsten Schritt wagen können, gehen Sie einen Schritt zurück und wiederholen Sie diesen noch zwei oder drei Mal. Hören Sie auf, wenn der Hund seine Sache gut macht. Bei der nächsten Trainingseinheit sollten Sie einen Schritt vor dem anfangen, bei dem Sie das letzte Mal aufgehört haben.

Bleib und Verstärkungsschemata

Zeit	Mögliches Verstärkungsschema (nur ein Beispiel)
Zählen Sie bis 1…. Dann:	Markieren & belohnen(z.B.: »Ja« - Leckerli) Tipp: Geben Sie dem Hund genug Zeit, um sein Leckerli zu fressen - meist braucht er dafür nur eine Sekunde. Wenn er fertig ist, schaut er Sie an. Das bedeutet, dass er körperlich (er hat das Leckerli hinuntergeschluckt) und geistig bereit ist, wieder an die Arbeit zu gehen. An dem Punkt können Sie ihn erinnern: »Bleib«, »Sitz« oder »Platz«, was Sie gerade für richtig halten. Wird ein Kommando auf die Art verwendet, nennt man es **Erinnerungs-Antezedent**. Der Erinnerungs-Antezedent signalisiert hier: Ein neuer Durchgang beginnt.
2	Markieren & belohnen
3	Markieren & belohnen
5	Markieren & belohnen
7	PM (nur »Ja« - *kein* Leckerli). Sie fangen hier mit einem variablen Schema an. Am besten geht man so schnell wie möglich zu einem variablen Schema über. Dadurch lernt der Hund, »auf seine Gratifikation zu warten«, und gleichzeitig wird das Verhalten gefestigt! Toll! Zwei zum Preis von einem! Sie bringen Ihrem Hund bei, das Verhalten weiterhin zu zeigen und zeigen ihm gleichzeitig, dass er auf dem richtigen Weg ist. Ich benutze mal einen Clicker, mal einen verbalen PM, um ihm zu signalisieren: »Du hast es! Weiter so!« Um das Verhalten zu beenden, benutze ich mein Kommando »Das reicht« oder »das war's«. Daher fahren meine Hunde mit dem Verhalten fort bis ich es mit »das reicht« beende oder sie zu einem anderen Verhalten auffordere (zum Beispiel würde das Abrufen das Sitz-Verhalten beenden).

9	Markieren & belohnen
4	Markieren & belohnen
10	PM
3	Markieren & belohnen
8	PM
14	Markieren & belohnen
7	PM
3	Markieren & belohnen
12	Markieren & belohnen
15	Markieren & belohnen

Obige Tabelle soll Ihnen eine Idee geben, wie Sie vorgehen können. Arbeiten Sie auf zwei bis drei Minuten hin. Ich finde, dass man bei den meisten Hunden die Zeitschwelle, wenn man erst mal ein 30-sekündiges Bleib erreicht hat, um jeweils fünf bis zehn Sekunden steigern kann.

Approximation 2

Wie Ihr Hund vom Gas geht und in den Leerlauf schaltet

Achtung: Für diese Übung wird Spielzeug verwendet. Falls Ihr Hund bei Spielzeug zu Besitzaggression neigt (d.h. Ihr Hund hat Ihnen gedroht, indem er Sie ohne zu blinzeln angestarrt, geknurrt, Zähne gefletscht oder geschnappt hat, als Sie ihm ein Spielzeug abnehmen wollten), springen Sie nur ein bisschen herum, sodass er auf Touren kommt, und fordern Sie ihn dann zum Sitz oder Platz auf und geben Sie ihm ein Leckerli. Vergessen Sie die Leckerlis, zumindest am Anfang, wenn Sie ihm das Spiel beibringen.

Falls Ihr Hund Besitzprobleme zeigt, lesen Sie bitte die Übungspläne »Ressourcenbewachen« und »Das Zweierspiel«.

Sitzmachen bei Aufregung

- Springen Sie herum und/oder ermuntern Sie Ihren Hund mit einem Spielzeug zum Spielen, sodass er aufgeregt wird.

Bis Sie sicher sind, dass er die richtige Reaktion zeigt, wird Ihr Hund bei dieser Arbeit eine Leine oder Schleppleine tragen. *Bis Sie ihn verbal kontrollieren können, müssen Sie ihn physisch kontrollieren.*

- Wenn Ihr Hund aufgeregt ist und herumhopst, geben Sie ihm das Sitz-Kommando.

Falls Sie ein Spielzeug benutzen, sollten Sie in der Anfangsphase das Spielzeug aus seinem

Sichtbereich entfernen, indem Sie es hinter dem Rücken halten. Kurz bevor Sie ihm das Kommando »Sitz« oder »Platz« geben. Später sollte Ihr Hund auch dann Ihr verbales Kommando befolgen, wenn das Spielzeug ihn visuell stimuliert.

Wenn Sie das Spielzeug hinter Ihrem Rücken verstecken und der Hund hinter Sie rennt, halten Sie das Spielzeug aus seiner Reichweite, greifen Sie nach der Leine (oder Schleppleine) und fordern Sie ihn zum Sitz auf und verhindern Sie, dass er weiter herumspringt, indem Sie auf die Leine treten, ihm aber noch genug Freiraum lassen, dass er Sitz machen kann, jedoch kurz genug, dass er nicht mehr nach Herzenslust herumspringen kann.

- Sobald der Hund sitzt, markieren und belohnen Sie und/oder werfen Sie ihm ein Spielzeug.
- Spielen Sie eine Minute lang mit dem Spielzeug, sofern Sie eines benutzen. Ansonsten springen Sie einfach eine Minute lang mit ihm herum. Dann folgt ein weiteres Sitz.
- Wiederholen Sie dies drei bis fünf Mal. Machen Sie dann Schluss.

Wenn Ihr Hund bei den ersten Malen nicht reagiert, sollten Sie den visuellen Reiz in Form des Spielzeugs entfernen, indem Sie es hinter Ihrem Rücken verstecken. Helfen Sie ihm dann zusätzlich zu Ihrem verbalen Kommando mit Ihrem Handsignal und indem Sie ihn mit Futter locken. Falls er nach einer oder zwei Trainingseinheiten noch immer Ihr Kommando ignoriert, sollten Sie die folgenden Maßnahmen anwenden, um ihn in seine Schranken zu verweisen.

Befolgt Ihr Hund das *bekannte* Sitz-Kommando nicht, können Sie sein Halsband sehr sanft nach oben ziehen, aber nicht ruckhaft und auch ohne Emotionen. Es geht darum, Ihrem Hund Informationen zu übermitteln und ihm zu zeigen, was als Verhaltensstrategie funktioniert und was nicht.

- Üben Sie, unabhängig davon, was er tut, den *leichten* Druck auf den Hals Ihres Hundes aus, bis Sie die gewünschte Reaktion erhalten. Kurz gesagt: Ignorieren Sie alle Wutanfälle und anderen unangebrachten Reaktionen.
- Lassen Sie das Halsband sofort locker (aber machen Sie sich darauf gefasst, es wieder anzuziehen!), sobald der Hund sich ins Sitz begibt.

Achtung: Falls Ihr Hund reaktiv wird, wenn Sie ihn festhalten, oder aggressiv, wenn Sie ihn am Halsband greifen, sollten Sie den Übungsplan »Anfassen & Festhalten« lesen. Unterbrechen Sie dieses Spiel, bis Sie einen "Halsbandgriff" sicher durchführen können.

Platzmachen bei Aufregung

Gehen Sie wie oben beschrieben vor, nur dass der Hund nicht Sitz, sondern Platz macht. Bei Nichtbefolgung, sofern der Hund das Kommando Platz begreift und das Verhalten schon in verschiedenen Situationen fehlerfrei gezeigt hat:

- um dem Hund dabei zu »helfen«, diese Übung zu begreifen, benutzen Sie mehrmals Futter als Lockmittel. Dann lassen Sie das Lockmittel weg, »helfen« ihm aber noch weiterhin mit dem Handsignal.

Schritt auf den Leinenverschluss bei nicht folgsamen Hunden

Die folgende Korrektur sollte vorbereitet werden, bevor sie in dieser speziellen Situation benutzt wird. Üben Sie diesen Schritt auf den Verschluss unter weniger aufregenden Umständen. Sobald Sie mit dieser Korrektur beginnen, müssen Sie es aussitzen. Falls Ihr Hund ausflippt und Sie ihn aufstehen lassen, hat er gerade gelernt, dass Wutanfälle etwas bringen. Fangen Sie damit also erst an, wenn Sie es durchstehen und den Job beenden können.

Für den Hund, der noch immer nicht folgen möchte:

- Platzieren Sie die Leine emotionslos unter Ihren Fuß (nahe beim Verschluss).
- Stehen Sie so, dass die Leine unter Ihrem Fußballen ist, und halten Sie das andere Ende straff in der Hand. Warten Sie dann ab, bis der Hund sich hinlegt.
- Gehen Sie davon aus, dass er sich ein bisschen wehren wird. Falls Ihr Hund allerdings Angst bekommt, haben Sie die Korrektur nicht richtig eingeführt. Es kann aber auch sein, dass er nur aufgebracht ist, weil Strategien, mit denen er in der Vergangenheit weitergekommen ist, jetzt nicht mehr funktionieren, was für ihn enttäuschend ist. Schließlich möchten Hunde sofort belohnt werden und immer das tun, was sie gerade möchten. Ich sehe da, ehrlich gesagt, keinen großen Unterschied zu meiner eigenen Einstellung… Aber auch ich musste Impulskontrolle lernen!
- Bleiben Sie ruhig und emotionslos; berühren Sie den Hund nicht und sprechen Sie auch nicht mit ihm.
- Markieren & belohnen Sie, wenn Ihr Hund still und ruhig ist.

Nachdem ich dieses »Hochpuschen und Sitz oder Platz«-Spiel ein paar Mal gemacht habe, bekommen meine Hunde keine Leckerlis mehr, wenn ich helfen muss. Wenn der Hund mir das Verhalten zum ersten Mal auf ein verbales Kommando hin zeigt, bekommt er richtig leckere Sachen - Thunfisch oder Tortellini oder Käse. Es soll sich für ihn lohnen, besonders bei einer *erstmalig korrekten Reaktion.* Es ist schwierig, zwischen aufgeregt und ruhig hin- und herzuschalten, aber es ist eine nötige Erweiterung des Verhaltensrepertoires Ihres Hundes.

Approximation 3

Distanzarbeit

Jetzt ist der Zeitpunkt gekommen, dass Ihr Hund lernt, dass *Bleib* bedeutet: *»Ich bin gleich zurück.«*

Ihr Hund wird beim Bleib nur dann ruhig bleiben und auch innerlich ruhig sein, wenn sein Denkmuster lautet: »Mein ruhiges, geduldiges Verhalten führt dazu, dass mein Herrchen zurückkommt.« Darum ist es unbedingt wichtig, dass Sie in dieser Phase nah bleiben. Versuchen Sie keine größere Entfernung als ein, zwei Schritte. Und wenn Sie zu Ihrem Hund zurückkommen, während er noch ruhig ist, werden Sie die hervorragenden Ergebnisse erzielen, die Sie sich wünschen. Das bedeutet, dass Sie langsam machen und das Verhalten systematisch und ganz bewusst aufbauen. Die Regel lautet immer: *Zeit vor Distanz.*

Denken Sie daran, dass das vorrangige Ziel dabei ist, das Selbstbewusstsein des Hundes zu steigern. Dies soll eine Ihrer »Umschalt«-Übungen werden. Das bedeutet, wenn Ihr Hund sich in einem reaktiven Zustand befindet, können Sie mithilfe des Sitz-Bleibs dafür sorgen, dass er seine Selbstkontrolle wiedererlangt. Darum: *keine* harschen Korrekturen, kein Brüllen, kein Wütendwerden. Seien Sie geduldig, nüchtern und sachbezogen, wenn Sie den Hund wieder in seine Position bringen, falls er aufgestanden ist, und ihn ruhig beschwichtigen, während Sie ihm Leckerlis füttern. Benutzen Sie Ihr PM / NM-System, um ihm Informationen zu vermitteln. Bewegen Sie sich langsam, ruhig und sicher, wenn Sie ihm die Leckerlis geben. Falls Sie sich schnell bewegen müssen, um ihn davon abzuhalten, wegzulaufen, machen Sie dies, aber bitte nicht wie wahnsinnig. Man kann schnell und wachsam sein, ohne dabei nervös zu sein.

Beim Bleib-Training ist es sehr wichtig, dass Sie seine *Absicht* vorhersehen. Das bedeutet: Achten Sie genau auf die Körpersprache des Hundes. Bevor er aufsteht, zappelt er häufig herum und bewegt seine Pfoten; oder er zeigt eines der vielen Beschwichtigungssignale, wie beispielsweise Lefzenlecken oder Schnüffeln. Sie sollten Ihren Hund nicht dafür korrigieren, dass er Beschwichtigungssignale benutzt, aber Sie können das Schnüffeln reduzieren, indem Sie ihn einfach dafür verstärken, dass er nicht schnüffelt. Falls Ihr Hund herumzappelt oder Beschwichtigungssignale verwendet, bevor Sie weggehen, ist er noch nicht dazu bereit, dass Sie weit weggehen!

Ihr Hund wird sogar am schnellsten lernen, wenn Sie die »Unterbrechung« bemerken, *bevor* sie stattfindet (während er noch darüber »nachdenkt«, aufzustehen). Am besten reagieren Sie auf seine Absicht aufzustehen mit einem NM. Erinnern Sie ihn dann daran, welches Verhalten er zeigen soll. Falls Ihr Hund anfängt, aufzustehen, sagen Sie den NM. Falls ihm dann wieder einfällt, sitzen zu bleiben, markieren und belohnen Sie dies. Falls Ihr Hund aufsteht und von selbst daran denkt, sitzen zu bleiben – markieren und belohnen. Das sind für den Hund sehr wichtige Konzepte. Achten Sie auf Muskelspannung, die ein Anzeichen dafür ist, dass der Hund aufstehen wird. Sich bewegen, Heben der Vorderpfoten, sich anspannende Muskeln im Lenden- oder Schulterbereich verraten Ihnen, dass der Hund aufstehen möchte.

Denken Sie daran, dass das, was Sie hier zu verstärken beginnen, der Einsatz ist, den er beim Verhalten zeigt. Falls Sie ein »Ich mache mich dafür fertig, gleich aufzustehen«-Verhalten sehen, sind Sie immer noch nah genug beim Hund, um einzuschreiten und ihm einen PM / ein Leckerli zu geben, bevor er aufsteht. Wenn er herumzappelt, können Sie es mit einem NM und dann einem erneuten Sitz versuchen. Falls das funktioniert, hervorragend! Dafür muss er unbedingt Leckerlis bekommen.

Falls Ihr Hund das Sitz unterbricht, weil Sie seine Absichten nicht früh genug begriffen haben, sollten Sie gar nichts sagen. Nehmen Sie den Hund nur *sanft* am Halsband und bringen Sie ihn an exakt dieselbe Stelle und in dieselbe Position wie vorher zurück.

An dieser Stelle gehen Sie mit einem ängstlichen Hund auf die eine Art und Weise und mit dem unaufmerksamen Hund auf die andere um.

Bei einem ängstlichen Hund: Geben Sie ihm das Kommando »Sitz« oder locken Sie ihn mit dem Handsignal in die Position und dann, falls Sie keine sofortige Reaktion bekommen, können Sie leichten Druck nach oben auf das Halsband ausüben. Die Grundidee ist, dass der Hund sich leicht unwohl fühlen soll (aber nicht richtig unwohl!). Ich möchte, dass meine Hunde begreifen, dass ich, wenn ich ein Verhalten fordere, dieses auch sehen möchte! Aber ich möchte nicht, dass der Hund noch ängstlicher wird.

Falls der Hund nur unaufmerksam ist, können Sie versuchen, ein wenig härter zu sein, womit ich meine, »neutraler« und weniger freundlich. Bei einem solchen Hund sollten Sie ihm nicht das Kommando »Sitz« geben oder ihm ins Sitz helfen, sondern ihn nur sanft an die vorige Stelle zurückführen und das Sitz-Verhalten durch leichten Halsbanddruck nach oben erzielen. Sie müssen nicht am Halsband rucken, er soll sich nur ein bisschen unwohl fühlen, und warten Sie dann ab, dass er seine Hinterläufe einknickt und Sitz macht (und natürlich benutzen wir bei dieser Übung ein normales Halsband oder ein Martingale-Halsband, aber niemals ein Würge- oder Stachelhalsband!).

Ich binde meine Hunde oft an, wenn ich mit der Distanzarbeit beginne. Wenn sie dann aufstehen und versuchen, ohne mich das Areal zu verlassen, wird das verhindert. Ich kann mich ihnen nähern und sie wieder sehr effizient und ruhig ins Sitz zurückbringen.

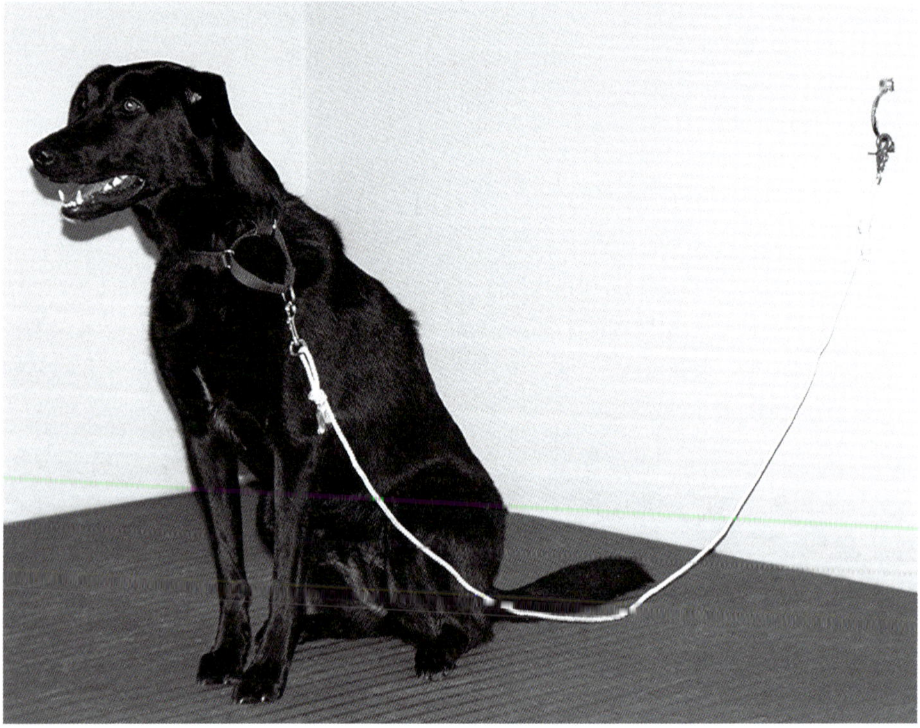

Anbindehaken

Lassen Sie die Leine über den Boden schleifen und legen Sie dem Hund eine zusätzliche Leine an, falls Sie ihn angebunden haben. Das verhindert, dass Sie ihn am Halsband packen, der Hund dadurch ängstlich oder aufgebracht wird und nach Ihnen schnappt. Aufgrund von Korrekturen in der Vergangenheit reagieren viele Hunde verständlicherweise empfindlich darauf, wenn Sie am Halsband gegriffen werden. Falls der Hund aufsteht, können Sie nach der Leine greifen, um ihn sanft wieder ins Sitz zurückzubringen.

Achtung: Falls Sie glauben, Ihr Hund könnte Sie beißen, wenn Sie ihn am Halsband greifen, sollten Sie ihm vor dieser Übung einen Maulkorb anziehen. Bevor Sie auch nur mit diesem Abschnitt der Übung beginnen, müssen Sie die Übungen für den Halsbandgriff und den Umgang mit Ihrem Hund durchführen. (Siehe Übungspläne »Anfassen & Festhalten« sowie »Nachgiebiges und haltungsrelevantes Verhalten«.) Sie können am Sitz und Platz arbeiten, aber benutzen Sie keine Korrekturmethode, wenn Sie obige Übungen noch nicht absolviert haben.

Denken Sie daran:

- Reagieren Sie auf alle Unterbrechungen mit einem Negativmarker, bringen Sie dann den Hund wieder an die alte Stelle und wieder ins Sitz zurück, indem Sie konstanten Halsbanddruck nach oben ausüben. Sie müssen nicht am Halsband zerren, sondern nur dafür sorgen, dass er sich ein bisschen unwohl fühlt, und abwarten. Er wird es irgendwann leid sein, sich unwohl zu fühlen, und dann gehorchen.
- Schwatzen oder sprechen Sie nicht mit dem Hund. Das verkompliziert die Sache nur.
- Wenn Sie umherlaufen oder die Entfernung vergrößern, können Sie ihn mit den Worten »Bleib« (oder »Sitz« oder »Platz«) erinnern, solange er seine Sache noch gut macht. Dadurch weiß der Hund, dass er auf der richtigen Fährte ist. Zur Erinnerung: Ein so benutztes Kommando nennt man *Erinnerungs-Antezedent*.
- Ihr Hund wird am schnellsten lernen, wenn Sie die »Unterbrechung« bemerken, bevor sie stattfindet (während er noch daran »denkt«, aufzustehen). Auf dieses intentionale Verhalten, dass er aufstehen möchte, reagiert man am besten mit einem NM. Wenn der Hund anfängt, aufzustehen, und Sie sagen den NM und der Hund erinnert sich daran, dass er sitzen bleiben soll - markieren und belohnen.
- Falls der Hund aufsteht und sich von *selbst* daran erinnert, dass er sitzen bleiben soll - markieren und belohnen. Bei den ersten sechs Malen gebe ich ihm sogar einen richtigen Leckerli-Jackpot. Für den Hund ist das ein sehr großer Schritt auf dem Weg zum Verständnis.

Bleib: Bewegung hinzufügen

Was Sie tun:	Mögliches Verstärkungsschema
Fangen Sie jetzt an, herumzulaufen. Sie steigern die Kriterien, indem Sie Bewegung oder Entfernung mit ins Spiel bringen: Ein Schritt nach links und kehrtmachen	M & B (markieren & belohnen)
Ein Schritt nach rechts und kehrtmachen	PM (Belohnungsmarker)
Ein Schritt nach hinten und zurückgehen	M & B
Zwei Schritte nach links	PM
Zwei Schritte nach rechts	M & B
Zwei Schritte nach hinten	PM – Stopp und spielen
Drei Schritte nach rechts	M & B
Drei Schritte nach links	M & B
Drei Schritte nach hinten	PM
Vor dem Hund stehen und bis 10 zählen	PM – Spiel
Zwei Schritte nach rechts, bis 10 zählen	M & B
Zwei Schritte nach links, bis 10 zählen	PM
Zwei Schritte nach hinten, bis 10 zählen	PM
Fünf Schritte nach rechts	M & B
Fünf Schritte nach hinten	PM
Fünf Schritte nach links	M & B
Ein Schritt nach hinten, Kehrtwende	M & B
Zwei Schritte nach hinten, Kehrtwende	M & B
Drei Schritte nach hinten, Kehrtwende	PM
Bis 20 zählen	M & B
Zehn Schritte nach rechts	PM – Spiel
Zehn Schritte nach links	PM – Spiel
Zehn Schritte nach hinten, Kehrtwende	PM
Bis 10 zählen	PM

Zehn Schritte nach rechts, bis 20 zählen	M & B
Zehn Schritte nach hinten, bis 20 zählen, Kehrtwende	PM
Bis 30 zählen	M & B
Zehn Schritte nach rechts, bis 30 zählen	M & B
Zehn Schritte nach links, bis 30 zählen	M & B
Zehn Schritte nach hinten, bis 40 zählen	PM - Spiel
Bis 15 zählen	PM
Fünfzehn Schritte nach hinten, bis 15 zählen	PM
Zehn Schritte nach rechts, bis 30 zählen	M & B
Bis 60 zählen	M & B

Einen weiteren großen Schritt auf dem Weg des Verständnisses macht Ihr Hund, wenn Sie damit beginnen, in Kreisen um ihn herumzugehen und er zulässt, dass Sie hinter ihm entlanglaufen. Ist das möglich, ohne dass Ihr Hund aufsteht oder sich umdreht, fängt er wirklich an, diese Übung mit Ruhe zu begreifen. Zu beobachten, dass er Ihre Kommandos begreift, ist aufregend und belohnend, vor allem wenn Sie merken, dass gesteigerte Aktivität, Unaufmerksamkeit oder Angst sich in ruhige Zusammenarbeit mit Ihnen verwandelt. Kann Ihr Hund die oben beschriebenen Übungen gelassen durchführen, ist der Zeitpunkt gekommen, sein Verhalten zu festigen. Jedes Mal wenn Sie Ihren Hund vor eine neue Herausforderung stellen, müssen Sie in seiner Nähe sein - genau wie in der Aneignungsphase. So ist er sozusagen auf vertrautem Boden, auf dem sein Selbstvertrauen aufgebaut werden kann.

Bleib: Kreise ziehen

Gehen Sie in einem engen Kreis um den Hund herum	M & B beim ersten Viertel des Kreises
Gehen Sie in einem engen Kreis um den Hund herum	M & B beim zweiten Viertel des Kreises
Gehen Sie in einem engen Kreis um den Hund herum	M & B beim dritten Viertel des Kreises
Gehen Sie in einem engen Kreis um den Hund herum	M & B wenn Sie wieder beim Ausgangspunkt angelangt sind
Gehen Sie zweimal in einem engen Kreis um den Hund herum	Erinnerungs-Antezedent (Bleib!) zweimal, PM dreimal, Leckerli zweimal
Machen Sie einen größeren Kreis, sodass Sie eine Sekunde lang außer seiner Sichtweite sind	M & B
Gehen Sie außer Sichtweite, zählen Sie bis 2 und erscheinen Sie dann wieder, erinnern Sie den Hund: "Bleib!", dann wieder verschwinden bis Sie bis 3 gezählt haben	PM M & B

Wichtig: Lassen Sie Ihren Hund nicht lange Sitz-Bleib machen. Falls Sie länger als fünf oder sechs Minuten irgendwo sein müssen, lassen Sie ihn Platz machen.

Approximation 4

Sitz oder Platz mit Herausforderung

Zum jetzigen Zeitpunkt versteht Ihr Hund das grundlegende Sitz oder Platz und Bleib schon gut genug. Er ist jetzt dafür bereit, dass Sie Ablenkungen oder Herausforderungen einbauen.

Problemlösung:

- Falls Ihr Hund das Bleib unterbricht, müssen Sie daran denken, nach Vorboten für seine Absichten Ausschau zu halten. Der Fehler liegt bei Ihnen, wenn die Sache soweit außer Kontrolle gerät, dass Ihr Hund aufsteht. Aber: Natürlich wird das passieren, also sollten Sie ihn, die ersten beiden Male die er das Bleib unterbricht, daran erinnern, Sitz zu machen.
- Unterbricht Ihr Hund zum dritten Mal das Bleib, ziehen Sie sanft an seinem Halsband, um ihn daran zu erinnern, dass Sie wollten, dass er »an Ort und Stelle bleibt«.
- Falls Sie Ihren Hund zweimal auf diese Art korrigieren und er dennoch das Bleib unterbricht, sind Sie für ihn zu schnell vorgegangen. Wiederholen Sie die Approximation, bei der Ihr Hund selbstsicher genug war, um an Ort und Stelle zu bleiben. Haben Sie diese zehn Mal wieder-

holt, wovon mindestens acht Durchgänge unter die Kategorie »gut« fallen sollten, gehen Sie wieder zu diesem Schritt vor.

- Bei den Malen, bei denen Ihr Hund das Bleib unterbricht, können Sie ihn **neutral** wieder ins Sitz bringen, aber nur, wenn Sie sicher sind, dass er diese Phase der Übung begriffen hat. Greifen Sie ihn dazu am Halsband und bringen Sie ihn so ins Sitz zurück. Zerren Sie ihn nicht umher, aber seien Sie auch nicht freundlich zu ihm. Seien Sie neutral.

Woher wissen Sie, ob Sie helfen oder eine Grenze ziehen sollen? Stellen Sie sich folgende Fragen:

- Wie oft hat Ihr Hund diese eine spezielle Übung gemacht?
- Wie oft war Ihr Hund in diesen speziellen Situationen?
- Hat Ihr Hund sich bemüht, das bekannte Kommando zu befolgen? Bestrafen Sie keine »Versuche«.
- Sind Sie sicher, dass Ihr Hund wirklich begriffen hat und es sich um wirklich »vorsätzliches Fehlverhalten« handelt?

Herausforderungsliste

1. Bringen Sie Ihren Hund ins Sitz, wobei er eine Leine anhat, die Sie zu Beginn festhalten. Lassen Sie die Leine auf den Boden fallen. Beugen Sie sich vorne über und heben Sie sie auf.
2. Streicheln Sie Ihren Hund sanft, während er sitzen oder liegen bleibt.
3. Lassen Sie eine ihm bekannte Person den Hund streicheln, während er sitzen oder liegen bleibt. Zuerst darf er nur sanft abgelenkt werden und Sie sollten ganz nah bei ihm bleiben und ihn langsam, aber konstant füttern, um seinen Erfolg zu fördern.
4. Gehen Sie mit Ihrem Hund an mindestens fünf verschiedene Orte. Gehen Sie davon aus, dass Sie am Anfang, wenn Sie ihn einem neuen Ort oder einer neuen Situation unterziehen, wieder in den »Kindergarten« zurückgehen müssen. Sie werden feststellen, dass Sie, wenn Sie an immer mehr unterschiedlichen Orten arbeiten, die Schritte immer schneller absolvieren können und der Hund schließlich fast beim ersten Mal Bleib macht.
5. Klatschen Sie in die Hände.
6. Drehen Sie sich im Kreis.
7. Bitten Sie jemanden, an die Tür zu klopfen. (Das ist echt schwer für den Hund!)
8. Lassen Sie Ihren Hund Bleib machen, während Sie vor ihm Leckerlis auf den Boden werfen. (Zuerst etwa zwei Meter entfernt, dann immer näher.)

Herausforderungen: Bleib
Mehrere Hunde arbeiten an unterschiedlichen Dingen. Vinny macht Steh-Bleib, Cora Sitz mit Aufmerksamkeit an Loris Seite. Amandas Frauchen ist hinter ihr und sieht sie absichtlich nicht an, Faye steht neben Maple, während diese Platz macht. Jake, der Dackel, macht Bleib außer Sichtweite, da sein Herrchen den Raum verlassen hat, genauso wie Jack, der schwarze Labrador. Ist Ihr Hund reaktiv oder neigt er zum Bewachen von Futter oder Spielzeug, wäre diese Situation natürlich nicht geeignet, bis Sie sich absolut sicher sind, dass er diese Übung ohne Gefahr durchführen kann. Vinny, der Glatthaar-Foxterrier hat possessiv-aggressive Tendenzen, und Marie hat Jahre damit zugebracht, sein Verhalten genau zu überwachen und zu verändern. Durch diese Arbeit kann er sicher an solchen Übungen teilnehmen.
Da alle diese Hundeführer systematisch und gewissenhaft an Aufmerksamkeits- und »Lass das«-Übungen gearbeitet haben, konzentrieren ihre Hunde sich auf sie, sogar wenn sie vor mannigfaltigen Herausforderungen stehen.

Bei der Arbeit mit Ihrem Hund sollte seine Sicherheit und die anderer die oberste Priorität sein. Legen Sie Ihrem Hund eine Leine oder eine Zehn-Meter-Schleppleine an, damit Sie sich keine Sorgen über den Straßenverkehr oder dass er verloren gehen könnte, machen müssen. Wenn Sie in einem nicht umzäunten Areal arbeiten, sollten Sie ihn zur Sicherheit anbinden.

Denken Sie daran, ihn in neuen Umgebungen **doppelt** zu verstärken! Seien Sie gerecht und lassen Sie »im Zweifelsfall für den Angeklagten« gelten, falls Sie Ihre Wiederholungen nicht gemacht haben. War Ihr Hund jedoch schon mehrmals der jeweiligen Situation ausgesetzt, sollten Sie auf Gehorsam bestehen. Aber neutral, nicht wütend.

Falls Ihr Hund sich in der Vergangenheit aggressiv gezeigt hat, müssen Sie sich absolut sicher sein, dass Ihre Ausstattung nicht abgenutzt ist oder schlecht sitzt, damit Ihr Hund nicht weglaufen kann. Bei einem solchen Hund kommt zu Beginn eine Zehn-Meter-Schleppleine nicht in Betracht, es sei denn, Sie können für die Sicherheit anderer in der Umgebung garantieren (z.B. wenn Sie alleine hinter einem Zaun sind und der Hund angeleint ist).

Obiger Übungsplan ist erforderlich, damit Sie sagen können, dass Ihr Hund zuverlässig Sitz oder Platz macht. Es ist wichtig, dass Sie weiterhin am Bleib arbeiten. Da das Bleib für den Hund eine sehr unnatürliche Position ist (kein Hund, egal in welcher Situation, sieht etwas, was ihn interessiert, und macht dann Sitz oder Platz, um es aus der Entfernung zu beobachten!), müssen Sie dies häufig üben. Je stärker Sie das Bleib in Ihren Alltag integrieren, und zwar unter so vielen Umständen wie möglich, desto besser wird die Reaktion Ihres Hundes ausfallen.

Die Falle, in die viele Leute tappen, besteht darin, dass sie das Sitz benutzen, bevor der Hund durch die Tür geht oder gefüttert wird, sie aber niemals aus heiterem Himmel zum Hund hingehen und ihm das Kommando Sitz oder Platz und Bleib geben. Falls Ihr Hund im Garten herumschnüffelt, könnten Sie dann zu ihm gehen (in einer Entfernung von vielleicht drei oder vier Schritten), ihm in normalem Tonfall das Kommando Sitz und das Signal für Bleib geben und er reagiert schon auf das erste Kommando richtig? Der Schlüssel zum Erfolg ist, Sitz und Platz in so vielen Situationen wie möglich zu benutzen, auch in Situationen, in denen der Hund nicht damit rechnet, dass Sie zu ihm kommen und ihm das Kommando geben werden.

40

Lass das!
Lass das & Hör auf, darüber nachzudenken!

Niveau 1	
Voraussetzung	Grundlagen-Verhalten
Ziel	Der Hund wird von anderen Hunden, Futter, Tauben, Menschen etc. (kurz gesagt: Jede Ablenkung oder jeder Gegenstand, der für den Hund zu dem Zeitpunkt oder in dieser Situation unerreichbar ist) weggehen bzw. aufhören, sich ihnen zu nähern. Der Hund schaut auf sein Herrchen, statt auf die Umgebung.
Was Ihr Hund lernt	Durch diese Übung lernt Ihr Hund Selbstkontrolle und weder der Umgebung noch seinen natürlichen impulsiven Handlungen nachzugeben.
So sieht es in der Praxis aus	Im Alltag möchten wir, dass der Hund von zahlreichen, Spaß bringen Gegenständen und Beschäftigungen weggeht, entweder, weil es zu dem Zeitpunkt nicht passt, dass er ihnen nachgeht, oder weil die Beschäftigung an sich für den Hund oder für andere gefährlich ist. Durch »Lass das« können wir dem Hund vermitteln: »Das ist für dich jetzt nicht verfügbar.« Dem Hund diese Information auf nicht-bestrafende Art und Weise vermitteln zu können, fördert Ihr Ansehen in der Öffentlichkeit und ist auch auf persönlicher Ebene sehr zufriedenstellend. Außerdem werden Frustration und Aggression reduziert. »Lass das« zeigt dem Hund, »wer hier verantwortlich ist«, ohne dass man auf grobe, wiederholte und ergebnislose körperliche Korrektur zurückgreifen muss. Wenn ein Hund auf das verbale Kommando »Lass das« reagiert, haben auch die Hundeführer die Kontrolle, die den Hund nicht körperlich korrigieren können.

Die Umgebung ist sehr aufregend und steht, wenn es um die Aufmerksamkeit Ihres Hundes geht, immer in direkter Konkurrenz zu Ihnen. Im Prinzip handelt es sich um konkurrierende

Verstärker. Lernt Ihr Hund, dass er sich an der Umwelt »frei bedienen« kann, werden Sie immer den Kürzeren ziehen, wenn es nötig ist, dass er gehorcht.

Hunde ändern ihr Verhalten nicht, um der menschlichen Moral zu entsprechen oder weil die Menschen glauben, dass eine Handlung »falsch« ist. Ist Bestrafung Ihr primäres Hilfsmittel, lernt der Hund schnell, was sicher ist, im Gegensatz zu gefährlich (durch Bestrafung lernen die Hunde bestens, zu unterscheiden), und lernt, die Situation und die Umgebung auszunutzen, indem er Sie weitestmöglich umgeht. Eine Methode, wie der Hund das macht, ist: »Wenn ich nicht nah genug an mein Herrchen herangehe, kann ich nicht bestraft werden.«

Sie müssen verstehen, wie der Hund sicher im Gegensatz zu gefährlich interpretiert. »Sicher« bedeutet, dass der Hund das bekommt, was er sich in der Situation wünscht. Die Methode, durch die er Ergebnisse erzielt, wird dann als »sicheres« Verhalten katalogisiert. »Gefährlich« bedeutet, dass seine Bemühungen durch Vermeidungsverhalten eingeschränkt wurden; dass der Hund also so starke Angst bekam oder sich so sehr bedroht gefühlt hat, dass er aufgehört hat, etwas zu tun.

»Durch Bestrafung lernen Hunde bestens, zu unterscheiden« heißt im wahren Leben: Wenn ein Hund bestraft wird, assoziiert er die umweltbedingten Faktoren mit der Bestrafung (den Ort, den sich nähernden Hund oder die sich nähernde Person, denjenigen, der ihn bestraft (das sind Sie) - entweder statt des Verhaltens oder zusätzlich zu diesem. Ein Beispiel: Auf den Küchentisch springen ist sicher, wenn die Menschen nicht in der Nähe sind, und gefährlich, wenn sie es sind. Dies führt zu Verwirrung zwischen den beiden Spezies. Wir Menschen glauben gerne, der Hund würde, wenn wir ihn dafür bestrafen, dass er auf den Küchentisch springt, verstehen, dass das schlecht ist. Blödsinn! Der Hund verbindet keine moralischen Werte mit einem Verhalten. Nach ein paar Versuchen lernt der Hund, unter welchen genauen Umständen welches Verhalten »funktioniert« und unter welchen Umständen ein Verhalten »nicht funktioniert«.

Durch den Alltag mit Menschen lernt der Hund schnell, dass sein Herrchen in vielen Situationen machtlos ist und er sich diese Situationen zu Nutzen machen kann. Unabsichtlich fördern Menschen diese Lektion durch mangelnde Kontrolle, was sich besonders bei jungen Hunden oder denen, die bereits Verhaltensprobleme aufweisen, nachteilig auswirkt. Auch wenn Hunde keine Moral kennen, können Sie ihm dennoch eine Arbeitsethik beibringen, sodass er sich wie ein verantwortungsvoller Bürger benimmt. Doch hinter der aufgedrückten Fassade der erlernten »Arbeitsmoral« sind sie immer noch Hunde, weshalb wir ihnen beibringen: Wenn ich dir sage, dass du etwas tun sollst, liegt es in deinem Interesse, das auch zu tun.

Ihr Ziel ist, dass Ihr Hund Ihnen glaubt, wenn Sie ihm sagen: »Das ist für dich unerreichbar, es wird niemals erreichbar sein, du kannst also genauso gut aufhören, daran zu denken.« Lügen Sie Ihren Hund nicht an, indem Sie ihm einen Gegenstand lassen, von dem Sie behaupten, er sei für ihn unerreichbar. Falls Sie langsam sind (schlechter, schlechter Hundetrainer!) und es zulassen, dass der Hund sich Futter schnappt, obwohl Sie ihm »Lass das« gesagt haben, haben Sie Ihrem Hund gerade gesagt: »Es steht dir frei. Wenn du schneller bist als ich, kannst du es haben.« Im

Grunde haben Sie ihm etwas Tolles beigebracht, und zwar: »Wenn ich schneller und raffinierter bin als du, kann ich es haben.«

Falls Ihr Hund Ihnen gegenüber auch nur die Spur von Aggression gezeigt hat, sollten Sie mit größter Vorsicht vorgehen. Möglicherweise brauchen Sie einen Maulkorb, ein Halti, ein Halsband und eine Leine. Falls Sie unter diesen Umständen richtiggehende Angst vor Ihrem Hund haben, sollten Sie diese Übung nicht machen, bevor Sie sich Hilfe von auswärts gesucht haben!

Sich für den Hundeführer und nicht für die Umwelt entscheiden

Die besten Ergebnisse erzielen Sie, wenn Sie jede Approximation dieser Übung auf zwei unterschiedliche Arten bearbeiten:

1. Benutzen Sie das verbale Kommando »Lass das«. Verhindern Sie dann, dass der Hund das Futter ergattern kann, und zwar mit einer der beiden folgenden Methoden:
   - Weichen oder gehen Sie zurück, wie unten in den Approximationen 2 und 3 beschrieben.
   - Bedecken Sie das Futter mit Ihrem Fuß oder Ihrer Hand.
     Der Grund, warum diese Übung mit dem verbalen Kommando erfolgt, ist, dass Sie möchten, dass Ihr Hund auf ein verbales Kommando gehorcht, falls das nötig sein sollte.

2. Benutzen Sie kein verbales Kommando. Verhindern Sie dann, dass der Hund das Futter ergattern kann, und zwar mit einer der beiden folgenden Methoden:
   - Sagen Sie nichts, aber weichen Sie zurück oder gehen Sie weg, wie unten in den Approximationen 2 und 3 beschrieben.
   - Bedecken Sie das Futter mit Ihrem Fuß oder Ihrer Hand ohne ein Wort zu sagen.
     Der Grund, warum Sie kein verbales Kommando benutzen, ist, dass die ideale Reaktion Ihres Hundes wäre, dass er, wenn er etwas in der Umgebung sieht, weswegen er anzeigt, Sie sofort um Rat suchend anschaut. »Anzeigen« ist eine typische Reaktion, die vor der Erregung kommt. Ihr Hund zeigt jedes Mal an, wenn ihn etwas interessiert oder er etwas in der Umgebung für mehr als zwei Sekunden anschaut.

Dass der Hund sich zu stark der Umgebung hinwendet, ist einer der Hauptgründe, warum ein Hund zu einem »Problemhund« wird, und sicherlich auch eine der Hauptursachen dafür, dass er lernt, dass Aggression funktioniert. Die große Mehrheit der Hundehalter, auch sehr erfahrene, lassen zu, dass ihre Hunde sich zu stark der Umgebung hinwenden. Das bedeutet, der Hund darf an der Umwelt teilhaben und lernt, sich nach Belieben »selbst zu verstärken«. Der Hund reagiert auf die Umwelt und wird überreaktiv, und erst dann versucht der Hundehalter einzugreifen und wird Teil des Kreislaufs. Was den Hund anbelangt, stellt das Herrchen für ihn zu dem Zeitpunkt nur noch einen Störfaktor dar.

Bei Hunden, die bereits Aggressionsprobleme zeigen, stellt es keine sichere Option dar, sie sich der Umgebung hinwenden zu lassen. Der Hund hat Ihnen bereits gezeigt, was passiert, wenn Sie ihn lassen – er trifft falsche Entscheidungen! Konzentriert Ihr Hund sich auf Sie und begreift er, dass Sie immer an allem beteiligt sein müssen, wendet er sich zum Hundehalter hin.

So lautet Ihr Ziel: *Der Hund wendet sich zum Hundeführer hin.* Der kluge Hundeführer hat sich selbst in die günstige Position gebracht, den Hund davon zu überzeugen, dass er das Ein und Alles ist - das Bindungsglied, das dem Hund den Zugang zur Umgebung erlauben kann. Doch erteilt der Hundeführer diese Erlaubnis nicht, ist für den Hund trotzdem noch etwas »drin«.

Magneten

Magneten sind alles, wovon Ihr Hund zurzeit angezogen wird. Für das Training benutze ich oft Futter als Magnet. Andere Magneten, die Sie in der realen Welt finden, sind andere Hunde, Menschen, Eichhörnchen, Bonbonpapier, tierische Exkremente (ah, diese Feinschmecker!) und andere ekelhafte "Delikatessen".

Aneignung

Sie können mit »Lass das« so anfangen, dass Sie nicht in Bewegung sind. Ihr Hund kann dabei stehen. Es handelt sich nicht um eine Bleib-Übung! Sagen Sie Ihrem Hund nicht »Bleib«. Stattdessen müssen Sie sehr schnell sein, um zu verhindern, dass der Hund an den Gegenstand kommt, von dem Sie ihm »Lass das« gesagt haben. Dafür bedecken Sie den Gegenstand mit der Hand oder dem Fuß.

1. Zeigen Sie dem Hund das Futter.
2. Legen Sie das Futter vor dem Hund auf den Boden.
3. Sagen Sie "Lass das".
4. Bedecken Sie das Futter, wenn Ihr Hund danach hechtet. Seien Sie schnell!
5. Lassen Sie Ihren Hund bellen, lärmen, scharren, mit der Nase stupsen etc. Sagen Sie nichts!
6. Wenn der Hund verwirrt zurückweicht, decken Sie das Futter auf und sagen Sie »Lass das«.
7. Wenn der Hund zu erkennen gibt, dass er nicht nach dem Futter hechten oder grabschen wird, und zwar durch eine der folgenden Handlungen
   - er schaut vom Futter weg
   - er dreht seinen Kopf leicht
   - er weicht zurück
   - er schaut sein Herrchen an
   - er wirkt geduldig

   markieren Sie dieses Verhalten (oder die Kombination mehrerer Verhaltensweisen) und belohnen ihn.

   Der Hund darf den »Lass das«-Gegenstand *niemals* haben. Wenn Sie den Durchgang beendet haben, heben Sie ihn vom Boden auf und stecken ihn als zukünftige Belohnung in den Leckerlibeutel.

Wenn Sie ihm »Lass das« beibringen, dürfen Sie sich selbst nicht ablenken lassen. Konzentrieren Sie sich darauf, direkt auf das Futter zu schauen. Kümmern Sie sich nicht darum, was Rute oder Pfoten des Hundes machen; konzentrieren Sie sich auf seine Nase. Falls seine Nase oder seine Augen in Richtung des »Futtermagneten« wandern, bedecken Sie das Futter schnell mit der Hand. Geben Sie dem Hund weder einen Klaps noch rufen Sie »Nein« noch halten Sie ihn von seinem Versuch ab, das Leckerli zu bekommen. Dadurch dass er sich darum »bemüht«, bekommen Sie die Gelegenheit, ihm ein Feedback zu geben, indem Sie das Futter mit der Hand abdekken und ihm somit mitteilen: »Das ist nicht verfügbar.« Durch Lernen durch Versuch und Irrtum verinnerlicht der Hund die Lektion.

Denken Sie daran

Hunde müssen begreifen, dass die Gegenwart von Kindern, Menschen, Hunden, Futter, Spielzeug und anderen begehrenswerten Gegenständen nicht bedeutet, dass diese für ihn automatisch auch zur Verfügung stehen. Wir helfen dem Hund dabei, dies zu begreifen, indem wir ihm beibringen, dass er vom Hundeführer verstärkt wird, wenn er der Versuchung widersteht. Dies ist eine sehr machtvolle Übung, durch die auch Ihre Verbindung zum Hund verstärkt wird. Der Hund lernt, dass der Hundeführer der alleinige Weg zu Verstärkung und all den guten Dingen im Leben ist, und nicht jemand, der im Weg ist und all die guten Dinge verhindert.

Außerdem wird ihm eingebläut, dass Konsequenzen vom Verhalten abhängig sind und der Hund sich auf eine bestimmte Art und Weise verhalten muss, um sich eine Verstärkung zu verdienen. Im Leben wird einem nichts geschenkt.

Das Denkmuster des Hundes lautet schließlich:
- Es ist verstärkend, wenn ich meine eigenen Wünsche durch die meines Herrchens ersetze.
- Bei Verhalten, für das mein Hundeführer mir ein Kommando gibt, ist die Wahrscheinlichkeit für Verstärkung am größten.
- Es ist in meinem eigenen Interesse, auf Gegenstände, die ich besitze oder die ich gerne besitzen würde, zu verzichten, wenn mein Herrchen mir das sagt.
- Mein Herrchen und nicht die Umgebung ist der Weg zu all den guten Dingen.
- Direkter Zugang ist nicht immer der Weg zu Verstärkung.

Das Kommando hinzufügen

Falls Sie es noch nicht getan haben, wird nun das verbale Kommando hinzugefügt, sofern der Hund ziemlich zuverlässig reagiert (wenn 80-90% der Reaktionen korrekt sind). Wiederholen Sie das Kommando nicht. Sie möchten, dass die Gleichung in Zukunft lautet:
1 Kommando = sofortige Reaktion

Bei den ersten ein bis zwei Durchgängen können Sie das Kommando zweimal wiederholen, insbesondere in der Aneignungsphase, doch schon bald sollte die Gleichung wie oben lauten: Ein Kommando = sofortige Reaktion. Ansonsten würden Sie dem Hund Folgendes beibringen: Mach dir keine Gedanken, du musst nicht aufmerksam sein, ich werde das Kommando einfach für dich immer wieder wiederholen. Denken Sie bei allen Hunden, vor allem aber bei Diensthunden oder Hunden, die sich reaktiv oder aggressiv gezeigt haben, daran, dass das beste Ergebnis ist, wenn das Objekt an sich das Kommando ist, dem Hundeführer mehr Aufmerksamkeit zu schenken.

Approximation 1

Stellen Sie den Hund vor eine Herausforderung, indem Sie das Futter immer näher bei ihm hinlegen.

Approximation 2

»Lass das« in Bewegung: Von etwas zurückweichen, an etwas vorbeigehen oder von etwas weggehen

Wir möchten, dass unsere Hunde jeden Tag auf viele Ressourcen verzichten. Wir müssen unserem Hund beibringen, dass das zu seinem Wohle ist. Durch diese Übung werden auch Sie selbst wertvoller, weil Sie ein köstliches Leckerli für Ihren Hund haben, sobald er andeutet, dass er den Magnet für Sie aufgeben wird. Der »Magnet« war unerreichbar, Sie aber nicht!

Das bedeutet: Schau auf mich, immer wenn du etwas siehst, was dich interessiert. Wenn Ihr Hund jedes Mal, wenn er etwas sieht, das er haben möchte oder über das er sich nicht im Klaren ist, Sie anschaut, verfügen Sie genau über den Bruchteil der Sekunde, der nötig ist, um eingreifen zu können. Dass der Hund Sie anschaut, verrät Ihnen, dass er auf Ihre Meinung achtet. Sie arbeiten im Team und ziehen an einem Strang. Indem der Hund Sie anschaut, sagt er Ihnen bewusst: »Ich beziehe dich in den Entscheidungsprozess mit ein.«

Sobald das »Lass das«-Verhalten gut funktioniert, wenn Sie nicht in Bewegung sind, fangen Sie mit »Geh daran vorbei« an. Daran vorbeizugehen ist für den Hund eine noch größere Herausforderung und zeigt ihm »Dieser Gegenstand ist jetzt für dich nicht erreichbar.«

Unter keinen Umständen dürfen Sie die Augen vom Hund abwenden! Achten Sie genau auf seine Körpersprache, damit Sie ihn nicht belügen und ihm sagen, dass er das Ich-bin-schnellerals-du-Spiel spielen kann. Sie sollten sich selbst in die strategische Position bringen, dass Sie immer unter Kontrolle haben, ob der Hund zum Hunde-Magneten laufen kann.

1. Fangen Sie damit an, dass der Hund angeleint ist.
2. Der Hund soll sehen, dass das Futter auf den Boden gelegt wird. Sie können ihn anbinden und ihn dann dabei zuschauen lassen, wie Sie das Futter auf den Boden legen, oder jemand anderes hält den Hund fest, während Sie dies machen und er dabei zuschaut. Wenn Sie geschickt sind, können Sie sowohl den Hund festhalten als auch gleichzeitig das Futter hinlegen, aber das ist ein bisschen riskanter. Legen Sie das Futter circa drei Meter von sich entfernt hin. Oder, wenn man die Länge der Leine berücksichtigt, gerade außer Reichweite des angeleinten Hundes.
3. Während der Hund sich auf das tolle Leckerli konzentriert, müssen Sie darauf achten, dass Sie nicht an der Leine rucken oder den Hund über die Leine korrigieren. Sprechen Sie auch nicht mit ihm.
4. Fangen Sie an, rückwärts vom Leckerli wegzugehen. Weichen Sie weiter zurück, sodass Sie die Entfernung zwischen Ihrem Hund und dem »Magneten« vergrößern. Dadurch wird leich-

ter Druck auf die Leine ausgeübt. Bei einer bestimmten Entfernung entscheidet sich der Hund: Es ist zu weit weg, ich kann es nicht bekommen. (Bei manchen Hunden kann die Entfernung bei den ersten Versuchen ziemlich groß sein!) Zu irgendeinem Zeitpunkt wird sich der Hund vom Futter abwenden oder sonst wie auf Sie achten oder Sie anschauen. Allein durch die Bewegung, die verursacht wird, wenn man rückwärts weggeht.
5. In dem Moment, in dem Ihr Hund Sie anschaut, benutzen Sie den PM, »Ja!« Gehen Sie schneller rückwärts und wenn der Hund in Ihre Richtung geht, markieren und belohnen Sie dies.
6. Falls Ihr Hund es wirklich nicht begreift, sollten Sie ein Kopfhalfter benutzen, um kontrollieren zu können, wohin Ihr Hund schaut - und dadurch zu verstärkendes Verhalten erzeugen.

Wiederholen Sie folgenden Durchgang so oft wie nötig:
- Sobald Sie den vorigen Durchgang beendet haben, gehen Sie wieder auf das Futter zu.
- Wenn der Hund anfängt, sich nach dem Leckerli zu strecken und zu springen, weichen Sie zurück.
- Markieren und belohnen Sie, wenn der Hund nicht auf das Leckerli schaut.

Im Laufe der Zeit werden Sie feststellen, dass der Hund jedes Mal, wenn Sie zum Futter zurückkehren, weniger auf »es« achtet (Zugriff auf »es« ist keine so sichere Sache wie der Hund anfangs angenommen hatte) und immer mehr auf Sie. Sie bringen ihm bei, dass es »nicht funktioniert«, wenn er zu einer Verlockung hinzieht, es aber »immer funktioniert«, wenn er sich auf den Hundeführer konzentriert und ihn mit einbezieht.

Sobald Sie es geschafft haben, dass Ihr Hund als Reaktion auf Ihre Rückwärtsbewegung Sie anschaut, können Sie dazu übergehen, dass Sie um den Magneten herumlaufen oder seitwärts von ihm weggehen.

Diese »Lass das«-in-Bewegung-Übungen müssen immer wieder und wieder absolviert werden, bis es dem Hund zur Gewohnheit geworden ist, *sofort Sie* anzuschauen, wenn er etwas in der Umgebung sieht, dass ihn interessiert oder aufregt. Das ist praktisch, denn für Sie ist es superleicht und Sie müssen nur daran denken, dass dies Ihr erstes Verhalten sein sollte, wenn Ihr Hund abgelenkt oder reaktiv wird.

Approximation 3

Schau-mich-an & Lass das

Steigern Sie obige Kriterien, sodass der Hund Sie anschauen muss, bevor Sie ihm das Leckerli geben.

- Die neue Regel lautet: Falls Sie rückwärts vom Magneten weggehen müssen, damit Ihr Hund auf Sie achtet (d.h., Sie geben ihm »Hilfestellung«), folgt nur der PM (kein Leckerli), wenn er dann auf Sie achtet.

- Falls der Hund freiwillig angebrachtes Verhalten zeigt, markieren und belohnen Sie und feiern Sie ab und zu die »Party« (zusätzliche soziale Anerkennung, Liebe, Küsse, Umarmungen, freundliche Klapse, ein kurzes Spiel. Alles was für Ihren Hund eine kleine Party ist.)

Ihr Ziel ist, den Hund soweit zu kriegen, dass er bereitwillig am Leckerli vorbei und drum herum läuft, ohne es auch nur anzuschauen. Sollte der Hund zu irgendeinem Zeitpunkt das Leckerli anschauen, weichen Sie zurück oder gehen Sie davon weg. Die Richtung ist dabei egal, entscheiden Sie sich für die, die in der Situation am meisten Sinn ergibt. Die meisten Hunde neigen dazu, sich so stark auf den Hundeführer zu konzentrieren, dass sie ihm ins Gesicht starren. Aber das ist nicht erforderlich, der Hund soll nur vom Magneten wegschauen.

Nach mehreren Durchgängen können Sie auf den Magneten zugehen und der Gegenstand, der vorher dazu geführt hat, dass der Hund an der Leine zerrte, wird für ihn nun zum Kommando, den Magneten zwar kurz anzuschauen, aber dann sofort zu Ihnen zu schauen.

Denken Sie daran! Üben Sie beide Methoden: Benutzen Sie ein verbales Kommando, sodass ein verbales Kommando auf seinen Auftritt wartet, falls dieser nötig ist, aber genauso oft oder sogar noch häufiger den leichten Druck auf die Leine als Ihr Kommando für »Lass das«. Sofern Sie viele Wiederholungen machen, wird schon allein Ihre Körpersprache, also dass Sie pausieren oder Ihr Körpergewicht verlagern, um rückwärts zu gehen, das ausreichende Kommando für den Hund sein.

Nach mehreren Durchgängen (bei manchen Hunden sind es sechs, bei anderen zweihundert) werden Sie sehen, dass Ihr Hund auf Ihre Körpersprache (dass Sie vom Gegenstand seiner Aufmerksamkeit weggehen oder zurückweichen) reagiert. Häufig bekomme ich gar keine Gelegenheit, einen Schritt nach hinten zu machen. Sobald meine Hunde sehen, dass ich das Gewicht verlagere und pausiere, um rückwärts zu gehen, schauen Sie schon zu mir. Sie wissen, dass Sie Ihr Endziel erreicht haben, wenn Sie sehen, dass Ihr Hund anfängt, den Magneten anzuschauen, dann kurz zu Ihnen blickt, um Ihr Einverständnis einzuholen, oder den Magneten ostentativ ignoriert. Das sollten Sie natürlich durch verbale und soziale Anerkennung und ab und zu durch Leckerlis verstärken.

Das ist das Ziel für diese Arbeit. Leinendruck wird nicht länger benötigt. Veränderungen in der Umgebung sind zum Kommando dafür geworden, den Hundeführer Rat suchend anzuschauen.

Approximation 4

Stellen Sie den Hund noch vor weitere Herausforderungen. Fordern Sie nun von ihm, dass er auch der Versuchung sich bewegender Objekte widersteht. Das ist für den Hund um einiges schwieriger, da es in der Natur liegt, dass er seine Aufmerksamkeit auf sich bewegenden Dinge lenkt.

1. Während Sie herumlaufen, werfen Sie ein Leckerli zur Seite.

2. Gehen Sie davon aus, dass Ihr Hund sich drauf stürzen wird, darum müssen Sie das Leckerli außer seiner Reichweite werfen.
3. Gehen Sie von dem Leckerli weg.
4. Markieren und belohnen Sie, wenn Sie ihm das Signal geben, vom Futter wegzugehen.

Approximation 5

Herausforderungen: Die Ablenkung verändern

Dafür muss für jeden einzelnen Hund eine Liste der ablenkenden Gegenstände erstellt werden, obwohl Sie feststellen werden, dass viele Herausforderungen bei allen Hunden funktionieren. Abhängig vom einzelnen Hund wird aus Gegenständen, auf die man bei seiner alltäglichen Arbeit trifft, und seinen »Das muss ich haben«-Dingen eine Liste erstellt, die den Hund herausfordert. Im Laufe dieser Übung werden Sie beobachten können, dass der Hund anfängt, an Dingen vorbeizugehen, denen er vorher nicht widerstehen konnte!

Nehmen Sie sich die folgende Liste und überprüfen Sie sie, wobei Sie dabei an Ihren Hund und seine typischen »Schreckgespenster« denken. Benutzen Sie nur die Herausforderungen, die sicher gelöst werden können. Ändern Sie die Liste, wenn nötig, ab, aber eine Teilliste der Herausforderungen könnte so aussehen:

- Menschen
- Menschen mit Essen
- Menschen, die Essen anbieten
- Menschen mit Hunden
- Freilaufende Hunde
- Menschen mit Spielzeug (quietschend)
- Menschen, die mit Hunden und Spielzeug spielen
- Menschen, die Bälle werfen
- Tauben in Käfigen

Approximation 6

Damit der Hund das Verhalten beibehält, sollten Sie dafür ein variables Verstärkungsschema aufstellen. Das sieht so aus, dass Sie häufig den PM benutzen, aber auch ab und zu PM & Leckerli. Nach einiger Zeit werden Sie merken, dass es ihm zur Gewohnheit geworden ist, zu reagieren, und dies in sein Verhaltensrepertoire aufgenommen wurde.

Leckerlis

Vorbeigehen und der Versuchung widerstehen

Petey konzentriert sich auf sein Frauchen, obwohl neben ihm verführerische Leckerlis liegen.

Am Anfang würden Sie dem Hund für jedes erfolgreiche Verhalten ein Leckerli geben, und zwar in der Position, wie hier gezeigt. Weil Hunde von dem Ort der Verstärkung angezogen werden, führt das Füttern Ihres Hundes in der gewünschten Position dazu, dass er diese immer öfter einnimmt. Wenn der Hund die Übung versteht und sie ihm »leicht« fällt, sollten Sie dafür ein variables Verstärkungsschema verwenden.

Denken Sie daran: Aneignung = fixes Schema

Aufrechterhaltung = variables Schema

Falls Ihr Hund auf die Leckerlis schaut, gehen Sie schnell weg, bis er auf Sie achtet, so wie Petey und Lylenette es hier zeigen.

Markieren und belohnen Sie das Verhalten und versuchen Sie es noch einmal.

Wenn Ihr Hund diese Übung absolviert hat, werden Sie die aufregende Erfahrung machen, dass er sich freiwillig dafür entscheiden wird, seine Aufmerksamkeit auf das zu lenken, was dem Hundeführer wichtig ist, und nicht auf das, was ihm wichtig ist.

Überkorrektur: Liegestützen für Hunde

Technisch gesehen würde diese Methode in die Kategorie »Überkorrektur« fallen. Es handelt sich um eine Form der Bestrafung. Ein Äquivalent aus menschlicher Sicht wäre, wenn man zusätzliche, unangenehme Arbeiten als Konsequenz für unhöfliches oder unerwünschtes Verhalten übernehmen müsste. Wie wenn man zweihundert Mal an die Tafel schreiben müsste: »Ich darf den Lehrer nicht anspucken.« Oder beim Militär, wenn der Feldwebel bellt: »Runter und zwanzig Liegestütz!«

Achtung: Falls Ihr Hund sich Ihnen gegenüber jemals aggressiv gezeigt hat (nach Ihnen geschnappt oder Sie angeknurrt hat), ist diese Form der Korrektur zu riskant. In dem Fall ist sie nicht angebracht, es sei denn, Sie legen Ihrem Hund einen Maulkorb an und stellen sicher, dass Sie in Sicherheit sind und nicht gebissen werden können. Denken Sie auch an die Lektion, die er lernen soll. Sollten Sie ein unerfreuliches Verhalten, das Ihr Hund zeigt, neutral überwinden können, sollten Sie diese Form der Korrektur nicht benutzen.

Erst wenn Sie Ihren Hund vor viele Herausforderungen gestellt haben und er bewiesen hat, dass er das Prinzip *in diesem bestimmten Zusammenhang* begriffen hat, ist es fair, ihn zu korrigieren. Damit Sie sich ganz sicher sind, sollten Sie sich ein paar Fragen stellen. Hat der Hund das Verhalten, insgesamt gesehen, 100 Mal gemacht und dabei zu 80-90% richtig reagiert? War der Hund dieser Situation vorher schon einmal ausgesetzt und wurde ihm gezeigt, wie Sie möchten, dass er unter diesen Umständen reagiert? Nur wenn diese Kriterien erfüllt wurden, darf man die Bestrafung anwenden. Bevor diese Stufe erreicht wurde, würde die Korrektur darin bestehen, dass die »Lass das«-Übungen wiederholt werden. Sobald es sich um ein wohlbekanntes Verhalten handelt, das dem Hund in Fleisch und Blut übergegangen ist, und der Hund renitent ist oder Sie gänzlich ignoriert, ist es in Ordnung, den Hund ein bisschen körperlich unwohl fühlen zu lassen, und zwar in Form von erzwungenen »Hunde-Liegestützen«.

Das folgende Beispiel zeigt eine Situation, die diese Form der Korrektur rechtfertigen würde. Wenn Sie den Hund schon mehrfach dieser Situation (oder ähnlichen Situationen) ausgesetzt haben und jedes Mal geduldig von der Ablenkung weggegangen sind, ihn positiv verstärkt haben, wenn er kam und Sie anschaute, und der Hund die letzten Male in dieser Umgebung eine gute Leistung gezeigt hat. Dann zeigt er auf einmal das gewünschte Verhalten nicht.

Nehmen wir mal an, Ihr Hund reagiert defensiv, wenn irgendwo viele Menschen / Hunde sind und andere Hunde an ihm vorbeilaufen, wie zum Beispiel in der Hundeschule. Die letzten sechs Male sind Sie früh angekommen und haben vor der Tür gearbeitet, wo Ihr Hund sich nicht gefangen oder unbehaglich fühlt. Jedes Mal, wenn ein Hund in die Klasse kam und Ihr Hund diesen anschaute, sind Sie weg- oder zurückgegangen und haben ihn dafür gefüttert, dass er Sie angeschaut hat. Beim nächsten Mal sind Sie erst spät zur Gruppe gestoßen und haben Ihrem Hund Leckerlis dafür gegeben, dass er ein paar Mal das Gebäude friedlich betreten hat. Dann kamen Sie früh, betraten die Klasse und suchten sich ein Areal weg vom Gedränge an der Tür. Jedes Mal, wenn Ihr Hund Sie anschaute, wenn ein Hund das Gebäude betrat, gaben Sie ihm dafür ein Leckerli. Dann sind Sie sechsmal zur selben Zeit angekommen wie die anderen Hundeschüler und haben ihn ausgiebig dafür verstärkt, dass er nicht reagierte und Sie den Weggang proben konnten, wenn er unangebracht auf andere Hunde reagierte, beispielsweise knurrte oder einen Satz auf sie zu machte. Die letzten vier Male war Ihr Hund einfach wunderbar und hat Sie von sich aus angeschaut. Ein paar Hunde haben Ihren Hund sogar leicht angerempelt, als sie vorbeigingen, und Ihr Hund hat sich trotzdem auf Sie konzentriert. Doch dieses Mal, als Sie die Klasse betreten, warnt Ihr Hund vor einem Artgenossen und fängt an, steifbeinig zu gehen. Ich rate zu einem Weggang oder Rückzug. Falls das Verhalten erneut auftritt:

1. Greifen Sie die Leine nahe an seinem Halsband oder Kopfhalfter.
2. Machen Sie ein erzwungenes »Sitz«, indem Sie konstanten Druck nach oben auf sein Halsband oder Kopfhalfter ausüben. Diese leichte körperliche Korrektur erfolgt ungeachtet dessen, ob er gehorcht oder nicht. Denken Sie daran, es soll eine unangenehme Erfahrung sein, damit der Hund anfängt, zu begreifen, dass es bei diesem Verhalten zu ernsteren Konsequenzen kommen kann als nur ausbleibende Verstärkung. Sie möchten Ihrem Hund nicht wehtun und sollten das auch nicht tun. Aber aus jeder Pore Ihres Körpers sollte Missbilligung strömen. Sie sollten nicht schreien oder brüllen, aber Sie können in leisen, missbilligendem Ton mit ihm reden. Ich gebe dem Hund das verbale Kommando »Sitz« kurz bevor ich Druck auf das Halsband oder das Kopfhalfter ausübe.

   Auch wenn manche es als Bestrafung für angemessenes Verhalten erachten könnten, begreifen alle Hunde, mit denen ich das gemacht habe, dass die Bestrafung dafür ist, dass sie ein unerwünschtes Verhalten nicht unterlassen haben. Die Kunden, die diese Technik anwenden, erzielen gute Ergebnisse, sofern die Korrektur zeitlich richtig abgepasst und entschieden, aber neutral vom Hundeführer ausgeführt wird.
3. Sobald der Hund sitzt, folgt sofort Folgendes:
4. Ein erzwungenes »Platz« durch konstanten Druck nach unten auf das Halsband oder Kopfhalfter.
5. Wiederholen Sie dies drei bis fünf Mal.
6. Gehen Sie sofort von Ihrem Hund weg und, sobald er Sie anschaut, markieren und belohnen Sie dies und seien Sie freigiebig mit Ihrer sozialen Anerkennung.
7. Fangen Sie wieder mit dem Vorbeigehen und »Lass das« an.
8. Falls der Hund vom Gegenstand ablässt, markieren und belohnen und feiern Sie eine Party!
9. Sollte der Hund wieder versuchen, an den Gegenstand zu gelangen, erinnern Sie ihn: »Lass das« und fangen Sie sofort mit den Hunde-Liegestützen an. Das sagt ihm, wofür er die Strafe erhält und zeigt ihm, wie er diese verhindern kann. Versuchen Sie es dann noch mal.

Mir ist noch kein Hund über den Weg gelaufen, der nach Absolvierung der Niveau 1- und Grundlagen-Übungen sich nach zwei oder drei Wiederholungen dieser Methode zur Überkorrektur nicht dafür entscheiden würde, Ihren Weg einzuschlagen. Das gilt natürlich nur, wenn die Übungen richtig durchgeführt wurden und der Hund sie begriffen hat.

»Lass das« als Impulskontrolle- und Umschaltübung

Sie müssen wissen, dass die Hunde auf den folgenden Fotos sehr futtermotiviert sind. Es handelt sich nicht um eine inszenierte Fotostrecke mit Hunden, denen Futter völlig gleichgültig ist. Die Fotos stammen aus dem realen Leben. Die Hunde wurden schon einige Zeit trainiert. Das sind die Trainingsergebnisse, die Sie auch erzielen werden!

Für die »Lass das«-Übung sind Engagement und völlige Konsequenz Ihrerseits nötig. Bis Sie beständige Reaktionen erwarten können, sollten Sie mit sechs bis zwölf Monaten Arbeit rechnen. Zu dem Zeitpunkt ist das Verhalten dann ziemlich zuverlässig (98%) und der Hund hat das Prinzip verinnerlicht. Falls Sie die Arbeit auch noch generalisiert haben, ist das Endergebnis, dass der Hund in unterschiedlichsten erregenden Situationen auch ohne Leine hervorragend reagiert.

Das scheint eine lange Zeit zu sein, aber Sie arbeiten gegen Mutter Natur und in vielen Fällen auch eine starke Verstärkungsvergangenheit. Außerdem sind viele Situationen und Orte nötig, damit der Hund in diesem Verhalten fließend wird. Aber es ist die Arbeit wert. Gutes »Lass das«-Verhalten, kombiniert mit hervorragendem Abrufen, macht häufig den Unterschied zwischen einem lebenden und einem toten Hund aus.

Unabhängig davon, ob Ihr Ziel die Prävention oder die »Fehlerbehebung« ist: Diese Übung ist ein absolutes Muss! Lass das, in sämtlichen Variationen, ist der Grundstein für die Rehabilitationsarbeit, die Sie mit bereits aggressiven Hunden machen werden. Falls Sie Präventionsarbeit leisten und Ihr Hund auf Wettbewerbe vorbereitet wird, wird Ihr Hund sich durch diese Übung stark auf den Hundeführer konzentrieren.

Mitarbeit & Lass das in Kombination
Maeve hält den Blickkontakt, obwohl ich ihr Leckerlis direkt über den Kopf werfe.

Die Kontrolle durch »Lass das«-Übungen steigern
Maeve ist sich der Leckerlis, die um sie herum verstreut liegen, völlig bewusst, weiß aber, dass sie für sie nicht erreichbar sind, auch wenn ihr Frauchen weit entfernt ist.

Am Futter vorbei rufen
Maeve kommt, wenn sie gerufen wird, und schlägt dabei einen leichten Bogen, um mir zu zeigen, dass sie die Leckerlis umgeht. Bei Hunden, die diese Übung gut begreifen, handelt es sich um eine übliche Reaktion.

Beuteobjekte benutzen, um dem Hund »Umschaltübungen« beizubringen, 1 von 4
Das einzige, was Maeve genauso liebt wie Futter sind Spielzeuge – Beuteobjekte.

Beuteobjekte benutzen, um dem Hund »Umschaltübungen« beizubringen, 2 von 4
Wenn ich dem Spielzeug einen Schubs gebe, sage ich die Kommandos »Komm« und »Fuß«. Musste ich ihr weitere Informationen vermitteln, würde ich eine weggehende oder zurückweichende Bewegung machen und dem Hund bei den ersten Durchgängen eine Leine anlegen. Ich benutze nicht das Kommando »Lass das«, denn möglicherweise darf der Hund das Spielzeug später haben. Maeve kann einen sehnsüchtigen Blick auf diese Versuchung nicht unterlassen. Außerdem wird sie reflexartig von der Bewegung des Spielzeugs angezogen, wenn dieses geworfen wird, und dreht sich zu ihm hin.

Beuteobjekte benutzen, um dem Hund »Umschaltübungen« beizubringen, 3 von 4
Maeve arbeitet weiter mit mir mit und geht nicht zum Spielzeug. Nach dem ersten kurzen Blick hat sie sonst nichts getan als es angeschaut. Was ich hier beibringe, ist, dass sie nur mit meiner Erlaubnis an der Umgebung teilhaben kann. Entscheidet sie sich dazu, zu arbeiten, wird sie natürlich für ihre Bemühungen belohnt. Das ist echt stark!

Beuteobjekte benutzen, um dem Hund »Umschaltübungen« beizubringen, 4 von 4
Das ist eine sehr fortgeschrittene Umschaltübung. Ich werde Maeve dadurch verstärken, dass ich ihr das Kommando loszulaufen und sich das Spielzeug zu holen gebe. Ich benutze das Beuteobjekt, um verschiedene Verhaltensweisen, die sie gezeigt hat, zu verstärken: Aufmerksamkeit, Impulskontrolle und verstehen, dass der Gegenstand nur dann für sie verfügbar ist, wenn sie das Kommando dafür bekommen hat. Das zeigt hervorragendes Unterscheidungsvermögen, welches Kommando was bedeutet. Sie arbeitet auch dann mit mir mit, wenn sie das Spielzeug haben möchte. Sie begreift, dass sie für dieses Verhalten belohnt wird. Da dieser Hund sehr leicht aufgeregt wird und sehr beutefixiert ist, lernt sie dadurch, dass ruhiges und geduldiges Verhalten sehr wahrscheinlich zu Verstärkung führt. Die andere wertvolle Lektion, die Sie Ihrem Hund beibringen, ist, dass er zwar in einem aufgeregten Zustand sein kann, sich dann aber schnell beruhigt und Ihnen seine Aufmerksamkeit schenkt.

41

Das Zweierspiel
Üben Sie das Abrufen und den Austausch von Gegenständen

Niveau 2	
Voraussetzung	Grundlagen-Verhalten
Ziel	Ihr Hund kommt, wenn Sie ihn rufen. Ihr Hund findet es toll, Gegenstände zu tauschen. Er gibt Gegenstände sehr gerne her.
Was Ihr Hund lernt	Anhand dieser Übung bringen Sie Ihrem Hund nicht nur das Abrufen bei: • Wenn er nicht in Ihre Richtung schaut, bringen Sie ihm bei, sich schnell umzudrehen und Sie anzuschauen. • Falls Ihr Hund besitzergreifend ist, bringen Sie ihm den Tausch von Gegenständen bei. Wenn Sie einen noch jungen Hund haben, fördern Sie den friedlichen Austausch von Gegenständen. • Sie bereiten Ihren Hund auf das Apportieren vor – das Kommando »hol's dir« bedeutet, dass da irgendwo etwas ist, was man sich holen kann. • Sie schaffen die Grundlage für das »Vorausschicken« (ein Verhalten, das in Wettbewerben gebraucht wird). • Sie bringen ihm bei, sich auf der Stelle umzudrehen (für das Apportieren und Vorausschicken)
So sieht es in der Praxis aus	Durch das Zweierspiel wird das Abrufen verbessert. Der Hund übt, von einem aufgeregten Zustand in einen aufnahmebereiten und ruhigen Zustand umzuschalten. Und am wichtigsten: Ihr Hund bekommt die Gelegenheit, den friedlichen und freiwilligen Austausch von Gegenständen zu üben.

Dieses Spiel kenne ich durch ein Seminar von Patty Ruzzo, das ich vor ein paar Jahren besucht habe. Es ist eine meiner allerliebsten Methoden, um einem Hund viele tolle Fähigkeiten beizubringen.

Spielregeln

1. Benutzen Sie für dieses Spiel ein großes, sichtbares Stück Futter, damit der Hund nicht suchen und herumschnüffeln muss. Ein fingernagelgroßes Stück Käse oder Brot ist gut.
2. Sorgen Sie dafür, dass der Hund das Futter in Ihrer Hand sehen kann.
3. Da Ihr Hund sich auf das Futter konzentriert, sieht er, in welche Richtung es geworfen wird...
4. Werfen Sie das Futter die ersten paar Male nicht sehr weit und steigern Sie die Entfernung, wenn der Hund das Spiel zu begreifen beginnt.
5. Während der Hund dem Futter hinterherläuft, geben Sie ihm das Kommando »Hol's dir« (oder »Fang"«oder was auch immer). Das bereitet ihn für das spätere Apport-Kommando vor. Außerdem bekommt er dadurch die Erlaubnis, sich das Futter zu schnappen.
6. Wenn der Hund dann über das Futter gebeugt ist, sein Maul öffnet und es aufhebt, müssen Sie genau in dem Moment, in dem er es runterschluckt...
7. den Hund rufen. »Zasu, komm!«.
8. Wenn Sie möchten, können Sie zurückweichen, damit der Hund schneller zu Ihnen kommt und eine Kehrtwende an Ort und Stelle macht. Und...
9. während er zu Ihnen kommt, zeigen Sie ihm das nächste Leckerli.
10. Benutzen Sie Ihr verbales Kommando, beispielsweise »Hol's dir«, während Sie das Futter werfen.
11. Wiederholen Sie dies mehrmals.
12. Beenden Sie die Trainingseinheit damit, dass Sie dem Hund die Kommandos »Komm« und »Sitz« geben. Verstärken Sie ihn dafür, dass er gehorcht.

Dieses Spiel eignet sich auch hervorragend, um Welpen das Apportieren beizubringen. Es funktioniert aber auch genauso gut bei Hunden, die sich weigern, ein Spielzeug wieder herzugeben, sobald sie es aufgehoben haben, nachdem Sie es geworfen haben.

Durch das Spiel wird der Hund ermuntert, fröhlich zu Ihnen zurückzukommen und auch Spielzeuge herzugeben. Bei der Arbeit am Apportieren und / oder dem Austausch von Gegenständen sollten Sie zwei oder drei identische Spielzeuge benutzen. Ansonsten könnte es sein, dass der Hund sich für sein Lieblingsspielzeug entscheidet und dieses dann behalten möchte. Anstatt des Futters, das oben benutzt wurde, verwenden Sie nun die Spielzeuge. Werfen Sie ein Spielzeug und zeigen Sie dem Hund, wenn er zurückkommt, das andere. Werfen Sie das zweite Spielzeug nicht, bevor er das erste nicht abgelegt hat. Manchmal können Sie einen sehr besitzergreifenden Hund dazu überreden, ein Spielzeug für ein Leckerli auszugeben, und dann schnell das zweite Spielzeug werfen, bevor er die Gelegenheit hatte, das erste wieder aufzunehmen. Während er dem zweiten Spielzeug hinterherläuft, heben Sie das erste auf und spielen Sie weiter »Spielzeugtauschen«.

Sollte Ihr Hund dazu neigen, wegzurennen, und können Sie ihn auch nicht mit dem zweiten Spielzeug zurücklocken, sollten Sie ihn an eine Schleppleine legen. *Benutzen Sie die Leine nicht dazu, ihn zu sich zurückzuziehen.* Rennt Ihr Hund in die entgegengesetzte Richtung, um seinen Besitz nicht herzugeben, oder kommt er nicht nahe zu Ihnen und spielt ein »Bleib weg«-Spiel, sollten Sie weiter rückwärts und vom Hund weggehen und Ihre Aufmerksamkeit auf das Spielzeug lenken, das Sie haben. Werfen Sie es in die Luft, sprechen Sie mit ihm und gehen Sie immer weiter vom Hund weg. Sie können auch ein Stück auf den Hund zugehen, sodass die Leine verkürzt wird, und dann schnell wieder weggehen. Während Sie weggehen, halten Sie die Leine kurz, damit der Hund merkt, dass er zu Ihnen laufen soll.

Ich habe noch nie gesehen, dass dies nicht funktioniert hat, sofern der Hundeführer schlau genug ist, exakt die richtigen Bewegungen zu machen, um den jeweiligen Hund anzulocken. Experimentieren Sie mit Ihrem eigenen Verhalten, bis Sie wissen, was Sie tun müssen, damit er zu Ihnen kommt. Wenn er auch nur kurz in Ihre Richtung schaut, benutzen Sie Ihren PM. Kommt er durch das zweite Spielzeug nicht nah genug zu Ihnen, benutzen Sie ein Leckerli, tauschen Sie das Leckerli für das Spielzeug und werfen Sie dies dann wieder.

Fixiert Ihr Hund sich auf das Futter und interessiert sich nicht für das Spielzeug, locken Sie ihn trotzdem mit dem Spielzeug und geben Sie ihm kein weiteres Leckerli, bis er wieder Interesse am Spielzeug zeigt. Sobald der Hund Ihnen das Spielzeug apportiert, darf er ein weiteres Leckerli haben. Sie müssen ein wenig herumprobieren, um herauszufinden, was beim jeweiligen Hund funktioniert. Aber es ist die Mühe wert und Sie werden viel über richtiges Timing und Hundeverhalten lernen, während Sie lernen, Ihren Hund zu »durchschauen«.

Das ist die Methode, mit der ich all meinen Welpen beibringe, dass es gar nicht so schlimm ist, ein Spielzeug herzugeben, wie sie alle immer annehmen. Die meisten Hunde möchten spielen, kommen aber einfach nicht darüber hinweg, dass sie das Spielzeug abgeben müssen, damit man es wieder werfen kann. Dieses Spiel hilft ihnen, diese Hürde zu überwinden.

Versuchen Sie nach einer Weile Folgendes: Der Hund schnappt sich das erste Spielzeug und kommt damit zu Ihnen zurück. Fordern Sie ihn dazu auf, dass er das erste Spielzeug fallen lässt oder in Ihre Hand legt. Werfen Sie dann das erste Spielzeug. Möglicherweise müssen Sie die ersten Mal das zweite Spielzeug als visuelles Kommando benutzen, damit Ihr Hund sich sicher ist, dass Sie ihm keine Spielzeuge »klauen«.

Versuchen Sie es dann damit, dass nur ein Spielzeug zu sehen ist, werfen Sie es, lassen Sie den Hund es Ihnen abgeben und werfen Sie es ihm erneut.

Ende des Spiels

1. Rufen Sie den Hund.
2. Fügen Sie ein »Loslassen«-Kommando hinzu: »Aus« oder »Danke«.
3. Geben Sie dem Hund ein köstliches Leckerli, oder auch mehrere, falls es ihm schwer fällt, dieses Prinzip zu akzeptieren.
4. Sie nehmen das Spielzeug bzw. die Spielzeuge wieder in Besitz und legen sie weg.

Das Ende dieses Spiels ist entscheidend. Es ist wichtig, dass der Hund sieht, dass das Spielzeug wieder in Ihrem Besitz ist, und er dafür verstärkt wird, dass er es freiwillig hergegeben hat.

Tipp: Die ersten Male, die Ihr Hund das Spielzeug zu Ihnen zurückbringt, sollten Sie viel Aufhebens machen und ihm nicht sofort das Spielzeug wieder wegnehmen. Rennen Sie mit dem Hund herum und lassen Sie ihm zehn oder zwanzig Sekunden lang das Spielzeug. Schauen Sie dann, ob Sie ihn mit einem Leckerli oder einem zweiten Spielzeug dazu locken können, es Ihnen zu geben.

42

Beschwichtigungssignale

Niveau 2	
Voraussetzung	Grundlagen-Verhalten

Wenn Sie sehen, dass Ihr Hund bei der Kommunikation mit Artgenossen angemessene Beschwichtigungssignale benutzt, können Sie ihm den PM geben. Zumindest sollten Sie ihn *nicht* dafür korrigieren, dass er Beschwichtigungssignale benutzt. Durch die Beschwichtigungssignale des Hundes bekommen Sie einen visuellen Hinweis auf seine Schwellendistanz, ab der er anfängt, sich unwohl zu fühlen. Diese Signale gehören zu den ersten beobachtbaren Anzeichen dafür, dass Ihrem Hund bewusst ist, dass er sich unwohl fühlt; dabei ist ein offenkundiger Angriff das *letzte* Anzeichen.

Anhand dieser Informationen haben Sie nun die Möglichkeit, einzugreifen *bevor* Ihr Hund übermäßig chemisch aufgeregt wird – also, wenn Lernen noch mit maximalem Erfolg stattfinden kann.

Da diese Signale eines der ersten Anzeichen dafür sind, dass der Hund sich unwohl fühlt, haben sie für Sie, den Hundetrainer, zweifachen Nutzen.

- Sie warnen Sie, dass der Hund das Gefühl hat, er müsse handeln, um im Gleichgewicht zu bleiben und in der vorliegenden Umgebung »sicher« zu sein.
- Indem Sie den Hund dafür verstärken, dass er eine »Verhandlungs«- statt einer »Reaktions«-Technik benutzt, können Sie ihm klarmachen, dass Sie die erste Technik gutheißen.

Durch die Verstärkung von Beschwichtigungssignalen werden diese stärker. Durch die Verwendung von Beschwichtigungssignalen gerät der Hund von vorneherein gar nicht erst in Schwierigkeiten. Startet der Hund erstmal einen offenkundigen Angriff, knurrt oder schnappt oder stürzt er also hervor, ist es sehr schwierig, sein Verhalten umzulenken. Außerdem: Hat er mit seiner Angriffssequenz begonnen und der andere Hund war anfänglich nicht reaktiv, dann wird er es jetzt bestimmt sein. Also haben Sie jetzt nicht mehr nur noch einen reaktiven Hund, sondern *zwei* und es beginnt ein Kreislauf, in dem immer ein Hund »dem anderen eine Nasenlänge voraus sein« möchte. An dem Punkt, an dem einer oder beide Hunde sich aufeinander stürzen, bellen oder anderes agonistisches Verhalten zeigen, können Sie nur noch Schadenskontrolle betreiben. Der Zeitpunkt, dass Sie ihm etwas beibringen konnten, ist vorbei und kommt in dem Moment auch nicht mehr wieder.

Beschwichtigungssignale haben auch den Zweck, dass der Hund sich wohler fühlt, sodass Ruhe und Selbstbewusstsein den Zustand der Angst ersetzen.

Für ängstliches Verhalten können Sie einen sanften NM benutzen, solange Sie dem Hund anschließend zeigen, wie er sich eine Verstärkung verdienen kann. Ein Beispiel: Falls Ihr Hund von etwas, das ihm Angst macht, zurückweicht oder versucht, die furchteinflößende Situation zu verlassen, können Sie ihm den NM für sein aktuelles »Ich bin jetzt weg«-Verhalten geben. Ermuntern Sie ihn dann dazu, nicht weiter zurückzuweichen (vielleicht indem Sie seinen Namen sagen oder ein paar Schritte tun und ihn dann rufen). Sobald er das tut, markieren und belohnen Sie. Schauen Sie dann, ob Sie ihn dazu ermuntern können, einfach nur dort zu stehen oder zu sitzen.

Geben Sie dem Hund das Kommando »Sitz« oder für Pfötchengeben oder einen anderen Trick, den er gerne macht. Markieren & belohnen. Macht er dann noch einen Schritt auf das »unheimliche Ding«, markieren & belohnen. Schaut er das unheimliche Ding an und schnüffelt er in die Luft, ohne wieder zurückzuweichen, handelt es sich um zu verstärkendes Verhalten. Jedes Verhalten, das »wagemutiger« als sein voriges Verhalten ist, muss markiert und belohnt werden. Sie selbst müssen entscheiden, ob das Verhalten, das Sie gerade beobachten, »besser« oder »schlechter« ist als das kurz davor, und ihm dann sofortiges und adäquates Feedback geben. Ungefähr so wie wenn man beim Optiker neue Brillengläser bekommt: »Ist 1 besser oder 2?«

Hier noch ein Beispiel: Sie gehen über die Straße und ein Kind rennt auf Sie zu. Ihr Hund duckt sich ängstlich und prescht hinter Sie, wobei er die Leine um Ihre Beine wickelt. Was sollen Sie tun? Zuerst müssen Sie die Umstände besser unter Kontrolle bekommen, indem Sie dem sich nähernden Kind zurufen, dass es anhalten soll: »Warte einen Moment!« Da das aktuelle Verhalten, dass der Hund sich duckt und Sie fesselt, nicht das gewünschte Verhalten ist, geben Sie dem Hund den NM, ein neutrales »Noch einmal«. Befreien Sie sich aus der Leine, gehen Sie ein paar Schritte vom Kind weg und fordern Sie den Hund auf, Sie anzuschauen (mit dem mittlerweile bekannten Zurückweichen). Sobald der Hund sich ein bisschen beruhigt, bitten Sie das Kind, sich langsam zu nähern, während Sie den Hund konstant füttern. Ein Sitz-Festhalten (siehe »Anfassen & Festhalten«) ist in dieser Situation eine gute Wahl; dann können Sie erlauben, dass das Kind sich von der Seite mit einem Leckerli nähert. Lassen Sie den Hund ein Leckerli vom Kind annehmen, falls das eine geeignete Sache ist (der Hund muss mit seinem Maul sanft umgehen!). Ansonsten füttern Sie selbst den Hund und lassen das Kind den Hund sanft streicheln, während Sie ihn aber weiterhin sanft, aber dennoch fest halten. Bitten Sie dann das Kind, zurückzutreten, gehen Sie mit dem Hund einen Schritt weg und geben Sie ihm das Kommando »Schau«.

Sie haben aus einer potenziell gefährlichen Situation eine Unterrichtseinheit für Ihren Hund gemacht. Sie haben dem Hund deutlich gesagt, was Sie nicht möchten und was Sie möchten und *wie* er das tun soll. Für jedes Beschwichtigungssignal bekommt der Hund einen PM und wenn er an Ort und Stelle bleibt, ohne dass Sie ihm dabei helfen müssen, wird das gebührend anerkannt und er wird ausgiebig belohnt.

Angst und kontrollierter Rückzug

In Fällen extremer Angst kann es angebracht sein, den Hund aufzufordern, Sie kurz anzuschauen, und dann, als Verstärkung für dieses Verhalten, mit dem Hund vorübergehend das Areal zu verlassen. Dieser Rückzug erfolgt auf ganz bestimmte Art und Weise. Lassen Sie Ihren Hund nicht einfach in Panik das Areal mit Ihnen hintendran verlassen. Es handelt sich um eine geplante, kontrollierte Aktion.

- Lassen Sie den Hund irgendein bekanntes Verhalten auf Kommando machen. Nehmen Sie etwas, das dem Hund superleicht fällt.
- Verstärken Sie dieses Verhalten freigiebig.
- Zeigen Sie dem Hund an, dass Sie beide das Areal verlassen werden. Sie können dafür ein bestimmtes Kommando oder »Komm« benutzen, wenn Sie anfangen, sich vom furchteinflößenden Etwas weg zu bewegen.
- Beginnen Sie Ihren Rückzug organisiert und ruhig. Das bedeutet nicht unbedingt langsam; Sie können sich schnell bewegen, aber halt nicht wie wahnsinnig.

Falls möglich, können Sie danach wieder das Areal betreten und schauen, ob Sie zwei Blicke oder zwei Sekunden der Mitarbeit erhaschen können. Falls Sie Glück haben, fängt der Hund an, sich auf Sie zu fixieren und den Blickkontakt dazu benutzen, seine Fassung zu bewahren. Es ist so, dass der Hund, wenn Sie ihm Fluchtverhalten »erlauben«, niemals lernt, als erste Reaktion auf ein anderes Verhalten zurückzugreifen. Er wird sich weiter auf das Fluchtverhalten als reflexartige Reaktion auf Unbehagen verlassen. Sollten Sie Ihren Hund dazu bewegen können, irgendetwas zu tun, bevor er sich zur Flucht entscheidet (Sie anzuschauen, kurz sitzen, egal was, abgesehen von Flucht), und Sie »helfen« ihm dann beim Rückzug, haben Sie subtil, aber dennoch merklich, die Situation für den Hund verändert. Jetzt hat der Hund Sie zuerst in sein Verhaltensmuster integriert, hat auf ein Verhalten zurückgegriffen (wenn auch mit Ihrer Hilfe), das nicht Flucht ist, und Sie haben dem Hund zur Sicherheit »verholfen«. Das stärkt die Bindung!

Mal ganz allgemein

Markieren Sie es jedes Mal, wenn Sie erfolgreich an anderen Hunden und Spaziergängern vorbeilaufen können. Anfangs folgt darauf ein Leckerli. Nach einer Weile, wenn der Hund sich gutes Verhalten in jeder Situation angewöhnt hat, müssen Sie ihm nicht mehr ständig entsprechendes Feedback geben. Wenn es ihm in Fleisch und Blut übergegangen ist, dass er an anderen Hunden und Menschen friedlich vorbeiläuft, müssen Sie ihm gar kein Feedback mehr geben. Viele Menschen machen den Fehler, dass sie ihre Hunde korrigieren, wenn sie Beschwichtigungssignale verwenden. Geschieht das im Übermaß, verlieren oder unterdrücken die Hunde viele ihrer natürlichen Kommunikationsfähigkeiten. Das ist sehr traurig, weil es dazu führt, dass unsere Hunde nicht mehr kommunizieren können.

Aggression ist zum Großteil *erlerntes Verhalten,* welches unbeabsichtigt von den Besitzern verstärkt wird. Erlernte Aggression kann auch durch die Umgebung verstärkt werden. Das klassische Beispiel ist der Postbote. Der Postbote nähert sich. Der Hund bellt. Der Postbote liefert die Briefe ab und geht wieder weg. Der Hund kann nicht wissen, dass diese Person ungeachtet seines eigenen Verhaltens kommt und geht. Er sieht nur die offenkundige Ursache-Wirkung-Kette: »Jemand nähert sich meinem Territorium - ich fühle mich unbehaglich - ich schlage Alarm und warne den Postboten, dass er gehen soll - und er tut das.« Der Hund denkt also, dass das Bellen funktioniert hätte. Mit der Zeit werden manche Hunde dadurch so selbstsicher, dass sie der Person noch einen kleinen Biss versetzen, damit sie schneller wegeilt. Oder ihr Verhalten eskaliert, falls andere Besucher nicht sofort auf ihr Bellen reagieren, so wie es der Postbote in der Vergangenheit getan hat.

Besitzer fördern oder verschlimmern die Aggression auch, indem sie den Hund körperlich bestrafen, wenn er sehr reaktiv wird. Das steigert die Erregung des Hundes nur noch. Setzt man den Hund einem höheren Stressniveau aus als er tolerieren kann oder bringt man ihn in Situationen, auf die er nicht vorbereitet ist, kann das dazu führen, dass er sehr ängstlich wird. Haben sie Angst, reagieren viele Hunde mit Verteidigung. Aggression kann das Ergebnis einer Situation sein, in der der Hund sich nicht mehr zu helfen weiß.

Indem man dem Hund viele zu verstärkende Verhaltensweisen beibringt (Sitz, Platz, Pfote geben, Bleib), hat er viele praktische Alternativen zu aggressivem Verhalten - ein ganzes Repertoire an Bewältigungsstrategien. Das bedeutet, dass Ihr Hund nicht auf Aggression zurückgreifen muss, denn ihm stehen andere Sprachen und Bewältigungsstrategien zur Verfügung. Dadurch wird Ihr Hund außerdem sehr selbstsicher auf seine Reaktionen in verschiedenen Situationen.

Wird ein Hund ängstlich und unruhig, versucht die große Mehrheit der Menschen, weil sie möchten, dass der Hund sich wieder wohl fühlt, ihn so zu beruhigen wie sie es bei einem anderen Menschen tun würden. Sie sprechen in weichem, liebem Tonfall und sagen dem Hund: »Es ist in Ordnung, alles ist gut.« Möglicherweise streicheln sie den Hund auch sanft. Doch all die Dinge, die Menschen tun, um sich gegenseitig zu beruhigen, sind für den Hund nur eine Verstärkung des ängstlichen Verhaltens. Sie sagen dem Hund: »Mami liebt es, wenn du ängstlich bist - hab' also weiter Angst davor!«

Anstatt dass Sie die Angst des Hundes bestärken, müssen Sie jegliches ängstliches Verhalten ignorieren oder dem Hund einen sanften NM geben. Wirken Sie der Angst entgegen, indem Sie mutiges Verhalten verstärken. Geben Sie dem Hund etwas zu tun, von dem er weiß, dass es sich um zu verstärkendes Verhalten handelt, beispielsweise Sitz oder Platz. Verstärken Sie den Hund ausgiebig dafür, dass er die Umgebung ignoriert und mit Ihnen zusammenarbeitet, bis Sie ihm erlauben, an der Umgebung Teil zu haben. (Genaueres dazu finden Sie im Übungsplan »Lass das«.)

Wenn der Hund sich auf Sie und das, was Sie beide tun, konzentriert, macht er sich keine Gedanken über das, was um ihn herum passiert. Dadurch bekommt er außerdem ein Verhalten, auf das er zurückgreifen kann, wenn er sich Sorgen macht. (Genaueres dazu finden Sie im Übungsplan »Blickkontakt & Mitarbeit«.)

Stress findet man überall und ist Bestandteil unseres Lebens. Sorgen Sie dafür, dass der Hund dem Stress auf kontrollierte und systematische Art und Weise begegnet. Gleichzeitig geben Sie dem Hund ein Feedback (mittels des PM-/NM-Systems), sodass er souveräne Bewältigungsstrategien entwickelt.

Bei allen Übungsplänen in diesem Buch, dienen die *Herausforderungen* dazu

1. dem Hund das Kommando zu verdeutlichen,
2. die Verhaltensparameter *genauestens* klarzustellen,
3. den Hund »kontrolliertem« Stress auszusetzen. Für den Hund stellt es einen Stressfaktor dar, Verhaltensweisen mit neuen Situationen zu verallgemeinern. Zu lernen, dass er das, was in jeder Situation anders ist, ignoriert und sich auf das gewünschte Verhalten konzentriert, ist für ihn harte Arbeit. Durch die Herausforderungen bekommt er die Gelegenheit, Bewältigungsmechanismen und Vertrauen in seine Fähigkeiten bei der Problemlösung in Stresssituationen zu entwickeln.

Geben Sie Ihrem Hund ein entsprechendes Feedback (mittels des PM/NM-Systems), damit er Selbstbewusstsein entwickeln kann. Dadurch dass Sie Ihren Hund beobachten, wenn er neue Situationen betritt, merken Sie, ob das, was um ihn herum passiert, ihn aufregt. Wird er durch die Situation nervös, wissen Sie: 1) dass Sie ihm jetzt sofort eine entsprechende Rückmeldung geben und ihn dabei lenken müssen, weniger ängstlich zu sein, und 2) dass Sie wieder in diese Situation zurückkehren müssen, damit der Hund sich an sie gewöhnt. Bei Tieren, die ängstlich reagieren (und im Laufe ihres Lebens wird jeder Hund mal vor etwas Angst haben), können Sie mit ein wenig Erfahrung mithilfe obiger Technik die Situation so gewandt wie möglich meistern.

Ein weiteres Hilfsmittel ist, Ihrem Hund beizubringen, einen Target-Stick und später eine »Target-Faust« zu berühren. Dann können Sie ihn in Stress-Situationen auffordern, Ihre Faust zu berühren. (Weitere Hilfe für ängstliche Hunde finden Sie in den Übungsplänen »Targeting« und »Mutig ist besser«.)

Der rote Faden

Was ich hier beschreibe, sind Umschalt-Übungen: Ihrem Hund beizubringen, dass er von einem ängstlichen oder erregten Zustand in einen ruhigen Zustand umschaltet, indem er bekannte Verhaltensweisen ausführt, die in der Vergangenheit ausgiebig verstärkt wurden. Dafür müssen Sie sofort bemerken können, wenn Ihr Hund aufgeregt ist und wenn er sich wieder beruhigt.

Im Grunde genommen trainieren Sie sich selbst, aufmerksam zu sein und Ihrem Hund eine Rückmeldung für den korrekten Gebrauch seiner Muttersprache zu geben. Sie lernen, »hündisch« zu sprechen. Sie bringen Ihrem Hund bei, seine Kommunikationsfähigkeiten weiterzuentwickeln. Indem seine Sprachfertigkeiten und andere Bewältigungsmechanismen verbessert werden, sinkt sein Gefühl der Überwältigung und das Bedürfnis, auf defensives Verhalten zurückzugreifen, um die Situation zu bewältigen.

Sowohl bei der Arbeit mit aggressiven Hunden als auch zur Aggressionsprävention steht der Gebrauch der Hundesprache im Mittelpunkt an allererster Stelle.

Es ist eine Schande, wenn der Gebrauch von Signalen in einem Hund zerstört wird. Das kann dazu führen, dass der Hund gar keine Beschwichtigungssignale, wie beispielsweise Knurren etc., mehr aussendet, sondern sofort zubeißt.

Da zwischen Ihnen und Ihrem Hund wohl keine Gedankenverschmelzung à la Star Trek möglich ist, ist das Lesen seiner Beschwichtigungssignale die beste Ihnen zur Verfügung stehende Methode, um gewarnt zu sein, dass er seinen emotionalen Zustand ändert. Hundesignale verraten Ihnen, was Ihr Hund denkt, genauso als ob er mit Ihnen »sprechen« würde.

Um Verhalten effektiv ändern zu können, müssen Sie seinem Erregungszustand »voraus sein«. Und hier kommt die Kunst, mit der Sie das erreichen.

Beschwichtigungssignale als Reaktion auf den Stress eines anderen Hundes
Rylie (ganz rechts) gähnt – sie ist nicht müde! Das Signal ist eindeutig eine Reaktion auf das Chaos in der Runde. Sie sagt mir, dass sie ein bisschen gestresst ist, wahrscheinlich aufgrund des Golden Retrievers, der Stress zeigt. Das ist meine Vermutung, denn Rylie kennt die anderen Hunde und spielt regelmäßig mit ihnen und sie fühlt sich durch sie nicht unwohl. Rylie beschwichtigt den Golden, dass die Situation nicht bedrohlich ist. Achten Sie darauf, dass sie, während sie Signale aussendet, genau zum Golden hinschaut.

Beschwichtigungssignale
Hierbei handelt es sich um natürlich auftretende Beschwichtigungssignale. Achten Sie darauf wie beide Hunde sich ostentativ *nicht* anschauen. Das ist ein hervorragendes Beispiel eines »Wegschauens«. Würde Ihr Hund in dieser Situation normalerweise reaktiv werden, aber gibt er Ihnen stattdessen ein Beschwichtigungssignal, achten Sie darauf, dass Sie dieses Beschwichtigungssignal verstärken!

Erzeugtes Beschwichtigungssignal
Zeigt Ihr Hund keine Beschwichtigungssignale, so können diese erzeugt werden! Hier werden Jack, der Labrador, und Sunny, der Aussie, beide dazu ermuntert, von dem sich nähernden Hund wegzuschauen und sich stattdessen auf ihre Besitzer zu fokussieren. Der sich nähernde Hund sieht das als Wegschauen an. So können Sie eine mögliche Konfrontation kontrollieren oder auflösen, indem Sie das Verhalten Ihres eigenen Hundes kontrollieren, selbst wenn mehrere Hunde anwesend sind. Wenn Sie Beschwichtigungssignale erzeugen, kontrollieren Sie nicht nur Ihren eigenen Hund, sondern auch die Wahnehmungen und Reaktionen der anderen Hunde.

43

Wie Sie ihm höfliche Begrüßungen beibringen

Niveau 2	
Voraussetzung	Grundlagen-Verhalten Hilfreich: Sitz

Menschen und andere Hunde höflich zu begrüßen, ist äußerst wichtig – nicht nur wegen der Wasch- und Flickarbeiten, die man vermeiden möchte, sondern auch wegen der Beziehungen des Hundes im Allgemeinen. Hunde verspüren den starken Drang, jeden und alles so zu begrüßen, wie sie es mit einem anderen Hund tun würden. Das bedeutet, dass viele Hunde bei der Begrüßung von Menschen zu enthusiastisch vorgehen. Und die meisten Gäste verstärken dieses fürchterlich unangebrachte Verhalten auch noch, indem sie den Hund streicheln, wenn er gerade auf sie drauf springt.

Vermischen Sie dieses Verhalten mit der Tatsache, dass die meisten Hunde im Umgang mit Artgenossen nicht ausreichend sozialisiert sind. Die meisten sind Einzelhunde, sodass sie nicht den Umgang mit anderen Hunden haben, denn sie in einem Haushalt mit mehreren Hunden hätten. Das trägt dazu bei, dass andere Hunde nicht angemessen begrüßt werden, weil solche Hunde übermäßig aufgeregt sind, dass sie endlich einen Artgenossen zum »reden« haben.

Dann gibt es auch noch den Hund, dessen Begrüßungsverhalten für seine menschlichen Beschützer alarmierend ist. Manchmal ist nur die Intensität der Begrüßung furchteinflößend. Aber manchmal liegt es auch daran, dass der Hund bereits einen Menschen oder Artgenossen bedroht oder verletzt hat. Es kann sein, dass der Hund assertiv ist und »bewacht«, oder er ist sehr territorial oder ängstlich und defensiv. Manche Hunde haben aufgrund des Besitzers Angst, der sie für unerwünschtes Begrüßungsverhalten bestraft hat, wodurch er unbeabsichtigt eine Assoziation zwischen der Begegnung mit Fremden (Menschen oder Hunde) und drohender Bestrafung geschaffen hat. Ein Hund, der von Natur aus vorsichtig ist, kann sehr schnell defensiv werden, falls er sich vom Neuankömmling in die Enge gedrängt fühlt.

Aggression zu *verhindern*, indem man dem Hund angemessenes Begrüßungsverhalten beibringt, ist für alle Hunde wichtig, aber vor allem für die Rassen, bei denen das Risiko besteht, dass sie im Erwachsenenalter territoriale Aggression zeigen. (Ganz oben auf der Liste stehen alle Rassen, deren ursprünglicher Zweck das Bewachen von Herden oder Gebieten war, oder Terrier.) Als Welpen begrüßen die meisten Hunde sowohl Artgenossen als auch Menschen freundlich. Doch wenn die Hunde die soziale Reife erreichen, verengt sich ihr soziales Fenster, um Fremde akzeptieren zu können. Viele der Deutschen Schäferhunde, mit denen ich gearbeitet habe, sind dafür ein hervorragendes Beispiel. Sie kommen als alberne, tollpatschige kleine

Welpen in die Welpengruppe, aber wenn sie sich dem Alter von 12 Monaten nähern, bekommen die Besitzer die ersten Versuche von Bewachungsverhalten zu sehen. Der Hund fängt an, ein wenig intensiver an der Tür zu bellen, und akzeptiert andere Hunde, die in den Garten kommen, weniger. Dieser Hund sagt Ihnen deutlich, dass er anfängt, territoriale Grenzen als ernste Angelegenheit anzusehen. Genauso wie wir als Erwachsene andere Menschen als als Säuglinge sind, kann Ihr Hund ein anderes Begrüßungsverhalten haben, wenn er die soziale Reife erreicht. Dieses fest verankerte territoriale Verhalten tritt bei den einzelnen Hunden in unterschiedlichem Alter auf, doch irgendwann zwischen 12 und 24 Monaten sehen Sie möglicherweise, dass sich das Begrüßungsverhalten Ihres Hundes verändert. Doch wenn Sie Ihrem Hund beigebracht haben, andere richtig zu begrüßen, und ihn über das Alter von 24 Monaten hinaus immer wieder Hunden und Menschen in unterschiedlichen Situationen aussetzen, sind Sie dieser Leistungskurve einen Schritt voraus. Bei Risiko-Tieren (aufgrund ihres ursprünglichen Zwecks oder jeder Hund, der als Welpe bei Begrüßungen vorsichtig ist),haben Sie die zukünftigen Probleme minimiert und somit verhindert, dass sich ernsthafte Probleme entwickeln können. Beim durchschnittlichen Hund werden Sie mit einem Hund belohnt, der bei jedem willkommen ist, weil er wohlerzogen ist – ein Hund, den Sie stolz überall mit hinnehmen können!

Hunde, die bereits Frustration zeigen (nur wenige Schritte von der Aggression entfernt), wenn sie von Begrüßungen abgehalten werden oder wenn sie begrüßen, oder Hunde, die äußerst vorsichtig sind, wenn sie sich jemandem zur Begrüßung nähern, schwenken eine rote Flagge: »Ich brauche Hilfe bei meinem Begrüßungsverhalten!« Zeigen Sie dem Hund kein angemessenes Verhalten, auf das er bei Begrüßungen zurückgreifen kann, wird er seine eigenen Entscheidungen nach Ermessen aus Hundesicht treffen. Doch diese Entscheidung kann stark von dem Verhalten abweichen, das wir Menschen als akzeptabel ansehen. »

Hunde, die gegenüber Fremden aggressiv sind, oder die bei ihrem Begrüßungsverhalten supervorsichtig sind, brauchen einen anderen Übungsplan. Lesen Sie die Übungspläne »Mutig ist besser«, »Targeting«, »An der Tür warten« und »Betreten des Territoriums und richtiges Begrüßungsverhalten«.

Der folgende Übungsplan bezieht sich primär auf Hunde, deren Begrüßungsverhalten überfreundlich ist, die fanatisches Begrüßungsverhalten bei Menschen zeigen oder die leicht ängstlich oder frustriert sind.

Gelegenheitstraining

Also, warum springt ein Hund überhaupt hoch und begeht somit den größten Frevel bei höflichen Begrüßungen? Natürlich um Aufmerksamkeit zu erzielen. Sogar meine neuesten Kunden beantworten dies zu 99% richtig. Beantworten Sie also die folgenden Fragen: Bedeutet es Aufmerksamkeit, den Hund anzuschauen? Bedeutet mit ihm sprechen Aufmerksamkeit? Bedeutet es Aufmerksamkeit, den Hund anzufassen? Ja, ja und ja. Sogar wenn Sie schreien und den Hund nach unten und von Ihnen weg drücken, bedeutet das für den Hund trotzdem noch Aufmerksamkeit.

Die gute Nachricht lautet, dass Kommunikation der Schlüssel zum Erfolg ist. Mit Hilfe Ihres PM/NM-Kommunikationssystems machen Sie den ersten Schritt, um matschigen Pfotenabdrücken, Rissen in der Kleidung und den unvermeidbaren Kratzern durch einen enthusiastischen Hund einen Riegel vorzusetzen.

Kein Hund lebt die ganze Zeit mit seinen Füßen in der Luft, wegen dieser Sache mit der Erdanziehungskraft. Auch wenn es vielleicht nicht so aussieht, verbringt Ihr Hund einige Zeit mit vier Pfoten auf dem Boden. Achten Sie darauf, dass Sie das bemerken, und verstärken Sie diese Momente. Denken Sie daran: Wenn die Gelegenheit an die Tür klopft, lassen Sie sie herein. Denn das ist ein Geschenk der Trainingsgötter. Wenn Sie sie beleidigen, indem Sie die Ihnen gebotenen Gelegenheiten nicht nutzen, werden Sie durch immer stärkeres falsches Verhalten seitens Ihres Hundes bestraft.

Die Regel der vier Pfoten auf dem Boden:
Bevor Sie von Ihrem Hund erwarten können, Kontrolle darüber zu haben, müssen Sie zwei kleine Kriterien erfüllen.

1. Sie müssen sich selbst kontrollieren können! Wenn Sie möchten, dass das Herumspringen aufhört, müssen Sie absolut konsequent sein! Sie dürfen Ihren Hund niemals belohnen, streicheln oder verstärken, wenn er weniger als vier Pfoten auf dem Boden hat.
2. Sie müssen Ihrem Hund beibringen, was Sie als angebrachtes Verhalten ansehen. Er muss wissen, was Sie von ihm wollen, um gehorchen zu können.

Die kalte Schulter

Die kalte Schulter funktioniert bei jungen Welpen und jugendlichen Hunden hervorragend, ist aber auch bei einem recht hohen Prozentsatz der erwachsenen Hunde wirksam. Primär wird sie für den überenthusiastischen Begrüßer verwendet.

Passen Sie auf, dass Sie ihm sämtliche Aufmerksamkeit entziehen! Meinen Kunden gebe ich ganz genaue Anweisungen: Schauen Sie in den Himmel, verschränken Sie die Arme vor der Brust (außer Reichweite dieses nervtötenden, grabschenden kleinen Krokodilskiefers) und drehen Sie sich vom Hund weg. Neun von zehn Hunden werfen einen einzigen Blick auf diese Körperhaltung und, nachdem sie halbherzig ein zweites oder drittes Mal hochzuspringen versuchen, verstehen so ziemlich, was los ist: Diese Person sieht nicht so aus, als ob sie sich mit mir beschäftigen wollte. Darum stellen sie alle vier Pfoten auf den Boden. Und dann kommt Ihre große Chance! Sagen Sie sofort »Ja!« und geben Sie ihm ein köstliches Leckerli. Manche Hunde verstehen das als Genehmigung, Sie sofort wieder anzuspringen. Zeigen Sie ihnen die kalte Schulter, mischen Sie Verstärkung für das richtige Verhalten unter und schon bald werden Sie einen Hund haben, der sich bewusst dafür entscheidet, seine Pfötchen auf festem Boden zu lassen.

Steigern Sie die Kriterien

Als Nächstes wird diese Übung um einen zusätzlichen Schritt erweitert: Ermuntern Sie den Hund, hochzuspringen. Und zwar indem Sie mit quietschender Stimme sprechen, mit den Armen winken und sich auf Brust und Schultern klopfen. Jedes Mal, wenn der Hund hochspringt: kalte Schulter. Entscheidet er sich dafür, nicht hochzuspringen: Verstärkung und weitere soziale Anerkennung. Das Endziel ist hier, dass der Hund keine verbale Erinnerung mehr benötigt. Ein Hinweis aus der Umgebung wird benutzt: Sieht er eine Person, die sich vorbeugt oder neben dem Hund steht, ist dies idealerweise das eigentliche »Kommando« für »Sitz« und er wartet geduldig, bis man ihm Aufmerksamkeit schenkt.

Optional
Eine Methode, Ihrem Hund das richtige Verhalten beizubringen, ist, ihm beizubringen, auf Kommando zu springen. Am Ende könnten Sie dann das Springen schrittweise abbauen, indem Sie ihm einfach nie mehr das Kommando dazu geben. Doch das braucht eine Weile. Sie bringen ihm aber nicht nur bei, nur auf Kommando zu springen, sondern auch die nötige Selbstkontrolle, um nicht zu springen, wenn Sie das nicht möchten. Viele meiner Kunden überspringen diesen Schritt, doch bei meinen eigenen Hunden benutze ich ihn – schließlich weiß ich nie, wann ich möchte, dass sie hochspringen. Zum Beispiel wenn er bei einem Obedience-Wettbewerb beim Finish springen soll.

DRI – Sitzmachen für Begrüßungen

Sie erinnern sich: DRI = Differentielle Verstärkung eines inkompatiblen Verhaltens (differential reinforcement of incompatible behaviour). Das bedeutet, dass Sie dem Hund ein erwünschtes Verhalten beibringen, das mit dem Verhalten des Hochspringens *inkompatibel* ist.

Als Erstes muss Ihr Hund das Kommando »Sitz« beherrschen. Sitzt er und ist er brav, kann er nicht gleichzeitig hochspringen und unartig sein. Ihr gewünschtes Endziel ist, dass er im Sitzen begrüßt, statt hochzuspringen. Hier müssen Sie achtsam sein. Sogar wenn Ihr Hund mitten am Tag, während Sie gerade staubsaugen, zu Ihnen kommt und Sie bewusst anschaut, dürfen Sie das nicht ignorieren! Loben Sie sogar die kleinste Errungenschaft, vor allem am Anfang. Ist sein Verhalten an der Leine zuverlässig, bringen Sie ihm bei, dass er auch unangeleint gehorchen muss. Um Ihrem Hund beizubringen, wann er nicht springen soll, legen Sie ihm erst einmal eine Leine an. Das Kommando, das Sie ihm beibringen, lautet »Ab!«. Benutzen Sie immer das gleiche Kommando. »Ab!« bedeutet, dass er runtergehen soll, wo auch immer er gerade drauf gesprungen ist. »Ab« bedeutet nicht, dass Sie den Welpen von sich herunterschubsen, ziehen oder werfen. »Ab!« bedeutet, dass der Welpe freiwillig lernt, von dem Gegenstand oder der Person / dem Tier, auf dem er sich befindet, herabzusteigen. Kommt das Kommando »Ab!« rechtzeitig, bedeutet es: »Wag es gar nicht erst, dich dort hinaufzubegeben!« Um Ihrem Hund »Ab!« beizubringen, sagen Sie »Ab!«, wenn er sich Ihnen nähert und *bevor* er die Gelegenheit hat, einen Satz auf Sie zuzumachen. Darauf folgt sofort das Kommando »Sitz« und Verstärkung des korrekten Verhaltens.

Macht Ihr Hund nicht Sitz, müssen Sie die Kindergarten-Übungen für Sitz wiederholen. Legen Sie ihm eine Leine an und üben Sie Sitz sowohl mit als auch ohne Leine. An der Leine wird trainiert, weil: *Bevor Sie ihn verbal kontrollieren können, müssen Sie die körperliche Kontrolle besitzen,* und in diesem Fall haben Sie diese scheinbar nicht. Das anschließende Training ohne Leine erfolgt, um sicherzugehen, dass der Hund das Kommando versteht, ohne dass Sie die Leine benutzen müssen, um das Verhalten zu erzielen!

Binden Sie den Hund nun an einen robusten Baum oder einen Pfosten. Gehen Sie auf den Hund zu. Fängt er an, hochzuspringen, weichen Sie zurück. Sobald seine Pfoten wieder auf dem Boden sind, gehen Sie wieder auf ihn zu. Sie müssen hier sofort reagieren! Ihre Reaktion auf sein Verhalten liefert dem Hund die Information, wie er sich verhalten soll. Wenn er seine vier Pfoten auf dem Boden lassen kann, gehen Sie zu ihm hin, sagen Sie »Ab!« (um das Wort mit der Tat zu assoziieren), und markieren und belohnen Sie. Geben Sie ihm dann das Kommando »Sitz« und markieren und belohnen Sie. Sofern Sie ihm gekonnt das Feedback geben, wird er bald von selbst »Ab« anbieten. *Dass Sie sich nähern, wird zum Hinweis* dafür, dass er alle Viere auf dem Boden lässt und sich zur Begrüßung hinsetzt.

Sobald er das Kommando »Ab!« bei Ihnen begriffen hat, sollte ein »Versuchs«-Gast auf Ihren Hund treffen. Üben Sie zuerst, dass Sie sich dem Gast nähern. Ihr Hund darf nur dann den Gast begrüßen und von diesem gestreichelt werden und Leckerlis bekommen, wenn er sich kontrolliert verhält und Sitz macht und alle Viere auf dem Boden lässt, wenn er beim Gast angekommen ist. Meistert er auch obige Übung, können Sie selbst stehen bleiben und der Gast nähert sich Ihnen und dem Hund.

In beiden Fällen, sowohl wenn Sie sich nähern als auch wenn der Gast auf Sie zukommt, sind die Schritte gleich.

- Der Hund trägt eine Leine und Sie geben ihm das Kommando »Ab!«
- Geben Sie ihm dann das Kommando für Sitz.
- Verstärken Sie ihn für Gehorsam.

Dann ist Lob angesagt und der Gast gibt dem Hund ein Leckerli. Ihr Hund muss sitzen bleiben, um ein positives Feedback zu bekommen, einschließlich Streicheleinheiten und jegliche Art der Aufmerksamkeit. Die Leine hat den Zweck, ihn davon abhalten zu können, die Gäste zu belästigen. In dem Fall kann ein Kopfhalfter, wie beispielsweise ein Halti, die Eintrittskarte zur Kontrolle sein.

Steigern Sie die Kriterien

Erinnern Sie den Hund nicht an »Ab« oder »Sitz«. Lassen Sie ihn selbst Entscheidungen treffen und geben Sie ihm dann entsprechendes Feedback. Das Endziel lautet: Der sich nähernde Gast ist der Hinweis, sich zur Begrüßung hinzusetzen. Auch hier fangen Sie so an, dass Sie und Ihr Hund sich dem Gast nähern. Beherrscht Ihr Hund dies gut, nähert der Gast sich Ihnen. In beiden Fällen sind die Schritte wie folgt:

1. Die Leine des Hundes hängt locker.
2. Sitzt der Hund zur Begrüßung, geben Sie ihm für das Verhalten einen Jackpot. Ein Jackpot besteht aus mehreren Leckerlis, die ihm nacheinander gegeben werden.
3. Springt der Hund hoch, sollte sich der Gast wegdrehen, während Sie gleichzeitig zurückweichen, ohne dass Sie den Hund verbal warnen, dass Sie das tun werden. In dem Moment, in dem der Hund Sie anschaut, verstärken Sie ihn.

Herausforderungen

Sobald der Hund an der Leine zuverlässig ist, wiederholen Sie diese Übungen ohne Leine. Sie werden sie einige Male wiederholen müssen, bis das Verhalten absolut zuverlässig ist, weil tiefsitzende Gewohnheiten bereits erlernt wurden. Gedächtnisspuren im Gehirn, die entstehen, wenn man Gewohnheiten entwickelt, bezeichnet man als Engramme. Sie müssen für den Hund neue Engramme schaffen. Am Anfang wird er zuerst auf das alte Engramm zurückgreifen. Doch mit Beharrlichkeit und Geduld wird schließlich zuerst auf das neue Engramm zurückgegriffen und das erwünschte Verhalten wird das Kommando übernehmen.

Auf einem Seminar sagte Karen Pryor, dass Hunde sehr schnell lernen, wenn Sie Ihre gesamte Aufmerksamkeit darauf lenken, dass sie das tun. Und sie hat so Recht! Diese Aussage hat mich schwer beeindruckt. Wenn Sie beschließen, dass die Änderung des Verhaltens Ihres Hundes die höchste Priorität hat, werden Sie konsequent sein und sich ganz der Arbeit an der Verhaltensänderung widmen. Sie werden die Geduld für die Wiederholungen aufbringen, die nötig sind, damit der Hund neue Verhaltensmuster bildet. Man kann zwar unmöglich voraussagen, wie viele Wiederholungen nötig sind, aber nach 25 und mit Sicherheit nach 200 bis 1000 Wiederholungen sollte das neue Verhalten begriffen und zuverlässig sein. Aber wer zählt schon mit, oder?

Ihre schlimmsten Feinde sind die es gut meinenden Gäste, die das Hochspringen fördern (ob unbeabsichtigt oder aufgrund von Ignoranz). »Es ist okay«, sagen sie. Für sie ist es leicht, denn ihre Wäscherei- und Nähereirechnung kann Ihrer ja auch nicht das Wasser reichen und ihre Körper sind ja auch nicht mit Kratzern übersät. Da lernen Sie, wie trainierbar Hunde und wir untrainierbar Menschen sind. Sagen Sie den gutherzigen Seelen (die streicheln und säuseln, während Ihr Hund hochspringt), dass Sie Ihren Hund trainieren und sie ihn nur verwirren. Sagen Sie ihnen, dass Sie den Hund sowieso disziplinieren werden, weil Sie nicht möchten, dass er saubere Besucher oder Kinder oder Sie, wenn Sie sauber angezogen sind, anspringt! Die Alternative wäre, Ihre Gäste zu disziplinieren, was die von mir gewählte Methode ist! Falls es nicht funktioniert, einem meiner Artgenossen dies zu erklären, bringe ich den Hund weg, sodass meine Gäste wenigstens nicht mein Training zunichte machen.

Sollten Sie wirklich keine Zeit haben, jeden einzelnen Gast zu trainieren, tun Sie es mit so vielen wie möglich, wobei Sie Ihren Hund zuerst mittels Leine kontrollieren und ihn später unangeleint lassen. Können Sie das Training nicht absolvieren, sperren Sie den Hund in seine Box, damit er kein unerwünschtes Verhalten übt.

44

Targeting

Niveau 2	
Voraussetzung	Grundlagen-Verhalten: Schaffen eines Kommunikationssystems: PM/NM und Entlassungskommando

Sie können Ihrem Hund beibringen, nahezu alles mit der Nase zu berühren. Einen Dübel, eine Faust, einen Pappteller an der Wand oder auf dem Boden, was Sie möchten. Ich fange so an, dass ich dem Hund das Touch-Kommando (touch = engl. für »berühren«) mit einem ausziehbaren Zeigestock beibringe. Die werden für Präsentationen vor Publikum hergestellt und können im Schreibwarengeschäft gekauft werden. Ich nehme deshalb so gerne einen Zeigestock, weil ich die Länge leicht anpassen und ihn so in die Tasche stecken kann.

Approximation 1

- Ihr Hund sitzt oder steht vor Ihnen.
- Halten Sie den Ziel-Gegenstand hinter Ihrem Rücken.
- Holen Sie zuerst den Ziel-Gegenstand (fangen Sie mit einem Zeigestock an) hinter Ihrem Rücken hervor, halten Sie ihn dem Hund vor die Nase, jedoch so weit entfernt, dass er sich leicht nach vorne beugen muss, um zu sehen, was für ein Ding das ist. Neun von zehn Hunden reagieren sofort, indem sie sich in Richtung des Zeigestocks lehnen und daran schnüffeln.
- Markieren und belohnen Sie. Wiederholen Sie dies 5 bis 10 Mal.

Approximation 2

- Zeigen Sie ihm den Zeigestock aus etwas größerer Entfernung, sodass Ihr Hund einen Schritt machen muss, um ihn zu berühren.
- Markieren und belohnen.
- Wiederholen Sie dies mehrmals.

Approximation 3

- Fordern Sie den Hund zu mehreren Berührungen auf, bevor Sie ihm ein Leckerli geben. Sie müssen jedes Mal »Ja« sagen, aber geben Sie ihm das Leckerli erst nach 2 bis 6 Berührungen. Variieren Sie die Zahl der Berührungen bevor Sie ihm das Leckerli geben – manchmal 2, manchmal 4, manchmal 3, manchmal 6. Sie wissen, was ich meine – erwarten Sie jedes Mal eine andere Anzahl von Berührungen, bevor Sie ihn verstärken.

Approximation 4

- Lassen Sie den Hund dem Zeigestock im Kreis hinterherlaufen oder benutzen Sie ihn, damit der Hund Fuß macht oder sich im Kreis dreht.

Approximation 5

Generalisieren Sie das Verhalten, indem der Hund andere Gegenstände an anderen Orten berühren soll.

Das Target-Training kann für die verschiedensten Zwecke benutzt werden. Assistenzhunde lernen dadurch, Türen zu öffnen und zu schließen. Beim Training für Obedience-Wettbewerbe wird den Hunden damit das Vorausschicken beigebracht. Auch beim Agility kann man den Hunden durch das Target-Training die Kontaktzonen lehren. Das sind nur ein paar Beispiele für das Target-Training. Sie können Ihrem Hund beispielsweise beibringen, einen Pappteller, der an der Wand befestigt ist, zu berühren oder zu einer »Station« zu gehen und dort zu bleiben.

Das Target berühren
Zeigen Sie dem Hund den Zeigestock. Wenn Ihr Hund sich neugierig nach vorne lehnt, um zu sehen, was das ist, markieren und belohnen Sie, sobald seine Nase ihn berührt.

Dem Target folgen
Bewegen Sie den Zeigestock langsam, sodass der Hund mithalten kann, aber schnell genug, dass er nicht dagegen laufen und anhalten kann. Verlangen Sie anfangs nur 1 Schritt, dann 2 oder 3, dann mehr. Markieren und belohnen Sie.

Problemlösung

- Sollte Ihr Hund in den Zeigestock beißen, geben Sie ihm den NM *kurz bevor* er den Zeigestock berührt. Lenken Sie den Hund vom Zeigestock ab und zum Leckerli hin, indem Sie den Zeigestock entfernen (halten Sie ihn hinter Ihren Rücken oder nah an Ihr Bein, sodass er für den Hund nicht direkt sichtbar ist). Verstärken Sie den Hund ein paar Mal für dieses Verhalten, warten Sie dann ein wenig mit dem NM, sodass der Hund den Zeigestock berührt, bevor Sie den NM sagen.
- Hat Ihr Hund Angst vor dem Zeigestock, müssen Sie langsamere Bewegungen machen. Schmieren Sie Erdnussbutter oder Streichkäse auf das Ende des Zeigestocks. Legen Sie den Zeigestock ein paar Tage lang neben seine Futterschüssel oder nehmen Sie ihn ab und zu auf Spaziergänge oder im Haus mit, bis Ihr Hund sich an sein Aussehen und seine Bewegungen gewöhnt hat.
- Interessiert Ihr Hund sich nicht für den Zeigestock und starrt nur Ihr Gesicht an, können Sie es mit obigem Erdnussbutter- oder Käsetrick versuchen. Oder Sie sperren den Hund ein paar Minuten in die Box oder lassen ihn Platz-Bleib machen und versuchen es dann noch einmal. Lassen Sie den Hund wissen, dass der Zeigestock das einzige mögliche Spiel ist und er sich besser daran gewöhnen sollte. Im Moment gibt es kein anderes »Spiel«.

Problemlösung

Ihr Hund kann mit verschiedenen Verhaltensweisen experimentieren. Verstärken Sie einfach keine Verhaltensweisen, die nicht wiederholt werden sollen. Fügen Sie nicht das »Touch«- oder »Freund«-Kommando hinzu, bis er das Target beständig mit der Nase berührt.

Die Übung ausbauen

Benutzen Sie Ihre Hand als Ziel

Jetzt wo Ihr Hund einen Zeigestock berührt, können Sie ein Körperteil als Ziel benutzen. Benutzen Sie Ihre eigene geballte Faust und bringen Sie Ihrem Hund bei, diese auf Kommando zu berühren. Ihnen stehen nun zwei Wege zur Verfügung, um einen ängstlichen Hund an ein Objekt oder eine Person »heranzuführen«, vor dem bzw. der er Angst hat. Falls Ihr Hund sich vor einer Person fürchtet, sollte diese den Zeigestock von ihrem Körper weg halten und dem Hund das Kommando geben, diesen zu berühren. Dadurch nähert der Hund sich der Person.

Nach und nach verkürzen Sie dann den Zeigestock. Gehen Sie dann dazu über, Ihre Faust als »Ziel« zu benutzen, und später (sofern das sicher ist) die Faust der anderen Person. Natürlich werden nur wenige Menschen, denen Sie zufällig auf der Straße begegnen, ihre Mittagspause dafür opfern, Ihnen dabei zu helfen, also sollten Sie mit Menschen anfangen, die Sie kennen. Sobald das Verhalten erstmal eingeführt wurde, können Sie neue Menschen, auf die Ihr Hund trifft, bitten: »Wenn Sie zu ihm gehen, strecken Sie bitte Ihre Faust aus, damit er daran schnuppern kann.« Wenn Sie möchten, können Sie nach und nach aus der Faust eine geöffnete Hand mit einem Leckerli machen. Das machen Sie so, dass Sie dem Hund die Faust zeigen und dann, wenn er daran schnüffelt, öffnen Sie die Faust und lassen den Hund das Leckerli von Ihrer Handfläche nehmen.

Wenn Sie diese Übung machen, achten Sie auf Folgendes:

- Wedeln Sie nicht mit der Hand oder dem Leckerli und achten Sie darauf, dass auch Ihre Helfer das verstanden haben.
- Vermitteln Sie Ihrem Hund klare und ruhige Informationen, indem Sie das PM-/NM-System benutzen.

Ihre Hand als Target
Zeigen Sie ihm Ihre Hand (als Faust, die Handrückseite oder Ihre Handinnenfläche), genauso wie vorher den Zeigestock. Bringen Sie Ihrem Hund das »Freund«-Kommando bei, wenn er Ihre Hand beständig berührt. Hier berührt der Hund die Hand mit der Nase, hebt aber eine Pfote. Wenn Ihnen das recht ist, ist das in Ordnung. Möchten Sie nicht, dass er die Pfote hebt, verstärken Sie ihn nur, wenn er die Hand mit der Nase berührt, aber nicht die Pfote hebt.

- Seien Sie selbst ruhig.
- Gehen Sie davon aus, dass Ihr Hund Fehler macht - dadurch lernt er. Fehler sollten immer als Gelegenheit angesehen werden, Ihrem Hund das richtige Feedback zu geben, damit er weiß, wie er sich das nächste Mal benehmen soll.

Nur Ihr Hund kann entscheiden, wie schnell er neue Informationen verarbeitet. Lassen Sie sich Zeit. Sie ist es wert, wenn Sie sehen, dass Ihr Hund seine Angst überwindet und sich Fremden zuversichtlich und vertrauensvoll nähert und zulässt, dass Fremde sich ihm nähern.

Aggression in der Vergangenheit oder Hunde mit extremer Angst

Natürlich benötigen nicht alle Hunde das Target-Verhalten. Viele Hunde sind zu jedem freundlich, auf den sie treffen. Aber es gibt auch zahlreiche Hunde, die nervös sind, wenn sich Menschen nähern, die sie nicht kennen. Freundlichkeit wird am besten gefördert, indem man dafür sorgt, dass der Hund mit vielen Menschen unterschiedlichen Alters, Geschlechts und Aussehens in Kontakt kommt, wenn er noch jung ist. Bei jungen Hunden ist das soziale Fenster weit geöffnet und sie haben die natürliche Neigung, neue Reize bereitwillig zu akzeptieren. Vor allem für Wachhundrassen, aber auch für jeden anderen Hund, der von Natur aus ängstlich oder argwöhnisch ist, gilt, dass diese starke Sozialisierung mindestens bis ins Alter von 24 Monaten praktiziert werden muss, und anschließend sporadisch für den Rest des Lebens.

Zwingt man ängstliche Hunde, auf Menschen zuzugehen, funktioniert das meistens nicht gut und kann dazu führen, dass der Hund noch ängstlicher wird. Das kann in einer Eskalation des ängstlichen Verhaltens münden, was sich schnell durch defensive Handlungen, wie beispielsweise bellen, zeigen kann. Solches Verhalten kann der Person, auf die Ihr Hund trifft, auf die Nerven gehen. Und ist eine Person nervös und benimmt sie sich deshalb merkwürdig, macht dieses »merkwürdige« Verhalten den Hund nur noch argwöhnischer.

Hat Ihr Hund in der Vergangenheit gebissen, geknurrt oder geschnappt, müssen Sie sehr vorsichtig vorgehen, bevor Sie ihm erlauben, die geschlossene Faust einer Person zu berühren, die er nicht kennt, und *bei manchen Hunden wird dies niemals eine machbare Übung sein.* Ein Hund mit einem solchen Verhaltensmuster muss am Anfang bei diesen Übungen einen Maulkorb tragen.

Wie können Sie wissen, dass Ihr Hund dazu bereit ist, diese Übung mit Fremden zu machen? Erst wenn Ihr Hund sich Personen, die er kennt (direkte Familienmitglieder), völlig entspannt nähert und die folgenden Kriterien erfüllt:

- Der Hund reagiert sofort, wenn Sie seinen Namen sagen oder ihn von einer Person oder einem Hund wegrufen, selbst wenn er extrem erregt ist.
- Er hat das Kommando »Lass das« sehr gut verstanden und reagiert hervorragend darauf.

Sobald diese Kriterien erfüllt sind, üben Sie mit einem Hund, der in der Vergangenheit jegliche Art von Aggression gezeigt hat, das Faust-Targeting mit Familienmitgliedern, wobei der Hund einen Maulkorb trägt. Das sollten Sie täglich üben. Ist sein Verhalten bei Familienmitgliedern absolut zuverlässig und berührt er die Faust 12 Wochen lang ruhig und freundlich, können Sie diese Übung auch mit anderen Menschen als den Familienmitgliedern, die der Hund aber kennt und mag, absolvieren.

Wenn Sie dann davon überzeugt sind, dass Ihr Hund auch bei unbekannten Menschen zuverlässig ist, können Sie die Kriterien steigern, indem Sie mit einer Person üben, die der Hund nicht gut kennt. Natürlich muss der Hund die ersten Male einen Maulkorb tragen, bis er bewiesen hat, dass die Verhaltensänderung beständige Wirkung zeigt. Sollte der Hund reaktiv werden, müssen Sie zurückweichen, und zwar ruckizucki! Hat Ihr Hund in der Vergangenheit schon mal jemanden gebissen, dürfen Sie die Kriterien niemals so sehr steigern, weil es fraglich ist, ob er zuverlässig reagiert.

Ich kann es nicht oft genug sagen: Achten Sie auf die Körpersprache Ihres Hundes. Anspannung oder Nervosität bedeutet, dass Sie sofort von der jeweiligen Situation zurückweichen und den Hund dazu auffordern müssen, Sie anzuschauen, und außerdem die Übung abbrechen müssen. Sobald der Hund sich wieder beruhigt hat, können Sie entscheiden, ob ein erneuter Versuch sicher ist oder ob Sie Feierabend machen und es morgen noch einmal probieren. Sobald der Hund die Begrüßungen gut meistert, müssen Sie aufhören, solange Sie noch erfolgreich sind!

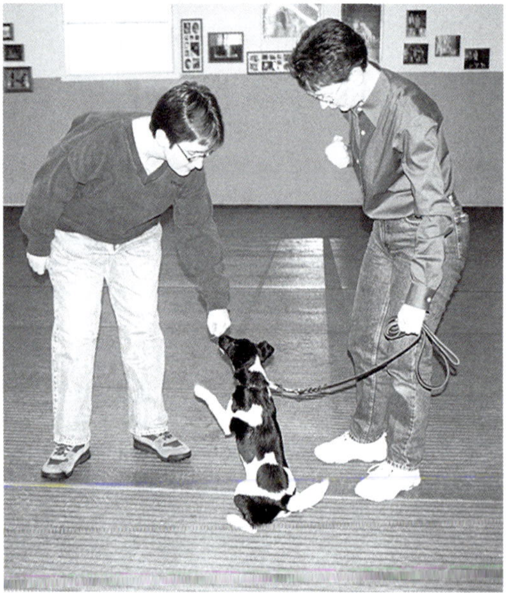

»Freund«-Kommando – Targeting als Begrüßungsverhalten
Durch das Kommando »Freund« und Targeting-Verhalten können Sie einem vorsichtigen oder ängstlichen Hund ein Alternativverhalten beibringen. Sie haben für den Hund ein akzeptables Begrüßungsverhalten geschaffen, auf das er statt Vermeidungsverhalten zurückgreifen kann. Durch häufige Verstärkung der Target-Begrüßungen bekommt der vorsichtige oder ängstliche Hunde neue Strategien, um mit der Begrüßung von Menschen umzugehen.

45

An der Tür warten

Niveau 2	
Voraussetzung	Grundlagen-Verhalten: Alle Verhaltensweisen aus Niveau 1
Ziel	Der Hund wird ruhig neben einer geöffneten Tür warten, bis er hindurchgeführt wird oder das Kommando bekommt, hindurch zu gehen. Der Hund wird nicht vor Ihnen durch die Tür preschen. Er wird sich nicht gegen die Tür werfen, damit sie sich schneller öffnet.
Was Ihr Hund lernt	Selbstkontrolle und sicheres Verhalten.
So sieht es in der Praxis aus	Der Hund wird nicht defensiv oder ohne Erlaubnis durch die Tür preschen. Dadurch sind Ihr Hund und andere sicher!

Aneignung

Sitz nahe der Tür

1. Gehen Sie mit Ihrem Hund zur Tür.
2. Geben Sie ihm das Kommando für Sitz oder Platz.
3. Markieren und belohnen Sie.

Arbeiten Sie dabei sowohl am Sitz, Platz und Bleib.

Approximation I

1. Der Hund sitzt angeleint bei der Tür. Halten Sie die Leine nicht fest, sondern treten Sie nur drauf.
2. Greifen Sie nach der Türklinke.
3. Abhängig vom Verhalten des Hundes geben Sie ihm wie folgt Rückmeldung:

- Achten Sie genau auf den Hund. Fängt er an, sich zu bewegen, auch wenn es nur ein kleines bisschen ist, greifen Sie nicht weiter nach der Klinke, sondern geben ihm sofort den NM und erinnern ihn daran, was er tun soll: »Sitz!«. So erzielen Sie die *beste* Lernkurve für das Verhalten – indem Sie seine Absicht bemerken und korrigieren, *bevor* der Hund schon ganz aufgesprungen ist. Indem Sie bei intentionalem Verhalten sofort reagieren, werden dem Hund auf effektivste Weise Informationen übermittelt über das, was Sie möchten.

- Falls Ihr Timing zu langsam ist und der Hund aufsteht, benutzen Sie den NM und bringen ihn mechanisch wieder ins Sitz, und zwar wie folgt: Ziehen Sie sehr sanft an seinem Kopfhalfter oder Halsband, bis er sitzt. Ignorieren Sie seine Wutanfälle und behalten Sie Ihre Position bei. Sagen Sie ansonsten kein Wort.

Sitzt der Hund, müssen Sie *sofort* den Druck auf das Kopfhalfter bzw. die Leine lockern und dies markieren. Die ersten Male, die Ihr Hund sich hinsetzt, und sei es auch mit oben beschriebener Hilfestellung, geben Sie ihm auch ein köstliches Leckerli.

Unterbricht Ihr Hund *nach* den ersten Malen das Sitz, bringen Sie ihn nur wieder in die Sitz-Position zurück, geben ihm aber kein Leckerli, sondern nur den PM. Ab dem Zeitpunkt geben Sie ihm nur dann ein Leckerli, wenn er von selbst und ohne Ihre Hilfe (weder verbal noch physisch) wieder ins Sitz geht oder wenn er es beim ersten Mal richtig macht.

- Wenn Ihr Hund sitzen bleibt, markieren und belohnen Sie. Der erste richtige Versuch wird auf folgende Art und Weise durch zusätzliche Anerkennung belohnt. Sprechen Sie mit sanfter Stimme und machen Sie ruhige, gleichmäßige Bewegungen, damit Ihr Hund ruhig und in Position bleibt, während Sie ihn verstärken: »Ja« - Leckerli - keine oder nur kurze Pause. »Ja« - Leckerli - keine oder nur kurze Pause. »Ja« - Leckerli - keine oder nur kurze Pause. Und so weiter.

Macht er etwas zum ersten Mal richtig oder konnten Sie gerade einen tollen Erfolg verzeichnen, geben Sie ihm auf oben beschriebene Art 6 oder 7 einzelne Leckerlis. WICHTIG: Achten Sie darauf, dass Sie selbst *nicht* aufgeregt sind und euphorisch hin- und herspringen und den Hund streicheln. Sie möchten ruhiges Verhalten und nicht aufgeregtes Verhalten an der Tür fördern.

Approximation 2

1. Der Hund sitzt angeleint bei der Tür. Halten Sie die Leine nicht fest, sondern treten Sie nur drauf.
2. Greifen Sie nach der Türklinke.
3. Fangen Sie an, die Türklinke herunterzudrücken.
4. Geben Sie dem Hund ein Feedback für sein Verhalten.

Approximation 3

1. Der Hund sitzt bei der Tür.
2. Greifen Sie nach der Türklinke.
3. Fangen Sie an, die Türklinker herunterzudrücken.
4. Öffnen Sie die Tür nur einen Spalt.
5. Geben Sie dem Hund ein Feedback für sein Verhalten. Eine gute Methode, ihm ein eindeutiges Feedback zu geben, ist, sofort die Tür zu schließen, falls der Hund sich in ihre Richtung bewegt. Bringen Sie den Hund wieder ins Sitz und versuchen Sie es noch einmal.

Approximation 4

1. Der Hund sitzt bei der Tür.
2. Greifen Sie nach der Türklinke.
3. Fangen Sie an, die Türklinke herunterzudrücken.
4. Öffnen Sie die Tür weiter.
5. Geben Sie dem Hund ein Feedback für sein Verhalten.
6. Wiederholen Sie Obiges, bis Sie die Tür öffnen und schließen können ohne dass der Hund reagiert.

Approximation 5

1. Der Hund ist immer noch angeleint.
2. Gehen Sie mit dem Hund von der Tür weg und machen Sie eine Minute lang etwas anderes mit ihm. Gehen Sie dann wieder zur Tür.
3. Schauen Sie, ob der Hund sich automatisch hinsetzt, wenn er in der Nähe der Tür ist.
4. Falls er das tut, markieren und belohnen.
5. Tut er das nicht, geben Sie ihm das Kommando »Sitz«.
6. Wiederholen Sie diese Übung bis die Tür für den Hund zum Kommando geworden ist, automatisch Sitz zu machen.

Approximation 6

1. Der Hund ist immer noch angeleint. Nähern Sie sich mit dem Hund der Tür.
2. Sobald der Hund sitzt, öffnen Sie die Tür.
3. Nun soll der Hund bei geöffneter Tür Sitz-Bleib machen.

Üben Sie solange bis das Öffnen der Tür für den Hund zum Kommando »Sitz« geworden ist.

46

Betreten des Territoriums und richtiges Begrüßungsverhalten

Niveau 2	
Voraussetzung	Grundlagen-Verhalten: Niveau 1 Niveau 2: An der Tür warten Still
Ziel	Der Hund lässt andere sein Territorium betreten, wenn er dazu aufgefordert wird. Der Hund bleibt ruhig. Der Hund befolgt an der Tür Anweisungen.
Was Ihr Hund lernt	Die Menschen kontrollieren das Territorium. Es ist zwar in Ordnung, Menschen zu alarmieren, aber der Hund begreift, dass dann die Menschen die Entscheidung treffen.
So sieht es in der Praxis aus	Der Hund ist an der Türschwelle nicht reaktiv oder wird sich zumindest beruhigen, wenn Sie ihn dazu auffordern. Außerdem ist er weder in einem defensiven noch stark erregten Zustand.

Jetzt wo Ihr Hund an dem Ort, an dem andere das Familienterritorium betreten, ruhiger ist, können Sie auf dem Verhalten aufbauen. Zuerst müssen Sie den Hund gegen die unterschiedlichen Handlungen, die an der Tür vollzogen werden, desensibilisieren.

Bei jeder Herausforderung sollte, unter anderem, folgendes Verhalten verstärkt werden:

- Am Anfang, wenn der Hund aufhört zu bellen; nach ein paar Wiederholungen steigern Sie die Kriterien wie folgt:
- Der Hund ist still.
- Der Hund bleibt relativ ruhig.
- Der Hund bleibt sitzen oder liegen.

Wenn Sie möchten, dass der Hund ein- oder zweimal alarmierend bellt, ist das in Ordnung. Sie können ihn ein- oder zweimal bellen lassen oder sogar dazu ermuntern und ihm dann sagen: »Still!« Haben Sie »Still!« gesagt, sorgen Sie auch dafür. Das bedeutet, Sie müssen stilles Verhalten hervorrufen und verstärken. Stilles Verhalten hervorzurufen, ist meistens leichter gesagt als getan! Aber es ist möglich. Lesen Sie das Kapitel »Still!!« für detaillierte Anweisungen darüber, wie der Bell-Reiz kontrolliert werden kann.

Herausforderungsliste

- Es klingelt an der Tür.
- Jemand klopft.
- Menschen im Haus gehen auf die Tür zu.

Erweitern Sie diese Liste um Ihre eigenen Aktivitäten, falls diese noch nicht aufgeführt sind.

Jemand betritt die Bühne – eine Person aus dem wirklichen Leben

1. Positionieren Sie eine bekannte Person (jemand, den der Hund kennt) draußen vor der Tür.
2. Diese Person soll ein Mal an der Tür klingeln oder klopfen. Noch ist nicht der Zeitpunkt gekommen, dass Sie mit Reizen übereifrig sein können.
3. Ihr Hund wird zur Tür rennen und wahrscheinlich wie verrückt bellen, so als ob Sie die ganze Vorarbeit gar nicht geleistet hätten. Aber keine Sorge, Ihre Arbeit war keine Zeitverschwendung. Aufgrund dieser Arbeit wird Ihr Hund schnell begreifen, was Sie von ihm möchten. Er ist nur vorübergehend in seinem alten Verhaltensmuster gefangen.
   Falls Ihr Hund nicht in seine alten Verhaltensmuster zurückfällt, sondern sofort zu Ihnen rennt oder sich neben die Tür setzt, haben Sie tatsächlich ein absolutes Hunde-Genie. Geben Sie ihm dafür, dass er es beim ersten Mal richtig gemacht hat, einen Leckerli-Jackpot!
4. Geben Sie ihm das Kommando »Still!«. Verstärken Sie ihn, wenn er still ist.

Ich muss Sie aber warnen: Die ersten Male könnten nicht so schön werden. Halten Sie durch! Ich rate Ihnen, genauso zu üben, als ob wirklich Gäste vor der Tür wären. (Wenn Sie dann tatsächliche Gäste haben, wundern diese sich eventuell, warum Sie sie 15 Minuten vor der Tür warten lassen, während sie von draußen lauter Geräusche und Geschlurfe auf der anderen Seite hören! Darum üben Sie zuerst unter Bedingungen mit wenig Reizen.) Rufen Sie den Gästen zu: »Einen Moment bitte.« Das ist zwar für *Sie* am Anfang eine Ablenkung und erfordert ein wenig Multi-Tasking. Machen Sie also nur jeweils einen Schritt gleichzeitig und werden Sie nicht nervös. Es ist kein Wunder, dass unsere Hunde sich an der Tür wie Verrückte aufführen – das machen schließlich auch die meisten Menschen! Wir unterbrechen alles, was wir gerade tun, und stürzen zur Tür, sobald es klingelt.

5. Rufen Sie Ihren Hund, damit er zu Ihnen kommt (Haha), und falls er nicht kommt, gehen Sie zu ihm und legen ihm die Leine an. Wenn Sie ihn zu diesem Zeitpunkt des Spiels in dieser Situation dazu bewegen können, zu kommen und Sitz zu machen, liegen Sie weit über dem Durchschnitt.

Als Vorbereitung auf die tatsächlichen statt der erfundenen Gäste entscheiden Sie sich für einen Platz neben der Tür und halten dort Leine und Leckerlis bereit. Sie können die Übung nur dann erfolgreich meistern, wenn Sie alles griffbereit haben. Viele meiner Kunden hängen die Leine über die Türklinke oder einen Schrankgriff daneben. Leckerlis können in einer Plastikbox mit Drehverschluss deponiert und auf einem Tisch oder im Schrank platziert werden. Ich weiß, dass meine eigenen »Gremlins« Kühlboxen, Reißverschlüsse und Boxentüren mit Schnappverschluss öffnen können. Tupperware™ sehen sie nicht einmal als Behälter an. Glasbehälter können zerbrechen, darum sollten Sie sie nicht benutzen. Schließlich möchten Sie nicht noch ein Desaster an der Tür.

Sobald Ihr Hund bei einem Klopfen oder Klingeln an der Tür richtig reagiert, können Sie ihn weiter herausfordern, indem jemand klopft, bis zwei zählt, klopft, klingelt, Pause, klopft, klingelt etc. Das stellt die Selbstbeherrschung Ihres Hundes echt auf die Probe!

Betreten des Territoriums und Begrüßung, 1 von 3
Die meisten Hunde sind darauf vorprogrammiert, herauszufinden, wer abgestecktes Terrain betritt. Manche Hunde sind einfach neugierig und freundlich. Andere halten es für ihre Aufgabe, Eindringlinge zu vertreiben.

Sie werden daraus eine Team-Aufgabe machen, wobei dem Hund ein Teil der Verantwortung übertragen wird. Rufen Sie den Hund von der Tür weg und zu sich hin. Zuerst benötigen Sie eine Leine. Trotzdem kann es unschön sein. Aber ich verlasse mich darauf, dass Sie nicht aufgeben! Sie müssen verstärkbares Verhalten erzielen, falls der Hund das gewünschte Verhalten nicht anbietet.

Denken Sie daran, das gewünschte Verhalten ruhig und vernünftig herbeizuführen. Legen Sie dem Hund ein Kopfhalfter und eine Leine an. Halten Sie länger durch als Ihr Hund, indem Sie beharrlich bleiben.

Betreten des Territoriums und Begrüßung, 2 von 3
JA! Du bekommst den Preis!

Steigern Sie die Kriterien: Ich berühre meinen Besucher. Diese Art des Kontakts ist für Hunde sehr provozierend. Sie sind gezwungen, mitzumachen. *Wie* der Hund mitmacht, hängt von seinen grundlegenden Neigungen und seinem erlernten Verhalten ab.

Betreten des Territoriums und Begrüßung, 3 von 3
JA! Du bekommst den Preis!

Wenn bis zu diesem Punkt alles gut gelaufen ist, haben Sie dem Hund klar gemacht, was Sie von ihm möchten. Der Mensch entscheidet, wer das Territorium betritt, und wie der Hund mit dem Besucher Kontakt aufnehmen darf. Es ist wichtig, dass Ihr Hund dieses Konzept lernt. Erwünschtes Verhalten zu bekommen, bedeutet, dass hundeeigenes Verhalten aufgehoben werden muss!

47

Anfassen & Festhalten – Desensibilisierung gegen Berührungen

Zusätzliche Informationen für den Umgang mit Ihrem Hund finden Sie im Übungsplan »Nachgiebiges & haltungsrelevantes Verhalten.«

Niveau 2	
Voraussetzung	Grundlagen-Verhalten: Sitz ist hilfreich, aber nicht erforderlich
Ziel	Der Hund lässt zu, dass sein Herrchen ihn überall anfassen und festhalten kann, ohne dass er Aggression oder übertriebene Angst zeigt. Der Hund vertraut seinem Besitzer.
Was Ihr Hund lernt	Menschen stellen keine Gefahr dar. Zum Leben mit Menschen gehört, dass der Hund keinen Grund hat, ängstlich und/oder aggressiv zu werden, wenn er festgehalten oder berührt wird und er seinen Wünschen nicht nachgehen kann.
So sieht es in der Praxis aus	Zwangsläufig sind die Hunde, die mit Aggressionsproblemen zu mir kommen, sehr empfindlich hinsichtlich ihres persönlichen Raums und sozialem Druck. Versuchen Menschen sie festzuhalten oder sie an bestimmten Körperteilen zu berühren, bekommen sie Angst oder wollen sich dagegen verteidigen. Damit Hunde und Menschen sicher miteinander leben können, müssen erstere akzeptieren, dass sie von Menschen angefasst werden. Die Besitzer sollten sie an den Pfoten, Ohren, an der Rute - überall -- anfassen können. Wenn Sie Ihrem Hund beibringen, dass es zum Leben dazu gehört, angefasst und festgehalten zu werden, fördern Sie Kontrolle und Sicherheit Ihres Hundes. Sie nehmen ihm die Angst vor Berührungen, wodurch der Hund sich entspannter, wohler und selbstsicherer fühlt.

Bei der Erörterung der folgenden Übungen ist es wichtig, dass Sie von vorneherein wissen, dass der Hund niemals als Bestrafung festgehalten wird. Die alte Alpha-Wurf-Sache kommt hier unter keinen Umständen zum Tragen. Aber es ist wichtig, dass die Hunde, da sie mit uns zusammenleben, sehr gut begreifen, dass wir sie nicht durch Berührungen und Festhalten bedrohen wollen.

Darum sollten Sie an diese Übungen mit dem Hintergedanken herantreten, dass Sie Ihrem Hund beibringen wollen, dass er Ihnen vertraut, auch wenn die Umstände für den Hund zu Beginn ein wenig angsteinflößend sein können. Wird diese Übung richtig durchgeführt, fördert sie Ihr Verhältnis zum Hund und die Wechselbeziehung zwischen Ihnen und Ihrem Hund.

Fühlt der Hund sich schon unwohl, wenn Sie ihn auch nur berühren, müssen Sie ihm für diese Übungen sowohl Maulkorb als auch Kopfhalfter anziehen. Bei der Arbeit mit einem Hund, der bereits nach jemandem geschnappt hat, ist es zwingend erforderlich, dass er die nötige Sicherheitsausstattung trägt, damit niemandem Gefahr droht.

Dieses »Du hast nicht die Befugnis, mich anzufassen«-Verhalten sehe ich am häufigsten bei Hunden, die mit anderen Artgenossen zusammenleben und die 24 Monate oder älter sind, unkastrierte Rüden sind und ihr ganzes Leben lang an der Kette oder in einem kleinen Zwinger gehalten wurden. Manchmal findet man dieses Verhalten auch in Familien, in denen der Hund sehr assertiv und die Familie sehr passiv ist. Die Menschen in dieser Situation tun einfach nichts, was der Hund »nicht mag«. Darum entwickelt der Hund niemals die Toleranz gegenüber solcher Frustration oder Irritation, die entstehen können, wenn ein Mensch ihn anfasst oder festhält.

TTouch zur Vertrauensbildung

Egal, was der Grund ist, Sie müssen langsam anfangen. Durch dieses Desensibilisierungsprogramm soll der Hund lernen, menschlichen Berührungen zu vertrauen.

Es gibt zahlreiche Massagetechniken für Hunde. Ich habe mit TTouch hervorragende Ergebnisse erzielt. Linda Tellington-Jones ist die Autorin dieser Materialien über TTouch, bei denen Robyn Hood oftmals als Co-Autor fungiert.

TTouch lernen Sie am besten, indem Sie sich eines der TTouch-Videos kaufen oder an einem TTouch-Seminar teilnehmen. Die Videos sind sehr informativ, und bei meinen liebsten Videos bekommen Sie auch ein Ratgeber dazu, sodass Sie schnell etwas nachschlagen können.

Je nach Hund und seiner Reaktion auf Berührungen am Kopf und den Ohren, können Sie mit den Ohren anfangen. Hatte Ihr Hund in der Vergangenheit Probleme mit den Ohren und Infektionen oder wird er nicht gerne im Gesicht angefasst, können Sie so anfangen, dass Ihr Hund steht und Sie an seiner Seite arbeiten und den Schulter-Rippenbereich berühren.
Um herauszufinden, wie starken »Druck« Sie beim TTouch ausüben müssen, ziehen Sie mit ein oder zwei Fingern Kreise auf Ihrer eigenen Wange. Es sollte sich fest, aber dennoch angenehm

anfühlen. Das ist für den Beginn ein guter Druck. Anschließend können Sie den Druck so anpassen, dass der Hund, mit dem Sie arbeiten, sich wohl fühlt. Das Tier wird Ihnen durch seine Muskelspannung »sagen«, bei welchem Druck es sich wohl fühlt. Nachdem Sie ein paar Mal TTouch angewandt haben, bekommen Sie ein Gefühl für den richtigen Druck. Das können Sie nur durch Übung erreichen. Bewegt der Hund sich auf Sie zu oder können Sie spüren, wie sich seine Muskeln entspannen, machen Sie es richtig. Weicht er von Ihnen zurück, können Sie es mit unterschiedlichem Druck ausprobieren, um zu sehen, ob es einen Unterschied macht. Ist das nicht der Fall, machen Sie trotzdem mit TTouch weiter, wobei Sie festen, aber nicht kräftigen Druck ausüben.

Fangen Sie so an, dass der Hund sitzt, steht oder liegt – die Position, für die er sich entscheidet. Sie müssen Ihren Hund anleinen, sodass er nicht aufstehen und mittendrin weggehen kann.

Stellen Sie sich vor, die Wirbelsäule des Hundes würde senkrecht stehen. Legen Sie beide Hände auf den Hund. Eine Hand dient nur dazu, den Hund zu halten, und dass er weiß, wo Ihre beiden Hände sind. Dadurch ist er weniger ängstlich.

Die Hand, mit der Sie mit dem TTouch beginnen, liegt mit der Handfläche nach unten und leicht gekrümmten Fingern auf dem Hund.

Sie werden eine Kreisbewegung machen, allerdings nur mit den Fingern, und dabei relativ kräftigen Druck ausüben. Ihre Handfläche bewegt sich nicht.

- Fangen Sie mit den Fingern bei »6 Uhr« an.
- Bewegen Sie Ihre Finger nach links (sodass Sie einen Kreis im Uhrzeigersinn machen), einmal ganz rum, wieder an 6 Uhr vorbei und hören Sie bei 8 Uhr auf.
- Pause

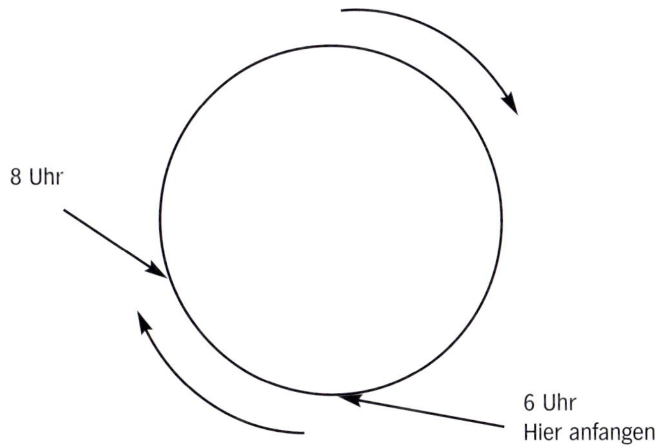

Fangen Sie mit einer Aufwärtsbewegung an.
Enden Sie mit einer Aufwärtsbewegung.

Sie können es sich auch so merken: Legen Sie Ihre Finger an den untersten Punkt des Kreises. Fangen Sie mit einer Aufwärtsbewegung an und enden Sie wieder mit einer Aufwärtsbewegung. Das ist ein Kreis. Jeder »touch« (engl. für Berührung) besteht nur aus einem Kreis!

Nehmen Sie die ganze Hand vom Hund und legen Sie sie auf eine andere Körperpartie.

Sie können nach Belieben zu einem anderen Körperbereich übergehen oder sich in Parallellinien über den Körper vorarbeiten. Wenn Sie die Kreise machen, atmen Sie in sie hinein, wobei Sie entspannt atmen sollten.

Diese TTouch-Kreise werden über dem gesamten Körper des Hundes vollzogen. Am Anfang nehmen Sie eine Körperpartie, bei der sich der Hund wohl fühlt. Das ist meistens auf seiner Seite, unter dem Widerrist auf den Schultern und genau vor oder auf den Rippen.

Versuchen Sie es dann mit einem Kreis auf der Hinterhand des Hundes (meistens ein »empfindlicherer« Bereich). Wandert der Hund dabei umher oder versucht er, wegzulaufen, verhindern Sie dies und machen Sie weiter Ihre Kreise in Bereichen, bei denen er sich wohl fühlt. Wenn der Hund entspannter ist, können Sie es wieder mit einem Kreis an der empfindlichen Körperpartie probieren.

Nach einer Trainingseinheit, oder bei manchen Hunden auch mehreren Einheiten, können Sie in Betracht ziehen, an Kopf, Ohren, Rute und Pfoten zu arbeiten. Bei kleinen Körperpartien, wie dem Gesicht, dem Maul oder den Beinen und der Pfotensohle, müssen Sie für die Kreise womöglich nur ein- oder zwei Fingerspitzen verwenden.

Nach mehreren Einheiten und wenn Sie die Kreise richtig machen, werden Sie fühlen können, wie Ihr Hund sich körperlich entspannt oder sich schlaff gegen Sie lehnt, wenn Sie mit TTouch anfangen.

Ich habe diese Technik bei vielen Hunden mit Erfolg angewandt. Sobald der Hund sich dabei wirklich entspannt fühlt, lässt seine körperliche Anspannung nach. Das ist gut! Jetzt können Sie diese Technik in Situationen anwenden, in denen der Hund normalerweise aufgeregt wäre. Nehmen wir an, Sie betreten einen Raum, in dem fremde Hunde sind, beispielsweise in der Hundeschule, und in dieser Situation würde Ihr Hund normalerweise sehr reaktiv. Sie könnten sich mit Ihrem Hund in eine ruhige Ecke begeben, wo kein Hund zu ihm hinrennen und ihm Angst machen kann (Schirmen Sie sich mit einem Stuhl oder Gitter ab). Sie können es mit TTouch ausprobieren und schauen, ob Ihr Hund sich dadurch entspannen kann. Gelingt es Ihnen in einer Situation, in der der Hund ansonsten reaktiv würde, dass er sich entspannt, und sei es auch nur ein bisschen, haben Sie einen großen Schritt zur Linderung seiner Aggressionsprobleme gemeistert. Es erfordert von Ihnen sehr viel Geduld und TTouch ist auch nur ein Werkzeug in unserem Werkzeugkasten, aus dem jedes Werkzeug hilfreich ist. Bei manchen Hunden, mit denen ich gearbeitet habe, hat TTouch ihre Wahrnehmung der Beziehung zu ihren Menschen und die Art, wie sie auf den Stress in ihrer Umgebung reagiert haben, drastisch verändert.

Als Maeve (meine Deutsche Schäferhündin, die mit extremer Aggression zu mir kam) gelernt hatte, TTouch zu akzeptieren und sogar zu mögen, benutzte ich diese Technik in Situationen, die für sie sehr spannungsgeladen waren. Zum Beispiel empfand sie, wenn sie *irgendein* Territorium betreten hatte, jeden anderen, der nach ihr kam, als Eindringling. Wenn ich sah, dass jemand ankam, aber noch *bevor* sie extrem aufgeregt wurde, zog ich ein paar Kreise auf ihrer Schulter, ihrem Nacken und Kopf oder strich über ihre Ohren. Dadurch nahm sie andere, die den Raum betraten, ganz anders wahr. Sie fing an, Neuankömmlinge mit Entspannung zu assoziieren.

Wenn Sie mit einem reaktiven oder defensiven Hund arbeiten, müssen Sie jedes Signal erkennen, das Ihr Hund Ihnen liefert. Gleichzeitig müssen Sie aufmerksam sein für das, was in der Umgebung passiert. Beides gleichzeitig kann schwierig sein, aber mit etwas Übung werden Sie diese Fähigkeit beherrschen. Es kann hilfreich sein, alle Ihre Sinne zu benutzen.

Um zu merken, ob Maeve sich verspannte, saß ich mit ihrem Körper gegen meine Knie gelehnt. Dadurch konnte ich sofort spüren, wenn sich ihr Körper anspannte. Dann konnte ich ihr durch TTouch oder Beschwichtigungssignale helfen, sich zu entspannen.

Haben Sie einen reaktiven Hund, so stehen Sie vor der schwierigen Aufgabe, Ihrem Hund gegenüber Ruhe auszustrahlen und minutiös die Umgebung nach potenziellen Problemen abzusuchen und ständig die potenzielle Reaktivität Ihres Hundes zu beurteilen. *Sie dürfen Ihre Aufmerksamkeit nicht einmal für einen Moment abschweifen lassen.* Das ist äußerst schwierig. Gönnen Sie sich also auch mal eine Pause! Es hilft, wenn Sie häufig »Pausen« einlegen und für ein paar Minuten aus dieser Situation in eine entspanntere Umgebung spazieren.

Wenn Sie zum Beispiel in der Hundeschule sind und Ihr Hund zu angespannt wird, gehen Sie nach draußen und laufen Sie eine oder zwei Minuten herum bis Sie beide ruhiger sind. Oder sperren Sie Ihren Hund in die Box und setzen Sie sich hin und unterhalten Sie sich ein paar Minuten. Wenn Sie sich erfrischt fühlen, holen Sie Ihren Hund wieder heraus und machen mit der Arbeit weiter.

Ich benutze TTouch ständig bei den Hunden meiner Kunden und habe erstaunliche Ergebnisse erzielt. Für den Hund, der bereits ein "Problemhund" ist, ist es fester Bestandteil seines Rehabilitierungsprozesses. Doch auch bei der Präventionsarbeit ist TTouch viel wert.

Festhalten

Das ist der schwierigere Teil der Übungen zur Desensibilisierung gegenüber Berührungen und zur Stärkung der Bindung.

Ich möchte kurz meine Philosophie zum Alpha-Wurf besprechen, da er mittlerweile häufig für das Hundetraining empfohlen wird. Ganz kurz gesagt: *nicht machen!* Von manchen Hundetrainern und auch Tierärzten wird empfohlen, einen Hund auf den Boden zu drücken und ihm gleichzeitig mit seinem Blick niederzuzwingen oder ihn sogar anzuknurren. *Diese Technik ist ver-*

altet und kann gefährlich sein. Bei manchen Hunden ruft dies Angst hervor, die in defensiven Reaktionen münden kann, die man vermeiden könnte. Bei anderen Hunden führt dies zu Aggression, Angst oder Anspannung, die am Anfang nicht da war.

Das beste Beispiel, das mir hierzu einfällt, ist der Kunde, der mich anrief, weil sein Golden biss, wenn andere das Territorium durch die Vordertür betraten. Als ich nachfragte, ob der Hund Gäste verletzt hatte, erklärte der Kunde mir, dass der Hund nicht die Gäste beißen würde; er freute sich über sie, drehte sich dann aber zu den Familienmitgliedern und biss diese! Auf den ersten Blick könnten viele Fachleute sofort schlussfolgern, dass es sich um »Dominanz-Aggression« handelte. Doch durch weiteres Nachfragen erfuhr ich, dass diesen freundlichen Leuten, die an anderen Orten ein hervorragendes Verhältnis zu ihrem Hund hatten, geraten worden war, den Alpha-Wurf zu machen; den Hund also auf dem Boden festzuhalten und anzuknurren und anzubrüllen, um ihm beizubringen, dass er die Gäste nicht anspringen und an der Tür nicht bellen sollte. Dieser Hund, der bereits durch die Begrüßung der Gäste sehr erregt war, musste sich nun über zwei Dinge Sorgen machen: andere betraten sein Territorium *und* seine Besitzer waren ihm gegenüber grundlos aggressiv, jedes Mal, wenn Gäste kamen. Wir brachten ihm sofort bei, einfach wegzugehen und sich auf eine Matte zu legen, wenn es an der Tür klingelte. Diese Aggression gegenüber seiner Besitzer hätte völlig vermieden werden können. Die Trainingstechnik an sich löste eine defensive Reaktion aus und führte dazu, dass der Hund diese Reaktion ständig üben konnte.

Sinn des Alpha-Wurfes ist, dass Sie das Alphatier werden. Ich glaube, Hunden ist bewusst, dass Menschen definitiv keine Hunde sind. Ich bringe meinen Hunden lieber bei, mich als Mensch zu begreifen. Ich bin ein Mensch, biologisch und unbestreitbar! Warum also nicht dazu stehen? Für Menschen ist es genauso unmöglich, jede Nuance der hündischen Körpersprache nachzuahmen (obwohl wir, wie Sie bereits gelernt haben, manche ihrer Beschwichtigungssignale verwenden können) wie ein Hund nicht in der Lage ist, jede Nuance unserer gesprochenen Sprache zu lernen und zu sprechen. Wenn jemand das mächtige Alphatier sein und den Alpha-Wurf machen möchte, sollte er also auch Hunde dadurch begrüßen, dass er an ihrem Hinterteil schnüffelt!

Durch die folgende Übung, Festhalten, sollen die Hunde nicht lernen, dass wir sie dominieren, sondern ein Konzept, das für die Mensch-Hund-Beziehung viel, viel wichtiger ist: Menschen zu vertrauen. *Vertrauen wird die Angst ersetzen.* Das ist äußerst wichtig, denn wie wir wissen, macht Angst Hunde reaktiv und unberechenbar. Aber wo Vertrauen herrscht, ist Ruhe und Zuversicht.

Trotz der Art, wie Menschen Hunde sehen (man kann sie streicheln und sie sind süß), fühlen Hunde sich oftmals in ihrem persönlichen Raum bedroht und sind von menschlichen Berührungen genervt oder empfinden diese zumindest nicht als entspannend. Das kann man leicht erkennen. Wenn Sie Ihren Hund anfassen, fängt er an, herumzuspringen? Unkontrolliert herumzuwackeln? Wenn Ihre eigene Körpersprache Aufregung signalisiert, reagiert Ihr Hund darauf, indem er herumwackelt. Oder sitzt Ihr Hund ruhig und rutscht näher an Sie heran, wenn Sie ihn berühren? Schaut und bewegt er sich von Ihnen weg? Oder macht er sich so steif, bis Sie unter

Ihren Händen spüren können, wie seine Haut sich bewegt? Natürlich wissen Sie, dass es einen Unterschied macht, wie Sie Ihren Hund berühren. Aber auch von der Art und Weise, wie er in der Vergangenheit berührt wurde, hängt es ab, wie er jetzt menschliche Berührungen wahrnimmt.

Manche Hunde haben von sich aus eine anschmiegsame, ich-möchte-angefasst-werden Persönlichkeit. Für diese Hunde stellen Berührungen oder sogar Festgehaltenwerden von unbekannten Menschen keine traumatischen Erlebnisse dar. Interessanterweise scheint die Mehrheit von diesen Hunden nicht zu denen zu gehören, die Aggressionsprobleme haben.

Zwangsläufig haben die Hunde, mit denen ich arbeite und die Aggressionsprobleme haben, auch eine Abwehrhaltung gegenüber Eindringlingen in ihren persönlichen Raum und gegenüber Berührungen. Der Großteil meiner Glatthaar-Foxterrier verfügt über einen ausgeprägten Oppositionsreflex - ziehe ich am einen Strang, ziehen sie am anderen. Berühre ich sie mit einem Holzstift am Körper, bewegen sie sich gegen ihn statt von ihm weg. Es ist als ob dieses konfrontative Verhalten (dasselbe Verhalten, dass sie dazu antreibt, es mit Wild aufzunehmen) in jedes Atom ihres Körpers gerieselt wäre. Dieselben Hunde akzeptieren Berührungen, solange sie von ihnen ausgehen. Aber sie fühlen sich sichtlich unwohl (sie wackeln, sind ängstlich, tänzeln herum, gehen von Ihnen weg oder das genaue Gegenteil: Kopf und Ohren gesenkt, extreme Körperspannung), wenn ich darauf bestehe, ihren Körper anzufassen, damit sie auf eine bestimmte Art stehen, beispielsweise wenn ich sie für den Rassering in Position bringen möchte. Genau bei diesen Hunden muss man intensiv an Berührungen arbeiten.

Andere Rassen, die häufig negativ auf Berührungen reagieren, sind – auch wenn sie es vollkommen anders zeigen – Labrador und Golden Retriever. Ihre Reaktion auf Berührungen ist oft, dass sie wild herumspringen oder sich auf den Boden werfen und heftig wackeln. Manchmal ist dies positive Aufgeregtheit (»Ich liebe es, wenn du mich berührst!«) und manchmal ist es ganz sicherlich Angst, angefasst zu werden.

Dann gibt es noch die »ambivalenten Hunde«. Wenn ich viele Golden Retriever und Border Collies, mit denen ich arbeiten soll, das erste Mal sehe und nach ihrem Halsband greife, werfen sie sich auf den Boden, liegen auf dem Rücken und wackeln herum. Dann ziehen sie die Lefzen hoch und knurren oder schnappen, wenn ich das Halsband berühre. Diese Mischung aus Signalen zeigt, in welch großem Konflikt sich das Tier befindet.

Bitte beachten Sie hier, dass ich basierend auf meinen eigenen Erfahrungen bestimmte Rassen als Beispiele für besondere Verhaltenstypen genannt habe. Doch jeder Hund kann berührungsempfindlich sein - gehen Sie also nicht davon aus, dass irgendein Hund davon ausgenommen wäre! Es ist sogar so, dass die meisten Hunde nervös auf Anfassen reagieren, vor allem, wenn sie Sie nicht kennen. Das ist auch sinnvoll! Der Plan lautet also, dass wir dafür sorgen, dass unsere Hunde sich wohl fühlen, sie uns vertrauen und keine Gefahr darstellen.

Desensibilisierung gegenüber Berührungen an Halsbank, Kopf und Nacken

Voraussetzung: PM/NM-System, ein bisschen TTouch, Sitz & Entspann dich

Wie sicher diese Übung ist, hängt davon ab, wie reaktiv Ihr Hund in der Vergangenheit bei Händen in seinem Gesicht und auf seinem Kopf und seinem Nacken war. Vielleicht ist ein Maulkorb nötig und möglicherweise hilft Ihnen bei diesen Übungen auch ein Kopfhalfter.

Sollte Ihr Hund erstarren, knurren oder Sie anstarren, nur weil Sie eine Hand auf seine Schulter, seinen Kopf oder seinen Hals gelegt haben, oder wird er panisch und defensiv, weil Sie ihn am Halsband festhalten (schnappt oder beißt defensiv), sollten Sie sich an einen Verhaltensspezialisten wenden, bevor Sie mit der Übung weitermachen. Haben Sie bei dieser Übung gravierende Probleme und erzielen Sie keinen Fortschritt *oder* wird Ihr Hund sehr reaktiv und versucht, Sie zu beißen, ist es Zeit, sich Hilfe von außerhalb zu suchen.

Gehen Sie bei dieser Übung langsam vor. Es ist besser, immer nur einen kleinen Fortschritt zu erzielen als große Schlachten auszutragen. Denken Sie daran, diese Übung soll Vertrauen schaffen und keine lange List der Konfrontationen! Übt Ihr Hund ruhiges Verhalten, wird er ruhiger werden und vieles akzeptieren. Übt er sich in Aggression, perfektioniert er die Konfrontation.

Für diese Übung ist Sue Sternbergs »Assess-A-Hand« (eine künstliche Hand) äußerst nützlich, besonders wenn Sie mit einem Hund arbeiten, der in der Vergangenheit nach Ihnen geschnappt hat. Diese echt aussehende künstliche Hand mit Arm hat eine lange Reichweite (und keine Nerven!). Dieses Hilfsmittel ist auch unglaublich nützlich, wenn Sie das Temperament eines Hundes einschätzen müssen, bevor er neu vermittelt wird, und wenn Sie mit Hunden arbeiten, die Sie nicht kennen. (Siehe Anhang für Informationen über Bezugsquellen für diese Hand.)

Schnappt der Hund nach Ihnen und Sie ziehen Ihre Hand weg, waren Sie klug und haben Ihre Finger gerettet. Aber Sie haben auch das Schnappen verstärkt, indem Sie Ihre Hand weggezogen haben. Schnappen hat für den Hund »funktioniert«. Mit einer Assess-A-Hand können Sie die »Hand« liegenlassen, egal wie der Hund reagiert, und Sie selbst werden dabei nicht verletzt. Durch den Gebrauch der Assess-A-Hand tritt keine »Verstärkung« ein. Somit können Sie sicher Informationen über den Hund und seine Probleme sammeln. Außerdem können Sie festlegen, ob es bei einem Hund, den Sie nicht kennen, ein Problem gibt, ohne Ihre wertvollen Finger zu riskieren.

Kopf, Nacken und Schultern berühren

Wenn Sie schon Ihre TTouch-Arbeit gemacht haben, sollte dies ziemlich reibungslos laufen. Aber da die Situation eine andere ist, müssen Sie trotzdem darauf Wert legen, dass der Hund unterschiedlichste menschliche Berührungen versteht und ihnen allen vertraut. Eine mögliche Vorgehensweise bei diesen Übungen ist, zu Beginn die Assess-A-Hand zeitweise durch Ihre eigene Hand zu ersetzen und dabei die Reaktion Ihres Hundes abzuschätzen. Haben Sie festgelegt, dass Ihr Hund »sicher« ist, können Sie Ihre wirkliche Hand benutzen.

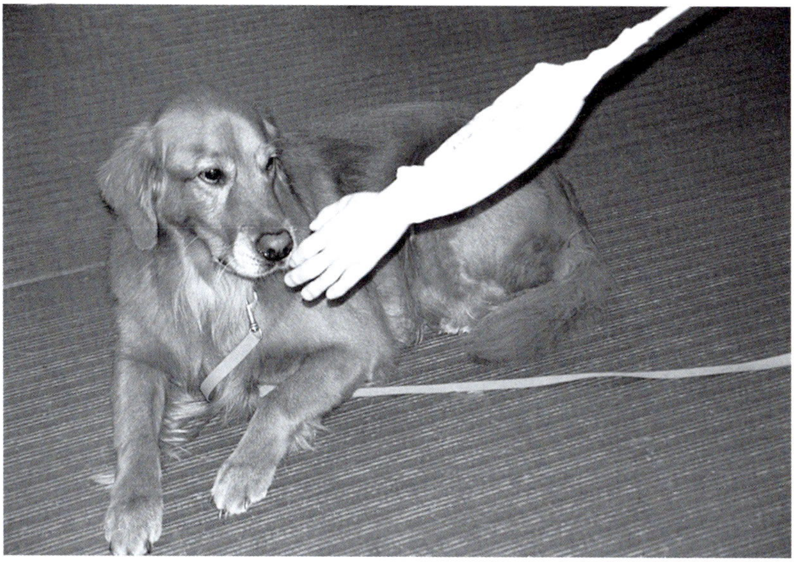

Assess-A-Hand

Aneignung

- Stehen Sie neben dem Hund, nicht vor ihm. An der Seite zu stehen, ist weniger konfrontativ.
- Halten Sie Ihre Hand ungefähr 30 Zentimeter über seinen Kopf.
- Wenn Ihr Hund nicht reagiert *und* entspannt bleibt, markieren und belohnen Sie.

Wird der Hund reaktiv, geben Sie ihm sofort einen NM und dann das Kommando »Sitz«. Warten Sie bis er Sitz macht und geben Sie ihm dann den PM/Leckerli. Hat der Hund nicht Sitz gemacht, können Sie ihn zu sich rufen und ihn auffordern, Sie anzuschauen, oder einfach nur mit Ihnen im Raum herumzulaufen. Geben Sie ihm für das Verhalten den PM/Leckerli. Oder fordern Sie ihn zu einem seiner Lieblingstricks auf - jedes Verhalten, das Sie erzielen können, ist zu verstärken. Wenn der Hund entspannt wirkt, versuchen Sie es noch einmal, wobei Sie die Kriterien niedriger ansetzen. Beginnen Sie mit Ihrer Hand ein Stück weiter über dem Kopf des Hundes und vielleicht leicht vor seinem Kopf. Das ist weniger bedrohlich.

Approximation I

Sie werden nach und nach Ihre Hand jedes Mal um 3 oder 5 Zentimeter senken, bis Sie sie sanft auf seinen Kopf legen können, ohne dass der Hund reagiert. Wenn Sie zu diesem kritischen Augenblick kommen, sollte der Hund die Berührung am Kopf schon freudig erwarten, weil er weiß, dass er dafür ein Leckerli bekommt.

- Sie müssen diese Übung nicht in einer einzigen Trainingseinheit absolvieren. Es können mehrere Versuche über mehrere Tage verteilt nötig sein.

- Lassen Sie sich Zeit.
- Beenden Sie das Training immer mit einer erfolgreichen Approximation, selbst wenn Sie dadurch nicht Ihr Ziel für diese Trainingseinheit erreicht haben.
- Senken Sie die Kriterien, falls nötig.
- Steigern Sie die Kriterien, wenn möglich.

Approximation 2

- Sie können nun genauso vorgehen wie oben beschrieben, allerdings halten Sie Ihre Hand über den Nacken des Hundes.
- Gehen Sie wie oben beschrieben vor, nur dass Sie Ihre Hand über die Schultern des Hundes halten.

Approximation 3

Zur nächsten Übung gehört, dass Sie vor Ihrem Hund stehen. Bei Hunden, die diese Lektion nicht schnell generalisieren, sollten Sie erst von beiden Seiten und anschließend von vorne arbeiten. Das erkennen Sie im Laufe Ihrer Arbeit daran, wie unwohl Ihr Hund sich fühlt.

Falls es für Ihren Hund eine zu große Approximation darstellt, dass Sie nun nicht mehr an seiner Seite sondern von vorne arbeiten, müssen Sie sich - von der Seite aus gesehen - in einem Winkel von 45 Grad hinstellen, sodass Sie weder direkt vor noch an seiner Seite stehen. Sind Sie in dieser Position erfolgreich, können Sie sich vor ihn stellen. Falls Sie vor ihm stehen und Ihr Hund reagiert in einer Weise, die Aggression oder Unbehagen ausdrückt (der Hund ist nervös, geht unter Ihrer Hand weg, knurrt, erstarrt etc.), müssen Sie es noch einmal mit der Winkel-Methode probieren.

- Stehen Sie gerade (beugen Sie sich also nicht über Ihren Hund) und vor Ihrem Hund. Gehen Sie durch Ihre Approximationen, bei denen Sie die Hand über seinen Kopf halten, und markieren und belohnen Sie richtiges Verhalten. Durch kleine Approximationen, genauso wie oben beschrieben, senken Sie allmählich Ihre Hand, bis Sie den Hund oben auf seinem Kopf berühren können.
- Als Nächstes machen Sie Ihre Approximationen bis Sie den Nacken des Hundes berühren können.

Approximation 4

- Bei der nächsten Übung muss der Hund ungefähr einen Schritt von Ihnen entfernt stehen oder sitzen, und Sie rufen oder locken ihn zu sich, während Sie sich nach vorne beugen.

Für viele Hunde stellt dies großen Stress dar. Lassen Sie sich Zeit. Manche Hunde kommen problemlos zu Ihnen, aber sobald Sie die Hand nach ihnen ausstrecken, werden sie reaktiv. Achten Sie also auf die Körpersprache Ihres Hundes. In dieser verletzlichen Position können Sie leicht in die Hand oder ins Gesicht gebissen werden oder der Hund kann Ihnen fest gegen die Nase prallen, wenn er weg springt.

Sollte der Hund reaktiv werden, müssen Sie die Kriterien herabsetzen. Statt dass Sie nach dem Hund greifen, beugen Sie sich nur leicht vor, dann markieren und belohnen Sie. Beugen Sie sich dann ein bisschen weiter vor, markieren und belohnen. Anschließend beugen Sie sich vor und bewegen die Hand leicht in Richtung Hund, markieren und belohnen. Verstehen Sie das Prinzip? Teilen Sie das »Nach ihm greifen« einfach in kleine Approximationen auf.

Fühlt der Hund sich bei allen oben beschriebenen Übungen wohl, hat er es weit gebracht und ist gegenüber vielen »bedrohlichen« (aus Sicht des Hundes) Körperhaltungen und Berührungen der Menschen toleranter geworden.

Sollte Ihr Hund schon reaktiv, ängstlich oder aggressiv auf Berührungen reagieren, benutzen Sie am Anfang Ihrer Arbeit aus Sicherheitsgründen sowohl ein Kopfhalfter als auch einen Maulkorb. Ziehen Sie ihm zuerst den Maulkorb aus und dann später das Halti, aber nur, wenn die folgenden Kriterien erfüllt wurden:

- Der Hund steht nicht nur da und akzeptiert Berührungen von unterschiedlichen Menschen, sondern geht sogar auf sie zu, weil er berührt werden möchte.

Manche Hunde machen niemals den Fortschritt, dass sie auch nur leichte Berührungen durch unbekannte Personen ohne defensives Schnappen oder Beißen tolerieren würden. In einem solchen Fall ist es zumindest nötig, dass alle Familienmitglieder den Hund ohne Gefahr anfassen können! Es gibt immer Situationen, in denen irgendjemand den Hund anfassen und festhalten muss. Wenn Sie sich dafür entscheiden, einen Hund zu behalten, der von niemandem sonst als der unmittelbaren Familie angefasst werden kann, muss der Hund aus Sicherheitsgründen in der Umgebung von jedem, abgesehen der Familienmitglieder, einen Maulkorb tragen. Außerdem sollten Sie sich an einen Verhaltenstherapeuten wenden, damit er beschließen kann, ob die Haltung eines solchen Hundes überhaupt ratsam ist. Ein Spezialist kann Ihnen auch ein langfristiges Programm für den Umgang mit dem Hund aufstellen, damit er keine Gefahr für andere stellt und am Leben bleibt. Bei manchen Hunden muss man sich ein Leben lang über Sicherheit und Verantwortung Gedanken machen. Sehen wir den Tatsachen ins Auge, ein solcher Hund ist kein Kandidat für eine Neuvermittlung, weshalb Sie gezwungen sind, die Einschläferung als Lösung in Betracht zu ziehen. Bei einem Hund, bei dem man es nicht schafft, dass er keine Gefahr mehr darstellt, müssen viele Entscheidungen getroffen werden.

Das Halsband berühren

Voraussetzung: Desensibilisierung gegenüber Berührungen an Kopf, Nacken und Schultern.

Viele Hunde werden vollkommen aus der Fassung gebracht, wenn Menschen frontal vor ihnen stehen und nach ihrem Halsband greifen. Hunde haben dafür ziemlich gute Gründe. Die Menschen greifen nach Hunden und ziehen oder zerren sie sogar herum, oder sie greifen nach dem

Halsband bevor oder während einer Bestrafung. Für den Hund bedeutet dies: »Wenn jemand zu mir kommt und nach meinem Halsband greift, ist das meistens ein schlechtes (sogar schmerzliches) Zeichen.«

- Sie stehen vor Ihrem Hund und strecken ruhig die Hand nach seinem Halsband aus, berühren es aber nicht.
- Für positive Reaktionen folgt die Markieren-und-belohnen-Routine.
- Akzeptiert Ihr Hund dies nicht sofort, sollten Sie sofort Ihren NM benutzen und ihn dann Sitz oder ein anderes Verhalten, das Sie verstärken können, machen lassen. Kehren Sie dann zu den Voraussetzungsübungen zurück. Da diese im Wesentlichen eine Wiederholung sind, sollten Sie ziemlich schnell durch die Approximationen gehen können.

Mindestanforderungen

Tasten Sie sich schrittweise heran bis Sie tatsächlich das Halsband berühren können und eine der folgenden Reaktionen erfolgt:

- Gut: Der Hund behält seine Position bei und geht nicht weg. Leichtes Ducken (Kopf bewegt sich von Ihrer Hand nach unten weg) ist in Ordnung.
- Noch besser: Der Hund bleibt geduldig und neutral, aber dennoch aufmerksam, und wartet auf den Griff nach dem Halsband, sodass er sein Leckerli bekommen kann.
- Supertoll: Der Hund wartet eifrig und freut sich darauf, dass Ihre Hand sich seinem Halsband nähert. Er kann sich gegen Sie lehnen oder sich auf Sie zu bewegen, während er die Leckerlis sucht, die er zu bekommen erhofft.

Wenn Sie erfolgreich von beiden Seiten, von vorne und während Sie sich über ihn lehnen, das Halsband berühren können, fahren Sie mit den folgenden Herausforderungen fort. Denken Sie aber daran, dass Sie die Kriterien erforderlichenfalls steigern und herabsetzen sowie freigiebig mit Verstärkung sein müssen:

- Greifen Sie schnell nach dem Halsband des Hundes.
- Stehen Sie einen Schritt von ihm entfernt und machen Sie einen Schritt auf ihn zu und greifen Sie nach dem Halsband.
- Stehen Sie direkt vor dem Hund, greifen Sie nach seinem Halsband und ziehen Sie leicht daran.
- Stehen Sie ein paar Schritte entfernt, gehen Sie auf den Hund zu, greifen Sie nach dem Halsband und ziehen Sie leicht daran.
- Stehen Sie neben dem Hund, halten Sie ihn am Halsband und ziehen Sie ihn ein paar Schritte zur Seite.
- Stehen Sie vor dem Hund, ziehen Sie ihn einen Schritt zu sich.

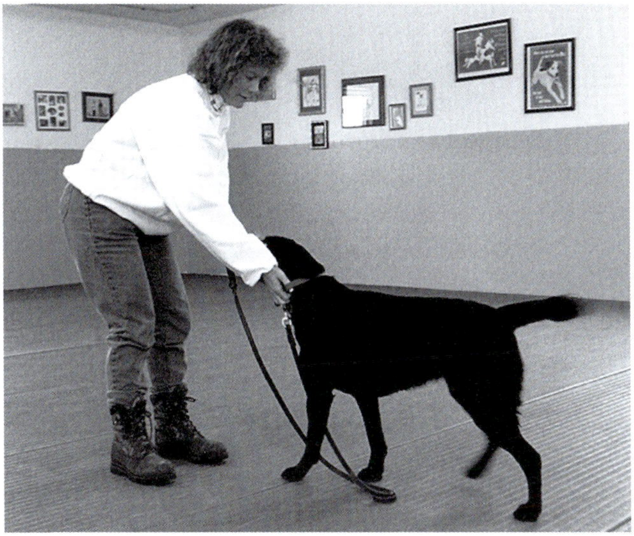

Berührungen am Halsband (oben)
Cassie hat bei der Arbeit an Halsbandberührungen so große Fortschritte erzielt, dass sie leicht geführt werden kann und dies sie in keiner Weise kümmert oder stresst. Achten Sie darauf, dass sie bereitwillig auf Faye zugeht, obwohl Faye sich über sie beugt.

Berührungen am Halsband für Fortgeschrittene (unten)
Das ist ein sehr fortgeschrittener »Halsbandgriff«. Faye hat sich Cassies Halsband gegriffen und zieht feste daran. Achten Sie darauf, dass sich Cassie bereitwillig und dynamisch, aber entspannt auf Faye zubewegt.
Auch wenn Sie den Hund zu sich ziehen, müssen Sie zuerst sanft vorgehen und die Sache fröhlich und spaßig machen! Bei scheuen Hunden kann dieses feste »Ziehen« nicht geeignet sein, falls es sie zu sehr einschüchtert.

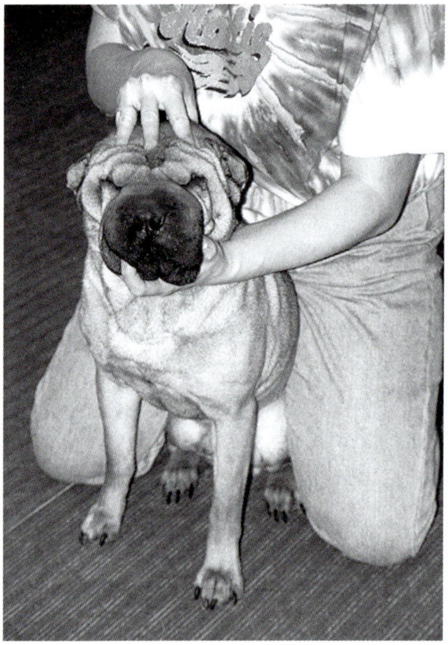
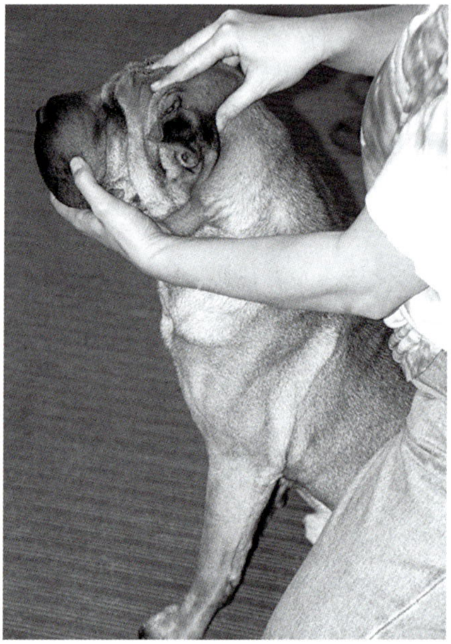

Grundlegendes Festhalten im Sitzen
Dieses Foto zeigt die für beide Mitwirkenden richtige Position. Achten Sie darauf, dass Fonzie sein Kinn in Lylenettes Hand legt. Legt der Hund freiwillig sein Kinn in Ihre Hand, können Sie die Hand oben auf dem Kopf wegnehmen. Fängt der Hund an, sich aufzuregen, oder hebt er das Kinn hoch, müssen Sie die obere Hand wieder hinlegen und den Hund dazu ermuntern, sein Kinn wieder in Ihre untere Hand zu legen. Sie werden Ihren PM für Gehorsam benutzen. Seien Sie still und überdauern Sie den Hund, falls er sich aufregt und strampelt. Sie können es mit einem NM versuchen, aber wenn er nicht sofort darauf reagiert, seien Sie einfach still und warten Sie ab. Kein Schimpfen oder Tadeln – das bestärkt den Hund nur in seinem Elend und seiner Aufregung.

Lylenette hält das Kinn *nicht* fest und forciert das Verhalten nicht. Ihre untere Hand ist gewölbt, sodass der Hund sein Kinn bequem dort ablegen kann.

Festhaltenübung im Sitzen und im Stehen

Für diese Übung muss der Hund etwas Neues lernen: Bringen Sie dem Hund bei, sein Kinn in Ihre Hand zu legen und es zu akzeptieren, dass Sie leicht um sein Maul greifen.

Ihr Hund sitzt und Sie stehen oder knien hinter ihm und verhindern mit Ihren Knien, dass er sich nach hinten bewegen kann. So als ob der Hund auf Ihren Füßen sitzt und sich gegen Ihre Knie lehnt, sozusagen wie in einem Stuhl. Legen Sie ihm eine Hand unter das Kinn, wobei Sie die Finger sanft um sein Maul wölben (nicht fest und das Maul auch nicht festhalten). Gleichzeitig legen Sie den kleinen Finger der anderen Hand hinter ein Ohr und den Daumen hinter das andere Ohr. Die übrigen drei Finger platzieren Sie sanft auf seinen Hinterschädel. Als Hinterhauptstachel bezeichnet man den kleinen knöchrigen Kamm, den Sie ganz hinten am Schädel Ihres Hundes ertasten können. Der Nackenkamm liegt genau links und rechts des Hinterhauptstachels. Auf den Bereich sollen Sie die übrigen drei Finger legen. Manche legen diese drei

Finger aber lieber einfach oben auf den Hinterschädel. Beides funktioniert: Ich bevorzuge den Hinterhauptstachel und den Nackenkamm, aber Sie müssen dabei nicht superexakt sein. Indem Sie die Hand obere »Hinterkopf-Hand« nach vorne drücken, animieren Sie den Hund sanft, sein Kinn freiwillig in Ihre »Kinn-Hand« zu legen. Sobald Sie auf Ihrer unteren Hand das Gewicht seines Kinns spüren, fangen Sie sofort an, in kleinen Schritten den Druck von der oberen »Hinterkopf-Hand« zu nehmen.

Bleiben Sie ruhig und neutral, falls Ihr Hund sich sträubt oder wehrt. Windet er sich aus Ihrem Griff, fangen Sie sanft und neutral noch mal an, egal wie viele Wiederholungen nötig sind, Sie müssen länger durchhalten als Ihr Hund. Nicht schwatzen oder schimpfen! Sobald der Hund anfängt, die »Kinn-Hand« zu belasten, ist seine Verstärkung, dass der Druck nachlässt. Außerdem sollten Sie in dem Moment Ihren Hund sofort mit gedämpfter, ruhiger Stimme loben und ihm den PM geben. Belastet der Hund Ihre untere »Kinn-Hand« gelassen, können Sie nach und nach, aber vollständig, den Druck von der oberen »Hinterkopf-Hand« nehmen. Steigern Sie allmählich die Zeit, in der der Hund sein Kinn in Ihre Hand legt, ohne dass Sie ihn mit der Hand auf dem Hinterkopf dazu anregen müssen. Sobald Ihr Hund bereitwillig sein Kinn in Ihre Hand legt, gehen Sie zu den Herausforderungen über.

Platzieren Sie den Hund ins Sitz und stehen oder knien Sie hinter ihm. Mit einer Hand wiegen Sie sanft sein Kinn und sein Maul und die andere liegt leicht auf seinem Hinterkopf oder an seinem Halsband. Dann folgen die Herausforderungen:

- Eine Person nähert sich und streichelt den Hund.
- Eine Person nähert sich und untersucht seine Ohren. Dann die Zähne. Dann die Pfoten.

Jetzt können Sie die Herausforderungen auch so üben, dass Sie neben Ihrem Hund stehen und er sein Kinn in Ihre Hand legt. Ein Helfer streicht mit der Hand über den Kopf des Hundes, untersucht seine Ohren, hebt seine Pfoten an und wackelt sanft an seiner Rute.

Diese Übung ist für tausend Dinge praktisch. Sie können sie als Beruhigungsmethode für einen Welpen benutzen, wenn dieser das »Krokodilskiefer«-Syndrom hat - so wie alle Welpen (Sie wissen schon, wenn Sie spielerisch nach allem in ihrer Umgebung schnappen). Sie können sich diese Übung zunutze machen, wenn Sie Ihrem Hund zuhause Medikamente in Ohren oder Augen träufeln müssen, und auch in der Tierarztpraxis können Sie ihn dadurch gut handhaben.

Diese Position eignet sich hervorragend, um dem zappligen Welpen das Akzeptieren beizubringen. Sie können die Übung nun verwenden, wenn Kinder zum Welpen gehen und ihn streicheln möchten. Besonders praktisch ist das, wenn der Welpe noch nicht zuverlässig Sitz-Bleib macht (beispielsweise, wenn Sie den Welpen mitnehmen, um die Kinder von der Schule abzuholen). Auch als Präventionsmittel ist die Übung hervorragend. Alle Hunde sollten sie lernen und ich bringe sie allen Teilnehmern meiner Welpengruppen bei. Einem älteren Problemhund geben Sie dadurch eine »Aufgabe«, der er nachgehen kann, wenn er untersucht oder geputzt wird. Und auch um allen Hunden beizubringen, dass das Festhalten durch Menschen »nun mal so ist«, eignet sie sich sehr gut.

Greifen nach dem Fang

Nach dem Fang greifen und ihn festhalten, sieht ein Hund als Korrektur an einem Untergebenen an. Um doppelt sicher zu sein, dass Ihr Hund nicht überreagiert, wenn Sie seine Zähne untersuchen, oder es nicht falsch deutet, wenn Menschen ihn im Gesicht berühren, sollten Sie es üben, nach seinem Fang greifen zu können. Dafür befolgen Sie die gleichen Schritte wie für den Griff nach dem Halsband. Hat Ihr Hund Ihnen gegenüber in der Vergangenheit schon mal aggressiv reagiert oder sind Sie unsicher, wie er auf solche Berührungen reagieren wird, müssen Sie ihm am Anfang für diese Übungen einen Maulkorb anlegen.

Akzeptiert Ihr Hund erstmal leichte Berührungen, können Sie versuchen, sein Maul leicht und sanft zu »schütteln«, worauf der Hund großzügig verstärkt wird. «

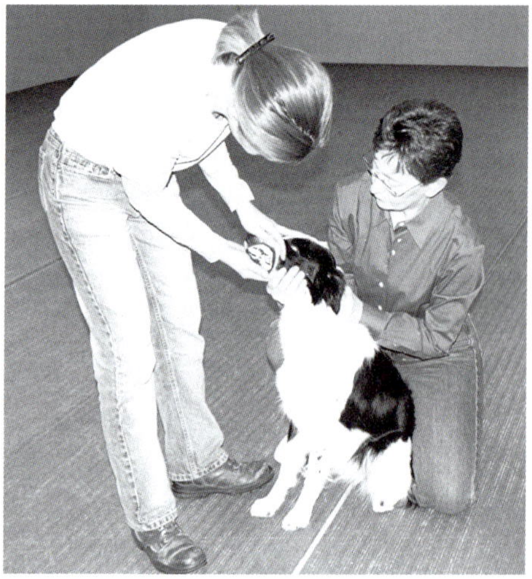

Untersuchung durch andere – Festhalten im Sitzen
Marie untersucht Rylies Ohr. Sie gibt ihm gleichzeitig ein Leckerli, damit Rylie das Festgehaltenwerden, die Untersuchung und dass die Menschen sich über sie beugen mit guten Dingen assoziiert.

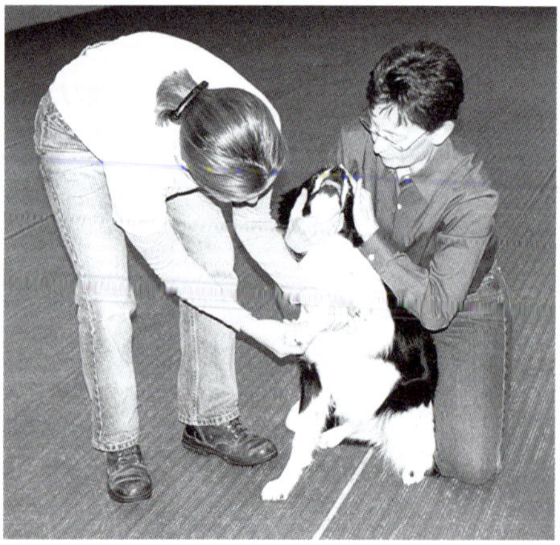

Marie geht zur Untersuchung des Mauls und der Zähne über. Ihr Tierarzt wird Ihnen dankbar sein, dass Sie dies geübt haben, da können Sie sich sicher sein!

Jetzt geht's ans Anfassen und Untersuchen der Pfoten... Das macht Rylie ein bisschen Angst und sie schaut als Rückversicherung zu mir. Mit einem leichten Druck meiner »Hinterkopfhand« erinnere ich sie daran, ihr Kinn wieder in meine untere Hand zu legen. Ich sage ihr, dass sie ihre Sache sehr gut macht, und bestätige die Tatsache, dass sie sich nicht aufregt oder wehrt, mit einem verbalen »gutes Mädchen«.

Entspannt liegen

Voraussetzung: Desensibilisierung gegenüber Berührungen, Platz

»Entspannt liegen« heißt, dass der Hund sich ganz ruhig flach auf die Seite legt, mit seinen Pfoten weit von sich gestreckt. Dies ist die ultimative Festhalteübung, gehen Sie also vorsichtig und ohne Risiko vor. Bei manchen Hunden ist die erste Reaktion auf diese Übung Panik. Wenn Sie glauben, das könnte traumatisch sein, sollten Sie sich sofort Hilfe bei einem erfahrenen Verhaltensspezialisten suchen. Diese Übung ist überaus wichtig und schafft bei richtiger Durchführung Vertrauen und eine gute Beziehung. Doch bei falscher Durchführung wird sie höchstwahrscheinlich Ihren Erfolg aufs Spiel setzen und kann in Extremfällen sogar gefährlich sein.

Am einfachsten und sichersten macht man diese Übung mit Welpen und wiederholt sie regelmäßig das Leben lang, damit der Hund die Fertigkeit nicht wieder verlernt. Ich sehe nicht oft, dass das auch tatsächlich gemacht wird, und wenn, dann häufig als eine Art Alphawurf, der bei jedem Hund, ungeachtet der Umstände, kontraindiziert ist. Sie dürfen nicht vergessen, dass der Hauptgrund, warum wir diese Übung machen, der ist, dass unsere Hunde lernen sollen, Menschen zu vertrauen und sich dabei wohlzufühlen, wenn diese sie festhalten.

An irgendeinem Punkt im Leben ist es unvermeidbar, dass er festgehalten werden muss. Er wird auf jeden Fall beim Tierarzt festgehalten, um ihm eine Spritze oder Ohrentropfen zu verabreichen oder um sich eine wehe Stelle anzuschauen. Sie müssen einen Hund festhalten, um ihm die Krallen zu schneiden - etwas, das Sie idealerweise alle zwei bis drei Wochen machen sollten. Wenn Ihr Hund über die Felder läuft und mit Kletten im Fell zurückkommt, müssen Sie ihn vielleicht auf den Rücken drehen und festhalten, um ihn zu bürsten und die Kletten zu entfernen. Ein Hund, den man nicht festhalten kann, kann körperlich nicht kontrolliert werden und wird niemals ein stabiles und sicheres Verhalten zeigen können.

Denken Sie daran, dass Sie hierbei Ihre Beschwichtigungssignale benutzen können, damit Ihr Hund sich entspannen kann. Liegt er still, ist aber angespannt und leckt sich die Lefzen oder gähnt, schauen Sie kurz weg oder lecken sich selbst über die Lippen. Er möchte sich mit seinen Beschwichtigungssignalen rückversichern und wissen, dass Sie ihn nicht bedrohen oder umbringen wollen. Teilen Sie ihm also mit, dass Sie keine Bedrohung darstellen und er Ihnen vertrauen kann sowie dass Sie zu kommunizieren versuchen und als Gegenleistung für seine Mitarbeit auf seine Bedürfnisse reagieren.

Bis Sie der Ansicht sind, dass Sie Ihren Hund sicher durch jede Approximation und Übung führen können, sollten Sie einen Maulkorb und ein Martingale-Halsband sowie eine Leine oder ein Halti und eine Leine (falls nötig mit Maulkorb) benutzen.

Aneignung

- Knien Sie auf dem Boden. Legen Sie sich zum Schutz Ihrer Knie einen gemütlichen kleinen Teppich oder eine Decke unter. Ist der Fußboden hart, achten Sie auch darauf, dass Ihr Hund eine bequeme Unterlage hat.

- Lassen Sie Ihren Hund Platz machen.
- Knien Sie sich neben ihn, in der Nähe seiner Schulter.
- Lassen Sie den Hund sich erst einmal daran gewöhnen, dass Sie knien und ihn aus dieser Position heraus streicheln und ihn an einer Hüfte anfassen.

Falls nötig, kann eine zweite Person den Hund füttern, während Sie ihn anfassen, oder Sie können ihm für angebrachtes Verhalten ein paar Leckerlis geben. Meistens nutze ich bei dieser Übung meine »Berührung« und meine Stimme als Form der sozialen Anerkennung, weil ich einfach nicht genug Hände habe, um den Hund zu halten und gleichzeitig zu füttern!

Approximation 1

Läuft obiges gut, können Sie mit Ihrem Hund, wenn er in einem entspannten Zustand ist (Ihre TTouch-Arbeit wird sich hierbei als praktisch erweisen), zum nächsten Teil übergehen.

- Legen Sie eine Hand auf die Schulter des Hundes und eine auf seine Hüfte, und rollen Sie ihn mit so wenig Kraft wie möglich auf die Seite, sodass alle vier Beine auf einer Seite seines Körpers liegen und er von Ihnen weg schaut.

Wenn der Hund dies bereitwillig duldet – das bedeutet, er entspannt sich für einen Moment und nimmt ein Leckerli an – darf er anschließend aufstehen. Dadurch ziehen Sie sanft und ruhig Ihre Hände von seinem Körper und lassen ihn aufstehen.

Wehrt der Hund sich zu irgendeinem Zeitpunkt oder macht er viel Aufhebens, dürfen Sie ihn nicht beruhigen und sagen, dass es in Ordnung ist. Erstens: Er wird Ihnen nicht glauben. Er denkt nicht, dass es okay ist, wenn er sich wehrt. Zweitens: Der Hund wird Ihren beruhigenden, sanften Tonfall so interpretieren: »Ja, ich liiiiiiiiebe es, wenn du dich wehrst, Angst hast, wütend bist und dich wie ein Idiot benimmst.« Kurz gesagt, Ihr Hund wird aus Ihrem beruhigenden Tonfall schließen, dass dieses Verhalten von Ihnen erwünscht ist und dass Sie es verstärken.

Was soll man also mit einem Hund machen, der sich wehrt? Bleiben Sie neutral, lassen Sie ihn nicht aufstehen, und falls er es trotzdem tut, bestehen Sie darauf, dass er sich neben Sie legt. Hört er irgendwann auf, sich zu wehren, geben Sie ihm sofort den PM und soziale Anerkennung. Praktisch wäre, wenn Ihnen jemand bei dieser Übung helfen könnte. Diese Person kann den Hund füttern, während Sie ihn festhalten, falls er stillhält. Immer wenn Ihr Hund sich wehrt, müssen Sie ruhig und neutral bleiben und den Hund überdauern, wobei Sie schnell zu verbaler Anerkennung übergehen, sobald er sich ruhiger verhält.

Bleibt Ihr Hund bei obiger Teilübung ruhig, können Sie zum nächsten Schritt übergehen.

Approximation 2

Sie knien und der Hund liegt auf der Seite mit den Füßen von Ihnen weg. Legen Sie den

Unterarm über seinen Hals und ergreifen Sie mit dergleichen Hand seinen Vorderlauf (das Bein, das »unten« liegt). Sie müssen das Bein unbedingt ganz nah am Körper halten, damit Sie ihn nicht verletzen, falls er sich wehrt.

Gleichzeitig ergreifen Sie mit der anderen Hand das Hinterbein des Hundes (wiederum das, das unten liegt), ganz nah am Körper, damit Sie ihn nicht verletzen, falls er sich wehrt.

Wenn Sie die Beine fassen, achten Sie darauf, dass Sie das nahe der Stelle tun, an der Körper und Bein zusammenlaufen. Wenn Sie die Beine an einem Gelenk festhalten und der Hund sich wehrt, verdrehen Sie das Gelenk und verletzen somit möglicherweise den Hund.

Ihr Helfer füttert ununterbrochen den Hund, während dieser still liegen bleibt. Geben Sie ihm auch verbale Anerkennung.

Sobald Sie merken, dass die Muskeln des Hundes sich entspannen, lockern Sie Ihren Griff am Hinterlauf und schauen, ob er es akzeptiert, dass Sie ihn am Bauch kraulen. Fängt er dann an, sich zu wehren, ergreifen Sie wieder den Hinterlauf und halten so den Hund fest.

Sobald der Hund zu ziehen und sich zu wehren beginnt, müssen Sie ihn weiter festhalten. Lassen Sie ihn jetzt aufstehen, bringen Sie ihm bei, dass Sie ihn sofort gehen lassen, wenn er Wutanfälle bekommt oder sich erschrocken wehrt, schnappt, winselt und so weiter. Unbeabsichtigt verstärken Sie ihn für das falsche Verhalten.

Sprechen Sie nicht mit dem Hund, während er sich wehrt. Starren Sie ihm nicht ins Gesicht. Bleiben Sie neutral und ruhig. Windet er sich aus Ihrem Griff, legen Sie ihn wieder hin und fangen von neuem an. Sie können verhindern, dass er seinen Kopf herumwirft und/oder Sie beißt, indem Sie Ihren Unterarm sanft über seinem Hals liegen lassen.

Sobald Sie können, machen Sie mit dem Hund TTouch, solange er noch in dieser Position bleibt. Dadurch wird der Hund diese Festhalte-Übung besser akzeptieren und ihr Vertrauen schenken. Gehen Sie davon aus, dass er sich ein bisschen wehren wird, aber achten Sie darauf, dass es nicht zu mehr Konfrontation als wirklich nötig kommt. Denken Sie an ruhiges, entspanntes Vorgehen. Vergessen Sie nicht zu atmen. Wenn Sie Ihren Atem anhalten, merkt der Hund das und lässt seine Alarmglocken schrillen, denn er denkt, Sie wären auch aufgeregt und in Panik.

Falls Ihr Hund Sie während dieser Übung anschauen möchte, darf er das tun. Freundlicher Blickkontakt kann ihm soziale Anerkennung einbringen. Nicht akzeptabel sind: Sie niederstarren, oder zuerst Blickkontakt aufnehmen und dann zu »erstarren« und Sie anzustarren. Sollte das eintreten, müssen Sie sich der Situation so ruhig und sicher wie möglich entziehen und diese Übung abbrechen. Wenn Ihr Hund sich so verhält, müssen Sie auf jeden Fall die Hilfe eines Verhaltensexperten suchen.

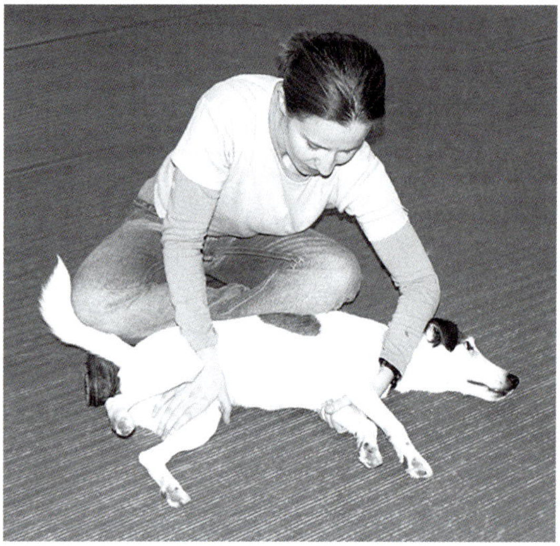

Entspannt liegen – Handposition
Marie greift Vinnys Beine nahe an seinem Körper. Vinny hat gelernt, sich während dieser Übung zu entspannen. Mehrere Wiederholungen können nötig sein, bis Ihr Hund reagiert und entspannt bleibt. Die investierte Zeit ist es wert!

Sobald Ihr Hund begreift, dass Sie seinen Wutanfällen nicht nachgehen und für ruhiges Verhalten Verstärkung und soziale Anerkennung verabreicht werden, wird er aufhören, sich zu wehren.

Wenn Sie erst einmal mit dieser Festhalte-Übung begonnen haben, ist es überaus wichtig, dass Sie »länger durchhalten« als Ihr Hund. Konfrontationen sollten zwar minimiert werden, aber Ihr Hund muss auch begreifen, dass Sie nicht aufgeben und ihn die Oberhand gewinnen lassen werden. Um erfolgreich sein zu können, muss der Hund zumindest in den Anfangsphasen stillhalten und sich in den Endphasen entspannen.

Mit der Zeit fangen die Hunde an, diese Übung zu genießen, weil sie keine Angst mehr davor haben, festgehalten zu werden, und dies keinen Grund mehr darstellt, in einen defensiven emotionalen Zustand zu verfallen. Sie zeigen Ihrem Hund seine schlimmstmögliche Angst und helfen ihm, diese zu überwinden. Darum ist diese Übung so wichtig. Viele Aggressionsprobleme rühren von Angst her und der sich daraus ergebenden Übererregung, die den defensiven Zustand begleitet. Für das Wohlbefinden und die Sicherheit Ihres Hundes und Ihre Beziehung zu ihm wird es ein großer Schritt sein, wenn er Ihnen soweit traut, dass er ein »entspanntes« Festhalten zulässt!

Approximation 3

Sobald Ihr Hund diese Übung zulässt, sollten Sie andere Familienmitglieder mit ins Spiel bringen. Sie halten den Hund in seiner »Entspannt liegen«-Position und die Familienmitglieder können hinzukommen, den Hund füttern und beim TTouch mitmachen.

Das ist eine hervorragende Art und Weise, Ihrem Hund zu zeigen, dass Sie die Autorität der anderen Familienmitglieder »bekräftigen«, vor allem der Kinder, und dass er diesen anderen

Entspannt liegen
Vinny schaut Marie entspannt und freundlich an und gibt ihr ein Küsschen.

Familienmitgliedern ebenfalls trauen kann. Kindern sollte niemals erlaubt werden, diese Übung durchzuführen, es sei denn, sie haben wie oben beschrieben und unter elterlicher Aufsicht teil. Sie verfügen nicht über das nötige Urteilsvermögen, um entscheiden zu können, wann diese Übung angebracht ist oder wann man ihn lieber loslassen soll, wann weiter festhalten, oder andere Entscheidungen, die im Bruchteil einer Sekunde getroffen werden müssen. Außerdem sind Kinder körperlich nicht in der Lage, diese Übung korrekt durchzuführen.

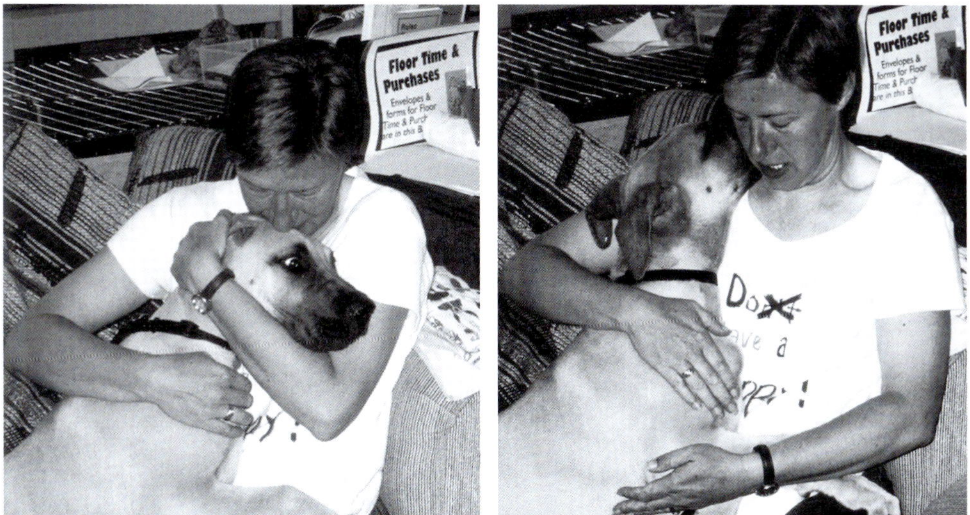

Umarmungen sind Teil der haltungsrelevanten Arbeit
Karen umarmt ihren 12 Wochen alten Welpen. Franklin schaut ein bisschen beunruhigt, bleibt aber entspannt und geduldig. Viele Hunde geraten bei solchen Berührungen in Panik oder werden aufgebracht, weil sie es als bedrohliches Verhalten seitens der Menschen interpretieren.

Herausforderungen

Bitten Sie andere Menschen, Ihnen zu helfen. Diese müssen sehr besonnen und nicht reaktiv sein. Erklären Sie ihnen, dass Sie sich neutral verhalten, den Hund nicht anstarren und ihn nur anfassen sollen, wenn Sie ihnen dazu das Signal geben. Darüber hinaus müssen Sie darauf achten, dass Ihre Ausstattung sicher ist und Sie in einer kontrollierten Umgebung arbeiten, die der Hund kennt. Fängt der Hund an sich zu wehren, soll der Helfer sich für einen Moment aus der Übung ausklinken, sorgen Sie dafür, dass der Hund sich entspannt, und versuchen Sie es dann noch mal.

Als Faustregel gilt, dass Sie bei der Präventionsarbeit keinen Maulkorb benötigen. Besteht allerdings schon ein Problem oder hat der Hund in der Vergangenheit aggressives Verhalten gezeigt, dürfen Sie keinesfalls ein Risiko eingehen. Ziehen Sie dem Hund einen Maulkorb an, bevor Sie anfangen.

Wenn Sie diese ultimative Festhalteübung wirklich beherrschen, wird der Hund es dulden, wenn sein Maul, sein Gesicht, seine Pfoten und seine Rute von anderen angefasst und bewegt werden. Sind Sie an diesem Punkt angelangt, ist es oftmals überhaupt nicht mehr nötig, den Hund festzuhalten, um mit ihm TTouch zu machen oder seine Pfoten und sein Maul anzufassen.

Beibehaltung

In regelmäßigen Abständen sollten Sie die tatsächliche Übung zum »entspannt liegen« durchführen. Der Hund liegt dabei auf der Seite und Sie halten seine Beine fest, wobei Ihr Unterarm auf seinem Hals liegt. Da viele Hunde diese menschliche Körpersprache als bedrohlich empfinden, wird er durch gelegentliche Wiederholungen daran erinnert, dass entspannt zu liegen kein Grund ist, Angst zu haben. Zudem können Sie sich dadurch sicher sein, dass Ihr Hund, falls Sie ihn festhalten müssen, nicht nachteilig reagiert. Widmen Sie sich auch regelmäßig den Herausforderungen. Wenn der Hund im Sitz festgehalten wird oder er entspannt liegt, sollte ein Helfer seine Pfoten festhalten, seine Ohren untersuchen und seine Rute hochheben, wie es ein Tierarzt tun würde.

48

Nachgiebiges und haltungsrelevantes Verhalten

Niveau 2	
Voraussetzung	Grundlagen-Verhalten Alle Verhaltensweisen aus Niveau 1 Für manche Übungen oder bei manchen Hunden kann der Übungsplan »Anfassen & Festhalten« erforderlich sein.

Das Hundetraining ist voll von Mythen wie Rin Tin Tin und Lassie. Am wenigsten mag ich das ständige Ammenmärchen: Ihr Hund muss tun, was Sie ihm sagen, weil er Sie so sehr liebt. (Mein Mann liebt mich, aber das hält ihn nicht davon ab, mich oft genug zu ärgern. Ich bin mir sicher, dass er über mich genauso denkt, und muss zugeben, dass ich auch äußerst »unfolgsam« bin.)

Hunde sind Haustiere und sie leben in meinem Haus, schlafen auf meinem Sofa, fressen in meinem Esszimmer (okay, ich gebe zu: manchmal sogar von meinem Teller auf dem Tisch). Wegen diesen ganzen Haustiersachen müssen meine Hunde mir soweit vertrauen, dass ich sie bewegen und festhalten und sie manchmal in ihrer Bewegung einschränken kann. Durch die Anfassen- und Festhalteübungen lernt Ihr Hund, dass Sie ihn nicht verletzten werden und keine bösen Absichten haben, wenn Sie ihn bewegen und festhalten.

Untenstehende Übungen ergänzen den Übungsplan »Anfassen & Festhalten«, können aber auch von diesem unabhängig durchgeführt werden, es sei denn, es ist explizit angegeben.

Diese Übungen dienen der Aggressionsprävention. Hat Ihr Hund schon einmal auf Verletzungen seines persönlichen Raums aggressiv reagiert, sollten Sie zuerst den Übungsplan »Anfassen & Festhalten« durcharbeiten, um sicher sein zu können, dass die folgenden Übungen Sie keinem Risiko aussetzen. Hat Ihr Hund nach Ihnen geschnappt oder Sie angeknurrt, ist es ratsam, dafür zu sorgen, dass Sie ein Ergebnis erzielen können, das Sie verstärken können. Darum sind Leinen, Halsbänder, Kopfhalfter und ein Maulkorb angezeigt. Zudem werden Sie sehr langsam und vorsichtig vorgehen. Ihre Approximationen werden winzig sein und Sie werden jegliches nicht-reaktives Verhalten großzügig verstärken.

Es ist wichtig, dass Sie den konfrontativen oder defensiven Hund nicht zu schnell zu sehr »drängen«, ansonsten könnten Sie eine unerwünschte oder gefährliche Reaktion hervorrufen. Aus dem Grund müssen Sie bei einem Hund, der reaktiv oder konfrontativ reagieren könnte, darauf achten, dass Sie diese Übung als Desensibilisierungsprozess durchführen – drängen Sie den Hund *niemals* zu einer Reaktion. Wie oben gesagt, sollte bei Hunden, die bereits riskantes oder grenzwertiges Verhalten gezeigt haben, vorher der Übungsplan »Anfassen & Festhalten« absolviert werden.

Jeden Tag sollten bestimmte haltungsrelevante Übungen (nachgiebiges Verhalten und Festhalten) trainiert werden, vor allem wenn Ihr Hund 24 Monate oder jünger ist. Welpen wollen während diesen Übungen an allem knabbern und herumalbern, halten Sie also Ihre Hände vom Gesicht des Welpen fern, ziehen Sie ihm einen Maulkorb an oder halten Sie ihn so, dass er Sie nicht beißen kann. Ignorieren Sie diese Eskapaden, aber halten Sie ihn gleichzeitig fest UND halten Sie Ihre Hände außer Reichweite seiner messerscharfen Zähne. Ja, das ist möglich! Der Welpe wird sich letztlich beruhigen, sodass Sie die Gelegenheit haben, dieses Verhalten zu verstärken.

Verstärkung besteht bei diesen Übung größtenteils aus sozialer Anerkennung und einem PM. Sie können schnell dazu übergehen, keine Leckerlis mehr zu benutzen. Bei vielen dieser Übungen ist es schwierig, ihm Leckerlis zu geben, wenn Sie alleine arbeiten, da Sie mit beiden Händen damit beschäftigt sind, den Hund zu halten. Machen Sie sich also darüber keine zu großen Gedanken. Durch diese Übungen soll der Hund lernen, »Grenzen« seines Verhaltens zu verstehen und Menschen nachzugeben, wenn er dazu aufgefordert wird. Es handelt sich um humane Methoden, dem Hund beizubringen, Ihnen zu vertrauen und dass er verstärkt wird, wenn er Menschen nachgibt, statt sich ihnen entgegenzustellen. In manchen Fällen wird der Hund dafür verstärkt, dass er »aufhört, sich zu wehren«, was direkt dazu führt, dass Sie Ihren Griff lockern und dem Hund soziale Anerkennung geben.

Eine Ausnahme stellen die Hunde dar, die sehr scheu und davon überzeugt sind, dass Sie, nur weil Sie sie bewegen wollen, eine Bedrohung darstellen. Bei diesen Hunden sollten Sie über einen längeren Zeitraum ein großzügiges variables Verstärkungsschema mit vielen Leckerlis einführen.

Unser primäres Ziel bei diesem Übungsplan ist, dem Hund beizubringen, dass normales menschliches Verhalten nicht bedrohlich ist.

Aneignung der grundlegenden Nachgiebigkeits-Übung

Mit den folgenden Übungen wollen Sie Ihren Hund nicht dominieren oder ihm zeigen »wer hier der Boss ist«, sondern der Hund soll zahlreiche Erfahrungen machen, die ihn auf normales menschliches Verhalten vorbereiten. Falls jemand an Ihrem Hund vorbeigeht und ihn versehentlich berührt, oder ihn aufweckt, möchten Sie, dass Ihr Hund dies als normalen Bestandteil des täglichen Lebens ansieht. Wenn niemals jemand den Hund stört, ist die Wahrscheinlichkeit sehr viel größer, dass er überreagiert, wenn es doch mal passiert.

- Wenn Ihr Hund auf dem Boden liegt, gehen Sie zu ihm hin und sagen Sie ihm, dass er Ihnen aus dem Weg gehen soll. Das können Sie auf unterschiedlichste Arten machen und Sie sollten jede üben. Benutzen Sie ein verbales Kommando. Wenn Sie sich dem Hund nähern, berühren Sie ihn ganz sanft mit dem Zeh. Bewegt er sich dann nicht, schlurfen Sie sehr sanft mit den Füßen, bis er Ihnen aus dem Weg geht. Tut er das, erhält er soziale Anerkennung. Sie können ihm die ersten Male auch ein Leckerli geben, aber ansonsten - es sei denn, Sie arbeiten mit einem Hund, der scheu oder konfrontativ ist - müssen Sie nichts anderes tun, als ihm mit Worten oder einem freundlichen Klaps Anerkennung zu geben.

Wenn Sie mit Hunden oder Welpen Präventionsarbeit machen, können Sie genau wie oben beschrieben anfangen und richtiges Verhalten verstärken.

Der aufdringliche Hund und der scheue Hund...
würden genauso gehandhabt werden, auch wenn das zu verstärkende Verhalten anders ist. Der Grundgedanke bei diesen Hunden ist, so viel wie möglich von dieser Übung zu machen, ohne eine Reaktion zu bekommen.

Da Sie möchten, dass der aufdringliche oder konfrontative Hunde letztlich automatisch, ohne überhaupt nachzudenken, gehorcht, müssen Sie ihn konstant für folgsames, nachgiebiges Verhalten verstärken. Bei einem Hund mit einem solchen Naturell muss folgsames Verhalten regelmäßig verstärkt werden, weil er von Natur aus dazu neigt, aufdringlich oder konfrontativ statt kooperativ zu sein. Der Großteil der Hunde gibt schnell nach und ist dabei nicht nachtragend. Die meisten Hunde begreifen intuitiv die Physik bei der Sache, also dass nicht zwei Individuen ein und denselben Platz dieses Planeten zur gleichen Zeit einnehmen können. Der aufdringliche oder konfrontative Hund denkt allerdings, dass die Belange der anderen sich nach seinen richten müssen. Und ist das nicht der Fall, ist es ein persönlicher Affront. Interessanterweise sind Hunde dieses Naturells überglücklich, folgsam zu sein, wenn man sie dafür verstärkt, nachgiebig zu sein. Das bedeutet, dass die Nachgiebigkeits- und Festhalteübungen diese Hunde nicht nur gegenüber Menschen auf selbem Raum desensibilisieren, sondern ihnen auch Kooperation beibringen.

Der scheue Hund wird bei den Schritten dieser Übung dafür verstärkt, dass er nicht-scheues, gewagteres oder neutrales, nicht gestresstes Verhalten zeigt, aber dennoch folgsam ist. Springt der Hund Ihnen wie verrückt aus dem Weg und Sie verstärken dies, haben Sie gerade Vermeidungsverhalten verstärkt, was nicht dasselbe ist wie nachgiebiges Verhalten! Der scheue Hund braucht also eine Leine (damit er nicht sofort aus dem Raum rennt oder anderes merkwürdiges Vermeidungsverhalten zeigt) und man muss sehr sanft mit ihm umgehen. Lesen Sie den Übungsplan »Mutig ist besser«, dort finden Sie weitere Tipps zum Umgang mit scheuen Hunden im Allgemeinen.

Sie können so anfangen, dass Sie aus kurzer Entfernung in die Nähe des Hundes gehen. Markieren & belohnen Sie, wenn er nicht in Panik gerät. Dann gehen Sie und stehen neben dem Hund. Markieren & belohnen Sie ruhiges Verhalten. Als nächstes gehen Sie auf ihn zu, markieren & belohnen, dann fordern Sie ihn lässig dazu auf, Ihnen aus dem Weg zu gehen, und markieren & belohnen ruhiges, folgsames Verhalten.

- In regelmäßigen Abständen sollten Sie Ihren Hund willkürlich auffordern, von Möbeln herunterzugehen. Wenn er schläft, wecken Sie ihn sanft und sagen Sie ihm, dass er heruntergehen soll. Sie können ein Leckerli werfen, nachdem der Hund heruntergegangen ist. Wedeln Sie nicht mit dem Leckerli und sagen Sie ihm auch nicht, dass Sie eins haben. Bestechen Sie ihn also nicht, damit er vom Möbelstück heruntergeht. Geben Sie ihm ruhig den Fingerzeig, herunterzugehen, und dann: Überraschung! Schau mal, was für eine tolle Belohnung du für Gehorsam bekommst.

Aneignung grundlegender haltungsrelevanter Verhaltensweisen

- Gehen Sie zu Ihrem Hund und legen Sie ihm eine Leine an. Sie können auf der Leine stehen oder sie in der Hand halten, um zu verhindern, dass Ihr Hund zu viel herumläuft.
- Halten Sie den Hund mit folgender Methode in stehender Position: Legen Sie eine Hand unter sein Kinn und den anderen Arm vor seine Hinterläufe. Das verhindert, dass Ihr Hund sich vorwärts bewegen oder hinsetzen kann. Achten Sie darauf, dass Ihr Hund in eine Richtung schaut, die *Sie* ausgesucht haben. Zu Beginn markieren & belohnen Sie Gehorsam, gehen aber schnell zu einem reduzierten Verstärkungsschema über oder benutzen nur noch Berührungen und Ihre Stimme als Verstärkung für das Verhalten.

Sie dürfen nicht vergessen, neutral und ruhig zu bleiben, wenn der Hund großen Wirbel macht, und sich das Sprechen für die Momente aufzubewahren, wenn der Hund still ist. Für unerwünschtes Verhalten oder Bohei kann der NM benutzt werden. Wenn Sie den NM mehrmals benutzt haben und der Hund immer noch aufgeregt ist, seien Sie einfach still und warten Sie ab. Folgsames Verhalten sollten Sie schnell registrieren und mit dem PM belohnen.

Falls Ihr Hund reaktiv ist oder Sie meinen, dass er das sein könnte, müssen Sie am Anfang für diese Übung einen Maulkorb benutzen! Wenn Sie Ihren Hund noch nicht oft angefasst haben, kann es ihn ängstigen oder frustrieren, wenn Sie nicht sofort von ihm ablassen, wenn er sich wehrt oder sich vorwärts zu bewegen versucht. Ihr Hund wird dieses Gefühl der Unsicherheit schnell überwinden, wenn Sie ruhig und beharrlich bleiben und Ihr Feedback zum richtigen Zeitpunkt erfolgt.

Die folgenden Herausforderungen können zusätzlich zum Grundlagen-Verhalten durchgeführt werden

- Sobald der Hund steht, ändern Sie die Richtung, in der er schauen soll, und bleiben fünf, zehn oder fünfzehn (wie lange auch immer *Sie* möchten) in dieser Position, sobald der Hund sich still verhält.
- Nehmen Sie den Arm, der vor seinen Hinterläufen ist, weg und wackeln Sie an der Rute des Hundes.
- Streichen Sie immer wieder von seinem Kopf zu seiner Rute, manchmal ziemlich fest (aber tun Sie ihm nicht weh), manchmal sanft.
- Heben Sie seine Rute an und untersuchen Sie seinen Analbereich. Oder tun Sie zumindest so als ob!
- Gleiten Sie mit Ihren Händen über die Läufe des Hundes und heben Sie eine Pfote an.

Untersuchen Sie die Pfotenunterseite (Hunde hassen das im Allgemeinen).
- Üben Sie mit einem Handtuch, seine Pfoten »abzuwischen«.
- Streichen Sie von der Schwanzwurzel bis zu seiner Schwanzspitze.
- Nehmen Sie eine Bürste oder einen Kamm und betreiben Sie ein wenig Fellpflege.
- Der Hund liegt und Sie untersuchen und säubern seine Pfoten. Ebenfalls aus der Liege-Position heraus bürsten Sie seinen Bauch, seine Flanken, seinen Kopf und alle anderen Körperteile, die Sie erreichen können.
- Sowohl aus stehender als auch liegender Position untersuchen Sie die Zähne des Hundes.
- Sowohl aus stehender als auch liegender Position untersuchen Sie die Ohren des Hundes.

Fortgeschrittenes haltungsrelevantes Verhalten – Krallen schneiden

Voraussetzung: Festhalten im Sitzen und entspannt liegen, wie ausführlich unter »Anfassen & Festhalten« beschrieben.

Approximation 1

Ihr Hund steht, sitzt oder liegt auf der Seite und Sie streicheln und fassen ihn überall an. Wenn der Hund dies ruhig akzeptiert, können Sie die Kriterien steigern.

Approximation 2

Holen Sie Ihre Krallenschere. Ihr Hund nimmt die Position ein, die Ihnen am liebsten ist oder die er am ehesten akzeptiert.
- Berühren Sie die Schulter des Hundes mit der Krallenschere.
- Markieren & belohnen.

Approximation 3

Genau wie oben berühren Sie den Hund mit der Krallenschere an Kopf, Rücken, Rute und Pfoten.

Approximation 4

Heben Sie die Pfote des Hundes an und berühren Sie seine Krallen mit der Krallenschere.

Approximation 5

Bei diesem Schritt halten Sie die Krallenschere in der Hand. Falls der Hund herumläuft bzw. gerade wenn er herumläuft, schneidet man leicht zu tief in die Kralle und ins Nagelbett. Wenn Sie nur seine Pfote festhalten, aber nicht die Kralle an sich stabilisieren, ist es so gut wie sicher, dass Sie ihn ins Nagelbett schneiden werden.

Damit das nicht passiert, werden Sie seine Krallen und seine Pfote mit einer bestimmten Methode festhalten. Nehmen Sie seine Pfote in der Hand und mit Ihrem Zeigefinger und Daumen ergreifen Sie die Kralle und halten alle Haare von der Kralle weg. Machen Sie das nur mit einer Kralle, geben Sie ihm dafür einen Leckerli-Jackpot und beenden Sie diese Trainingseinheit. Ein Jackpot besteht aus extra vielen Leckerlis auf einmal. Zum richtigen Zeitpunkt geben Sie ihm den PM, dann lassen Sie die superleckeren Leckerlis fallen, und zwar mehr als für gewöhnlich! Statt ein oder zwei der normalen Leckerlis, geben Sie ihm einen Teelöffel voll Katzendosenfutter, Hundefutter oder Thunfisch.

Bei der nächsten Trainingseinheit versuchen Sie, zwei oder drei Krallen festzuhalten. Jede einzeln, natürlich!

In jeweils unterschiedlichen Trainingseinheiten machen Sie die folgenden Übungen:

- Arbeiten Sie an einer ganzen Pfote.
- Arbeiten Sie jeweils an einer Kralle jeder Pfote.
- Arbeiten Sie an einer Pfote und einer Kralle einer anderen Pfote.
- Arbeiten Sie an zwei Pfoten.
- Arbeiten Sie an zwei Pfoten und einer Kralle der dritten Pfote.

Ich bin sicher, Sie haben das Prinzip begriffen! Versuchen Sie nicht, an allen Pfoten während einer Trainingseinheit zu arbeiten, es sei denn, Ihr Hund fühlt sich bei dieser Übung sichtlich wohl. Arbeiten Sie mit einem supergroßzügigen Verstärkungsschema!

Sie müssen bei dieser Übung multi-tasking-fähig sein, haben Sie also Geduld. Es kann sein, dass der Hund am Anfang sehr unruhig ist. Falls Sie auch nur die geringste Sorge haben, dass er reaktiv werden könnte, müssen Sie ihm einen Maulkorb anlegen. Hunde, die unter anderen Umständen niemals beißen würden, können schnappen oder beißen, wenn Sie seine Pfoten berühren und seine Krallen schneiden.

Wenn Ihr Hund stark behaarte Pfoten hat und es schwierig ist, die Haare von der Kralle weg zu halten, können Sie ein altes Paar Nylonstrumpfhosen nehmen und seine Krallen durch die Strumpfhose stecken. Dadurch werden die Haare zurückgehalten, sodass die Krallenschere sich nicht in ihnen verfängt und sie ausreißt, wenn geschnitten wird.

Haben Sie Ihren Hund gegenüber der Krallenschere und deren Geräuschen sowie der Pfoten-und-Krallen-festhalten-Sache desensibilisiert, können Sie die Kriterien steigern.

Approximation 6

Während Sie seine Kralle festhalten, berühren Sie seine Pfote mit der Krallenschere, schneiden aber noch nicht! Machen Sie das solange bis Sie jede Kralle mit der Krallenschere berühren können.

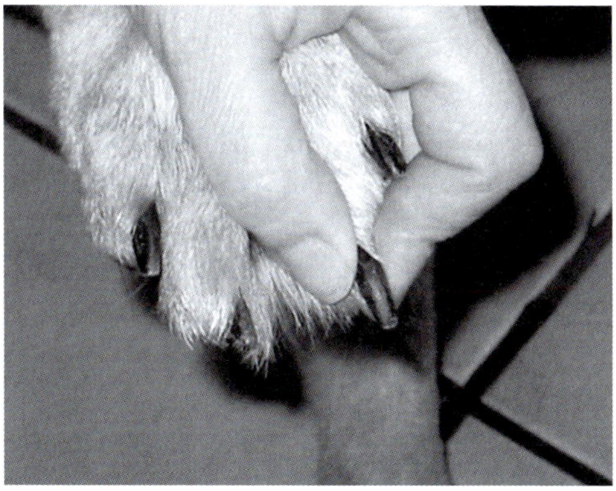
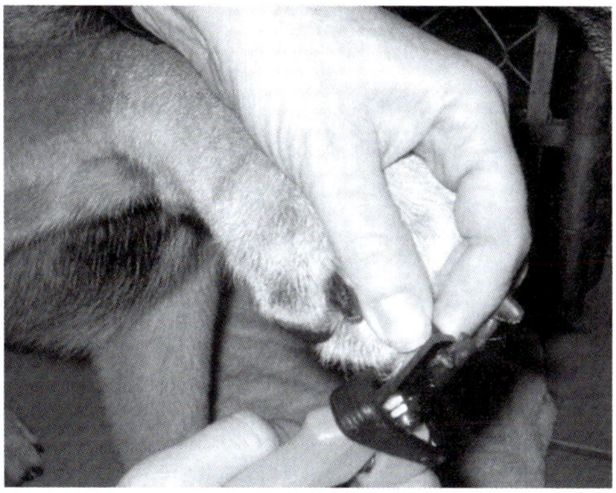

Wie Sie die Krallen festhalten

Approximation 7

Gehen Sie genauso vor wie in Approximation 6, außer dass Sie dieses Mal die ersten zwei Krallen mit der Krallenschere berühren und von der dritten Kralle nur das vorderste Ende abschneiden. Dann hören Sie auf und verstärken ihn großzügig. Ab jetzt verstärken Sie den Hund nicht mehr nach jedem Mal wenn Sie eine Kralle festhalten, sondern nur, wenn Sie eine Kralle geschnitten haben. Schneiden Sie bei jeder Trainingseinheit nur eine Kralle! Nachdem Sie diese geschnitten haben, führen Sie die Übung, die Krallen festzuhalten und zu berühren, fort.

Approximation 8

Arbeiten Sie daran, dass Sie ein paar Krallen berühren und zwei Krallen schneiden, dann drei und so weiter.

Achtung: Falls nötig können Sie eine zweite Person den Hund mit Leckerlis füttern lassen, während Sie die Krallen berühren und schneiden. Wenn Sie einen Helfer hinzuziehen, sollte dieser später nur nach dem Schneiden und nicht mehr nach den Berührungen ein Leckerli geben.

Wenn Sie obiges niemals tun, dürfen Sie nicht überrascht sein, wenn Ihr Hund reaktiv und unvernünftig ist, wenn Sie es doch mal tun müssen. Nicht angefasst, berührt und festgehalten werden können, in der Vergangenheit niemals mit Frustration umgegangen sein müssen und ständig versuchen, die Umgebung zu kontrollieren - all dies prädisponiert den Hund dazu, defensiv zu reagieren und zu beißen. Damit er einigermaßen sicher ist, sind diese grundlegenden haltungsrelevanten Verhaltensweisen notwendig, doch die überwältigende Mehrheit der Leute überlässt diese dem Zufall. Und dann sind sie schockiert und verwundert, wenn Ihr Hund irgendwann einmal defensives Verhalten zeigt und jemanden beißt.

49

Mutig ist besser

Niveau 3	
Voraussetzung	Grundlagen-Verhalten Niveau 1-Verhalten Niveau 2-Verhalten: Densensibilisierung gegenüber Berührungen

Hilfe für den »vorsichtigen« Hund und sich nähernde Menschen

Ängstliches Verhalten ist sehr schwer auszuräumen, weil Vermeidungsverhalten extrem verstärkend ist. Wir können von unseren Hunden nicht erwarten, dass sie jede Person oder jeden Hund, auf die bzw. den sie treffen, lieben oder auch nur mögen, aber es ist nicht zu viel erwartet, dass sie lernen, sich zivilisiert zu benehmen.

Angst ist eine normale und nützliche Überlebenseigenschaft. Leider ist bei manchen Tieren die Angst zum ständigen Begleiter geworden, sodass sie bei fast jeder Erfahrung zittern und unruhig sind. Meistens sieht man das bei Hunden, die als junge Hunde nicht umfassend sozialisiert wurden. Sozialisierung ist ein weitgefasster Terminus, der eine Vielzahl von Erfahrungen beinhaltet, die alle Hunde machen sollten, wenn sie harmonisch mit Menschen zusammenleben sollen. Unsere Gesellschaft hat sich in den letzten 50 Jahren drastisch verändert. Die Ansprüche an Menschen sind stark gestiegen, und das wirkt sich auch auf unsere Freunde, die Hunde, aus. Um in Harmonie in unserer heutigen Gesellschaft leben zu können, erwarten wir viel von unseren Hunden, auf das sie genetisch gar nicht vorbereitet sind, beispielsweise über einen längeren Zeitraum alleine gelassen zu werden. Außerdem erwarten wir von ihnen, dass sie zu allen Menschen, die sie treffen, freundlich sind oder diese zumindest akzeptieren.

Ängstliche Reaktionen entwickeln sich bei Welpen schnell. Genetik und Vererbung spielen eine große Rolle dabei, wie der Welpe oder Hund auf eine bestimmte Situation reagiert - aber einen genauso großen Einfluss hat die Erziehung. Es ist immer eine Kombination aus diesen beiden Faktoren, die das Endergebnis über das Wesen des Hundes bestimmen.

Ängstliches Verhalten »drängt« sich häufig herein, um ein Verhaltensvakuum (eine Situation, in der der Hund nicht weiß, was er tun soll) zu füllen, weshalb Sie ihm in solchen Situationen vielfältige Alternativen bieten können sollten: Sitz, Platz, Pfötchen geben etc. Indem Sie viele zu verstärkende Verhaltensweisen schaffen, übt Ihr Hund alternative Bewältigungsstrategien und es wird wahrscheinlicher, dass er in Stresssituationen auf diese zurückgreift. Das bedeutet, dass Ihr Hund nicht auf Aggression zurückgreifen oder diese lernen muss, weil ihm keine anderen Sprachfertigkeiten zur Verfügung stehen.

Außerdem erlangt Ihr Hund durch den Gebrauch seiner Muttersprache Selbstbewusstsein, sodass er keine Angst haben muss, er könne mit dieser Situation nicht umgehen. Weitere Informationen über Angst und Beschwichtigungssignale finden Sie im Kapitel »Beschwichtigungssignale«.

Das Wissen, das ich mir durch Lesen, Seminare und umfassende Praxis-Erfahrungen angeeignet habe, bestärkt mich in meiner Überzeugung, dass viele der üblichen angewandten Trainingstechniken bei zumindest einem Teil der Hundebevölkerung Aggression nur fördert. Der Schlüssel liegt hier in der Erziehung. Manche Trainer empfehlen den Gebrauch eines Würgehalsbandes und Korrektur über das Halsband (ruckartig an der Leine ziehen) für alles, was der Hund falsch macht. Überwiegen positive Bestrafung und negative Verstärkung über positive Verstärkung, sollte die Trainingsmethode überdacht werden. Es ist nicht unbedingt die Schuld des Halsbandes, aber der Art und Weise, wie es verwendet wird.

Wenn ein Hund bestraft wird, aber nicht versteht, wofür, ist ein Ergebnis definitiv Verwirrung. Verwirrung führt zu Frustration. Und von da ist es nur einen Katzensprung zur Aggression. Andere Ergebnisse sind Angst und Vermeidung. Verteidigung ist ein direktes Ergebnis der Angst. Wenn Sie ihn bestrafen, wird ein Teil der Angst auf Sie gerichtet. Vermeidungsverhalten kann in unterschiedlichsten Situationen auftauchen, manchmal unberechenbar.

Zum Glück gibt es eine sicherere und humanere Methode, einen gut erzogenen Hund zu bekommen. Und diese Methode fördert geistige Gesundheit und eine gute Beziehung zwischen Ihnen und Ihrem Hund sowie zwischen Ihrem Hund und anderen Personen.

In der heutigen Gesellschaft müssen Hunde lernen, mit unterschiedlichsten Geräuschen und neuen Erfahrungen umzugehen. Ein nicht ausreichend sozialisierter Welpe zeigt häufig Angst und Aggression gegenüber seiner Umgebung. Prävention ist natürlich die beste Medizin, aber wenn Sie einen älteren Hund haben, der als Welpe viel verpasst hat, müssen Sie diese verlorene Zeit wieder wettmachen. Hat Ihr erwachsener Hund Angst vor Menschen und duckt oder versteckt sich hinter Ihren Beinen, wenn sich jemand nähert, haben Sie einen Hund mit »Vermeidungsverhalten«. Um dies zu überwinden, müssen Sie mutiges »Nichtvermeidungsverhalten« generalisieren und verstärken. Das erfordert Ihrerseits Geduld und Verständnis des rich tigen Timings, damit der Hund zu begreifen beginnt, dass mutig besser ist!

Die Geheimnisse des Erfolgs

Geheimnis Nr. 1: Beruhigen Sie Ihren ängstlichen Hund nicht! Kein »Es ist okay, Schätzchen«, während Sie ihn liebevoll streicheln. Da Hunde die subtilen Nuancen der deutschen Sprache nicht verstehen und in ihren Mensch-Hund-Interaktionen vor allem durch Assoziationen lernen, versteht Ihr Hund in diesem Fall: »Mein Herrchen mag es, wie ich mich gerade jetzt benehme. Darum zeige ich weiterhin ängstliches Verhalten, weil ich dafür Verstärkung bekomme.«

Geheimnis Nr. 2: Ignorieren Sie so gut es geht sämtliches ängstliches Verhalten. Falls Sie doch etwas tun müssen, kontrollieren Sie so gut wie möglich die Situation, indem Sie ihn Sitz oder ein anderes Verhalten, das Sie erzielen können, machen lassen. Es ist nicht wichtig, welches Verhalten der Hund macht, solange es »erzielbar« ist.

Geheimnis Nr. 3: Verstärken Sie ihn für jedes Verhalten, das wie folgt wahrgenommen werden kann:
- sich nach vorne bewegen
- weniger ängstlich als die letzte Reaktion in dieser Situation
- weniger ängstliche Körpersprache

Körperhaltungen

Körperhaltungen, die ein Zeichen dafür sein können, dass Ihr Hund sich Stress ausgesetzt fühlt, sind:
- Lefzenlecken (nicht situationsbedingt)
- erweiterte Pupillen (nicht situationsbedingt)
- schnüffelt über den Boden (nicht situationsbedingt)

Denken Sie daran: Jeder Hund, der sich gestresst fühlt, könnte aggressiv werden.

Gesteigertes Unbehagen, das in agonistisches Verhalten überschwappen kann, kann sich durch eines der folgenden Anzeichen äußern:
- Urinieren
- vermehrter Speichelfluss
- schleichende Körperhaltung
- auf den Rücken rollen und nach hinten gezogene Lefzen - das Tier steht in starkem Konflikt und wird Sie wahrscheinlich beißen
- gesenkte oder eingeklemmte Rute
- Ohren sind horizontal zurückgezogen
- Piloarrektionsreflex (Haare im Nacken, Rücken und möglicherweise auch im Bereich der Rute sind aufgestellt. Manche Hunde sehen wie eine Katze mit Flaschenbürsten-Schwanz aus)
- Knurren
- Schnappen
- Kopf und Nacken leicht gesenkt, schaut aus dem »Oberen« der Augen zu Ihnen auf
- Hund hält plötzlich still - das passiert oft kurz bevor er »zuschlägt«, oder er stürzt vor und dies gipfelt in Beißen.

Bei einem Hund, der Aggression verwendet, um aus Situationen herauszukommen, in denen er sich unwohl oder ängstlich fühlt, umfasst das Programm zur Verhaltensänderung sowohl Angst als auch Aggression.

Grundlegender Übungsplan

Dieser Übungsplan ist wirklich nur dann einsetzbar, wenn Ihr Hund angstbasierte Aggression gegenüber Menschen zeigt. Er kann benutzt werden, um zu verhindern, dass der vorsichtige oder regelrecht ängstliche Hund Menschen gegenüber aggressiv wird.

Bringen Sie ihm Sitz & ruhig bleiben richtig gut bei. Dabei handelt es sich nicht um »Gehorsam« an sich. Bringen Sie ihm Sitz nur mit positiven Methoden bei: Keine Bestrafung über einen NM oder leichten Druck auf dem Halsband hinaus; keine Halsbandkorrekturen in Form von Zerren am Halsband. Verstärkung erfolgt für Sitz & ruhig bleiben. Üben Sie Sitz & ruhig bleiben in so vielen unterschiedlichen Situationen wie möglich. Das Ziel hierbei ist nicht nur im Sitz-Bleib zu verharren, sondern zu sitzen und sich zu entspannen. Woran kann man das erkennen? Der Hund wird sich auf seinen Hundeführer und das Fressen konzentrieren. Er wird ruhig ausschauen und schnelle, hyperaktiv wirkende Bewegungen unterlassen. Seine Augen werden weicher und seine Pupillen weniger geweitet. Die Spannung in seinem Kiefer lässt nach. Er wird anfangen, Ablenkungen zu ignorieren.

Sorgen Sie dafür, dass Ihr Hund hungrig ist, bevor Sie mit den folgenden Übungen beginnen.

Approximation I

Falls Ihr Hund bei unten beschriebener Übung das Leckerli nicht von der Person »nimmt«, sollte diese es auf den Boden werfen und der Hund darf es sich holen. Die Person soll nicht ihre Hand nach dem Hund ausstrecken, während er das Leckerli vom Boden frisst.

1. Legen Sie den Hund an eine leichte, mindestens 1,8-2,5 Meter lange Leine.
2. Hunde empfinden Menschen meist als weniger bedrohlich, wenn sie dem Menschen nicht zugewandt sind und dieser ihnen nicht in die Augen starrt. Geben Sie einer bekannten Person einige Leckerlis. Die Person geht langsam vor Ihnen, hält ihre Arme an der Seite und in jeder Hand ein Leckerli. Der Hund muss die Leckerlis sehen können.
3. Lassen Sie Ihren Hund aufholen und die Leckerlis nehmen. Die Person soll ihm das Futter geben, während sie langsam vom Hund weggeht.
   Das Gute hierbei ist, dass der Hund ausschließlich für mutige Vorwärtsbewegungen verstärkt wird. Er entscheidet sich dafür, zu inspizieren, statt zu vermeiden. Der Mensch wird eher als Gewinn statt etwas, wovor man Angst haben muss, angesehen.
4. Der »Fremde« muss noch mehr Leckerlis parat halten, um dies drei oder vier Mal zu machen. Pausieren Sie dann ein paar Sekunden, während der Hund das Futter nimmt.
5. Ändern Sie diese Übung nun sofort leicht ab, indem der Fremde sich nun teilweise zum Hund hindreht.
6. Als Nächstes ruft die Person den Hund aus ein paar Schritten Entfernung zu sich. Anfangs kann sie sich seitlich hinhocken und auf den Boden oder vom Hund wegschauen. Die Person sollte Ihrem Hund Leckerli hinhalten.
7. Versuchen Sie dies nun so, dass der Helfer steht. Wenn sich der Hund nähert, darf er sich

die Leckerlis nehmen, gehen Sie dann leise von ihm weg, sodass er sich nicht bedroht fühlt. Achten Sie hierbei genau auf Ihren Hund: Er kann jede Bewegung als Bedrohung empfinden und sich auf Sie stürzen.

8. Machen Sie dies mit so vielen Menschen wie möglich. Zuerst mit bekannten Personen, später mit Unbekannten, die Ihren Anweisungen folgen.

Steigern Sie mit jeder neuen Person wie folgt die Kriterien:
1. Futter ohne Berührung.
2. Futter in Kombination mit Berührung.
3. Berührung, dann Futter.
4. Berührung, dann sporadisch Futter.

Andere Übungen und Kontroll-Strategien

- Das Entscheidende hierbei ist, dafür zu sorgen, dass der Hund sich insgesamt selbstsicherer fühlt. Machen Sie fünf oder zehn Minuten lang Gehorsamstraining, wobei Sie nur positive Methoden verwenden. Sitz, Platz, Bleib, Fang. Bringen Sie ihm ein paar Tricks bei.
- Starten Sie ein Beschäftigungsprogramm. Gehen Sie mit dem Hund jede Woche an einen neuen Ort. Gehen Sie mit ihm zum Tierarzt, bitten Sie die Mitarbeiterinnen, ihm ein Leckerli zu geben, und gehen Sie dann wieder nach Hause. Jede Situation wie diese eignet sich. Entscheidend ist, das Selbstbewusstsein des Hundes in neuen Situationen zu steigern, sodass er selbstsicher genug ist, Dinge zu bewältigen, anstatt ängstlich darauf zu reagieren.
- Ein TTouch-Programm wird Ihnen eine große Hilfe sein. Es handelt sich nicht um ein »Massage«-Programm, auch wenn ein solches Ihnen ebenfalls nützlich sein würde. Es gibt Bücher und Videos über TTouch-Techniken. Diese sind in der Literaturliste aufgeführt.
- Denken Sie daran: Verstärken Sie nur die Momente, in denen der Hund zeigt, dass er vorankommt und mutiger wird. Ignorieren Sie jegliches Verhalten, das Sie nicht mögen.
- Strecken Sie nicht die Hand nach ihm aus, wenn Sie frontal vor ihm sind. Strecken Sie nicht die Hand nach ihm aus, wenn er sich in die Ecke gedrängt fühlt! Strecken Sie nicht die Hand nach ihm aus, wenn der Hund glaubt, keine Fluchtmöglichkeit zu haben (z.B. wenn er in der Box, unter dem Bett oder dem Tisch ist). Rufen Sie den Hund zu sich und fordern Sie ihn zu Sitz & ruhig bleiben auf.
- Bestrafen Sie niemals einen ängstlichen Hund körperlich. Körperliche Bestrafung zeigt dem Hund, dass er mit seiner Annahme, dass Sie ihm Schaden zufügen wollen, Recht hatte. Sie bestätigen ihn nur für seine ängstliche Reaktion und fördern defensives Verhalten.
- Während Sie einen Übungsplan zur Änderung seines Verhaltens durcharbeiten, dürfen Sie den Hund keinen Situationen aussetzen, in denen er Aggression »üben« könnte. Ein absolutes Nein! Bis Ihr Hund für eine solche Situation unter kontrollierten Bedingungen bereit ist, halten Sie ihn einfach von solchen Situationen fern.
- Verstärken Sie unangemessenes Verhalten nicht versehentlich, indem Sie den Hund »beruhigen«. Was ihn anbelangt, so ist dies nur eine Bestätigung seiner ängstlichen emotionalen Reaktion.
- Warnen Sie jeden, der mit dem Hund in Kontakt kommt, dass dieser gerade trainiert wird und unberechenbar ist. Im Zweifelsfall legen Sie dem Hund einen Maulkorb an – das hält die

meisten Menschen auf Abstand. Dadurch kann der Hund an Selbstbewusstsein gewinnen, ohne dass sich ständig Fremde nähern, und der Hundeführer muss sich keine Gedanken um mögliche Bisse machen. Aber werden Sie selbst nicht nachlässig durch den Maulkorb. Sie trainieren den Hund. Halten Sie ihn von Ärger fern. Falls die Handlungen, die einem Biss vorausgehen, stattfinden - auch wenn diese nicht in einem Biss gipfeln, weil der Hund sein Maul nicht öffnen konnte - übt er dennoch aggressives Verhalten.

Über den Tellerrand geschaut: Wie man Menschen trainiert, sich richtig zu benehmen, wenn Sie mit Ihrem Hund in Kontakt kommen:
Kein direkter Blickkontakt. Sagen Sie der Person, sie soll neben Ihnen oder seitlich zum Hund stehen, aber nicht frontal zum Hund. Die Person soll den Hund ignorieren, selbst wenn der Hund an ihr schnüffelt. Schnüffelt der Hund an der Person, sollte der Trainer ihn loben, der »Fremde« sollte ihn aber weiter ignorieren, bis der Hund selbstsicher ist - anschließend sollten Annäherungen in sehr kleinen Schritten erfolgen, wobei der Hund die Richtung vorgibt.

Kontrollierter oder strategischer Rückzug
Erlauben Sie Ihrem Hund kein »Flucht«-Verhalten. Wenn Sie Fluchtverhalten nicht verhindern, wird Ihr Hund niemals lernen, als erste Reaktion auf ein anderes Verhalten zurückzugreifen. Halten Sie ihn in Ihrer Nähe, auch wenn das bedeutet, dass Sie eine Art Sitz-Festhalteübung machen müssen, um ihm Selbstvertrauen zu vermitteln (siehe Übungsplan »Anfassen und Festhalten«). Sie können es dann mit einem kurzen »Jedes Verhalten, von dem Sie glauben, dass er es machen wird« versuchen (Sitz, Pfötchen geben, Schau, was auch immer); wenn Ihr Hund auch nur versucht, dieses Verhalten zu zeigen, oder es sogar schafft, Sie kurz anzuschauen oder Sitz zu machen, markieren & belohnen Sie (falls er ein Leckerli nimmt). Dann können Sie dem Hund das entsprechende Kommando geben und einen strategischen Rückzug machen, indem Sie von dem angsteinflößenden Etwas weggehen, wobei der Hund Sie anschaut. Durch diese Technik erhalten Sie zumindest etwas, das den Anschein von Kontrolle hat, und sie sorgt für Strukturen und hilft dabei, die anfängliche Fluchtreaktion in eine andere erste Reaktion umzuwandeln.

Nach dem strategischen Rückzug versuchen Sie, wieder in das »fürchterliche Areal« hineinzugehen und einen anderen Versuch zu starten. Versuchen Sie, dieses Mal eine oder zwei Sekunden länger in dem Areal zu bleiben. Schauen Sie, ob Sie auf Kommando zwei unterschiedliche bekannte Verhaltensweisen erzielen können.

Sollte der Hund Zuhause mit Gästen in Kontakt kommen, sind die folgenden Anweisungen zu befolgen:

1. Bringen Sie den Hund in einen anderen Raum oder sperren Sie ihn in die Box.
2. Wenn die Gäste hereingekommen sind und alles sich etwas beruhigt hat, kann der Hund auf folgende Art und Weise an die Gäste herangeführt werden:
3. Der Hund darf nur dann herauskommen, wenn er im anderen Raum / der Box ruhig ist.
4. Legen Sie dem Hund eine Leine an. Halten Sie die Leine in der Hand, versuchen Sie aber, sie locker zu halten.

5. Ein Kopfhalfter und / oder ein Maulkorb können angebracht sein.
6. Der Hund kann in den »Gästebereich« kommen und Sitz & ruhig bleiben machen. Oder er kann sich neben Sie legen und entspannen.
7. Unterrichten Sie Ihre Gäste, dass sie dem Hund erlauben sollen, sich ihnen zu nähern, aber ohne dass sie selbst die Hand nach ihm ausstrecken.
8. Der Hund muss sitzen und ruhig bleiben. In den Anfangsphasen des Trainings dürfen die Gäste nicht die Hand nach dem Hund ausstrecken. Erst nach mehreren Besuchen ist der Hund »ungestresst« genug, um ein Leckerli zu nehmen, das ein Gast auf den Boden geworfen hat, oder eines aus seiner Hand zu akzeptieren.
9. Minimieren Sie jegliches stressiges Verhalten, indem Sie mit dem Hund weggehen und ihn zu Sitz & ruhig bleiben auffordern.
10. Minimieren Sie plötzliche Bewegungen und Geräusche und machen Sie den Hund nach und nach mit diesen Umständen vertraut, wobei Sie ihn immer verstärken.
11. Wenn der Hund sich einem Besucher nähert, egal ob Hund oder Mensch, sollte er vom Gast zu Sitz & ruhig bleiben aufgefordert werden. Das sollte durch Sie unterstützt werden, falls er dem Gast nicht sofort gehorcht.

Achtung: Falls Ihr Hund gegenüber Kindern Aggression gezeigt hat, sollten Sie sofort Hilfe bei einem Verhaltensspezialisten suchen. Es gibt ein paar hervorragende Bücher über Hunde und Kinder. Eins ist »Welpen und Kinder« von von Pia Silvani.

Der Kontakt zu kleinen Kindern sollte genauestens überwacht werden. Der Hund sollte ein Halsband, Kopfhalfter (und einen Maulkorb, falls Sie auch nur im Entferntesten nervös dabei sind) und eine Leine tragen. Ohne Ausnahme! Sobald Ihr Hund unter Beweis stellt, dass er mit Kindern sicher ist, können Sie sich ein bisschen entspannen, aber gehen Sie was Kinder und Hunde anbelangt kein Risiko ein! Zeigt der Hund in Gegenwart von kleinen Kindern Anzeichen von Stress, möchte er Ihnen etwas sagen. Respektieren Sie dies. Sie können den Hund eine Sekunde lang zu Sitz & ruhig bleiben auffordern, bringen Sie ihn dann aber in einen anderen Raum oder einen Bereich, der vor den Kindern sicher ist, bis Sie Kinder und Hund unmittelbar und ständig im Auge haben können. Wenn Sie sich große Sorgen über die Reaktion Ihres Hundes auf Kinder machen, bringen Sie den Hund »weg«, bevor die Kinder ankommen, und lassen Sie ihn wieder raus, wenn sich die Dinge wieder beruhigt haben. Das ist definitiv ein Umstand, bei dem Sie sich »für Ihre eigene Spezies entscheiden« müssen. Verhindern Sie Probleme mit Kindern, indem Sie verantwortlich handeln. Und denken Sie daran, Maulkörbe sind immer besser als mit ein paar Stichen genäht zu werden.

Den Hund an skurriles menschliches Verhalten gewöhnen

Den Hund an gewöhnliches menschliches Verhalten zu gewöhnen, stellt schon ein ziemlich großes Projekt dar. Zusätzlich dazu gibt es auch noch eine große Vielfalt an skurrilen menschlichen Verhaltensweisen. Fangen wir mit relativ normalen menschlichen Verhaltensweisen an, die Hunde beunruhigend finden können, wie beispielsweise Blickkontakt, Berührungen und Halsband- und Fanggriffe (siehe Übungspläne »Mitarbeit« und »Anfassen & Festhalten«). Sobald Ihr

Hund an alltägliche Dinge gewöhnt ist, können Sie zum skurrilen (aber häufigen!) menschlichen Verhalten fortschreiten. Karneval ist einmal im Jahr. Manchmal finde ich es merkwürdig, dabei zuzuschauen. Und das, obwohl ich zur teilnehmenden Spezies gehöre.

Gewöhnen Sie Ihren Hund an die folgenden Arten menschlicher Annäherungen. Dies berücksichtigt auch alle normalen Kontaktaufnahmen durch Menschen. Sie können, müssen aber nicht, die Approximationen für jede Herausforderung in kleine Schritte aufteilen, je nachdem wie der Hund die Informationen aufnimmt.

Sky (die Probleme mit ihrem persönlichen Raum hat, unter Neophobie leidet und auf viele menschliche Verhaltensweisen besorgt reagiert), ist die in die Jahre gekommene Australian Shepherd-Hündin eines Freundes. Janea macht mit ihren Hunden gerne alle erdenklichen Spiele. Ein Spiel geht so, dass sie sich an den Hund anpirscht, dann mit ihm herumrennt und den Hund dann umarmt und küsst. Die Hunde lieben das! Außer Sky, die sich vor jedem menschlichen Verhalten, das sie nicht schon tausendmal gesehen hat, sehr fürchtet. Janea bekam den Hund als Welpen, und die Wurfgeschwister haben ein ziemlich normales Naturell. Doch Sky leidet zumindest an einer Störung, wenn nicht sogar einer regelrechten Anomalie, in ihrer Fähigkeit, sich an Veränderungen in der Umgebung anzupassen. Janea und ich sind uns darüber einig, dass der Hund, da er mit Menschen lebt, sich an das Verhalten von Menschen anpassen muss. Außerdem, solange der Mensch dem Hund keinen Schaden zufügt, ist es eine gute Übung für den Hund, zu lernen, dass er mit Situationen umgehen kann, die ihm Angst machen, und dass diese gar nicht bedrohlich sind. Es hat Janea ungefähr ein Jahr Arbeit gekostet, aber wenn Sie nun mit Sky Anpirschen spielt, flippt sie nicht mehr aus und zeigt kein Panik- oder Vermeidungsverhalten. Sky fängt sogar an, dieses Spiel toll zu finden und spielt mit.

- Anpirschen: Lehnen Sie sich nach vorne und gehen Sie langsam vorwärts, wenn Sie nahe beim Hund sind, werfen Sie Leckerlis und/oder spielen ein Spiel. Sie sollen dem Hund bei dieser Übung nicht absichtlich Angst einjagen - also kein "Buh"-Rufen oder andere plötzliche, furchterregende Dinge. Das Anpirschen an sich ist am Anfang wahrscheinlich schon angsteinflößend genug! Falls Ihr Hund offenkundiges defensives Verhalten oder Aggression, egal welcher Art, zeigt, hören Sie sofort auf. Pirschen Sie sich aus weiterer Entfernung an, üben Sie sicheres Verhalten und kontrollieren Sie die Gegebenheiten mit Leinen und Maul körben. Benutzen Sie alles, was nötig ist, damit es sich um eine sichere Übung handelt. Pirschen Sie sich eine Sekunde lang an, werfen Sie dann eine Handvoll Leckerlis und steigern Sie anschließend die Kriterien. Manche Hunde identifizieren dies sofort als menschliches Spielverhalten und reagieren fröhlich mit spielerischen Verbeugungen und wildem Herumrennen.
- Rennen Sie zum Hund.
- Springen Sie herum.
- Tragen Sie unterschiedliche Hüte.
- Tragen Sie Kopfhörer.

Ich hatte meine Deutsche Schäferhündin Maeve seit acht oder neun Monaten und zu den

Mitgliedern meiner Familie war sie sehr lieb, weil sie begriffen hatte, dass diese für mich wichtig sind. Zu der Zeit hätte sie meine Tochter Abbey bedenkenlos vor einer Bedrohung gerettet und hatte sie bereitwillig als Familienmitglied akzeptiert. (Bei einem Wachhund bedeutet das, dass jeder, der eines ihrer »Schafe« belästigt hätte, Ärger bekommen hätte!) Ich saß über Büroarbeit am Esstisch und Maeve lag unter dem Tisch. Abbey kam die Treppe herunter und trug ein Paar neue Kopfhörer. Sie war schon halb unten, als ich spürte, dass etwas in der Luft lag. Ich schaute zu meiner Schäferhündin, die sich gerade langsam unter dem Tisch erhob, in eindeutiger Bewachungshaltung, ihre Augen auf Abbey gerichtet. Es war eine dieser Szenen, die in Zeitlupe ablaufen, weil sie möglicherweise »schlimm« sein könnte und Sie keine direkte Kontrolle über die Situation haben. Ich wusste, dass ich mich nicht schnell genug zwischen die beiden stellen konnte, darum rief ich Abbey zu, sie solle mit Maeve sprechen, während ich versuchte, so schnell wie möglich aus meinem Stuhl aufzustehen und mich zwischen die beiden zu stellen. Doch mein Eingreifen war gar nicht mehr nötig. In dem Moment, in dem Abbey »Hallo Maeve« sagte, wedelte Maeve sofort fröhlich mit der Rute: »Ach, du bist es.« Dann sagte Maeve (ja, ich weiß, ich bringe hier ein bisschen Vermenschlichung mit ins Spiel): »Na du – was trägst du da auf dem Kopf?!?!« Maeve hat seitdem niemals mehr so reagiert, wenn jemand Kopfhörer trug, aber das war eindeutig das erste Paar, das sie jemals zu Gesicht bekommen hatte. Das soll Ihnen zeigen, dass etwas, das wir als ganz normal erachten, für unsere Hunde sehr alarmierend und verwirrend sein kann, weil sie über ganz andere Sinnesreize verfügen als wir Menschen.

- Tragen Sie Karnevalsmasken. Ich kaufe immer einige im Ausverkauf. Ich habe Glück, meine Freundinnen Janea und Karen suchen Trödelmärkte nach Schätzen ab, die sich für diese Übungen gut eignen.
- Tragen Sie flatternde Kleidung, Umhänge, wickeln Sie sich ein Tuch um, tragen Sie unterschiedliche Hüte, lustige Perücken, alles, was Ihnen einfällt.
- Halten Sie einen Regenschirm. Gehen Sie dabei behutsam vor, Hunde haben große Angst, wenn sich plötzlich ein Regenschirm öffnet. Fangen Sie in Entfernung an und steigern Sie die Kriterien, wenn Ihr Hund das zulässt.
- Nehmen Sie einen Meterstab oder ähnliches in die Hand.
- Benutzen Sie einen Gehstock, Krücken oder einen Rollator.
- Gehen Sie mit dem Hund zu Rollstühlen.

Diese Arbeit ist sehr wichtig. Hunde werden im Laufe ihres Lebens mit Menschen auf viele Dinge treffen, von denen wir Menschen wie selbstverständlich ausgehen, dass sie nicht angsteinflößend sind. Doch im Denkmuster unserer Hunde und weil sie anders sehen, riechen und hören, können all diese neuen Dinge eine defensive Reaktion hervorrufen. Um sich wirklich sicher sein zu können, dass Ihr Hund keine Gefahr darstellt, und damit er Ihnen vertraut, wenn Sie ihm sagen: »Das wird dir nicht weh tun« sollten Sie den Hund so vielen verschiedenen Reizen aussetzen wie möglich.

Dieser Übungsplan sorgt für einen gut sozialisierten Hund, der sich schnell und ruhig an unterschiedlichste neue Reize anpassen kann. Das ist nicht einfach nur Sozialisierung – es ist weit mehr als das!

Salsa an merkwürdiges menschliches Verhalten gewöhnen
Salsa ist bestimmt nicht entzückt von dieser Vogelfrau! Aber durch das vorherige Training und das Vertrauen, das während des Verhaltensänderungsprozesses zwischen ihr und ihrem Besitzer aufgebaut wurde, reagiert sie nicht mit Vermeidung, Panik oder defensivem Schnappen und Knurren, sondern behauptet sich und wird für ihren Erfolg ausgiebig belohnt. Achten Sie darauf, wie ruhig Patti sich verhält – aufmerksam und wachsam, sodass sie Salsa das richtige Feedback geben kann, aber dennoch entspannt und gleichzeitig unterstützend.

Salsa kam ursprünglich zu mir (eigentlich hatte Patti den Termin ausgemacht...), weil sie so ängstlich war, dass sie dem Stress bei Hundeausstellungen oder der Untersuchung durch die Formwertrichter nicht gewachsen war. Sie zeigte ängstliches Vermeidungs- und defensives Verhalten.

Salsas Verhalten ist ziemlich erstaunlich, wenn man bedenkt, wo wir angefangen haben. Sie lässt es zu, dass die Vogel-Frau sich von vorne nähert, und akzeptiert Blickkontakt. Anschließend sollte ein menschlicher Richter im Ausstellungsring ein Klacks sein! Und ja, so war es auch. Nach mehreren Monaten gewissenhafter Arbeit tänzelte Salsa in den Rassering und ließ es sich nicht nur einfach gefallen - nein, sie hatte ihren Spaß dabei und beendete das AKC Championat spielend.

Auf dem Trödelmarkt finden Sie Masken und andere Dinge. Janea (die Vogel-Frau) hat ein Gerät durch das man sich anhört wie Darth Vader. Flatternde Kleidung, Regenschirme, Hüte, sich komisch anhören, Rollstühle, Gehhilfen – sie alle eignen sich hervorragend für diese Übung. Achten Sie darauf, dass die Erfahrung für den Hund immer positiv ist.

50

Ressourcenbewachen (Besitzaggression) oder: Gib mir das – Es gehört mir!

Niveau 3	
Voraussetzung	Grundlagen-Verhalten Niveau 1-Verhalten Niveau 2: Densensibilisierung gegenüber Berührungen

Was ist unter »Ressourcenbewachen« zu verstehen? Genau das, wonach es sich anhört. Wenn der Hund etwas als wertvoll ansieht (eine Ressource), bewacht er dies. Versetzen Sie sich einen Moment lang in die Zeit der Biologie und des nackten Überlebens zurück. In der Vergangenheit mussten Jäger und Aasfresser (so wie Hunde) für ihr Abendessen viel Energie aufbringen und es entging ihnen wohl ein Großteil der Beute, bevor sie ihr Abendessen »gefangen« hatten. Es handelt sich um ziemlich normales Verhalten, das zu bewachen, was man als wertvoll ansieht. Natürlich hat der Hund seine eigene Auffassung von »wertvoll«, die nicht Ihrer entspricht. Hunde bewachen im Allgemeinen kein Geld, selbst wenn es auf den Boden fällt. Aber Futter, Spielzeug und Orte sind für Hunde wertvolle Ressourcen. Genauso wie Personen. Manche Hunde bewachen sogar Taschentücher oder Wattestäbchen oder andere Dinge. Denken Sie daran, es geht hier um die Auffassung des Hundes, was wertvoll ist, nicht um Ihre.

Ressourcenbewachen ist bei Haushunden häufig der Fall, trotz einem endlosen Vorrat an Trockenfutter und Liebe und hunderten Generationen selektiver Züchtung. Als Überlebenseigenschaft betrachtet, verstehen Sie, welchen Nutzen dies hat: Die Guten gehen leer aus und in der Wildnis muss man leiden, wenn man sein Abendessen hergibt. Für den Dschungel würde man sich darum für das Ressourcenbewachen entscheiden, aber in unserem Wohnzimmer ist diese Eigenschaft natürlich weniger erwünscht. Nur weil Ressourcenbewachen als recht normales Verhalten klassifiziert wird, bedeutet das noch nicht, dass es auch ein akzeptables Verhalten ist.

Um Ihnen zu zeigen, wie merkwürdig – damit meine ich interessant – es werden kann, möchte ich Ihnen folgende Anekdote erzählen. Der Hund meiner Tochter ist ein nicht kastrierter, männlicher Glatthaar-Foxterrier namens Sport. Sport ist verrückt nach seinem Frauchen. Verglichen mit anderen Rüden ist er außergewöhnlich gelassen, und für einen männlichen Glatthaar-Foxterrier sogar äußerst »gutmütig«. Worauf ich hinaus will, ist, dass er einer der am wenigsten aggressiven Hunde ist, die mir jemals begegnet sind – jeglicher Rasse. Aber er vergöttert meine Tochter. Sein einziges Manko (auch Sicht der Menschen) ist Ressourcenbewachen. Bei Futter ist er nicht sehr besitzergreifend. Aber flauschiges Spielzeug bewacht er mit extremer Vehemenz.

Eines Tages brachte meine Tochter Ihren Geigenkoffer mit rein und stellte ihn an der Treppe ab. (Denken Sie daran, sie ist für ihn wichtig und am ganzen Geigenkoffer haftet ihr Duft.) Zuerst markierte er den Geigenkoffer. Ja – er pinkelte dagegen, um sein Eigentumsrecht zu behaupten. (Was ich tat, ist hier nicht wichtig – im Grunde habe ich den Koffer nur abgewaschen.) Rund fünf Minuten später ging einer der Familienhunde, eine Hündin, die ihn körperlich fertig machen könnte, an dem Geigenkoffer vorbei. Irgendeine von Sport festgelegte Grenzlinie war überschritten worden und er stürzte sich knurrend und schnappend auf Punch. Das ist ein Beispiel dafür, wie Ressourcenbewachen aussehen kann. Hätte ich nicht gesehen, wie er fünf Minuten vorher den Geigenkoffer markiert hatte, hätte ich keine Ahnung gehabt, was zu Sports "idiopathischer" Reaktion führte. Wie wir an diesem Beispiel sehen können, handelte es sich gar nicht um idiopathische Aggression, sondern um Ressourcenbewachen. »Das gehört ›Mami‹, darum auch mir. Ich bewache es, geh nicht dran.«

Ressourcenbewachen kann viele Gesichter haben. Seien Sie aufmerksam und finden Sie die Auslöser heraus. Machen Sie eine Liste dieser Auslöser. Kontrollieren Sie dann das Verhalten sorgsam, um diese Auslöser, wenn möglich, zu vermeiden. Gleichzeitig arrangieren Sie Situationen, in denen Sie korrektes Verhalten erzielen und verstärken können. Meine Erfahrungen in der Praxis bekräftigen meine Auffassung: »Einmal ein Ressourcenbewacher, immer ein Ressourcenbewacher.« Das Verhalten kann sehr fest verankert sein, manchmal mit einer erblichen Komponente. In den meisten Fällen kann das Verhalten kontrolliert und so verändert werden, dass es akzeptabel ist. Bei Haushalten, in denen es Kinder gibt, bin ich meist extrem konservativ, und falls das Verhalten nicht gut kontrollierbar ist, rate ich dazu, den Hund wegzugeben, je nach Intensität und Art seines Verhaltens.

Natürlich ist es einfacher, das Verhalten eines Welpen zu ändern, nicht nur unter dem Gesichtspunkt, dass ein Welpe kleiner ist und, falls er knabbert oder beißt, der Schaden geringer ausfällt. Ein Welpe oder junger Hund wurde in der Vergangenheit noch nicht so umfassend und erfolgreich dafür verstärkt, dass er etwas bewacht hat, wie es bei einem erwachsenen Hund der Fall ist.

Sie dürfen bei einem Hund, der Ressourcen bewacht, die Ernsthaftigkeit dieses Verhaltens nicht herunterspielen. Auch wenn Sie den Gegenstand, den Ihr Hund bewacht, albern finden (Papierhandtücher), meint der Hund es absolut ernst.

Lassen Sie Vorsicht walten. Bestrafung ist eindeutig nicht der effektivste Weg, um dieses Problem zu beheben. Bestrafung ist vor allem deshalb kontraindiziert, weil es schwer ist, diese zum exakt richtigen Zeitpunkt einzusetzen. Außerdem ist der Hund bereits in defensivem, bewachenden Zustand und jede Bestrafung Ihrerseits wird sein defensives Verhalten nur noch weiter steigern und die Sache verkomplizieren. Der Hund ist verwirrt, weil Sie ein Verhalten bestrafen, dass für ihn so natürlich ist, dass er nicht die Verknüpfung herstellen kann, die er *Ihrer* Meinung nach herstellen sollte.

Zudem besteht auch eindeutig die Möglichkeit, dass der Hund durch Bestrafung aggressiver und schneller aggressiver wird. Ein Beispiel: Das aggressive Verhalten des Hundes beginnt schon in größerer Entfernung vom Futternapf als vorher. Wenn Sie aggressiv sind, werden Sie in vielen Fällen Aggression zurückbekommen – was übt der Hund dann also? Sie haben es begriffen! Sie müssen hierbei an das Ziel denken – *eine nicht-aggressive Reaktion in Bezug auf Ressourcen.* Durch Bestrafung können Sie zwar die Schlacht gewinnen, nicht aber den Krieg. Bei diesem Szenario ist es sicher, dass es durch Bestrafung zu »Rückschlägen« kommt.

Damit Welpen gar nicht erst mit Ressourcenbewachen anfangen, sollten die folgenden Übungen auf jeden Fall durchgeführt werden:

Übungen mit dem Futternapf Möge das Futter mit dir sein

Voraussetzung: PM/NM
Seien Sie dabei, wenn Ihr Hund/ Welpe frisst. Stellen Sie ihm nicht einfach nur den Napf hin und gehen dann. Sitzen Sie neben ihm, streicheln Sie ihn und stecken Sie die Hand in den Napf. Lassen Sie ab und zu ganz köstliche Leckerlis fallen, wenn Sie Ihre Hand in den Napf stecken - Sie wissen schon, kleine Käse- oder Pizzastücke. Richtig tolle Sachen. Der Hund soll begreifen, dass Sie kein Interesse daran haben, ihm sein Trockenfutter wegzunehmen und es selbst zu essen. Macht er diese Erfahrung wiederholt, merkt der Hund, dass richtig tolle Sachen zum Fressen auftauchen, wenn Menschen in der Nähe des Futternapfes sind.

Bei einem Hund, der mit Ihnen in dieser speziellen Situation noch nicht vertraut ist, dürfen Sie nicht zu vorschnell agieren, sonst ist die Wahrscheinlichkeit hoch, dass Sie gebissen werden. Achten Sie genau auf die Körpersprache des Hundes. Bevor ein Hund schnappt/beißt, warnt er Sie. Er zeigt dann eine »typische« Bewachungshaltung, gepaart mit völligem Stillhalten einen Bruchteil einer Sekunde lang. Viele Hunde ducken sich leicht und Körper und Gesicht sind angespannt. Die Augen wirken »hart« und die Pupillen sind stark vergrößert. Und dann – »Die biffe Klinge ritscheropf!«[1] – er schnappt oder beißt. Manchmal knurrt der Hund leicht oder es rumort tief in seiner Brust, bevor er schnappt.

Bei einem Hund, den Sie nicht gut kennen oder von dem Sie wissen, dass er in der Vergangenheit heikles Verhalten gezeigt hat, sollten Sie am Anfang bei dieser Arbeit und wenn Sie nach dem Napf greifen eine Assess-A-Hand benutzen. Sie hat meine Finger schon oft gerettet. Immer wenn ich sie benutzt habe, hat sie zumindest dafür gesorgt, dass ich weniger Angst hatte!

Machen Sie mit dem Futternapf-Training weiter: Üben Sie, den Napf wegzunehmen, und werten Sie dann sein Futter richtig auf. Tun Sie ein wenig Hüttenkäse, Joghurt, Ei oder sonstiges hinein. Gehen Sie, während der Hund frisst, zum Napf und legen Sie ihm einen leckeren Happen hinein. Die Nachricht, die Sie übermitteln wollen, lautet: Menschen und Futternäpfe in unmittelbarer Nähe voneinander sind ein Vorbote für richtig tolle Sachen.

Um die Reaktion des Hundes zu generalisieren, müssen auch andere Personen diese Übungen machen. Je jünger der Welpe zu Beginn dieser Arbeit ist, desto besser. Durch diese Übungen

[1] Aus dem Gedicht »Der Zipferlake« von Lewis Carroll, übersetzt von Christian Enzensberger

werden auch Vertrauen und Selbstbewusstsein gefördert. Jean Donaldson (1996) meint, jede Art von Ressourcenbewachen rührt von Unsicherheit und Paranoia her. Der Hund nimmt an, es ginge um Leben und Tod, wenn sich jemand seinem durchgekauten Knochen oder seinem Napf voll Trockenfutter nähert. Ich denke darüber so: Hunde gehen davon aus, dass Sie genauso wie sie selbst denken. Und wenn etwas für die Hunde wertvoll ist, müssen Sie es auch wertvoll finden. Wären Sie der Hund, würden Sie den Gegenstand abdecken und versuchen, es in Ihren Besitz zu bekommen bzw. zu behalten.

Bei älteren Hunden oder Welpen, die in der Vergangenheit riskantes Verhalten gezeigt haben, müssen Sie langsam und vorsichtig vorgehen. Tragen Sie dicke Handschuhe oder ziehen Sie dem Hund am Anfang einen Maulkorb an. Benutzen Sie die Assess-A-Hand.

Übung für Hunde, die bereits geschnappt oder geknurrt haben oder die Gegenstände vor Menschen bewachen, indem sei eine »Bewachungshaltung« einnehmen:

1. Am Anfang frisst dieser Hund nicht mehr aus dem Futternapf. Er bekommt sein Trockenfutter aus Ihrer Hand, aber nur dafür, dass er verschiedene Gehorsamsübungen oder Tricks, die Sie ihm motivierend beigebracht haben, macht. Machen Sie dies fünf bis zehn Tage lang.
2. Als Nächstes machen Sie obige Übungen in der Nähe seines Napfes – der allerdings leer ist. Wiederholen Sie dies zwei bis fünf Tage lang.
3. Lassen Sie den Hund in einer Entfernung von circa anderthalb Metern vom Futternapf Sitz oder Platz-Bleib machen. Der Hund hat dabei eine Leine an. Ein Helfer kann das andere Ende der Leine halten. Legen Sie eine kleine Handvoll Trockenfutter in den Napf. Lassen Sie den Hund los, sodass er das Futter fressen kann. Folgen Sie ihm zum Napf, bleiben Sie aber hinter der Distanzschwelle. Nehmen Sie die Leine, gehen Sie vom Napf weg und rufen Sie ihn zu sich. Lassen Sie ihn Sitz oder Platz machen und wiederholen Sie die Übung. Jedes Mal wenn die Übung in einer bestimmten Entfernung gut funktioniert, können Sie beim nächsten Durchgang einen Schritt näher gehen. Am Ende stehen Sie mit dem Hund neben dem Napf.
4. Dann können Sie damit anfangen, neben dem Napf herumzulaufen oder sich dort aufzuhalten, während der Hund frisst.
5. Als Nächstes steigern Sie die Entfernung, aus der Sie ihm »folgen« wieder bis zur ersten Distanzschwelle. Sie bleiben aber nicht stehen, sondern hocken sich hin. Jetzt verringern Sie nach und nach, über mehrere Durchgänge verteilt, die Entfernung wieder, bis Sie neben dem Napf hocken. Fordern Sie den Hund neben dem Napf zu ein, zwei bekannten Verhaltensweisen auf und verstärken Sie ihn, indem Sie ihn manchmal mit der Hand füttern und manchmal loslassen, sodass er zum Napf gehen kann.
6. Nähern Sie sich dem leeren Napf und dem Hund, nehmen Sie den Napf weg, legen Sie eine kleine Handvoll Futter hinein, gehen Sie weg. Fünf bis zehn Mal wiederholen.
7. Nähern Sie sich dem leeren Napf und dem Hund, nehmen Sie den Napf weg, legen Sie eine Handvoll Futter hinein, entlassen Sie den Hund, sodass er fressen kann. Dies können Sie auch so machen, dass der Hund im Sitz-Bleib ist (von hinten festgehalten wird) oder einfach nur neben dem leeren Napf steht. Schauen Sie, was am besten ist. Fünf bis zehn Mal wiederholen.
8. Sitzen Sie neben dem leeren Napf und dem Hund, streicheln Sie ihn und sprechen Sie mit

ihm, während Sie ihm in unregelmäßigem Abstand Leckerlis in den Napf legen. Halten Sie dabei eine Hand am Napf.

9. Sitzen Sie neben der Schüssel, während der Hund sein Trockenfutter frisst. Nehmen Sie Ihre Hand vom Napf weg, um ihm ein köstliches Leckerli hineinzulegen. Seien Sie dabei vorsichtig. Für den Hund ist das ein großer Schritt; Bewegung in der Nähe seines Napfes ist sehr provozierend.
10. Nähern Sie sich dem Napf, während der Hund frisst, nehmen Sie den Napf weg, geben Sie ein Leckerli hinein und stellen Sie ihn wieder hin. Fünf bis zehn Mal wiederholen.
11. Falls Sie zu irgendeinem Zeitpunkt »gewarnt« werden sollten, gehen Sie wieder zurück und wiederholen Sie die Schritte, wobei Sie zwei oder drei Schritte von Ihrem aktuellen Stand zurückgehen. Falls Sie sich dem Napf nicht nähern können, versuchen Sie die Distanzschwelle herauszufinden und werfen Sie ihm das Futter aus dieser Entfernung zu. Seien Sie vorsichtig - auch hierbei kann die Bewegung, mit der Sie das Futter werfen, sehr provozierend sein.»

Platz in der Nähe des Futternapfes
D'Art hat lange und intensiv seinen Futternapf bewacht. Um mit ihm zu arbeiten, bringt Pat D'Art in geringer Entfernung vom Futternapf ins Platz-Bleib. Er wird so verstärkt, dass man ihm das Futter aus einer Entfernung hinwirft. In den ersten Trainingsstunden muss er angebunden oder an der Leine festgehalten werden. Achten Sie auf dem »Platz«-Foto unten darauf, dass D'Art von Pat wegschaut (Beschwichtigungssignal).

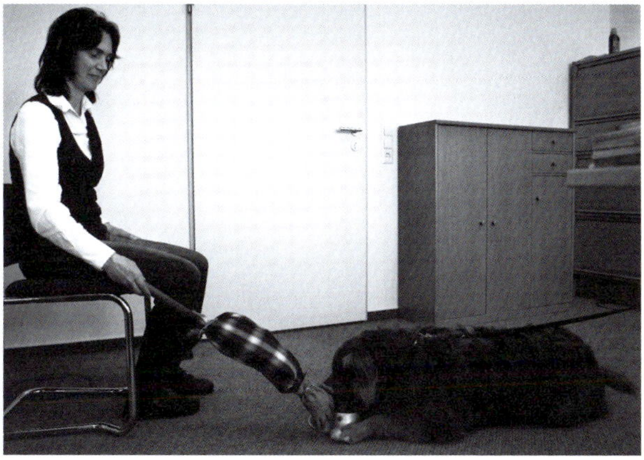

Arbeit mit dem Futternapf (oben)
D'Art ist aus Sicherheitsgründen angeleint. Pat legt ein bisschen Trockenfutter in den Napf, während D'Art im Sitz-Bleib bleibt.

Verwendung der Assess-A-Hand (unten)
Pat benutzt die Assess-A-Hand, um in den Futternapf zu greifen.

Fangen Sie wieder bei Schritt 1 an, diesmal allerdings mit einer anderen Person. Kinder dürfen Sie dafür natürlich nicht benutzen, sofern auch nur das geringste Risiko besteht. (Falls nötig, muss der Hund irgendwo angebunden sein.)

Wenn der Hund seinen Futternapf bewacht und ein Kind dabei ist, sollten Sie den Hund zum Fressen in die Box sperren, damit keine Gefahr für das Kind besteht. Achten Sie darauf, dass er, falls Essen auf den Boden fällt, nicht genauso reagiert wie wenn sich jemand seinem Napf nähert. Manche sind allgemeine Futterbewacher, andere bewachen nur den Napf, aber kein Futter, das in der Küche oder vom Esstisch auf den Boden fällt. Falls Sie unsicher sind, halten Sie den Hund vom Kind fern, wenn Futter mit im Spiel ist. Sollten Hund und Kind im selben Moment nach heruntergefallenem Essen greifen, kann das fatale Folgen haben.

Falls Ihr Hund seinen Napf wie wild bewacht und Kinder mit im Haushalt leben (nicht nur zu Besuch sind), rate ich Ihnen dazu, intensiv über diese Konstellation und die möglichen Konsequenzen nachzudenken.

Wenn Sie schon in einer Grube stecken – hören Sie auf zu graben! Wenn Sie Angst oder keine Zuversicht haben – hören Sie auf! Ist Ihr Hund ein aufbrausender Bewacher oder Beißer oder stürzt er sich ständig auf Sie, bitten Sie einen professionellen Hundetrainer oder Verhaltensexperten um Hilfe. Überprüfen Sie diese sorgfältig, schauen Sie sich ihre Methoden an und achten Sie darauf, dass Sie sich bei diesen wohl fühlen.

Bewachen von Gegenständen: Was die eine Spezies wegwirft, ist für die andere ein gefundenes Fressen

Voraussetzung: Grundlagen-Verhalten, Niveau I »Lass das«.
Praktisch: »Sitz & Platz«, Abrufen
Weitere Ideen finden Sie außerdem im Übungsplan »Das Zweierspiel«.

Manche Hunde scheinen fast zwanghaft Gegenstände zu bewachen. Ihre Handlungen wirken reflexartig und scheinen gar nicht unter ihrer Kontrolle zu stehen. Andere werden scheinbar dadurch motiviert, dass *Sie* so verzückt von Kleenex, Wattestäbchen, Toilettenpapier oder Hamburgerverpackung sind. Der Hund kommt mit einem benutzten Wattestäbchen, das er im Schatzkästchen (damit meine ich den Badezimmermülleimer) gefunden hat, ins Wohnzimmer. Sie hechten sofort zum Hund, jagen ihm falls nötig hinterher, rufen die ganze Zeit und versuchen, ihm den Gegenstand zu entwinden. Wirkt es so, als ob Sie dies für einen wertvollen Gegenstand hielten? Darauf können Sie wetten! Kann er damit Ihre Aufmerksamkeit auf sich ziehen? Klar! Der Hund hat Ihnen die letzte Stunde lang seinen schleimigen Tennisball vor die Füße gerollt und Sie sind es leid, ihn über den Boden zu werfen, und möchten nun wissen, wer der Mörder in dem Krimi ist, den Sie gerade lesen. Doch dann erscheint der Hund mit dem Wattestäbchen und voilà! Sie erheben sich aus den Tiefen Ihres Sofas, um mit ihm dieses wunderbare Spiel zu spielen.

Sie müssen Ihren Hund auf den Tag vorbereiten, an dem Sie ihm etwas wegnehmen müssen. Denn vertrauen Sie mir, dieser Tag wird kommen! Hunde fressen jede Menge Müll, einschließlich Exkremente, Papiertaschentücher, Alufolie und sogar den Schalter vom Trockner, falls er soweit hinaufklettern kann. Hunde sind eine sehr erfolgreiche Gattung und dies ist einer der Gründe, warum das so ist. Wählerische Esser überleben nicht sonderlich lang im Dschungel.

Das Ziel ist, dem Hund beizubringen, dass Menschen, wenn sie ihm etwas wegnehmen, dies meist zurückgeben. Außerdem bekommt er immer dieses richtig köstliche Leckerli als Tauschmittel. Darum handelt es sich um eine Win-Win-Situation. Sie gewinnen, der Hund gewinnt.

Zuerst müssen Sie dafür sorgen, dass die Gegenstände, die der Hund in der Vergangenheit bewacht hat, ihm nicht mehr zur Verfügung stehen. Punkt. Wenn Sie versuchen, ihm einen wertvollen Besitz wegzunehmen, ohne dass der Hund darauf durch umfangreiche Verstärkung vorbereitet wurde, befinden Sie sich in einer Lose-Win-Situation. Das bedeutet, Sie verlieren, der Hund »gewinnt« und Sie werden in Ihrem Training erheblich zurückgeworfen. Zudem werden Sie sehr leicht gebissen. Bewacht der Hund Gegenstände, üben Sie den Austausch von Gegenständen. Fangen Sie mit einem Gegenstand an, an dem der Hund kein Interesse hat, und den er eher nicht bewachen wird. Denken Sie sich ein »Tausch«-Kommando aus, wie beispielsweise »Fallenlassen«, »Danke«, »Aus!«, was immer Sie möchten. Falls Sie es schon erfolglos mit einem Wort probiert haben, ändern Sie das Kommando.

Approximation I

Ich liebe Sue Sternbergs Technik, bei der man zum Hund geht, »Fallenlassen« sagt und dann neben den Hund auf den Boden ein köstliches Leckerli wirft. Ohne anzuhalten, geht man dann einfach weiter an ihm vorbei.

Ich ziehe es vor, diese erste Approximation dann zu machen, wenn der Hund gar nicht mit einem Gegenstand beschäftigt ist. So kann er Sie anschauen und rechnet mit einem schönen Ereignis, wenn er »Fallenlassen« hört. Das ist viel besser, als wenn der Hund in einen defensiven Zustand umschaltet, weil er »Fallenlassen« für eine Kampfansage hält.

Diese Übung ist auch bei Hunden nützlich, die zwar nicht aggressiv sind, aber ein bisschen besitzergreifend und sich nach Belieben Taschentücher und Socken schnappen. Sie hilft auch bei den Hunden, die festgestellt haben, dass sie, egal wie beschäftigt Sie sind, Sie in ein tolles Verfolgungsspiel verwickeln können, indem sie sich Ihre neue Fünfzig-Euro-Unterhose von Victoria's Secret oder ein Spielzeug der Kinder schnappen.

Typische »Bewachungshaltung«
Es gehört mir, mir, mir! Achten Sie auf den gesenkten Kopf und Nacken und darauf, dass der Hund oben aus den Augen heraus auf Sie heraufschaut. Das ist eine unmissverständliche Bewachungshaltung.

Approximation 2

1. Warten Sie bis der Hund einen Gegenstand hat oder werfen Sie ihm einen Gegenstand zu.
2. Aus Entfernung geben Sie ihm bestimmt das Kommando »Fallenlassen«.
3. Werfen Sie dem Hund dann ein Leckerli hin.
4. Gehen Sie weg bzw. setzen Sie Ihren Weg fort.

Verringern Sie allmählich die Entfernung immer mehr, bis Sie zum Hund gehen können, während er gerade einen Gegenstand hat und schieben Sie ihm mit der Assess-A-Hand (oder Ihrer eigenen Hand, sofern der Hund Ihnen gegenüber in der Vergangenheit nicht aggressiv war) oder werfen Sie die Leckerlis auf den Boden.

Approximation 3

1. Geben Sie dem Hund den Gegenstand.
2. Sagen Sie in angenehmem Tonfall »Fallenlassen« oder »aus« oder »Danke«. (Das »Tauschen«-Kommando, für das Sie sich entschieden haben.)
3. Tauschen Sie den Gegenstand für ein Leckerli.
   Je nachdem wie besitzergreifend der Hund ist, kann es bedeuten, dass Sie ihm eine ganze Handvoll Leckerlis hinwerfen müssen, damit er eine Weile beschäftigt ist, damit Sie den Gegenstand nehmen können. Oder es kann bedeuten, dass Sie ein höchstwertvolles Leckerli, wie beispielsweise ein paar Löffel voll Thunfisch oder Katzenfutter, auf einen Teller geben müssen, um tauschen zu können.
4. Geben Sie den Gegenstand zurück.

Viele der Foxterrier aus den Not-Stationen bewachen Gegenstände oder Futter vehement. Mit allen mache ich diesen Übungsplan. Sogar die Hunde, die sich am Anfang auf mich stürzen wollen, mich anknurren oder nach mir schnappen, wenn ich mich nähere, sind am Ende relativ vernünftig und gut kontrollierbar. Meisten haben Menschen dem Hund etwas abgenommen und ihm dabei Angst gemacht, oder Menschen haben den Hund wegen einem Gegenstand geschlagen und bestraft, anstatt mit ihm einen friedlichen Tausch zu machen.

Approximation 4

1. Sagen Sie »Danke« (oder Ihr sonstiges Tausch-Kommando), ohne dass der Hund das Leckerli sehen kann, während er den wertvollen Gegenstand in Besitz hat.
2. Holen Sie dann das Leckerli aus der Tasche und geben Sie es ihm.
3. Geben Sie ihm dann den Gegenstand zurück.

Beim ersten Mal sollten Sie darauf achten, dass Sie einen erfolgreichen Tausch schaffen. Und dann nichts wie weg. Gehen Sie weg. Anschließend machen Sie zwei Austausche, später variieren Sie zwischen einem und fünf nacheinander und dann gehen Sie weg. Benutzen Sie im Laufe der Zeit unterschiedliche Gegenstände, und tasten Sie sich an immer wertvollere heran.

Wertvoll aus Sicht des Hundes, nicht aus Ihrer. Darum sind schmutzige Unterwäsche und eklige Ohrenschmalz-Wattestäbchen sehr wertvolle Gegenstände.

Nachdem Sie im Laufe von fünf bis sieben Tagen mehrmals Gegenstände getauscht haben, rüsten Sie sich mit Leckerlis und versuchen, einen Kauknochen zu nehmen, den der Hund gerade vom Boden aufgehoben hat. Tauschen Sie manchmal gegen Trockenfutter, manchmal gegen etwas ganz Besonderes, wie beispielsweise Käse oder Steak. Ändern Sie die Belohnung je nach Wert des Gegenstands.

Nach einiger Zeit können Sie den Gegenstand nur noch gegen ein Leckerli tauschen.

Der nächste Schritt besteht darin, obige Übungen mit anderen Personen zu machen. Benutzen Sie dafür alle nötigen Sicherheitsmaßnahmen: Handschuhe, Leinen, Haltis und Maulkörbe. Die Sicherheit Ihres Helfers muss gewährleistet sein. Zudem darf der Helfer nicht in Panik geraten und auch nicht herumspringen oder in unpassenden Momenten aufschreien.

Als nächstes wagen Sie sich an »heißere« Objekte. Das sind Kauknochen und fettiges Hamburgerpapier. Wenn Sie es mit den richtig wertvollen Gegenständen versuchen, müssen Sie ein Taschentuch oder fettiges, ekliges Papier auf den Boden legen, sodass der Hund sich dies holen kann, und dann können Sie die Gegenstände tauschen.

Glauben Sie es oder nicht, ausreichende Wiederholungen und korrekte Kontrolle der Situation führen dazu, dass Ihr Hund begierig Gegenstände abgibt. Sie können ein richtiges Monster heranziehen - so wie meine Punch, die mir die unterschiedlichsten Gegenstände zum Tausch gegen ein Leckerli bringt. Sie wühlt in Abbeys Schultasche und holt ein halb aufgegessenes Brot heraus. Aber statt es aufzuessen oder die Plastikverpackung zu verspeisen, sucht sie mich fröhlich und gibt Ihren Fund gegen ein Leckerli her. Das ist zwar eine manchmal irritierende, aber niemals gefährliche Angewohnheit. Und eine, die mir sehr viel lieber ist als wenn mein Hund ein Kind oder einen Gast beißen würde, der sich zu nah an ein schleimiges Stück Kauknochen heranwagt. Außerdem können Sie, falls Sie das nicht amüsant finden (ich muss zugeben, ich finde es amüsant), die Angewohnheit ausschleichen lassen, indem Sie sie nicht weiter verstärken.

Manchmal bringen meine Hunde mir ganz erstaunliche Dinge. Mein Basset-Hound hat mir einmal den Staubsauger gebracht und Breanna, die von allem den Reißverschluss aufmachen kann, holte (oder mopste vielleicht) mir bei einer Hundeshow ein paar Dinge aus jemandes Trainingstasche, während ich gerade schwatzend daneben stand (und mir ihres unzivilisierten Verhaltens gar nicht bewusst war). Sie hatte mir mehrere Gegenstände, jeweils einzeln (unter anderem Bringholz, Leine, Hundespielzeug und Leckerlibeutel), gebracht, bis mich ein Zuschauer auf die Gegenstände zu meinen Füßen hinwies.

Kinder sollte man keinen Umgang mit einem Hund haben lassen, von dem bekannt ist, dass er Ressourcen bewacht. Das Risiko ist zu groß. Kinder können schnell Angst bekommen und benehmen sich dann auf eine Art und Weise, die die Lösung des Problems des Hundes erschwert.

Ist das der Fall, haben Sie zwei Probleme, ein verängstigtes, vielleicht verletztes Kind und den Hund. Kinder sollten in der Umgebung von Hunden immer von Erwachsenen beaufsichtigt werden. Bewacht Ihr Hund Gegenstände und sind Kinder dabei, heben Sie alle Gegenstände auf. Passen Sie auf wie ein Luchs. Können Sie das nicht, sperren Sie den Hund sicher weg, bis Sie es wieder können.

Hunden fällt es schwer zu generalisieren. Wenn Sie meinen, dass das Ressourcenbewachen Ihres Hundes ein fest verankertes Verhalten ist, werden Sie dieses Problem immer kontrollieren müssen. Das bedeutet, lebenslange Kontrolle und ständige Wiederholungen der Tausch-Übungen.

Prävention ist eindeutig die beste »Heilung«. Wenn Sie diese Übungen schon mit jedem kleinen Welpen machen, ist das für Menschen weniger riskant, als einen erwachsenen Hund mit fest verwurzelten Gewohnheiten, großen Zähnen und starkem Kiefer zu »rehabilitieren«.

Ermuntern Sie keinen Hund dazu, Gegenstände zu bewachen. Machen Sie ihm deutlich, dass Sie das Sagen haben, und zwar auf nicht-konfrontative Art und durch Gehorsamsübungen, Tricks und den Alltag. Bringen Sie ihm bei, dass es Spaß macht, zu gehorchen, und auch im Interesse des Hundes ist. Letztlich sorgen Sie so dafür, dass das Tier freiwillig die »richtigen« Entscheidungen aus Sicht der Menschen trifft. Das ist erlerntes Verhalten!

Bewachen von Orten

Voraussetzung: Grundlagen-Verhalten; Übungsplan »Lass das«, »Zen-Sitz und -Platz«, Abrufen

Eine andere Form des Ressourcenbewachens ist das Bewachen von Orten. Der Hund springt auf das Sofa und verhindert, dass eine Person sich dort hinsetzen kann, indem er distanzvergrößernde Manöver einsetzt, wie beispielsweise Knurren, Schnappen und nach vorne Stürzen. Auch hier ist der beste Schutz die Prävention. Wenn der Hund auf Möbelstücke darf, üben Sie, ihn dort auch wieder herunterzubekommen. Darf er nicht auf Möbelstücke, muss er trotzdem über Menschen und ihre Schlafplätze Bescheid wissen.

Fangen Sie sobald wie möglich damit an, dass der Hund auf dem Boden, dem Sofa, dem Bett rücken muss. Geben Sie ihm ein Kommando, wo er sich platzieren soll, und verstärken Sie das Verhalten mit Leckerlis und Spielen. Üben Sie, den Hund auf den Stuhl zu locken, sagen Sie dann »Ab!«, falls nötig geben Sie ihm den entsprechenden Hinweis, und anschließend ein Leckerli. Am besten benutzen Sie nicht das Leckerli an sich, um den Hund vom Sofa oder anderen Ort wegzulocken, sondern tun dies mithilfe von Signalen. Machen Sie schmatzende Geräusche, verlassen Sie selbst den Bereich des Raums und geben Sie dem Hund ein Leckerli, wenn er gehorcht. Die Leckerlis können auf dem Fernseher liegen oder an einem anderen Platz, sodass der Hund sie nicht sofort sehen kann, und auf jeden Fall außerhalb seiner Reichweite. Keine Selbstbedienung!

Hat Ihr Hund in der Vergangenheit Orte bewacht, muss er eine Leine tragen, sodass Sie Ihre »Ab«-Kommandos sicher durchsetzen können, bis Sie ihn verbal kontrollieren können.

Nach ein paar Wiederholungen machen Sie einen »kalten Durchgang«. Das bedeutet, Sie warten bis der Hund auf dem Stuhl ist und es sich gemütlich gemacht hat. Dann gehen Sie zu ihm und sagen »Ab!«, falls nötig folgt ein Signal, dann bekommt er richtig tolle Sachen. Die richtig tollen Sachen müssen immer anders ausfallen. Futter ist gut, aber genauso gut ist »Toll! Lass uns spazieren gehen« oder »Ja! Frisbee!« oder »Willst du Ball spielen?«

Für Ihren Erfolg ist es entscheidend, dass Sie ihn nicht bestechen. »Gassi gehen« zu sagen, um den Hund vom Möbelstück herunterzubekommen, ist etwas Anderes als »Ab« zu sagen, gehorsames Verhalten zu bekommen und dann zu sagen »Ja! Gassi gehen!« Durch ersteres lernt der Hund manipulatives Verhalten. Das zweite ändert tatsächlich sein Verhalten und er lernt den Zusammenhang zwischen Verhalten und Konsequenz. Denken Sie an den Trainingsgrund und daran, dass Verstärkung auf Gehorsam folgt. In der Fachsprache heißt es »AVK«, und zwar: 1. Antezedent (Kommando / Signal); 2. Verhalten (Hund zeigt ein Verhalten); 3. Konsequenz (Jetzt sind Sie dran - Sie entscheiden, womit Sie ihn verstärken).

Zusammenfassung

Prävention ist der beste Weg, den Sie einschlagen können. Machen Sie diese Übungen mit Ihrem Welpen, bevor Probleme entstehen. Wenn Sie mit einem Hund arbeiten, von dem Sie wissen, dass er Ressourcen bewacht, müssen Sie vorsichtig vorgehen und alle Maßnahmen zur Sicherheit bereithalten (Leinen, Maulkörbe etc.) und, falls sich das Verhalten verschlimmert anstatt besser zu werden, müssen Sie sich Hilfe bei einem erfahrenen Verhaltensexperten suchen. Die Sicherheit von Menschen, vor allem Kindern, sollte dabei Ihr oberstes Gebot sein. Bringen Sie ihm auf das und ab vom Bett und Sofa bei; in das und aus dem Auto, dem Haus, der Box. Hunde, die von Anfang an dazu erzogen werden, gerne zu gehorchen und kooperativ zu sein, werden viel unwahrscheinlicher Aggressionsprobleme entwickeln. Wenn Sie über die Tatsache nachdenken, dass Beißen ein ziemlich normales Verhalten für einen Hund ist, gibt Ihnen das die nötige Motivation, von Anfang an zu verhindern, dass Probleme überhaupt entstehen.

Andere tolle Dinge, die Sie tun können:

Eine andere zwingend erforderliche Übung ist, dass Sie ihn anfassen können müssen. (Siehe Übungsplan »Anfassen & Festhalten«.) Der Hund sollte an alle Arten von Berührungen gewöhnt sein, überall an seinem Körper. Um ihn an Berührungen zu gewöhnen, sind TTouch und Massagen eine gute Methode. Er soll bei Berührungen Spaß haben und sie angenehm finden. Gewöhnen Sie ihn daran, so festgehalten zu werden wie ein Kind ihn umarmen würde. Halten Sie ihn nach und nach immer stärker und länger fest, allerdings jeweils nur eins von beidem. Seien Sie vorsichtig. Wenn Sie eine negative Reaktion erzielen, gehen Sie zurück und benutzen viele Leckerlis. Dadurch dass Menschen ihn anfassen dürfen, werden sein Selbstbewusstsein und Vertrauen gesteigert. Ist der Hund in Gegenwart aller Menschen entspannt und fühlt er sich wohl, und begreift er, dass Menschen über eine eher merkwürdige Körpersprache verfügen, aber im Grunde harmlose Kreaturen sind, die ihm oft richtig tolle Dinge geben, neigt er eher nicht zu Bewachungsverhalten. Die Grundvoraussetzung für Bewachungsverhalten ist, dass der Hund seinem »Bewacher« gegenüber misstrauisch ist – eine Einstellung, die er eher nicht hat, wenn er sich in Gegenwart von Menschen wohl und nicht bedroht fühlt.

In den Übungsplänen »Das Zweierspiel«, »Anfassen & Festhalten« und »Nachgiebiges und haltungsrelevantes Verhalten« sowie den Verhaltensweisen aus den Grundlagen und Niveau I finden Sie weitere Hilfe für Ressourcenbewachen.

Eine gute Methode, um das Problem des Ressourcenbewachens zu behandeln, ist, ihm auch das Apportieren beizubringen. Apportieren und Bewachen sind zwei Verhaltensweisen, die miteinander nicht kompatibel sind; beides gleichzeitig geht nicht, denn Teil des Apportierens ist, den Gegenstand herzugeben. Fangen Sie damit an, ihn zum Apportieren zu motivieren. Denken Sie daran, dass er das Apportieren nicht über Nacht beherrschen kann und dieser Prozess nicht konfrontativ vonstatten gehen darf.

51

Begegnungen zwischen Hunden

Niveau 3	
Voraussetzung	Grundlagen-Verhalten Niveau 1: Sprachkompetenz Niveau 2: Anfassen & Festhalten
Ziel	Ihr Hund wird andere Hunde an ihm vorbeigehen lassen oder in seiner Nähe dulden, ohne dass er unangebracht mit extremem Spielverhalten, bellen, stürzen und knurren reagiert. Er wird auch nicht übermäßig erregt, sodass er seine Aufmerksamkeit nicht mehr auf Sie lenken kann.
Was Ihr Hund dabei lernt	Andere Hunde stehen nicht immer zum Spielen zur Verfügung. Sie sind nicht gefährlich. Es ist nicht seine Aufgabe, dorthin zu rennen und die anderen in den Hintern zu treten.

Für diese Übungen muss der Hund ein Halti tragen. Zudem sollten Sie ihm sein Martingale-Halsband anziehen. Ein Maulkorb ist dann angebracht, falls Ihr Hund in der Vergangenheit anderen Hunden gegenüber in irgendeiner Weise aggressiv reagiert hat. Sobald Sie feststellen konnten, dass Sie Ihren Hund gut kontrollieren können, er nicht-reaktiv und sogar entspannt ist, können Sie bei Hunden, die am Anfang einen Maulkorb tragen mussten, diese Übungen ohne Maulkorb ausprobieren. In jedem Fall muss der Hundebesitzer darauf achten, ob er beim Hund Körperspannung, Stress oder Unbehagen beobachten kann, um muss in der Lage sein, sich sicher vom anderem Team zu entfernen, um aggressive Vorfälle zu vermeiden. War Ihr Hund in der Vergangenheit anderen Hunden gegenüber aggressiv, müssen Sie, bevor Sie Ihrem Hund den Maulkorb abnehmen, sicher sein, dass auch der andere Hund, mit dem Sie arbeiten, sehr zuverlässig und nicht reaktiv ist. Vor allem zu Beginn ist dies sehr wichtig. Ansonsten könnten Sie schnell in Probleme geraten! Beherrscht Ihr Hund diese Übungen gut, können Sie sich an herausfordernde Situationen wagen.

Schauen wir uns mal kurz die Aussichten an. Wenn Sie diesen Übungsplan durchgearbeitet haben, ist es immer noch unrealistisch, zu glauben, Sie könnten sofort auf die Hundewiese gehen und Ihren Hund frei laufen lassen. Diese Übungspläne sollen die Beziehung zwischen Ihnen und Ihrem Hund stärken. Ich möchte, dass Sie die Sprache Ihres Hundes verstehen und Sie und Ihr Hund über ein gemeinsames Kommunikationssystem verfügen. Ziel dieses Übungsplans ist, dass Ihr Hund Artgenossen sieht und seine Aufmerksamkeit dann sofort auf *Sie* richtet.

Dieser Übungsplan ist zwar primär für Hunde gedacht, die bereits ein paar Probleme haben, kann aber trotzdem dafür verwendet werden, Ihrem Hund beizubringen, wie er sich anderen Hunden nähern soll. Sie können sich glücklich schätzen, wenn Sie Problemen nur vorbeugen - Sie können schnell und ohne Maulkorb vorgehen, und Ihrem Hund beibringen, wie er sich in Gegenwart anderer Hunde ruhig verhält.

Annäherungen

Hierbei handelt es sich um Desensibilisierungsübungen. Setzen Sie Ihren Hund keinen Situationen aus, die noch nicht seinen Fähigkeiten - oder Ihren - entsprechen. Aggression ist in vielen Fällen nur ein Symptom der Angst. Nur Ihr Hund alleine kann festlegen, wie schnell er neue Bewältigungsmechanismen lernt, um gegen die zugrunde liegende Angst anzukämpfen. Auch wenn Sie langsam vorgehen müssen, müssen Sie gleichzeitig die Kriterien steigern, wodurch Sie Gelegenheiten schaffen, um immer wünschenswerteres Verhalten zu verstärken. Außerdem ist es wichtig, den eigenen Hund zu kennen und ausreichend trainiert zu haben, sodass *Sie* die richtigen Schritte machen, um das Verhalten zu erzielen oder Schadenskontrolle bei all den Schwierigkeiten, die auftauchen können, zu betreiben.

Stehen mangelndes Selbstvertrauen oder mangelnde Erziehung im Mittelpunkt der Aggression, ist Angst wahrscheinlich trotzdem die Hauptursache.

Wurde Ihre Beziehung zu Ihrem Hund häufig durch Konfrontationen gestört, erregt das Besorgnis. Die Übungspläne in diesem Buch sollen dabei helfen, dass Sie und Ihr Hund miteinander harmonieren, sodass Konfrontationen der Vergangenheit angehören. Dadurch sind Sie frei dafür, sich den wirklichen Problemen zu widmen - der Tatsache, dass Ihr Hund ein hitziges Temperament hat.

Egal ob Angst, die Beziehung oder etwas anderes zu den Problemen, die Sie mit Ihrem Hund haben, hinzukommt, in jedem Fall müssen Sie Ihre »Hausaufgaben« machen, bevor Sie mit diesem Übungsplan beginnen. Das bedeutet, dass Sie und Ihr Hund alle Übungspläne aus den Grundlagen und Niveau 1 sowieso »Anfassen & Festhalten« beherrschen müssen. Durch diese Übungspläne sind Sie in der Lage, unerwünschtes Verhalten zu unterbrechen ohne andere zugrunde liegende Faktoren, die am Problem beteiligt sind, zu verschlimmern.

Das heißt, Sie müssen mit Kommandos wie »Lass das!« und »Hier!« sehr gute Reizkontrolle betreiben können. Vergessen Sie nicht, dass Erfolg bedeutet, dass es zu keinen aggressiven Vorfällen und nur wenig bis gar keiner Reaktion seitens Ihres Hundes kommt.

Die Menschen neigen dazu, Probleme auf »Dominanz« zurückzuführen. Doch das ist eine äußerst kurzsichtige Einstellung.

Meistens hat der Hund einfach nicht begriffen, dass es falsch ist, sich auf die Umwelt statt auf den Hundeführer zu konzentrieren. Der Hund hat eine tiefsitzende Angewohnheit - sich auf die

Umwelt zu konzentrieren und mit reflexartiger Erregung auf Umweltreize zu reagieren. Diese Angewohnheit hat er schon so lange, dass es am Anfang sehr schwer für Sie ist, sie zu unterbrechen. Das ist eher ein Beziehungsdilemma als ein Rangordnungsproblem, weil der Hund nicht versucht, Sie zu »dominieren«. Es wurde einfach zugelassen, dass er das unerwünschte Verhalten praktizierte. Es ist eine Beziehungskrise, weil Ihr Hund Sie in diesem Fall nicht an seinem Entscheidungsprozess teilhaben lässt.

Viele meiner Kunden sagen: »Mein Hund möchte mich beschützen.« Das ist ihre Annahme, warum der Hund sich nähernde Menschen oder Hunde anknurrt. Wenn Sie Ihren Hund nicht gebeten haben, Sie zu beschützen, tut er das auf selbstständiger Basis. Selbstständiges Beschützen ist bei mir zuhause nicht erlaubt! Ich bestimme, wer kommt und geht und wer sich nähert. Andererseits, wenn Sie Ihrem Hund nicht klargemacht haben, dass Sie diese Entscheidungen treffen, wird er schnell eingreifen und an Ihre Stelle rücken. Wenn Sie in einem kleinen Flugzeug säßen und der Pilot plötzlich aus seinem Sitz fallen würde, schätze ich, dass Sie es mit dem Flugzeugfliegen versuchen würden, auch wenn Sie keinen blassen Schimmer hätten, wie man ein Flugzeug fliegt. Ich würde es auf jeden Fall tun! Genauso ist es bei Ihrem Hund. Wenn Sie nicht die Machtposition ergreifen und er meint, irgendjemand müsse das tun, wird er es ausprobieren, auch wenn er keine Entscheidungen über die sozialen Situationen der Menschen treffen kann, es sei denn, es wäre ihm eingehend beigebracht worden.

Egal, ob Aggression gegenüber anderen Hunden oder Menschen das Problem ist, oder Sie Präventionsarbeit leisten, mit diesem Übungsplan können Sie Ihrem Hund beibringen, neue Reize zu akzeptieren und sich bei deren Bewältigung gut zu fühlen. Alles, was Sie machen, um das Selbstvertrauen Ihres Hundes zu stärken, wird seine Beißhemmung heraufsetzen.

Nur zu Ihrer Information: Falls Ihr Hund Aggressionsprobleme gegenüber Menschen hat, müssen Sie in den folgenden Approximationen zur Feststellung seiner Reizschwelle, Hundeannäherungen und Hundeannäherungen von Hinten »Hunde« durch »Menschen« ersetzen. Ob es um Hunde oder Menschen geht, Sie können die Situation auf ähnliche Art handhaben. (Natürlich können Sie die Hohe Kunst des Hinternschnüffelns auslassen, wenn es sich um Menschen handelt.)

Zuerst: Festlegen der Reizschwelle

1. Legen Sie zuerst die Reizschwelle fest, bei der der Hund auf andere Hunde reagiert. Für Hunde, die schon aggressives Verhalten gezeigt haben: Wenn Ihr Hund einen anderen Hund entdeckt hat, ab wann fängt er an, Körperspannung, Nervosität oder Hyperaktivität zu zeigen? Bei zwei oder bei zehn Metern? Sie werden in einer Entfernung anfangen, die ein bisschen größer ist als die, bei der der Hund mit Knurren, Bellen und Stürzen reagiert. Es ist auch in Ordnung, bei einer Entfernung anzufangen, an der leichte Körperspannung und sogar ein leichter Piloarrektionsreflex zu sehen ist.

Aus dieser Entfernung versuchen Sie, die ersten Anzeichen dafür zu erkennen, dass Ihr Hund in Habachtstellung ist. Wenn Sie mit Hunden arbeiten, die anderen Hunden gegenüber überreak-

Warnen

Misty schaut Cotton an und fängt gerade an, sich auf ihn zu zu bewegen. Die Regel lautet: Wenn Ihr Hund etwas länger als zwei oder drei Sekunden anschaut, warnt er.

Marylu reagiert darauf so, dass sie Misty von Cotton weg und zu sich selbst hinführt, damit Misty versteht, wem sie ihre Aufmerksamkeit schenken soll: Marylu, immer!

Achten Sie auf die lockere Leine. Mistys Reaktion ist das Ergebnis davon, dass Marylu einfach nach hinten geht. Es ist kein verbales Kommando nötig. Das ist das Ergebnis davon, dass unendlich oft geübt wurde, von Ablenkungen wegzugehen.

In der Zwischenzeit fordert Diane Cotton zum Sitz und Schauen (und mit dem Herumspringen aufzuhören) auf, um Mistys Reaktion zu minimieren. Geschickte, proaktive Hundeführer achten auf die Umgebung, sodass sie Aufregung weitestmöglich zerstreuen können.

Diese Situation wurde extra so eingerichtet, wenngleich unter kontrollierten Bedingungen, weil Misty ziemlich beutefixiert ist und durch Bewegungen sehr reaktiv wird. So können wir Misty beibringen, Selbstkontrolle zu zeigen. Misty war im Umgang so schwierig, dass Marylu Angst hatte, mit ihr spazierenzugehen, weil sie befürchtete, Misty könnte sie umreißen und dann frei herumlaufen. Nach ein paar Monaten der Arbeit hatte Misty enorme Fortschritte erzielt. Sie läuft in der Hundeschule mit anderen Hunden (an der Leine) und achtet auf Marylu, selbst wenn andere Hunde an ihr vorbeilaufen. Wir gehen mit den Hunden unseres Resozialisierungskurses in öffentliche Parks und Misty geht mit all dem ruhig um. Dies sind nur ein paar der Übungen, durch die diese Verhaltensänderung funktioniert.

tiv oder aggressiv waren, ist es entscheidend, dass Sie begreifen, wie wichtig diese Warnsignale sind, und sie schnell erkennen können. Wenn der Hund zu warnen beginnt, ist das der Punkt, ab dem er langsam in Rage kommt. Bei Hunden, die unangemessen reagieren, ist dies ein entscheidender Moment. Reagieren Sie auf dieses Warnverhalten nicht angemessen, wird er davon ausgehen, dass Sie das, was er tut, für gut heißen, und ihn unterstützen. Bemerken Sie seine Warnsignale nicht und lassen Sie diese unbeachtet vorübergehen, geben Sie dem Hund, seiner Auffassung nach, direkt die Erlaubnis, seine aktuellen Gedanken zu Ende zu denken und noch reaktiver zu werden. Wenn Sie das Verhalten Ihres Hundes ändern, ist der beste Zeitpunkt, einzugreifen, während er warnt. Denken Sie daran: Sobald dieser Moment vorbei ist und er schon intensiv reagiert (Stürzen, Bellen, Knurren), betreiben Sie nur noch Schadenskontrolle, ändern das Verhalten aber überhaupt nicht (zumindest nicht in die Richtung, die Sie wollen!).

Bei den ersten Warnsignalen, werden Sie mit Ihrem Weggang die Situation verlassen (Siehe Foto »Warnen«). Gehen Sie einfach weg oder noch besser, vor allem in der Aneignungsphase, weichen Sie von dem Hund, den Ihr Hund warnt, zurück. Trödeln Sie nicht; gehen Sie schnell, aber dennoch gleichmäßig, rückwärts. Bleiben Sie bei diesem Weggang neutral. (Ich weiß, das ist leichter gesagt als getan, aber es ist möglich. Also machen Sie es.) Emotionalität oder Wut Ihrerseits wird nur den Hund in seiner, dass andere Hunde schlechte Nachrichten bedeuten und immer zu Ärger führen, bestärken. Ihren Hund zu korrigieren oder anzubrüllen, wird das Verhalten nur noch verschlimmern, wodurch der Hund wiederum in seiner Auffassung bestärkt wird, dass Sie jedes Mal, wenn ein anderer Hund auftaucht, aufgebracht und nervös werden und ihn gelegentlich attackieren.

In dem Moment, in dem Ihr Hund sich Ihnen zuwendet, benutzen Sie den PM. Gehen Sie zwei oder drei Schritte weiter zurück und ermuntern Sie den Hund verbal dazu, mit Ihnen zu gehen. Ist Ihr Hund bei Ihnen angekommen, markieren und belohnen Sie. Geben Sie ihm beim ersten richtigen Versuch einen Leckerli-Jackpot. Nach den ersten paar richtigen Versuchen bei einer bestimmten Distanzschwelle, markieren und belohnen Sie, und arbeiten Sie bei einer niedrigeren Distanzschwelle weiter.

Jedes Mal, wenn Sie die Distanzschwelle verringern, denken Sie daran, dass Sie einen ersten richtigen Versuch bei dieser geringeren Entfernung erzielen müssen. Geben Sie ihm dafür den Jackpot und setzen Sie das Verhalten dann auf ein variables Verstärkungsschema.

Der zwanghafte Begrüßer & Distanzschwellen

Ist Ihr Hund ein »überfreundlicher« und zwanghafter Begrüßer (und das sind die meisten Hunde!), können Sie die Distanzschwelle wie folgt bestimmen: Ab welcher Entfernung fängt der Hund an, den Artgenossen anzuschauen? Wann fängt er an, herumzuschwänzeln (bevor er sich auf den Hund stürzt)?

1. Sobald Ihr Hund auf Sie oder in Ihre Richtung schaut, markieren & belohnen Sie.
   Wenn Sie dies ein paar Mal mit der aktuellen Distanzschwelle gemacht haben, Ihr Timing richtig ist und Sie bei der richtigen Distanzschwelle angefangen haben, wird Ihr Hund den

Artgenossen kurz anschauen, dann kurz zu Ihnen oder in Ihre Richtung blicken, bevor er es auf den anderen Hund absieht (anfängt, ihn zu fixieren) oder auf ihn reagiert. Es ist unbedingt nötig, dass Sie diesen kurzen Blick, den er Ihnen zuwirft, die ersten zwei oder drei Male mit einem Jackpot belohnen.

2. Als Nächstes werden Sie beobachten können, dass der Hund den anderen Hund kurz anschaut, dann aber schnell ratsuchend zu Ihnen blickt – markieren & belohnen Sie dieses Verhalten und ermuntern Sie Ihren Hund, Ihnen weiterhin seine Aufmerksamkeit zu schenken. Zu dem Zeitpunkt werden viele Hunde anfangen, den Artgenossen zu ignorieren und Sie für das faszinierendere Objekt zu halten. Gut gemacht!
3. Jetzt können Sie circa zwei Schritte näher herangehen. Für den Hund stellt dies ein ganz anderes Paar Schuhe dar. Wiederholen Sie den Weggang, Rückzug oder Ihr Lass-das (das, was in dem Moment besser ist), bis Ihr Hund den Artgenossen in dieser Entfernung ignoriert.
4. Jetzt können Sie circa zwei Schritte näher herangehen. Machen Sie damit solange weiter, bis Ihr Hund aus einer Entfernung von circa sechs Schritten vom anderen Hund gutes Verhalten zeigt.

Das ist eine schwierige Übung, vor allem weil Sie zum Üben, zumindest am Anfang, einen anderen Hund brauchen, der beständig, zuverlässig und nicht-reaktiv ist. Auch auf Spaziergängen mit Ihrem Hund können Sie viel üben. Scheuen Sie sich nicht davor. Doch in der Anfangsphase, wenn Ihr Hund noch auf andere Hunde überreagiert, kann es unangenehm werden, wenn Sie auf freilaufende Hunde oder andere überreaktive Hunde treffen, deren Besitzer sie nicht kontrollieren können.

Arbeiten Sie trotzdem daran. Die Welt ist nicht immer perfekt. Bei meiner Arbeit mit meinen eigenen Hunden war ich oft in Situationen, die alles andere als ideal waren und in denen es für mich weitaus weniger furchterregend gewesen wäre, wenn ich an einem berechenbareren Desensibilisierungsprogramm hätte teilnehmen können. Doch die reale Welt durchkreuzt Ihre Pläne immer dann, wenn Sie es gar nicht gebrauchen können (das Telefon klingelt immer, wenn Sie in der Badewanne liegen und das schnurlose Telefon nicht neben Ihnen liegt...), und häufig, wenn Sie mit Ihrem Hund spazieren gehen, müssen Sie in der vorliegenden Situation das Bestmögliche machen. Wenn Sie wissen, dass Ihr Hund ein Streithahn ist und er andere Hunde verletzt hat, müssen Sie ihm für Spaziergänge immer einen Maulkorb anlegen.

In einer idealen Welt würde man mit dem Hund nicht in die Öffentlichkeit gehen, bis sein Verhalten perfekt ist. Leider ist das nicht möglich. Bevor Sie dieses Desensibilisierungsprogramm abgeschlossen haben, werden Sie mit dem Hund auch einmal zum Tierarzt gehen müssen. Ihr Hund muss Bewegung haben, was meistens bedeutet, dass er zumindest manchmal an der Leine läuft. Kontrollieren Sie die Situation so gut wie möglich. Wählen Sie Ihre Gassigehzeit und die Gegend so, dass Sie verhindern können, auf freilaufende Hunde zu treffen. Üben Sie diese Übungen so oft wie möglich und so gut Sie können, auch unter nicht idealen Bedingungen. Dann werden Sie bei einem normalen Hunde Ergebnisse erzielen. Doch auch bei einem Hund, der in irgendeiner Form anormal ist, werden Sie Ergebnisse erzielen.

Denken Sie an Ihre Beschwichtigungssignale

Sobald Sie es in Gegenwart anderer Hunde schaffen, dass Ihr Hund seine Aufmerksamkeit auf Sie richtet und sich auch weiterhin auf Sie konzentriert, sind Sie auf gutem Wege, relativ normale und beständige Situationen besser kontrollieren zu können. Er ist vielleicht noch nicht dazu bereit, dass ein anderer Hund auf ihn zu rennen und auf ihn springen kann, aber Sie sind auf dem besten Wege, in Ihrem Hund einen besseren Begleiter zu finden und ein besseres Verhältnis zu ihm zu erzielen.

In vorigen Abschnitten dieses Buches bin ich intensiv auf den Gebrauch von Beschwichtigungssignalen eingegangen: Wie Hunde sie auffassen, wie Sie erkennen können, dass Ihr Hund welche gebraucht, und welche Sie selbst bei Ihrem Hund benutzen können, um ihm zu vermitteln, dass Sie keine Bedrohung darstellen und die Situation nicht gefährlich ist. Lesen Sie diesen Abschnitt jetzt noch einmal, weil der Erfolg der nächsten Approximation davon abhängt, dass Sie diese Signale erkennen, verstärken und zu Ihrem Vorteil benutzen können.

Steigern Sie die Kriterien: Personen treffen aufeinander

Bei diesem Aufeinandertreffen werden Sie an Ihrem Helfer und dessen Hund vorbeigehen, wobei die Personen zwischen den Hunden laufen. Die Hunde sind auf der Außenseite, sodass zwischen ihnen ein Puffer aus zwei Personen ist.

Sich begegnende Hunde, 1 von 2

Fonzie und Maeve sind auf Kollisionskurs – das ist in der realen Welt so häufig der Fall. Sie schauen beide den potenziellen »Eindringling« an. Maeve fixiert und warnt – achten Sie auf die nach oben gerichteten Ohren und den intensiven Gesichtsausdruck.

Wenn die »Eindringlinge« näher zueinander kommen, können Sie sehen, dass Maeve ihren Kopf senkt und eine wachsamere Körperhaltung einnimmt (leichte Bewachungshaltung).

Doch dann läuft Maeves Verhaltensänderung an (und auch Fonzies) und sie schließt mich mit ein. Sie fängt an, ihren Kopf leicht in meine Richtung zu drehen, als Fonzie zu Lylenette schaut. Das Training hat gesiegt und mögliche Probleme wurden im Keim erstickt, dadurch dass die Hunde voneinander weggeschaut haben. Beide Hunde sind sehr assertiv, darum ist es nicht ratsam, dass sie frontal aufeinandertreffen.

Sich begegnende Hunde, 2 von 2
Für freiwilliges Ignorieren des anderen Hundes bekommt man ein Leckerli!
Sobald wir den anderen Hund hinter uns gelassen haben, halte ich an und gebe Maeve ein Leckerli. Das ist in den ersten Phasen des Lernens ein Muss. Allerdings hat Maeve dies schon so lange gemacht ohne ein Leckerli dafür zu bekommen, dass sie ein bisschen überrascht ist, dass ich ihr ein Leckerli gebe für ein Verhalten, das ihr schon zur Gewohnheit geworden ist. Sie hat es weit gebracht, wenn man bedenkt, was für einen Hund ich vor ein paar Jahren bei mir aufgenommen habe.

Ihr Helfer (und sein nicht-reaktiver Hund) kommen Ihnen und Ihrem Hund aus einer Entfernung von circa 12 Metern entgegen. Das soll einen anderen Hund simulieren, der sich Ihnen auf dem Bürgersteig nähert.

1. Legen Sie den Mittelpunkt fest und markieren Sie ihn – ungefähr der Punkt, an dem Sie sich begegnen würden, wenn Sie beide stur geradeaus gehen würden (was Sie nicht tun werden!)
2. Fangen Sie gleichzeitig an, aufeinander zuzugehen.
3. Jede Person wird aus ihrer jeweiligen Richtung in einem Bogen um den Mittelpunkt herum (sodass die Personen sich voneinander entfernen), und zwar in einem Bogen von circa einem halben bis einem Meter, sodass Sie und Ihr Helfer, wenn Sie aneinander vorbeigehen, circa zwei Meter voneinander entfernt sind. Ermuntern Sie Ihren Hund dazu, sich mit Ihnen zu befassen und geben Sie ihm den PM für korrekte Reaktionen. Sobald Sie den Helfer ein paar Schritte hinter sich gelassen haben, halten Sie an und markieren & belohnen.
4. Gehen Sie weiter, falls Ihr Hund überreagiert, und rennen Sie, falls nötig, sodass Sie den anderen Hund schnell hinter sich lassen. Sobald Ihr Hund sich auf Sie konzentriert, markieren & belohen Sie dies.

Sie werden dieses Aneinandervorbeigehen in *vielen Trainingseinheiten* üben. Bleibt Ihr Hund in großer »bogenförmiger« Entfernung ruhig, verringern Sie nach und nach die Größe des Bogens. Üben Sie dies, bis Sie Schulter an Schulter am Helfer vorbeigehen können, sofern Ihr Hund nicht reaktiv wird.

Indem Sie in einem Bogen an dem entgegenkommenden Hund / Hundeführer vorbeigehen, bringen Sie Ihrem Hund höfliche und richtige bogenförmige Annäherungen bei, welche die anderen Hunde nicht als bedrohlich empfinden werden. Indem Sie Ihrem Hund dies beibringen, zumindest an der Leine und in Ihrer Gegenwart, lernt er, anderen Hunden seine Achtung zu zollen. Durch dieses Verhalten wird auch der entgegenkommende Hund weniger reaktiv und somit wird es weniger wahrscheinlich, dass er Ihrem Hund Ärger macht. In so einer Situation kann sehr schnell auf eine Reaktion eine Gegenreaktion folgen. Wenn Sie verhindern können, dass Ihr Hund reaktiv wird und im besten Fall sogar freundlich wirkt, können Sie häufig verhindern, dass der andere Hund reaktiv wird.

Und wenn der andere Hund nicht reaktiv wird, wird es Ihrer auch nicht. Andererseits ist es aber auch so, dass wenn ein Hund bedrohlich und reaktiv oder defensiv wird, die anderen Hunde in der Umgebung dieses reaktive Verhalten widerspiegeln werden. Sie fangen an, auch die Hunde in der Umgebung zu kontrollieren. Das ist schon fast unheimlich!

Hund trifft auf Hund

Sie werden obige Szenerie genau wiederholen, mit dem Unterschied, dass nicht die Personen nebeneinander vorbeigehen, wenn Sie am anderen Team vorübergehen, sondern die Hunde. Wiederholen Sie dies mehrfach, wobei die Hunde allmählich immer näher aneinander vorbeilaufen, sofern ihr Verhalten dies zulässt. Achten Sie darauf, im *Bogen* aneinander vorbeizulaufen!

Hund nähert sich von hinten

Die Übung beinhaltet, dass der Helfer sich mit einem anderen Hund von hinten an Ihnen vorbeiläuft.

- Sie und Ihr Hund stehen still und der Helfer kommt mit seinem Hund von hinten und geht an Ihnen vorbei. Falls Ihr Hund den Artgenossen warnt, gehen Sie sofort weg.
- Sie und Ihr Hund laufen und der Helfer kommt mit seinem Hund von hinten und geht an Ihnen vorbei.

Herausforderungen:

- Helfer und Hund rennen an Ihnen vorbei.
- Sie und Ihr Hund rennen am Helfer und dessen Hund vorbei.

Steigern Sie die Kriterien:
Die hohe Kunst des Hinternschnüffelns

Auch Hunde mit hitzigem Temperament (nicht hundefreundliche Hunde), sollten über Bewältigungsfähigkeiten verfügen, um mit einem sich nähernden, offensichtlich nicht-bedrohlichen Hund umzugehen und kurz an ihm zu schnüffeln. Um an diesen Fähigkeiten zu arbeiten, wird Ihr Helfer sich mit seinem freundlichen, ruhigen Hund Ihnen und Ihrem Hund nähern, der einen Maulkorb und ein Halti trägt.

Bevor Sie mit dieser Übung beginnen, sollte es schon ein Kinderspiel sein, wenn, wie oben beschrieben, Hund auf Hund trifft. Ein anderer Hund, der sich Ihrem Hund nähert, von hinten angerannt kommt, neben ihm herläuft - all diese Dinge sollten seitens Ihres Hundes ruhiges Verhalten hervorrufen.

Wenn Ihr Hund reaktiv ist, benötigen Sie für diesen Schritt Wochen bis Monate. Nehmen Sie sich die Zeit! Setzen Sie sich selbst, Ihren Hund oder jemand anderes oder deren Hunde keine, Risiko aus!

Ihr Hund kann bei Fuß stehen oder sie können vor ihm stehen. Allerdings können Sie Ihren Hund besser kontrollieren, wenn Sie Ihrem Hund gegenüberstehen. Das Helferteam umkreist Sie und Ihren Hund in der Mitte, in einer Entfernung von vielleicht zwei Metern. Wenn Sie die vorigen Übungen gemacht haben, dürfte diese Entfernung für Ihren Hund tolerierbar sein. Ist das nicht der Fall, muss der Helfer größere Kreise ziehen. Markieren & belohnen Sie Ihren Hund für alle ruhigen Reaktionen. Wird er extrem reaktiv, muss das Helferteam anhalten und stillstehen, wobei der Helfer zwischen seinem Hund und Ihnen steht. Dann können Sie mit Ihrem Hund einen Weggang üben. Sobald Ihr Hund sich beruhigt hat, kann sich das Helferteam wieder bewegen.

Wenn Sie bei Ihrem Hund ruhiges Verhalten beobachten können, kann das Helferteam wieder in kleinere Kreise ziehen, indem es einen Schritt in die Mitte macht und seinen Kreis fortsetzt. Das Helferteam muss ruhig sein können und der Hund kontrollierbar sein. Falls Sie irgendwelche Zweifel bei Ihrem Helfer und dessen Hund haben, muss auch der Helferhund einen Maulkorb tragen.

Maulkörbe sorgen bei dieser Übung für Sicherheit, weil diese Übung sehr schnell den Bach runtergehen kann.

Der Helfer dreht um und geht in die andere Richtung.

Verringern Sie wieder den Kreisumfang. Üben Sie, dass das Helferteam sowohl im als auch gegen den Uhrzeigersinn läuft.

Wiederholen Sie obigen Abschnitt bis das Helferteam Sie in einer Entfernung von circa 30 Zentimetern umrundet. Idealerweise ist Ihr Hund auf Sie konzentriert und hört auf ein verbales Kommando von Ihnen auf, den anderen Hund zu beobachten; entweder durch »Lass das« oder indem Sie seinen Namen sagen. Noch besser wäre, wenn Ihr Hund den anderen Hund vollkommen ignorieren und ihn nur ab und zu kurz anschauen würde. Weitere Herausforderungen:

- Das Helferteam steht still in der Nähe.
- Der Helfer kann seine Hand ausstrecken und Ihren Hund berühren.
- Der Helferhund kann kurz (eine Sekunde) am Hinterteil (nicht am Gesicht!) Ihres Hundes schnüffeln.
- Der Helferhund kann zwei Sekunden lang an Ihrem Hund schnüffeln. Arbeiten Sie auf vier oder fünf Sekunden hin.

Wenn Ihr Hund den anderen Hund zu diesem Zeitpunkt ignoriert, ist das toll! Falls er anfängt, sich dem anderen Hund freundlich nähern zu wollen, können Sie einen sehr kurzen Kontakt (eine Sekunde oder weniger) zwischen den beiden Hunden zulassen. Nach einer Sekunde oder auf ein von Ihnen vorher festgelegtes Signal gehen beide Hundeführer schnell, aber ruhig und gleichzeitig voneinander weg. Dabei müssen Sie darauf achten, dass die Köpfe der Hunde voneinander weggedreht sind. Ich habe oft gesehen, dass Hunde in diesem kritischen Augenblick sehr reaktiv wurden, wenn diese Situation nicht umsichtig kontrolliert wurde.

Wenn ein Hund sieht, dass der andere weggeht, kann diese Bewegung dazu führen, dass er sich auf den Hund, der weggeht, stürzen möchte. Wenn Ihre Köpfe voneinander abgewandt sind, kann das nicht passieren, und die Hunde scheinen sich gegenseitig Achtung zu zollen, auch wenn dies in dem Moment völlig vom Hundeführer und vom Halti kontrolliert wird.

Schlussendlich ...

Sicherheit und Prävention sollten bei Ihnen immer die größte Rolle spielen. Sie sind für Ihren Hund verantwortlich. *Diese Übungen erfordern Arbeit.* Sie bringen Ihrem Hund sehr wichtige Dinge darüber bei, wie er sich aus Ärger heraushält. Sie lernen, die Signale zu verstehen, die Ihr Hund und auch andere Hunde aussenden.

In den Resozialisierungsklassen verbringen wir einen Großteil der Zeit damit, unterschiedliche Arten des Aufeinandertreffens zu üben. Diese Übungen werden gemacht, bis das menschliche Teammitglied flüssig und automatisch auf viele verschiedene Situationen, in die es kommen kann, reagiert. Auch die Hunde lernen flüssige und automatische Reaktionen. Das ist der Schlüssel dazu, Ihrem Hund beizubringen, dass nicht-reaktives Verhalten und Beschwichtigungssignale ihm »Kontrolle« über die Umgebung geben kann, sodass diese keine Gefahr mehr darstellt. Je mehr dieser ruhige emotionale Zustand geübt wird, desto stärker wird er sich durchsetzen. Je besser sich ein ruhiger emotionaler Zustand durchsetzt, desto mehr furchterregende Ereignisse werden vermieden.

Nicht vergessen: Falls Sie zu oft in Situationen sind, in denen Sie einfach nicht wissen, was Sie mit Ihrem Hund tun sollen, oder falls das Verhalten Ihres Hundes sich verschlechtert statt verbessert, ist es Zeit, innezuhalten und zu beurteilen, was da überhaupt passiert. Hat Ihr Hund alle nötigen Voraussetzungen beherrscht, bevor Sie mit dieser Trainingsphase begonnen haben? Agieren Sie selbst ruhig und kontrolliert? Ich meine damit nicht, ob Sie nervös oder ängstlich sind - natürlich sind Sie das. Aber die Art und Weise, wie Sie mit Ihrem Stress umgehen, hat einen großen Einfluss auf die Ergebnisse, die Sie mit Ihrem Hund erzielen werden. Wenn Sie kein Land mehr sehen können, sollten Sie sich professionelle Hilfe suchen. Doch schauen Sie sich diese Experten genau an - zahlen Sie für eine Beratung oder ein Telefongespräch, sodass Sie sie befragen können. Fragen Sie, ob Sie sich einen Unterrichtseinheit oder einen Gruppenkurs zur Probe anschauen können. Nehmen Sie an einer solchen Stunde teil, achten Sie darauf, wie der Kursleiter auf Ungehorsam reagiert. Gibt der Kursleiter den Hundeführern klare Anweisungen? Ist er mit den Hunden geduldig, aber dennoch durchsetzungsstark? Erzielt er bei den Hunden, mit denen er arbeitet, Fortschritte? Erklärt er seinen Schülern, warum er so vorgeht, wie er vorgeht? Wenn Sie ihn fragen, kann er Ihnen erklären, warum er eine bestimmte Technik angewandt hat?

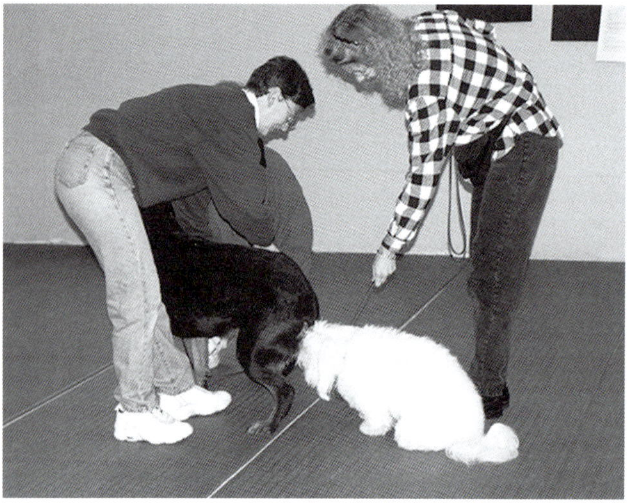

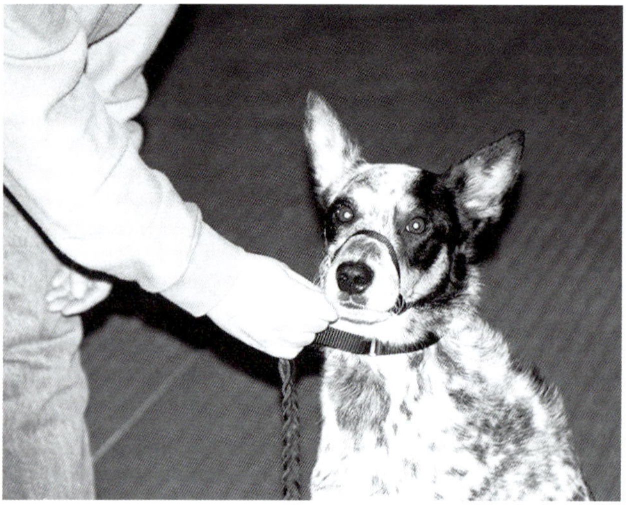

Die hohe Kunst des Hinternschnüffelns
Zuerst lautet das Zauberwort strengste Beaufsichtigung. Der Hund darf keine Entscheidungen treffen. Denn in der Vergangenheit haben diese Hunde gezeigt, dass sie nicht in der Lage sind, andere Hunde zu »lesen«, oder sie haben alarmierendes oder unfreundliches Verhalten demonstriert. Man kann sehen, dass Misty nicht weiß, wie sie mit dieser Situation umgehen soll, denn es ist ihr erster enger Kontakt zu einem Hund außerhalb der Familie seit langer Zeit.
Oben: Marylu (hinter mir versteckt) hat Misty einen Maulkorb und ein Halti angelegt und hält das Halti fest (das sieht man rechts), um größtmögliche Kontrolle zu haben. Ich halte die Hunde ruhig, um in der Nähe zu sein, falls einer der Hunde zu reagieren beginnt, damit ich mich zwischen sie stellen kann (wobei ich mich einem Risiko aussetze ...). Diane hält Cotton an kurzer, aber lockerer Leine, sodass er schnell einen Weggang praktizieren kann, falls das nötig sein sollte. (Cotton trägt auch ein Halti.)
Unten: Das ist eine sichere Methode, das Halti zu halten. Noch besser ist, wenn der Hund einen Maulkorb trägt, falls auch nur der leiseste Zweifel besteht, dass der Hund reaktiv werden könnte. Besser auf Nummer Sicher gehen als Wunden nähen zu lassen!

52

Leinenaggression

Niveau 3	
Voraussetzung	Grundlagen-Verhalten Niveau 1: Vor allem: Lass das! Niveau 2: Anfassen & Festhalten Niveau 3: Hund trifft auf Hund
Ziel	Ihr Hund wird in der Nähe von anderen Hunden herumlaufen und sogar auf sie zugehen können, ohne sich auf sie stürzen zu wollen. Eine straffe Leine bedeutet: »Wende dich deinem Herrchen zu«. Und nicht »stürz dich auf den anderen Hund«.
Was Ihr Hund lernt	Andere Hunde stehen nicht immer zum Spielen zur Verfügung; sie sind nicht gefährlich. Und es ist nicht seine Aufgabe, zu ihnen zu rennen und sie in den »Hintern zu treten.«

Eine straffe Leine kann beim Hund die Wahrnehmung verstärken, dass sein Hundeführer ihm die Fluchtmöglichkeiten nimmt. Dadurch ist dieser dann Teil des Problems. Unser Ziel ist aber, dass der Hund seinen Hundeführer als Teammitglied ansieht und sich darauf verlässt, dass dieser die Probleme löst.

Ich habe oft erfahrene Hundetrainer sagen hören: »Halten Sie Ihren Hund nicht an einer straffen Leine. Das fördert Aggression.«

Die straffe Leine an sich ist aber nicht das Problem. Sie ist gewissermaßen ein Symptom, weil der Hund:

- niemals gelernt hat, aufmerksam zu sein,
- niemals gelernt hat, seine Umgebung zugunsten seines Besitzers zu vernachlässigen,
- keine anderen Bewältigungsstrategien gelernt hat, die er anwenden kann, statt reaktiv zu werden,
- sich unwohl fühlt, wenn er unter bestimmten Bedingungen festgehalten wird.

Raten Sie mal, was passiert, wenn ein Hund aufgeregt ist und dann einen Satz auf ein anderes Tier zu macht? Die Leine wird straffgezogen! Sie ist ein Symptom für den überreaktiven Zustand des Hundes. Dies wird am besten dadurch minimiert, indem Sie die Aufmerksamkeit Ihres Hundes auf sich lenken.

Ich weiß, dass eine straffe Leine provozierend ist, aber manchmal bin ich kläglich daran gescheitert, Hunde vor »straffe Leine«-Situationen zu bewahren. Seien wir realistisch – solche Situationen passieren und wir alle liegen mal leicht hinter der Leistungskurve, vor allem, bevor Sie Ihren Hund richtig »lesen« können. Das führt dazu, dass der Hund reaktiv oder aufbrausend wird. Meine eigenen Hunde, Breanna, Jynx und Maeve, haben mir gezeigt, dass proaktiv zu sein den Unterschied zwischen einem Hund, der unter den Lebenden weilt, und einem Hund, der in einer Urne in meiner Vitrine steht, ausmacht.

Wenn sich die Leine straffzieht (und das wird passieren!), sollte man einen Plan haben, wie man überreaktives Verhalten, das eskaliert, eindämmen kann. Natürlich lernt der Hund durch diesen Übungsplan auch, brav an lockerer Leine zu laufen, und Leinenaggression wird verhindert.

Anstatt zu denken, dass ich es immer schaffen werde, dass die Leine locker hängt, gehe ich so gegen Leinenaggression an, dass ich dem Hund beibringe, dass wenn seine Fluchtdistanz begrenzt ist (so wie bei einer Leine), Kampf nicht die letzte übrige Option darstellt. Der pragmatische Ansatz ist nicht, zu glauben, dass mein Hund niemals eine straffgezogene Leine erfahren wird, sondern ihm beizubringen, dass wenn er ruhig und nicht-reaktiv bleibt und Beschwichtigungssignale verwendet, er sich aus einer unberechenbaren Situation herausmanövrieren oder diese von vorneherein verhindern kann. Was ich dem Hund beibringe, ist: Wenn du in einer Situation bist, in der du dich unwohl fühlst, kannst du deinen Stress bewältigen, indem du ruhig bleibst, statt in Panik oder extreme Aufregung zu geraten. Der ruhigere emotionale Zustand wird dein Unbehagen mehr lindern als defensives Verhalten.

Zuerst machen Sie dies so, indem Sie den Hund Situationen aussetzen, bei denen er an einer leicht straffen Leine gehalten wird. Mit Leckerlis und Ihrem vorigen Training bringen Sie ihm bei, ruhig zu bleiben, anstatt auf defensives, assertives oder ängstliches Verhalten zurückzugreifen.

Natürlich müssen Sie die ersten Male, die Sie Ihren Hund mit einem Artgenossen in Kontakt kommen lassen und an der straffen Leine arbeiten, unter streng kontrollierten Bedingungen arbeiten. Das heißt, dass der Hund, auf den Sie zugehen, zuverlässig sein muss. Ihr Hund muss die Voraussetzungsübungen gut beherrschen. Ihr Hund trägt einen Maulkorb, falls er gegenüber anderen Hunden extreme Erregung oder Aggression gezeigt hat. Sie haben mit ihm korrekte Hund-Hund-Kontakte geübt und Ihr Weggang klappt gut.

Durch den Weggang lernt der Hund, dass eine straffe Leine nicht bedeutet, dass aggressives Verhalten folgen muss und wie man im Vorfeld die straffe Leine verhindern kann. Nach genügend Weggängen wird Ihr Hund Ihre Körpersprache als Kommando verstehen. Dass Sie Ihr Gewicht nach hinten verlagern, ist für ihn das Kommando, sich auf Sie zu konzentrieren und somit die straffe Leine zu vermeiden.

Wenn wir in meinen Resozialisierungskursen damit anfangen, dass die Hunde sich einander nähern dürfen, sind straffe Leinen selten geworden. Die Anlässe, bei denen die Leine straff ist, sind für den Hund zum Kommando geworden, auf den Hundeführer zu achten. Sobald dieses

Kommando für den Hund zur Gewohnheit geworden ist, sind straffe Leinen keine so unberechenbare Situation mehr. Leichte Spannung der Leine wird für den Hund zum Kommando, sich zu seinem Hundeführer hinzudrehen.

Falls der Hund sich auf etwas stürzt, was tun Sie dann? Weggehen oder zurückweichen, natürlich. Und es dann noch einmal versuchen.

Als ich mit der Arbeit mit meinen eigenen Hunden mit Aggressionsproblemen begann, stellte ich fest, dass es inmitten einer unberechenbaren Situation keinen Weg gab, einen langen, aufwendigen oder körperlich kontrollierenden Übungsplan zu meistern. Es macht einen nervös, wenn man am anderen Ende der Leine einen großen, starken Hund hat, der sich loszureißen versucht (obwohl ein kleiner Terrier, der darauf versessen ist, etwas zu bekommen, auch keine leichte Übung ist). Da stehen Sie dann, jeder schaut Sie an und die Dinge laufen schnell aus dem Ruder. Weil Sie auch durch diese Situation unter Adrenalin stehen, können Sie möglicherweise nicht so logisch denken wie sonst. Ich wurde gebissen, als ich kämpfende Hunde auseinander bringen wollte, und wusste nicht einmal, welchem Hund ich es zu verdanken hatte, dass ich in der Notaufnahme genäht werden musste. Aus all diesen Gründen suchte ich nach etwas, das höchstwahrscheinlich funktionieren würde und leicht durchzuführen wäre. So leicht, dass ich mich durch ein paar Wiederholungen an das Manöver gewöhnen könnte. Leicht genug, dass ich die Schritte auch unter Beschuss durchführen könnte.

Ich fing an, darüber nachzudenken, was wirklich passiert, wenn mein Hund sich intensiv auf einen anderen Hund konzentriert (oder im Falle eines Terriers: eine Katze, ein Vogel, eine Ratte oder ein Hund). Ich weiß natürlich, dass im Hund viele chemische Veränderungen vonstatten gehen, die ihn zum Sklaven seines limbischen Systems machen. Ich weiß aus eigener Erfahrung, dass ich meinen räuberischen Hund nicht mit Leckerlis dazu bewegen kann, von seiner Beute abzulassen, oder meinen territorialen Hund dazu, von dem abzulassen, den oder das er als territoriumsverletzend ansieht. Es war also unsinnig, mit Leckerlis herumzuwedeln. Durch Korrekturen wurden die Hunde nur noch reaktiver und ich merkte, dass es leicht passieren konnte, dass der Hund sich umdrehte und seine Aggression auf mich richtete. Straffe Leinen können dazu führen, dass das aggressive Verhalten auf das erreichbare Ziel gerichtet wird, und raten Sie mal, wer am anderen Ende der Leine ist?

Ich entschied mich dafür, dies wie mangelnde Aufmerksamkeit zu handhaben, Nichtreagieren auf Abrufen oder Nichtbefolgen von "Lass das". Nachdem ich die Aufmerksamkeitsübungen verbessert und diese als Rettungsankerübung benutzte, tadellose "Lass das"-Übungen erzielt hatte und das Abrufen gut funktionierte, fand ich heraus, dass das Wundermittel Weggang oder Rückzug und Schau-mich-an lautete. Das war genau das Richtige. Es war leicht. Auch in riskanten Situationen konnte ich dies durchführen, weil alles, woran ich denken musste, ungeachtet der Umstände, war: Geh davon weg, nimm den Hund mit und verstärke ihn dafür, dass er mitkommt. Das Ergebnis war wirklich beeindruckend.

Sogar noch besser ist, dass der Weggang so einfach ist, dass sogar meine Kunden, die richtig nervös waren, große Hunde hatten und nicht sehr erfahren waren, diese Übung in einer unberechenbaren Situation machen konnten (sofern der Hund ein Halti trug, zumindest in der Lernphase). Sie vergaßen die Übung nicht, weil sie sie ständig übten und die Regeln leicht zu behalten sind: Geht mein Hund darauf zu, gehe ich davon weg und gebe ihm Leckerlis, wenn er mit mir kommt. Nimmt der Hund die Leckerlis nicht an, weil er gestresst und/oder erregt ist, kann ich zumindest meinen eingeführten PM benutzen, um das Verhalten für den Hund zu markieren.

Die weitere positive Eigenschaft dieser Übung ist, dass sie genauso bei überfreundlichen, vereinnahmenden Hunden, bei Hunden, die nach einem anderen Hund schnappen, sobald dieser nah genug ist, bei Hunden, die sich auf etwas stürzen und bei ängstlichen Hunden funktioniert.

Durch den Weggang bekommen auch Sie und Ihr Hund eine kleine Atempause, also holen Sie beide tief Luft und gehen dann zur Gruppe zurück.

Die Fotostrecke auf der nächsten Doppelseite ist eine Simulation eines typischen Hundetreffens. Whitney, der Pembroke Welsh Corgi, wird explosionsartig reaktiv. Pat bekam sie als Rettungshund. Sie leidet an Hund-Hund- und Hund-Mensch-Aggression. Pat hat viel Arbeit in diesen Hund gesteckt und Whitney hat große Fortschritte erzielt. Rix ist die Terrier-Mischlingshündin. Sie ist ein »Findelhund«, das an einem kalten, nebligen Morgen mitten auf der Straße aufgegriffen wurde - als verängstigter, erschöpfter Welpe voller Flöhe. Wahrscheinlich hat sie jemand mitten auf der Straße ausgesetzt. Die Leiterin meines Zwingers, Kathy, fand sie eines Morgens auf dem Weg zur Arbeit. Rix ist sehr gut sozialisiert und war von Anfang an beständig und intelligent. Von Natur aus ist sie eine intelligente, souveräne »Sprecherin«.

Für einen Hund, der aggressiv ist, handelt es sich um eine sehr fortgeschrittene Übung, an der womöglich eine lange Zeit intensiv gearbeitet werden muss. Es gibt manche Hunde, mit denen diese Arbeit so unsicher oder stressig für den Kontrollhund ist, dass man diese Übung mit ihnen unmöglich machen kann.

Mein Ziel mit Whitney ist nicht, sie für das Spielen auf der Hundewiese vorzubereiten. Mein Ziel ist, es zu schaffen, dass ihr Besitzer mit ihr sicher an der Leine die Straße entlanggehen kann, sogar in Situationen, wo auf den Straßen viel los ist, oder in der Hundeschule, ohne dass es zu einem Vorfall käme.

Als ich meine Arbeit mit Breanna und (insbesondere) Maeve begann, hätte ich mir nicht in meinen kühnsten Träumen ausgemalt, dass ich mit meinen unangeleinten Hunden in die überfüllte Hundeschule gehen könnte und überschwängliche Welpen und Jugendliche zu meinen Hunden hinlaufen und ihnen ins Gesicht springen könnten und diese anderen unglücklichen Hunde die Situation überleben würden. Aber es ist eingetreten. Ich habe es nicht dem Zufall überlassen! Ich habe alle Übungspläne in diesem Buch durchgeführt und noch ein paar weitere. Ich passe zwar immer noch auf, aber Maeve und Breanna sind in normalen Situationen ziemlich sicher. Falls ein Hund angelaufen kommt und sie auf assertive Art und Weise herausfordert, ist das natürlich eine ganz andere Sache. In so einer Situation reagieren meine beiden Mädchen bereitwillig und sofort. Darum lasse ich niemals zu, dass sie in eine solche Situation geraten. In bin aufmerksam und achte genau auf die Umgebung und die Hunde, um Unglücke zu verhindern. All die Verhaltensänderung und die daraus resultierenden alternativen Verhaltensweisen sind ein Puffer gegen ihre Reaktivität, sodass ich die wertvollen fünf bis zehn Sekunden bekomme, die ich zum Eingreifen benötige.

Ich war so stolz auf Maeve, als ich mit ihr an der Detroit Kennel Club Show teilnahm, bei der es sich um eine sehr große, überfüllte und stressige Show mit vielen Zuschauern handelt. Sie benahm sich wie ein Hund, der niemals Hund-Hund- und Hund-Mensch-Aggression gezeigt hatte. Einen Moment lang wäre ich fast in Panik geraten, als ein sehr ignoranter Zuschauer (der Gute hatte ja keine Ahnung!) direkt in unseren persönlichen Raum hineinlief und versuchte, ihr ein Spielzeug aus dem Maul zu nehmen, um mit ihr zu »spielen«. Ich hatte zwar aufgepasst, aber dieser Zuschauer handelte so plötzlich, dass ich das nicht hatte kommen sehen und genauso überrascht war wie Maeve. Als er seine Hand nach ihr ausstreckte, sah ich, dass sie einen Moment lang völlig still hielt, aber bevor ich überhaupt reagieren konnte, schaute Maeve mich ratsuchend an, sodass ich die wertvolle halbe Sekunde bekam, um eingreifen zu können. Sie hielt das Spielzeug fest, anstatt es fallen zu lassen und diesen Menschen zu disziplinieren. Während er das Spielzeug festhielt, zog sie ihn ein wenig am Spielzeug herum, sodass sie mir in die Augen schauen konnte (als sie anfing, besorgt zu werden), genauso wie ich es ihr beigebracht hatte. Es war ein Test, dem ich sie niemals unterzogen hätte, aber ich war froh, dass sie ihn mit Bravour bestanden hatte. Ich hatte diese Situation mit ihr so geübt, dass bekannte Menschen ihr Dinge abnahmen.

Auch wenn ich schonungslos proaktiv bin, ist dieser Vorfall, und auch andere, der Beweis dafür, dass man sich einfach nicht auf alle Eventualitäten vorbereiten kann. Je besser Sie sich vorbereiten, desto größer sind natürlich Ihre Chancen, dass der Hund auch im Ernstfall auf das gewünschte Verhalten zurückgreift.

Durch Vorfälle wie diesen bin ich absolut von positiver Verstärkung und den in diesem Buch beschriebenen Übungsplänen überzeugt. Die Beziehung, die ich zu meinen »schwierigen« Hunden aufbauen konnte, ist tiefgehend, dauerhaft, sehr nah und sehr vertrauensvoll. Auch dies führe ich zum Großteil auf diese Übungspläne zurück. Auch bei meinen Welpen, die keine Probleme haben, sind die Schritte dieser Übungspläne nützlich. Am Ende weiß ich wirklich, wie mein Hund ist, und wenn es Auslöser gibt, die meinen Hund aufregen, weiß ich zumindest, um welche Auslöser es sich handelt, und kann mich auf diese vorbereiten und sie üben.

Aufeinandertreffen an straffer Leine, 1 von 4
Wir simulieren ein normales Aufeinandertreffen, bei dem die Hunde an leicht straffer Leine sind – was in der realen Welt meistens passiert, egal wie sehr wir uns auch bemühen. Whitney fühlt sich unwohl, was man an ihrer Körperspannung und der aufrechten, »kurzen Körperlänge« erkennt.
Sie geht so auf jeden Hund zu, dass sie Angriff für die beste Verteidigung hält. Sie gehört genau zu den Hunden, die sich selbst in Schwierigkeiten bringen, weil sie überreagieren, wodurch jeder Hund, auf den sie treffen, defensiv werden muss – all die Zutaten für einen typischen kleinen Hundekampf.

Aufeinandertreffen an straffer Leine, 2 von 4
Rix versteht Whitney korrekterweise als Närrin, die eine unnötige unfreundliche und assertive Körperhaltung einnimmt. Ich sage deshalb unnötig, weil Rix eindeutig nichts anderes zeigt als »Hi, wie geht's dir? Ich bin nicht bedrohlich.« Stellen Sie sich vor, Sie würden auf jemanden zugehen und freundlich »Hallo, schön dich zu treffen« sagen und Ihre Hand ausstrecken. Die andere Person erwidert das mit einem defensiven »Na und?« und starrt Sie an.

Aufeinandertreffen an straffer Leine, 3 von 4
Rix ist so schlau, so korrekt und so nicht-reaktiv, dass Whitney sich entspannt und normales, freundliches Begrüßungsverhalten zu zeigen beginnt. Zuerst macht sie sich ein bisschen steif, während sie es duldet, dass Rix ihre Leistengegend beschnüffelt ...

Aufeinandertreffen an straffer Leine, 4 von 4
... doch dann erwidert sie dieses normale, freundliche Verhalten. Rix zeigt in dieser Situation Feingefühl. Eine falsche Bewegung würde dazu führen, dass Whitney reaktiv wird.
Jetzt ist es Zeit, die beiden Hunde sanft zu unterbrechen: Gleichzeitig weichen beide Hundeführer weg oder sorgen dafür, dass die Hunde sich auf sie fokussieren, und gehen dann ruhig auseinander.

53

Begegnungen zwischen Hunden für Fortgeschrittene

Niveau 3	
Voraussetzung	Grundlagen-Verhalten Niveau 1: Vor allem »Lass das« Niveau 2: Anfassen & Festhalten Niveau 3: Hund trifft auf Hund
Ziel	Ihr Hund wird zulassen, dass andere Hunde in seiner Nähe frei herumlaufen, ohne dass er unangebracht mit extremem Spielverhalten, Bellen, Stürzen und Knurren reagiert, oder so erregt wird, dass er nicht auf Sie achten kann. Mit Einschränkungen kann dieser Übungsplan bei einem Hund helfen, der am Zaun anderen Hunden hinterherjagt und auf andere Hunde, die außerhalb seines eingezäunten Territoriums entlang laufen, überreagiert. Beachten Sie aber bitte, dass es sich bei diesen Problemen primär um Kontrollprobleme handelt
Was Ihr Hund lernt	Andere Hunde stehen nicht immer zum Spielen zur Verfügung, sie sind nicht gefährlich, und es ist nicht die Aufgabe Ihres Hundes, zu ihnen herüberzurennen und sie in den »Hintern zu treten«.

Die »Beutesituation« löst bei vielen Hunden eine sehr primitive Beutereaktion aus. Fügen Sie auch noch die Einschränkungen durch eine Leine hinzu, kann die Frustration des Hundes schnell in die Höhe schießen. Das bedeutet bei manchen Hunden, dass Sie sehen können, wie ihre Augen glasig werden und sie sich »abmelden« und auf jede Art der körperlichen Korrektur (beispielsweise an einem Würge- oder Stachelhalsband zerren) mit erstaunlicher Schmerztoleranz reagieren. Durch den Ruck am Halsband wird der Hund nur noch chemisch reaktiver und schmerztoleranter.Wird der Hund durch ein Beuteobjekt, das sich befreien kann, angeheizt, kann es sein, dass er in seinem Eifer die »Beute« zu bekommen und seine Frustration abzubauen, das erste Tier, das ihm begegnet, als »Dartscheibe« benutzt. Ist »Beute« die primäre Motivation, können Sie beobachten, dass der Hund still, aber wie eine Rakete, auf seine anvisierte Beute zuschießt. Erreicht ein anderer Hund das Beuteobjekt zuerst (Hund, Eichhörnchen, Ball, Frisbee), wird der erste Hund seine räuberischen Handlungen schnell auf den anderen

Hund übertragen. Ist allerdings der andere Hund die »Beute«, wird er auf dieselbe stille Art auf ihn zuschießen.

Ist Frustration die treibende Kraft, wird der Hund wahrscheinlich den anderen Hund angreifen und dabei lautgeben: Er bellt und knurrt den anderen Hund an, den er angreifen wird. Unterwirft sich der andere Hund, können Sie eingreifen. Reagiert der andere Hund defensiv oder reaktiv, werden Sie Zuschauer eines netten, kleinen Hundekampfes, der höchstwahrscheinlich so endet, dass einer oder beide Hunde verletzt werden.

Ein anderer typischer Frustrationsgrund ist eine sichtbare Barriere, beispielsweise ein Zaun.

Am Zaun entlang rennen

Befindet sich ein Hund in einem eingezäunten Areal und sind andere Hunde neben ihm eingezäunt, ist das eine aus vielen Gründen äußerst unberechenbare Situation (abhängig vom Hund). Die Hunde rennen am Zaun entlang, können aber nicht normal Kontakt aufnehmen. Ich bin nicht gegen Zäune und dafür, dass Hunde frei herumlaufen können, ich möchte nur darauf hinweisen, dass Hunde, die eingezäunt sind, überwacht und kontrolliert werden müssen. Für Hunde sind diese Umstände sehr irritierend und / oder sehr stimulierend, je nach grundlegendem Naturell des Hundes. Manche Hunde reagieren kaum auf diese Situation, doch ein Großteil tut es. Ist Ihr Hund einer von den Letztgenannten, dürfen Sie sein Frustrationsniveau nicht ignorieren. Es handelt sich vorwiegend um ein Kontrollproblem. Dieser Übungsplan kann hierbei eine gewisse Hilfe sein, aber Sie müssen die Situation auf jeden Fall kontrollieren, damit der Hund weniger frustriert ist.

Auch Hunde, die mit mehreren Artgenossen oder einem Außenzwinger gehalten werden, sind anfällig für Frustration, weil sie stimuliert werden und verhindert wird, dass sie mit den Hunden, die sie sehen, Kontakt aufnehmen können (sowohl auf freundliche als auch unfreundliche Art und Weise). Es ist ratsam, die Hundezwinger nicht einander gegenüber aufzustellen. Ich habe beobachtet, dass viele Hunde eine regelrechte Abneigung gegen einander entwickeln, die dadurch angeheizt wurde, dass ihre Zwingern gegenüber standen, was häufigen Blickkontakt und visuelle Stimulierung mit sich bringt, was zu hohem Erregungsniveau führt. Ein normaler, freundlicher Hund kann durch eine solche Situation unter Stress stehen, was die Frustration verschlimmert. Hunde, die, wie es in unserer Welt nötig ist, eingezäunt werden, können sich defensiv fühlen. Symptom dieses Unbehagens ist Aggression.

In meinem Hundezwinger sind zwischen den einzelnen Ausläufen ein Meter breite Gänge. Wenn die Hunde draußen sind und ein Tier im Nachbarauslauf nicht mögen, ist das Schlimmste, was sie tun können, ihm durch den Zaun Schimpfwörter zuzurufen. Sie können sich durch den Zaun nicht erreichen. Hunde dürfen nur mit verträglichen Hunden nach draußen. Herrscht zwischen zwei Tieren Missstimmung, lasse ich sie zu unterschiedlichen Zeiten nach draußen, sodass ihre Feindseligkeit sich nicht dadurch steigern kann, dass sie bellend und knurrend am Zaun entlang laufen. Innerhalb des Zwingers wird die visuelle Stimulierung, falls ein Hund dafür anfällig ist, auf ein Minimum reduziert, indem verhindert wird, dass der Hund die Hunde, die ihn reizen, sehen kann. Stehen die Boxen nebeneinander, kann ein dünnes Stück Holz oder Aluminium zwischen die Boxen geschoben werden, bestehen die Ausläufe aus Gitterstäben, können Sie Barrieren aus Aluminium einsetzen, um die Hunde voneinander abzuschirmen. Maeve und Breanna kommen immer so in den Zwinger, dass sie sich nicht sehen können. Sie können neben Rylie, meinem Border Collie, oder neben Zasu oder vielen anderen Hunden sein, aber niemals nebeneinander. Wenn ich mich an diese einfache Regel halte, verringere ich die Feindseligkeit zwischen Maeve und Bree in erheblichem Maße. Wenn ich da bin, um auf sie aufzupassen, kommt es zu keinen Problemen. Ich kann sie sogar frei mit mir im Raum herumlaufen lassen, aber ich würde nicht einmal für einen kurzen Moment den Raum verlassen, weil sie sich wirklich hassen.

Es ist wichtig, dass Hunde am Zaun, im Zwinger oder wenn sie angebunden sind, unter Aufsicht sind, um das Risiko von provozierenden Situationen zu minimieren. Ist ein Hund in einen Zaunkampf mit dem Nachbarjungen verwickelt, müssen Sie sehr vorsichtig sein, ob Sie die beiden zusammenbringen, damit sie es »unter sich austragen«, wie es oft empfohlen wird. Wenn Sie in die Situation eingreifen können, bevor es zu offener Aggression kommt, können Sie sie möglicherweise noch lösen. Doch wenn es schon zu Lautgeben, Angriffen oder Posieren durch den Zaun gekommen ist, ist es gut möglich, dass die Hunde, wenn sie einander erreichen können, all ihre aufgestaute Frustration aneinander auslassen.

Ich halte nichts davon, die Hunde die Streitereien »unter sich ausmachen« zu lassen. Das hängt natürlich stark vom einzelnen Hund ab, der beteiligt ist. Aber wenn ich zwei sozial ungeschickte Hunde habe, die sich schon vorher heftig gestritten haben, glaube ich einfach nicht, dass die beiden die sozialen Gepflogenheiten und die nötigen Sprachfähigkeiten entwickeln könnten, um den Konflikt friedlich zu regeln.

Bei Hunden, die am Zaun entlang rennen und sich durch Boxen oder Zwinger bekriegen, können Sie das Verhalten mit diesem Übungsplan verbessern - vielleicht sogar stark. Mein Hauptinteresse ist, dass sich das Verhalten Ihres Hundes unter bestimmten Umständen verbessert, wobei eine Voraussetzung Ihre Anwesenheit ist. Denken Sie daran, dass es kein Heilmittel sein soll, sondern nur eine von vielen Komponenten zur Verbesserung von Problemverhalten. Jede kleine Verbesserung trägt zur Gesamtverbesserung bei einem aggressiven Hund bei.

Rennt Ihr Hund am Zaun entlang, werden Sie so arbeiten, dass Ihr Hund *innerhalb* des umzäunten Areals ist und die Stimulierung von außerhalb des Zauns kommt. Sie werden Ihrem Hund beibringen, auf diese Umweltstimulierung so zu reagieren, dass er in die Mitte des Gartens oder an einen anderen geeigneten Ort läuft; einem Platz, an dem er nicht direkt stimuliert werden kann. Sie bringen Ihrem Hund bei, hilfesuchend zu Ihnen zu kommen anstatt am Zaun entlang zu laufen.

Maeve, die Königin unter den Zaunrennern (ihre Augen wurden glasig und sie hätte glücklich alles durch den Zaun niedergemetzelt, was sie hätte kriegen können), hat auf diesen Übungsplan sehr gut angesprochen. Wenn ich dabei bin, schaut sie nicht einmal mehr kurz zu Hunden, die am Zaun entlang rennen. Zu meiner großen Überraschung hat sie dieses Verhalten genera-

Begegnungen zwischen angeleinten Hunden für Fortgeschrittene
Den Hunden beibringen, einfach in Gegenwart anderer Hunde »abzuhängen« und sich zu entspannen. Manchen Hunden fällt das sehr schwer, denn sobald sich ein anderer Hund bewegt, neigen sie dazu, reaktiv zu werden. Der Grund dafür kann darin liegen, dass ein Hund sich unwohl fühlt, wenn er nicht ständig die Umgebung »kontrolliert« (niedrige Frustrationsschwelle, Angst). Manchmal liegt es daran, dass ein Hund durch Bewegungen zu Reaktionen stimuliert wird.

lisiert und ist in den meisten Zaun/Zwinger-Situationen weniger reaktiv und in manchen sogar gar nicht reaktiv. Nach drei Jahren Arbeit können sie und Bree in benachbarten (aber sich nicht berührenden) Ausläufen sein und beide benehmen sich. Das gilt bis etwas wirklich Stimulierendes passiert - beispielsweise eine Katze oder ein fremder Hund an den Zaun gelaufen kommt. Beide Hunde sind zwar anfangs wegen des »Eindringlings« reaktiv, aber richten diese Frustration schnell aufeinander, wenn man sie lässt. Weil ich weiß, dass dies passieren kann, beaufsichtige ich all diese Situationen, damit es nicht zu Rückfällen kommt. Ich habe lang und hart daran gearbeitet, dass die Mädels beisammen sein können. Also, auch wenn es wirklich gut aussieht, denken Sie daran: Kontrolle ist der Schlüssel zum Erfolg.

Ausstattung

Für diese Übung muss der Hund ein Halti und eine Leine tragen. Außerdem sollte er sein Martingale-Halsband tragen. Ob Sie Ihrem Hund für diese Übung einen Maulkorb anlegen, hängt vom Hund ab - ist er ein junger, wilder, unerzogener Hund? Ein Hund, der gefährlich reaktiv wird und seine Aggression auf Sie lenken könnte? Was wird dieser Hund tun, falls er die anderen Hunde erreichen kann? Sie wissen es nicht mit Sicherheit? Dann fügen Sie am besten den Maulkorb zu Ihrer Ausstattungsliste für diese Übung hinzu. Genauso wie bei »Hund trifft auf Hund«, können Sie diese Übungen ohne Maulkorb versuchen, wenn der Hund gut kontrolliert, nicht-reaktiv und entspannt ist. Aber Sie müssen auf jegliche Anzeichen von Körperspannung, Stress oder Unbehagen beim Hund achten und in der Lage sein, sicher vom anderen Team weggehen, ohne dass es zu aggressiven Vorfällen kommt. Das bedeutet, er muss hervorragend auf Abrufen und »Lass das« reagieren.

Vorbereitung

Wenn wir hier im Trainingscenter mit Hunden arbeiten, fangen wir so an, dass ein paar meiner Hunde zum Spielen in ein eingezäuntes Areal sperren. Bei diesen Hunden kann ich garantieren, dass sie wie verrückt herumrennen und bellen. Genau die Situation, durch die viele Hunde auf die Palme gebracht werden, wenn sie sehen, dass andere Hunde frei herumlaufen und vielleicht sogar Bällen oder Frisbees hinterherjagen.

Achtung: Es ist wichtig, dass die Umgebung sehr sicher und unter Kontrolle ist - der Zaun muss sicher und robust sein, sodass die eingesperrten Hunde nicht entkommen können. Es ist absolut erforderlich, dass Ihre Ausstattung einwandfrei ist und beim Hund richtig sitzt. Denken Sie voraus. 1. Falls der Hund, mit dem Sie arbeiten, sich losmacht und zum Zaun rennt und die anderen Hunde angelaufen kommen und zwischen den Hunden auf der jeweiligen Seite des Zauns ein Kampf entbrennt, wie lautet dann Ihr Plan? 2. Was tun Sie, falls es zu umgerichteter Aggression zwischen den Hunden im eingezäunten Areal kommt?

Für den ersten Fall müssen Sie darauf achten, dass der arbeitende Hund richtig ausgestattet ist und dass Sie keine so große Angst bekommen, dass Sie unbeweglich dastehen oder vom Hund überwältigt werden. Ideal wäre, wenn eine zweite Person Ihnen helfen könnte. Platzieren Sie ein Babygitter in die Nähe des Zauns, an dem Sie arbeiten werden. Denn im schlimmsten Fall, dass die Hunde einen Streit durch den Zaun anfangen, kann jemand den arbeitenden Hund an der Leine halten und zurückhalten und die andere Person kann das Babygitter zwischen den arbeitenden Hund und den Zaun werfen, um ihn vom Zaun wegzutreiben. Zudem sollten Sie, bevor Sie mit dieser Übung anfangen, sofern Sie die Richtlinien und Übungspläne richtig befolgt haben, über ein hohes Maß an Kontrolle haben und den arbeitenden Hund unterbrechen können, selbst wenn er in starkem Erregungszustand ist. Es ist vielleicht keine »schöne«, reagierende und leicht durchzuführende Unterbrechung, aber aus der Situation wegzugehen und dem Hund dadurch das Kommando zu geben, auf Sie zu schauen (durch Nennung seines Namens, Lass das etc.), sollte helfen. Sie müssen eventuell zwanzig bis dreißig Meter weggehen bis Sie eine Reaktion seitens Ihres Hundes erzielen können, aber das sollte machbar sein, wenn Sie Ihre Hausaufgaben gemacht haben.

Für Szenario Nummer zwei müssen Sie die Hunde innerhalb des Zauns sehr sorgfältig aussuchen. Ich nehme meine Hunde, weil ich ihre Reaktionen kenne und weiß, dass sie sehr gut auf ihren Namen und »Lass das« reagieren. Zasu ist für diese Übung toll, weil sie auf jeden Fall stundenlang ihrem großen weißen Ball hinterherjagen und wie verrückt bellen wird, aber trotzdem nicht auf die Hunde außerhalb des Zauns überreagieren wird. Die restlichen Hunde, die ich benutze, sind supersozialisiert, verfügen über eine tolle Sprache und sind im Umgang mit anderen Hunden klug. Sie bewahren einen kühlen Kopf und reagieren in leicht unberechenbaren Situation wie dieser nicht über. Sie ignorieren alles außer einem direkten Angriff oder bleiben zumindest nicht-reaktiv (eindeutig ein eingeführtes oder erlerntes Verhalten!). Ich bin zu 99,9 % sicher, dass es zwischen den Hunden, die ich benutze, zu keinen Kämpfen kommt, die ich nicht mit einem Wort unterbrechen könnte.

Sich begegnende Hunde & Distanzschwelle
Trainingseinheit 1

X = Distanzschwelle, ab der der Hund reaktiv wird. In diesem Fall: 18 Meter
Sie würden in einer Entfernung, bei der der Hund noch nicht reaktiv wird, anfangen, auf die Hunde zuzugehen. Bei jeder neuen Distanzschwelle wird der Hund aufgefordert, auf Kommando verschiedene bekannte Verhaltensweisen zu zeigen. Sobald Sie einen Fortschritt erzielt haben, beenden Sie die Trainingseinheit.

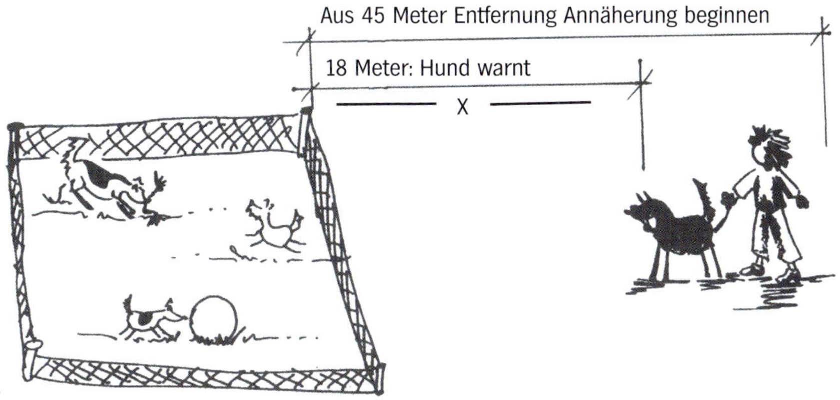

Bevor Sie weitergehen, muss der Hund entspanntes Verhalten zeigen und auf verschiedene bekannte Kommandos bei der Entfernung X reagieren können.

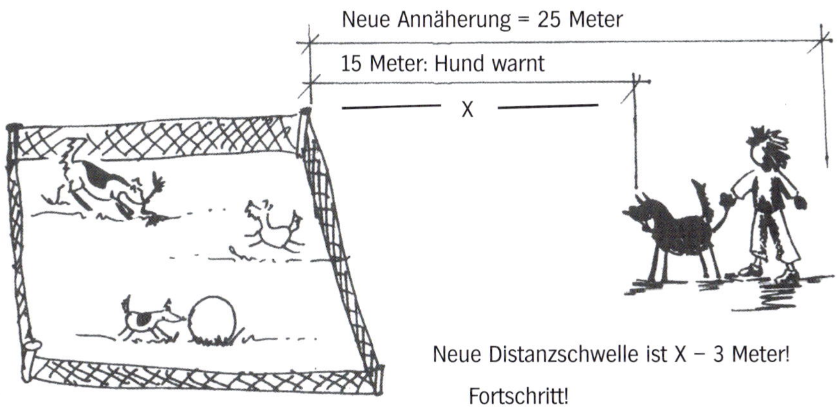

Trainingseinheit 2

Fangen Sie mit der neuen Annäherung in einer größeren Entfernung als X an. In diesem Fall wären 25 bis 30 Meter gut.
Sie werden einige Annäherungen machen, von denen jede als Durchgang zählt. Mehrere Durchgänge hintereinander ergeben eine Trainingseinheit.

Begegnungen zwischen freilaufenden Hunden für Fortgeschrittene
Data lernt, von den anderen Hunden wegzuschauen, obwohl diese sich bewegen und daher sehr provozierend sind. Hunde, die in Gegenwart anderer Hunde »explodieren«, sehen es als gute Strategie an, persönlichen Raum zu schaffen. Das ist Datas »alte Strategie«. Data hat gelernt, Lori zu vertrauen, und weiß, dass diese ihm in kritischen Situationen helfen wird. Das Ergebnis ist, dass er nahe zu den freilaufenden, bellenden und rennenden Hunden gehen kann, ohne zu explodieren, indem er sich auf Lori fixiert.

Möglicherweise sind drei Personen nötig. Eine innerhalb des Zauns, die die Hundegruppe beaufsichtigt und Bälle oder Frisbees wirft, damit sie herumlaufen und spielen, wodurch eine Situation simuliert wird, auf die der Hund in der realen Welt treffen kann. Die zweite Person beaufsichtigt den arbeitenden Hund und, je nachdem, was für den arbeitenden Hund nötig ist, ruft dem Helfer außerhalb des Zauns Anweisungen zu, wie beispielsweise »Die Hunde sollen für einen Moment still sein«, »Okay, wirf jetzt den Ball« etc. Die Person ist auch dafür da, falls die Dinge aus dem Ruder laufen, was Sie vermeiden können, indem Sie vorbereitet sind und agieren! Die dritte Person ist diejenige, die den arbeitenden Hund führt, also Sie! Sie führen mit Ihrem Hund die Approximationen durch.

Approximation I

Wenn Sie den arbeitenden Hund an den Zaun bringen, sollten die anderen Hunde bereits innerhalb des Zauns sein. Der erste Punkt auf der Liste ist, die Distanzschwelle des arbeitenden Hundes herauszufinden. An welchem Punkt warnt er? Das ist die Entfernung, mit der Sie anfangen. Sobald der Hund warnt, gehen Sie schnell von den Hunden innerhalb des Zauns weg, wobei Sie Ihren Hund mit PM verstärken, sobald er sich von den Hunden innerhalb des Zauns abwendet. Ermuntern Sie ihn weiter, zu Ihnen zu kommen, wenn Sie noch rund 5 Schritte nach hinten gehen. Ist Ihr Hund bei Ihnen angekommen, folgt ein weiterer PM, ein Leckerli und eine kleine Party.

Nun wiederholen Sie obiges Verhalten so oft wie nötig, bis der Hund bei der Distanzschwelle seine Aufmerksamkeit weiterhin auf Sie richtet. Er darf zwar kurz zu den anderen Hunden schauen, will aber nicht zu ihnen gehen, sondern konzentriert sich auf seine Mitarbeit mit Ihnen. Eine gute Idee ist, bei dieser Entfernung Ihren Blickkontakt als Rettungsanker zu benutzen. Sie werden feststellen, dass je erregter der Hund ist, desto intensiver wird er durch Sie hindurchstarren, wobei er *Sie* als Rückhalt und dafür, sich zu kontrollieren, benutzt.

An dieser Stelle können Sie die Unterrichtseinheit beenden. Es geht bei dieser Übung darum, dass Sie ruhiges, kontrolliertes Verhalten bei dieser Entfernung erzielen, bevor Sie die Übung für diese Trainingseinheit beenden.

Zusammenfassend:

1. Finden Sie die Distanzschwelle, bei der Ihr Hund Alarm gibt.
2. Erzielen Sie bei dieser Entfernung ruhiges, einigermaßen entspanntes Verhalten. Ihr Hund sollte bei dieser Entfernung mit Ihnen Blickkontakt herstellen und auf Kommando bekannte Verhaltensweisen zeigen können.
3. Sie müssen lange genug dort bleiben, dass das Verhalten eintreten kann. Noch besser wäre sogar, Sie würden so lange bleiben, bis der Hund sich in der Situation und bei dieser Entfernung entspannt. Das können fünf Minuten oder eine Stunde oder länger sein.
4. Sie können einen neuen Durchgang starten, indem Sie zwei bis fünf Schritte näher herangehen. Bzw. bei der Entfernung, bei der der Hund wieder zu warnen beginnt. Falls Ihr Hund sich schnell (innerhalb von fünf Minuten) an die letzte Entfernung, bei der Sie es versucht haben, angepasst hat, können Sie noch einen weiteren Durchgang versuchen. Doch es ist am besten, die Trainingseinheit mit dem anfänglichen Erfolg und hier und jetzt zu beenden.
5. Wenn Sie die Trainingseinheit beenden, gehen Sie mit dem Hund aus dem Gebiet weg oder gehen Sie zumindest weiter weg als bis zur Distanzschwelle, an der Sie gerade gearbeitet haben.
6. Fangen Sie die nächste Trainingseinheit an. Wie schnell sollte diese erfolgen? Fünf oder zehn Minuten sind okay, wenn Sie dafür bereit sind, aber ich rate Ihnen, Ihr Glück lieber nicht herauszufordern. Wenn Sie den Hund zu schnell zu sehr drängen, machen Sie all Ihre Bemühungen zunichte. 24 Stunden oder länger sind ein guter Zeitrahmen. Zwei Tage sind gut. Die nächste Trainingseinheit sollte höchstens eine Woche später stattfinden.

Approximation 2 & darüber hinaus

Die nächste Trainingseinheit beginnt so, dass Sie den Hund bekannte Verhaltensweisen machen lassen; und zwar in einer Entfernung, die größer ist als die Distanzschwelle, bei der Sie als letztes gearbeitet haben. Gehen Sie dann zu der Distanzschwelle, bei der Sie am Ende der letzten Trainingseinheit akzeptables Verhalten erzielen konnten. Lassen Sie ihn bekannte Verhaltensweisen machen und schauen Sie nach entspanntem Verhalten, das Sie verstärken können.

Achtung: Zu Beginn der nächsten Trainingseinheit kann es zu Spontanerholung kommen. Das ist kein Grund zur Beunruhigung, Sie sollten sogar damit rechnen. Kommt es zu keinem Rückfall, sprechen Sie ein kurzes Dankesgebet und machen weiter. Jedes Mal, wenn Sie Spontanerholung bei einem normalen, anpassungsfähigen Hund sehen, sollten Sie das folgende Muster erkennen können: Im Laufe mehrerer Wiederholungen ist die Spontanerholung, wenn (nicht falls) sie auftritt, immer weniger intensiv, dauert kürzer und tritt seltener auf.

Wenn Sie sich nicht die Distanzschwellen, die Zeit, die Ihr Hund brauchte, um sich bei dieser Entfernung zu entspannen und auf bekannte Kommandos zu hören, sowie andere dazu gehörende Informationen aufschreiben, bekommen Sie keine genaue Übersicht über Fortschritte oder mangelnde Fortschritte. Also schreiben Sie alles auf!

Gehen Sie nun zu einer Entfernung, bei der der Hund zu warnen beginnt. Das kann ein Schritt näher sein oder auch zehn Schritte.

Sie müssen die gleiche Nicht-Reaktion oder zumindest einen weitaus weniger reaktiven Zustand erzielen, in dem der Hund noch immer funktionieren und seine Aufmerksamkeit auf Sie richten sowie bekannte Kommandos befolgen kann. Versuchen Sie es mit »Schau«, »Sitz«, »Platz«, »Pfötchengeben«, »Rolle« oder anderen bekannten Verhaltensweisen.

In der Form gehen Sie immer näher an die Hunde heran, die innerhalb des Zauns herumtollen. Sobald Sie den Zaun erreicht haben, entsteht eine völlig neue Situation. Ihr Hund ist nah bei den anderen Hunden, kann aber trotzdem keinen Kontakt zu Ihnen aufnehmen. Das kann für ihn frustrierend sein. Das ist eine hervorragende Übung in Impulskontrolle. Schließlich ist es nicht immer passend, dass Ihr Hund mit anderen Hunden Kontakt aufnimmt. So ist das Leben nun mal. Hunde, die gegenüber Artgenossen aggressiv sind, können möglicherweise niemals zu einer großen Hundegruppe rennen und mit ihr spielen.

Doch wenn Sie diese Übung absolviert haben, haben Sie und Ihr Hund einen sehr großen Schritt in Richtung sichere und ruhige Spaziergänge in der Nachbarschaft gemacht. Viele meiner Kunden sind erleichtert, wenn sie dieses Ziel erreicht haben. Sie hatten viele Kontrolltechniken angewandt: Sie gehen mit ihrem Hund morgens um 4 oder 5 Uhr spazieren (puh, sind sie hingebungsvoll); sie gehen zwar spazieren, haben aber furchtbare Angst; sie gehen spazieren, machen sich aber Sorgen; sie gehen überhaupt nicht mehr mit dem Hund spazieren, weil sie nicht mit ihm umgehen können.

Sobald Ihr Hund die Situation ruhig meistern und trotzdem noch funktionieren und auf bekannte Kommandos reagieren kann, können Sie es mit den »Hund trifft auf Hund«-Übungen für Fortgeschrittene versuchen, allerdings an der Leine. Die angeleinten Hunde auf der folgenden Fotostrecke sind meine eigenen und sie sind sicher. Sie verfügen über hervorragende Kommunikationsfertigkeiten und sind eher nicht-reaktiv. Sie dürfen sich wie unzivilisierte Barbaren benehmen (an der Leine vorauseilen, vor mir laufen und zum sich nähernden Hund zerren), weil viele Hunde, denen meine Kunden auf der Straße begegnen, sich so unzivilisiert benehmen. Dies ist eine sichere Umgebung, um zu üben, wie es ist, wenn Sie auf dem täglichen Spaziergang durch die Nachbarschaft auf andere Hunde treffen, die »außer Kontrolle« sind.

Wagen Sie sich allerdings erst dann an diese Arbeit, wenn Ihr Hund alle anderen Übungspläne in diesem Buch absolviert hat und Sie geeignete »Helferhunde« haben.

Wie immer sollten Sie im Zweifelsfall einen Maulkorb anlegen.

Denken Sie daran: Ein erfolgreicher Durchgang (und im Großen und Ganzen Trainingseinheit) ist einer, bei dem nichts passiert! Ja, keine Reaktion ist genau das, was wir haben möchten. Jedes Verhalten, das nicht reaktiv ist, zu verstärken, ist ein guter Anfang, arbeiten Sie später darauf hin, dass Sie ihn dafür verstärken, dass er Sie anschaut, aufmerksam ist, Beschwichtigungssignale zeigt etc. Die Menschen in den Resozialisierungskursen können das nur bestätigen. Jede Woche beten wir bei unserer Arbeit für Langeweile!

Begegnungen zwischen angeleinten Hunden für Fortgeschrittene, 1 von 2
Auf der folgenden Fotostrecke ist jeder der Hunde und Hundeführer links im Bild im vierten Resozialisierungskurs. Außerdem bekommen alle Privatunterricht. Das bedeutet, dass mit diesen Hunden ungefähr sechs Monate lang gearbeitet wurde, Kurs nach Kurs. Die Hundeführer und Hunde haben große Schritte nach vorne gemacht, aber es ist noch weitere Arbeit nötig. Mit diesen Hunden muss immer gearbeitet werden. Alter, Erfahrungen in der Vergangenheit, Können der Hundeführer, Engagement der Hundeführer – all dies beeinflusst Prognose und Ergebnisse. Meine Prognose für all diese Hunde fällt gut bis hervorragend aus, denn die Hundeführer verfügen über mehr Können und viel Engagement sowie verbesserte Kontrollfertigkeiten.
Cotton, der oben zu sehen ist, nimmt an einem Agilitykurs teil. Er ist weitaus weniger reaktiv, selbst wenn Hunde um ihn herumrennen oder ihm ins Gesicht hüpfen.

Begegnungen zwischen angeleinten Hunden für Fortgeschrittene, 2 von 2 (oben)
Lori hilft Data mit einem Lockmittel und geht entspannt, aber dennoch schnell weiter. Data neigt dazu, sein Frauchen zu »bewachen«. Er ist ein Hund aus dem Tierheim und hat einige traumatische Erfahrungen mit Hunden gemacht. Er macht seine Sache ganz gut; achten Sie auf seine entspannte und zuversichtliche Körperhaltung, obwohl ich meinen Hunden erlaube, in seine Richtung zu springen und seinen persönlichen Raum zu betreten.

Um ganz sicher zu sein, trägt Misty einen Maulkorb. Sie ist groß und kann reaktiv werden, obwohl sich ihr Verhalten stark verbessert hat. Misty geht mit dieser Situation sehr vernünftig um, obwohl die unbekannten Hunde sie bedrängen. Marylu achtet genau auf Anzeichen von Körperspannung.

Dies sind hervorragende Präventionsübungen und der freundliche, aber unerfahrene Hund wird bereitwillig reagieren. Bei unseren »speziellen« Hunden, die bereits Aggression zeigen, gehen wir sehr langsam vor und lassen uns die nötige Zeit. Hunde, die bereits überreaktiv sind und offenkundige Aggression zeigen, benötigen immer mehr Arbeit und, allermindestens, strenge Beaufsichtigung, damit sie nicht wieder ihre »alten Wege« gehen.

54

Aggression gegenüber einem vierbeinigen Hausgenossen

Niveau 3	
Voraussetzung	Grundlagen-Verhalten Niveau 1 vollständig Übungsplan Anfassen & Festhalten Nachgiebiges & haltungsrelevantes Verhalten Hilfreich sind: • Hund trifft auf Hund • Leinenaggression • Hund trifft auf Hund für Fortgeschrittene

Aggression zwischen Hunden, die Hausgenossen sind, ist eines der Probleme, die am schwersten zu lösen sind. Die Hunde sind die ganze Zeit zusammen, sodass sie das agonistische Verhalten ständig üben können und sich nur selten voneinander erholen können. Manche oder alle beteiligten Hunde tragen zu dem Problem bei. Das bedeutet, dass Sie mehr als einen Hund gleichzeitig festhalten und ständig die Umgebung kontrollieren müssen, um weitere Kämpfe zu verhindern. Eine beängstigende Aufgabe.

Warum kämpfen sie?

Meine schlimmsten Erfahrungen bezüglich Aggression unter Hausgenossen machte ich, als ich bereits ausgewachsene Hunde hatte und einen weiteren ausgewachsenen Hund gleichen Geschlechts hinzubekam. Egal, ob Rüden oder Hündinnen, wenn das Tier nicht kastriert bzw. sterilisiert ist, verschlimmert dies die Situation erheblich. Wenn Sie eine Gruppe Hunde haben, die sich gut vertragen, und Sie einen nicht kastrierten bzw. sterilisierten Hund dazu bringen, kann das zu Problemen führen. Falls es sich um eine nicht sterilisierte Hündin handelt und sie heiß wird, sollten Sie sich auf einiges gefasst machen.

Es kann auch zu Problemen führen, wenn Sie eine kritische Anzahl Hunde haben. Ich hatte Rüden und Hunde unterschiedlichen Alters, manche kastriert bzw. sterilisiert, manche nicht. (Der einzige Grund, warum ich einen Hund nicht kastrieren lasse, ist, um ihn im Rassering auszustellen.) Es waren alles recht gut sozialisierte Tiere, manche wurden als Welpen gekauft, manche waren Tierschutzhunde, die als Jugendliche oder Erwachsene zu mir kamen. Mit vier oder fünf Hunden läuft alles ganz gut. Weil der Großteil meiner Hunde normal und stabil war, hatte ich sogar mit sechs oder sieben Hunden relatives Glück. Aber ich halte es ab dieser Anzahl für kritisch. Und wenn Sie acht oder neun Hunde haben, von denen manche Rüden und einige Hündinnen sind, werden Sie feststellen, dass Sie diese möglicherweise in zwei oder sogar drei

Gruppen einteilen. Dann lassen Sie mehrere »Rudel« in einem sehr kleinen Territorium herumlaufen - Ihrem Zuhause. Das ist ein Garant für Aggression! Wenn Sie einen Hund dazu bringen, der nicht gut sozialisiert wurde oder in einer so großen Gruppe reaktiv wird, ist der Ärger vorprogrammiert.

In den meisten Fällen von Aggression zwischen Hunden entwickelt sich das aggressive Verhalten nicht über Nacht, auch wenn es uns Menschen so erscheinen mag. Wenn ich einen neuen Hund mit nach Hause brachte, konnte ich in den ersten Wochen selten heftige Auseinandersetzungen beobachten, mit Ausnahme von relativ harmlosem »Sich Kennenlernen«. Genau dann, wenn sich der Mensch anerkennend auf die Schultern klopft, wie raffiniert er war, kommen die Hunde auf Touren und fangen ernsthafte Auseinandersetzungen an. Meiner Erfahrung nach ist die Zeitphase von zwei bis sechs Wochen nach Eintreffen des neuen, erwachsenen Hundes entscheidend. Wenn der neue Hund ein Welpe ist, werden Sie wahrscheinlich keine Probleme haben (falls überhaupt) bis der Welpe 18 bis 24 Monate alt ist. Kommt es schon vorher zu Problemen, sagen die Hunde Ihnen, wie gestresst Sie durch diese Veränderung in ihrer Umgebung sind.

Doch es ist nicht nur eine kritische Zeit, wenn ein neuer Hausgenosse hinzukommt. Jedes Mal, wenn Sie ein neues Mitglied hinzubringen oder wegnehmen, ändert sich die Gruppendynamik gravierend. Dann können Sie in Situationen geraten, die einer, in der ich einmal war, sehr ähnlich sind: Ich hatte drei Rüden - einer kastriert und äußerst vernünftig, einer nicht kastriert und vernünftig, einer nicht kastriert und aufdringlich. Als der jüngste Rüde zwölf Monate alt war, kastrierte ich seinen Vater. Jetzt hatte ich zwei vernünftige kastrierte Rüden und einen unkastrierten, den ich im Rassering ausstellte (den ich dazu ermunterte, sich wie ein Draufgänger zu geben, damit er sich gut präsentierte). Außerdem hatte ich vier Hündinnen, alle sterilisiert. Als der älteste Rüde im Alter von fünfzehn »über die Regenbogenbrücke ging«, fingen zwischen den zwei verbleibenden Rüden, die vier Jahre lang bestens miteinander ausgekommen waren, die Querelen an. Ich konnte es kommen sehen. Wäre ich zu dem Zeitpunkt selbstgefällig oder unaufmerksam gewesen, hätte es leicht zu ernsten Hundekämpfen führen können. Und unter Terriern bedeutet das ein Blutbad. Wir alle gingen noch mal unsere Übungen zu Hundemanieren durch und ich schaffte es, dass es bei mir zuhause relativ reibungslos lief. Ohne dass ich es gewusst hatte, hatte vor seinem Tod die Präsenz von Sherman (und er war wirklich eine Persönlichkeit) diese Jungs die ganze Zeit gebändigt (und es war nie zu irgendwelchen Verletzungen gekommen, möchte ich dazusagen).

Abgesehen von solchen Veränderungen bei der Konstellation der Hausgenossen, können Hunde aus einer Vielzahl von anderen Gründen gegenüber ihren vierbeinigen Hausgenossen aggressiv werden. Zu den häufigen Beispielen gehören:

- Konkurrenz um Ressourcen, einschließlich um Ihre Aufmerksamkeit. Zeigt ein Hund agonistisches Verhalten, wenn ein anderer Hund sich Ihnen nähert, kann es auch ein Fall von Ressourcenbewachen sein. Das ist nicht so schmeichelhaft wie es oberflächlich erscheinen mag, denn es ist eine Form von Besitzaggression. Ihr Hund verhindert, dass jemand sich

Ihnen nähert, genauso wie er es bei einem Knochen oder seinem liebsten Schlafplatz oder einem köstlichen Leckerbissen machen würde - mit anderen Worten, Sie sind einfach nur ein Stück Büffelhaut!

- Statusbedingte Konflikte. Bei Aggression zwischen Hunden ist oftmals ein Hausgenosse desselben Geschlechts beteiligt, was einleuchtet, wenn der Konflikt wegen des sozialen Status entsteht.
- Hunde werden nicht ausreichend miteinander bekannt gemacht.
- Ein Hund hat sein Territorium errichtet und sieht den anderen als Eindringling an.
- Umgerichtete Aggression. Die Hunde möchten in Wahrheit dem Postboten oder dem Hund von nebenan hinterherjagen, was aber verhindert wird, und so wenden sie sich in ihrer Frustration einander zu.

Selbstverständlich können mehrere dieser Probleme gleichzeitig auftreten. Außerdem kann die Aggression durch Übung erlernt worden sein. Aggression gegenüber einem Hausgenossen kann mit Ressourcenbewachen oder etwas anderem beginnen und dann einfach zur Routine werden. Das passiert aufgrund der vorhergegangen Assoziation zwischen Reiz und Reaktion, was bedeutet, dass der visuelle Reiz durch den anderen Hund das Signal für Konflikt wird. Das ist eine starke und beständige Assoziation.

Wie ein Hundekampf aussieht

Die meisten Menschen wissen, wie die letzten Phasen eines richtigen Hundekampfes aussehen. Aber der Kampf besteht aus mehr als nur dieser letzten rasenden Phase, und selten werden die frühen Warnsignale erkannt. Aber das ist entscheidend, um ein bevorstehendes Handgemenge zu verhindern.

Körperhaltung

Durch Stress wird Ihr Hund reaktiver - genau wie Sie. Indem Sie genau auf Anzeichen von Stress bei Ihrem Hund achten, können Sie früh eingreifen, um die Anspannung, die zu körperlicher Gewalt führt, zu unterbrechen.

Körperhaltungen, die häufig ein Anzeichen dafür sind, dass Ihr Hund sich gestresst fühlt:

- Lefzenlecken (nicht kontextbezogen)
- erweiterte Pupillen (nicht kontextbezogen)
- schnüffeln über dem Boden (nicht kontextbezogen)

Sich steigerndes Unbehagen, das sich schnell in agonistisches Verhalten verwandeln kann, kann sich durch eines der folgenden Symptome äußern:

- Urinieren
- starkes Speicheln
- schleichende Körperhaltung
- auf den Rücken rollen und Lefzen zurückziehen - das Tier steht hier in einem ernsten Konflikt

- Rute gesenkt oder eingezogen
- Ohren horizontal zurückgezogen
- Piloarrektionsreflex (Haare stehen im Nacken und möglicherweise bis zur Rute hoch)
- Knurren
- Schnappen
- Kopf und Nacken leicht gesenkt, schaut aus dem »Oberen« der Augen auf
- Hund hält plötzlich still – das passiert oft kurz bevor er »zuschlägt«, oder er stürzt vor und dies gipfelt in Beißen.

Ich sage noch einmal, dass je früher Sie eingreifen, wenn Sie diese Verhaltensweisen sehen, desto eher können Sie verhindern, dass es zu richtiggehender Aggression kommt. Was eindeutig auf kurze Sicht nützlich ist. Doch auch auf lange Sicht, da Sie auch verhindern, dass es zu weiteren Kämpfen kommt.

Herausforderungen (absichtliche Aufforderungen zum Konflikt) können mit etwas so Subtilem wie sich durch den Raum anstarren beginnen. Herausforderungen können aber auch viel offensichtlicher sein! Dazu kann gehören, dass der Zugang zum Körbchen oder zur Box versperrt wird, oder der eine Hund in typischer T-Position posiert (Kopf liegt auf den Schultern des anderen Hundes), oder auch Besteigen des Hundes. Diese Herausforderungen können in einem ernsthaften Kampf gipfeln. Je länger die Hunde sich herausfordern können, desto höher die Wahrscheinlichkeit, dass es zum Kampf kommt. Schreiten Sie also frühzeitig ein! Herausforderungen zwischen Hunden, die in der Vergangenheit schon gekämpft haben, lösen sich selten von alleine und gefahrlos. Genauso wie Sie nicht umgängliche Kleinkinder in einer Sandkiste beaufsichtigen würden, müssen Sie auch aufpassen, was Ihre Hunde tun.

Wenn niemand eingreift, wird der Hund, der sich herausgefordert fühlt, sich auf eine dieser drei Arten benehmen:

- Er zollt dem anderen Hund seine Achtung, indem er unterwürfiges Verhalten zeigt, wie zum Beispiel: auf den Rücken rollen, Urinieren, Maullecken und Gegenstände oder Plätze aufgeben. Kurz gesagt: Er erlaubt dem anderen Hund, immer der erste zu sein und seinen Willen durchzusetzen.
- Er entscheidet sich für gesteigertes agonistisches Verhalten, wodurch er die Kampfansage entweder körperlich gewinnt oder verliert, zur augenscheinlichen Zufriedenheit beider beteiligten Tiere.
- Er macht mit der gegenseitigen Herausforderung weiter, wobei kein Hund bereit ist, nachzugeben, und es (aus Sicht der Hunde) zu keiner eindeutigen Entscheidung hinsichtlich des jeweiligen Status kommt.

Bei der zweiten und dritten Variante kann die Situation sowohl für Menschen als auch die Hunde gefährlich werden. Auch die erste Variante ist langfristig gesehen gefährlich, da sich die Umstände in der Zukunft ändern und dazu führen können, dass der unterwürfige Hund doch zu kämpfen anfängt.

Denken Sie daran, dass das Ziel lautet, Stress, agonistisches Verhalten sowie Kampfansagen und Gegen-Kampfansagen früh zu erkennen und einzuschreiten! Um zu lernen, wie Sie eingreifen können, lesen Sie bitte die Übungspläne für Grundlagen-Verhalten und Niveau 1.

Herausforderungen (und Kämpfe) können je nach Verhältnis der beteiligten Hunde zueinander anders aussehen und aufgebaut sein. Zum Beispiel kommt es oft zu Konflikten zwischen Hausgenossen desselben Geschlechts. Im Allgemeinen sind Kämpfe zwischen gleichgeschlechtlichen Hunden schlimmer. Sie fordern sich außerdem auf eine oftmals sehr ritualisierte Art und Weise heraus. Zu dieser Ritualisierung gehören die meisten oder alle der Verhaltensweisen, die man mit Status erhaschendem Verhalten assoziiert.

Rüden zeigen dieses posierende Verhalten eine Weile lang. Es kann so anfangen, dass sie sich vom einen Ende des Raums gegenseitig anstarren; sich dem anderen aus einiger Entfernung mit stelzendem Gang nähern; nebeneinander stehen und sich anschubsen; die Vorderläufe auf die Schultern des anderen legen. Die ganze Abfolge kann von tiefen, kehligen Lauten begleitet sein. Kapituliert kein Tier eindeutig in diesem Moment, wird das agonistische Verhalten beider Hunde eskalieren. Zu irgendeinem Zeitpunkt werden beide Hunde völlig still halten. Dann wird einer diese Stille unterbrechen und es entbrennt ein heftiger Kampf, bei dem sie sich wie im Western-Film gegenseitig umhauen und durch den Raum schleifen. Doch das herausfordernde Verhalten kann sich im Laufe der Zeit verändern: Sobald so ein ausgewachsener Kampf ein paar Mal vorgekommen ist, starren die Hunde sich möglicherweise durch den Raum an und gehen dann direkt dazu über, sich kampfbereit aufeinander zu stürzen.

Rüden ziehen die Sache mit den Ritualen meistens eher in die Länge als Hündinnen. Bei meinen Foxterriern konnten zwei Leute die Rüden mithilfe von Schuhen, Besenstielen, Babygittern oder was ihnen sonst gerade in die Hände fiel voneinander trennen. In ungefähr fünfzig Prozent der Fälle schienen die Jungs erleichtert zu sein, dass sie unterbrochen wurden, und, obwohl sie aufgebracht waren, gaben sie nach, als wir sie getrennt hatten. Unter erfahrenen Hundezüchtern und -besitzern sind die Kämpfe zwischen Hündinnen die berüchtigten. Ich kann das durch meine eigenen Erfahrungen nur bestätigen. Meine Hündinnen geben viel weniger Laut und gehen sofort zur Jagd über. Das heißt, sie verkürzen die Rituale abrupter und die Auseinandersetzung wird viel schneller ernst. Die schlimmsten Kämpfe, die ich beobachtet habe, gingen vollkommen still vonstatten. Beteiligt waren zwei Hündinnen, die Hausgenossinnen waren und schon lange miteinander in der Fehde lagen. Kämpfe zwischen weiblichen Hausgenossinnen können sehr furchtbar sein. Es kann sein, dass das einzige Warnsignal ein Blickkontakt für den Bruchteil einer Sekunde ist (was nur ihre stillschweigende Übereinkunft ist, mit dem Kampf zu beginnen, bei dem jedes Mittel erlaubt ist), und alle übrigen ritualisierten Verhaltensweisen ausgelassen werden. Bei diesen Kämpfen beißen sich die Tiere häufig in die Kehle, wobei sie versuchen, den anderen Hund so lange festzuhalten bis er erstickt und tot ist. Das kann von Schütteln begleitet sein, muss aber nicht. Schüttelt der eine Hund den anderen, dann macht er das meistens am Anfang, wenn er gerade die Zähne in die Kehle gerammt hat. Das kann zu erheblichen Verletzungen führen, beispielsweise kann die Luftröhre reißen. Manchmal macht eines der Tiere den Kehlengriff, schließt einfach seine Augen und wartet, bis der Gegner stirbt. Ich hatte eine

Hündin, die es im Kampf immer auf die Augen des anderen Hundes abgesehen hatte, wobei ich diesen Kampfstil eher mit Katzen in Verbindung bringe. Aber es war eine effektive Strategie, die den Gegner schnell außer Gefecht setzte. Der Punkt ist, dass Sie wissen müssen, dass die Phase der Kampfansage stark verkürzt sein kann und es bei solchen Kämpfen zu schweren Verletzungen kommen kann.

Bei Hunden, die einander nicht mehr »vertrauen«, weil es in der Vergangenheit zu Konflikten und Kämpfen gekommen ist, kommt es häufig zu umgerichteter Aggression. Das gilt vor allem, wenn die Kämpfe in Verletzungen eines oder beider Tiere gipfelten, selbst wenn es nur leichte Verletzungen waren. Bei umgerichteter Aggression gibt es meist nur wenige Warnsignale (Herausforderungsphase).

Wenn Sie also aggressive Hausgenossen haben, müssen Sie lernen, wie Stress und Herausforderung bei ihnen aussehen. *Das sind die frühen Phasen des Kampfverhaltens.* Lernen Sie die ersten Anzeichen dafür, dass Sie eingreifen müssen, zu erkennen sowie wie viel Zeit vergeht, bis die Hölle losbricht. Seien Sie darauf vorbereitet, dass diese Kämpfe schwerwiegend und gefährlich sein können.

Ich konnte *zwei grundlegende Kampfstile* beobachten. Einer ist Beißen und Festhalten, häufig in Kombination mit Schütteln. Der zweite ist: vorschnellen, beißen, vielleicht kurz schütteln, zurückweichen, vorschnellen und wieder beißen. Den ersten Kampfstil bringe ich am ehesten mit meinen Terriern in Verbindung. Den zweiten mit dem Rest der Hundewelt. Doch das ist keine verbindliche Aussage, denn jeder Hund kämpft natürlich so, wie ihm in dem Moment gerade in den Sinn kommt. Und wenn die Tiere dieses Verhalten üben können, lernen sie auch »Tricks« von ihren Gegnern.

Wenn die Hunde sich wiederholt aufeinander stürzen, beißen und wieder loslassen, können Sie in der Regel etwas zwischen sie positionieren, am besten etwas wie ein Babygitter, sodass Sie genügend Zeit bekommen, ein Tier in einen anderen Raum zu bringen und eine Tür zwischen den beiden zu schließen. Die am wenigsten geeignete Option sind Sie selbst. Zweimal habe ich mich zwischen zwei Hunde gestellt, um zu verhindern, dass mein eigener Hund gebissen wurde, und jedes Mal wurde ich selbst gebissen. Beide Male war der Angriff vom anderen Hund ausgegangen und ich hatte ihn kommen sehen und mich dazwischengestellt. Dadurch konnte ich meinen Hund weglotsen und ins Platz bringen und dadurch das andere Tier kontrollieren. Bei meiner Schäferhündin funktioniert das gut, und sogar wenn sie »unter Beschuss steht«, gehorcht sie mir. Sie gehorcht zwar nicht so toll, aber sie weicht zurück, mit unkontrolliert klappernden Zähnen, und legt sich hin. Beim Großteil meiner Terrierhündinnen wäre das nicht der Fall. Denn wenn sie in Rage sind, sind sie durch und durch in Rage, sodass sie nicht einmal wissen, wer ich bin. In dem Fall muss ich meinen Terrier ganz wegbringen, damit sein Verhalten nicht eskaliert.

Bei Kämpfern, die sich festbeißen, kann man versuchen, die Hunde voneinander zu trennen, indem man jedem Hund ein dickes Stück Holz zwischen die Kiefer schiebt und sie voneinander wegzieht. Ein Trennholz mit einem abgeflachten Ende funktioniert gut, da man ihn mit dem dünnen Ende in das Maul des Hundes schieben und dann so drehen kann, dass sich das Maul öffnet. Haben Sie kein Trennholz zur Hand, eignet sich auch ein Schraubendreher, aber es besteht dabei ein größeres Risiko, dem Hund die Zähne abzubrechen oder ihn im Maul zu verletzen. Sie sollten irgendetwas anderes als Ihre Finger oder Ihre Hand benutzen. Wenn Sie mit der Hand zwischen zwei Hunde greifen, die in einen Kampf verwickelt sind, ist es sehr gut möglich, dass Sie gebissen werden.

Ist der Kampf heftig und einer der Hunde könnte sterben, müssen Sie eine schnelle Entscheidung treffen und das, was gerade verfügbar ist, benutzen, um die Hunde zu trennen. Falls Sie alleine sind, müssen Sie einen Hund in einen anderen Raum sperren (oder einen Hund, falls möglich, irgendwo anbinden, auch wenn Sie wissen, dass Sie sich selbst dabei einem großen Risiko unterziehen).

Zwei meiner Foxterrierhündinnen hatten vor langer Zeit eine heftige Auseinandersetzung, als ich alleine zuhause war. Es war der erste ernsthafte Hundekampf, den ich miterlebte. (Wäre ich erfahrener gewesen, hätte ich ihn verhindern können!) Sie hatten sich ineinander verbissen. Es war ein typischer Beißen-und-nicht-loslassen-bis-du-stirbst-Kampf zwischen Terriern. Ich war körperlich nicht stark genug, sie zu trennen. Pfefferspray hatte sie nur noch wilder gemacht. Sie mit brutaler Gewalt zu trennen, hatte nicht funktioniert. Wenn ich einen hochhob, hatte ich sie beide in der Luft, und sie verbissen sich dadurch nur noch mehr ineinander. Wasser über sie ausschütten, machte nur den Boden nass, der nun rutschig vor Blut und Wasser war, sodass ich mich nur schwer bewegen konnte, ohne auszurutschen. Letztlich, nachdem ich alles versucht hatte, um sie zu trennen, ließ ich sie kämpfen und fürchtete, jede Sekunde könnte zu spät sein. Ich tat das einzige, was mir einfiel, und füllte die Badewanne mit Wasser. Ich konnte sie voneinander trennen, indem ich sie beide unter Wasser drückte. Nicht schön, und ich hatte fürchterliche Angst, ich könnte sie beide ertränken. Doch mir war klar, dass wenn ich nichts tun würde, zumindest einer der Hunde sterben würde. Bis ich die Hündinnen in die Badewanne heben konnte, hielt Breanna mit geschlossenen Augen ihren Biss und Jynx' Zunge hing heraus und lief blau an. Dadurch, dass ich sie beide unter Wasser hielt, konnte ich Breanna von Jynx lösen und aus dem Raum werfen und die Tür schließen. Dann rasten wir alle in die Notaufnahme. Alles hatte in einem Bruchteil einer Sekunde angefangen und nicht länger als zehn Minuten gedauert.

Sind die Hunde erst einmal in einen Kampf verwickelt, müssen Sie bedenken, dass Sie nur noch Schadenskontrolle betreiben können. Es gibt hier keine Trainingsmöglichkeit! Haben die Hunde schon eine heftige Auseinandersetzung, ist das einzige Ziel, sie davon abzuhalten, sich ineinander zu verbeißen und/oder zu schütteln. Sowohl einzugreifen als auch es nicht zu tun, ist gefährlich. Versucht man, sie auseinanderzuhalten, erreicht man nur, dass sie einander noch mehr wollen. Lässt man aber zu, dass sie aufeinander losgehen, wird der Kampf eindeutig eskalieren. Der festhaltende Griff ist eine große Qual und kann zu Ersticken führen. Doch durch das Schütteln, zu dem manche Hunde stark neigen, kann es zu erheblichen Gewebe- und Organverletzungen kommen. Und durch das Schütteln wird der Hund aufgerissen, sodass er genäht werden muss.

Kam es bei Ihren Hunden schon zu Kämpfen oder haben Sie genug Anzeichen dafür gesehen, dass es dazu kommen wird, müssen Sie Strategien und Materialien (Babygitter, Trennhölzer, Türen und Boxen, durch die man die Hunde voneinander trennen kann, etc.) bereithalten. Und eine äußerst wichtige Strategie ist natürlich, frühe Warnsignale zu erkennen und dann einzugreifen. Eine noch bessere Strategie ist sogar, die Hunde so zu kontrollieren, dass es gar nicht erst zu Herausforderungen und Kämpfen kommt!

Kontrolle

Sind die beteiligten Hunde nicht kastriert oder sterilisiert, rate ich Ihnen dazu. Aufgrund von Sexualhormonen können Hunde noch reaktiver werden und länger in diesem reaktiven Status bleiben. Durch Kastration verringert sich die Aggression unter Rüden um mehr als 60 % (Overall, 1997; Hopkins et al 1976). Auch bei Hündinnen verringert sich die Aggression gegenüber Artgenossen durch die Sterilisation. Sind die Tiere schon seit einiger Zeit in Kämpfe verwickelt, haben Sie auch mit erlerntem Verhalten und alten Assoziationen zu tun, doch Kastration bzw. Sterilisation macht die Verhaltensänderung in der Zukunft leichter.

Trennen Sie alle beteiligten Hunde immer voneinander, wenn Sie sie nicht beaufsichtigen können. Das bedeutet, Sie sperren Sie in unterschiedliche Räume, weil Sie nicht möchten, dass die feindseligen Hunde sich aus ihren jeweiligen Boxen anstarren. Werden Sie rausgelassen, lassen sie all ihre Frustration aneinander aus.

Beschränken Sie jeglichen beaufsichtigten Kontakt zwischen den Hunden auf ein Minimum. Wenn Sie sie sich gegenseitig putzen lassen oder nach draußen gehen und zusammen urinieren lassen (vor allem Rüden), kann das schnell in einem Kampf gipfeln. Auch zusammen mit Spielzeug spielen ist verboten. Jede Veränderung in der Umgebung kann einen Kampf produzieren - es klingelt an der Tür, ein Kind betritt den Raum, eine Person kommt mit Essen herein, ein anderer Hund bringt ein Spielzeug herein. Selbst normale Situationen, die durch plötzliche Veränderungen der Umgebung unterbrochen werden, sind zu unberechenbar, als dass man von den Hunden ein gutes Entscheidungsvermögen erwarten könnte.

Seien Sie sich darüber im Klaren, dass Situationen mit hohem Erregungsniveau bei diesen Hunden immer sehr unberechenbar sind. Beispiele sind die Fütterungszeiten, das Spiel mit dem Lieblingsspielzeug oder wenn jemand an die Tür kommt. Verhindern Sie die möglicherweise explosiven Situationen, die Sie verhindern können. In denen, die Sie nicht verhindern können, halten Sie Ihre Hunde voneinander getrennt, wenn Sie glauben, dass eine solche Situation eintreten könnte, und machen Sie sich dafür bereit, einzugreifen (Strategien für das Eingreifen finden Sie in den Übungsplänen der Grundlagen und von Niveau 1). Haben Sie die Hunde sehr gut trainiert, können sie in stark erregenden Situationen mit Platz-Bleib kontrolliert werden.

Wenn Sie mit einem Hund für einen Spaziergang oder für die Arbeit nach draußen gehen, sperren Sie beide in die Box, wenn Sie zurückkommen. Das Klügste in diesem Fall ist, den zurückbleibenden Hund in die Box zu sperren, bevor Sie das Haus verlassen. Bei Ihrer Rückkehr werden beide

Hunde aufgeregt sein, was sich schnell in umgerichtete Aggression wandeln kann.

Bei aggressiven Hausgenossen ist es unbedingt erforderlich, sowohl die Hunde als auch die Umgebung zu kontrollieren. Ich kann das nicht stark genug betonen. Wenn Sie die Hunde nicht gerne in die Box sperren oder voneinander trennen – überwinden Sie diese Abneigung! Sie müssen, denn ansonsten wird sich die Lage nicht bessern! »Kontrollieren« bedeutet auch, sie während der beaufsichtigten Zeit miteinander (falls sie so gute Fortschritte machen, dass man sie eine Zeit lang zusammen lassen kann) genauestens zu prüfen. Sie müssen sie immer, immer beaufsichtigen, wenn sie zusammen draußen sind, und auf Anzeichen für Stress, agonistisches Verhalten oder Herausforderungen achten, die Kämpfen vorausgehen können. Greifen Sie ein! Unterbrechen und belohnen Sie auch längere höfliche Interaktionen, um zu vermeiden, dass sie wieder auf dumme Gedanken kommen können. Dadurch wird ein sich steigerndes Erregungsniveau unterbrochen und verhindert, dass sie wieder auf »Eidechsen-Gehirn«-Verhalten zurückgreifen. Außerdem wird den Hunden dadurch deutlich, dass Sie sie sehen und ihre Interaktionen beobachten.

Zusätzlich dazu, dass Sie agonistische Hunde so oft wie möglich voneinander trennen und erregende Situationen reduzieren, müssen Sie mit den Hunden auch die folgenden Übungspläne durcharbeiten, um ihnen neue, bessere Verhaltensweisen beizubringen, wenn sie zusammen sind.

Übungsplänge für Aggression unter Hausgenossen

Was Sie tun und was Sie unterlassen sollten – legen Sie los!

Ein Rat, den Sie möglicherweise gehört haben, wie man mit Aggression zwischen Hunden umgeht, ist, sich für einen dominanten Hund zu entscheiden und dessen Status über den des anderen Hundes zu heben. Das ist eine sehr gefährliche Strategie! Wenn Sie die Dominanz eines Hundes durchsetzen, wer zieht dann die Fäden: Sie oder er? Besser wäre, Sie würden es tun, weil der Hund in Ihrer Welt lebt und man nicht erwarten kann, dass er Dinge abwägt. Außerdem: Wissen Sie mit Sicherheit, welcher Hund dominant ist? Die Menschen schätzen den Status der Hunde häufig falsch ein. In Wahrheit ist der Status der Hunde sehr fließend und von der Situation abhängig. Zudem kann es sein, dass beide Hunde vom Temperament her nach dem gleichen Statusniveau streben. Das ist sogar die Ursache vieler langfristiger statusbedingter Auseinandersetzungen. Wen würden Sie in dem Fall also als den dominanten Hund fördern?

Anstatt zu versuchen, die Dominanz eines Hundes durchzusetzen, sollten Sie den Hunden klarmachen, dass sie beide großzügig für sozial kompatibles Verhalten belohnt werden:

- Beschwichtigungssignale
- einander ignorieren
- Ihre Aufmerksamkeit miteinander teilen
- nicht-reaktiv miteinander sein

Kontrollieren Sie (siehe oben), um Situationen mit hohem Erregungsniveau zu minimieren, und greifen Sie ein, um Verhalten in Situationen mit hohem Erregungsniveau zu verändern, falls sie doch eintreten sollten. Unterbrechen Sie die Interaktionen der Hunde häufig, sowohl um Herausforderungen schon im Vorfeld zu vermeiden als auch um erwünschtes Verhalten zu belohnen, wenn Sie es sehen.

Bevor Sie mit den Übungsplänen beginnen, die speziell für Aggression unter Hausgenossen kreiert wurden, müssen Sie sich vergewissern, dass die beteiligten Hunde die Grundlagen- und Niveau 1-Übungspläne sicher beherrschen.

Bringen Sie ihnen Sitz & bleib ruhig richtig gut bei. Bringen Sie Sitz mit positiven Methoden bei – keine Bestrafung (abgesehen von einem NM und sanftem Druck auf das Halsband; keine Halsbandkorrektur durch Rucken). Verstärkt wird »Sitz und Entspannen« und/ oder »Platz und Entspannen«. Üben Sie das Bleib-ruhig-Verhalten in so vielen Situationen wie möglich. Das Ziel ist nicht, nur im Sitz-Bleib zu bleiben, sondern zu sitzen und *ruhig zu bleiben*. Woran können Sie erkennen, dass der Hund ruhig ist? Der Hund konzentriert sich auf seinen Hundeführer und die Leckerlis. Er wird anfangen, entspannt auszusehen, und keine schnellen, hyperaktiv wirkenden Bewegungen machen. Seine Augen wirken weicher, die Pupillen weniger vergrößert. Der Kiefer ist nicht angespannt. Er ignoriert Ablenkungen und konzentriert sich ruhig auf seinen Hundeführer.

Sie müssen eine äußerst zuverlässige Reaktion auf manche Kommandos erzielen können: Sitz, Platz, Bleib, Komm und Lass das sind zwingend erforderlich. Es kann mehrere Monate dauern bis diese Verhaltensweisen richtig sitzen, auch wenn Ihr Hund schon ein paar Gehorsamsübungen kann. Er muss zuverlässig auf diese Kommandos reagieren, selbst wenn Sie sie plötzlich und nicht kontextbezogen sagen. Diese Fähigkeit erfordert viel Übung. Nehmen wir an, Sie sitzen im Wohnzimmer und schauen fern. Sie rufen Ihren Hund und geben ihm aus heiterem Himmel das Kommando Sitz, Komm oder Platz. Auch wenn er ganz gut reagiert, können Sie eine *sofortige und zuverlässige Reaktion* erzielen? In dieser Situation geht diesen Signalen nicht die normale »Routine« voraus, die Ihr Hund mit Arbeiten assoziiert, wie beispielsweise dass Sie die Leine und den Leckerlibeutel nehmen, um zur Trainingseinheit aufzubrechen. Üben Sie mehrmals am Tag gezielt, ein Verhalten schnell zu erzielen, und zwar nicht kontextbezogen und an vielen verschiedenen Orten, bis der Hund sich angewöhnt, auf ein Kommando unabhängig der Situation zu reagieren. Eine zuverlässige Reaktion auf diese Kommandos ist nötig, damit dieses Programm erfolgreich sein kann.

Wenn die Hunde bei den Übungsplänen aus den Grundlagen und Niveau 1 zuverlässig sind und auch obige Kommandos zuverlässig beherrschen, können Sie mit den Übungsplänen speziell für Aggression zwischen Hausgenossen anfangen. Da laut Definition bei Aggression zwischen Hausgenossen mehr als ein Hund beteiligt ist (auch dann, wenn ein Hund ständig vom anderen, aggressiveren Hund attackiert wird), müssen Sie mit beiden Hunden arbeiten. Manche Übungspläne erfordern, dass Sie mit beiden Hunden gleichzeitig arbeiten, also brauchen Sie einen Helfer.

Unter kontrollierten Bedingungen - besonders in diesem Kapitel eine Umgebung, in der Sie alle Variablen kontrollieren und das Auftreten plötzlicher Veränderungen der Umgebung minimieren können - muss es möglich sein, dass die Hunde an der Leine beisammen sind und Sitz oder Platz und Bleib in unterschiedlichen Situationen und beieinander machen können. Benutzen Sie dafür am Anfang Sitz (oder Platz) und Bleib ruhig sowie »Schau mich an«. Benutzen Sie Kopfhalfter, um beide Hunde mit verbalen Kommandos kontrollieren zu können, sowie Maulkörbe, falls diese weitere Sicherheitsmaßnahme nötig sein sollte.

Wenn Sie die Übungspläne zur Verhaltensänderung machen, müssen Sie umsichtig darauf achten, dass Sie keine Situationen schaffen, in denen es zu Anspannung oder Konflikt kommt, die sich schnell zu einem Hundekampf ausarten können. Sind die Hunde bei Leckerlis reaktiv und aufgeregt, müssen die zwei Personen, die die Hunde an der Leine führen, dafür sorgen, dass die Hunde es toll finden und euphorisch sind, beieinander zu sein, aber auch gleichzeitig verhindern, dass es zu Schwierigkeiten zwischen den beiden kommt.

Gezielte Übungspläne

Beherrscht Ihr Hund die Verhaltensweisen aus den Grundlagen und Niveau 1 sehr gut, sind die folgenden Übungspläne (in vorigen Kapiteln dieses Buches besprochen) unbedingt nötig:

- Beschwichtigungssignale
- Nachgiebiges & haltungsrelevantes Verhalten
- Anfassen & Festhalten - Desensibilisierung gegen Berührungen
- Beziehungen - Wie man Hunden beibringt, dass Menschen wichtig sind!
- Hund trifft auf Hund

Für »Hund trifft auf Hund« brauchen Sie einen zweiten Hundeführer. Unter kontrollierten Bedingungen üben Sie, dass die Hunde aufeinandertreffen, wobei das Ziel ist, dass es den Hunden *zur Gewohnheit wird, dass sie dafür verstärkt werden*, einander zu ignorieren, und zwar in den unterschiedlichsten Situationen. Üben Sie dieses Aufeinandertreffen in unterschiedlichem Kontext, wobei Sie sich mittels Approximationen vielen Ablenkungen und aufregenden Reizen (z.B. plötzliche Veränderungen in der Umgebung, wie beispielsweise neue Hunde, die das Trainingsareal betreten, oder das Geräusch einer Türklingel) nähern. Und wenn Sie dann denken, dass Sie diese Übung beherrschen (Ihre Hunde sind, obwohl sie zusammen sind, gegen Ablenkungen und aufregende Situationen recht immun und können nebeneinander sitzen und ruhig bleiben) - dann üben Sie weiter! Sie dürfen nicht vergessen, dass diese Hunde sich in der Vergangenheit bekämpft haben. Sie wurden für einander zum Signal zum Kampf. Diese Kampfoption wird für immer in ihrem Verhaltensrepertoire sein. Selbst wenn sie hervorragend auf diese Übungspläne ansprechen und es so scheint, als ob die alte Kampfreaktion der Vergangenheit angehört, sie ist immer noch in ihnen drin. Durch fortwährendes Üben der neuen Reaktionen werden die neuen, besseren Verhaltensweisen ständig aufgefrischt und die Hunde werden eher auf diese zurückgreifen als auf die alte Kampfreaktion.

Neue hilfreiche Übungen sind:

1. Bringen Sie die beiden Hunde neben Ihnen ins Sitz. Streicheln Sie einen und füttern Sie ihn dann. Anschließend füttern Sie den anderen Hund dafür, dass er Ihren Kontakt zum ersten Hund toleriert hat. Am Anfang machen Sie das am besten mit einem Helfer, doch wenn die Hunde in ihrer Selbstbeherrschung besser geworden sind, können Sie es auch alleine machen.
2. Setzen Sie sich auf das Sofa. Rufen Sie die Hunde zu sich. Geben Sie einem (Hund 1) das Kommando zum Sitz oder Platz. Machen Sie viel Aufhebens um Hund 2. Belohnen Sie den sitzenden/liegenden Hund 1 für seine Toleranz und dafür, dass er an seiner Stelle geblieben ist. Drehen Sie den Spieß dann um: Bringen Sie Hund 2 ins Sitz oder Platz und machen Sie viel Aufhebens ums Hund 1. Belohnen Sie Hund für seine Toleranz und dafür, dass er an seiner Stelle geblieben ist. Sind Sie davon überzeugt, dass das zu keiner Rangelei führt, können Sie diese Übung alleine machen. Bitten Sie ansonsten einen Helfer, auf den sitzenden/liegenden Hund zu achten. Am besten legen Sie den Hunden am Anfang eine Leine an; später, wenn die Hunde über gute Selbstbeherrschung verfügen, können Sie die Übung ohne Leine machen.
3. Denken Sie daran, dass Sie, wenn Sie mit einem Hund gassigehen, den anderen in die Box sperren und bei der Rückkehr auch den mitgenommenen Hund in die Box sperren. Ist die Lage fünf bis fünfzehnMinuten lang ruhig, lassen Sie beide Hunde wieder raus und platzieren beide ins Sitz, um ihnen Leckerlis zu geben (in einer »Konfliktposition« niemals mit einander zugewandten Gesichtern). Lassen Sie sie dann zueinander Kontakt aufnehmen, wenn Sie dies an diesem Zeitpunkt des Trainings für sicher erachten. Halten Sie sich auch an diesen Rat, wenn Sie mit den Hunden arbeiten. Sperren Sie einen Hund in die Box und arbeiten Sie mit dem anderen. Wechseln Sie dann, sperren den anderen Hund in die Box und holen den anderen zum Arbeiten heraus. Nach einer »Ruhepause« von fünf bis fünfzehn Minuten holen Sie die Hunde heraus und arbeiten vorsichtig mit beiden Hunden (dafür können zwei Hundeführer nötig sein). Bei zwei Hundeführern arbeiten Sie zuerst ein paar Minuten mit dem einen Hund und wechseln Sie dann die Hunde. Lassen Sie dann beide Hunde Platz machen, sodass sie in dieselbe Richtung schauen (nicht einander anschauen!). Jetzt können Sie ihnen das Signal zum Arbeitsende geben (siehe Übungsplan für PM/NM & Entlassungswort).

Dadurch werden den Hunden Strukturen vermittelt, sie verstehen, was von ihnen in Gegenwart des anderen Hundes erwartet wird, und sie erleben miteinander angenehme Erfahrungen.

Wie Hundetrainer ihre eigenen Fortschritte durchkreuzen

Hundebesitzer schätzen ihre Hunde häufig falsch ein, was ihre Arbeit an der Aggression unter Hausgenossen behindert. Ihre Einschätzung ist häufig Wunschdenken, wodurch sie nicht erkennen können, wie ernst die Angelegenheit geworden ist, oder fälschlicherweise annehmen, die Hunde könnten die nötigen Übungspläne nicht tolerieren.

Eine häufige falsche Vorstellung ist, dass die Hunde sich lieben und gut miteinander auskommen »müssen«, weil sie »Geschwister« (oder »Rudelgefährten«) sind oder weil »Mami« sie beide so sehr liebt oder weil sie »wissen«, dass »Mami« möchte, dass sie sich vertragen. Menschen, die in diese Falle tappen, behandeln ihre Hunde wie Menschenkinder und gehen davon aus, dass sie »wissen«, was wir möchten, und uns dies geben möchten, einfach weil wir das wünschen. Keine dieser Annahmen entspricht der Realität. Hunde haben keine Ahnung, was wir möchten, bis wir es ihnen beibringen. Und selbst dann lernen sie nur, welches Verhalten wir haben möchten. Sie können vielleicht lernen, nicht zu kämpfen, und vielleicht sogar, in Gegenwart des anderen Hundes ruhig und entspannt zu sein, aber sie werden wohl den Hausgenossen, mit dem sie gekämpft haben, niemals »lieben«.

Zudem haben Hunde ihre eigenen Prioritäten und keine Motivation, uns zu geben, was wir möchten, nur weil wir es möchten. Sie können trainiert werden, sich so zu verhalten wie wir es möchten und Verhalten, das wir nicht möchten, nicht zu zeigen, wenn sich dies für unsere Hunde lohnt, aber ihre Motivation ist nicht einfach, uns zu gefallen. Menschen, die solche Vorstellungen haben, gehen auch eher davon aus, dass Hunde, die zusammenleben, besser miteinander auskommen als Hunde, die Fremde sind, so wie es bei Menschengeschwistern häufig der Fall ist. Aber auch das entspricht nicht der Realität. Nur weil die Hunde zusammen aufwachsen, heißt das noch nicht, dass sie einander »lieben«. Es gibt so viele hundetypische Gründe, aus denen zusammenlebende Hunde sich nicht vertragen können: Statuskonflikte, Ressourcenbewachen, umgerichtete Aggression, erlerntes Kampfverhalten – Gründe, die man nicht direkt auf menschliche Familienmitglieder übertragen kann. Sehen Sie Ihre Hunde als Hunde an und begreifen Sie, dass Hunde durch andere Dinge motiviert werden als Menschen. Nur weil Ihre Hunde Sie lieben, heißt das noch nicht, dass sie auch andere Hunde im Haushalt lieben, und auch nicht, dass sie sich ohne Training so benehmen, wie Sie es möchten.

Da sie ihre Hunde lieben oder weil ihre Hunde anderen Hunden außerhalb des Hauses gegenüber nicht aggressiv sind, denken viele Menschen, ihre Hunde wären »liebe« Hunde und »liebe« Hunde würden mit ihren Hausgenossen nicht kämpfen. Manchmal schätzen sie aufgrund dieser Überzeugung die tatsächliche Aggression viel geringer ein. »Sparky meint das nicht so, er ist einfach nur schlecht gelaunt oder eifersüchtig wegen dem Neuankömmling oder nicht an ihn gewöhnt« oder »Prince knurrt Missy zwar an, aber er würde sie niemals beißen, denn er ist ein lieber Hund (und hat bislang weder sie noch einen anderen Hund gebissen)« oder »Es ist doch nur ein kleiner Hütehund-Biss, kein richtiger Biss«, sind nur ein paar Beispiele dafür. Manchmal äußert sich diese Überzeugung auch durch emotionale Enttäuschung und Entmutigung angesichts des Problems. »Ich kann einfach nicht verstehen, warum Muffin sich so benimmt. Er weiß doch, dass ich das nicht möchte, und ist sonst doch so ein lieber Hund. Ich weiß nicht, was ich tun soll. Es ist ja nicht so als ob er einer von diesen gemeinen Hunden wäre.« Manchmal suchen die Leute sich nicht die nötige Hilfe, denn das würde bedeuten, sich einzugestehen, dass der Hund aggressiv ist, und diesen Gedanken können sie nicht ertragen. Verzetteln Sie sich nicht darin, wie »lieb« Ihr Hund ist. »Lieb« und »nicht lieb« sind keine Begriffe, die für Hunde wichtig sind, die mit Hausgenossen im Konflikt stehen. Denken Sie daran, dass diese Form der Aggression eine starke erlernte Komponente hat, aber auch stark von Instinkten geprägt ist. Hunde sind nicht deshalb aggressiv, weil sie nicht »lieb« sind, sondern weil das aggressive Verhalten:

- für sie funktioniert, um etwas zu bekommen, von dem sie meinen, sie bräuchten es (z.B. Zugang zu Ressourcen, Status);
- funktioniert, um etwas fernzuhalten, was sie unbedingt fernhalten möchten (z.B. einen aggressiven Hausgenossen, der ansonsten zuerst angreifen würde);
- einfach ein Ergebnis des sehr hohen chemischen Erregungsniveaus des Hundes ist und er gelernt hat, dass er Erleichterung empfinden kann, wenn er sich auf seine Hausgenossen stürzt (umgerichtete Aggression).

Das macht Hunde nicht zu »nicht lieben« Hunden. Es bedeutet nur, dass sie entweder keine besseren Wege, um mit ihren Problemen umzugehen, gelernt haben oder auf diese nicht zurückgreifen können. Ihre Aufgabe ist, die Umgebung zu kontrollieren, sodass die Reize, zum kämpfen, minimiert werden und den Hunden beizubringen, anders auf diese Reize zu reagieren, ohne sich darüber Gedanken zu machen, was deren aggressives Verhalten über ihre »Nettigkeit« oder ihren psychischen Zustand aussagt.

Eine Variante des oben erörterten Themas ist, wenn Hundebesitzer sich die Übungspläne für dieses Problem anschauen, vor allem die Kontrollaufgaben, und annehmen, ihr Hund wäre zu »lieb« oder zu empfindlich, um sie tolerieren zu können.

Sie erweisen den Hunden einen Bärendienst, wenn Sie meinen, dass Sie Ihre Hunde nicht in die Box sperren oder voneinander trennen oder nur mit einem gleichzeitig arbeiten können oder es ihnen doch nicht »vorenthalten« können, stundenlang am Zaun entlang zu rennen oder ihre Handlungen irgendwie einzudämmen, dass sie nicht mehr kämpfen können. Meistens sind es die beteiligten Menschen, die diese Dinge nicht tolerieren können, weil sie falsche Vorstellungen der Bedürfnisse der Hunde haben. Hunde leiden nicht darunter, in die Box gesperrt oder vorwiegend drinnen gehalten zu werden. Und glauben Sie mir, wenn sie kämpfen werden zumindest manche von ihnen froh und erleichtert sein, wenn Sie die Umgebung kontrollieren und Aggression reduzieren! Die Hunde können es sehr gut tolerieren, wenn Sie sie trennen, in die Box sperren und ihrem Leben Strukturen verleihen. Das wird von den Hunden, die unfreiwillig zum Objekt der Aggression werden, sogar begrüßt. Es ist für einen Hund sehr kräftezehrend, in einer spannungsgeladenen, unberechenbaren, gewalttätigen Umgebung zu leben. Das ist, als wäre man 24 Stunden am Tag mit einem gewalttätigen Lebenspartner im Haus eingesperrt.

Die hinderlichen Einstellungen seitens der Hundebesitzer findet man oft vor und sie sind sehr nachteilig. Die Menschen wollen einfach nicht wahrhaben, dass ihre Hunde einander wirklich genauso großen Schaden anrichten (denn »liebe« Hunde tun das doch nicht). Aber Hunde können einander durch ständige Aggression wirklich stark schaden, sowohl durch Verletzungen als auch andauernden Stress.

Viele Besitzer aggressiver Hunde möchten sich nicht dahinter klemmen und das tun, was nötig ist, um die Dinge in Ordnung zu bringen. Um die Aggression unter Hausgenossen zu reduzieren, ist es zwingend erforderlich, dass Sie die Ratschläge zur Kontrolle beherzigen, aber gerade gegen die wehren sich viele Leute. Bei den Ratschlägen zur Kontrolle geht es im Großen und

Ganzen darum, den Haushalt und die Zeit, den die Hunde miteinander und mit Ihnen verbringen können, umzuorganisieren. Die Leute wehren sich zwar nicht gegen die nötigen Bemühungen, sondern dagegen, sich einzugestehen, dass ihre Hunde ein wirklich großes Problem haben, was durch die erhebliche Umstellung der Lebensgewohnheiten bewiesen würde. Fälschlicherweise glauben sie, dies würde bedeuten, dass sie zugeben müssen, dass ihre Hunde nicht »lieb« oder »gut« sind. Dabei bedeutet es nur, sich einzugestehen, dass das Verhalten ernst und schwierig zu verändern ist und dass ihre Strukturen stark verändert werden müssen, um ihnen das Lernen zu ermöglichen.

Ob Sie es erfolgreich schaffen oder nicht, dass die aggressiven Hausgenossen friedlich miteinander leben, hängt davon ab, ob Sie bereit sind, diese kontrollierenden Veränderungen durchzuführen. Ich musste bei Breanna, Maeve und vielen anderen meiner »Projekte« meine häusliche Umgebung sehr streng kontrollieren (und diese Übungspläne schonungslos trainieren). Ich konnte das Aggressionsniveau, das meine Hunde an den Tag legten, nicht schönreden: Bei ihren Kämpfen kam es fast zu Todesfällen, genähten Wunden und Knochenbrüchen. Terrier haben eine Rasseprädisposition für diese Art von Aggression, und Maeve kam als Tierschutzhund zu mir, wahrscheinlich mit erlernter Aggression und schlechter Sozialisierung. Doch all diese Hunde konnten bei mir zuhause bleiben und es kommt kaum noch zu Vorfällen, weil ich dem Problem direkt ins Gesicht geschaut, die Dynamik der Hunde verstanden und mit eingestanden habe, wie ernst und gefährlich die Situation war. Und alles tat, was nötig war, um meinen Haushalt umzuorganisieren und die Hunde zu trainieren. Die Hunde haben keinen unbeaufsichtigten Kontakt zueinander (und sogar nur selten beaufsichtigten Kontakt), werden in die Box gesperrt, wenn ich nicht zugegeben bin, haben keinen freien Zugang zu wertvollen Ressourcen und wurden intensiv darauf trainiert, mich anzuschauen immer wenn ihr Erregungsniveau steigt. Basta!

Demgegenüber stehen manche Leute, die mich zu Aggression zwischen Hausgenossen befragen und sich den Ratschlägen zur Kontrolle widersetzen. Eine ehemalige Kundin von mir verkörpert diesen Widerstand. Sie hatte zwei Rüden: einen »alteingesessenen« Hund und einen, den sie später als Welpen gekauft hatte. Als der jüngere Hund das magische Alter von 18 Monaten erreichte, fing er an, den älteren Hund zu attackieren (in diesem Fall statusbedingte Aggression). Der ältere Hund versuchte mit Beschwichtigungssignalen und Verhandlungen den jüngeren Hund von seinen Angriffen abzuhalten. Doch dieser ignorierte die Signale und griff ihn weiter an. Da Verhandlungen nicht erfolgreich waren, war der ältere Hund dazu gezwungen, zurückzuschlagen. Er hatte keine andere Option als zu kämpfen. Die Besitzerin sträubte sich dagegen, die Hunde in die Box zu sperren (sie würden es »hassen«) oder sie räumlich voneinander zu trennen, sodass sie sie und einander nicht erreichen konnten, denn es waren »liebe« Hunde, die »wissen« sollten, dass sie sie liebte und nicht wollte, dass sie miteinander kämpften. Sie war der Auffassung, es »sollte« einfach funktionieren, dass die Hunde mit einander auskamen, weil sie sich das so sehr wünschte. Schon beim Gedanken daran, ihre »Babys« zu trennen, brach sie fast in Tränen aus. Es verletzte ernsthaft ihre Gefühle, dass die Hunde einander nicht mochten, und sie konnte es nicht ertragen, sich einzugestehen, wie gravierend das Problem war, und auch nicht die nötigen Schritte unternehmen, um das Verhalten der Hunde zu kontrollieren. Es gelang ihr auch nicht, frühes grenzwertiges Verhalten als das zu erkennen, was es war, und musste schließlich mit extremem Verhalten klarkommen. Das Verhalten der Hunde eskalierte bis es ein tiefsitzendes Problem mit schlechter Prognose war. Außerdem hatte der ältere Hund zu dem Zeitpunkt bereits gelernt, dass er sich nur schützen konnte, indem er ebenfalls kämpfte. Es war sogar so, dass der ältere Hund gelernt hatte, dass sein Frauchen ihn *nicht* beschützen würde und er sich selbst beschützen müsste. Er war zum »Opfer« in seinem eigenen Haus geworden und verhielt sich defensiv, da für seine tägliche Sicherheit nicht gesorgt war. Was dem Hund vermittelt wurde, war: »Du bist auf dich selbst gestellt, dich auszufechten, und mir ist es egal, wer gewinnt oder verliert und wie das passiert.« Das ist das Gegenteil von dem, was die Besitzerin ihrer Meinung nach den Hunden vermittelte (»Ihr wisst, dass ich euch liebe und möchte, dass ihr miteinander auskommt«), aber sie war nicht realistisch genug, den Hunden das zu geben, was sie brauchten: Trennung und Strukturen.

Ich erwähne dieses Beispiel nicht deshalb, weil es so extrem ist, sondern weil die Ängste und das Unbehagen, die sich darin widerspiegeln, so weit verbreitet sind. Es fällt den Menschen äußerst schwer, sich einzugestehen, dass ihre Hunde Hunde und keine Kinder sind (der Mythos von den »kleinen Menschen im Fellkleid«). Menschen glauben, Hunde sollten verstehen, was ihre Besitzer möchten (ohne Training und Strukturen), und werden in ihren Gefühlen verletzt, wenn die Hunde das nicht tun. Oder sie glauben, das Verhalten ihrer Hunde würde sie selbst in einem schlechten Licht darstellen lassen (was durch die Reaktionen anderer auf ihre »schlechten Hunde« noch schlimmer wird). Wenn Menschen durch all das fürchterliche Kämpfen unter Stress stehen, fällt es ihnen sogar noch schwerer, die Situation anders aufzufassen (dass die Hunde einfach nur *Hunde* sind, obgleich sie ein paar sehr unerwünschte Verhaltensweisen gelernt haben, die verändert werden müssen).

Bei Aggression unter Hausgenossen muss man die Ernsthaftigkeit des Problems mit einem klaren Kopf betrachten, man muss die Hunde als das verstehen, was sie sind und man muss die Zähigkeit besitzen, die nötigen Veränderungen im Haushalt durchzusetzen.

Zusammenfassung

Ich werde die Dinge nicht beschönigen. Aggression zwischen Hausgenossen ist eines der am schwersten zu lösenden Probleme. Sie müssen zwei Hunde gleichzeitig umerziehen. Zusätzlich zu dem anfänglichen Problem, durch das die Kämpfe verursacht wurden (Ressourcenbewachen, Statuskonflikt etc.) haben die Hunde eine lange Zeit das Kämpfen erlernt und einander als Signal für Aggression angesehen, was noch zum anfänglichen Problem hinzukommt. Diese Hunde sind die ganze Zeit über zusammen, wodurch sie sich ständig gegenseitig an ihre gemeinsame Vergangenheit erinnern. Zudem ist das Zuhause eine hervorragende Quelle für starke Erregung (Spielzeug, Futter, zu bewachendes Territorium und so weiter) und plötzliche Veränderungen der Umgebung, die schwer zu kontrollieren sind (es klingelt an der Tür, Eichhörnchen erscheinen plötzlich draußen auf dem Bürgersteig, Kinder rennen herein etc.).

Die Hunde müssen alle grundlegenden und einige der fortgeschrittenen Übungspläne (wie oben beschrieben) zuverlässig beherrschen. Zudem müssen sie gute Angewohnheiten in der Gegenwart des anderen entwickeln. Das erfordert viel Training, wozu in den späteren Phasen ein zweiter Hundeführer nötig ist.

Sie müssen lernen, die frühen Anzeichen bevorstehender Hundekämpfe zu erkennen. Außerdem müssen Sie lernen wie sie eingreifen können, um diese einzudämmen. Seien Sie auf den Ausbruch solcher Kämpfe vorbereitet. Überlegen Sie sich, wie Sie versuchen werden, sie zu beenden, haben Sie mehrere Strategien parat, und lernen Sie, sich auf die anfallende Aufgabe zu konzentrieren. Der letzte Punkt ist schwer durchzuführen, da es fürchterlich ist, inmitten der Gewalt eines solchen Hundekampfes zu sein. Bis zum heutigen Tage ist es noch immer so, dass wenn einer aus meiner Familie nur einen Hund knurren hört, wir alle sofort in Alarmbereitschaft sind! An diese Hundekämpfe kann ich mich niemals gewöhnen. Jedes Mal ist es schrecklich und die Adrenalinausschüttung macht mich ganz krank. Ich versuche, meine Emotionen und meinen Körper zu kontrollieren bis die Krise vorbei ist. Wenn andere Personen dabei helfen, den Kampf zu beenden, versuchen Sie, ihnen deutlich zu sagen, was Sie tun. (z.B. »Ich habe Maeve. Schnapp dir Breanna und bring sie in ihre Box.«) Üben Sie, bevor wirklich ein Kampf losbricht, in Ihrem Kopf, sich selbst und anderen Personen klare Anweisungen zu geben.

Mehr als bei jedem anderen Problem ist hierbei die *Kontrolle überaus wichtig*, mindestens genauso wichtig wie die Verhaltensänderung. Training ist grundlegend, doch nur indem man die Umgebung kontrolliert, kann die Verhaltensänderung stattfinden. Sie müssen die Umgebung kontrollieren, um Erregung und plötzliche Veränderungen in der Umgebung zu reduzieren, und die Hunde kontrollieren, sodass sie so oft wie möglich voneinander getrennt sind, und früh genug eingreifen, wenn das nötig ist, und sicherstellen, dass die anderen Familienmitglieder all dies auch können. Diese Kontrolle muss für den Rest des Lebens der Hunde stattfinden! Sie müssen sicher sein, dass Sie diese Aufgabe bewältigen können, wenn Sie beide Hunde behalten wollen!

Die Prognosen für Aggression unter Hausgenossen fallen sehr unterschiedlich aus und hängen teilweise vom Naturell der beteiligten Hunde ab. Sind beispielsweise zwei Ihrer Hunde ständig in statusbedingte Kämpfe verwickelt, müssen Sie sich hauptsächlich auf Kontrolle verlassen und der Tatsache ins Auge sehen, dass die beiden Hunde wohl niemals friedlich miteinander leben werden. Die Hunde können lernen, unter kontrollierten Bedingungen höflich miteinander umzugehen, werden sich aber wahrscheinlich niemals gut benehmen, wenn sie gemeinsam nach draußen gelassen werden. Würden die Hunde frei herumlaufen (was ich Ihnen niemals raten würde!) oder würde man sie sich selbst überlassen (ebenfalls nicht ratsam!), würde ein Hund weglaufen oder es käme zu einem Kampf, bei dem einer der Hunde sterben würde. Menschen verhindern diesen natürlichen Vorgang, weshalb wir stattdessen die Konflikte ständig durch Kontrolle minimieren müssen.

Ich kontrolliere mein kleines Rudel zuhause sehr genau, doch auch ich neige dazu, nachlässig zu werden, wenn ich längere Zeit keine »solche Situation« hatte. Jedes Mal, wenn ich nachlässig werde, geschieht ein kleiner Vorfall, der mich daran erinnert, dass Frieden seinen Preis hat und dieser Preis die ständige Kontrolle ist. Tritt aggressives Verhalten unter erwachsenen Hausgenossen auf, müssen Sie davon ausgehen, dass dies niemals vorübergehen wird. In vielen Fällen kann man bestenfalls hoffen, dass die Hunde sich irgendwann ignorieren.

Sie müssen immer wachsam sein. Widerstehen Sie dem Irrglauben, wenn die Hunde einen Monat oder ein Jahr lang »lieb« waren. Sie können das Problem niemals besiegen. Sie können kontrollieren, minimieren, verändern. Aber Sie können sich niemals auf Ihren Lorbeeren ausruhen!

Ist es machbar? Denken Sie an die Dynamik der Familie und wie Sie Ihre Leben führen möchten. Denken Sie an die Lebensqualität der anderen Personen und Hunde im Haushalt. Wie groß ist für die Menschen die Gefahr durch diese Hunde? Wie groß ist die Gefahr für die Hunde untereinander? Sind andere Tiere in Gefahr? Wie groß ist die ständige Anspannung dadurch, dass die Hunde sich nicht riechen können? Wie heftig sind die Hundekämpfe? In meinem Terrier-Haushalt sind die Kämpfe sehr schrecklich - vor allem, wenn eine ausgewachsene, assertive Deutsche Schäferhündin mit starkem Beutetrieb hinzukommt. Knochenbrüche, genähte Wunden und Tod sind mögliche Folgen von Kämpfen zwischen diesen Hunden. Doch andererseits haben manche meiner Kunden Hunde, die entsetzliche Geräusche machen und ein sehr furchterregendes Kampfverhalten zeigen, sich gegenseitig aber nur wenig Schaden zufügen, wenn sie tatsächlich kämpfen. Sie müssen die Risiken, mit denen Sie leben, realistisch einzuschätzen. *Lassen Sie sich durch Ihre Liebe zu Ihren Hunden nicht dazu hinreißen, dieses Risiko zu beschönigen.*

Schauen Sie, wie es mit den Übungsplänen und der Kontrolle klappt. Ihr Verhältnis zu Ihrem Hund wird sich durch diese Arbeit festigen. Sie werden verlässlichere Reaktionen auf Ihre Kommandos in vielen Situationen erzielen. Schauen Sie dann, ob diese Übungspläne bei diesem Problem erfolgreich sind, und bedenken Sie alle weiteren Faktoren, sodass Sie eine vernünftige Entscheidung darüber treffen können, was für alle Beteiligten das Beste ist.

55

Es gibt kein Patentrezept zur Veränderung aggressiven Verhaltens

Die Übungspläne in diesem Buch sollen Sie Schritt für Schritt durch den Verhaltensänderungsprozess führen.

Meine Kunden und ich konnten mit diesen Übungsplänen äußerst gute Ergebnisse erzielen. Die meisten Übungspläne wurden dafür kreiert, dass meine Kunden sie zwischen den einzelnen Unterrichtsstunden durcharbeiten konnten. Andere wurden speziell für den Gebrauch bei Hundegruppen konzipiert, beispielsweise für die Gruppen in meinen Resozialisierungsklassen. All diese Übungspläne sind in unterschiedlichsten Situationen nützlich und für alle Hunde geeignet, die Aggression, Angst oder Überreaktivität zeigen. Außerdem *verhindern* sie, dass Ihr Hund aggressiv wird.

Doch Sie dürfen nicht vergessen, dass die Übungspläne keine Patentrezepte sind. Es gibt kein Programm, das gleichermaßen für jeden Hund funktioniert! Sie sind als Richtlinien gedacht, die Ihnen im Umgang mit Ihrem Hund helfen und Ihnen einen Ansatzpunkt geben sollen. Jeder Hund wird manche Approximationen sehr schnell begreifen und durchlaufen können, andere wiederum nur sehr langsam. Menschen und Hunde lernen ihre Aufgaben auf ihre eigene Art und Weise und in ihrer jeweils eigenen Geschwindigkeit. Für manche Hunde sind die aufgeführten Approximationen zu umfangreich. Das bedeutet, dass Sie bei den von mir vorgegebenen Approximationen Zwischenschritte einfügen müssen.

Woher wissen Sie, ob Sie das tun müssen? Wenn Ihr Hund sich mit einem Plan schwer tut und nicht das gewünschte Ergebnis zeigt, hat dies technische Gründe. Ich kann nicht vorhersagen, vor welchen Problemen Sie und Ihr Hund stehen werden. Doch eines der großen Probleme der Hundeführer ist, dass sie den Hund mit mehr Informationen konfrontieren als er verarbeiten kann. Hat Ihr Hund einen Schritt gemeistert und Sie gehen zum nächsten über, aber er scheint es einfach nicht »richtig zu machen«, hören Sie auf. Unterteilen Sie das Verhalten in noch kleinere Informationseinheiten. Unterbricht der Hund sein Sitz-Platz, wenn Sie einen Schritt weggehen, dann bewegen Sie nur einen Fuß, setzen Sie ihn zurück und verstärken Sie ihn dafür. Bewegen Sie nun beide Füße. Versuchen Sie dann einen halben Schritt und so weiter. Es ist erstaunlich, wie »klein« man Approximationen machen kann.

Das richtige Timing ist ein weiterer entscheidender Faktor der Verhaltensänderung. Es ist wichtig, dass Sie dem Hund *sehr schnell* Feedback und Informationen liefern. Sie müssen lernen, schnell zwischen »Ja« (Ich mag das) und »Noch mal« (nicht, was ich wollte) hin- und herzuspringen. Durch das Positivmarker/Negativmarker-System bekommen Sie zwar ein Kommunikationsmittel, doch es liegt an Ihnen, wie rechtzeitig Sie es einsetzen!

Ein weiterer Grund, warum der Hund keine Fortschritte macht, kann sein, dass der Hundeführer die Kriterien nicht steigert. Zugegeben, wenn der Hund »schon ein Problem hat«, kann es einem Angst machen, die Kriterien zu steigern. Die Sicherheit aller Beteiligten muss immer die oberste Priorität sein. Aber wenn Sie niemals die Kriterien steigern, können Sie nie über einen bestimmten Punkt hinauskommen.

Wie schon vorher erörtert, möchten Sie vielleicht einen Zeitplan für Ihre Übungspläne festlegen und Ihren Fortschritt daran messen, ob Sie Ihre Ziele erreicht haben. Möglicherweise müssen Sie Ihren Zeitplan verlängern. Wenn Sie mit einem aggressiven Hund arbeiten, müssen Sie möglicherweise entscheiden, ob es durch die Verlängerung des Zeitplans zu entsprechender Verbesserung kommt.

Die Hundebesitzer, die feststellen, wie viel Arbeit dies ist, und beschließen, dass dies die Mühe nicht wert ist oder sie »nicht die Zeit haben«, werden natürlich nicht so gute Verbesserungen erreichen wie engagierte Besitzer. Ich halte diese nicht für schlechte Menschen, ich möchte nur sagen, dass hier Engagement und Erfolg stark voneinander abhängen. Die Zahl der Hunde mit einer gravierenden Störung oder ernster neurologischer Dysfunktion ist niedrig im Vergleich zu normalen Hunden, die Kontrolle und Verhaltensänderung benötigen, oder Hunden, an denen man arbeiten kann, obwohl sie an einer Störung leiden.

Sie müssen entscheiden, wie Sie Situationen handhaben, *bevor* diese eintreten, sodass Sie alle in unter einem niedrigen Erregungsniveau üben können, um Ihren Hund darauf vorzubereiten, Ihnen zu gehorchen, wenn sein Erregungsniveau hoch ist. Anhand Ihrer Liste der »Auslöser« werden Sie die Bereiche, an denen gearbeitet werden muss, festlegen und für jeden einzelnen einen Übungsplan durchführen.

Falls Ihr Hund über den Zeitraum von 90 Tagen reaktiver oder aggressiver wird oder Sie innerhalb von 30 Tagen nicht den geringsten Fortschritt erzielen können, wenden Sie eine der Techniken falsch an und sollten sich Hilfe bei einem Verhaltensspezialisten suchen. Ihr Timing ist schlecht; die Technik reicht für die Art und Intensität der Aggression Ihres Hundes nicht aus; Ihnen mangelt es an technischen Fertigkeiten (das bedeutet nur, dass Sie etwas Hilfe brauchen bis Sie über diese Fertigkeiten verfügen); Sie versuchen, Erziehungsphilosophien zu vermischen und verwirren den Hund; oder sonstige technische Gründe, aus denen ein Trainingsprogramm von jemandem unterstützt werden muss, der viel über die Gesetze des Lernens weiß und, vorzugsweise, auch Aggression.

Alternativ, falls Sie niemanden finden, der Ihnen helfen kann, können Sie die Trainingseinheiten mit der Videokamera aufnehmen. Schauen Sie sich das Video mehrmals an und suchen Sie Ihre Trainingsfehler. Das ist eine hervorragende Methode, sich selbst zu erziehen!

Bei nahezu allen Hunden, deren Besitzer die Übungspläne befolgen und nicht nachlassen, hat sich das Verhalten durch diese Übungspläne verbessert. Gelegentlich benötigen wir eine 90 % Verbesserung in einem Bereich, erzielen aber nur eine 25 % Verbesserung. Doch ziemlich häufig führen diese Übungspläne zu erstaunlichen Ergebnissen, mit einer 70-90-prozentigen und manchmal sogar 99,9-prozentigen Verbesserung. *Beharrlichkeit und Engagement tragen in großem Maße zu diesem Erfolg bei.* Auch realistische Erwartungen sind wichtig.

Meine Kunden überraschen mich oft mit den von ihnen erzielten Ergebnissen, weil ich mit meiner Einschätzung, wie sehr der Hund sich verbessern wird, eher zurückhaltend bin. Seien wir ehrlich - meine Kunden kommen mit Hunden zu mir, die eine große Herausforderung sind, und verfügen nicht annähernd über meine Erfahrung. (Soll heißen: Sie sind nicht so dumm, sich sooft beißen zu lassen wie ich...) Aber sie sind engagiert und vorsichtig und möchten erfolgreich sein. Und das allein - die Einstellung des Hundeführers - macht den großen Unterschied aus.

Ein Hund mit aggressivem Verhalten ist ziemlich beunruhigend, und manche Besitzer sind emotional nicht in der Lage, mit diesem Verhalten ruhig und neutral umzugehen, was unbedingt erforderlich ist. Ihre Einstellung wird großen Einfluss auf den Hund haben und die Situation aus Sicht des Hundes bekräftigen oder abschwächen. Das ist erlerntes Verhalten bei Ihnen. Ihre Reaktionen werden ruhiger werden, wenn *Sie* neue Bewältigungsstrategien lernen und mit diesen erfolgreich sind.

Sie werden in vielerlei Hinsicht dieselben Wege gehen wie Ihr Hund, wenn Sie zusammen an den Übungsplänen arbeiten. Sie und Ihr Hund werden durch viele kleine Schritte einen großen Erfolg erzielen.

ANHANG

Fallbeispiele

In diesem Kapitel finden Sie ein paar Fallgeschichten als Beispiel für Problemverhalten sowie für die Übungspläne, mit denen das Verhalten verändert wurde. Ich habe dabei ein paar inoffizielle Abkürzungen und Kommentare benutzt, die ich einfach aus meinen Notizen übernommen habe. Ich hoffe, meine Leser entschuldigen manche dieser Hinweise, beispielsweise »Vet« als Abkürzung für Veterinär bzw. Tierarzt. Größtenteils habe ich diese Notizen unverändert aus meinen Aktenheftern übernommen, darum verzeihen Sie mir bitte auch Fehler bei Grammatik oder Zeichensetzung. Außerdem habe ich noch ein paar zusätzliche Dinge notiert, lieber Leser – Gedanken, von denen ich glaube, dass sie für Sie von Interesse sein könnten, wenn Sie die Fallgeschichte lesen. Um die Diskretion zu wahren, wurden die Namen der Hundepatienten willkürlich verändert und die Namen der Kunden und der Tierärzte weggelassen.

Bitte achten Sie darauf, dass es sich bei der Klassifizierung in den meisten Fällen nicht nur um eine Klassifizierung der Aggression handelt, sondern häufig mehrere Probleme angegangen werden mussten. Sie erinnern sich: Ich warte meistens mit meiner abschließenden Klassifizierung, bis der Hund ein Übungsprogramm absolviert hat und ich vorsichtig seine Reaktion auf die einzelnen Übungspläne beobachtet habe.

Alle Hunde sollten die Grundlagen-Übungspläne durchlaufen. Die Übungspläne aus Niveau I und Niveau II sind auch für alle Hunde hervorragend; doch Hunde, die bereits Aggressionsprobleme haben, müssen möglicherweise anders an die Übungspläne herangeführt werden, das heißt für jeden Schritt muss mehr Zeit aufgebracht und es muss mit großer Vorsicht vorgegangen werden.

Ich bin von »planmäßiger Fütterung« überzeugt und der Meinung, es sollte keine »freie Fütterung« geben. Egal, ob es die Mahlzeit des Hundes ist oder es um Leckerlis geht, der Hund sollte sich sein Futter verdienen, indem er erst ein Kommando, wie beispielsweise Sitz, Platz, Pfötchengeben etc. befolgt.

Wenn Sie sich diese Fallbeispiele durchlesen, dürfen Sie nicht vergessen, dass jeder Hund anders ist und sich auch die Intensität der Reaktion auf Reize unterscheiden kann. Außerdem können die Übungspläne, die ich bei jeder Fallgeschichte angegeben habe, nicht vollständig sein. Sie zeigen Ihnen nur, wo wir angefangen haben, sodass Sie eine Vorstellung davon bekommen können, wo Sie anfangen können, falls Sie ein ähnliches Problem haben. Wie der Hund auf die anfänglichen Übungspläne reagiert und ob er sich verbessert oder verschlechtert, sagt Ihnen, welche Richtung Sie als nächstes einschlagen müssen.

Ich habe Teile der Fallgeschichten herausgeschrieben, um Ihnen einen bestimmten Punkt zu verdeutlichen. Aus dem Grund sollten Sie diese Fallgeschichten nicht mit dem Hund vergleichen, mit dem Sie arbeiten, sich dann meine Lösungen für diese Fallgeschichte anschauen und denken, Ihre Arbeit wäre nun getan. In der realen Welt ist jede Fallgeschichte und auch die Familiendynamik in jeder Situation anders. Die Fallgeschichten sollen Ihnen als allgemeines Beispiel dafür dienen, welche Richtung Sie möglicherweise mit Ihrem Hund einschlagen können. Viele dieser Kunden haben Monate oder sogar Jahre lang mit mir gearbeitet und offensichtlich umfangreiche Arbeit geleistet, was aber in diesen Kurzfassungen nicht zu erkennen ist.

Die folgende Fallgeschichte ist ein Beispiel für

Erlernte Aggression, Territoriale Aggression

VERHALTENSBERATUNG BEI HEAVEN ON ARF
Hund: Jagdhund-Boxer-Mischling, weiblich, sterilisiert
Geb.datum: 1997?
Name: Patty (Name geändert)

Erster Termin mit »Patty« war Februar 2000.

Med. Vorgeschichte: Sterilisiert. Unauffällige medizinische Vorgeschichte, körperlich normal bei letztem Tierarztbesuch.

Medikamente: Manchmal Benadryl bei längeren Autofahrten, damit weniger nervös. Auf Anraten des Vet.

Umfeld und soziale Vorgeschichte: Tier war Streuner. Kunden haben Hund seit 1,5 Jahren. Sie sind zwei Erwachsene und zwei Kinder (Mädchen, 11; Junge, 6). Ein weiterer Hund, Basset-Hündin, circa 10 Jahre alt. Hund geht viel spazieren und spielt gut mit Kindern. Kunden sind gegenüber Hund sehr hingebungsvoll.

Aktuelle Probleme: Hund macht sich manchmal frei; windet sich aus Kopfhalfter oder rennt durch Vordertür und reagiert sehr aggressiv auf Menschen im Garten - vor allem Postboten.

Bei Spaziergängen an der Leine werden außerdem andere Hunde und Menschen angegriffen und angebellt und Hund wird aggressiv.

Wenn sich Menschen dem Haus nähern, bellt Patty und die Kunden können sie nur schwer kontrollieren oder dafür sorgen, dass sie wieder still ist.

Auslösender Vorfall passierte Ende Januar. Die Tochter ging mit dem Hund spazieren und Patty glitt aus ihrem Halsband. Hund griff Postboten sehr aggressiv an. Er besprühte sie mit Pfefferspray und schrie die Tochter an und drohte, das Ordnungsamt zu rufen. Anfang des Monats ließen der Sohn und ein Freund die Vordertür offen und der Hund jagte dem Postboten hinterher.

Klassifizierung: Keine offenkundigen Anomalien erkennbar. Erlernte Aggression, territoriale Aggression. Werde genauer klassifizieren, wenn ich sehe, wie der Hund auf den Übungsplan reagiert.

Die folgende Liste umfasst Probleme für Erziehung und Verhaltensänderung:
Wir kämpfen gegen lange, umfassende Verstärkung schlechten Verhaltens an
Mangelnde Strukturen während erster Trainingseinheit
Mangelnde Erziehung in Bereichen, die dem Hund vermitteln würden, welches Verhalten in bestimmten Situationen erwartet wird
Mangelhafte Erfahrung und Sozialisierung in jungen Jahren

Kontrolle:
Hund muss im Haus eine Leine tragen, zumindest am Anfang, zu Kontrollzwecken.
Hund darf in keiner Weise zur Vordertür, durch die Vordertür oder in die Nähe des Postboten, bis er besser kontrolliert werden kann.
Hund muss in die Box, falls der Postbote kommt, während der Besitzer bei der Arbeit oder nicht zuhause ist.
Sind das Problem angegangen, dass der Hund sich aus dem Kopfhalfter winden kann, Ausstattung wurde verändert (kann mit Sicherheitsnadel oder ein paar Stichen gemacht werden), damit er sich nicht mehr aus Kopfhalfter winden kann.
Planmäßige Fütterungen
Haben Sitz des Kopfhalfters besprochen und wie wichtig es ist, eine Sicherheitsnadel oder ein paar Stiche anzubringen, damit es nicht verrutschen kann; außerdem Verwendung von zwei Leinen oder Halsband mit Kopfhalfter verbinden, damit Hund nicht frei herumlaufen kann.

Verhaltensänderung:
Positive Verstärkung für richtiges Verhalten.
Kunden & Hund mit PM/NM-Kommunikationssystem vertraut machen.
Kunden & Hund mit Übungsplänen vertraut machen, die die drei Hauptprobleme angehen: Mitarbeit, Impulskontrolle und »Lass das«.
Übungspläne für freundliche Begrüßungen und an der Tür warten üben.
Gegen Bewegungen desensibilisieren.

Empfehlung: Möchte Hund in 30 Tagen wiedersehen.

Anfängliche Schlussfolgerung: Patty ist ein sehr lieber Hund mit relativ stabilem Temperament. Ihr Verhalten scheint mit sozialer Reife begonnen und eine starke erlernte Komponente zu haben. Ich schätze, dass der Hund sehr gut auf das Programm ansprechen wird, denn Kunden sind gewissenhaft und stark motiviert. Darum die Prognose: gut bis hervorragend.

Erneuter Check 3/03/00: Wenn Patty am Fenster im Obergeschoss bellt, können Besitzer sie nun rufen und Patty gehorcht sofort. Das war eine der Situationen, in denen Patty vorher unkontrollierbar war. Die planmäßige Fütterung funktioniert gut und der Hund hat ein paar überflüssige Pfunde verloren. Hund schenkt Besitzern besser Aufmerksamkeit. Ehefrau macht Großteil des Trainings. Insgesamt läuft alles gut.

Weitergehender Übungsplan: alle vorherigen Übungspläne, den Hund allmählich daran gewöhnen, draußen oder im Haus zu sein, wenn der Postbote kommt, und nicht-reaktiv zu sein, dafür Belohnung und PM bekommen. Kunden wurde das gezeigt und ihnen wurde gesagt, was zu tun ist, wenn der Hund reaktiv ist.

August 01/Resozialisierungskurs: Hund hat sich im Laufe von 6 Wochen stark verbessert. Besitzer kontrollierten ihn deutlich besser. Werden zweiten Kurs machen.

Erneuter Check 15/05/02: Spaziergang mit Patty und Besitzer durch Nachbarschaft gemacht. Hund fing an, gegenüber Personen auf Bürgersteig reaktiv zu werden. Konnte Besitzer zeigen, was genau dann zu tun ist. Besitzer konnte schon bald den Hund genauso gut kontrollieren wie ich. Patty zeigte etwas ängstliche Reaktion gegenüber Menschen auf Straße. Während unserer Trainingseinheit konnte ich eine Verbesserung um 90% ihrer Reaktion auf Menschen beobachten. Das wird für Patty ein kontinuierlicher Lernprozess sein. Ich bin zuversichtlich, dass Patty mit der Zeit und durch die Ausdauer ihrer Besitzer bei Spaziergängen dauerhaft ziemlich nicht-reaktiv auf den Anblick von Personen und Hunden auf der Straße reagieren wird. Ich habe betont, dass der Kunde das reaktive Verhalten unterbrechen muss, bevor es anfängt.

Schlussfolgerung: Prognose bleibt hervorragend, sofern Training konstant fortgeführt wird. Kunde hat mehrere Gruppenkurse an meiner Hundeschule gebucht, unter anderem einen sechswöchigen Resozialisierungskurs, in dem der Hund eine allgemeine Verbesserung der Reaktivität gezeigt hat. Normaler Hund. Das ist ein sehr schöner Hund und er lernt, sich angemessen zu verhalten.

Die folgende Fallgeschichte ist ein Beispiel für

Spielaggression

VERHALTENSBERATUNG BEI HEAVEN ON ARF
Hund: Patient 097-021
Welsh Terrier-Hündin
Geb.datum: 18.11.1999
Name: Maggy (Name geändert)

Erster Termin mit »Maggy« war Juni 2000.

Med. Vorgeschichte: Unauffällige medizinische Vorgeschichte. Körperlich normal bei letztem Tierarzttermin.

Umfeld und soziale Vorgeschichte: Siehe Notizen zu Fallgeschichte. Kam als Welpe von angesehenem Züchter zu liebenden Besitzern. Stabiles Temperament.

Aktuelle Probleme: Aggression gegenüber Besitzern. Beißt sie, wenn sie ihr keine Aufmerksamkeit schenken Beißt sie manchmal, wenn sie ihr ein Spielzeug wegnehmen möchten. Möchte ständig Aufmerksamkeit erregen. Probleme mit Stubenreinheit, vor allem wenn Mutter des Besitzers (die bei ihnen lebt) mit ihrem kleinen Yorkie nach oben kommt. Wenn Mutter weg ist, uriniert und kotet Maggy auf den Fußboden. Probleme mit Yorkie wegen Rinderhautknochen, aber Yorkie nicht verletzt. Maggy kommt nicht, wenn man sie ruft.

Die Kunden sind mit ihr zum »Welpenkindergarten« (traditionelles Training) gegangen, mochten Training aber nicht, weil es »grob« war und »sie uns dadurch noch mehr biss«.

Beißt Tochter, Gäste und Besitzer, wenn sie hereinkommen und ihr nicht sofort Aufmerksamkeit schenken. Beißt auch die Kunden, wenn sie mit ihr spielen. Verhalten eskaliert.

Klassifizierung: Spielaggression. Unangemessenes Koten & Urinieren. Markieren. Erlernte Aggression. Besitzaggression.

Kontrolle:
Situationen des Ressourcenbewachens bewusst bemerken und diese kontrollieren oder eliminieren bis Besitzer bessere Kontrolle haben.
Hund muss immer Leine tragen.
Keine körperliche Bestrafung.
Planmäßige Fütterungen.
Keine freie Fütterung - Hund verdient sich Futter, Leckerlis etc, indem er einem Kommando gehorcht (Sitz, Platz etc.)

Verhaltensänderung:
Desensibilisierung gegenüber Blickkontakt
Mitarbeit
2 x täglich grundlegender Gehorsam, 5 - 10 Minuten lang
Halti Kopfhalfter
Nasenspiele, um Hund geistig zu stimulieren und ihm eine Aufgabe zu geben
Einführen von PM/NM (PM hatte Hund schon)
An Leine, wenn Gäste zu Besuch sind, bis Besitzer sie verbal kontrollieren können
Keine groben Spiele bis besser trainiert
Apport-Spiele

Weitere Verhaltensänderung:
Anfassen & Festhalten
Abrufen
Höfliche Begrüßungen

Targeting (um ihn vom Beißen »wegzulenken«, wenn aufgeregt)
Desensibilisierung gegenüber Betreten des Territoriums

Schlussfolgerung: Keine wirklichen Krankheitszeichen; normaler Hund, dem es nur an Erziehung mangelt. Hund akzeptiert nun Blickkontakt, Festhalten, Sitz, Platz, Bleib und Abrufen. Kunden befolgen Übungspläne genauestens und gut und sind konsequent. Es war wichtig, die Art und Weise, mit der die Kunden mit dem Hund umgingen, zu ändern und den Kunden beizubringen, dass sie unangebrachtes Verhalten ignorieren oder einen neutralen NM benutzen sowie angebrachtes Verhalten verstärken sollten. Wir wiesen dem Verhalten des Hundes noch mehrere Grenzen auf - das war eine große Hilfe. Ich habe diese Kunden im Laufe des letzten Jahres mehrfach gesehen und der Hund ist jetzt wunderbar, ein sehr liebes Mädchen. Sie apportiert jetzt und die Besitzer können das aufmerksamkeitserhaschende Verhalten gut kontrollieren, obwohl sich das durch die Strukturen zu einem großen Teil von selbst gebessert hat. Hund hat sich bei Gästen verbessert, muss nun bei Gästen ab und zu an der Leine sein. Die Tochter der Besitzer hat einen neuen Welpen und die Hunde spielen gerne zusammen und sind im Umgang miteinander sehr gut. Sie teilen Spielzeuge, obwohl das am Anfang einiger Kontrolle bedurfte.

Das Markieren des Territoriums hat durch Kontrolle aufgehört. Bei dem Hund wurde eine Entzündung des Urogenitaltrakts diagnostiziert, aber das war viel später (diesen Frühling) und hatte nichts mit dem vorigen Markieren zu tun. Durch die Erziehung wussten die Besitzer sofort, dass es sich NICHT um Markieren handelte und brachten den Hund zum Tierarzt.

NOTIZEN: Nach einem Jahr lieben die Kunden ihren gut-angepassten, sich gut benehmenden, sozialen Hund, der kommt, wenn man ihn ruft.

Die folgende Fallgeschichte ist ein Beispiel für

Erlernte Aggression, Territorialaggression, Rassetendenzen

VERHALTENSBERATUNG BEI HEAVEN ON ARF
Hund: Chow Chow, Rüde
Geb.datum: 2/2000
Name: Jack (Name geändert)

Erster Termin mit »Jack« war Juni 2001.

Med. Vorgeschichte: Kastriert im Alter von 6 Monaten. Unauffällige med. Vorgeschichte, körperlich normal bei letztem Vet.besuch.

Umfeld und soziale Vorgeschichte: Zuhause gibt es zwei Erwachsene und ein erwachsenes Kind ist häufig zu Besuch. Hunde wurde im Alter von 6 Wochen gekauft. Besitzer hatten vorher einen Chow Chow, der auch Aggressionsprobleme hatte. Die Züchterin versicherte, dass »ihre Chows nicht aggressiv sind«. Kurs in örtlicher Hundeschule begonnen, es hieß, der Hund sei zu aggressiv, um an einem Gruppenkurs teilzunehmen. Hund hat in Vergangenheit gebissen – Hund war im eingezäunten Garten angebunden und bellte. Ein Freund (den der Hund kennt) war zu Besuch und ging zum Hund, sprach als er sich näherte; sagte dem Hund in freundlichem Ton "sich zu beruhigen" und streckte dann Hand nach ihm aus, um ihn zu streicheln. Hund biss den Freund sofort in die Hand, musste mit 6-7 Stichen genäht werden. Später am Abend kam der Freund zurück und der Hund war sehr freundlich, leckte ihm die Hand etc.

Die Ehefrau hat eindeutig Angst vor dem Hund. Ehemann kümmert sich um Hund, beide wollen mit Hund arbeiten.

Medikamente: zurzeit Prävention gegen Herzwürmer

Aktuelle Probleme: aggressives Verhalten gegenüber Besitzern, wenn er berührt, gekämmt oder am Halsband geführt wird. Aggression gegenüber Fremden und Leuten, die Hund kennt. Aggression gegenüber Kindern. Umgerichtete Aggression.

Klassifizierung: Erlernte Aggression. Territoriale Aggression. Probleme wegen persönlichem Raum (keine gesicherte »Diagnose«, aber dennoch Tatsache). Probleme mit dem persönlichen Raum würde man allgemein als Aggression durch Kontrollkonflikt (Dominanz) bezeichnen, aber ich klassifiziere jene Hunde unter »Dominanz-Aggression«, die sich ihren Besitzern gegenüber so verhalten, wenn es um »Kontrolldinge« geht, nicht um so etwas handfestes wie Berührungen. Die aggressiven Reaktionen des Hundes liegen an mangelnden Strukturen in der Umgebung des Hundes und natürlichen Rasseneigungen. Blickkontakt durch Menschen/Hunde führt bei diesem Tier zu Reaktivität. Hund verbessert sich hinsichtlich persönlichem Raum gegenüber den Besitzern, wenn diese mit ihm arbeiten, darum bin ich mit Klassifizierung von Kontrollkonflikt-Aggression noch zurückhaltend. Falls sich das Verhalten nicht verbessert oder sogar verschlechtert, werde ich das noch mal überdenken.

Übungsplan eingeführt

Kontrolle:

Immer in Gegenwart von Kindern beaufsichtigen
Hund muss Maulkorb in Gegenwart von Kindern tragen
Hund wird keinen Situationen ausgesetzt, in denen er im Garten, wo die Besitzer ihm kein Feedback zu seinem Verhalten geben können, aggressiv werden kann
Hund muss Leine tragen, bis Besitzer ihn verbal kontrollieren können
Keine körperliche Bestrafung
Planmäßige Fütterungen

Verhaltensänderung:

Selbstbeherrschung
Desensibilisierung gegen Bewegungen
Desensibilisierung gegen Blickkontakt

2 x täglich grundlegender Gehorsam, 5-10 min. lang
Nasenspiele, um Hund geistig zu fördern und ihm eine Aufgabe zu geben
Einführung von PM/NM (PM hatte Hund schon)

Schlussfolgerung: Hund ließ zu, dass ich mich ihm nähern und ihn streicheln konnte, nachdem ich mit ihm und seinen Besitzern rund 55 Minuten lang im Raum war, obwohl ich ihn nicht dazu gedrängt hätte. Er nahm von mir Leckerlis. Zuerst ist er bei jeder plötzlichen Veränderung in der Umgebung (Tür öffnet sich etc.) sehr reaktiv, auch bei geringfügigen Veränderungen - Person läuft im Raum herum etc. Die Besitzer haben dieses Verhalten aus Versehen verstärkt, dadurch dass sie nicht wussten, wie sie mit ihm umgehen sollten. Sie hatten festgestellt, dass sich das Verhalten durch Druck und Bestrafung verschlimmerte, darum beschwichtigten sie ihn stattdessen.

Habe mit Kunden das Trainingsprogramm besprochen und wie wichtig es ist, dass sie »länger durchhalten« als der Hund. Wenn Hund etwas nicht tun möchte, schmeißt er sich sofort auf den Boden und fängt an, in die Leine zu beißen… was sich auf den Menschen übertragen kann, falls ihm jemand in die Quere kommt (umgerichtete Aggression) - Wutausbrüche.

Beim zweiten Besuch konnte ich mich sofort dem Hund nähern, ihn nahe der Rute kratzen und seinen Kopf streicheln. Er akzeptierte sogar leichte verbale Missbilligung von mir und ich konnte leicht an seinem Halsband ziehen, um ihn ins Sitz zu bringen, worauf er gut reagierte *und* was effektiv war. Noch besser für die Besitzer. Gibt Besitzer schnell nach und macht weniger Bohei und weniger Bisse, wenn Besitzer ihn berühren oder er Leine trägt. Besitzer arbeiten mit Hund täglich an der Tür, an der Leine mit Gästen und für wildes Spiel und wenn er sie unpassend mit den Zähnen berührt, gibt es eine Auszeit. Besitzer arbeiten hart an Berührungen am Halsband und an Anfassen & Festhalten. Hund ist immer noch sehr irritiert und wird defensiv bei jeder Art von längerer Berührung, toleriert es aber immer besser.

Besitzer arbeiten weiterhin mit mir.

Die folgende Fallgeschichte ist ein Beispiel für

Besitzaggression, beschützende Aggression, erlernte Aggression

VERHALTENSBERATUNG BEI HEAVEN ON ARF

Hund: Rottweiler, Rüde, kastriert
Geb.datum: 1996
Name: Mike (Name geändert)

Erster Termin mit »Mike« war Februar 2000.

Med. Vorgeschichte: Kastriert im Alter von 6 Monaten. Unauffällige med. Vorgeschichte, körperlich normal bei letztem Vet.besuch.

Umfeld und soziale Vorgeschichte: Holten Hund im Alter von 8 Wochen vom Züchter. Hatten zuhause ältere Hündin, kamen gut miteinander zurecht. Nahm mit Hundeführer an Hundeausstellung teil. Währenddessen wurde er von Deutschem Schäferhund attackiert. Besitzer meint, dass er seitdem Angst vor allen größeren Hunden hat, vor allem schwarzen. Das wurde dem Besitzer von einem Tierflüsterer gesagt. Hund hat Schutzhund III-Stammbaum. Besitzer entschlossen sich zu Gehorsamsarbeit mit Hund und fanden Trainer, der in Deutschland Polizeihunde trainiert hatte und auch bei örtlichen Such- und Rettungsgruppen mitmachte. Trainer war von Dominierung des Hundes überzeugt. Benutzte regelmäßig Halsbandkorrekturen und Alpha-Würfe und riet auch Besitzern dazu. Es waren Privatstunden, manchmal mit einem anderen Hund und einer anderen Person. »Mike« war folgsam, aber manchmal zu Besitzern und Trainer »frech« und zeigte nicht viel Verbesserung. Nach 3 oder 4 Monaten entschieden sich die Besitzer für einen anderen Trainer, da er immer frecher wurde und mehr und mehr Korrekturen brauchte. Bei der Zuchtschau benahm er sich gut, war nie zum Hundeführer frech und »benahm sich wie ein Star« (Hinweis: Bei den Hundeschauen benutzen viele Hundeführer nur minimale Korrektur und massig Futter-Lockmittel.) Der nächste Trainer benutzte ein Stachelhalsband, hielt aber nichts vom Alpha-Wurf. Dieser Trainer empfahl, den Hund an der Leine einmal durch die Luft zu schleudern, um den »frechen« Hund zu korrigieren. Die Besitzer waren dagegen und nahmen auch bei diesem Trainer keine Stunden mehr.

Der nächste Trainer, den sie fanden, machte positive Verstärkung mit einem Clicker. Es waren Gruppenkurse draußen. Der Trainer näherte sich den Hunden nicht auf mehr als 1,5 Meter. Die Besitzer wurden aus der Gruppe ausgeschlossen, weil der Hund zwar seine Sache nicht schlecht machte, es aber manchmal zu Ausbrüchen gegenüber den anderen Hunden oder dem Trainer kam. Die Besitzer mussten abseits der Gruppe arbeiten. Sie beendeten den 8-wöchigen Kurs und bekamen niemals richtige Anweisungen zum Gebrauch des Clickers.

Die Besitzer waren sehr entmutigt und arbeiteten zuhause mit dem Hund ohne Ablenkung, aber der Hund war weiterhin »frech«. Ein Jahr später gingen sie zu einem anderen Gruppenkurs in einer anderen Trainingseinrichtung. Auch hier wurde traditionelle Erziehung sowie ein Würgehalsband benutzt. Auf Anraten des Trainers versuchten die Besitzer es mit einem Elektrohalsband gegen die Hund-Hund-Aggression und das verschlimmerte das Problem. Der Hund konzentrierte sich im Kurs immer auf einen Hund und brummte ihn durch den Raum an. Das Elektrohalsband wurde wieder abgeschafft. Danach kam es zu einer Verbesserung (von sehr schlimm zum üblichen schlecht). Zu dem Zeitpunkt sagte jeder dem Besitzer, der Hund sei sehr aggressiv. Die Besitzer hatten die Bemerkungen und das Geflüster im Kurs satt - und waren dem ständigen Kampf mit dem Hund überdrüssig.

Die Besitzer brachten den Hund in unser Hundecamp, wo er endlich durch positive Verstärkung Hilfe bekam. Ich und die anderen Trainer hatten keine Angst vor ihm und erklärten den Besitzern den Gebrauch des Clickers. Innerhalb einer Woche verbesserte sich der Hund drastisch und die anderen Hunde wurden für ihn zum Vorboten von Verstärkung. Nach umsichtiger Auswahl sollten ein paar stabile Hunde mit ihm in Kontakt kommen und alles lief gut.

Erneuter Check: Die Besitzer brachten »Mike« auf mein Trainingsgelände. Der Hund bewachte noch immer Besitzer (dieser war sich dessen nicht einmal bewusst), weshalb er ständig die »Erlaubnis« bekam, dieses Verhalten zu praktizieren. Allein durch eine andere Körpersprache konnte ich den Hund dazu bringen, mich anzuknurren *oder* lieb zu mir zu sein. Ziemlich normal! Wir arbeiteten eine Woche lang unermüdlich am Blickkontakt (Desensibilisierung des Hundes gegen direkten Blickkontakt durch Menschen, was er als drohendes Verhalten auffasste – nicht überraschend, angesichts all des »auf den Boden drücken und schütteln«-Trainings). Er fokussierte sich noch immer auf einen Hund, den er ins Auge fasste und dann auf ihn stürzte und ihn anknurrte, wenn er auf ihn traf, vor allem auf engem Raum. Nach einer Woche Arbeit an Blickkontakt und Impulskontrolle, wobei man sofort zurückwich, wenn er sich auf einen anderen Hund fokussierte, machte er große Fortschritte. Der Besitzer hat zuhause weiter daran gearbeitet und macht weiterhin Fortschritte, der Hund wird immer weniger reaktiv. Der Besitzer vermittelt dem Hund neuerdings: »Die Informationen, die wir im Hundecamp von dir bekommen haben, sind unbezahlbar... Du hast uns gezeigt, welchen Schritt wir als Nächstes machen mussten; den, den andere uns nicht zeigen konnten.« Schön für mich, ab und zu einen kleinen PM zu bekommen...

Medikamente: Zurzeit Prävention gegen Herzwürmer

Aktuelle Probleme: Aggressives Verhalten gegenüber Besitzer, aber nur noch leichtes Knurren. Hund ist anderen Hunden gegenüber sehr reaktiv, obwohl er sich auch anderen Hunden gegenüber gut benehmen kann und zu einigen ein normales Verhältnis hat.

Klassifizierung: Besitzaggression, erlernte Aggression, beschützende Aggression

NOTIZ: Ursache für diese Probleme ist mangelnde *positive* Aussetzung neuer Reize, auch normale Rassetendenzen zu Objektbewachung (einschließlich Besitzer) vor anderen Hunden und Menschen.

Kontrolle:
Keine körperliche Bestrafung.
Sich der Umgebung bewusst sein, der der Hund ausgesetzt wird.
Besitzer muss sich bewusst sein über: Körpersprache anderer Hunde in der Gegend & seines eigenen Hundes.
Planmäßige Fütterungen.

Verhaltensänderung:
Selbstbeherrschung
Desensibilisierung gegenüber Bewegungen
Desensibilisierung gegenüber Blickkontakt
2 x täglich grundlegende Gehorsamsübungen, 5-15 Min.
Halti Kopfhalfter, Maulkorb
Lass das

Zurückweichen von *allen* Reizen, auf die der Hund sich fokussiert
Überkorrektur (in Form von Hunde-Liegestütz) für überreaktives Verhalten
Besitzer über Beschwichtigungssignale informieren und wie positive Verstärkung richtig eingesetzt wird, für Gebrauch im Umgang mit anderen Hunden und Menschen.
Einführung des PM/NM-Kommunikationssystems (PM hatte Hund schon).

Erneuter Check: Keine krankheitsbedingte Ursache erkenntlich; Hund reagiert in vielen Situationen normal, vor allem, wenn man die Vorgeschichte des Hundes berücksichtigt.

Es ist überaus wichtig, dass die Besitzer mit dem Kontroll- und Strukturprogramm und weitermachen und ihn häufig verschiedensten Reizen aussetzen. Verhalten des Hundes hat sich stark verbessert und Kunden sind zuversichtlicher, dass sie Mikes Verhalten kontrollieren können. Deutlich weniger Vorfälle.

Hund wird immer »starker« Hund bleiben und »viel Hund«, mit dem man umgehen muss. Fähigkeiten der Besitzer haben sich stark verbessert. Entsprechend gehorcht der Hund besser. Es ist zu einer gut kontrollierbaren Situation geworden.

Die folgende Fallgeschichte ist ein Beispiel für

Beuteaggression

VERHALTENSBERATUNG BEI HEAVEN ON ARF
Hund: Rottweiler, Rüde, kastriert
Geb.datum: 1994
Name: Ralph (Name geändert)

Mein erster Termin mit »Ralph« war im Juli 2000.

Med. Vorgeschichte: kastriert im Alter von 6 Monaten. Unauffällige med. Vorgeschichte, körperlich normal bei letztem Vet.besuch.

Umfeld und soziale Vorgeschichte: Besitzer bekam Hund als Welpen. Leben auf dem Land. Hund ging in Welpenkurs, ist aber nicht umfassend sozialisiert. Hund war nicht viel mit Kindern zusammen.

Aktuelle Probleme: Sicherheit im Umgang mit Kindern (Hund ist bei älteren Kindern kein Problem, aber reaktiv bei jüngeren Kindern unter 6 oder 7 Jahren). Enkel, ein Kleinkind, kommt zu Besuch. Springt hoch. Möchte bessere Kontrolle des Verhaltens des Hundes und dass er im Umgang mit Baby sanft ist. Hund spielt an Tür verrückt.

Klassifizierung: unangebrachtes Beuteverhalten. Rest ist nur eine Frage von Gehorsamsarbeit und dass der Hund den Kunden als relevant erachtet.

Übungsplan eingeführt

Kontrolle:
In Gegenwart von Kindern *immer* beaufsichtigen
In Gegenwart von kleineren Kindern Maulkorb und Leine tragen
An der Leine, wenn an der Tür oder bei Gästen, bis verbal kontrolliert werden kann
Planmäßige Fütterungen

Verhaltensänderung:
Selbstbeherrschung
Desensibilisierung gegenüber Bewegungen
Desensibilisierung gegenüber Blickkontakt
2 x täglich grundlegende Gehorsamsübungen, 5-15 Min.
Halti Kopfhalfter, Maulkorb
Lass das
Überkorrektur (in Form von Hunde-Liegestütz) für überreaktives Verhalten
Einführung von PM/NM (PM hatte Hund schon)
Langes Platz-Bleib - täglich
Hund muss entspannt sein *bevor* Kinder sich nähern und alle Sicherheitsmaßnahmen müssen ergriffen werden

Erneuter Check, Hausbesuch: Es wurde Pizza geliefert und war in der Lage, den Hund durch das Türklingel-Verhalten zu manövrieren. Hund ist bei Erwachsenen überschwänglich, aber freundlich und lieb. Dann kam Nachbar mit 2 Mädchen, 3 und 9 Jahre alt. Verhalten des Hundes bei älterem Mädchen in Ordnung. Hund trug Halti und dadurch konnte 9-Jährige sich nähern und ihn streicheln. Das 3-jährige Kind näherte sich und Hund wurde angespannter. Ich ließ sie das kleine 3-jährige Mädchen vorsichtig und neutral wegholen, während ich den Hund wegbrachte, wobei ich umsichtig auf einige Entfernung achtete. Plötzlich drehte sich das kleine Mädchen um und rannte die Treppe hinauf. Der Hund wurde extrem reaktiv. Ich war froh, dass der Hund Halti und Maulkorb trug, obwohl ich ihn kontrollieren konnte. Danach beobachtete er das kleine 3-jährige Mädchen und gab einfach nicht auf. Wir konnten zwar sein Verhalten kontrollieren, aber jedes Mal, wenn sich das kleine Mädchen bewegte, versuchte er, hafteten seine Blicke auf ihr. Ich machte mir darüber große Sorgen und wies den Besitzer darauf hin, dass er im Umgang mit kleinen Kindern nicht sicher ist und immer alle Vorsichtsmaßnahmen getroffen werden müssen.

Bei Erwachsenen ist der Hund super, lernt schnell und ich kann ihn trotz seiner Größe gut kontrollieren und normalerweise ist er ziemlich kooperativ und gut. Aber dieses belauernde Verhalten bei dem kleinen Kind war sehr alarmierend. Ich habe dem Besitzer geraten, den Hund einzusperren, wenn Babys oder Kleinkinder da sind, wobei er keine Ausnahme machen darf. Laut Besitzer spielt er mit der 7-jährigen Enkelin gut, aber ich habe davor gewarnt, die beiden unbeaufsichtigt zu lassen.

Schlussfolgerung: keine Anzeichen für krankheitsbedingtes Verhalten erkennbar; Hund reagiert auf verschiedenste Situationen normal. Es ist wichtig, dass die Besitzer ständig ein Kontroll- und Strukturprogramm durchführen und der Hund fortwährend unterschiedlichen Reizen ausgesetzt wird. Arbeit in Gegenwart von Kindern muss mit sämtlichen Sicherheitsmaßnahmen durchgeführt werden. Es ist besorgniserregend, dass wir Beuteaggression gegenüber kleinen Kindern haben. Ich habe die Besitzer gewarnt und erklärt, dass es riskant ist, Beuteaggression zu verändern, wenn sie auf kleine Menschen gerichtet ist, und dies vorsichtig kontrolliert werden muss, indem die Umgebung des Hundes sehr geflissentlich und schonungslos kontrolliert wird.

Es handelt sich um einen Hund, der nie in der Umgebung von Kindern war und in ihrer Gegenwart aufgeregt, wenn auch festgehalten, wurde (was nicht heißt, dass man den Hund losmachen sollte…). Der Hund ist hierbei sehr frustriert.

Erneuter Check: Der Hund macht seine Sache mit der Enkelin sehr gut und hat, bislang, nur an diesem einen Kind Anstoß genommen. Der Kunde ist umgezogen und hat nun wahrscheinlich nur eingeschränkten Kontakt zu ihr.

Die folgende Fallgeschichte ist ein Beispiel für

Territorialaggression

VERHALTENSBERATUNG BEI HEAVEN ON ARF
Hund: Sheltie-Beagle-Mischling - kastrierter Rüde
Geb.datum: Jan 2000
Name: Skip (Name geändert)
Kunde: Name ungenannt

Mein erster Termin mit »Skip« war im Mai 2001.

Med. Vorgeschichte: kastriert im Alter von 6 Monaten. Unauffällige med. Vorgeschichte, körperlich normal bei letztem Vet.besuch.

Umfeld und soziale Vorgeschichte: Die Familie schildert vier wichtige und typische Vorfälle, was die einzigen nennenswerten Vorfälle im ganzen Leben des Hundes sind. »Skip« warnt immer an der Tür, indem er zur Tür rennt, ungebärdig und aufgeregt wird, bellt und knurrt. Erwachsene akzeptiert er innerhalb weniger Minuten, es gab aber Vorfälle mit Kindern. Bei drei der Vorfälle (die alle auf dem Gelände des Besitzers passierten) bellte und knurrte der Hund Kindern ein, näherte sich ihnen aber nicht mehr als etwa zwei Meter. Jedes Mal konnten die Besitzer den Hund anleinen und auf sicheres Terrain bringen. Der folgende Vorfall ereignete sich vor meinem Besuch im Mai 2001. Die Familie hatte den Hund im Schlafzimmer eingesperrt, aus dem er versehentlich herausgelassen wurde. Das Kind stand in der Küche und der Hund (frustriert, weil er eingesperrt worden war) rannte durch den Flur und warf das Kind um. Die Erwachsenen waren geschockt und ich schätze, es war ein Moment der Verwirrung. Der Hund wurde aus dem Raum gebracht und wieder weggesperrt. Als es untersucht wurde, hatte das Kind eine leichte Hautabschürfung an der Hand. Es war nicht klar, ob diese von den Krallen oder den Zähnen des Hundes herrührte. Da es eine einzige kleine Stelle ohne blauen Fleck war, schätze ich, dass die Krallen des Hundes dazu geführt hatten. Obwohl dieser Vorfall sehr alarmierend ist, kam es zu keinen Bissen.

Klassifizierung: Territorialaggression, erlernte Aggression, angstbasierte Aggression.
Das agonistische Verhalten (Bellen, Stürzen, Knurren) ist gegen erwachsene Fremde gerichtet, aber nur, wenn sie erstmalig ins Haus kommen. »Skip« gewöhnt sich schnell an die Gegenwart von Erwachsenen und ist dann freundlich; das heißt, er nähert sich ihnen oder sie können sich ihm nähern und er schnüffelt dann und sucht Aufmerksamkeit auf normale Art und Weise. »Skip« zeigt auch agonistisches Verhalten, wie oben, gegenüber Kindern.

Kontrolle:
Der Hund darf *keinen Kontak*t zu Kindern haben.
Wenn Besucher ins Haus kommen, muss der Hund angeleint sein. Wenn Kinder zu Besuch sind, muss er an einen sicheren Ort weggesperrt werden. Draußen muss der Hund beaufsichtigt und eingesperrt oder angeleint sein, sodass Menschen und Hunde sicher sind.
Hundefutter mit wenig Proteinen und viel weniger Futter.
Planmäßige Fütterungen.
Der Hund darf kein Futter, keine Leckerlis und keine Aufmerksamkeit »gratis« bekommen, sondern muss korrekt auf ein Kommando eines Menschen reagieren (z. B. Sitz, Platz etc.).
Kein Familienmitglied darf grob mit dem Hund spielen.

Verhaltensänderung:
2 bis 3 Mal täglich Gehorsamsübungen
Desensibilisierung gegenüber Blickkontakt -- ihm beibringen, dass Blickkontakt von Menschen kein bedrohliches Verhalten ist
Lass das
Sitz, Selbstbeherrschung - Hund muss sitzen und entspannt sein, um Aufmerksamkeit zu bekommen
Desensibilisierung gegenüber Maulkorb
Desensibilisierung gegenüber Geräuschen & Handlungen an der Tür (An der Tür warten)
Hund muss Leine tragen, sodass körperliche Kontrolle jederzeit besser möglich ist
Hund wurde Halti Kopfhalfter angepasst - muss er bei Training und Spaziergängen tragen
Wenn Hund nicht nur mit Besitzern ist, muss er Maulkorb tragen
Trifft man bei Spaziergängen auf Kinder, müssen diese gewarnt werden, den Hund nicht zu streicheln, und Hund soll aus der Situation herausgebracht werden

Mit Familie die Ernsthaftigkeit der Situation und ihre gesetzliche Verantwortlichkeit besprochen. Über die Empfehlung ihres Tierarztes, ihn einschläfern zu lassen, gesprochen.

Ich arbeitete mit dem Hund und der Familie. Hund lernt ziemlich schnell. Meiner Meinung nach ist die Ursache des Übels, dass er nicht in jungen Jahren Kontakt zu Kindern hatte, dazu kommt, dass die Familie mit dem Hund vorher nie geübt hatte, in dieser Situation kontrolliert zu werden. Die Besitzer sind sich dieser Tatsache völlig bewusst und sind eine fürsorgliche Familie, die einfach diese Situation in Ordnung bringen möchte. Die abschließende Entscheidung, ob mit dem Hund gearbeitet werden oder er eingeschläfert werden soll, liegt bei der Familie. Nachdem Kontroll- und Trainingstechniken diskutiert wurden, wurde entschieden, dass der Hund im Juni noch einmal angeschaut werden sollte. Sobald mit dem Programm zur Verhaltensänderung begonnen wurde, kann eher beurteilt werden, ob es sicher ist, den Hund zu behalten. Bis dahin hat die Familie zugestimmt, dass die Regel lautet: *Kein* Kontakt zu Kindern.

Beim erneuten Check hat Hund große Verbesserung gezeigt. Er hat nun ein paar Kinder auf Spaziergängen getroffen und ziemlich normal akzeptiert, dass sie ihn streichelten. Er wird noch immer genau beaufsichtigt und an der Leine gehalten, wenn Kinder zu Besuch sind, und Kinder werden in »kleinen Dosen verabreicht«, was eine große Hilfe ist. Am Anfang trug der Hund einen Maulkorb, wenn Kinder zu Besuch kamen, und ich riet ihnen, damit für den Rest des Lebens als Präventivmaßnahme weiterzumachen.

Die folgende Fallgeschichte ist ein Beispiel für

Angstbedingte Aggression, erlernte Aggression, generalisierte Angst

VERHALTENSBERATUNG BEI HEAVEN ON ARF
Hund: Drahthaar-Foxterrier, weiblich, sterilisiert
Geb.datum: circa Januar bis Mai 1997
Name: Star (Name geändert)

Mein erster Termin mit »Star« war im Januar 1999.

Med. Vorgeschichte: von Not-Verein vor Vermittlung sterilisiert. Unauffällige med. Vorgeschichte, zu Zeitpunkt des ersten Termins. Kurz vor Juni 1999 wurde »Star« in der Tierklinik wegen Bauchspeicheldrüsenentzündung behandelt.

Umfeld und soziale Vorgeschichte: Zuhause gibt es 2 Erwachsene und einen Schnauzer-Mischling. Bekamen »Star« von Not-Verein. Sie wurde streunend und in sehr schlechtem Zustand im November 1998 gefunden. Besitzer bekamen sie im Dezember 1998 und Tierarzt schätzte ihr Alter zu dem Zeitpunkt auf 18-24 Monate. Familie hat ein unsichtbares Zaunsystem. »Star« und Schnauzer schlafen bei Besitzern im Bett. »Star« hat mit Gehorsamskurs im Januar 1999 begonnen und machte ihre Sache sehr toll. Ich habe empfohlen, dass sie im Kurs keine körperliche Korrektur anwenden, und Trainer stimmte zu. Kunden haben es mit Ignorieren des unerwünschten Verhaltens, Leinenkorrektur, Frontalannäherung etc. versucht. All das führte bei Hund zu defensivem Verhalten. Im Februar 1999 kamen die Hunde in meinen Zwinger. Zusammenfassung dieses Besuchs: leicht ängstlich, aber kein ungewöhnlich starker Stress. Keine Anzeichen für Aggression mir gegenüber, gegenüber drei anderen Zwinger-Mitarbeitern oder gegenüber meinem Mann.

Termin für Nachbearbeitung des Verhaltensänderungsplans wurde für März ausgemacht, aber Kunde sagte Termin ab, weil »Star« sich so gut machte. Rund einen Monat später kam es zu telefonischem Kontakt; »Star« war ruhiger, knurrte manchmal noch immer Ehemann an, aber alles in Ordnung, sobald der Ehemann im Raum war. »Star« spielt gut mit anderen Hunden. »Star« bleibt die ganze Zeit in der Nähe der Ehefrau.

Ernährung: Science Diet Lite nach Bauchspeicheldrüsenentzündung - Science Diet WD lebenslang.

Aktuelle Probleme: Wenn Besuch da ist, knurrt sie ihn an und nähert sich den Gästen nicht. Sie knurrt und schnappt nach Ehemann, Hund sehr aufgeregt, wenn er Raum betritt. Hund kein Problem mit Ehefrau.

Klassifizierung 26.01.99: Angstbedingte Aggression, erlernte Aggression, generalisierte Angst. Mangelnde Erziehung und Aussetzung gegenüber neuen Reizen ist Ursache der Probleme, zumindest des Teils, den wir ändern können. Zum Zeitpunkt des ersten Termins schwer einschätzbar, ob der Hund sich schlecht benahm, er unerzogen, anormal oder (wovon ich ausgehe) alles drei ist. Wenn der Übungsplan 30-90 Tage lang durchgeführt wurde, habe ich mehr Informationen anhand von Reaktion und Anpassungsfähigkeit des Hundes. Generalisierte Angst, falls sie nicht abnimmt, zeigt Unfähigkeit sich an etwas zu gewöhnen; eindeutiges Anzeichen für Anormalität.

Klassifizierung 25.05.99: Zu obiger Diagnose hinzugefügt: beschützende Aggression

Kontrolle:
Hund darf keinen Situationen ausgesetzt werden, in denen er aggressiv reagieren könnte.
Hund trägt immer Leine, sodass Kunden ihn körperlich kontrollieren können.
Kinder niemals unbeaufsichtigt mit Hund lassen.
Keine körperliche Bestrafung.
Planmäßige Fütterung.

Anfängliche Verhaltensänderung:
Selbstbeherrschung
Desensibilisierung gegenüber Ehemann, der den Raum betritt
Desensibilisierung gegenüber Blickkontakt
2 x täglich 5-15 min. grundlegende Gehorsamsübungen
Einführung von PM/NM (hatte PM)

Ausführlich Körpersprache der Hunde und Reaktion auf individuelle Programme besprochen. Schlüssel zum Erfolg liegt darin, dem aggressiven Verhalten des Hundes »vorauszueilen«, indem der Hund genau beaufsichtigt wird und man eingreift, indem der Hund abgelenkt wird. Ehemann wird zum Vorboten für Verstärkung und nicht mehr zum Vorboten für Bestrafung und Angst, wie es zurzeit der Fall ist. Ehefrau muss aufhören, dem Hund ständig Aufmerksamkeit zu schenken, und sich nur dann zum Hund wenden, wenn dieser sich korrekt benimmt. Dem Hund wurde ein Kopfhalfter angepasst und ich habe den Kunden gezeigt, wie sie es gebrauchen. Hund kommt in einen anderen Raum, wenn Ehemann von der Arbeit nach Hause kommt. Wenn die Umgebung etwas ruhiger ist und die plötzliche Veränderung in der Umgebung vorbei ist, kann der Ehemann den Hund holen und zur Ehefrau bringen. Als ich da war, war »Star« am Anfang bei all meinen Bewegungen äußerst reaktiv, gewöhnte sich aber daran, kurz bevor ich ging. Sie ist ängstlich und angespannt und überprüft die meiste Zeit die Umgebung.

Erneuter Check, Besuch am 25.05.99: »Star« hat nach Nachbar geschnappt, den sie einigermaßen gut kennt (meine Annahme: wahrscheinlich die Art, wie sich der Nachbar genähert hat). Sie sitzt stundenlang auf dem Schoß des Ehemanns; manchmal gibt sie ihm kleinen Biss, leckt ihn dann aber sofort. Wochenlang benimmt sie sich normal, aber dann gibt es Tage, an denen sie sich völlig von der Familie zurückzieht, sich hinter Möbeln versteckt (anormal – mangelnde Fähigkeit, sich an etwas zu gewöhnen, Paranoia). Manchmal pinkelt sie auf den Boden – Besitzer meinen aus Boshaftigkeit (meine Annahme: Angst. Mit Kunde besprochen). Besprochen, ob Hund neues Zuhause bekommen soll. Mein Rat: unmöglich. Wenn Ehemann nach Hause kommt und Ehefrau nicht da ist, ist mit dem Hund alles in Ordnung. Schlug vor, einen Hausbesuch zu machen, Kunde ruft wegen Termin an.

Erneuter Check, 8.6.99: Nach kurzem Klinikaufenthalt wegen Bauchspeicheldrüsenentzündung kam »Star« nach Hause und knurrte schlimmer (meine Annahme: vorhersehbar – Hund äußerst gestresst). Fingen wieder mit körperlicher Disziplinierung an (Kunde verständlicherweise sehr frustriert) – Verhalten des Hundes wurde wieder schlimmer und noch zurückgezogener, sogar bei Ehefrau. Häufigeres Urinieren im Haus. Besprachen ob Einschläfern oder Gabe von Medikamenten. Am 20.6. wurde beschlossen, Medikamente zu probieren.

Empfehlung für Medikamente: Habe mit dem Tierarzt des Kunden gearbeitet und die für den Hund geeigneten Medikamente vorgeschlagen. Blutuntersuchungen und Urinanalyse wurden durchgeführt. Medikamente werden Angst reduzieren, damit »Star« ruhig genug wird, um lernen zu können. (Genaue medizinische Informationen ausgelassen.)

Plan: Hund fängt mit Medikamenten an. Der Kunde und ich werden uns treffen, um den Übungsplan genau durchzugehen, damit wir sicherstellen können, dass er sich akkurat an das Programm hält und beide in der Lage sind, das Programm durchzuführen. Erneute Kontrolle alle 3 Tage; nach 90 Tagen Entscheidung, ob Medikamente als Diagnoseerleichterung vorübergehend abgesetzt werden. Falls sich das Verhalten verschlechtert, wenn Medikamente abgesetzt werden, ist es wahrscheinlich, dass die Medikamentengabe für den Rest des Lebens des Hundes fortgeführt werden muss.

Beim erneuten Check hat sich das Verhalten des Hundes so verbessert, dass diese Kunden nun damit leben können. Angst hat sich, je nach Situation, um 40-80 % reduziert; Aggression weniger und leichter zu unterbrechen. Verbesserung größtenteils durch Kontrolle seitens des Kunden und weil Kunden sich konsequent an Übungspläne zur Verhaltensänderung halten.

Zusätzlicher Hausbesuch und Hund überprüft weniger die Umgebung. Sich nähernde Menschen auf der Straße müssen umsichtig kontrolliert und zu sehr verstärkenden Erfahrungen gemacht werden. Menschen können Hund streicheln, wenn *dieser* sich der Person nähert. Noch einmal umfassend Stress und Beschwichtigungssignale besprochen. Medikamente helfen dem Hund bei seinem anormalen Angstniveau und er lernt ein paar neue Verhaltensweisen und die Kunden arbeiten hart an Entspannungs- und »Lass-das«-Verhalten. Erneuter Check in 30-40 Tagen.

Die folgende Fallgeschichte ist ein Beispiel für

Anormales Verhalten

VERHALTENSBERATUNG BEI HEAVEN ON ARF

Hund: Labrador-Mischling, Rüde, kastriert
Geb.datum: 1997
Name: Sam (Name geändert)

Sah den Hund zum ersten Mal im Februar 1998. Hatte ihn sogar gesehen, bevor der derzeitige Besitzer (Kunde) ihn bekam. Ein Mitglied der Hunderettungsgruppe hatte den Hund und eines der Wurfgeschwister im Alter von circa 2 Wochen bekommen. Hatte sie behalten, bis sie älter als 1 Jahr waren. Waren in einem Haushalt mit mehreren Hunden, gab nur minimale Probleme mit Menschen oder anderen Hunden. Doch sie sozialisierten den Hund nicht mit Orten, mit Ausnahme des Hauses auf dem Lande. Viele andere ihrer Hunde waren auch Tierschutzhunde und zeigten möglicherweise ein paar unangebrachte Verhaltensweisen aufgrund mangelnder Sozialisierung. Die Hunde waren häufig unbeaufsichtigt im Garten, das ist zwar nicht ungewöhnlich, aber es gibt eine »Grauzone«, was genau dieser Hund im Umgang mit den anderen Hunden gelernt haben könnte. Verhalten, das in *sehr* jungem Alter erlernt wird, kann so tief verinnerlicht sein, dass man schwer unterscheiden kann, ob es sich um tiefverwurzeltes oder erlerntes Verhalten handelt.

Die neuen Besitzer haben die ersten drei Jahre, in denen sie den Hund hatten, in der Stadt gelebt und sind gerade erst aufs Land gezogen, sodass sie einen eingezäunten Garten haben (2001). Die Kunden sind sehr nett und ihren Hunden gegenüber hingebungsvoll. Sie hatten diesen Labrador-Mischling zwei Jahre lang, bevor sie einen weiteren geretteten Hund bekamen, eine Mini-Schnauzer-Hündin, die auch ein paar Verhaltensprobleme hatte, wodurch sich Sams problematisches Verhalten verstärkte. Für Hund und Kunden bedeutete das eine weitere Anpassungsphase, die sie alle recht gut durchstanden.

Die Kunden brachten den Hund erstmalig mit starker Trennungsangst sowie auch Aggression zu mir – vor allem gegenüber Kindern und anderen Hunden.

Anfangs ließen die Kunden beiden Hunden ziemlich viel durchgehen, obwohl sie, weil es nötig war, dem Verhalten dieses Hundes mehr Grenzen aufgewiesen haben, aufgrund der vielen Probleme. Es fällt ihnen sehr schwer, den Hund so zu behandeln wie sie sollten – konsequent –

weil sie oft sehr liebevoll zu ihm sind und einfach aufstehen, ihn ohne Grund umarmen und ihm Liebe schenken – d.h. frei verfügbare Liebe. Ich rechne ihnen hoch an, dass sie ihre eigenen natürlichen Verhaltensmuster ändern, um Sams Verhalten zu ändern.

Meiner Meinung nach verfügt der Hund über anormale Lernmuster, sodass er Dinge ständig neu lernen muss. Teilweise lag das anfänglich an der Nachlässigkeit der Besitzer. Sie bemühen sich nun fortwährend und sind sich der Körpersprache der Hunde etc. bewusster. Die Besitzer halten sich an den physischen Teil der Übungspläne, aber es liegt nicht in ihrer Natur, dem Hund strikte Regeln aufzustellen.

Die Ehefrau kam die letzten sieben Monate mit dem Hund zum Privatunterricht. Immer wenn wir ihn an einem Gruppenkurs teilnehmen lassen, wird der Hund sehr reaktiv und kann einfach nicht zu einem ruhigen Zustand zurückfinden. Mit mir ist er viel weniger reaktiv, aber er »bewacht« die Ehefrau viel, vor allem in neuen Situationen (z.B. bei Besuchen oder wenn andere zu Besuch sind, wenn sie in Urlaub sind oder an einem neuen Ort etc.).

Bei jedem Besitzer wird die Lernkurve eines solchen Hundes steil verlaufen – nicht immer wird der Besitzer die sehr subtilen Signale dieses Bewachungsverhaltens erkennen können; sie lässt den Hund vor sich laufen und schauen und schnüffeln. Sie glaubt, sie hat ihn unter Kontrolle, weil er an der Leine und nahe bei ihr ist. Was ich sehe, ist, dass der Hund draußen vor ihr läuft und meint, durch diese »Position« oder die Situation hätte er die Erlaubnis zum »Bewachen«. Die Besitzer haben sich in dieser Hinsicht sehr verbessert und erkannt, dass grenzwertiges Verhalten wichtig ist.

Wie andere Hunde, mit denen ich gearbeitet habe, die dieses angstbedingte »Kontroll«-Verhalten zeigen (aber keine Aggression durch Kontrollkonflikt, weil das Verhalten nicht direkt gegen die Familie gerichtet ist), geht er mit der Trennungsangst nun besser um, während er in meinem Hundezwinger ist. Das ist leicht zu erklären. Hunde, die unter Panikattacken leiden (Trennungsangst), brauchen jemanden, dem gegenüber sie anormal anhänglich oder von dem sie abhängig sind. Sobald diese Person nicht da ist und der Hund nicht zu ihr gehen kann, wird der Hund deutlich ruhiger. Außerdem sollte der Hund niemals Situationen ausgesetzt werden, in denen die Regeln nicht total eindeutig sind. Da ich das Verhalten des Hundes so rigoros kontrolliere, kann der Hund sich entspannen – da gibt es gar keine Diskussion drüber. Das bedeutet, der Hund trifft keine Entscheidungen – er kann sich entspannen, weil er für nichts anderes als seine eigenen Reaktionen »verantwortlich« sein muss. Der Tagesablauf variiert im Zwinger kaum. Das bedeutet, dass der Hund sich völlig darauf verlassen kann, dass bestimmte Dinge innerhalb eines bestimmten Zeitrahmens passieren werden. Für Hunde, die »reizbar« sind (kaum dazu in der Lage sind, sich zu »erholen« – sie werden schnell gestresst und erholen sich von dem Stress nur langsam, schlecht oder gar nicht), ist es schwer, in einem normalen veränderlichen menschlichen Umfeld zu leben. Doch so kann man mit einem Hund im Alltag nicht realistisch leben. Mit der Zeit und durch viel Arbeit und Engagement seitens des Kunden hat dieser Hund sich zuhause unermesslich verbessert. Wir haben verschiedene Techniken, einschließlich Psychopharmaka, eingesetzt, was geholfen hat.

Bei Hunden wie diesem ist es so, dass je mehr Kontrolle man über ihr Verhalten ausübt und je unnachgiebiger die Regeln sind, desto mehr können sie sich entspannen. Das Problem ist natürlich, dass die Interaktion (Hund zu Mensch) nicht die gleiche sein kann wie bei einem normalen Hund; es darf keine frei verfügbare Zuneigung geben.

Vor kurzem haben wir mit dem Hund »gemalt«. Das bedeutet, dass dem Hund ein kleiner »Fäustling« mit Farbe angezogen wird und er mit der Pfote eine Staffelei mit Papier berühren soll. Ich griff nach ihm, um ihm den Fäustling über die Pfote zu ziehen, und er machte einen typischen »ich öffne mein Maul und zeige alle meine Zähne«-Satz auf mich und traf mich im Gesicht. Natürlich sind die Besitzer erschüttert, wenn so etwas passiert, und es gibt eine zeitliche Verzögerung zwischen dem Verhalten und dem Moment, in dem der Besitzer den Hund aus der Situation wegbringen oder ihm Missbilligung für das Verhalten zeigen kann. Bei solchen Hunden macht diese kleine zeitliche Vergrößerung viel aus. Ich zeigte ihm verbal meine Missbilligung und ließ ihn dann »Hunde-Liegestützen« machen. Ich wartete eine Minute und hob dann wieder seine Pfote hoch. Es kam wieder zu Satz/Schnappen/Kontakt. Ich ließ ihn die »Hunde-Liegestützen« wiederholen. Ich wartete ein paar Minuten lang, bis sich die Symptome seines sympathischen Nervensystems verringert hatten, und dann versuchten wir es noch einmal. Der Hund war angespannt, akzeptierte aber die Berührungen. Bemerkenswert ist, dass ich, wenn der Besitzer nicht anwesend ist, seine Krallen schneiden und ihn überall anfassen kann. Ist der Besitzer aber dabei, benimmt der Hund sich anders und zeigt Bewachungsverhalten oder es kommt zu »Ich hab hier jemanden, der mir den Rücken stärkt«-Verhalten.

Er hat verschiedene Medikamente gegen Angst bekommen. Werden diese abgesetzt, hat er weitaus größere Probleme, sich auf das Erlernen und Erinnern von Aufgaben zu konzentrieren, und seine Trennungsangst wird schlimmer. Durch den zweiten Hund wurde die Trennungsangst deutlich reduziert.

Wenn dieser Hund aufgeregt ist, kann er nur schwer zu normalem, ruhigem Verhalten zurückkehren. Manche »Schalter« funktionieren offensichtlich fehlerhaft – bei einem Adrenalinschub durch Aufregung ist es so, als ob der Schalter angestellt würde, aber er schaltet sich entweder nur sehr langsam wieder aus ODER es ist so, dass der Schalter an/aus, an/aus, an/aus schaltet und der Hund sehr lange in diesem Kreislauf gefangen ist, sodass er nicht in den physiologisch normalen Zustand zurückkehren kann. Verschiedene Symptome sind zu erkennen: erweiterte Pupillen, die lange nach der Aufregung nicht wieder normal werden, schnelleres Atmen, schwitzende Pfoten etc.

Ich habe gegenüber den Kunden betont, wie wichtig es ist, dass sie diese Übungspläne so konsequent wie möglich befolgen und das Verhalten des Hundes wirklich kontrollieren. Die Kunden geraten jedes Mal in Schwierigkeiten, wenn sie (irrtümlich) »vorgeben«, dass dieser Hund normal sei. Der Hund ist nicht normal. Diese Kunden sind außerordentlich engagiert und gute Hundeeltern – sie machen die »harten« Dinge (die Dinge, die emotional anstrengend sind, weil sie den Hund lieben, bspw. ihm keine kostenlose Zuneigung mehr zu geben), weil dies für den Hund langfristig das Beste ist.

Eine der schwierigsten, ständigen Herausforderungen ist das Reaktivitätsniveau des Hundes. Schon bei geringfügigen Reizen ist er angespannt.

Dem Hund konnte durch die Übungen in den Grundlagen und Niveau 1 enorm geholfen werden. Es ist zwingend nötig, dass der Hund Strukturen bekommt und seinem Verhalten Grenzen aufgewiesen werden, sodass er kontrollierbar ist und sich wohl fühlt, auch wenn er dagegen etwas protestiert.

Zusätzlich zur Verhaltensänderung wird der Hund weiterhin Medikamente bekommen und die Familie muss damit für den Rest des Lebens des Hundes fortfahren. Er ist seiner Familie gegenüber sehr süß und liebevoll, auch mit Personen, die er gut kennt. Die Familie hat einen so guten Job und viel Verhaltensänderung geleistet, sodass der Hund jetzt in vielen Situationen fast wie ein normaler Hund ist.

Zu den Übungsplänen für diesen Hund gehörten unter anderem:
Übungspläne gegen Trennungsangst
Gabe von Medikamenten
Übungspläne aus Grundlagen & Niveau 1
Hund trifft auf Hund
Übungsplan Anfassen & Festhalten
Grundlegende Gehorsamsübungen, schwerpunktmäßig das Abrufen
Übungspläne gegen Besitzaggression

Die folgende Fallgeschichte ist ein Beispiel für

Aggression durch Kontrollkonflikt, Besitzaggression, anormales Verhalten

VERHALTENSBERATUNG BEI HEAVEN ON ARF
Hund: Gelber Labrador Retriever, Rüde, kastriert
Geb.datum: 1995
Name: Sunny (Name geändert)

Mein erster Termin mit »Sunny« war im Februar 1996.

Med. Vorgeschichte: kastriert im Alter von 6 Monaten. Unauffällige med. Vorgeschichte, körperlich normal bei letztem Vet.besuch.

Umfeld und soziale Vorgeschichte: Die Familie besteht aus zwei Erwachsenen. Sie bekamen »Sunny« im Alter von fünf Wochen, und er hatte bereits einmal das Zuhause gewechselt. Er war ein freundlicher, aber herrischer Welpe. Der Hund wird in die Box gesperrt und hat auch Zugang zu eingezäuntem Garten. Welpe wurde sozialisiert und seine Besitzerin besuchte mit ihm den Welpenkurs. Sie tat alles, was ihr der Trainer sagte. Manchmal war der Ehemann wegen des Hundes extrem frustriert und machte den Alpha-Wurf, das war vor unserem ersten Termin. Als der Hund älter wurde, zeigte er immer mehr aggressives und renitentes Verhalten. Er schnappt plötzlich nach Gästen und nach den Besitzern. Als er jünger war, nahm er Gegenstände auf und obwohl er das Kommando »Aus« kannte, fraß er jeden Gegenstand, den die Besitzer ihm wegzunehmen versuchten. Bis heute mussten ihm mehrere Socken chirurgisch aus dem Bauch entfernt werden.

Wenn jemand ihn zu kontrollieren versucht, nimmt er eine bewachende Körperhaltung ein und droht Besitzern oder anderen, die versuchen, dass er ein Kommando befolgt, das er nicht befolgen möchte.

Trennungsangst (weil er dann nicht die Besitzer kontrollieren kann).

Wenn er aufgeregt ist, braucht er ungewöhnlich lange, bis er sich von dem »Adrenalinschub« erholt hat.

Hat Besitzer gebissen und häufig gedroht. Bisse - Grad 1 & 2 (kein Nähen oder Notaufnahme nötig).

Ernährung: Purina Pro Plan

Medikamente: Zurzeit Prävention gegen Herzwürmer

Aktuelle Probleme: aggressives Verhalten gegenüber Besitzern. Ungebärdiges Verhalten, Hund ist schwer zu kontrollieren.

Klassifizierung: Erlernte Aggression. Aggression durch Kontrollkonflikt. Trennungsangst. Besitzaggression. Pica (Hund frisst Dinge, die eher ungenießbar sind).

Kontrolle:
Immer in Gegenwart von Kindern beaufsichtigen
Maulkorb in Gegenwart von Kindern
Hund trägt immer Leine
Hund darf keinen Situationen ausgesetzt werden, in denen er aggressives Verhalten üben kann
Planmäßige Fütterungen
Keine körperliche Bestrafung

Verhaltensänderung:
Selbstbeherrschung
Desensibilisierung gegenüber Bewegungen
Desensibilisierung gegenüber Blickkontakt
Mitarbeit
2 x täglich 5-15 Min. grundlegende Gehorsamsübungen
Halti Kopfhalfter und Maulkorb

Nasenspiele, um Hund geistig zu stimulieren und ihm eine Aufgabe zu geben
Lass das
Festhalten
Einführung von PM/NM

Weitergehende Verhaltensänderung:
Höfliche Begrüßungen
Desensibilisierung gegen Betreten des Territoriums

Schlussfolgerung: Es sind krankheitsbedingte Ursachen erkenntlich; dieser Hund reagiert auf viele Situationen anormal. Über einen Zeitraum von sieben Jahren haben wir oft über Einschläfern gesprochen, doch jedes Mal kamen die Besitzer zu dem Entschluss, mit dem Hund arbeiten zu wollen. Der Hund ist nicht fürchterlich gefährlich, stellt aber eindeutig eine Verpflichtung dar. Wenn Kontrolle und Training einen oder zwei Tage lang vernachlässigt werden, fällt der Hund wieder sofort extrem in sein altes Objektbewachungsverhalten zurück und knurrt die Besitzer an, wenn sie seinen Kopf tätscheln.

Es ist überaus wichtig, dass die Besitzer das Kontroll- und Strukturprogramm konstant einhalten. Da der Hund über anormale Lernmuster verfügt, kommt es häufig zu Trainingsrückschritten. Im Zwinger macht der Hund sich recht gut, weil ihm dort absolut starre Strukturen auferlegt werden, wenn er bei mir ist. Ich komme ganz gut mit ihm zurecht, aber man kann ihn nicht normal behandeln (so wie eine normale Person ein Haustier behandeln würde). Jede Interaktion muss Gehorsam beinhalten und nachgiebiges Verhalten muss konsequent verstärkt werden. Durch Zwang wird der Hund nur aggressiv, was noch tagelang nachklingt. Gleichzeitig ist es wichtig, dass jedes Mal, wenn jemand zum Hund Kontakt aufnimmt, dieser ein Kommando befolgen muss. Darum sind Halti und Leine hilfreich.

Im Sommer 2001 wurde der Hund eingeschläfert. Die Besitzer waren vom Leben mit einem Hund, der sich anomal verhielt, erschöpft. Das Verhalten hatte sich vorübergehend immer wieder gebessert, aber dann wurde der Hund einer leicht anderen Situation ausgesetzt und wurde reaktiv. Diese Entscheidung fiel ihnen schwer, aber ich unterstütze sie darin. Zu dem Zeitpunkt hatte er die Besitzer gebissen und auch Gäste bedroht. Das Problem mit der Verantwortung fing an, schwer auf ihren Schultern zu lasten.

GLOSSAR

anormal
Abweichend von dem, was normal ist; maladaptives oder gestörtes Verhalten. Handlung, die Störung zeigt.

Antezedent
Jedes Ereignis, das einem Verhalten vorhergeht oder kurz vorher eintritt.

Approximationen
Wenn man einem Hund ein neues Verhalten beibringt, kann ihm dies häufig leichter vermittelt werden, wenn die Endreaktion (das Ziel oder das »fertige« Verhalten) in winzig kleine Schritte oder »Approximationen« unterteilt wird. Siehe Shaping.

Assoziatives Lernen
Assoziieren bedeutet, etwas gedanklich miteinander zu verknüpfen. Der Hund stützt sich auf Ereignisse, die direkt vor einem Verhalten oder währendes des Verhaltens des Hundes geschehen, wenn er Entscheidungen über zukünftiges Verhalten in diesem Kontext trifft.

Aufmerksamkeitswort
Ein Aufmerksamkeitswort ist ein Signal, das Ihren Hund daran erinnert, seine Aufmerksamkeit aus Sie zu richten (z.B. »Schau mich an«, »Fokus«, »Guck« etc.).

aversiv
Jedes Ereignis, jeder Kontext oder jeder Umstand, der zu Vermeidungsverhalten führt. Ein aversives Ereignis ist ein Reiz, der das ihm vorangegangene Verhalten unterbindet, oder ein Reiz, der zur Steigerung eines Verhaltens führt, sodass das Verhalten den aversiven Reiz beendet.

Rückwärtsverkettung
Rückwärtsverkettung oder Rückwärtstraining ist eine spezielle Methode, um einzelne Teilhandlungen zu einer Verhaltensabfolge zu verketten. Für die Rückwärtsverkettung müssen mehrere Reaktionen in umgekehrter Reihenfolge erfolgen. So kann man eine komplexe Reihe von Verhaltensweisen erzielen, indem man die letzte Verhaltensweise zuerst beibringt. Siehe Verkettung.

Verhalten / Verhaltensweise
Eine beobachtbare Reaktion oder Handlung. Alles, was der Hund offenkundig (von außen zu beobachten) als Reaktion auf einen Reiz tut.

Übungsplan zur Verhaltensänderung
Ein Übungsplan zur Verhaltensänderung umfasst spezielle, methodische Approximationen oder Schritte, die durchgeführt werden, um ein bestimmtes Verhaltensmuster oder eine Verhaltensgruppe zu verändern.

Verhaltensabfolge

Wenn mehrere Verhaltensweisen miteinander verknüpft werden, um eine durchgängige Reihe von Verhaltensweisen zu erzielen, schafft man eine Verhaltensabfolge. Die einzelnen Verhaltensweisen folgen aufeinander, sodass sie eine vollständige Verhaltensabfolge oder eine Endreaktion bilden. Fast jede Aufgabe, die Ihr Hund ausführen soll, besteht aus mehreren einzelnen Verhaltensweisen, die miteinander verknüpft sind und so ein Verhaltensmuster bilden.

Brücke

Synonym für Positivmarker. Siehe Positivmarker.

Caniden

Karnivore Säugetiere der Familie der Canidae, zu der Wölfe, Hunde, Füchse, Kojoten und Schakale gehören.

Kette

Eine Reihe von Verhaltensweisen, die in festen Mustern auftritt. Mit der Zeit wird eine einzelne Verhaltensweise zum Signal oder Reiz, das nächste Verhalten in der Abfolge auszuführen. Ebenfalls wird jedes Verhalten, mit Ausnahme des ersten, zum konditionierten Verstärker das vorigen Verhaltens. Siehe Verhaltensabfolge.

Klassische Konditionierung

Eine bestimmte Lernmethode, durch die erzielt wird, dass ein respondentes Verhalten durch einen zuvor unbekannten oder nicht bemerkten Reiz oder ein solches Ereignis kontrolliert wird. Bei der klassischen Konditionierung wird ein konditionierter Reiz mit einer unkonditionierten Reaktion (Reflex) verknüpft.

Clicker

Ein kleines Trainingsgerät, meistens aus Kunststoff mit Metall-Lasche, welches ein »Klick-Klick«-Geräusch macht. Dieses Geräusch wird von unseren Hunden, Katzen, Pferden und anderen Tiere leicht als Positivmarker identifiziert.

Konditionierter Verstärker

Ein Ereignis oder Reiz, das bzw. der durch Lernen zum Verstärker wird. Dieses Ereignis/dieser Reiz ist nicht verstärkend bis es bzw. er mit anderen Ereignissen gepaart wird, die bereits bekannte Verstärker sind. Einen konditionierten Verstärker erzielen Sie am besten, indem Sie Ihren Reiz (ein bestimmtes Wort oder der Clicker) mit Futter, was ein Primärverstärker ist, paaren. Siehe auch Positivmarker, Sekundärverstärker, Brücke.

Konditionierte Reaktion

Auch bekannt als CR. Eine Reaktion, die durch ein bestimmtes Kommando oder durch den Kontext erzielt wird, nachdem klassische Konditionierung stattgefunden hat. Bei der CR handelt es sich um exakt dieselbe Reaktion wie die unkonditionierte Reaktion (UCR) und sie ist reflexartig (nicht freiwillig). Damit eine konditionierte Reaktion erfolgen kann, wird ein konditionierter

Reiz (CS) mit einem unkonditionierten Reiz (UCS) gepaart. Nach einiger Zeit zeigt sich die konditionierte Reaktion in Gegenwart des CS, sogar wenn der UCS nicht vorhanden ist. (Siehe klassische Konditionierung.)

Konditionierter Reiz

Auch bekannt als CS. Ein vorher neutraler (unbekannter oder unbemerkter) Reiz, den der Hund als Vorbote eines anderen Reizes zu assoziieren lernt. (Siehe klassische Konditionierung.)

Konfliktlösung

Zur Konfliktlösung ist es nötig, eine bestimmte Uneinigkeit oder Streitigkeit beizulegen, sodass alle Beteiligten sich einvernehmlich und zur Zufriedenheit aller benehmen können. Wenn es um Tiere geht, obliegt es den Menschen, den Konflikt friedlich und nicht-konfrontativ zu lösen.

Folgeereignis

Ein Ereignis, das sich aus der Logik und Natur eines Verhaltens ergibt. Ein Ergebnis oder eine Wirkung eines Verhaltens.

Kontext

Die speziellen Bedingungen (Umfeld, Ereignisse), die ein Verhalten umgeben.

Kontingenzbeziehung

Die Beziehung zwischen einem Verhalten und dem Antezedenten (Ereignisse, die dem Verhalten vorausgehen) oder den Konsequenzen (Ereignisse, die auf das Verhalten folgen).

Kontingenzereignisse

Ereignisse, die direkt mit dem bestimmten Verhalten verknüpft werden können. Beispiel: Die kontingente Gabe eines Verstärkers würde zeigen, dass die positive Verstärkung nur erfolgt, wenn ein bestimmtes Verhalten gezeigt wird.

Kommando

Ein vorhergehendes Ereignis. Ein Kommunikationsmittel zwischen Ihnen und Ihrem Hund, um ein erwünschtes Verhalten zu erzielen. Kann verbal oder ein Signal sein (z.B. das Wort "Platz" oder auf den Boden zeigen). Es gibt auch Kommandos aus der Umgebung.

Differenzieren / Unterscheidung

Bei unterschiedlichen vorhergehenden Ereignissen oder Hinweisen unterschiedlich reagieren.

Ausschleichen

Systematisches und schrittweises Entfernen zusätzlicher Signale und/oder körperlicher Führung und Hilfskommandos von den Antezedenten, die nötig sind, um das Verhalten auszulösen.

Angst

Angst ist eine sehr grundlegende Emotion. Angst kann so stark sein, dass sie das Lernen völlig verhindert. Die Definition von Angst lautet: Ein Gefühl der Besorgnis oder Unruhe, hervorgerufen durch erwartete Gefahr, Schmerzen oder Katastrophen. Sich wegen einer Situation oder eines Kontextes ängstlich oder besorgt fühlen. Bitte beachten Sie das Wort »erwartet«. Was für Sie nicht angsteinflößend ist, kann dennoch für Ihren Hund oder einen anderen Menschen angsteinflößend sein.

Erste Ereignisse

Erste Ereignisse sind aufgrund ihrer Auswirkung auf das Gedächtnis entscheidend. An erste Ereignisse erinnert man sich häufig ganz deutlich. Achten Sie darauf, dass der Hund den »ersten Eindruck« bekommt, den Sie sich wünschen. Sie bekommen keine zweite Chance, einen guten ersten Eindruck zu machen!

Erste richtige Bemühung oder erster richtiger Versuch

Das allererste Mal, wenn ein Hund ein Verhalten wie gewünscht zeigt ODER einen Schritt in die Richtung Ihrer Endreaktion macht, ist ein denkwürdiges Ereignis! Erste richtige Versuche sollten sehr ausgiebig verstärkt werden, um Aneignung des Verhaltens und den Lernprozess zu beschleunigen.

Generalisierung

Unter Generalisierung versteht man die Fähigkeit, ein Verhalten aufgrund eines einheitlichen Antezedenten genau von einem Kontext in einen anderen Kontext zu übertragen.

Unterscheidung zwischen Kommandos

Die Fähigkeit, zwischen Kommandos zu unterscheiden und somit korrekt auf unterschiedliche Kommandos zu reagieren. Mit anderen Worten: Der Hund hat eine Verknüpfung hergestellt – er weiß, welches Kommando zu welchem Verhalten gehört.

Latenz

Der Fachterminus für Latenz lautet »Latenzzeit«, womit der Zeitabstand zwischen einem Reiz und einer Reaktion beschrieben wird. Wenn Sie Ihrem Hund ein Kommando geben (Reiz), ist die Latenz die Zeit, die es dauert bis Ihr Hund mit einem Verhalten reagiert. Sobald Ihr Hund auf Ihr Kommando reagiert hat, ist es Ihre Aufgabe, mit einer angemessenen Konsequenz zu reagieren. Auch wie schnell Sie reagieren wird als Latenz definiert. Latenz sollte ein kurzes Zeitintervall sein! Für Konsequenzen beträgt der empfohlene Zeitrahmen sogar während des Verhaltens oder innerhalb von Sekunde.

Erlerntes Verhalten

Weisheit, Wissen oder Fähigkeit, die angeeignet wurden. Erlerntes Verhalten wird durch Erfahrungen des Lebens erlangt.

Erlernte Verhaltensweisen sind jene, die ein Mensch oder Tier wiederholen wird, weil die Konsequenzen positiv waren.

Lass das

Ein Kommando, durch das der Hund weiß, dass ihm der Zugang zu einem Gegenstand zu dem Zeitpunkt nicht erlaubt wird. (Siehe Übungsplan »Lass das« für detaillierte Informationen.)

Magnet

Alles, von dem Ihr Hund gerade angezogen wird (z.B. ein Eichhörnchen, ein Spielzeug, Futter, ein anderer Hund etc.). Dieser Magnet kann der Grund sein, warum Ihr Hund nicht auf Ihr Kommando gehorcht. Darum ist der Magnet ein konkurrierender Verstärker.

Hergestelltes Verhalten

Die Definition von »Herstellen« lautet:»"... ein Rohmaterial in ein fertiges Produkt verwandeln«. Wenn Hundetrainer diesen Terminus benutzen, meinen wir: Ein Verhalten, das der Hund nicht von sich aus anbietet, sondern dass irgendwie erzielt werden muss, damit es verstärkt werden kann und somit wieder auftritt. Sie, der Trainer des Hundes, entlocken Ihrem Hund ein Verhalten, indem Sie Lockmittel, Aufforderungen, körperliches Führen und andere formende Methoden verwenden. Kurz gesagt: Der Trainer stellt eine Reaktion her, sodass er die Möglichkeit zu positiver Verstärkung bekommt.

Erinnerungsmarker

Erinnerung ist die Fähigkeit, vergangene Erfahrungen im Gedächtnis zu behalten und aufzurufen. Ein Erinnerungsmarker ist ein Ereignis oder ein Kommando, das dabei hilft, eine Erfahrung wieder aufzurufen, sodass der Mensch oder das Tier ein bestimmtes Verhalten leichter wieder ins Gedächtnis rufen kann.

Negative Bestrafung

Ein Gegenstand, den der Hund haben möchte, wird weggenommen, was dazu führt, dass der Hund diese spezielle Reaktion immer seltener zeigt.

Negative Verstärkung

Wegnahme eines aversiven Ereignisses, was dazu führt, dass der Hund diese spezielle Reaktion immer häufiger zeigt. Die erwünschte Reaktion soll als Schalter dienen, um das aversive Ereignis »wegzuschalten«

Neutraler Tonfall

Kommunikation mit Ihrem Hund, ohne dabei Emotionen (Glück, Wut, Ungeduld) auszudrücken. Dieser Tonfall wird benutzt, um Informationen zu übermitteln ohne den Lernprozess durch übermäßige Emotionen zu verschleiern, die den Hund nur verwirren würden.

Nein

Das in der Kommunikation zwischen Mensch und Hund am häufigsten übermäßig gebrauchte Wort. Sollte nur bei nicht akzeptablem Verhalten, welches Sie von Ihrem Hund »nie« wieder zu sehen bekommen möchten, benutzt werden.

Negativmarker

NM. Soll dem Hund als Information dienen, machen Sie keine große emotionale Angelegenheit draus. Ein NM ist ein Folgeereignis, das mit einem aversiven Ereignis gepaart wurde. Für unsere Zwecke handelt es sich um das Entfernen eines Primärverstärkers. Ein NM sagt dem Hund: Für das Verhalten wirst du nicht »bezahlt«.

Operantes Verhalten

Freiwilliges, angebotenes Verhalten, das direkt durch die Konsequenzen kontrolliert wird, welche dieses Verhalten hat.

Operante Konditionierung

Eine bestimmte Art des Lernens, bei der freiwilliges Verhalten durch Manipulation der Konsequenzen verändert, eingeführt oder umgewandelt wird. Das ist eine wichtige Lektion – die Konsequenzen sind ein direktes Ergebnis des Verhaltens.

P+, P-

Abkürzung für positive bzw. negative Bestrafung.

Denkmuster

Das Glaubenssystem oder die Wahrnehmung bezüglich bestimmter Umstände.

Piloarrektionsreflex

Reflexartiges Verhalten, das bei Haushunden (und anderen Spezies) erkennbar ist, wenn sie erschrocken, beunruhigt oder unsicher sind. Meistens ist zu sehen, dass die Haare im Schulterbereich hochstehen, kann sich aber auch über den ganzen Rücken sowie einschließlich der Haare an der Rute erstrecken (denken Sie an die Halloween-Katze mit dem Buckelrücken).

Positive Bestrafung

Ein aversives Ereignis, durch das die Häufigkeit eines Verhaltens abnimmt.

Positive Verstärkung

Positive Verstärkung ist eine erwünschte Konsequenz (Ereignis oder Reiz, z.B. Leckerli), wodurch die Häufigkeit eines Verhaltens zunimmt. Positive Verstärker sind Dinge, die der Hund gern mag. Positive Verstärkung bedeutet, dass der Hund das gewünschte Objekt bekommt.

Primärverstärker

Überlebensnotwendig. Futter, Wasser, Luft. Manchmal wird in der Literatur auch Sex aufgeführt; andere Verhaltensspezialisten meinen, dass Sex nicht zu den Primärverstärkern gehört. Aus dieser Liste entscheide ich mich für Futter – es ist am einfachsten und auch am »humansten« zu kontrollieren und zu manipulieren. Wenn bei Hundetraining über Primärverstärker gesprochen wird, verstehen die meisten Hundetrainer darunter Futter.

Signale
Vorhergehende Ereignisse, die dabei helfen, eine Reaktion zu erzielen. Ein zusätzliches Kommando, das eine bestimmte Reaktion auslöst. Gesten, Lockmittel und zusätzliche Kommandos erfüllen alle diesen Zweck. Siehe auch Ausblenden.

Übungsplan
Für Verhaltensspezialisten ist dies der Plan eines Programms zur Verhaltensänderung. Im Übungsplan wird dieses Programm Schritt für Schritt dargelegt, wobei stufenweise Annäherungen die zentrale Technik darstellen. Der Übungsplan wird vom Verhaltensexperten verwendet, um sowohl das Gesamtbild als auch die Details zu skizzieren. Auch vom Kunden wird er als Richtschnur verwendet.

Bestrafung
Bestrafung führt zu NACHLASSEN des Verhaltens. Anwendung eines aversiven Reizes oder Wegnahme eines verstärkenden Ereignisses, mit dem Ergebnis, dass das Zielverhalten in seiner Häufigkeit nachlässt. Bestrafung führt zu Vermeidungsverhalten und kann unter bestimmten Umständen Aggression fördern.

R+, R-
Positive bzw. negative Verstärkung (R = Reinforcement)

Bereit
Kann als Kommandowort benutzt werden, um dem Hund zu signalisieren, dass er »eingecheckt« hat (d.h. Sie arbeiten). »Bereit« bedeutet, dass nun die Möglichkeit zu Verstärkung besteht. Wie Jean Donaldson es ausdrückt: »Die Bar ist eröffnet.«

Verstärkung
Verstärkung STEIGERT Verhalten. Ein Ereignis oder einen Reiz hinzufügen, das bzw. den der Hund erneut haben möchte, oder Wegnehmen eines aversiven Reizes, wodurch das Zielverhalten in seiner Häufigkeit gesteigert wird.

Verstärkungsgeschichte
Bei jedem Verhalten gibt es eine Verstärkungsgeschichte und andere Konsequenzen in der Vergangenheit. Jeder Hund hat in diesem Kontext oder bei diesem Kommando oder Verhalten Erfahrungen angesammelt. Diese angesammelten Erfahrungen werden Verstärkungsgeschichte genannt.

Verstärkungsschemata
Die Regeln oder Richtlinien, anhand derer man festlegt, für wie viele und welche Reaktionen der Hund wie viele und welche Verstärker bekommt. Im Grunde gibt es vier Arten: feste Quote, festes Intervall, variable Quote und variables Intervall. Quote bezieht sich darauf, wie viele Verstärker für ein Verhalten gegeben werden. Intervall bezieht sich darauf, wie oft die positive Verstärkung erfolgt. Ein intermittierendes Verstärkungsschema ist eine Art von variablem

Schema, wobei das Verhalten nur manchmal verstärkt wird, meistens nur die »besten Versuche«.

Bei der Aneignung eines Verhaltens ist ein fixes Verstärkungsschema (1 Verhalten = 1 R+) die Regel. Damit der Hund ein Verhalten, das er bereits kennt, aufrechterhält, sollte ein variables Verstärkungsschema (variable Quote, variables Intervall und intermittierendes Schema mit unterschiedlichen Verstärkern) benutzt werden. Um bestimmte Arten von Verhalten zu erzielen, werden unterschiedliche Verstärkungsschemata verwendet.

Entlassungswort

Ein Kommando, das dem Hund mitteilt, dass die Übung (oder das Verhalten) beendet ist. Wenn Sie, zum Beispiel, nicht mehr möchten, dass Ihr Hund im Platz-Bleib verharrt, signalisieren Sie ihm mit dem Entlassungswort, dass die Übung beendet ist. Das ist das Kommando dafür, dass der Hund »ausgestempelt« hat (die Arbeit vorbei ist).

Reaktion

Eine Reaktion des Hundes auf einen bestimmten Reiz.

Respondentes Verhalten

In manchen Fachbüchern wird respondentes Verhalten nur als spezielle autonome Reaktion (Verhalten, das in direktem Zusammenhang zu Reaktionen der glatten Muskulatur und Drüsen steht – Reflexverhalten) beschrieben. Das würde bedeuten, dass der Terminus nur im Sinne der klassischen Konditionierung benutzt werden kann. Doch der Terminus respondentes Verhalten wird von manchen Autoren in weiterem Sinne verwendet und kann auch Skelett-Reaktionen umfassen. In der neuesten Literatur wird teilweise anerkannt, dass respondentes Verhalten sowohl reflexartig als auch operant auftreten kann – darum würde eine weitgefasste Definition wie folgt lauten: Verhalten, dass durch einen Reiz ausgelöst wird. Zu Gunsten der Eindeutigkeit sollte die Reaktion anhand der Reize, die sie zuverlässig auslösen, definiert werden. Wird das Verhalten ausgelöst (konditionierter Reflex) oder hervorgerufen (operantes Verhalten). Respondente Konditionierung an sich gehört zur klassischen Konditionierung.

Positivmarker

PM, auch Belohnungsmarker. Ein Positivmarker ist eine deutliche Methode, Ihrem Hund mitzuteilen, dass Sie das Verhalten, das er gerade zeigt, mögen und möchten, dass er sich daran erinnert und es wiederholt. Meistens werden ein verbales »Ja« oder »gut« und/oder ein Clicker verwendet.

Salient

Ein Ereignis oder Reiz, das bzw. der auffallend ist oder vom Hund deutlich bemerkt wird.

Sättigung

Zuviel der guten Dinge! Sättigung tritt ein, wenn ein Verstärker vorübergehend seine Wirksamkeit verliert, weil der Hund so sehr befriedigt ist, dass er den Verstärker nicht mehr haben möchte. Das ist der Grund, warum unterschiedliche Verstärker zum Einsatz kommen sollen. Ihr Primärverstärker (Futter) ist winzig, variiert und ist ein Leckerli, das Ihr Hund unbedingt haben möchte. So wird Sättigung vermieden. Es ist auch hilfreich, die Trainingseinheiten kurz zu halten, obwohl das stark vom Hund und dessen Erziehungsniveau und Alter abhängt.

Hintergründige Ereignisse

Jene Ereignisse (Kontext, Bedingungen oder andere Situationen), welche die Beziehung zwischen Antezedent, Verhalten und Konsequenz beeinflussen. Hintergründige Ereignisse sind alle Komponenten, welche ein Verhalten umgeben, und können somit die Reaktionen des Tieres beeinflussen.

Shaping (engl. für »Formen«)

Die Entwicklung eines Verhaltens bis hin zur Zielreaktion (Endziel), wobei mit sukzessiven Approximationen gearbeitet wird. (Siehe auch: sukzessive Approximationen.)

Vereiteln

Für unsere Zwecke bedeutet dieser Terminus, zu verhindern, dass der Hund direkten Zugang zu etwas bekommt oder sich selbst verstärken kann. Wenn Ihnen Essen auf den Boden fällt und Sie Ihrem Hund »Lass das« sagen, er aber versucht, sich das Essen zu holen, müssen Sie ihn stoppen oder ihm die Möglichkeit »vereiteln«, das Essen zu fressen und sich so dadurch selbst zu verstärken, dass er das Essen frisst. Falls der Hund es schafft, das Essen zu fressen, hat er gerade gelernt, dass »Lass das« optional ist!

Spontanerholung

Erneutes Auftreten eines Verhaltens, das verschwunden war. Ein Verhalten, das bereits in der Extinktionsphase (= Löschungsphase) war, ist wieder aufgetreten. Wird das Verhalten wieder gezeigt, kann es in derselben Form oder mehr oder weniger intensiv auftreten.

Stress

Eine mentale, emotionale und körperliche Reaktion auf Sorge und Beunruhigung. Stress kann Lernen verhindern. (Ein Hund, der stark unter Stress steht, hat oft kein Interesse an Futter.) Stress ist ein chemischer Vorgang (Veränderungen im Neurotransmittersystems), der sich durch Veränderungen im sympathischen Nervensystem (z.B. Atmungsfrequenz, Herztätigkeit) und verändertem Verhalten äußert. Das Umfeld löst in gewissem Maße immer Stress aus und Ihr Hund muss lernen, damit umzugehen.

Sukzessive Approximation

Sukzessive Approximation bedeutet, dass das Zielverhalten in viele kleine Schritte oder »Approximationen« unterteilt wird. Ihr Hund lernt zuerst Sitz, dann Sitz-Bleib, dann Sitz-Bleib in Entfernung und letztlich erst Sitz-Bleib außer Sichtweite. (Siehe auch: Shaping.)

Zielverhalten

Das Verhalten, das Sie zurzeit einzuführen, zu ändern oder zu formen versuchen.

Endreaktion

Das Verhalten oder die Verhaltensabfolge, die Sie nach Ihrem Training, und vor allem nach dem Formen, erzielen möchten. Eine Endreaktion ist das Endergebnis der Verhaltensformung. Das Endziel. Das fertige Meisterstück.

Thorndikes Gesetz der Wirkung

besagt, dass Reaktionen durch manche Konsequenzen wahrscheinlicher und durch andere Konsequenzen weniger wahrscheinlich werden. Das bedeutet, dass das Verhalten, das Sie beobachten, auf Konsequenzen in der Vergangenheit basiert.

Schwelle

Die Intensität, unterhalb derer ein geistiger oder körperlicher Reiz nicht wahrgenommen wird und zu keiner Reaktion führt.

Timing

Timing bezeichnet den Zeitraum, der zwischen dem Moment, in dem der Hund ein Verhalten oder eine Reaktion zeigt, und dem Moment, in dem der Trainer auf das Verhalten reagiert, vergeht: je kürzer dieser Zeitraum, desto besser. Denken Sie an die Regel der halben Sekunde!

Trainingsleckerlis

Jedes schnell zu essende, köstliche Leckerli, das als Primärverstärker eingesetzt wird. Leckerlis müssen winzigklein sein! Benutzen Sie unterschiedliche Leckerlis, damit der Hund nicht das Interesse verliert.

Unkonditionierte Reaktion

Auch bekannt als UCR. Eine Reaktion, die durch einen Reiz hervorgerufen wird, der nicht beigebracht oder erlernt wurde. Wir müssen nicht »lernen«, dass wir durch Essen und Wasser Speichel produzieren – diese Reaktion ist angeboren. Wenn Sie Ihre Hand auf eine heiße Herdplatte legen, ziehen Sie sie sofort zurück. Ein Synonym für unkonditionierte Reaktion ist unkonditionierter Reflex.

Unkonditionierter Reiz

Auch bekannt als UCS. Insofern einzigartig, als dass dieser Reiz jedes Mal beim Hund dieselbe Reaktion hervorruft, ohne dass vorher Training oder Konditionierung stattgefunden haben. (Siehe klassische Konditionierung.)

Untertraining

Wahrscheinlich der Grund Nr. 1, dass Ihr Hund Ihnen nicht gehorcht. Untertraining bedeutet, dass der Hund kein ausreichendes Training in ausreichend unterschiedlichen Situationen erhalten hat: zu wenige Wiederholungen, nicht genug Durchgänge, zu wenige Orte etc. Der Hund kann das Verhalten nicht richtig generalisieren.

QUELLEN

Adams, H. Richard (Ed.). (1995). *Veterinary Pharmacology and Therapeutics* (7th ed.). Ames, IA: Iowa State University Press.

Aloff, Brenda, (2001). *Positive Reinforcement: Training Dogs in the Real World.* Neptune City, NJ: T.F.H. Publications, Inc.

Burch, Mary R. & Bailey, Jon S. (1999). *How Dogs Learn.* New York: Howell Book House.

Campbell, William. (1975). *Behavior Problems in Dogs.* Santa Barbara: American Veterinary Publications.

Catania, A. Charles. (1992). *Learning* (3rd ed.). Englewood Cliffs, NJ: Prentice Hall.

Chance, Paul. (1994). *Learning and Behavior.* Pacific Grove, CA: Brooks/Cole Publishing.

Clothier, Suzanne. (1996). *Body Posture & Emotions: Shifting Shapes, Shifting Minds.* Stanton, NJ: Flying Dog Press.

Clothier, Suzanne. (1996). *Self Control.* Stanton, NJ: Flying Dog Press.

Dodman, Nicholas H. & Shuster, Louis (Eds.). (1998). *Psychopharmacology of Animal Behaviour Disorders.* Malden, MA: Blackwell Science, Inc.

Donaldson, Jean. (1996). *The Culture Clash.* Berkeley: James & Kenneth Publishers.

Guyton, Arthur C. (1996). *Textbook of Medical Physiology* (5th ed.). Philadelphia: W. B. Saunders Company.

Hopkins, S. G., Schubert, T. A., & Hart, B. L. (1976). *Castration of Adult Male Dogs: Effects on Roaming, Aggression, Urine Spraying, and Mounting.* JAVMA 168: 1108-1110.

Jecs, Dawn. (1995). *Choose to Heel* (1st ed., Book #1). Copyright and published by the author.

Lindsay, Steven R. (2000). *Handbook of Applied Dog Behavior And Training, Volume One, Adaptation and Learning.* Ames, IA: Iowa State University Press.

Martin, Garry & Pear, Joseph. (1996). *Behaviour Modification: What It Is and How To Do It.* Upper Saddle River, NJ: Prentice Hall.

McLennan, Bardi. (1993). *Dogs and Kids: Parenting Tips.* New York: Howell Book House.

Mitchell, Lana. (1997). *Click! For Success.* Hillsboro, OR: Lana Mitchell.

Nelson, Leslie, Pivar, Gail & the staff of Tails-U-Win™, (1997). *Management Magic.* Manchester, CT: Tails-U-Win.

Odendaal, J. S. J. (1997). *A Diagnostic Classification Of Problem Behavior In Dogs and Cats.* Philadelphia: W. B. Saunders Company.

Overall, Karen L. (1997). *Clinical Behavioral Medicine For Small Animals.* St. Louis, MO: Mosby-Year Book, Inc.

Pryor, Karen. (1985). *Don't Shoot the Dog!* New York: Bantam Books.

Pryor, Karen. (1997). *Clicker Magic* (Video).

Rugaas, Turid. (1997). *On Talking Terms With Dogs: Calming Signals.* Hawaii: Legacy By Mail, Inc.

Scott, John Paul & Fuller, John L. (1965). *Genetics and the Social Behavior of the Dog.* Chicago: The University of Chicago Press.

Sidman, Murray. (1989). *Coercion and its Fallout.* Boston: Authors Cooperative, Inc.

Spector, Morgan. (1999). *Clicker Training for Obedience.* Waltham, MA: Sunshine Books.

Sternberg, Sue. (No date given). *Environmentally Cued Training That Transfers.* NY: Rondout Valley Kennels.

Sternberg, Sue. (No date given). *Preventing Possessiveness In Shelter Dogs.* NY: Rondout Valley Kennels.

Tellington-Jones, Linda & Hood, Robyn. (1994). *The Tellington TTouch for ... Dogs & Puppies: Step-By-Step. La Quinta*, CA: Thane Marketing International.

Weston, David. (1990). *Dog Training: The Gentle Modern Method.* New York: Howell Book House.

Weston, David and Ruth. (1997). *Your Ideal Dog: Teach Your Best Friends to Be a Perfect Companion.* New York: Howell Book House.

DANKSAGUNG

Keine Frau ist eine Insel und dieses Buch stammt nicht aus der Feder nur einer Person. Ich hatte viel Hilfe und Unterstützung. Meine eigenen Hunde waren tolle und geduldige (wenngleich manchmal eher brutale) Lehrer. Es wäre nicht möglich, all die Kunden und Hunde aufzuführen, die es mir ermöglicht haben, so viel zu lernen. Manche von ihnen haben durch ihr Engagement dieses Buch verwirklicht und seine Qualität erheblich gesteigert.

Betty Owen. Ohne Betty wäre dieses Buch niemals fertig geworden. Sie hat mich auf vielerlei Weise unterstützt, nicht nur emotional und ermutigend. Obwohl ihr eigener Arbeitsplan sehr straff ist, hat sie sich sofort eingebracht und stundenlang gelesen und noch mal gelesen und mich in allen geschäftlichen Dingen beraten - den Dingen, die mich bis zum Haareraufen frustrieren. Ich wäre verzweifelt gewesen und hätte dieses Projekt wegen der geschäftlichen Dinge Millionen Mal hingeschmissen, wenn Betty nicht gewesen wäre. Tausend Dank, Betty.

Meiner Tochter Abbey und meinem Mann Steve, die so lieb waren, in vielerlei Hinsicht für mich einzuspringen, während ich vor dem Computer lebte, Fototermine plante, den Esstisch mit Abbildungen (und den Boden drumherum mit meinen nicht so erfolgreichen Versuchen) pflasterte.

Lori Saxe war immer zur Stelle, um mir ihr Feedback zu geben. Sie hat mir geholfen, viele meiner Ideen so klar zu formulieren, wie ich es selbst nicht geschafft hätte. Lori stand mir zur Seite, als ich neue Software-Programme zu verstehen versuchte (das ist typisch für mich, ich kann nicht einmal einen Getränkeautomat bedienen). Das war nicht immer schön, aber sie blieb mit trotzdem treu. Schließlich hatte sie den aufwendigen Job der Endredaktion. Damit ich meinen Abgabetermin einhalten konnte, verbrachte sie Tag und Nacht damit, die Änderungen einzuarbeiten. Dank Lori ist dieser Text verständlich und daher denken alle, die ihn lesen, ich sei des Schreibens mächtig. Ich bin es vielleicht nicht, aber Lori ist es. Danke dir, Lori.

Letztlich gab es zahlreiche Redakteure. Larry Woodward von Dogwise hat mir die Richtung gewiesen und dieses Buch in vieler Hinsicht geformt, jeweils zum Besseren. Seine Unterstützung und sein Rat waren unbezahlbar. Durch seine anfängliche Ermutigung ist es nicht beim ursprünglichen »Hey, ich glaub, ich wird' ein Buch schreiben« geblieben. Danke für deine Unterstützung und deine Fachkenntnisse, Larry!

Meine Freundin Mary Wilmoth, die Stunden damit verbracht hat, die allerersten Versionen dieses Buches zu redigieren, Danke auch für deine fortwährende Ermutigung. Dann ist sie in der Mitte der Arbeit wieder ins Spiel gekommen… leichtgläubiges Mädchen. Auch dass sie meine »passive Stimme« ständig gestrichen hat (was auch immer das sein mag, aber sie ist ihr vollkommen auf die Nerven gegangen). Obwohl ich scheinbar zu blöd dazu war, diese passive Stimme nicht mehr in das Buch einfließen zu lassen, lässt sich dieses Buch Dank Marys Bearbeitungen so viel leichter lesen. Danke, Mary!

Judy Smith hat auch bei der Bearbeitung geholfen und einige Rotstifte verbraucht. Ihr Kommentar zu mir nach einem der ersten Bearbeitungsdurchgänge lautete: »Bist du sicher, dass Englisch deine Muttersprache ist?« Ich denke, das verrät Ihnen alles, was Sie über die armen Leute wissen müssen, die mir beim Redigieren geholfen haben. Judy hat all dies für mich getan, obwohl sie selbst gar keine Zeit hatte. Danke, Judy.

Lonnie Olson war eine weitere Redakteurin. Offensichtlich sind meine Fähigkeiten auf dem Gebiet der Hundeerziehung deutlich besser als meine schriftstellerischen Fähigkeiten. Lonnie war eine mehrerer Redakteure, die zu Beginn des Manuskripts taktvolle Hinweise, wie beispielsweise: »Vorschlag hier…« oder »bitte umschreiben, damit deutlicher«, einbrachten und am Ende des Textes solche Anmerkungen schrieben: »Versuch dies auf Englisch zu sagen und ganze Sätze zu verwenden.« Am Ende war ich so weit, dass die sarkastischen und originellen Anmerkungen der Redakteure meine einzige Aufheiterung waren, die mich nachts um zwei mit meinen Korrekturen weitermachen ließen. Danke, Lonnie.

Mein derzeitiger Resozialisierungskurs ist so beeindruckend! Diese Leute sind so engagiert, das Verhalten ihrer Hunde zu ändern, und haben damit Erfolg, weil sie so viel harte Arbeit investieren. Sie haben stundenlang Foto-Shootings ertragen. Sie waren bereitwillige »Versuchskunden«, um mit unterschiedlichen Techniken zu experimentieren. Sie haben maßgeblich zu diesem Buch beigesteuert, denn durch ihren Beitrag zu den Übungsplänen und ihre Unterstützung bei deren Entwicklung wird Ihr Job leichter, wenn Sie das Verhalten Ihres eigenen Hundes ändern. Sie sind mit ihren Hunden bis an die Grenzen gegangen, weil ich sie darum gebeten habe. Danke, dass Ihr mir vertraut habt! Applaus für Marylu Gibbs mit Misty, Lori Saxe mit Data, Linda Lynch mit Bailey, Dianne Steven mit Cotton, Jim Harris mit Sunny. Danke!

Die Photographen, die dem Text dieses Buches Leben eingehaucht haben, sind wahre Freunde. Joanne und ihr wunderbarer Assistenzhund Willie, der sie überall hin begleitet, bringen durch ihr liebes und geduldiges Wesen Ruhe in jede Situation. Sam brachte mir Photoausrüstung und Hunde mit, die ich mit Maulkorb- und Halti™-Fotoshootings quälen konnte. Mit ihrem tollen Sinn für Humor ist Sam ein Gewinn – jederzeit, überall. Bei meiner Fähigkeit, jede Situation wie ein Terrier in unorganisiertes Chaos zu verwandeln, haben diese Frauen wieder Ordnung hergestellt und es irgendwie geschafft, genau die Fotos zu schießen, die ich mir vorgestellt hatte, obwohl ich bestimmt manchmal etwas vage war (ha!). Mein Dank gilt auch Kathy Mazur und Amy Morris, die ebenfalls ein paar Fotos geschossen haben.

Die Menschen und Hunde, die für die Fotos Modell gestanden haben, waren wunderbar. Es ist schon ohne den Druck und die Ablenkung durch den Photographen (minimal) sowie durch mich und meine Anweisungen (maximal) schwer genug, einen Hund zu trainieren oder ihn für eine Übung aufzustellen. Diese Personen sind in keiner Weise geordnet (nach dem Schreiben dieses Buches bin ich Reihenfolgen und Organisation schlicht und einfach leid), außerdem sind sie alle wichtig!

Lylenette Canfield-Stack mit Jack und Pete (Zwergteckel) und Silky und Fonzie (Shar Peis)
Marylu Gibbs und Misty (Rottweiler)
Dianne Stevens und Cotton (Coton de Tuléar)
Patti Mierzwa und Salsa (Weimaraner)
Karen Breternitz und Franklin (Deutsche Dogge)
Joanne Weber und Willie (Golden Retriever)
Jim Harris und Sunny (Australian Shepherd)
Cherish DeWitt und Jack (Schwarzer Labrador Retriever)
Marie Hopfensperger und Vinny (Glatthaar-Foxterrier)
Fay Reid und Maple (Golden) und Cassie (Schwarzer Labrador Retriever)
Sam Ziegenmeyer und Jamie (Drahthaar-Foxterrier) und Ally (Gelber Labrador)
Linda Lynch und Bailey (Golden Retriever)
Pat Wenzel und Whitney und D'Art (Pembroke Welsh Corgi)
Maeve (Deutscher Schäferhund)
Punch (Glatthaar-Foxterrier)
Breanna (Glatthaar-Foxterrier)
Rix (geretteter Terrier-Jagdhund-Mischling)
Rylie (Border Collie)
Olivia (geretteter Terrier-Jagdhund-Mischling)
Lori Saxe und Data (Border Collie-Treibhund-Mischling) und Cora (Corgi-All American-Mischling)
Alicia Woodson und Amanda (Schwarzer Labrador-Schäferhund-Mischling)

Bei Verstand bleibe ich durch die Freitagabend-Therapiegruppe. Jeden Freitagabend treffen wir uns, trainieren Hunde und lösen dann alle weltweiten und persönlichen Probleme (siehe: Zickenalarm) und sprechen über Hundetraining, Hundezucht, Hundeernährung, Hundegesundheit, Hundeleute, die wir mögen, Hundeleute, die uns ärgern, Hunde... Hunde... Hunde. Die Stammteilnehmer (manche von ihnen kommen jetzt schon seit acht Jahren...) sind: Amy Morris, Janea Little, Lylenette Canfield-Stack, Marie Hopfensperger, Judy Smith, Karen Breternitz, Lori Saxe und Alicia Woodson. Danke Euch, Mädels, für die witzige Ablenkung! Die Unterstützung (immer willkommen) und die Kritik (eigentlich nicht willkommen, aber geschätzt - und außerdem hat sie das Buch verbessert) zeigen Eure Fürsorge.

Mögliche Fehler oder Auslassungen sind nur mir allein zuzuschreiben und können niemandem sonst in die Schuhe geschoben werden!

INDEX

Die fett gedruckten Seitenzahlen verweisen auf die Erklärung des jeweiligen Begriffes im Glossar.

A

B